中国国家标准汇编

2009年修订-16

中国标准出版社　编

中国标准出版社
北京

图书在版编目（CIP）数据

中国国家标准汇编：2009年修订.16/中国标准出版社编.—北京：中国标准出版社，2010

ISBN 978-7-5066-6074-7

Ⅰ.①中…　Ⅱ.①中…　Ⅲ.①国家标准-汇编-中国-2009　Ⅳ.①T-652.1

中国版本图书馆CIP数据核字(2010)第171226号

中国标准出版社出版发行
北京复兴门外三里河北街16号
邮政编码:100045
网址 www.spc.net.cn
电话:68523946　68517548
中国标准出版社秦皇岛印刷厂印刷
各地新华书店经销

*

开本 880×1230　1/16　印张 40.25　字数 1 213 千字
2010年10月第一版　2010年10月第一次印刷

*

定价 220.00 元

出 版 说 明

1.《中国国家标准汇编》是一部大型综合性国家标准全集。自 1983 年起，按国家标准顺序号以精装本、平装本两种装帧形式陆续分册汇编出版。它在一定程度上反映了我国建国以来标准化事业发展的基本情况和主要成就，是各级标准化管理机构，工矿企事业单位，农林牧副渔系统，科研、设计、教学等部门必不可少的工具书。

2.《中国国家标准汇编》收入我国每年正式发布的全部国家标准，分为"制定"卷和"修订"卷两种编辑版本。

"制定"卷收入上一年度我国发布的、制定的国家标准，顺延前年度标准编号分成若干分册，封面和书脊上注明"20××年制定"字样及分册号，分册号一直连续。各分册中的标准是按照标准编号顺序连续排列的，如有标准顺序号缺号的，除特殊情况注明外，暂为空号。

"修订"卷收入上一年度我国发布的、修订的国家标准，视篇幅分设若干分册，但与"制定"卷分册号无关联，仅在封面和书脊上注明"20××年修订-1，-2，-3，……"字样。"修订"卷各分册中的标准，仍按标准编号顺序排列（但不连续）；如有遗漏的，均在当年最后一分册中补齐。需提请读者注意的是，个别非顺延前年度标准编号的新制定的国家标准没有收入在"制定"卷中，而是收入在"修订"卷中。

读者配套购买《中国国家标准汇编》"制定"卷和"修订"卷则可收齐上一年度我国制定和修订的全部国家标准。

3. 由于读者需求的变化，自 1996 年起，《中国国家标准汇编》仅出版精装本。

4. 2009 年我国制修订国家标准共 3 158 项。本分册为"2009 年修订-16"，收入新制修订的国家标准 45 项。

中国标准出版社

2010 年 8 月

目　　录

ICS 03.220.40
R 22

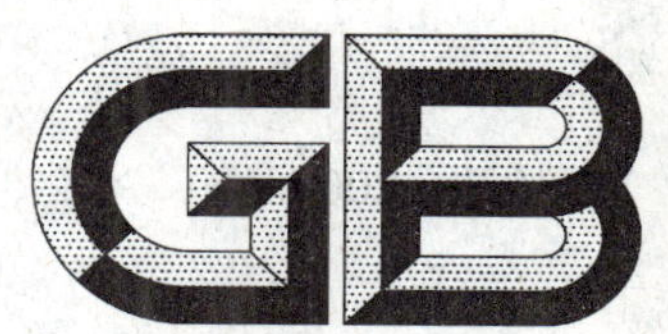

中华人民共和国国家标准

GB/T 11412.1—2009
代替 GB/T 11412.1～11412.3—1989,GB/T 6551—1993

海船安全开航技术要求 第1部分:一般要求

Technical requirement for safety departure of sea going ship—Part 1:General requirement

2009-10-30 发布　　　　2010-03-01 实施

中华人民共和国国家质量监督检验检疫总局
中国国家标准化管理委员会　发布

前言

GB/T 11412《海船安全开航技术要求》分为9个部分：

——第1部分：一般要求；

——第2部分：干货船；

——第3部分：普通客船；

——第4部分：高速客船；

——第5部分：客滚(渡)船；

——第6部分：液货船；

——第7部分：工程船；

——第8部分：作业船；

——第9部分：特种船。

本部分为GB/T 11412的第1部分。

本部分代替GB/T 11412.1～11412.3—1989《海上运输船舶安全开航技术要求》及GB/T 6551—1993《船舶安全开航技术要求　通信与导航》。

本部分与GB/T 11412.1～11412.3—1989和GB/T 6551—1993相比，主要变化如下：

——标准结构由总则、甲板部、轮机部修改为按主要船种一般要求及特殊要求的标准结构；

——适用范围由1 600总吨及以上或柴油机推进功率为3 000 kW及以上的航行于各类航区的海上运输船舶修改为500总吨及以上航行于各类航区的海船，包括非运输船舶(见第1章)；

——充分考虑了人为因素对海船安全开航的影响，增加了船员适任能力、值班安排、熟悉设备及职责、实际操作、应急反应等方面的技术要求(见第5章和第7章)；

——充分考虑了船舶结构完整性对海船安全开航的重要影响，增加了船体结构和强度、水密和风雨密方面的技术要求(见第6章)；

——充分考虑了装载状态对海船安全开航的重要影响及开航后安全技术状况的不可逆性，增加了装载状态、船舶吃水、稳性、强度等方面的技术要求(见第8章)；

——为了便于实际使用，增加了资料性附录。

本部分的附录A为资料性附录。

本部分由中华人民共和国交通运输部提出。

本部分由交通部航海安全标准化技术委员会归口。

本部分起草单位：山东海事局、青岛远洋运输有限公司、青岛远洋船员学院、中国船级社青岛分社。

本部分主要起草人：张宝晨、王宏进、周尊山、赵耀、张晓、鞠立强、李红星、李勇、谭胡波、董永杰。

本部分所代替标准的历次版本发布情况为：

——GB/T 11412.1～11412.3—1989；

——GB 6551—1986，GB/T 6551—1993。

海船安全开航技术要求
第1部分：一般要求

1 范围

GB/T 11412 的本部分规定了海船在开航前船舶证书、文书与资料、船员、船体结构、航行安全、装载状态与稳性、消防、救生、机电设备、防止污染和船舶通信等方面的安全技术一般要求。

本部分适用于500总吨及以上航行于各类航区的海船，不适用于因自然灾害、应急或军事等特殊原因而需紧急开航的船舶、渔船。

2 规范性引用文件

下列文件中的条款通过 GB/T 11412 的本部分的引用而成为本部分的条款。凡是注日期的引用文件，其随后所有的修改单(不包括勘误的内容)或修订版均不适用于本部分，然而，鼓励根据本部分达成协议的各方研究是否可使用这些文件的最新版本。凡是不注日期的引用文件，其最新版本适用于本部分。

GB/T 3898 航海磁罗经术语(GB/T 3898—2008，ISO 1069:1973，MOD)

GB/T 4099 航海常用术语及其代(符)号

3 术语和定义

GB/T 3898 和 GB/T 4099 确立的以及下列术语和定义适用于 GB/T 11412 的本部分。

3.1

过度腐蚀 extensive corrosion

超过允许腐蚀极限的腐蚀程度。

3.2

干舷甲板 freeboard deck

按《1966年国际载重线公约》量计干舷高度的甲板。

3.3

上层建筑及甲板室 superstructure & deckhouse

上层连续甲板上的甲板建筑物，由一舷伸至另一舷的或其侧壁板离船壳板向内不大于4%船宽的围蔽建筑物为上层建筑，如艏楼、桥楼、艉楼；其他的围蔽建筑物为甲板室。

3.4

强度 strength

船舶结构抵抗船舶发生损坏及变形的能力。

3.5

稳性 stability

船舶受外力作用发生倾斜而不致倾覆，外力消失后能够回到原来平衡位置的能力。

3.6

富余水深 under keel clearance

为保证船舶安全航行，使船舶吃水小于航道水深而留有一定的安全余量。

3.7

吃水差 trim

船舶首吃水与尾吃水的差值。

3.8

沉深 submergence

螺旋桨轴中心线距水面的垂距。

3.9

沉深比 submergence ratio

沉深与螺旋桨直径之比。

3.10

稳性衡准数 stability criterion numeral

船舶的最小倾覆力矩与风压倾侧力矩的比值,或最小倾覆力臂与风压倾侧力臂的比值,公式为:

$$K = M_q / M_f$$

式中:

K——稳性衡准数;

M_q——最小倾覆力矩;

M_f——风压倾侧力矩。

3.11

开航 departure

船舶在驶离港口的最后一个泊位或锚地,解除最后一根系缆或锚离海底的瞬时。

3.12

周年日 anniversary date

对于有关文件或证书有效期届满之日的每一年中的该月该日。

3.13

应急预案 emergency plan

针对具体设备、设施、场所和环境,在安全评价的基础上,为降低事故造成的人身、财产与环境损失,就事故发生后的应急救援机构和人员、应急救援的设备、设施、条件和环境,行动的步骤和纲领、控制事故发展的方法和程序等而预先作出的计划和安排。

3.14

专业培训 special training

主管部门依据我国加入或缔结的国际公约和国家有关法律、法规规定船上有关人员应完成的专业训练。

3.15

确认 confirm

对于无法进行实地检查或检查有困难的机械、设备或仪器,主管船员根据定期预防检查和维修养护的记录或前一连续航次的使用实况等技术资料,对其现有技术状态所作出的判断。

4 船舶证书、文书与资料

4.1 船舶应具备的有效证书

4.1.1 船舶国籍证书。

4.1.2 船舶最低安全配员证书。

4.1.3 公司符合证明(DOC)副本,适用于本船船种。

4.1.4 船舶安全管理证书(SMC)。

4.1.5　电台执照，执照所列设备与船舶实际配备设备一致。

4.1.6　其他法定检验证书。

4.2　船舶应具备的有效文书

4.2.1　经认可组织批准的完整稳性资料。

4.2.2　消防安全操作手册(适用船舶)。

4.2.3　消防设施维护保养计划(适用船舶)。

4.2.4　救生设备维护保养手册(适用船舶)。

4.2.5　船员训练手册。

4.2.6　公司安全管理体系文件。

4.2.7　经主管机关批准的船上油污应急计划。

4.2.8　经主管机关批准的垃圾管理计划。

4.2.9　压载水管理计划(适用于国际航行船舶)。

4.2.10　船舶保安证书、经主管机关或认可组织批准的船舶保安计划(适用于国际航行船舶)。

4.2.11　全球海上遇险与安全系统(GMDSS)设备岸基维修协议。

4.2.12　救生消防设备定期检验报告。

4.2.13　气胀式救生筏及静水压力释放器检验报告。

4.2.14　应急无线电示位标(EPIRB)年度检测报告。

4.2.15　柴油机防止空气污染符合证明(适用于2000年1月1日后新装于国际航行船舶、功率在130 kW及以上的柴油机)。

4.2.16　柴油机技术案卷(适用于2000年1月1日后新装于国际航行船舶、功率在130 kW及以上的柴油机)。

4.2.17　焚烧炉型式认可书(适用于2000年1月1日后安装在船的国际航行船舶)。

4.2.18　油水分离器型式认可证书。

4.2.19　噪声监测报告(适用于国际航行船舶)。

4.2.20　连续概要记录，其主要信息与国籍证书、船级证书、公司符合证明、船舶安全管理证书、船舶保安证书保持一致(适用于国际航行船舶)。

4.2.21　救生(助)艇及艇架年度检验报告(适用船舶)，降落设备与承载释放装置定期试验报告。

4.2.22　测厚报告。

4.2.23　应变部署表，张贴在驾驶室、机舱和各船员起居处所，保持最新。

4.2.24　防火控制图，须经认可组织认可。

4.2.25　船舶操纵性能图。

4.3　船舶应具备的值班日志、记录

4.3.1　航海日志。

4.3.2　轮机日志。

4.3.3　船舶安全检查记录簿。

4.3.4　车钟记录簿。

4.3.5　无线电日志。

4.3.6　油类记录簿。

4.3.7　垃圾记录簿。

4.3.8　柴油机参数记录簿(适用于2000年1月1日后新装于国际航行船舶、功率在130 kW及以上的柴油机)。

4.3.9　船舶签证簿和船舶IC卡。

4.3.10　船长夜航命令簿。

4.4 船舶应配备的最新、有效航海图书资料

4.4.1 航海图书总目录。

4.4.2 航海通告。

4.4.3 相关海图。

4.4.4 潮汐表。

4.4.5 灯标雾号表或航标表。

4.4.6 航路指南及补篇。

4.4.7 无线电信号表。

4.4.8 水上无线电规则。

4.4.9 国际信号规则(适用于国际航行船舶)。

4.4.10 国际航空和海上搜寻救助手册第三册(适用于国际航行船舶)。

4.4.11 航海天文历。

4.4.12 进港指南。

4.4.13 天体高度方位表。

4.4.14 医疗指南(适用于国际航行船舶)。

4.4.15 国际电联(ITU)的最新出版物(适用于国际航行船舶)。

4.4.16 中国沿海港口信号图表。

4.4.17 相关公约及法规。

5 船员

5.1 船舶配员

5.1.1 船舶应按照《船舶最低安全配员证书》配备数量足够且合格的船员,并持有有效的专业培训证书。

5.1.2 参加航行值班的船员均持有相应的、有效的适任证书。

5.1.3 船员所持证书满足服务船舶的种类、等级、拟定航区要求。

5.1.4 船员总人数不能超过船舶救生设备定额。

5.2 值班安排

5.2.1 在安排值班时,应充分考虑:

a) 拟航行区域的气象、海况、航路(航线)情况;

b) 船舶机器、设备状况;

c) 值班人员的资格和经验。

5.2.2 船舶值班安排表、休息表应张贴在易见之处。

5.2.3 参加值班的船员应明确自己的职责。

5.2.4 值班人员在值班前 4 h 内禁止喝酒,且值班期间血液中的酒精含量不得超过 0.08%。

5.3 船长

船长在开航前应保证:

a) 船舶和船员携带符合法定要求的证书、文书以及有关航行资料,并齐全有效;

b) 制定船舶应急计划;

c) 安排足以保证船舶安全的值班;

d) 船舶和船员在开航时分别处于适航或适拖和适任状态。

5.4 船员

5.4.1 船员应掌握职责相关的船舶适航状况和航路(航线)的通航保障情况,以及有关航区气象、海况等必要的信息。

5.4.2 船员应熟悉职责范围内的船上设备及其操作。

5.4.3 船员应熟悉船上应急设备，参加船舶应急训练、演习，按照船舶应急部署的要求，落实各项应急预防措施。

6 船体结构

6.1 船体结构和强度

6.1.1 船体结构应获得有效的维护保养，开航前状况保持良好。

6.1.2 甲板和船壳板的要求如下：

a) 甲板和船壳板无裂纹、过度腐蚀和明显变形及焊缝过度蚀耗等缺陷。

b) 与船体总纵强度密切相关的主甲板、舷顶列板等主要结构无明显变形和过度腐蚀。

c) 局部应力相对集中的区域无裂纹等严重的缺陷，至少应包括：

——船舯部上层建筑端部与甲板过渡处的结构和焊缝；

——甲板边板和舷侧顶列板的连接处的焊缝；

——舱口角隅处的甲板及焊缝；

——水密舱壁和其他舱壁及与其相连结构无裂纹、过度腐蚀、变形；

——甲板室围壁转角与甲板连接处。

d) 排水受阻及不易进行维护保养的区域无过度锈蚀，至少应包括：

——舱口围板及肘板与甲板连接处；

——舷墙肘板与甲板连接处。

6.1.3 封闭上层建筑、甲板室、升降口的要求如下：

a) 端壁、围板和甲板以及骨架等结构件无过度腐蚀、凹陷和皱折等缺陷；

b) 围壁与甲板连接处的焊缝无过度腐蚀和裂纹。

6.1.4 干舷甲板和上层建筑甲板上的舱口、舱口盖的要求如下：

a) 舱口围板及其扶强材无裂纹、过度腐蚀、损坏、变形情况；

b) 舱口盖及其关闭设施的各部件无裂纹、过度腐蚀、变形情况；

c) 当液压式舱口盖的压力撤去时，舱口盖能保证紧固状况。

6.1.5 甲板设备或基座，如救生艇架基座、锚机及绞缆机基座、系缆桩、导缆孔、锚链孔、桅杆及其上的索具(包括避雷针)等，无过度腐蚀、撕裂、变形、脱焊等缺陷。

6.1.6 保护船员的结构和设施的要求如下：

a) 保护船员进出起居处所、机舱以及船上重要操作所需的任何其他处所的安全通道(包括梯道、甲板下通道、固定步桥、甲板面走道、越障设施、栏杆和安全绳等)畅通；

b) 梯道、走道的扶手、踏板、支撑，以及安全绳的端壁眼板、甲板底座、支撑和告示牌均完好有效；

c) 舷墙、栏杆无严重变形、折断、缺损等缺陷，舷墙下端开口距上甲板上的净空高度和栏杆各横杆间距等保持正常状态。

6.2 水密和风雨密

6.2.1 艏楼、桥楼、艉楼、甲板室和升降口的结构及其风雨密关闭装置状况良好，无未经认可的开孔。

6.2.2 船舶下述水密和风雨密设施应状况良好：

a) 露天的水密舱口和人孔盖及其关闭装置；

b) 干舷甲板和上层建筑甲板上的舱口围、舱口盖及风雨密关闭装置；

c) 露天风雨密门、窗以及机舱天窗等风雨密关闭装置；

d) 舷窗和风暴盖；

e) 空气管头、风筒的关闭装置；

f) 液舱测深管、注入管的水密关闭装置。

6.2.3 防撞舱壁和其他水密舱壁包括舱壁上的贯穿件(如轴、管路、通风管、电缆等)完好并水密。

6.2.4 舱壁甲板以上进行控制的阀件(如防撞舱壁上的甲板控制阀)易于接近操作、状况良好。

6.2.5 需在航行中使用的滑动水密门应:

a) 能从驾驶室遥控关闭,也能从舱壁的每一边就地操纵;

b) 在控制位置装设显示门是开启或关闭的指示器,并且在门关闭时发出声响报警;

c) 在主动力失灵时,动力、控制和指示器能工作;

d) 有一个独立的手动机械操纵装置,能从门的任一边用手开启和关闭该门。

6.2.6 通常在航行时关闭的水密门和水密舱盖应:

a) 具有在其遥控操纵位置显示这些门或舱盖是开启还是关闭的指示设施,且工作正常;

b) 附贴通告牌,提示常闭;

c) 经值班驾驶员批准后方可启闭。

6.2.7 船舶在开航前,各液舱、空舱液位应无异常变化。

6.2.8 下列疏、排水设施应状况良好:

a) 干舷甲板上围蔽货物处所的排水系统;

b) 泄水管、卫生排水管、舷外排水管以及其上的阀和开闭指示器;

c) 泄水管、排水管及其管路上的阀和阀的开关指示器;

d) 排水舷口和挡板。

7 航行安全

7.1 助航导航设备

7.1.1 磁罗经应满足下列要求:

a) 标准罗经位置和主操舵位置之间通信良好;

b) 罗经自差表或曲线图有效;

c) 剩余自差极限值:标准罗经在±3°以内,操舵罗经在±5°以内;

d) 罗经差测定结果记录在罗经自差簿中;

e) 磁罗经液体透明,无气泡(直径不超过 2 mm),转动灵活;

f) 磁罗经照明正常,读数可以在驾驶室操舵位置看清。

7.1.2 陀螺罗经应满足下列要求:

a) 陀螺罗经及其复示器工作状况良好,其读数相差小于 0.5°;

b) 罗经差测定结果记录在罗经自差簿中;

c) 单转子或电控罗经温度和噪声均处于正常状态;

d) 照明良好,在主操舵位置能清楚地读数;

e) 如船舶配备艏向传送装置以替代陀螺罗经,该装置工作正常。

7.1.3 操舵系统应满足下列要求:

a) 舵角指示器工作及照明正常;

b) 开航前 12 h 之内,按要求对操舵装置进行检查和试验。

7.1.4 雷达应满足下列要求:

a) 首向线显示宽度误差在±0.5°以内,指零误差小于 1°;

b) 扫描中心与荧光屏中心一致;

c) 雷达调谐正常,亮度、增益、对比度调节正常,信号显示清晰;

d) 各项抗干扰抑制正常;

e) 各固定距标圈间隔相等;

f) 方位误差在±1°以内,距离误差小于 70 m 或固定距标值的 1.5%(取其大值);

g) 雷达工作盲区示意图张贴。

7.1.5 自动雷达标绘仪应满足下列要求：

a) 报警功能正常；

b) 跟踪及处理目标能力正常(最少捕获目标：自动应为20个，手动应为10个)；

c) 罗经信号及速度信号能正确接入；

d) 能提供目标的方位、距离及最近会遇距离和时间以及目标的真航向和真速度等信息；

e) 信息的精度(95%概率值)：真航向为2.5°～7.5°，真速度为0.8 kn～1.2 kn；

f) 其提供信息的时间：真运动为3 min，相对运动为1 min。

7.1.6 测深仪应满足下列要求：

a) 零点显示准确；

b) 回波清晰稳定；

c) 记录准确，打印清晰；

d) 深度报警功能测试正常。

7.1.7 计程仪应满足下列要求：

a) 面板数字显示及复零功能正常；

b) 主仪器与复示器间的速度偏差小于0.5 kn；

c) 能将信号正常输送到相关设备。

7.1.8 天文钟应满足下列要求：

a) 校对天文钟并记录误差，必要时进行调整；

b) 石英天文钟日差在±0.1 s以内，机械天文钟日差在±4.0 s以内。

7.1.9 六分仪应满足下列要求：

a) 误差在±3.0′以内；

b) 附件齐全。

7.1.10 电子定位设备工作正常，与其他设备连接良好。

7.1.11 船舶自动识别系统(AIS)应满足下列要求：

a) 自检测结果正常；

b) 能显示AIS基站或其他船舶的信息；

c) 能发送和接收安全短信息；

d) 初始设置、航次信息输入正确；

e) 与其他设备的连接良好。

7.1.12 电子海图应满足下列要求：

a) 定位系统(GPS)、电罗经、计程仪等传感器与电子海图连接正常并能够正确地向电子海图传送相关信息；

b) 系统海图能够覆盖整个预定航行海区；

c) 电子海图已改正到最新；

d) 航次计划已在电子海图上完成并进行了系统检查和相关标注；

e) 已设置好偏航、搁浅等危险报警，预定航线处于被监控状态；

f) 如果船舶没有配备纸质海图，除电子海图主系统满足以上要求外，备份系统应处于随时可切换使用状态。

7.2 信号设备

7.2.1 航行灯、锚灯和失控灯应满足下列要求：

a) 前、后桅灯、尾灯、左右舷灯、锚灯、失控灯安装准确，状况良好；

b) 故障报警(声光)试验正常；

c) 航行灯备用灯泡齐全；

d) 舷灯遮光板涂有无光黑漆；

e) 主、应急电源供电正常。

7.2.2 白昼信号灯应满足下列要求：

a) 白昼信号灯 12 V/24 V 电路或电池试验正常；

b) 状况良好；

c) 备用灯泡齐全。

7.2.3 号灯、号型、号旗、音响信号备齐有效，工作正常。

7.3 开航准备

7.3.1 航次开航前，船长应向各部门负责人通知航次任务。

7.3.2 各部门负责人以及驾驶员和轮机员应根据本航次任务做好各项开航准备工作；并按照公司安全管理体系进行开航前的检查工作(检查内容参见附录 A)，并应向船长报告，影响开航的缺陷已经纠正。

7.3.3 对预定航次，应结合船舶的特点，考虑航行途中经常出现和合理预见风险，在研究有关资料的基础上制定相应的航行安全措施，并予以部署。

7.3.4 对预定航次，船长和驾驶员应在研究有关资料的基础上做好航行计划。航行计划应至少包括以下内容：

a) 预计航线上的气象情况和海况；

b) 各转向点的经纬度；

c) 各段航线的航程和预计到达各转向点的时间；

d) 复杂航段的航法以及对航线附近的危险物的避险手段；

e) 特殊航区的注意事项。

7.3.5 开航前，应充分并恰当地运用预定航线上所必需的、有效的以及最新改正的航海图书资料和其他航海出版物，制定从出发港到下一停靠港或目的港的预定航线。该计划航线应考虑：

a) 相关的船舶定线系统；

b) 有足够的海上空间作为船舶全航程的安全通道；

c) 所有应知的航行危险和不利的天气条件；

d) 对海洋环境的保护。

7.3.6 开航前，应将经船长审核确认的计划航线清楚地标绘在有关海图上。

7.3.7 大副、轮机长在与船长协商后，应确定并落实本航次所需足够的各种食品、淡水、物料、燃润料以及备品的数量。

7.3.8 船舶在开航前，船长及有关船员确认船舶安全技术状况，并考虑：

a) 船舶稳性、吃水、吃水差和船舶强度(弯矩和剪力，适用时)处于安全和适宜状态下；

b) 船舶导航仪器、通讯设备、推进与辅助装置等航行及航行安全设备工作正常；

c) 值班驾驶员应会同值班轮机员核对了船钟、车钟并进行操舵装置的试验，并确认设备工作正常；

d) 应接收并处理开航前 24 h 内航经水域的航行警告和气象警告，并采取相应措施。

7.3.9 引航员登离船装置要求如下：

a) 供引航员登离船使用的所有装置均能达到使引航员安全登船和离船的目的；

b) 引航员登离船装置，包括引航员软梯(或机械升降器)、安全绳、救生圈、撇缆绳、支柱、舷墙梯和照明等处于正常状态。

7.4 船舶保安

7.4.1 船舶正在执行主管机关规定的保安等级，并应按保安计划采取相应的保安措施。

7.4.2 船上的保安设备工作正常。

8 装载状态与稳性

8.1 一般要求

船舶装载状态应符合该船种和货物装载状态的附加要求。

8.2 船舶吃水、吃水差

8.2.1 吃水

8.2.1.1 船舶吃水符合预定航程的水深要求。

8.2.1.2 未浸没经主管部门核定相应载重线。

8.2.1.3 保证留有足够的富余水深，并应符合港口的特殊要求。

8.2.1.4 空船最小吃水要求如下：

——当两柱间长 $L_{BP} \leqslant 150$ m 时，最小首吃水 $dF_{min} \geqslant 0.025L_{BP}$(m)，最小平均吃水 $dM_{min} \geqslant 0.02L_{BP}+2$(m)；

——当两柱间长 $L_{BP} > 150$ m 时，最小首吃水 $dF_{min} \geqslant 0.012L_{BP}+2$(m)，最小平均吃水 $dM_{min} \geqslant 0.02L_{BP}+2$(m)；

——空载航行时，通过压载使平均吃水达到夏季满载吃水的50%以上，冬季航行时应达到夏季满载吃水的55%～60%。

8.2.2 吃水差

8.2.2.1 船舶应保持适当的吃水差。

8.2.2.2 空船吃水差以 $t \leqslant 0.025L_{BP}$（即纵倾角小于1.5°）为宜。但并不妨碍具体船舶在实践中采用适合本船的吃水和吃水差。

8.2.2.3 螺旋桨的沉深比在静水中不小于0.5，在风浪中不小于0.65～0.75。

8.3 船舶基本稳性衡准要求

8.3.1 国际航行船舶在各种装载状态下，经自由液面修正后应执行以下基本稳性衡准要求：

——初稳性高度不小于0.15 m(适用船种)；

——横倾角在0°～30°之间，静稳性曲线(GZ 曲线)下面积不小于0.055 m·rad；

——横倾角在0°～40°(如进水角 θ_f 小于40°，则至进水角)之间，静稳性曲线下面积不小于0.090 m·rad；

——横倾角在30°～40°(如进水角 θ_f 小于40°，则至进水角)之间，静稳性曲线下面积不小于0.030 m·rad；

——在横倾角等于或大于30°处，复原力臂不小于0.20 m；

——最大复原力臂最好在横倾角大于30°处，但不得在小于25°处；

——天气衡准：船长大于或等于24 m的船舶，满足天气衡准要求。

8.3.2 国内航行的船舶，在各种装载状态下经自由液面修正后应执行以下基本稳性衡准要求：

——初稳性高度不小于0.15 m(适用船种)。

——横倾角等于30°处的复原力臂不小于0.20 m，如船舶进水角小于30°，则进水角处的复原力臂不小于该规定值。

——船舶最大复原力臂对应角 $\theta_{s/max}$ 不小于25°。且进水角 θ_f 不小于最大复原力臂对应的横倾角 $\theta_{s/max}$。

——当型宽与型深比 $B/D > 2$ 时，最大复原力臂对应角可以减小 δ_θ 值：

$$\delta_\theta = 20 \times \left(\frac{B}{D} - 2\right) \times (K - 1)$$

式中：

B——船舶型宽，单位为米(m)，当 $B > 2.5D$ 时，取 $B = 2.5D$；

D——船舶型深，单位为米(m)；

K——稳性衡准数，当 $K>1.5$ 时，取 $K=1.5$。

——船舶在各种装载状态下的稳性衡准数不小于 1($K\geqslant1$)。

9 消防

9.1 总体要求

船舶防火结构布置及探火、灭火设备的配备及分布与防火控制图标识一致，状况良好。

9.2 防火结构及布置

9.2.1 下列防火结构及防火分隔应保持完整有效，如有改装和修理，应得到主管机关或认可的组织的认可：

a) 各级防火结构、防火分隔及其上的隔热材料和甲板敷料；

b) 各类电缆、管系、管道穿过防火分隔的防火处理；

c) 机器处所的燃油、润滑油以及污油的储存及管系布置。

9.2.2 各级防火分隔上的防火门应：

a) 保持完好，启闭正常；

b) 自闭式防火门的自动关闭功能不得被阻止或妨碍；

c) 装设在 A 类处所限界面舱壁上门适当气密和能够自闭。

9.2.3 空气管及通风筒内的防火装置应：

a) 完整有效；

b) 其操作位置易于到达并有显著标识。

9.2.4 机械式通风的应急关闭装置应：

a) 功能良好；

b) 控制按钮易于到达并有显著标识。

9.2.5 厨房炉灶排气导管相关的下列装置应处于良好的工作状态：

a) 集油器；

b) 挡火闸；

c) 风机关闭装置；

d) 灭火装置。

9.2.6 除厨房和配餐间之外的其他场所不得使用任何形式的炉灶。

9.2.7 氧气、乙炔气瓶固定良好，并分开储存在通风良好的处所。

9.2.8 油漆储存在专门的舱室并系固稳妥，并有专门的灭火设施。如该舱室的面积超过 4 m^2，则有固定的 CO_2 或水喷淋灭火系统。

9.3 火灾探测与失火报警

9.3.1 火灾探测装置的布置和性能要求如下：

a) 满足主管机关认定的有关规范的要求；

b) 工作正常，对烟气或热源探测灵敏；

c) 探头标识正确；

d) 操作说明张贴在控制箱附近，自检显示工作正常；

e) 能在主电源和应急电源间自动转换，工作正常；

f) 抽烟探火系统风机工作正常，管路畅通。

9.3.2 手动报警装置状态良好，按钮标识正确。

9.3.3 防火巡视计划、巡视路线图完整、明确并张贴。

9.4 **灭火设备**

9.4.1 **固定式气体灭火系统**

9.4.1.1 固定式气体灭火系统的下列项目应经检验有效：

——灭火剂重量或体积；

——管路畅通性。

9.4.1.2 固定式气体灭火系统的遥控和现场释放装置应：

——功能正常；

——易于接近；

——操作说明清晰、明确且位于附近；

——对经常性有人值班处所释放前自动报警装置功能正常。

9.4.1.3 输送灭火剂至被保护处所的管路控制阀应：

——状况良好；

——标识清晰。

9.4.1.4 固定式气体灭火系统就地释放位置：

——应急照明和应急通信设备状况良好；

——如有机械式通风装置，应处于良好的工作状态；如无机械通风装置，则通风孔应布置成能使室内空气对流。

9.4.2 **泡沫灭火系统**

泡沫灭火系统要求如下：

a) 泡沫液数量充足，化学成分分析报告有效；

b) 操作说明清晰、明确且张贴于释放位置附近；

c) 管路畅通，标志清楚；

d) 易于接近；

e) 应急照明和应急通信设备状况良好；

f) 泡沫发生器、动力源、泡沫液及系统的控制装置处于有效的工作状态。

9.4.3 **消防水系统**

消防水系统要求如下：

a) 主消防泵及超压释放阀状态良好。

b) 主消防管系完好无泄漏；隔离阀活络并标识清晰。

c) 消防水带、水枪及其他专用工具齐全，处于良好状态，存放位置标识清晰。水雾水柱两用水枪转换灵活、工作正常。

d) 国际通岸接头符合要求：

——螺栓、垫片齐全，状态良好；

——按主管机关认可的防火控制图存放在指定位置；

——存放位置标识清晰。

9.4.4 **手提式灭火设备**

手提式灭火设备要求如下：

a) 配备(包括其形式、规格、数量和位置)符合经主管机关认可的防火控制图的要求且标识清楚。

b) 有相应的产品检验证书或检修证书。

c) 外观整洁良好。

d) 进行妥善的绑扎和固定。

e) 手提式灭火设备的备品配备：

——与在用灭火器的型号和容量相同；

——每种型号的数量达到前10个灭火器的100%和其余灭火器的50%，但不必超过60份。

9.5 消防员装备及个人防护用品

9.5.1 消防员装备和个人防护用品应：

a) 满足主管机关或认可的组织的要求并有相应的产品检验证书；

b) 按主管机关或认可的组织认可的防火控制图进行配备和布置；

c) 存放处所易于到达、清晰标识；

d) 存放处所主照明和应急照明工作正常。

9.5.2 消防员防护服及备品应：

a) 完好整洁，属具齐全；

b) 消防靴绝缘性能良好；

c) 太平斧手柄高电压绝缘；

d) 安全灯为防爆型。

9.5.3 消防员呼吸器应：

a) 为自给式；

b) 保持完好无泄漏，面罩气密；

c) 气瓶有足够压力，低压报警功能正常；

d) 每套呼吸器至少有两个备用气瓶。

9.5.4 紧急逃生呼吸器应：

a) 外观整洁完好无泄漏；

b) 气瓶压力在正常范围内；

c) 使用说明清晰可见。

9.6 防火控制图

9.6.1 由主管机关或认可的组织认可。

9.6.2 完整清晰。

9.6.3 按照图示位置张贴和保存。

9.6.4 位于船舶两舷生活区主要入口附近的防火控制图置于有醒目标识的风雨密的密闭容器内。

9.7 脱险通道

9.7.1 防护完整、畅通无障碍。

9.7.2 清晰地标识撤离路线，标识要有荧光显示。

9.7.3 主照明和应急照明工作正常。

10 救生

10.1 救生(助)艇

10.1.1 艇体外观良好、无破损，船名、船籍港、载员定额等标识清楚。

10.1.2 发动机能够在启动操作程序开始后2 min内正常启动，正、倒车工作正常。

10.1.3 发动机燃油量储备充足。

10.1.4 操舵装置状态良好，活络有效。

10.1.5 属具齐全、完整、有效。

10.1.6 艇架、构件、滑车、吊艇索、紧固件等状况良好、无损坏。

10.1.7 降落和回收装置灵活可靠。

10.1.8 吊艇钩的脱开装置活络、无锈死，能够正常操作。

10.1.9 降落释放图解说明、标志和标识清晰、完好，张贴于应急照明附近。

10.1.10 艇顶人工控制灯、搜索灯、艇内照明及电源工作正常。

10.1.11 持续处于准备使用状态。

10.2 救生筏

10.2.1 筏壳外观良好、无破损，载员定额标识清楚。

10.2.2 首缆连接正确、无断裂。

10.2.3 薄弱环完好无损。

10.2.4 静水压力释放器安装正常、有效。

10.2.5 降落装置释放可靠。

10.2.6 救生筏和静水压力释放器业经主管机关认可的检修站检修有效。

10.2.7 降落释放图解说明、标志和标识清晰、完好，张贴于应急照明附近。

10.2.8 无妨碍救生筏释放的绑扎带。

10.2.9 吊架降落救生筏贴紧救生筏装置完好。

10.3 救生衣

10.3.1 外观良好，无腐烂、破损。

10.3.2 救生衣灯光强、闪光频率正常。

10.3.3 备有用细索系牢的哨笛。

10.3.4 存放在容易到达之处，位置予以明显标识。

10.4 救生圈

10.4.1 外观良好，无腐烂、破损。

10.4.2 外径不大于 800 mm，内径不小于 400 mm。

10.4.3 质量不小于 2.5 kg；配备自发烟雾信号及自亮灯的救生圈，其质量至少为 4 kg。

10.4.4 分放在船舶两舷容易拿到之处，且至少有一个存放在船尾附近。

10.4.5 能随时迅速取下，不应以任何方式永久系牢。

10.4.6 船名、船籍港标识清晰。

10.4.7 可浮救生索为抗扭转式，直径不小于 8 mm，长度不小于其存放处在最轻载航行水线以上高度的两倍或 30 m，取较大者。

10.4.8 驾驶台两侧带组合烟雾信号的救生圈能快速释放。

10.5 浸水保温服

浸水保温服外观良好，无腐烂、破损。

10.6 救生(视觉)信号

10.6.1 防水外壳完好、无损坏。

10.6.2 外壳上的简明须知或图解清晰。

10.6.3 配备齐全、有效。

10.7 抛绳设备

10.7.1 防水外壳或风雨密容器完好无损坏。

10.7.2 简要用法说明书或图解清晰。

10.7.3 配备齐全、保持有效。

10.8 登乘装置

10.8.1 登乘扶手牢固无断裂。

10.8.2 登乘踏板完整无损坏，具备防滑功能。

10.8.3 登乘梯长度能在空载情况下及于水面，边绳完整无断裂、损坏。

10.9 公共广播系统

10.9.1 系统工作正常，持续可用。

10.9.2 有线广播系统与应急电源相连接正常。

10.10 通用报警系统

通用应急报警系统工作正常持续可用。

11 机电设备

11.1 主动力推进装置

11.1.1 柴油机通用要求如下：

a) 机座底脚螺栓、贯穿螺栓紧固良好，对主机支撑状况良好；

b) 气缸盖及附件无异常漏油、漏水、漏气，排烟管系无漏泄，保护层完好；

c) 主轴承、连杆大端轴承及凸轮轴轴承等部位的润滑良好，各连接件的紧固螺栓、油管接头无松动，油底壳无杂物，正常无漏泄；

d) 增压器转动自如、润滑充分，空气滤网清洁完好，辅助鼓风机状况良好；

e) 曲柄箱防爆门开启功能正常，油雾泄放管畅通，油雾浓度探测报警装置功能正常；

f) 调速器功能正常，机械连接良好，油门杆各支点轴承润滑充分；

g) 高压油泵油门齿条、定时齿条活络；

h) 为柴油机服务的主要泵浦及其驱动装置工况正常；

i) 各种仪表、传感器完好，功能正常，指示准确；

j) 各种报警功能完好，安全保护系统工作正常、动作准确，超速保护装置处于正常状态；

k) 润滑油系统油位正常，润滑油各项理化指标在正常范围内，滑油温度、压力满足规定要求；

l) 启动空气系统工作正常，系统安全阀、主启动阀、气缸启动阀、空气分配器动作灵活，工况正常；

m) 控制系统、安全系统空气压力稳定、干燥，系统各阀件工况正常无漏泄；

n) 燃油系统工况正常无漏泄，燃油温度、压力满足要求，黏度计工作可靠，主机高压油管保护套管结构完整，燃油泄漏报警功能正常；

o) 轻重油转换机构工作正常，阀件正确开关，回油畅通；

p) 燃油系统、滑油系统功能正常，滤器状况良好，滤器前后压差在正常范围内；

q) 各种热交换器功能完好，温度调节器温度调节动作准确、灵敏；

r) 膨胀水箱水位正常，水质符合要求，补水功能正常，透气管畅通，汽水分离器工况良好；

s) 操纵系统的遥控、集控、机旁手控转换功能及信号指示正常，启动、换向、调速、停车功能正常，机舱与驾驶台联系电话、车钟功能正常。

11.1.2 二冲程柴油机除满足11.1.1外，要求如下：

a) 十字头轴承、导板等部位的润滑良好；

b) 活塞冷却系统工作正常，活塞冷却循环柜液位正常，冷却液质量符合规定；

c) 扫气箱无过量积垢、污油和污水，扫气箱放残管系畅通，阀件开关正确，进排气阀、扫气单向阀开关灵活；

d) 气缸油注油器工况正常，手动泵油各注油点供油正常。

11.1.3 四冲程柴油机除满足11.1.1外，要求如下：

a) 进、排气阀间隙在说明书规定范围内；

b) 曲柄箱润滑油油位在正常范围内，油质良好；

c) 自动预润滑油泵功能正常。

11.1.4 推进装置要求如下：

a) 减速齿轮箱、离合器状况良好，润滑充分，功能正常。

b) 可变螺距推进装置及侧推器装置技术状况良好，功能正常。

c) 曲轴臂距差在主机说明书规定的范围内；推力轴承、中间轴承、艉轴承润滑油质良好、油位适中；供油装置及艉轴密封良好，推力轴承、中间轴承冷却液畅通；各轴段的法兰连接螺栓无松动或断裂。

d) 盘车、冲车、启动、换向功能正常。

11.2 发电机柴油机

发电机柴油机的要求应参照11.1.1、11.1.3规定，且起动、运转平稳，工作正常。

11.3 主发电机

11.3.1 船舶交流发电机电压达到额定值，其稳态电压变化率应在±2.5%以内。

11.3.2 交流发电机正常运行时，电网频率的波动范围应保证在额定频率的±5%以内。

11.3.3 发电机定、转子绕组的绝缘电阻值应不低于1 MΩ。

11.4 配电系统

11.4.1 主配电盘的各种仪表齐全，设备完好，各种装置应工作可靠，对电力系统的控制、测量、保护和调整功能齐全。

11.4.2 船舶主配电盘对地绝缘电阻应不小于1 MΩ。

11.4.3 发电机控制屏上的主开关、转换开关、合（分）闸按钮、调速开关（按钮）、各种仪表、指示灯、励磁装置、继电保护装置应工作正常。

11.4.4 并车屏上的同步表、同步指示灯、转换开关、调速开关及合闸按钮等应工作正常。

11.4.5 发电机组之间自动并车、频率与有功功率的自动调节、电压与无功功率的自动调节装置正常。

11.4.6 负载屏上的各种配电开关、熔断器、测量绝缘用的兆欧表及各种仪表应工作正常。

11.4.7 负载屏上的岸电开关应与发电机主开关连锁有效。

11.4.8 配电盘的供电应保证在正常供电的情况下对应急配电盘实施供电；在主电源发生故障的情况下，保证联络开关断开，使应急配电盘向应急电网送电。

11.4.9 配电板的前后安放绝缘垫或格栅，主照明和应急照明应工作良好。

11.4.10 发电机主开关及保护装置：

a) 手动及自动接通和断开电路功能正常。

b) 活动部件工作正常，紧固件无松动，可调部分无变形。

c) 合闸操作机构动作灵活、可靠，主触头表面光洁；保护装置及延时装置工作正常、可靠；主开关的逆功率、过载、短路、欠压整定值符合要求。各保护装置的整定值如下：

——长延时过电流脱扣：在发电机的额定电流的125%～135%时，延时15 s～30 s；

——短延时过电流脱扣：在发电机的额定电流的200%～250%时，延时不超过0.6 s（直流0.2 s）；

——逆功率保护：在发电机额定功率的8%～15%时，延时3 s～10 s；

——欠压保护：在发电机电压低至额定电压70%～35%时，经适当延时后动作。

11.5 电动机

11.5.1 运行平稳，无异常震动和噪音，温升符合要求；电动机与负载连接可靠，符合技术要求。

11.5.2 对地绝缘值大于1 MΩ。

11.5.3 短路保护、过载保护、缺相运行保护及失压、欠压保护动作准确、可靠。

11.5.4 自动化船舶机舱电动机的起动顺序控制系统工作可靠。

11.6 照明系统

11.6.1 供电正常，绝缘符合要求。

11.6.2 临时照明灯具采用防护型，防爆灯具结构完整。

11.6.3 冷藏、冰库及临时应急灯具应采用白炽灯或低温下能瞬间启动的灯具。

11.6.4 应急照明灯具标有明显的标志。

11.7 变压器

11.7.1 工作正常，绝缘电阻及温升符合要求。

11.7.2 外部保持干燥及清洁。

11.8 机舱监测与报警

11.8.1 工作状态良好,系统声光报警工作正常。

11.8.2 监测系统自检、闭锁、唤醒、延伸报警工作正常。

11.8.3 报警系统的传感器自检功能工作正常。

11.9 辅助机械

11.9.1 锚机、绞缆机应符合下列要求:

a) 地脚螺栓和各主要连接件紧固状况良好;
b) 机体、底座外壳、传动齿轮无损伤或裂纹;
c) 离合器、刹车带、制动器无缺损,磨损在允许范围内;操纵机构完整,动作平稳,功能正常;
d) 减速齿轮箱内的润滑油的液位正常、品质良好;各润滑点润滑充分;
e) 运转试验时功能正常、动作灵活;
f) 液压油柜油位正常、油的品质良好;
g) 液压系统无明显泄漏,工作参数正常;
h) 液压装置各主要元件技术状况良好;
i) 电机、电器的绝缘良好,运转无障碍;
j) 运行电压、电流数值正常,失压保护功能正常。

11.9.2 辅锅炉应符合下列要求:

a) 锅炉本体、风道、阀门、管系等附件无漏水、汽、气,无严重变形或损伤;
b) 锅炉汽压控制系统工作正常,仪表指示准确;
c) 炉水水位显示装置可靠正确,高低水位警戒标志清晰,显示装置的切断阀启闭正常,操纵机构完好;
d) 主停汽阀开关正常;
e) 安全阀启闭功能正常,外表无损伤,泄压畅通;
f) 锅炉自动控制系统功能正常,人工点火操作试验正常;
g) 燃烧系统正常,火焰及排烟颜色正常;
h) 各报警及安全保护装置,功能正常;
i) 锅炉供水系统正常,无严重漏泄,热水井水位、水质符合要求,大气冷凝器工作正常;
j) 锅炉上下排污系统功能正常;
k) 废气锅炉除符合上述相应项目外,其炉水循环泵工作状况良好,备用炉水循环泵及自动切换装置功能试验正常;
l) 锅炉吹灰装置及烟气挡板调节机构性能良好,锅炉烟道无严重油垢或灰渣堆积;
m) 锅炉附近无易燃、易爆、易腐蚀物品堆积,周围清洁畅通,消防器具齐全;
n) 锅炉及高温管路的隔热设施完好;
o) 炉水化验器具和化学处理剂储备充足。

11.9.3 空调、冰机装置应符合下列要求:

a) 制冷压缩机工作正常,润滑油油位符合要求、品质良好;
b) 制冷系统无漏泄,运行参数正常;
c) 系统各元件、仪表齐全且工作状况良好;
d) 风机状况良好,工作正常;
e) 冷却水、蒸汽加热系统工作正常;
f) 制冷剂、润滑油储备充足。

11.9.4 空压机应符合下列要求：

a) 各主要连接件紧固且状况良好，空压机工作可靠，对空气瓶充气应能在1h内由大气压力升至空气瓶额定压力；

b) 油泵工作正常，润滑油油位符合要求、品质良好、储备充足；

c) 空气系统无明显漏泄，自动补气工作正常；保持主空气瓶压力在正常范围内，放残系统正常；

d) 冷却水系统工作正常；

e) 安全阀工作正常，卸载机构工作可靠。

11.9.5 分油机应符合下列要求：

a) 蜗轮、蜗杆、立轴及离合器状态良好；

b) 齿轮箱油位符合要求，油的品质良好；

c) 工作水系统工作正常；

d) 滤器、分离筒清洁，分离效果良好；

e) 加热系统正常；

f) 自动控制系统良好；

g) 运行平稳，分油压力、温度正常。

11.9.6 造水机应符合下列要求：

a) 装置密封性能良好；

b) 工作水泵工作水压达到规定值；

c) 凝水泵工作状态良好；

d) 盐度计功能正常；

e) 化学处理剂储备充足。

11.9.7 管系应符合下列要求：

a) 无明显的跑、冒、滴、漏现象，正在运转的泵浦工作状态良好；

b) 各备用泵浦处于良好状态，随时可投入运行；

c) 压载泵、海水泵、通用泵等必要的泵浦及管系间的转换系统功能正常；

d) 管系中的盲板或隔离装置功能正常。

11.9.8 通风装置应符合下列要求：

a) 通风机工作状态良好，就地和遥控系统功能正常；

b) 通风筒清洁，无脏污；

c) 通风管支撑牢固，风门调节挡板及其紧固装置状态完好，无锈死现象；

d) 机舱天窗应急关闭装置正常工作，机舱天窗关闭时能保持风雨密；

e) 机舱通风筒挡火板活络，开关标志清楚；通风筒开关装置工作正常。

11.9.9 机舱水密门、起重设备应符合下列要求：

a) 机舱水密门工作状态良好，就地和遥控系统功能正常；

b) 机舱起重设备工作状态良好。

11.10 操舵装置

11.10.1 实际舵角和舵角指示器的指示舵角“零”位一致。

11.10.2 实际舵角与舵角指示器偏差符合表1的规定。

表 1 单位为度

实 际 舵 角	驾驶台舵角指示器允许偏差
0	≤1.0
0～5	≤1.5
5～35	≤2.5

11.10.3 使用主操舵装置时，在船舶最大航海吃水和最大前进航速时，舵自一舷 35°转至另一舷 30°所用的时间不大于 28 s。

11.10.4 船舶在满载吃水，航速为 7 kn 或 50%的最大营运航速(两者取其大者)的航行情况下，使用辅助操舵装置时，舵自一舷 15°转至另一舷 15°所用的时间不大于 60 s。

11.10.5 主操舵装置和辅助操舵装置互相转换迅速、可靠。

11.10.6 如主操舵装置具有两台或两台以上相同的动力设备，船舶未设置辅助操舵装置时，当所有动力设备都工作时，主操舵装置能按 11.10.3 的规定操舵。

11.10.7 如主操舵装置具有两台或两台以上相同的动力设备，船舶未设置辅助操舵装置时，对电动或电液操舵装置，操舵装置两套独立的控制系统之间应转换迅速、可靠。

11.10.8 驾驶室和舵机室之间的通信装置工作可靠。

11.10.9 最大舵角限制器处于良好技术状态。

11.10.10 如在舵机室内设有操舵装置专用的独立替代动力源，其应工作可靠、容量充足且能在 45 s 内向操舵装置自动提供动力。

11.10.11 在驾驶室和舵机舱内设置的、用以说明操舵装置控制系统和转舵系统正确操作程序和转换过程的永久性框图显示牌正确、清晰、无遮挡。

11.10.12 液压操舵装置液压油柜油位正常，固定储存柜容量充足。

11.10.13 操舵装置的下列监测、报警功能工作正常：

a) 在驾驶室及合适的主要机械控制位置能显示操舵装置电动机正在运转；
b) 当任一台操舵装置动力设备的动力源发生故障时，在驾驶室发出声光报警；
c) 当舵机电路及电动机发生断相及过载时，在驾驶室和机舱控制室发出声光报警；
d) 当操舵装置控制系统的动力源发生故障时，在驾驶室发出声光报警；
e) 操舵装置液压油柜油位低时，在驾驶室和机器处所发出声光报警；
f) 当发生可能会引起导致操舵失灵的液压阻塞时，在驾驶室发出声光报警。

11.10.14 应急操舵系统应符合下列要求：

a) 应急操舵位置的磁罗经或电罗经复示器工作正常；
b) 应急操舵相关各控制转换阀门标志清楚，电磁阀工作正常，管路无异常渗漏，如有人力操作，迅速有效。

11.11 应急设备

11.11.1 应急发电机要求如下：

a) 应急发电柴油机的要求参照 11.2，应急发电机的要求参照 11.3。
b) 能正常启动；如未设置临时应急电源，能在 45 s 内自动启动并投入工作；启动能源容量足够应急发电机自动连续启动 3 次，并在 30 min 后再次启动 3 次；控制开关置于自动启动位置。
c) 燃油储备保持充足。
d) 第二套独立的启动能源保持有效。
e) 冷却水系统加防冻液。

11.11.2 蓄电池要求如下：

a) 船舶蓄电池容量充足，能按照规定的时间为应急照明系统和必需的安全、报警设备供电；
b) 在主电源发生故障时自动接通并立即供电；
c) 充放电系统工作正常；
d) 电解液容量、密度符合要求；
e) 注液孔胶塞旋紧，其透气孔畅通；蓄电池的接线柱应采用凡士林等油脂涂封，接线牢固、可靠；
f) 露天蓄电池箱应可靠防水，箱盖与箱体、箱体与甲板之间连接应牢固；
g) 蓄电池室(箱)内整齐清洁、空气流通、严禁烟火；通风筒内防火网符合要求；

h) 配备足够的劳动保护用品及备品。

11.11.3 应急空压机要求如下：

a) 应急空压机的要求参照11.9.4；
b) 控制电源(包括应急电源)供电正常；
c) 处于随时可用状态，管路及接头没有松脱泄露，控制阀门活络，空气压力表工作指示正常。

11.11.4 应急消防泵要求如下：

a) 易于操作人员到达。
b) 处于良好的工作状态。
c) 随时可用，压力表指示正常，出水压力满足规定要求。当非人力启动时，启动能源充足有效。
d) 若采用柴油机作动力源：
——0 ℃的冷态下能人工随时启动，或采用主管机关认可的其他启动装置；
——启动装置能在30 min内至少启动6次，并在前10 min内至少启动2次；
——燃料储备能使应急消防泵在全负荷下运行至少18 h；
——冷却水系统加防冻液。

11.11.5 主机应急操车及停车装置工作正常，操作位置与机舱集控室及驾驶台的联络通畅，各种指示装置状态良好。

11.11.6 风油遥切和油柜速闭阀系统要求如下：

a) 即时可用，工作正常；
b) 明确标明各阀门控制的处所，各控制阀活络有效。

11.11.7 应急舱底阀有明显标志，技术状况良好，开关标志清楚，管道畅通、无渗漏。

11.11.8 机舱舱底水高位报警装置工作正常。

11.11.9 有连续防火遮蔽的应急逃生通道防火隔热材料保持完整，防火自闭门工作正常。

12 防污染

12.1 防止油类污染

12.1.1 油水分离设备或滤油设备要求如下：

a) 有关附件，如阀件、试验考克、气动或电磁阀、仪表、控制箱以及配套泵等工作正常；
b) 油分计、15 ppm报警器的电源、指示计、记录器、清洗系统、报警系统等工作正常；
c) 外观完好，分离筒内始终充满清水；
d) 滤芯保持清洁；
e) 分离水样无明显油污；
f) 没有设置直排舷外的旁通管系；
g) 有足够的滤芯等油水分离设备或滤油设备的消耗品。

12.1.2 按照《船上油污应急计划》配备溢油应急设备、器材，并且充足有效。《船上油污应急计划》沿岸国联络点清单最新有效。

12.1.3 油污水/油渣标准排放接头完好、管路畅通，污油泵工作正常。

12.1.4 在机舱内明显易见之处设有“禁止排放油污”的告示牌。

12.1.5 残油舱的富余容量满足下一拟定航程的需要。

12.2 防止生活污水污染

12.2.1 生活污水处理系统工作正常。

12.2.2 集污舱柜及其管系处于正常状态。

12.2.3 生活污水处理装置透气系统的火星熄灭装置工作正常。

12.2.4 排至舷外的排放管路及生活污水排放接头完好、管路畅通，生活污水泵工作正常。

12.2.5 生活污水处理装置报警系统工作正常。

12.3 防止垃圾污染

12.3.1 垃圾告示牌安装于指定位置。

12.3.2 垃圾合理分类、存放。垃圾容器以颜色图案形状大小或存放位置作明显区别。

12.3.3 垃圾处理设备工作正常。

12.4 防止造成空气污染

12.4.1 备有柴油机氮氧化物(NO_x)排放的相关文件，并记录影响柴油机 NO_x 排放的柴油机构件和调整的所有变化(适用船舶)。

12.4.2 船用燃油的含硫量符合船舶所航行区域对燃油含硫量的要求。船上燃油加油记录单和所供燃油的代表样品保存符合要求；燃油转换在《航海日志》和《轮机日志》上正确记录。

12.4.3 无故意排放破坏臭氧物质的行为，并对含有破坏臭氧物质的设备建立完整的维护保养记录。

12.4.4 焚烧炉点火工作正常，监测和报警系统功能正常，在焚烧炉的显要位置或附近有警告牌和注意事项牌。

12.5 压载水和沉积物管理

12.5.1 按照压载水管理计划的要求加载和排放处理船舶压载水和沉积物。

12.5.2 与压载水及沉积物相关的加载和排放操作记入压载水记录簿，按规定保存。

12.5.3 有足够的与压载水及沉积物管理相关的消耗品。

13 船舶通信

13.1 通信电源

13.1.1 主电源、应急电源和备用电源能自动切换。

13.1.2 应急电源参照 11.11.2 的要求。

13.1.3 备用电源充足，能立即投入使用。

13.2 应急照明

通信应急照明工作正常。

13.3 卫星通信船站

13.3.1 设备发射功能正常，天线跟踪良好，接收信号的电平达到规定值。

13.3.2 与定位仪的连接正常，能正确读出船位、航向等信息。

13.3.3 功能测试结果正常。

13.3.4 增强性群呼(EGC)接收功能、打印设备和存储单元工作正常。

13.4 中高频组合电台(MF/HF)

13.4.1 组合电台与定位仪保持良好连接，并能在数字选择性呼叫(DSC)终端正确读出船位等信息；如果设备没有与定位仪连接，则船位在开航前应为最新，并确保在航行过程中至少每 4 h 船位得到一次更新。

13.4.2 收信机前端过压保护和键控中断功能正常。

13.4.3 利用设备提供的自测功能对终端进行自检测，测试结果正常。

13.4.4 设备在各频段调谐良好。

13.4.5 单边带无线电话(SSB)要求如下：

a) 受话器与收发信机连接良好，收发控制功能正常；

b) 能利用单边带电话(SSB)呼叫海岸电台或监听海岸电台的通信。

13.4.6 窄带直接印字电报(NBDP)终端要求如下：

a) 打印机和显示终端工作正常；

b) 能通过自检程序，接收打印性能良好；

c) 能利用自动重传请求(ARQ)方式呼叫海岸电台进行测试,收发情况正常;

d) 能利用前向纠错(FEC)工作方式正确的接收海岸电台播发的相关信息。

13.4.7 DSC 终端要求如下:

a) 值班接收机能在频率 2 187.5 kHz、8 414.5 kHz,及 4 207.5 kHz、6 312 kHz、12 577 kHz、16 804.5 kHz中至少一个进行值守;

b) 与海岸电台联系和自检测试结果正常。

13.5 甚高频无线电话(VHF)

13.5.1 各频道收发正常,特别是 CH06、CH13 和 CH16。

13.5.2 VHF DSC 值守机能保持在 CH70 正常值守。

13.5.3 VHF 设备与船舶定位仪连接良好,船位、时间等信息准确。

13.5.4 DSC 终端设备在船电及备用电源下各功能自检正常。两台 VHF DSC 之间相发测试正常,声光报警正常。

13.5.5 能从 DSC 接收机中查阅应收到的 DSC 遇险呼叫和常规呼叫信息。

13.6 双向无线电话(TWO-WAY VHF)

13.6.1 各频道收发正常。

13.6.2 备用电池在有效期内且未开封使用。

13.6.3 充电式电话保持在持续充电状态。

13.7 奈伏泰斯(NAVTEX)要求

13.7.1 设备自检测试结果正常。

13.7.2 存储打印功能正常。

13.7.3 根据航区和需要接收的信息种类设置正确。

13.8 气象传真接收机

13.8.1 自检测试结果正常。

13.8.2 应接收到的气象传真图打印清楚。

13.8.3 根据航区设置正确。

13.9 卫星应急无线电示位标(EPIRB)

13.9.1 处在准备工作状态。

13.9.2 自检测结果正常,发射性能良好。

13.9.3 电池、静水压力释放器在有效期内,状况良好。

13.9.4 安置位置适当,固定状况良好。

13.9.5 经认可的岸基机构检验有效。

13.10 搜救雷达应答器(SART)

13.10.1 自检测试结果正常。

13.10.2 电池在有效期内。

13.11 远程确认和跟踪系统(LRIT)

13.11.1 自检测试结果正常。

13.11.2 能按要求发送信息。

13.11.3 与其他设备的连接良好。

13.12 航行数据记录仪(VDR)/简易航行数据记录仪(SVDR)

VDR/SVDR 报警单元报警功能正常,与其他设备的连接良好,保持常开。

13.13 船舶保安报警设备(SSAS)

SSAS 内外部功能测试正常,测试记录保存在船上。

13.14 天线

13.14.1 卫星天线固定牢固,电缆与天线之间的连接良好,能抵御海上的恶劣天气。

13.14.2 地面天线系统要求如下:

a) 天线的固定情况良好,绝缘子完好无损,表面光洁;

b) 发射天线与引入室内的铜管或电缆的连接端,接触良好;

c) 接收天线与电缆之间、电缆与接收设备之间接触良好,避雷装置可靠。

13.15 备品

13.15.1 如备用电源使用了蓄电池,电解液,蒸馏水应准备充足。

13.15.2 NAVTEX、气象信息机、EGC 接收机打印纸应准备充足。

13.16 标志

13.16.1 NBDP、DSC、Inmarsat 等设备的识别码应标示清楚。

13.16.2 DSC、Inmarsat 等遇险报警设备遇险操作程序应适当张贴。

13.16.3 SSB、VHF、DSC 遇险通信频率应张贴在 GMDSS 操作台附近,并可以随时获取。

14 其他

14.1 公司制定的安全管理体系应在船上得到有效的运行,新聘或转岗船员应按体系文件的要求进行熟悉职责培训。

14.2 船舶应按船舶保安计划或公司指定的保安规章制度落实各项保安措施。

14.3 船舶应配备满足船员生活和工作需要的足够有效的生活用品用具、防护用品、医疗用品设施,船员舱室空调及通风设施应处于良好工作状态。

14.4 船舶应根据航次时间和船员数量配备充足的食品、淡水,饮用淡水不少于每人每天 20 L,洗涤淡水不少于每人每天 70 L。

14.5 机电设备的主要备件及备品应满足船舶航行区域的最低配备,所有备件和备品应妥善包装和贮存。

14.6 可移动物件的要求如下:

a) 锚、艇、筏、备用锚、备用螺旋桨、主机备用缸套、活塞等大型备件、备品均应牢固的绑扎、固定,但不得妨碍正常使用;

b) 起吊设备可移动构件、高空附属件、构件、舷梯、舱盖等的焊接状态和固定状态应可靠。

14.7 危险物品应集中贮藏在规定的处所,并有专人保管,易燃废料应贮存在规定的有盖金属容器中。

附 录 A
（资料性附录）
开航前检查表

A.1 开航前检查表(非通导部分)

开航前检查表的样式参见表 A.1。

表 A.1

<table>
<tr><th>序号</th><th>检查项目</th><th colspan="2">检 查 内 容</th><th>检查结果</th><th>说明</th><th>检查人</th></tr>
<tr><td>1</td><td>船舶证书文书与资料</td><td colspan="2">是否齐全有效</td><td></td><td></td><td></td></tr>
<tr><td rowspan="3">2</td><td rowspan="3">船舶配员</td><td colspan="2">船员总人数不能超过船舶救生设备定额</td><td></td><td></td><td></td></tr>
<tr><td colspan="2">配备足够数量的船员，并应持有有效的专业培训证书</td><td></td><td></td><td></td></tr>
<tr><td colspan="2">参加航行值班的船员均持有相应的、有效的适任证书</td><td></td><td></td><td></td></tr>
<tr><td rowspan="7">3</td><td rowspan="7">船员职责与值班</td><td rowspan="5">船长和其他船员职责</td><td>持有相应的、有效的适任证书和专业培训合格证书</td><td></td><td></td><td></td></tr>
<tr><td>熟悉与其职务有关的船舶布置、装置、设备以及操作程序</td><td></td><td></td><td></td></tr>
<tr><td>具备履行其职责的实际操作和操纵能力</td><td></td><td></td><td></td></tr>
<tr><td>了解船舶应急预案，并能根据其本人应急职责进行有效的应急反应</td><td></td><td></td><td></td></tr>
<tr><td>无语言交流障碍，能清晰下达和准确接受航行指示与指令</td><td></td><td></td><td></td></tr>
<tr><td rowspan="2">参加航行值班船员</td><td>按规定得到了充分的休息，在值班前 4 h 内未喝酒，且血液中酒精含量小于 0.08%</td><td></td><td></td><td></td></tr>
<tr><td>航行值班安排表应张贴在船上易见之处</td><td></td><td></td><td></td></tr>
<tr><td rowspan="3">4</td><td rowspan="3">航次任务</td><td colspan="2">船长应向各部门负责人通知了航次任务</td><td></td><td></td><td></td></tr>
<tr><td colspan="2">相关船员应根据本航次任务做好各项开航准备工作</td><td></td><td></td><td></td></tr>
<tr><td colspan="2">应制定了相应的航行安全措施，并予以部署</td><td></td><td></td><td></td></tr>
<tr><td rowspan="3">5</td><td rowspan="3">航行计划</td><td colspan="2">应在研究有关资料的基础上做好了航行计划</td><td></td><td></td><td></td></tr>
<tr><td colspan="2">应充分并恰当地运用有关航海资料，计划好了从出发港到下一停靠港或目的港的预定航线</td><td></td><td></td><td></td></tr>
<tr><td colspan="2">经船长审核确认的计划航线清楚地标绘在有关海图上</td><td></td><td></td><td></td></tr>
<tr><td>6</td><td>燃油、淡水等储备</td><td colspan="2">应确定并落实本航次所需的有一定余量的燃润料、淡水、物料、食品以及备品的数量</td><td></td><td></td><td></td></tr>
<tr><td rowspan="4">7</td><td rowspan="4">航次准备会议</td><td colspan="2">应由船长主持召开</td><td></td><td></td><td></td></tr>
<tr><td colspan="2">应检查了各部门开航准备情况</td><td></td><td></td><td></td></tr>
<tr><td colspan="2">应确认船舶处于适航状态</td><td></td><td></td><td></td></tr>
<tr><td colspan="2">船长应向驾驶员提出了相关要求，做了相关布置</td><td></td><td></td><td></td></tr>
</table>

表 A.1(续)

序号	检查项目	检查内容		检查结果	说明	检查人
8	港口开航确认	各种船舶证书和船员证件齐全并有效				
		航次准备会议的部署应得到落实				
		船舶稳性、吃水、吃水差和强度处于安全和适宜状态				
		导航仪器、通讯设备、舵机和锚机等设备工作正常				
		应核对了船钟、车钟并进行了操舵装置的试验,设备工作正常				
		应按规定处理了开航前 24 h 内航经水域的航行警告和气象警告,并采取了必要的措施				
9	引航员登离船装置	满足 SOLAS 公约或我国《船舶与海上设施法定检验规则》的要求				
		能保证引航员安全登、离船				
		安装系在负责的驾驶员监督下进行				
10	船舶缺陷纠正	应按我国海事管理机构和港口国主管机关的要求纠正了影响船舶安全开航的缺陷				
		带着缺陷开航的船舶,应按主管机关的要求,制定了安全措施				
11	船舶保安	备有经主管机关批准的船舶保安计划				
		正在执行缔约国或船旗国政府主管机关规定的保安等级,并应采取相应的保安措施				
		船舶保安设备工作正常				
12	应变部署	应按规定编制并张贴船舶应变部署表				
		应急警报系统和应急广播系统工况良好				
		应按有关公约和法规配备了相应的船舶应急预案和支持系统				
13	船体结构和强度	一般要求	主甲板及船壳板、露天甲板和其他甲板			
			封闭上层建筑、甲板室、升降口			
			干舷甲板和上层建筑甲板上的舱口、舱口盖			
			甲板设备及基座			
			保护船员的结构和设施			
		重点项目	舷顶列板与甲板边板连接处			
			船舯部上层建筑端部与甲板过渡处的结构和焊缝			
			甲板室围壁转角与甲板连接处			
			舱口角隅处的甲板及焊缝			
14	水密和风雨密装置	封闭上层建筑、甲板室、升降口及其风雨密关闭装置				
		人孔与平舱口及其水密关闭设施				
		干舷甲板和上层建筑甲板上的舱口、舱口盖及其风雨密关闭设施				
		露天机舱棚的开口、天窗及其风雨密关闭设施				
		通风筒、空气管及其关闭设施				
		舷窗和风暴盖				

表 A.1(续)

<table>
<tr><th>序号</th><th>检查项目</th><th>检 查 内 容</th><th>检查结果</th><th>说明</th><th>检查人</th></tr>
<tr><td rowspan="7">14</td><td rowspan="7">水密和风雨密装置</td><td>排水舷口和挡板</td><td></td><td></td><td></td></tr>
<tr><td>液舱测深管、注入管的水密关闭装置</td><td></td><td></td><td></td></tr>
<tr><td>防撞舱壁和其他水密舱壁</td><td></td><td></td><td></td></tr>
<tr><td>舱壁甲板以上进行控制的阀件</td><td></td><td></td><td></td></tr>
<tr><td>水密门</td><td></td><td></td><td></td></tr>
<tr><td>干舷甲板上围蔽货物处所的排水系统</td><td></td><td></td><td></td></tr>
<tr><td>泄水管、卫生排水管、舷外排水管以及其上的阀和开闭指示器</td><td></td><td></td><td></td></tr>
<tr><td rowspan="12">15</td><td rowspan="12">消防</td><td>空气管及通风筒内的防火装置完整有效</td><td></td><td></td><td></td></tr>
<tr><td>各级防火分隔上的防火门保持完好,关闭正常</td><td></td><td></td><td></td></tr>
<tr><td>机械式通风的应急关闭装置功能良好</td><td></td><td></td><td></td></tr>
<tr><td>火灾探测装置的布置和性能工作正常</td><td></td><td></td><td></td></tr>
<tr><td>固定式大型灭火系统功能正常</td><td></td><td></td><td></td></tr>
<tr><td>消防水系统处于良好工作状态</td><td></td><td></td><td></td></tr>
<tr><td>泡沫灭火系统处于良好状态</td><td></td><td></td><td></td></tr>
<tr><td>消防员装备及个人防护用品完好整洁,属具齐全</td><td></td><td></td><td></td></tr>
<tr><td>手提式灭火设备外观整洁良好</td><td></td><td></td><td></td></tr>
<tr><td>脱险通道防护完整、畅通无障碍</td><td></td><td></td><td></td></tr>
<tr><td>消防员呼吸器保持完好,面罩气密,气瓶有足够压力,每套呼吸器至少有 2 个备用气瓶</td><td></td><td></td><td></td></tr>
<tr><td>紧急逃生呼吸器外观整洁完好,气瓶压力在正常范围内</td><td></td><td></td><td></td></tr>
<tr><td rowspan="8">16</td><td rowspan="8">救生(助)艇</td><td>发动机能够在启动操作程序开始后 2 min 内正常启动,螺旋桨正、倒车工作正常</td><td></td><td></td><td></td></tr>
<tr><td>艇体外观良好、无破损</td><td></td><td></td><td></td></tr>
<tr><td>发动机燃油量储备充足</td><td></td><td></td><td></td></tr>
<tr><td>属具齐全、完整、有效</td><td></td><td></td><td></td></tr>
<tr><td>艇架、构件、滑车、吊艇索、紧固件等状况良好,无损坏</td><td></td><td></td><td></td></tr>
<tr><td>降落和回收装置灵活可靠</td><td></td><td></td><td></td></tr>
<tr><td>吊艇钩的脱开装置活络、无锈死,能够正常操作</td><td></td><td></td><td></td></tr>
<tr><td>其降落释放图解说明、标志和标识清晰、完好</td><td></td><td></td><td></td></tr>
<tr><td rowspan="4">17</td><td rowspan="4">气胀式救生筏</td><td>首缆连接正确,无断裂</td><td></td><td></td><td></td></tr>
<tr><td>筏壳外观良好、无破损</td><td></td><td></td><td></td></tr>
<tr><td>静水压力释放器正常有效</td><td></td><td></td><td></td></tr>
<tr><td>降落装置释放可靠</td><td></td><td></td><td></td></tr>
<tr><td rowspan="2">18</td><td rowspan="2">救生衣</td><td>救生衣放在容易到达之处,其位置应予以明显标识</td><td></td><td></td><td></td></tr>
<tr><td>外观良好,无腐烂、破损,能随时迅速取下,有用细索系牢的哨笛</td><td></td><td></td><td></td></tr>
</table>

表 A.1(续)

序号	检查项目	检　查　内　容	检查结果	说明	检查人
19	救生圈	分放在船舶两舷容易拿到之处,至少有一个放在船尾附近			
		可浮救生索不打扭结,直径不小于 8 mm			
		配备齐全、有效,防水外壳完好、无损坏			
20	救生(视觉)信号	外壳上的简明须知或图解清晰无损坏			
		配备齐全、有效,防水外壳或风雨密容器完好无损坏			
21	抛绳设备	简要用法说明书或图解清晰无损坏			
22	登乘装置	登乘梯边绳完整无断裂、无损坏			
		登乘扶手牢固无断裂,登乘踏板完整无损坏			
23	公共广播系统	系统工作正常,持续可用,有线广播系统与应急电源相连接正常			
24	发电机与配电盘	应急发电机组:起动功能试验			
		主发电机组:电压、频率、绝缘电阻			
		主电站和应急电站切换功能			
		负载屏上的岸电开关与发电机主开关连锁			
		发电机主开关			
25	主要电气设备	主照明与应急照明系统转换检查			
		照明系统绝缘检查			
		应急照明试验检查			
		蓄电池:电压、工作试验			
		绝缘检查			
		外壳接地检查			
		水密性检查			
		静电防护检查			
		主要电动机的绝缘			
		变压器的绝缘			
26	机舱监测与报警	报警系统的自检功能			
		声光报警系统			
		报警系统的电源转换功能			
		部分重要传感器的自检功能			
27	操舵装置	操舵仪和舵角指示器“零”位应一致			
		主操舵装置和辅助操舵装置互相转换迅速、可靠			
		船舶未设置辅助操舵装置时,电动或液压操舵装置两套独立的控制系统之间转换迅速、可靠			
		驾驶室和舵机室之间的通信装置工作可靠			
		最大舵角限制器处于良好技术状态			

表 A.1（续）

序号	检查项目	检 查 内 容	检查结果	说明	检查人
27	操舵装置	如在舵机室内设有操舵装置专用的独立替代动力源，工作可靠、容量充足，且能在 45 s 内向操舵装置自动提供动力			
		在驾驶室和舵机舱内设置的、用以说明操舵装置控制系统和转舵系统正确操作程序和转换过程的永久性框图显示牌应正确、清晰、无遮挡			
		液压操舵装置液压油柜油位正常，固定储存柜容量充足			
		操舵装置的下列监测、报警功能工作正常： 在驾驶室及合适的主要机械控制位置显示操舵装置电动机正在运转的指示器； 当任一台操舵装置动力设备的动力源发生故障时，在驾驶室发出声光报警； 当舵机电路及电动机发生断相及过载时，在驾驶室及机舱控制室发出声光报警； 操舵装置控制系统的动力源发生故障时在驾驶室发出声光报警； 操舵装置液压油柜油位低时，在驾驶室和机器处所发出声光报警； 可能会导致操舵失灵的液压阻塞发生时，在驾驶室发出声光报警			
		应急操舵系统： 1. 应急操舵位置的磁罗经或电罗经复示器指示准确。 2. 应急操舵相关各控制转换阀门标志清楚，电磁阀工作正常；管路无异常渗漏。 如有人力操作，应迅速有效			
28	锚机、绞缆机	操纵机构试验，功能正常			
		锚机各主要部件无损伤或裂纹、固紧状况良好，功能正常			
		离合器、刹车带、制动器，磨损在允许范围内			
		润滑油液位和品质检查			
		液压锚机液压系统各主要构件技术状态良好，系统无明显泄漏			
		电机、电器设备绝缘和失压保护功能正常			
29	辅锅炉装置	安全阀启闭功能正常			
		辅助锅炉本体和附件无严重变形或损伤，功能正常			
		锅炉汽压控制系统工作正常，仪表指示准确			
		炉水循环泵和锅炉供水系统功能正常			
		炉水水位显示装置可靠正确			
		锅炉自动控制系统功能正常；人工点火操作试验正常			
		各报警及安全保护装置功能正常			
		锅炉周围无易燃、易爆、易腐蚀物品堆积，消防器具齐全，烟道无严重油垢或灰渣堆积			
		锅炉及高温管路的隔热设施完好			
		炉水处理药剂储备充足			

表 A.1(续)

序号	检查项目	检 查 内 容	检查结果	说明	检查人
30	空调、冰机装置	冷却水和蒸汽加热系统工作正常			
		制冷系统工作正常,系统无漏泄			
		风机工作状况良好			
		制冷剂、润滑油储备充足			
31	油水分离设备或滤油设备	分离水样无油污			
		阀件、试验考克、气动或电磁阀、仪表、控制箱以及配套泵等正常			
		油分计、15 ppm 报警器的电源、指示计、记录器、清洗系统、报警系统正常			
		油水分离设备或滤油设备的消耗品足够			
32	油渣焚烧炉	焚烧炉的显要位置或附近的警告牌和注意事项牌应就位			
		燃烧保护装置、极限控制、燃烧控制装置、程序控制装置、燃料供给控制装置、低电压保护装置、各种开关正常			
		点火试验正常			
33	溢油应急设备、器材	应按油污应急计划配备,充足有效			
34	油污水/油渣排岸管路、标准排放接头	管路畅通,污油泵工作正常			
		标准排放接头完好			
35	生活污水处理装置	报警系统工作正常			
		配套泵、管路、阀件等工作正常			
		透气系统装置工作正常			
36	生活污水排岸管路、标准排放接头	管路畅通,污水泵工作正常			
		标准排放接头完好			
37	垃圾告示牌	安装于指定位置,表面清洁			
38	垃圾容器	以颜色或存放位置作明显区别以存放不同种类垃圾			
39	垃圾处理设备	垃圾粉碎机、压实机等工作正常			
40	柴油机	备有 EIAPP 证书及氮氧化物排放的技术案卷			
		影响氮氧化物排放的柴油机构件及调整应在参数记录簿中记录			
41	燃油	燃油样品保存有效(1年或该批燃油耗空为止,取长者)			
		燃油转换应在航海日志中正确记录			
		含硫量符合航行区域对燃油含硫量的要求			
		加油单据符合要求并保存3年			
42	含有破坏臭氧层物质的设备	设备完好无泄漏			
		建立完整的维护保养记录			
43	压载水	压载水作业严格按照压载水管理计划进行,并在压载水记录簿中记录			

表 A.1（续）

序号	检查项目	检 查 内 容	检查结果	说明	检查人
44	公司管理体系	公司制定的安全管理体系在船舶得到有效的运行			
45	必需品	根据航次需要配备满足船员生活和工作需要的生活用品、防护用品、医疗用品			
		根据航次时间和船员数量配备充足的食品、淡水，饮用淡水不少于每人每天 20 L，洗涤淡水不少于每人每天 70 L			
46	备件、可移动物件及危险物品	危险物品贮存是否符合要求			
		备件是否符合要求			
		可移动物件是否应绑扎牢固			

A.2 助航导航设备检查表

助航导航设备检查表样式参见表 A.2。

表 A.2

序号	设备类型		安全检查核定项目				
1	通信电源	备用	电液密度	电池组电压	是否充足	充电装置工作情况	负载情况及转换
			电路、开关(熔丝)是否查清			负载范围是否清楚	电台应急照明
		应急					
		主电					
2	卫星船站	B、M、F船站	接收电平是否达到规定数值	能否通过机器内部自检测	与外设连接情况是否良好	通信程序是否清楚	根据航线设置缺省岸站
		C 船站	接收电平是否达到规定数值	PV 或 LINK 测试能否通过	与外设连接情况是否良好	通信程序是否清楚	根据航线设置 EGC 接收功能
3	组合电台	DSC 终端	是否能通过设备内部自检测	与外设连接情况是否良好	与岸台进行测试，结果正常	通信程序是否清楚，会查看接收到的信息	根据航线设置值守频率
		电话终端	电话键控程序良好		清楚了解电话通信程序，并与岸台沟通测试		
		NBDP 终端	清楚了解 NBDP 的通信程序，并与岸台沟通测试，结果正常				
4	甚高频无线电话（VHF）	电话终端	发射性能	接收性能	对设备进行自检情况	蓄电池供电情况	
		DSC 终端	清楚了解 DSC 通信程序		与外设连接情况是否良好		
5	双向无线电话设备		数量	未开封电池数量及有效期	CH16、CH06 信道收、发情况		

表 A.2（续）

序号	设备类型		安全检查核定项目						
6	NAVTEX 接收机		自检测情况	输出打印情况	供纸情况	根据航线设置接收台			
7	气象传真机		自检测情况	图象质量	供纸情况	根据航线设置接收台			
8	船舶自动识别系统		自检测情况	查看周围船舶信息情况	与外设备的连接情况	根据航线设置航次信息			
9	卫星应急无线电示位标		电池是否在有效期内	静水压力开关是否在有效期内	自检测情况	熟悉人工启动遇险报警程序			
10	搜救雷达应答器		电池是否在有效期内	自检测情况					
11	航行数据记录仪		自检测情况	电源供电情况	主机与黑匣子连接情况				
12	船舶保安报警设备（由主管人员进行）		内部检测情况	电源供电情况	清楚了解设备的启动				
13	天线系统	检查内容	结构、强度及绝缘情况						
		天线种类	中、高频天线	VHF 天线	GPS 天线	AIS 天线	卫星船站天线		
		检查结果							
14	磁罗经	检查内容	磁罗经与操舵位置通信	自查表或曲线图	罗经自查簿	磁罗经液面	磁罗经照明		
		检查结果							
15	陀螺罗经	检查内容	主罗经与各复示器读数情况	罗经自查簿	罗经温度与噪声	罗经照明			
		检查结果							
16	操舵系统	检查内容	操作说明及转换图	转换操作	失电报警测试	舵角指示及照明	开航前对舵		
		检查结果							
17	自动雷达标绘仪（ARPA）	检查内容	故障报警情况	操作报警情况	捕捉目标情况	目标计算速度	目标计算结果	目标的精度	罗经及速度信号
		检查结果							
18	测深仪	检查内容	零点显示	回波情况	打印情况	照明情况	报警功能		
		检查结果							
19	计程仪	检查内容	面板显示	复零功能	复示器偏差	与相关设备连接			
		检查结果							

表 A.2（续）

序号	设备类型		安全检查核定项目				
20	天文钟	是否校对		钟差满足要求		钟差记录簿	
21	六分仪	误差		附件			
22	电子定位设备	功能		与相关设备连接			
23	雷达	第一台	调谐情况		方位误差	固定距标圈	活动距标圈
			船首线误差		抗干扰情况	亮度/对比度情况	雷达盲区图
		第二台	调谐情况		方位误差	固定距标圈	活动距标圈
			船首线误差		抗干扰情况	亮度/对比度情况	雷达盲区图

参 考 文 献

[1] GB 15304—1994 全球海上遇险安全系统(GMDSS) 船用无线电通信设备技术要求.
[2] 1974 年国际海上人命安全公约.
[3] 经 1978 年议定书修订的 1973 年国际防止船舶造成污染公约.
[4] 1966 年国际载重线公约.
[5] 1969 年国际船舶吨位丈量公约.
[6] 1978 年海员培训、发证和值班标准国际公约.
[7] 1972 年国际海上避碰规则公约.
[8] 1979 年国际海上搜寻和救助公约.
[9] 船舶与海上设施法定检验规则.
[10] 国际救生设备规则(LSA).
[11] 国际消防安全系统规则(FSS).
[12] 水上无线电通信规则.
[13] 国际船舶安全营运和防止污染管理规则(ISM).
[14] 中华人民共和国海上交通安全法.
[15] 中华人民共和国船舶最低安全配员规则.
[16] 中华人民共和国海船船员值班规则.
[17] 中华人民共和国船舶签证管理规则.
[18] 中华人民共和国船员条例.

ICS 35.240.20
L 60

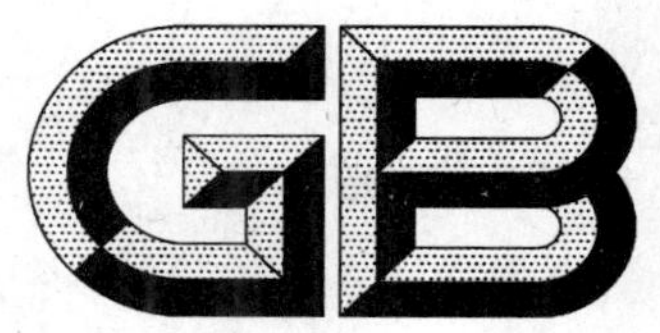

中华人民共和国国家标准

GB/T 11460—2009
代替 GB/T 11460—2000

信息技术　汉字字型要求和检测方法

Information technology—Requirements and test method of the Chinese ideograms font

2009-09-30 发布　　　　2009-12-01 实施

中华人民共和国国家质量监督检验检疫总局
中国国家标准化管理委员会　发布

前言

本标准代替 GB/T 11460—2000《信息技术　汉字字型数据的检测方法》。本标准与GB/T 11460—2000 相比主要变化是：为适应汉字字型技术的发展，对原标准中的点阵系列范围进行了调整，去掉了 96×96、128×128、256×256 点阵；将原标准附录 A 和附录 B 的内容归入本标准的 4.2 和 4.3；对标准名称也进行了修改。

本标准由中华人民共和国工业和信息化部提出。

本标准由中国电子技术标准化研究所归口。

本标准起草单位：中国电子技术标准化研究所、北京仓颉博雅信息技术有限公司、第二炮兵装备研究院第四研究所、潍坊北大青鸟华光照排有限公司。

本标准起草人：王立建、代红、王欣、熊涛、翟广臣、王永平、吕建春。

本标准所代替标准的历次版本发布情况为：

——GB/T 11460—1989；

——GB/T 11460—2000。

信息技术 汉字字型要求和检测方法

1 范围

本标准规定了电子信息产品中汉字字型要求和检测方法。

本标准适用于具有汉字处理功能的各种电子信息产品和数字化产品。

2 规范性引用文件

下列文件中的条款通过本标准的引用而成为本标准的条款。凡是注日期的引用文件，其随后所有的修改单(不包括勘误的内容)或修订版均不适用于本标准，然而，鼓励根据本标准达成协议的各方研究是否可使用这些文件的最新版本。凡是不注日期的引用文件，其最新版本适用于本标准。

GB 2312 信息交换用汉字编码字符集 基本集

GB 5007.1 信息技术 汉字编码字符集(基本集) 24点阵字型

GB 5007.2 信息技术 汉字编码字符集(辅助集) 24点阵字型 宋体

GB 5199 信息技术 汉字编码字符集(基本集) 16点阵字型

GB 6345 信息技术 汉字编码字符集(基本集) 32点阵字型 宋体

GB 6345.2 信息技术 汉字编码字符集(基本集) 32点阵字型 第2部分:黑体

GB 6345.3 信息技术 汉字编码字符集(基本集) 32点阵字型 第3部分:楷体

GB 6345.4 信息技术 汉字编码字符集(基本集) 32点阵字型 第4部分:仿宋体

GB 12041 信息技术 汉字编码字符集(基本集) 48点阵字型 宋体

GB 12041.2 信息技术 汉字编码字符集(基本集) 48点阵字型 第2部分:黑体

GB 12041.3 信息技术 汉字编码字符集(基本集) 48点阵字型 第3部分:楷体

GB 12041.4 信息技术 汉字编码字符集(基本集) 48点阵字型 第4部分:仿宋体

GB 12345 信息交换用汉字编码字符集 辅助集

GB 13000.1 信息技术 通用多八位编码字符集(UCS) 第一部分:体系结构与基本多文种平面(idt ISO/IEC 10646-1:1993)

GB 14245.1 信息技术 汉字编码字符集(基本集) 64点阵字型 第1部分:宋体

GB 14245.2 信息技术 汉字编码字符集(基本集) 64点阵字型 第2部分:黑体

GB 14245.3 信息技术 汉字编码字符集(基本集) 64点阵字型 第3部分:楷体

GB 14245.4 信息技术 汉字编码字符集(基本集) 64点阵字型 第4部分:仿宋体

GB 16793 信息技术 通用多八位编码字符集(Ⅰ区) 汉字24点阵字型 宋体

GB 16794.1 信息技术 通用多八位编码字符集(Ⅰ区) 汉字48点阵字型 第1部分:宋体

GB 17698 信息技术 通用多八位编码字符集(Ⅰ区) 汉字16点阵字型

GB 18030 信息技术 中文编码字符集

GB 19966 信息技术 通用多八位编码字符集(基本多文种平面) 汉字16点阵字型

GB 19967.1 信息技术 通用多八位编码字符集(基本多文种平面) 汉字24点阵字型 第1部分:宋体

GB 19968.1 信息技术 通用多八位编码字符集(基本多文种平面) 汉字48点阵字型 第1部分:宋体

SJ 11240 信息技术 汉字编码字符集(基本集) 汉字12点阵字型

SJ 11241 信息技术 汉字编码字符集(基本集) 汉字14点阵字型

SJ 11242.1　信息技术　通用多八位编码字符集(Ⅰ区)　汉字64点阵字型　第1部分:宋体
SJ 11242.2　信息技术　通用多八位编码字符集(Ⅰ区)　汉字64点阵字型　第2部分:黑体
SJ 11242.3　信息技术　通用多八位编码字符集(Ⅰ区)　汉字64点阵字型　第3部分:楷体
SJ 11242.4　信息技术　通用多八位编码字符集(Ⅰ区)　汉字64点阵字型　第4部分:仿宋体
SJ 11295　信息技术　通用多八位编码字符集(基本多文种平面)　汉字12点阵字型
SJ 11296　信息技术　通用多八位编码字符集(基本多文种平面)　汉字14点阵字型
SJ 11297　信息技术　通用多八位编码字符集(基本多文种平面)　汉字20点阵字型

3　术语和定义

下列术语和定义适用于本标准。

3.1

母体点阵　original dot matrix

压缩汉字库在进行压缩技术处理之前,采用的国家标准汉字点阵数据。

3.2

基本生成点阵　basic generated dot matrix

压缩汉字库还原后产生的与母体点阵相对应的点阵。

3.3

生成点阵　generated dot matrix

基本生成点阵以外产生的各个字号的点阵。

3.4

非点阵汉字字型　non-dot-matrix font of chinese ideograms

采用压缩处理技术的汉字字型数据的集合。

3.5

点阵系列　dot matrix set

以一定规律排列的点阵集合。

4　要求

4.1　字符集

产品中使用的汉字编码字符集应符合下述字符集:

a)　GB 2312 或 GB 12345;

b)　GB 13000.1;

c)　GB 18030 的强制部分或全部的要求。

4.2　点阵系列

汉字点阵应从下列点阵系列中选取,在任何电子信息产品中不应采用低于11×12的点阵。

点阵系列:11×12、13×14、15×16、15×18、17×18、19×20、24×24、32×32、48×48、64×64。

4.3　汉字点阵字型数据误差要求

产品中使用的字型与第2章引用或现行有效的相应点阵字型国家标准或行业标准对比不应出现字型(形)错误,与相应点阵字型标准数据之间的误差不应超过总字数的千分之一。

4.4　非点阵汉字字型

非点阵汉字字型的生成点阵与相应标准点阵对比应符合如下要求:

a)　各生成点阵之间应笔形规范、结构合理、风格一致、美观实用;

b)　生成的低点阵(24点阵以下,含24点阵)其笔画应与相应低点阵标准一致;

c)　邻近笔画不沾连(不含相接笔画)。

5 检测要求

5.1 检测条件：

温度：15 ℃～35 ℃；

相对湿度：25%～75%；

大气压：86 kPa～106 kPa；

额定电压：DC 5 V(1±5%)或3.3 V(1±5%)。

5.2 产品的生产单位应提供字型数据来源合法性声明、字型数据和全部汉字字型打印样张。如果是非点阵汉字库应提供解压还原和缩放程序、指定字号的打印样张、汉字库使用说明和任意指定点阵的打印程序。

5.3 汉字字型数据误差要求见4.3。

5.4 非点阵汉字字型数据检测要求见4.4。

6 检测方法

6.1 检测程序

检测程序按下面规定的检测程序流程图进行：

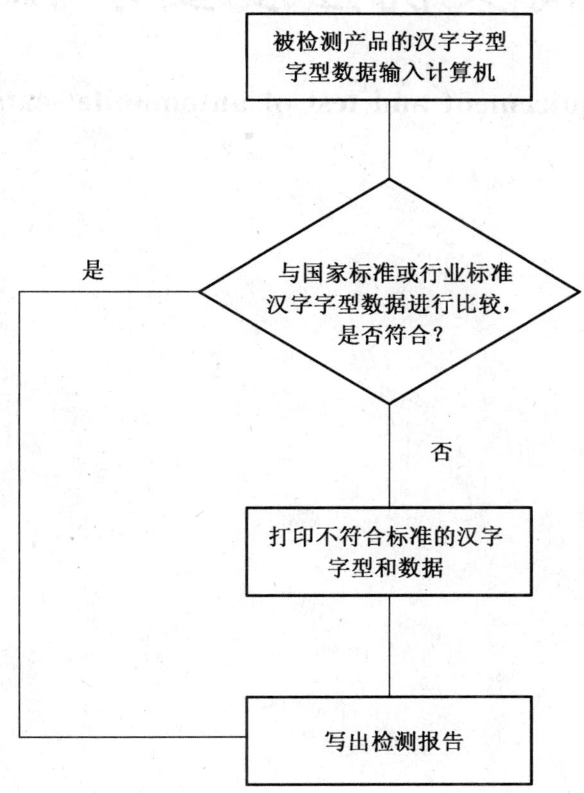

6.2 检测步骤

6.2.1 根据相关标准的数据管理要求核实被检测产品中汉字字型数据来源的合法性。

6.2.2 通过检测系统，将被测产品中的汉字字型数据与国家标准汉字字型数据进行对比检查。

6.2.3 将被测产品中不符合标准的字型式样进行打印记录。

6.2.4 按照检测和分析的结果，写出检测报告。

ICS 43.040.60
T 26

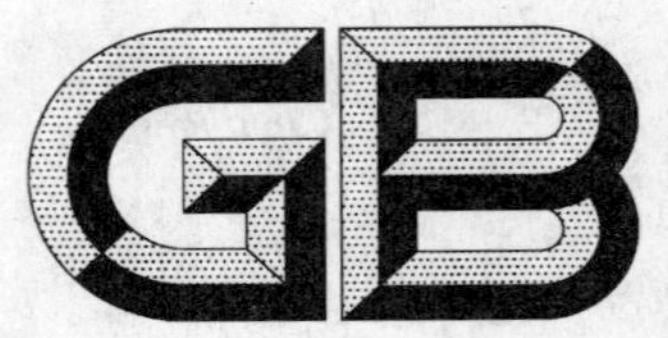

中华人民共和国国家标准

GB 11550—2009
代替 GB 11550—1995

汽车座椅头枕强度要求和试验方法

Strength requirement and test of automobile seats head restraints

2009-09-30 发布　　　　2011-01-01 实施

中华人民共和国国家质量监督检验检疫总局
中国国家标准化管理委员会　发布

前　　言

本标准的全部技术内容为强制性要求。

本标准代替 GB 11550—1995《汽车座椅头枕性能要求和试验方法》。

本标准修改采用欧洲经济委员会 ECE R25 法规(版本 1,1999 年版)《关于头枕(不论其是否与座椅连为一体)认证的统一规定》(英文版)。

本标准根据 ECE R25 重新起草,在附录 A 中列出了本标准章条编号与 ECE R25 法规章条编号的对照一览表。

考虑到我国国情,在采用 ECE R25 法规时,本标准做了一些修改。

本标准与 ECE R25 技术性差异及其原因如下:

——本标准删除了 ECE R25 法规中的附录 3"汽车乘座位置'H'点和实际靠背角的确定程序"的全部内容。标准中涉及到该方面的内容参照新颁布的国标 GB 11551—2003 中的附录 C 中的内容执行。避免了由于标准起草用语的差异在实际操作时产生误差。

——删除了 ECE R25 法规中的第 3 章认证申请、第 4 章标志、第 5 章认证、第 8 章生产一致性、第 9 章生产不一致性的处罚、第 10 章头枕型式的更改和认证扩展、第 11 章使用说明、第 12 章正式停产、第 13 章过渡规定、第 14 章认证部门和行政管理部门的名称和地址属于"认证程序及认证标志"的内容,其原因是标准体系和法规体系的形式差别所致。

本标准与 GB 11550—1995 的主要差异:

——增加了对座椅头枕的一般要求(本版的 4.1);

——增加了对座椅头枕的表面曲率的要求(本版的 4.2);

——增加了头枕间隙尺寸的要求(本版的 4.6.2.2 和 4.6.3);

——增加了头枕间隙尺寸的试验要求(本版的 5.5 和附录 E);

——增加了附录 C,对于座椅头枕高度的确定和宽度的测量的图示进行详细说明;

——增加了资料性附录 A(见本版的附录 A)。

本标准的附录 B、附录 C、附录 D、附录 E 为规范性附录,附录 A 为资料性附录。

本标准由国家发展和改革委员会提出。

本标准由全国汽车标准化技术委员会归口。

本标准起草单位:第一汽车集团公司技术中心。

本标准主要起草人:李强、郭茂林、丁晓东、李红建、余博英、张尚娇、苏玉萍。

实施日期:对于新认证的 M_1 类车型,本标准自 2011 年 1 月 1 日起实施;对于新认证的 M_1 类以外的车型,本标准自 2011 年 7 月 1 日起实施。对于在生产的 M_1 类车型,本标准自 2012 年 1 月 1 日起实施;对于在生产的 M_1 类以外的车型,本标准自 2012 年 7 月 1 日起实施。

本标准所代替标准的历次版本发布情况为:

——GB 11550—1989、GB 11550—1995。

汽车座椅头枕强度要求和试验方法

1 范围

本标准规定了汽车座椅头枕的术语和定义、要求与试验方法。[1)]

本标准适用于 GB/T 15089—2001 中 M 类、N 类汽车的座椅头枕。

本标准不适用于折叠式座椅、侧向座椅、后向座椅的头枕。

2 规范性引用文件

下列文件中的条款通过本标准的引用而成为本标准的条款。凡是注日期的引用文件，其随后所有的修改单(不包括勘误的内容)或修订版均不适用于本标准，然而，鼓励根据本标准达成协议的各方研究是否可使用这些文件的最新版本。凡是不注日期的引用文件，其最新版本适用于本标准。

GB 11551—2003 乘用车正面碰撞的乘员保护

GB 13057—2003 客车座椅及其车辆固定件的强度

GB 15083—2006 汽车座椅、座椅固定装置及头枕强度要求和试验方法

GB/T 15089—2001 机动车辆及挂车分类

ISO 6487:1980 碰撞试验测量技术:检测仪器

3 术语和定义

下列术语和定义适用于本标准。

3.1

车辆型式 vehicle type

在下列主要方面没有差异的车辆：

——组成乘员空间的车身部分的内部尺寸和轮廓；

——座椅的型式和尺寸；

——头枕固定装置的型式和尺寸。如果头枕直接与车身相连，则还包括车辆上与头枕相连的车身部分的型式和尺寸。

3.2

头枕 head restraint

用于限制成年乘员头部相对于其躯干后移，以减轻在发生碰撞事故时颈椎可能受到的损伤程度的装置。

3.2.1

整体式头枕 integrated head restraint

由靠背上部形成的头枕。若满足 3.2 定义的头枕仅能用工具将其从座椅或车身结构上拆下来，或利用将座椅外罩全部或部分拆下来的方法才能将其拆下来。

3.2.2

可拆式头枕 removable head restraint

采用插入或固定的方式与座椅靠背相连且可以与座椅分开的头枕。

---

1) 符合 GB 15083—2006 标准的 M_1 类车辆头枕可视为满足本标准。

3.2.3

分体式头枕　separate head restraint

采用插入或固定的方式与车身结构相连且完全与座椅分开的头枕。

3.3

座椅型式　type of seat

座椅尺寸、框架或衬垫无差异的座椅。允许其表面和颜色不同。

3.4

头枕型式　type of head restraint

头枕尺寸、框架或衬垫无差异的头枕。允许其表面、颜色和蒙皮不同。

3.5

基准点(H点)　reference point(H point)

代表人体的三维H点装置的躯干相对于大腿的理论转轴与座椅纵向垂直平面的交点。

3.6

基准线　reference line

GB 11551—2003中附录C附件1图C.1中所示的通过三维人体模型的线。

3.7

头线　head line

通过头部质心和颈部与胸部交点的直线。当头部处于自然状态时，头线应与基准线平行。

3.8

折叠座椅　folding seat

偶尔使用，而平时折叠起来的辅助座椅。

3.9

调节装置　adjustment system

能将座椅或其部件的位置调整到适应乘员乘坐姿态的装置。该装置可有如下功能之一：

a）纵向位移；

b）垂直位移；

c）角位移。

3.10

座椅移位折叠装置　seat displacement folding system

为便于乘员的出入，使座椅或其一部分旋转或/和移动的装置。座椅或其一部分旋转或/和移动中无固定中间位置。

4　要求

4.1　头枕不应给车内乘员带来额外的危险。尤其不允许在任何位置上出现可能增加乘员伤害程度的危险凸起物或棱边。位于以下规定的碰撞区域内的头枕部分应通过附录B中规定的能量吸收性试验。

4.1.1　碰撞区应位于距座椅对称面左右各70 mm的两纵向垂直平面间的区域。

4.1.2　碰撞区应位于从H点沿基准线r向上635 mm处且垂直于基准线的平面以上的区域。

4.1.3　以上规定区域的能量吸收性试验不适用于最后排座椅头枕后部区域。

4.2　位于上述两纵向垂直平面之外区域的头枕的前、后表面应加衬垫，以避免骨架与乘员头部直接接触。在这些区域中能被直径为165 mm头型接触的表面的曲率半径应不小于5 mm。

位于上述区域内的部件，若满足附录B规定的吸能性试验，则认为满足要求。如果上述所述头枕和其支承件部分的表面材料邵尔A硬度低于50，本条中除对附录B规定的吸能性试验的要求外的所有要求只适用于刚性部件。

4.3 头枕在座椅或车身构件上的固定方式应保证头枕在试验过程中，对于由试验用头型产生的作用压力，其衬垫、固定处或座椅靠背不得出现刚性的可致伤害的凸起。

4.4 头枕高度应满足：

4.4.1 头枕高度应按下述5.2进行测量。

4.4.2 对于高度不可调的头枕，对于前排座椅，其高度不应低于800 mm；而对于其他排座椅其高度不应低于750 mm。

4.4.3 对于高度可调的头枕：

4.4.3.1 在可调节的最高位置所测得的头枕高度：对于前排座椅，其值不应小于800 mm；而对于其他排座椅，其值不应小于750 mm。

4.4.3.2 在高度750 mm以下应无“使用位置”。

4.4.3.3 除前排座椅以外的其他座椅头枕可调到高度低于750 mm的位置，但要向乘员清楚地说明该位置不是头枕的使用位置。

4.4.3.4 对于前排座椅，若被乘坐时其头枕能自动回到使用位置的话，则允许头枕在座椅无人乘坐时自动降至高度低于750 mm的位置。

4.4.4 若为保证头枕与车顶、车窗和车身其他结构部件之间留有足够的间隙，4.4.2和4.4.3.1规定的尺寸对于前排座椅可以小于800 mm，对于其他座椅可以小于750 mm，但该间隙不应超过25 mm。对于带有移位折叠装置并能调节位置的座椅，该规定适用于座椅能移位并能调节到的所有位置。在高度低于700 mm时，不应有“使用位置”。

4.4.5 对于后排中间座椅或乘坐位置的头枕，可降低4.4.2和4.4.3.1规定的高度，但不应低于700 mm。

4.5 对安装高度可调的头枕，按5.2规定测量的头枕使用部分的高度不应小于100 mm。

4.6 对安装高度不可调的头枕，头枕与座椅靠背的间隙不应大于60 mm。

4.6.1 对安装高度可调的头枕，在头枕调至最低位置时，头枕与座椅靠背的间隙不应大于25 mm。

4.6.2 对于整体式头枕，所考虑的区域是：

4.6.2.1 位于过“R”点沿躯干基准线向上540 mm处且垂直于躯干基准线的平面以上的区域内；

4.6.2.2 位于距躯干基准线两侧各85 mm的两个纵垂面所围的区域内。在该范围内，如果头枕在5.4.3.4规定的附加试验后仍满足5.4.3.6的规定，则允许一个或多个间隙存在。对于该间隙不论其形状如何，按5.5规定测定的头枕骨架间距“a”可以大于60 mm。

4.6.3 对于可拆式头枕，如在5.4.3.4规定的附加试验后仍满足5.4.3.6的规定，则允许其枕用部分有一个或多个间隙存在。对于该间隙不论其形状如何，按5.5规定测定的头枕骨架间距“a”可以大于60 mm。

4.7 在按照下述5.3规定测定时，头枕宽度应保证为正常坐姿的乘员提供足够的头部支撑面。在按5.3规定测定时，应保证头枕两侧距座椅垂直中心平面的距离都不小于85 mm。

4.8 头枕及其固定装置在按照下述5.4规定的静态试验方法测量时，头型的最大允许后移量X应小于102 mm。

4.9 头枕及其固定装置应具有足够的强度，以保证在5.4.3.7规定负荷作用下不损坏。

4.10 对安装高度可调的头枕，除使用者故意采用非正常的操作方法之外，不应使其安装高度超过最高调整极限。

5 试验方法

5.1 确定装备该头枕座椅的基准点(H点)

按照GB 11551—2003中附录C的规定进行对此点的确定。

5.2 头枕高度确定

5.2.1 所有线均应画在所试座椅的对称面内。该对称面与座椅交线确定了头枕和座椅靠背的轮廓(见附录C图C.1)。

5.2.2 将GB 11551—2003中附录C所示的三维人体模型置于座椅正常乘坐位置。若座椅靠背倾角可调,则将其锁止在三维H点装置躯干基准线与垂直方向最接近25°角的后倾位置上。

5.2.3 将GB 11551—2003中附录C所示的三维人体模型基准线的投影画在上述5.2.1所述的相应乘坐位置的垂直对称面上。作垂直于基准线并且相切头枕顶端的切线S。

5.2.4 H点到切线S的距离h即为4.4规定的头枕高度。

5.3 头枕宽度确定(见附录C图C.2)

5.3.1 用位于5.2.3所述切线S以下65 mm处且垂直于基准线的平面S_1来确定由轮廓线C所限定的头枕剖面。在平面S_1内画出与轮廓线C相切,且代表平面S_1与平行于座椅对称面的垂直平面(P和P′)的交线的延长线。

5.3.2 4.7所规定的头枕宽度是垂直纵向面P和P′与剖面S_1的两条交线之间的距离L。

5.3.3 必要时,头枕宽度在过从座椅基准点沿基准线向上635 mm处且垂直于基准线的平面内来确定。

5.4 头枕静态性能试验

5.4.1 应该按照以下所述的静态试验方法来测量头枕性能。

5.4.2 试验准备

5.4.2.1 对于高度可调的头枕,在可调范围内将其调至最高位置。

5.4.2.2 对于长条座椅,如骨架部分或全部(包括头枕部分)为一个以上座位共用时,则应对这些座位同时进行试验。

5.4.2.3 如果座椅或座椅靠背相对安装在车身上的头枕可调,则应将其调至由检测机构指定的最不利位置上。

5.4.3 试验

5.4.3.1 所有线均应画在所试乘座位置的垂直对称面上(见附录D)。

5.4.3.2 基准线r应画在5.4.3.1所述平面内。

5.4.3.3 移动后基准线r_1是将相对H点产生向后373 N·m力矩的初始作用力作用在模拟GB 11551—2003中附录C所述人体模型靠背的部件上来确定。

5.4.3.4 在头枕顶部向下65 mm处,通过直径为165 mm的头型,施加一个垂直于移动后基准线r_1的初始负荷,其相对于H点的力矩为373 N·m。基准线应保持在5.4.3.3确定的移动后基准线r_1的位置上。

5.4.3.4.1 在头枕顶部向下65 mm处,如有间隙存在而影响上述负荷的施加,则可以使该距离减小,以保证力的作用线通过最邻近该间隙的骨架的中线。

5.4.3.4.2 对于4.6.2和4.6.3所述情况,通过直径为165 mm的头型,对每个间隙重复进行试验。作用力应通过该间隙最小截面的几何中心,在平行于基准线的横截面上,并且相对于H点的力矩为373 N·m。

5.4.3.5 确定与头型相切并与移动后基准线平行的切线Y。

5.4.3.6 测定切线Y与移动后基准线r_1之间的距离X。若X小于102 mm,则认为满足4.8的要求。

5.4.3.7 由5.4.3.4所述负荷的作用点位于头枕顶部向下65 mm处或更高位置,除非座椅或座椅靠背提前损坏,应增加该负荷到890 N。

5.5 确定头枕间隙尺寸“a”(见附录E)

5.5.1 用直径为165 mm的头型,在头枕前表面确定其每个间隙的尺寸“a”。

5.5.2 在不施加任何负荷条件下,使头型最大限度地插入间隙区域内且与该区域点接触。

5.5.3 球体与间隙两接触点间的距离即为4.6.2和4.6.3规定的间隙尺寸“a”。

附 录 A
（资料性附录）
本标准章条编号与 ECE R25 章条编号对照

表 A.1 给出了本标准章条编号与 ECE R25 章条编号对照一览表。

表 A.1 本标准章条编号与 ECE R25 章条编号对照

本标准章条编号	对应的国际标准章条编号	本标准章条编号	对应的国际标准章条编号
1	1	4.8	6.8
2	—	4.9	6.9
3	2	4.10	6.10
3.1	2.1	5	7
3.2	2.2	5.1	7.1
3.3	2.3	5.2	7.2
3.4	2.4	5.3	7.3
3.5	2.5	5.4	7.4
3.6	2.6	5.5	7.5
3.7	2.7	—	8
3.8	2.8	—	9
3.9	2.9	—	10
3.10	2.10	—	11
—	3	—	12
—	4	—	13
—	5	—	14
4	6	—	附录 1
4.1	6.1	—	附录 2
4.2	6.2	—	附录 3
4.3	6.3	附录 C	附录 4
4.4	6.4	附录 D	附录 5
4.5	6.5	附录 B	附录 6
4.6	6.6	附录 E	附录 7
4.7	6.7	附录 A	—

附 录 B
（规范性附录）
能量吸收性试验

B.1 样品安装、试验装置、记录仪器和试验程序

B.1.1 样品安装

将由吸能材料覆盖的头枕安装在所装座椅或车身部件上。再将座椅或车身部件牢固地固定在试验台上，以使其在试验时保持稳定。无特殊要求外，应保证安装基座尽量水平。

若座椅靠背倾角可调，则应将其调至5.2.2规定的位置上。

将头枕安装在所装座椅靠背上。对于分体式头枕，应按实际安装位置装在车身部件上。

对可调式头枕，应将其调整到可调范围内最不利的位置上。

B.1.2 试验装置

B.1.2.1 试验装置由一摆锤组成。该摆锤转动轴用球轴承支承，它在撞击中心的折算质量2) 为6.8 kg。摆锤下端有一个直径为165 mm的刚性撞击头型，其中心与摆锤冲击中心重合。

B.1.2.2 头型上装有两个加速度计和一个速度测量装置，以测定撞击方向上的数据。

B.1.3 记录仪器

所采用的记录仪器应满足下述测量精度等级要求：

B.1.3.1 加速度

准确度：实测值的±5％；

数据通道的频率等级：对应于ISO 6487:1980 600级；

横轴灵敏度应不大于最小刻度值的5％。

B.1.3.2 速度

准确度：实测值的±2.5％；

灵敏度：0.5 km/h。

B.1.3.3 时间记录

测量仪器应能够在其整个持续时间内记录作用过程，并要求所记读数的时间间隔不超过千分之一秒；头型与试验样品首次接触的撞击开始瞬间，应能在试验记录中查出，以便进行试验分析。

B.1.4 试验程序

B.1.4.1 按B.1.1的规定安装和调整头枕。撞击点应在4.1规定的碰撞区域内，并由试验人员确定。若有必要，撞击点也可位于4.2规定的碰撞区域之外的曲率半径小于5 mm的表面上。

B.1.4.1.1 由后向前撞击座椅头枕后表面时，撞击方向应位于纵向平面内并与铅锤方向成45°角。

B.1.4.1.2 由前向后撞击座椅头枕前表面时，撞击方向应位于纵向平面内并沿水平方向。

B.1.4.1.3 前、后区域应以与按照5.2确定的头枕顶点相切的水平面为界。

B.1.4.2 头型应以24.1 km/h的速度撞击试验样品。该速度的获得可仅用推进能量来实现，也可以利用一种附加的推进装置来实现。

B.2 结果

按照以上试验程序测定的头型减速度大于80 g的持续作用时间不应超过3 ms，减速度应取两个加速度计读数的平均值。

B.3 等效试验规程

B.3.1 可以采用能测得上述B.2结果的等效试验程序。该试验设备的布置没有限制，但应保证对头枕的冲击方向不受影响。

B.3.2 应由采用其他试验方法的人员来证明他所采用的该试验方法与上述B.1规定的方法等效。

附　录　C
（规范性附录）
头枕宽度和高度的确定

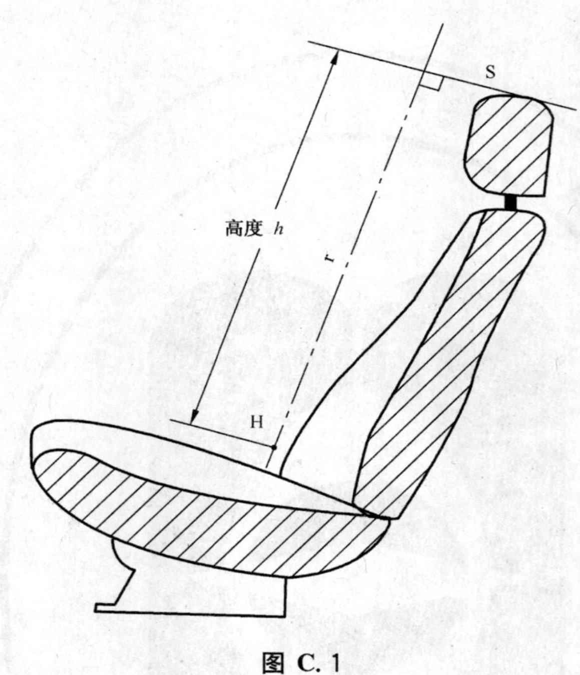

图 C.1

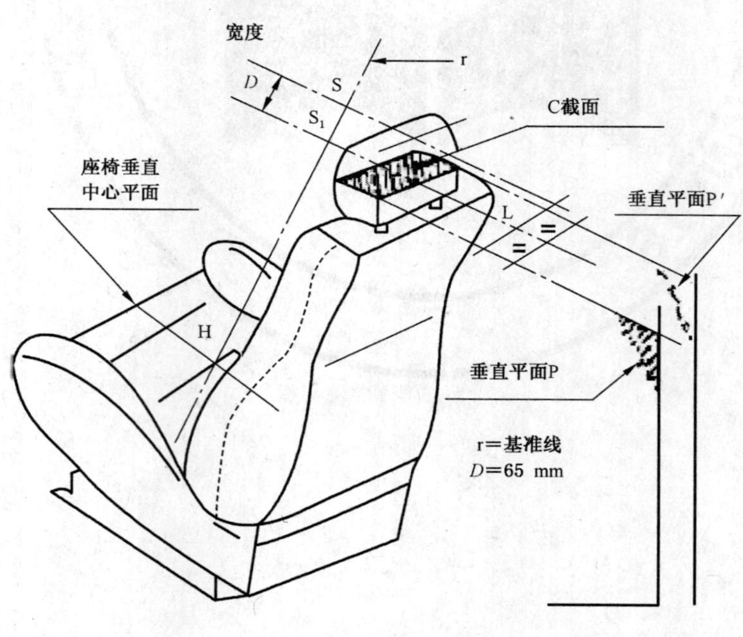

图 C.2

附 录 D
（规范性附录）
试验时测量与作图的详细说明

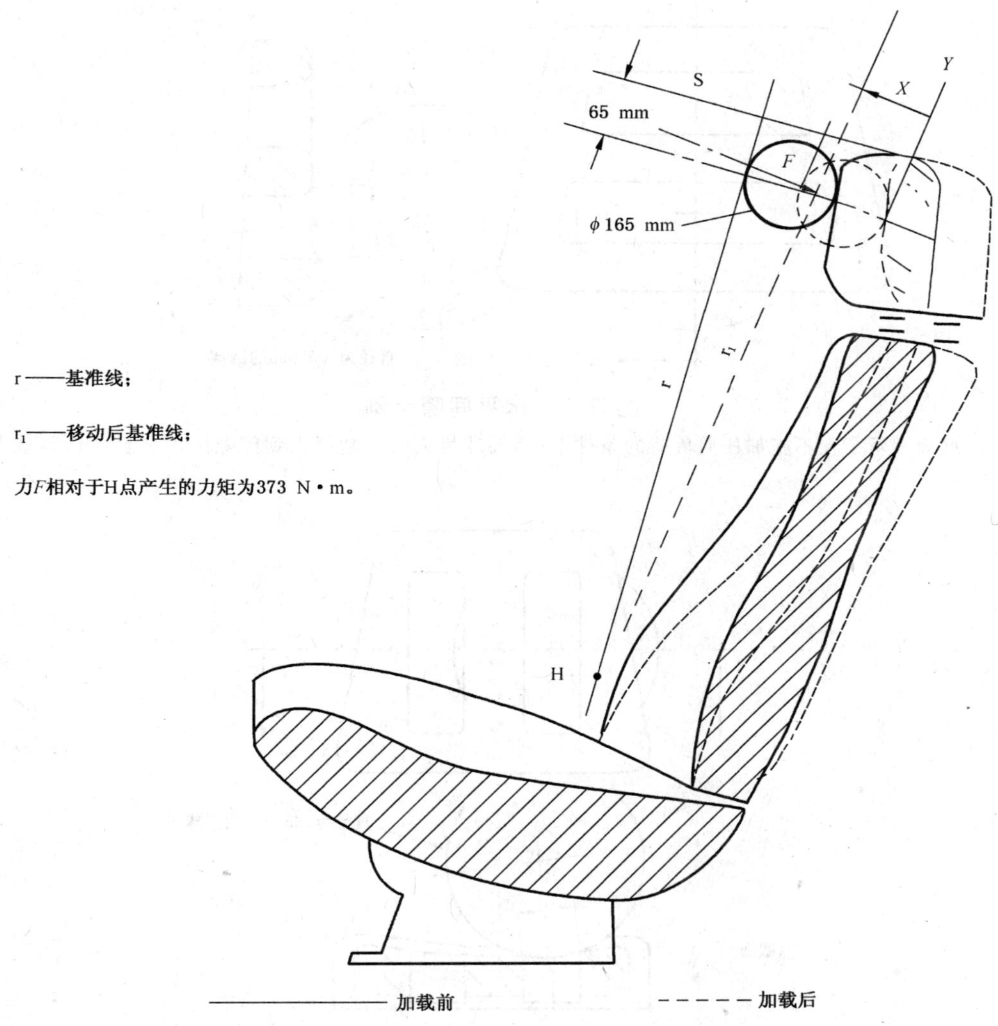

r——基准线；

r_1——移动后基准线；

力F相对于H点产生的力矩为373 N·m。

——— 加载前 - - - - - 加载后

附 录 E
（规范性附录）
头枕间隙尺寸“a”的确定

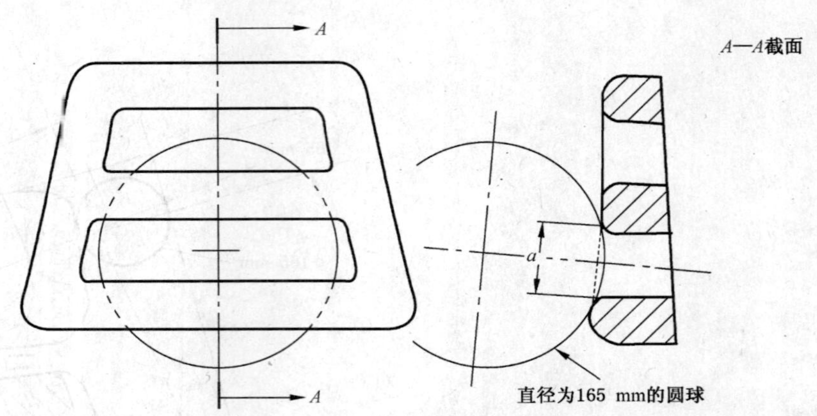

图 E.1 水平间隙示例

注：A—A 截面表示了在不施加任何负荷的条件下，将圆球最大限度地侵入到间隙区内并且与该区域点接触时的情况。

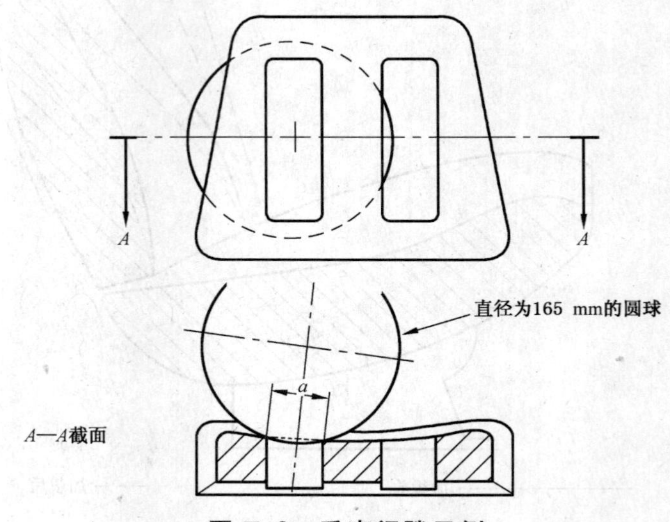

图 E.2 垂直间隙示例

注：A—A 截面表示了在不施加任何负荷的条件下，将圆球最大限度地侵入到间隙区内并且与该区域点接触时的情况。

ICS 43.040.60
T 26

中华人民共和国国家标准

GB 11552—2009
代替 GB 11552—1999

乘用车内部凸出物

The interior fittings of passenger car

2009-09-30 发布　　　　2012-01-01 实施

中华人民共和国国家质量监督检验检疫总局
中国国家标准化管理委员会　发布

前　言

本标准全部技术内容为强制性。

本标准代替 GB 11552—1999《轿车内部凸出物》。

本标准的技术内容修改采用 ECE R21《关于机动车内部凸出物的认证统一规定》(修订本 2)及随后截止到 2003 年 1 月发布的所有增补件、勘误表的英文版和法文版。

本标准根据 ECE R21 重新起草。在附录 A 中列出了本标准章条编号与 ECE R21 章条编号的对照一览表。

考虑到我国国情，在采用 ECE R21 时，本标准做了一些修改。

本标准与 ECE R21 的主要差异及其原因如下：

——删除 ECE R21 附录 5“三维 H 点确定程序”的相关内容，标准中涉及到该方面的内容参照 GB 11551—2003 附录 C 中的内容执行，避免了由于标准用语的差异在实际操作时产生误差。

——删除 ECE R21 中第 3 章“认证申请”、第 4 章“认证”、第 6 章“车型认证的变更和扩展”、第 7 章“生产一致性”、第 8 章“生产不一致的处理”、第 9 章“正式停产”、第 10 章“主管部门及检测机构的名称和地址”以及附录 2“通知单”、附录 3“认证标志的布置”的内容，其原因是标准体系和法规体系的差异所致。

为便于使用，对于 ECE R21 还做了下列编辑性修改：

——“本法规”改为“本标准”；

——增加资料性附录 A。

本标准与 GB 11552—1999《轿车内部凸出物》的主要差异有：

——变更了标准的适用范围(由轿车变更为 M_1 类汽车，并增加了对车窗、天窗及隔断系统电操作的要求)(本版的第 1 章)；

——增加了部分术语和定义(本版的 3.2、3.10～3.18)；

——增加了车窗、天窗及隔断系统的电操作(本版的 4.8)；

——增加了资料性附录 A“本标准章条编号与 ECE R21 章条编号对照”(本版的附录 A)；

——增加了规范性附录 B“动态确定的头部碰撞区的确认”(本版的附录 B)；

——增加了规范性附录 E“柱状试验棒在天窗及车窗‘开口’中的典型位置”(本版的附录 E)；

——按照 ECE R21 修订版，对撞击速度进行了修改(本版的 G.4.2.1)。

本标准的附录 B、附录 C、附录 E、附录 F、附录 G、附录 H 为规范性附录，附录 A、附录 D 为资料性附录。

对于新认证车型，本标准自 2012 年 1 月 1 日起实施；对于在生产车型，本标准自 2013 年 1 月 1 日起实施。

本标准由国家发展和改革委员会提出。

本标准由全国汽车标准化技术委员会归口。

本标准起草单位：神龙汽车有限公司、东风汽车公司、国家汽车质量监督检验中心(襄樊)、东风本田汽车有限公司。

本标准主要起草人：尹爽清、余忠皋、黄小枚、王捍华、童国胜、李韬。

本标准所代替标准的历次版本发布情况为：

——GB 11552—1989、GB 11552—1999。

乘用车内部凸出物

1 范围

本标准规定了乘员舱内部构件(内后视镜除外)、操纵件、顶盖或活动顶盖、座椅靠背和座椅后部零件在凸出物方面的要求,以及车窗、天窗和隔断系统的电操作要求。

本标准适用于 M_1 类汽车。

2 规范性引用文件

下列文件中的条款通过本标准的引用而成为本标准的条款。凡是注日期的引用文件,其随后所有的修改单(不包括勘误的内容)或修订版均不适用于本标准,然而,鼓励根据本标准达成协议的各方研究是否可使用这些文件的最新版本。凡是不注日期的引用文件,其最新版本适用于本标准。

GB 11551—2003 乘用车正面碰撞的乘员保护

GB 14166 机动车成年乘员用安全带和约束系统

GB 15083 汽车座椅、座椅固定装置及头枕强度要求和试验方法

ISO 2575:2004 道路车辆 操纵件、指示器和信号装置符号

ISO 6487:1980 碰撞试验测量技术、检测仪器

3 术语和定义

下列术语和定义适用于本标准。

3.1

内部构件 interior fittings

除内后视镜以外的乘员舱内部零件,还涉及操纵件的布置、顶盖或活动顶盖、座椅靠背和座椅后部零件,以及车窗、天窗和隔断系统的电操作。

3.2

车辆型式 vehicle type

就乘员舱内部构件而言,在下列主要方面没有差异的 M_1 类车辆:

——乘员舱的轮廓和构成材料;

——操纵件的布置;

——保护系统的性能[如果制造商选择按照附录B(动态评价)来确定头部碰撞区内的基准区]。

与已认证的系统或车型相比,如果待认证车型能为乘员提供相同或更好的保护,则仅保护系统性能不同的车型仍属于同一车型。

3.3

基准区 reference zone

除去下列区域的头部碰撞区,按照附录C或者附录B(由制造商选择)来确定(见附录D对3.3的注解):

a) 方向盘外缘再加 127 mm 的环带水平向前投影的区域,下边界是与方向盘下缘相切的水平面(方向盘处于直线行驶位置);

b) 上述规定的区域边缘与最近的汽车侧壁之间的仪表板表面部分,下边界是与方向盘下缘相切的水平面;

c) 前风窗两侧的支柱。

3.4

仪表板上下分界线　level of the instrument panel

由仪表板垂直切线的切点所确定的线(见附录D对3.4的注解)。

3.5

顶盖　roof

汽车顶部由前风窗上缘与后窗上缘和两侧围上框架所围成的部分(见附录D对3.5的注解)。

3.6

腰线　belt line

由车辆侧窗下缘形成的一条线。

3.7

敞篷车　convertible car

除前风窗支柱、滚翻保护支架和/或座椅安全带固定点外,腰线以上车身结构无刚性零件的车辆(见附录D对3.5及3.7的注解)。

3.8

活顶汽车　vehicle with opening roof

相对于腰线以上车辆结构件,顶盖或其一部分能向后折叠、打开或滑动的车辆(见附录D对3.5的注解)。

3.9

折叠座椅　folding (tip-up) seat

临时使用的辅助座椅,在通常情况下是折叠的。

3.10

保护系统　protective system

用于约束乘员的内部构件和装置。

3.11

保护系统的型式　type of a protective system

在下列主要方面没有差异的一类保护装置:

——技术特征;

——几何参数;

——构成材料。

3.12

电动车窗　power-operated windows

靠车辆电源来关闭的车窗。

3.13

电动天窗　power-operated roof-panel systems

车顶可活动的盖板,靠车辆电源来关闭,可作滑动和/或角度开启。不包括敞篷顶盖系统。

3.14

电动隔断系统　power-operated partition systems

将乘用车乘员舱分隔成至少两个区域的系统,靠车辆电源来关闭。

3.15

开口　opening

从车辆内部或乘员舱后部(对隔断系统)观察时,电动车窗/隔断系统/天窗的上边缘或开启边(取决于关闭方向)与形成车窗/隔断系统/天窗边界的车辆结构之间的最大无障碍空隙。

为测量开口,将一个柱形试验棒从车内伸到车外(不要用力),或者,必要时,从乘员舱后部开始,正常情况下，垂直于车窗、天窗或隔断系统的边框，并垂直于关闭方向，如附录E图E.1所示。

3.16

钥匙 key

点火钥匙或电源钥匙的统称。

3.16.1

点火钥匙 ignition key

控制汽车发动机或电机运转所需电源的装置。本定义也包括非机械装置。

3.16.2

电源钥匙 power key

允许向汽车电力系统提供电源的装置。电源钥匙也可能是点火钥匙。本定义也包括非机械装置。

3.17

气囊 airbag

辅助汽车安全带和约束系统的装置，也就是，如果发生影响车辆结构的严重碰撞，自动展开柔韧结构，通过压缩内部容纳的气体，以限制车辆乘员一个或多个部位与乘员舱内部剧烈碰撞的系统。

3.18

尖棱 sharp edge

曲率半径小于2.5 mm的刚性材料的棱边，凸出高度小于3.2 mm的除外（按照附录F的F.1描述的程序从面板测量）。对于凸出高度小于3.2 mm的情况，只要凸出高度不大于其宽度的一半，并且其边缘是圆钝的，该最小曲率半径要求不适用（见附录D对3.18的注解）。

4 要求

4.1 前排座椅"H"点之前、仪表板上下分界线以上的乘员舱内部构件（侧门除外）

4.1.1 在3.3定义的基准区内，不应存有任何可能增大乘员严重伤害风险的危险粗糙表面或尖棱。若头部碰撞区是按照附录C确定的，下述4.1.2～4.1.6所述构件，如果符合相应条款的规定，则应认为是满足要求的。若头部碰撞区是按照附录B确定的，则应满足4.1.7的要求（见附录D对4.1.1的注解）。

4.1.2 在基准区内，仪表板上的构件以及距玻璃表面大于或等于100 mm的其他构件，应当符合附录G规定的吸能性。基准区内同时满足以下条件的构件，可不考虑吸能性（见附录D对4.1.2的注解）：

——按附录G的规定进行试验时，摆锤触及的构件位于基准区之外；

——被测试构件距基准区外被触及的构件不足100 mm，该距离沿基准区的表面测量。

任何金属支撑物不应有凸起的棱边。

4.1.3 若仪表板的下缘不满足4.1.2要求，其曲率半径不应小于19 mm（见附录D对4.1.3的注解）。

4.1.4 用刚性材料制造的开关、拉钮等构件，按附录F规定的方法测定，当凸出仪表板表面3.2 mm～9.5 mm时，距离凸出部分顶点2.5 mm处的横截面积不应小于200 mm^2，且凸出物边缘的曲率半径不应小于2.5 mm（见附录D对4.1.4的注解）。

4.1.5 当这些构件凸出仪表板表面的高度超过9.5 mm时，用一直径不大于50 mm的平端压头，在其上施加378 N的向前纵向水平力，这些构件应能缩回仪表板或脱落（见附录D对4.1.5的注解）：

——当缩回时，其凸出高度应在9.5 mm以下；

——当脱落时，在原来位置上不应留下高度超过9.5 mm的危险凸出物；距离凸出部分顶点不超过6.5 mm处的横截面积不应小于650 mm^2。

4.1.6 如果安装在刚性支架上的凸出物由邵尔（A）硬度低于50的软性材料制成，其刚性支架应满足4.1.4和4.1.5的规定。或者，按照附录G所述的程序，通过足够的试验能证明，在撞击试验时，不会割破邵尔（A）硬度低于50的软性材料而接触到支架。在此情况下，半径要求不适用（见附录D对4.1.6

的注解)。

4.1.7　若按照附录B来确定动态基准区,则应满足下列要求:

4.1.7.1　如果该车型的保护系统不能阻止假人(附录B中B.1.2.1的规定)的头部与仪表板接触,从而按照附录B确定了动态基准区,那么4.1.2～4.1.6的要求仅适用于位于该区域内的零件。

仪表板上下分界线以上的仪表板其他区域的零件,如果能被直径165 mm的球体接触,应至少被倒圆。

4.1.7.2　如果该车型的保护系统能够阻止假人(附录B中B.1.2.1的规定)的头部与仪表板的接触,从而确定无基准区,那么4.1.2～4.1.6的要求不适用于该车型。

仪表板上下分界线以上的仪表板零件,如果能被直径165 mm的球体接触,应至少被倒圆。

4.2　前排座椅"H"点之前、仪表板上下分界线以下的乘员舱内部构件(侧门与脚踏板除外)

4.2.1　除脚踏板及其固定装置以及用附录H所述装置和操作程序触及不到的构件外,4.2所涉及的各种构件(开关、点火钥匙等),均应符合4.1.4～4.1.6的规定(见附录D对4.2.1的注解)。

4.2.2　若手制动杆装在仪表板上或仪表板下方,当其处于松开位置,即使发生正面碰撞,乘员也无触及它的可能性。否则制动杆表面应满足4.3.2.3的要求(见附录D对4.2.2的注解)。

4.2.3　设计与制造搁板或其他类似构件时,应保证其支架没有凸起的棱边,并应满足下列要求之一(见附录D对4.2.3的注解):

4.2.3.1　搁板或其他类似构件朝向车厢内部的部分应为高度不小于25 mm的一块表面,该表面边缘的曲率半径不小于3.2 mm。且该表面应由吸能材料制成或覆盖,检验方法按附录G的规定,试验时冲击力应施加在纵向水平方向(见附录D对4.2.3.1的注解)。

4.2.3.2　用直径为110 mm的圆柱形压头(轴线铅垂),施加378 N的向前纵向水平力,作用于搁板或其他类似构件上时,这些搁板或其他类似构件应脱落、碎裂、明显变形或缩回,在搁板的边缘,没有产生危险的尖角。检验时作用力应施加于搁板或其他类似构件强度最大的部位上(见附录D对4.2.3.2的注解)。

4.2.4　如上述构件,安装在刚性支架上,由邵尔(A)硬度低于50的材料制成,其刚性支架应满足上述除附录G所述吸能要求外的各项规定。或者,按照附录G所述的程序,通过足够的试验能证明,在撞击试验时,不会割破邵尔(A)硬度低于50的软性材料而接触到支架。在此情况下,半径要求不适用。

4.3　通过最后排座椅上的人体模型躯干基准线的横向平面之前的乘员舱其他内部构件(见附录D对4.3的注解)

4.3.1　范围

下述4.3.2的要求适用于控制手柄、操纵杆、按钮以及上述4.1和4.2中未包括的其他凸出物。

4.3.2　要求

如果4.3.1所述的构件布置在能被车辆乘员所接触的位置上,则这些构件应满足4.3.2.1至4.3.4的要求。如果这些构件能被直径为165 mm的球体所触及,在前排座椅最低的"H"点以上及最后排座椅上的人体模型躯干基准线的横向平面之前,且在3.3a)和b)所规定的区域之外,那么就认为这些构件可能被碰到,如果满足下列条件,则认为这些构件满足上述要求(见附录D对4.3.2的注解):

4.3.2.1　构件表面的边缘应倒圆,其曲率半径不应小于3.2 mm(见附录D对4.3.2.1的注解)。

4.3.2.2　操纵杆和按钮的设计与制造应保证,受到一个378 N向前纵向水平力作用时,处于对人体最不利位置的凸出物应降至距板面25 mm以内或脱落或弯曲变形。当其脱落或弯曲变形时,在原位置上不应留下危险凸出物。但玻璃升降器的操纵手柄,允许凸出于板面35 mm(见附录D对4.3.2.2的注解)。

4.3.2.3　当手制动杆处于松开位置及变速杆处于任意前进挡时,除非在3.3a)和b)所规定的区域内或者在通过前排座椅"H"点的水平面之下,否则沿纵向水平方向距离最凸出部位6.5 mm处的横截面面积不应小于650 mm^2,曲率半径不应小于3.2 mm(见附录D对4.3.2.3的注解)。

4.3.3 上述4.3.2.3的要求不适用于装在地板上的手制动杆；对这类手制动杆，当其处于松开位置时，如操纵杆任何部分的高度，在通过前排座椅最低的“H”点的水平面以上，则在距离凸出顶点不超过6.5 mm(沿垂直方向测量)处的水平面上测得的横截面积至少为650 mm^2。曲率半径应不小于3.2 mm。

4.3.4 上述各条未包括的其他车辆构件，如座椅滑轨、座椅的水平、上下调节机构、安全带卷收器等，如果这些构件的位置低于通过每个座位“H”点的水平面，即使乘员有可能触及它们，也不受这些条款的限制(见附录D对4.3.4的注解)。

4.3.4.1 装在顶盖上但不属于顶盖结构的构件，如拉手、顶棚灯、遮阳板等，其曲率半径应不小于3.2 mm。凸出部分的宽度应不小于向下的凸出量；或者，这些凸出部分应通过附录G规定的吸能试验(见附录D对4.3.4.1的注解)。

4.3.5 对于安装在刚性支架上的一部分由邵尔(A)硬度低于50的软性材料制成的构件，其刚性支架应满足上述规定。或者，按照附录G所述的程序，通过足够的试验能证明，在撞击试验时，不会割破邵尔(A)硬度低于50的软性材料而接触到支架。在此情况下，半径要求不适用。

4.3.6 电动车窗和隔断系统以及它们的操纵件，应满足下述4.8的要求。

4.4 顶盖(见附录D对4.4的注解)

4.4.1 范围

下述4.4.2的要求适用于顶盖内表面，但不适用于直径165 mm的球体触及不到的顶盖零件。

4.4.2 要求

4.4.2.1 位于乘员上方或前方的顶盖内表面上，不允许有任何向后或者向下的危险粗糙表面或尖棱。凸出部分的宽度不应小于向下的凸出量，其棱边的曲率半径不应小于5 mm。特别地，顶盖的刚性拱架或加强筋，除了顶盖前后横梁及侧梁外，其向下的凸出量不应大于19 mm(见附录D对4.4.2.1的注解)。

4.4.2.2 如果顶盖的拱架或加强筋不满足4.4.2.1的要求，则应通过附录G规定的吸能试验。

4.4.2.3 支撑顶盖内衬的钢丝和遮阳板框架的钢丝，其直径不应超过5 mm；或者符合附录G的规定。遮阳板框架的非刚性附属零件应符合上述4.3.4.1的规定。

4.5 活顶汽车(见附录D对4.5的注解)

4.5.1 要求

4.5.1.1 下列要求及上述4.4的规定适用于当顶盖处于关闭位置时的活顶汽车。

4.5.1.2 顶盖的开启机构与操纵机构应满足下列规定(见附录D对4.5.1.2、4.5.1.2.1和4.5.1.2.2的注解)：

4.5.1.2.1 机构应具有防止意外动作或延迟动作的功能(见附录D对4.5.1.2、4.5.1.2.1和4.5.1.2.2的注解)。

4.5.1.2.2 机构表面的边缘为圆角，圆角半径不应小于5 mm(见附录D对4.5.1.2、4.5.1.2.1和4.5.1.2.2的注解)。

4.5.1.2.3 当机构处于停止位置时，这些机构应处于不能被直径165 mm的球体所触及的区域。如不能满足此条件，则开启机构与操纵机构在停止位置时，要么处于缩入状态；要么这些机构的设计与制造满足下列规定：当受到一个沿球头模型轨迹切线的冲击方向(按附录G的规定)施加的378 N的作用力时，或者凸出高度(按附录F的测量方法测量)降至距机构的安装表面25 mm以内；或者这些机构在力的作用下脱落，且脱落后在原位置上不应留下任何危险的凸出物(见附录D对4.5.1.2.3的注解)。

4.5.2 电动天窗及其操纵件，应满足下述4.8的要求。

4.6 敞篷车(见附录D对4.6的注解)

4.6.1 对于敞篷车，滚翻保护支架上部的下缘和风窗框上部，在所有正常使用位置，都应满足4.4的要求。位于乘员上方或前方的用于支撑非刚性顶盖的折叠杆件或连接件，不应有向后或向下的危险粗糙表面或尖棱(见附录D对4.6.1的注解)。

4.7 固定在车辆上的座椅后部的零件

4.7.1 要求

4.7.1.1 座椅后部的零件表面不应有任何可能增加乘员伤害风险或严重程度的危险粗糙表面或尖棱(见附录D对4.7.1.1的注解)。

4.7.1.2 处于4.7.1.2.1和4.7.1.2.2所规定的界线以内的头部碰撞区(按附录C的规定确定)的前排座椅靠背部分,应满足附录G规定的吸能性能。为确定头部碰撞区,若前排座椅可调,则它们应处于最后驾驶位置,其靠背角应尽可能接近25°,除非制造商另有规定(见附录D对4.7.1.2的注解)。

4.7.1.2.1 对于独立式前排座椅,其后排乘员头部碰撞区,应在前排座椅靠背后面的顶部自座椅中心面向两侧各延伸100 mm的区域内。

4.7.1.2.1.1 对于带有头枕的座椅,每次进行试验时头枕都应处于最低位置,试验作用点应位于通过头枕中心的铅垂线上。

4.7.1.2.1.2 对于设计可供多种车型安装的座椅,碰撞区应按这些车型中最后驾驶位置为最不利的那种车型来确定,这样确定的碰撞区可认为能适用于所有其他的车型。

4.7.1.2.2 对于整体式前排座椅,其头部碰撞区在每个外侧乘员中心面向两侧各延伸100 mm处的两纵向垂面之间。整体式前排座椅每个外侧座位的中心面位置由制造商规定。

4.7.1.2.3 在4.7.1.2.1和4.7.1.2.2所规定的界线以外的头部碰撞区内,座椅框架应加衬垫,以避免乘员头部与之直接接触;而且在此区域内,框架的曲率半径应至少为5 mm。或者,这些部件满足附录G规定的吸能要求(见附录D对4.7.1.2.3的注解)。

4.7.2 这些规定不适用于最后排座椅、面向车辆侧方或后方的座椅、背靠背的座椅及折叠座椅。如果座椅、头枕及其支撑架的头部碰撞区内有覆盖了邵尔(A)硬度低于50的软性材料的零件,其刚性零件应满足上述除了附录G所述吸能性之外的各项规定。

4.7.3 若座椅已通过试验证明满足GB 15083(或ECE R17的03系列修正本或更新版本)的要求,则认为其满足4.7的要求。

4.8 车窗、天窗及隔断系统的电操作

4.8.1 下列要求适用于车窗/天窗/隔断系统的电操作,以便将偶然或错误操作引起伤害的可能性减至最低限度。

4.8.2 正常操作要求

除了4.8.3规定的情况外,在下列一种或多种情况下,电动车窗/天窗/隔断系统才允许被关闭:

4.8.2.1 点火钥匙插入点火开关中,处于任一使用位置,或者非机械装置处于相同状态时。

4.8.2.2 电源钥匙已接通电动车窗、天窗或隔断系统的供能装置时。

4.8.2.3 手动不用车辆电源助力时。

4.8.2.4 持续激活位于车辆外部的关闭装置时。

4.8.2.5 关闭点火、或拔出点火钥匙后(或者非机械装置处于类似状态时),且两个前车门都还没有被打开到足以允许乘员外出之前的时间间隔内。

4.8.2.6 电动车窗、天窗或隔断系统从开口不超过4 mm处开始关闭时。

4.8.2.7 无上门框车门的电动车窗自动关闭时(无论该车门何时被关上)。在此情况下,在车窗关闭之前,其最大开口不应超过12 mm。

4.8.2.8 只要满足下列条件之一,应允许通过遥控器的持续激活,进行遥控关闭:

4.8.2.8.1 遥控器与车辆之间的作用距离不应超过6 m。

4.8.2.8.2 如果车辆可直接看见,则遥控器与车辆之间的作用距离不应超过11 m。通过在遥控器与车辆之间放置一个不透明的平板,可对此进行检验。

4.8.2.9 仅对驾驶员侧车门的电动车窗以及天窗,且仅在点火钥匙处于发动机运转位置期间,应允许一触式关闭。在已关闭发动机或者已取出点火钥匙/电源钥匙后(或者非机械装置处于相同状态时),且两个前车门都还没有被打开到足以允许乘员外出之前,也允许一触式关闭。

4.8.3 自动回缩要求

4.8.3.1 如果电动车窗/天窗/隔断系统安装了自动回缩装置,那么 4.8.2 的要求可不满足。

4.8.3.1.1 在电动车窗/隔断系统的上边缘,或者在滑动天窗开启边的前缘以及在倾斜天窗尾缘,开口从 200 mm 到 4 mm 范围内,在夹紧力大于 100 N 之前,该装置应回缩车窗/天窗/隔断系统。

4.8.3.1.2 在自动回缩之后,车窗/天窗/隔断系统应开启到下列位置之一:

4.8.3.1.2.1 允许穿过开口放置直径 200 mm 的半刚性柱状试验棒的位置,而试验棒与开口的接触点就是用于确定 4.8.3.1.1 回缩特性的点;

4.8.3.1.2.2 关闭之前的最初位置;

4.8.3.1.2.3 比开始回缩时的位置至少多开 50 mm 的位置;

4.8.3.1.2.4 天窗倾斜运动的情况下,最大角度开启位置。

4.8.3.1.3 按照 4.8.3.1.1,为检查带回缩装置的电动车窗/天窗/隔断系统,从车内通过开口将测量工具/试验棒伸出车外(对隔断系统,从乘客舱的后部)。棒的圆柱形表面与形成车窗/天窗/隔断系统边界的车辆结构部分相接触。测量工具的刚度应为(10±0.5)N/mm。试验棒的位置如附录 E 图 E.1 所示(通常与车窗/天窗/隔断系统边框垂直,并与关闭方向垂直)。在整个试验期间,试验棒相对于边框及关闭方向的位置应保持不变。

4.8.4 开关位置和操作

4.8.4.1 设置或操作电动车窗/天窗/隔断系统开关的方式应将偶然关闭的风险减到最低限度。除 4.8.2.7、4.8.2.9 或 4.8.3 的情况之外,为了关闭,应要求持续促动开关。

4.8.4.2 所有供车辆后部乘员使用的后风窗、天窗和隔断系统开关应能被驾驶员控制开关关闭,该控制开关设置在通过前排座椅 R 点的横向铅垂平面之前。如果后风窗、天窗和隔断系统装备了自动回缩装置,则不要求这种驾驶员控制开关。然而,如果驾驶员控制开关已经存在,它不应干涉自动回缩装置或者妨碍放下隔断系统。

设置驾驶员控制开关时应把偶然操作的风险减到最低限度。采用附录 E 图 E.2 所示的符号来标识,也可采用等效的符号,比如使用附录 E 图 E.3 复制的 ISO 2575:2004 规定的符号。

4.8.5 保护装置

在过载或自动关闭之后,所有用来防止超载或停止时动力源损坏的保护装置都应自动复位。保护装置复位后,除非有意去操纵控制开关,在关闭方向的运动不应再继续。

4.8.6 用户手册指南

4.8.6.1 车辆用户手册应包含有关电动车窗/天窗/隔断系统明晰的使用说明,包括:

4.8.6.1.1 被夹住的可能的说明;

4.8.6.1.2 驾驶员控制开关的使用方法;

4.8.6.1.3 指明危险的"警告"信息,尤其针对儿童错误使用/操作电动车窗/天窗/隔断系统情况,该信息应指出驾驶员的责任,包括对其他乘员的指导,以及只有在点火钥匙/电源钥匙被拔出或者非机械装置处于相同状态时才能离开车辆的建议;

4.8.6.1.4 当使用遥控器关闭系统(见 4.8.2.8)时,指出应特别当心的"警告"信息,比如,只有当操作者清楚地看到车辆并确信电动车窗/天窗/隔断系统不会卡住乘员的时候,才能使用遥控。

4.8.7 如果安装在车辆上的电动车窗/天窗/隔断系统不能按照上述规定的试验程序进行检测,若制造商能证明对乘员具有相同的或者更好的保护效果,则也可给予认可。

4.9 其他未提及的内部构件

4.9.1 第 4 章的要求也适用于前面没有提及的,但根据它们的位置,按 4.1～4.7 所规定的不同程序能够为乘员所触及的构件。若这些构件由邵尔(A)硬度低于 50 的软性材料制成,并安装在刚性支架上,则刚性支架应满足上述规定。或者按照附录G所述的程序，通过足够的试验能证明，在撞击试验时，不会割破邵尔(A)硬度低于50的软性材料而接触到支架。在此情况下，要求的半径仅适用于软表面。

4.9.2 对于诸如副仪表板之类的构件，或属于4.9.1的其他车辆构件，如果满足下列条件，即使可被附录C规定的装置触及，也不必进行附录G规定的吸能试验：

技术服务部门认为，由于安装在车辆上的约束系统的原因，乘员的头部不可能触及到该构件，或者，

采用附录B描述的方法或者等效的方法，制造商能够证明不会发生这样的接触时。

附 录 A
（资料性附录）
本标准章条编号与 ECE R21 章条编号对照

本标准章条编号	对应的 ECE R21 章条编号
1	1
2	—
3	2
3.1	—
—	2.1
3.2	2.2
	2.2.1
	2.2.2
	2.2.3
	2.2.3.1
3.3	2.3
	2.3.1
	2.3.2
	2.3.3
3.4	2.4
3.5	2.5
3.6	2.6
3.7	2.7
3.8	2.8
3.9	2.9
3.10	2.10
3.11	2.11
	2.11.1
	2.11.2
	2.11.3
3.12	2.12
3.13	2.13
3.14	2.14
3.15	2.15
3.16	2.16
3.16.1	2.16.1
3.16.2	2.16.2
3.17	2.17
3.18	2.18
—	3
—	4

<table>
<tr><th>本标准章条编号</th><th>对应的 ECE R21 章条编号</th></tr>
<tr><td>4</td><td>5</td></tr>
<tr><td>4.1</td><td>5.1</td></tr>
<tr><td>4.1.1</td><td>5.1.1</td></tr>
<tr><td rowspan="3">4.1.2</td><td>5.1.2</td></tr>
<tr><td>5.1.2.1</td></tr>
<tr><td>5.1.2.2</td></tr>
<tr><td>4.1.3</td><td>5.1.3</td></tr>
<tr><td>4.1.4</td><td>5.1.4</td></tr>
<tr><td>4.1.5</td><td>5.1.5</td></tr>
<tr><td>4.1.6</td><td>5.1.6</td></tr>
<tr><td>4.1.7</td><td>5.1.7</td></tr>
<tr><td>4.1.7.1</td><td>5.1.7.1</td></tr>
<tr><td>4.1.7.2</td><td>5.1.7.2</td></tr>
<tr><td>4.2</td><td>5.2</td></tr>
<tr><td>4.2.1</td><td>5.2.1</td></tr>
<tr><td>4.2.2</td><td>5.2.2</td></tr>
<tr><td>4.2.3</td><td>5.2.3</td></tr>
<tr><td>4.2.3.1</td><td>5.2.3.1</td></tr>
<tr><td>4.2.3.2</td><td>5.2.3.2</td></tr>
<tr><td>4.2.4</td><td>5.2.4</td></tr>
<tr><td>4.3</td><td>5.3</td></tr>
<tr><td>4.3.1</td><td>5.3.1</td></tr>
<tr><td>4.3.2</td><td>5.3.2</td></tr>
<tr><td>4.3.2.1</td><td>5.3.2.1</td></tr>
<tr><td>4.3.2.2</td><td>5.3.2.2</td></tr>
<tr><td>4.3.2.3</td><td>5.3.2.3</td></tr>
<tr><td>4.3.3</td><td>5.3.3</td></tr>
<tr><td>4.3.4</td><td>5.3.4</td></tr>
<tr><td>4.3.4.1</td><td>5.3.4.1</td></tr>
<tr><td>4.3.5</td><td>5.3.5</td></tr>
<tr><td>4.3.6</td><td>5.3.6</td></tr>
<tr><td>4.4</td><td>5.4</td></tr>
<tr><td rowspan="3">4.4.1</td><td>5.4.1</td></tr>
<tr><td>5.4.1.1</td></tr>
<tr><td>5.4.1.2</td></tr>
<tr><td>4.4.2</td><td>5.4.2</td></tr>
<tr><td>4.4.2.1</td><td>5.4.2.1</td></tr>
<tr><td>4.4.2.2</td><td>5.4.2.2</td></tr>
<tr><td>4.4.2.3</td><td>5.4.2.3</td></tr>
<tr><td>4.5</td><td>5.5</td></tr>
<tr><td>4.5.1</td><td>5.5.1</td></tr>
</table>

本标准章条编号	对应的 ECE R21 章条编号
4.5.1.1	5.5.1.1
4.5.1.2	5.5.1.2
4.5.1.2.1	5.5.1.2.1
4.5.1.2.2	5.5.1.2.2
4.5.1.2.3	5.5.1.2.3
4.5.2	5.5.2
4.6	5.6
4.6.1	5.6.1
4.7	5.7
4.7.1	5.7.1
4.7.1.1	5.7.1.1
4.7.1.2	5.7.1.2
4.7.1.2.1	5.7.1.2.1
4.7.1.2.1.1	5.7.1.2.1.1
4.7.1.2.1.2	5.7.1.2.1.2
4.7.1.2.2	5.7.1.2.2
4.7.1.2.3	5.7.1.2.3
4.7.2	5.7.2
4.7.3	5.7.3
4.8	5.8
4.8.1	5.8.1
4.8.2	5.8.2
4.8.2.1	5.8.2.1
4.8.2.2	5.8.2.2
4.8.2.3	5.8.2.3
4.8.2.4	5.8.2.4
4.8.2.5	5.8.2.5
4.8.2.6	5.8.2.6
4.8.2.7	5.8.2.7
4.8.2.8	5.8.2.8
4.8.2.8.1	5.8.2.8.1
4.8.2.8.2	5.8.2.8.2
4.8.2.9	5.8.2.9
4.8.3	5.8.3
4.8.3.1	5.8.3.1
4.8.3.1.1	5.8.3.1.1
4.8.3.1.2	5.8.3.1.2
4.8.3.1.2.1	5.8.3.1.2.1
4.8.3.1.2.2	5.8.3.1.2.2
4.8.3.1.2.3	5.8.3.1.2.3
4.8.3.1.2.4	5.8.3.1.2.4

本标准章条编号	对应的 ECE R21 章条编号
4.8.3.1.3	5.8.3.1.3
4.8.4	5.8.4
4.8.4.1	5.8.4.1
4.8.4.2	5.8.4.2
4.8.5	5.8.5
4.8.6	5.8.6
4.8.6.1	5.8.6.1
4.8.6.1.1	5.8.6.1.1
4.8.6.1.2	5.8.6.1.2
4.8.6.1.3	5.8.6.1.3
4.8.6.1.4	5.8.6.1.4
4.8.7	5.8.7
4.9	5.9
4.9.1	5.9.1
4.9.2	5.9.2
—	6
—	7
—	8
—	9
—	10
附录 A	—
附录 B	附录 8
附录 C	附录 1
附录 D	附录 10
附录 E	附录 9
附录 F	附录 6
附录 G	附录 4
附录 H	附录 7
—	附录 2
—	附录 3
—	附录 5

附 录 B
（规范性附录）
动态确定的头部碰撞区的确认

B.1 就保护系统动态确定的头部碰撞区的确认

B.1.1 与附录C描述的程序不同，申请人可通过负责试验管理的技术服务部门认可的程序来证明，动态确定的头部碰撞区与该车型是有关的。

B.1.2 检验动态确定的头部碰撞区的适当方法可以是下列方法中的一种。

B.1.2.1 实车碰撞试验

关于安装在该车型上的保护系统，采用至少48.3 km/h碰撞速度、相对于固定的刚性障碍壁±30°范围的正面碰撞条件，来确定乘员的移动顺序。通常进行0°、+30°及−30°的试验即可满足需要。

用第5百分位女性、第50百分位男性以及第95百分位男性成年假人代替乘员，来评价动态确定的头部碰撞区。试验之前，按照制造商的规定，将每个假人放在推荐的乘坐位置。或

B.1.2.2 滑车试验

在GB 14166附录F图F.1（或ECE R16附件8）所示的减速度-时间图表（速度变化50 km/h）作用下，使上述规定的假人族的各个假人，产生相当于实车正面碰撞试验（按照B.1.2.1）中假人向前的移动，研究移动顺序。

如果试验对象（通常为白车身）的中心线，与滑车纵向中心线夹角在±18°范围内，则认为各假人向前移动的方向是令人满意的。通常进行0°、+18°及−18°的试验即可满足需要。或

B.1.2.3 模拟碰撞试验

按照上述B.1.2.1或B.1.2.2的规定，研究由上述B.1.2.1描述的假人族所代表的乘员的移动顺序。模拟方法应该通过上述B.1.2.1或B.1.2.2规定的至少三个碰撞条件予以验证。

B.2 动态确定的头部碰撞区包括用安装在该车型上的保护系统约束的乘员头部可能接触到仪表板的所有区域。

B.3 如果该车型可装备不同的保护系统，只需研究具有最低性能的保护系统。而驾驶员或乘员可解除的保护系统应处于制造商在用户手册中建议和指定的状态。

如果制造商规定保护系统一部分为常设非工作状态，那么，该部分应处于无效状态。

B.4 制造商或其代表有权提交足以证明动态确定的头部碰撞区的计算、模拟、试验数据或试验结果。

附 录 C
（规范性附录）
头部碰撞区的确定

C.1 头部碰撞区由车辆内部所有非玻璃表面组成，这些表面能与直径为165 mm的球头模型静态接触，该球头模型为测量装置的一部分，该装置从胯关节铰接点到球头模型顶部的尺寸可在736 mm～840 mm之间连续调节。

C.2 头部碰撞区可通过下述程序或者采用作图方法来确定。

C.2.1 对于制造商指定的每一个乘坐位置，按如下方式放置测量装置的铰接点。

C.2.1.1 可调式座椅

C.2.1.1.1 放在“H”点(见GB 11551附录C)上；

C.2.1.1.2 放在“H”点之前127 mm的一个点上，此点高度为座椅前移127 mm后“H”点的高度，或者比原“H”点高19 mm(见附录D对C.2.1.1.2的注解)。

C.2.1.2 不可调式座椅

放在“H”点上。

C.2.2 在车辆内部尺寸范围内，对于从胯关节铰接点到球头模型顶部的每一个可调尺寸，应确定位于“H”点前能用测量装置测量的所有接触点(见附录D对C.2.2的注解)。

将测量装置的测量臂设定在最小长度，胯关节置于后排座椅“H”点，如果球头模型超过了前排座椅靠背，则在此项测量中找不到接触点。

C.2.3 将测量装置置于铅垂位置，在通过“H”点的车辆纵向铅垂面两侧尽可能接近90°范围内的诸铅垂面内，向前和向下转动测量装置，测取所有可能接触的点。

为确定接触点，测量装置测量臂的长度在任何一次测量过程中都不应改变。每次测量应从铅垂位置开始。

C.3 “接触点”系测量装置的球头模型与车辆内部某一部分相接触的一个点。球头模型向下的最大移动位置应限制在该模型与位于“H”点之上25.4 mm处的水平平面相切的位置上(见附录D对C.3的注解)。

附 录 D
（资料性附录）
对标准条文及附录的注解

D.1 对 3.3 的注解

基准区是在无内后视镜的情况下确定的。吸能试验也是在不带内后视镜的情况下完成的。摆锤不应碰及内后视镜的固定座。

这些条款所规定的位于方向盘后面的免除区域对于前排乘员的头部碰撞区同样有效。

对可调式方向盘，当方向盘处于各种可能的驾驶位置时，都有一个免除区域，最终的免除区域缩减为这些区域的共同部分。

在有各种方向盘可供选择的情况下，应选用直径最小的、处于最不利状态的方向盘来确定免除区域。

D.2 对 3.4 的注解

仪表板上下分界线延伸到乘员舱的整个宽度上，当一条铅垂线沿车辆宽度方向移动时，为该铅垂线与仪表板表面的最后切点所确定。如铅垂线与仪表板表面同时出现两个或两个以上的切点，则应采用较低的切点来建立仪表板上下分界线；对于副仪表板，如果不能用铅垂线与仪表板的切点来确定其上下分界线，则可用一条比前排座椅“H”点高 25.4 mm 的水平线与副仪表板的交点来确定其上下分界线。

D.3 对 3.5 的注解

在车身两侧，顶盖应自门沿上边缘开始。正常情况下，当车门打开时，顶盖两侧的界线即为剩余车身部分的底边（侧视）所形成的外廓线。在车窗上方，顶盖侧面界线为一条连续的透明线（侧窗玻璃的透光点）。对立柱来说，顶盖侧面界线为通过两边透光线之间的连线。对于如 3.7 和 3.8 定义的车辆，在车顶关闭的情况下，3.5 的定义对于任何形式的活动车顶也有效。

为了测量的需要，车顶向下的翻边可忽略不考虑，而将其视为车辆侧壁的形成部分。

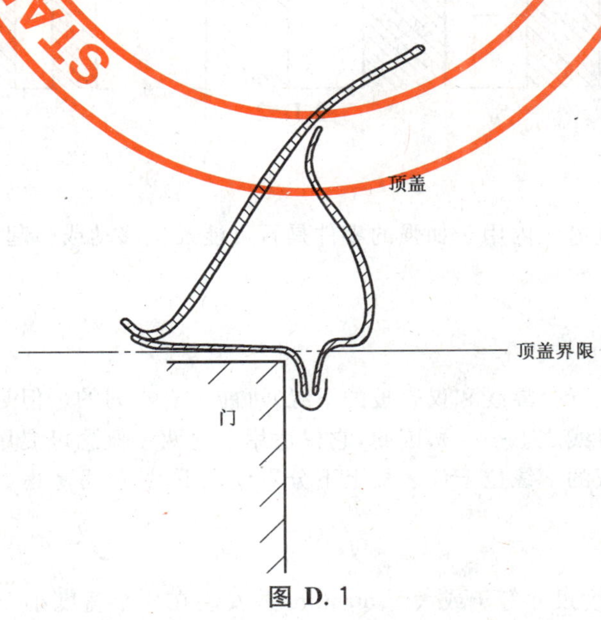

图 D.1

D.4　对 3.7 的注解

非活动的后车窗可认为是一个刚性结构件。

装有刚性材料非活动后车窗的汽车可视为 3.8 定义的活顶汽车。

D.5　对 3.18 的注解

如果刚性材料的棱边与面板之间存在间隙，该棱边应倒圆，依间距的大小，其最小曲率半径在 4.1.1 的注解所列表格中给出。如果凸出高度等于或小于 3.2 mm（按照附录 F 中 F.1 描述的程序测量），该要求同样适用。

如果该间隙位于应进行头型冲击试验的区域内，因零件移位导致试验过程中可被触及的棱边，也应满足最小曲率半径为 2.5 mm 的要求。

D.6　对 4.1.1 的注解

尖棱是指曲率半径小于 2.5 mm 的刚性材料的棱边，但不包括从仪表板表面测量凸出高度小于 3.2 mm 的情况。对于凸出高度小于 3.2 mm 的情况，如果凸出高度不大于其宽度的一半，并且其边缘是圆钝的，就可以不对最小曲率半径提出要求。

格栅零件若满足下表的最低要求，则应视为符合本标准规定：

表 D.1

单位为毫米

	平端格栅		圆端格栅
格栅间距	最小片厚 e	最小半径	最小半径
1～10	1.5	0.25	0.50
10～15	2.0	0.33	0.75
15～20	3.0	0.50	1.25

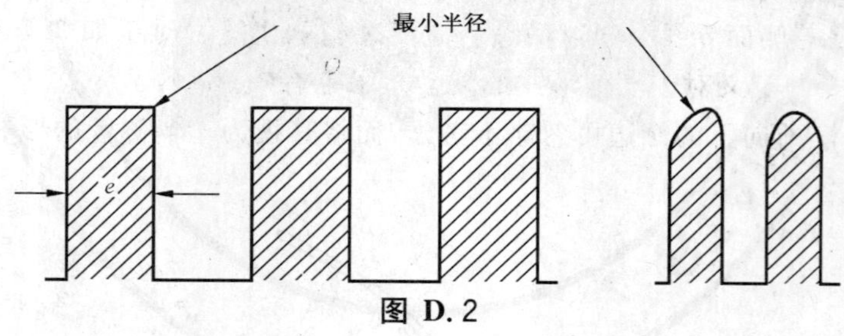

图 D.2

D.7　对 4.1.2 的注解

试验时，应判定位于碰撞区内用于加强的零件是否可能发生移动或凸起，以致增加乘员的危险或增加伤害的严重程度。

D.8　对 4.1.3 的注解

这两个概念（仪表板上下分界线和仪表板的下缘）可能是有不同的。但是这条规定是包含在 4.1 内的（……在仪表板上下分界线之上……），因此，它仅适用于这两个概念可混用的地方。在这两个概念不能混用的地方，即当仪表板的下缘位于仪表板上下分界线之下时，就可考虑参照 4.9 来执行 4.3.2.1。

D.9　对 4.1.4 的注解

如果拉手或拉钮的宽度尺寸等于或大于 50 mm，并安装在一个宽度小于 50 mm 的区域，其最大凸起高度原本应采用附录 F 中 F.2 的测量仪器测量的，则其最大凸起高度应按照附录 F 中 F.1 的规定确定，即用一个直径为 165 mm 的球体，测定在垂直板面方向“Y”的最大变动量。横截面积应在与构件安装表面平行的平面上测定。

D.10 对 4.1.5 的注解

4.1.4 和 4.1.5 是互为补充的条文；在执行 4.1.5 第一句的规定（即施加 378N 的力使构件缩回或脱落）后，如构件缩回，且其凸起高度降至 3.2 mm～9.5 mm 之间，则接着执行 4.1.4。如果构件脱落，则执行 4.1.5 的后两句规定（在施加力之前测量横截面的面积）。但是，如果实际情况应执行 4.1.4 时（构件缩回到 9.5 mm 以下和 3.2 mm 以上），可由制造商决定在按 4.1.5 的规定施加 378 N 的力之前，按 4.1.4 的内容进行检查，这可能更方便。

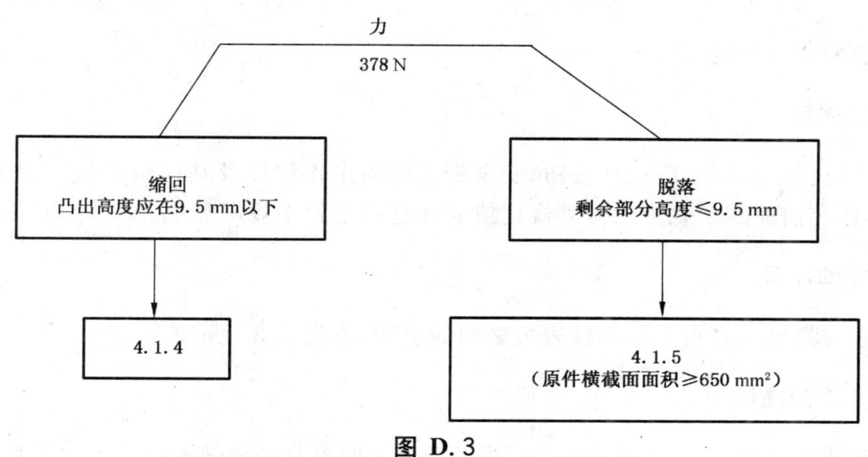

图 D.3

D.11 对 4.1.6 的注解

由于存在软性材料，规定仅运用于刚性支架，凸出高度的测定仅对刚性支架。

邵尔硬度的测量是在试验对象本身的样品上进行的，这样由于材料条件限制不能用邵尔（A）硬度的方法进行硬度测量的地方，可用比较测量法来评价。

D.12 对 4.2.1 的注解

除了周围的金属支撑件外，脚踏板及其连杆和紧邻它的铰链可不予考虑。

如果点火钥匙手柄的凸出部分由邵尔（A）硬度 60～80、厚度至少为 5 mm 的材料组成，或者在所有表面上覆有至少 2 mm 厚的这种材料，则认为满足本条要求。

D.13 对 4.2.2 的注解

按下述规定确定手制动杆能否被触及：

当手制动杆位于仪表板上下分界线上或其上面时（碰撞区内按 4.1 检验），用附录 C 中规定的球头模型。

当手制动杆位于仪表板上下分界线以下时（此时按 4.3.2.3 的规定检验手制动杆），用附录 H 中规定的膝部模型。

D.14 对 4.2.3 的注解

4.2.3 所述的规定也适用于前排座椅“H”点之前、仪表板上下分界线以下并位于前排座椅之间的搁板和副仪表板。如果一空腔是封闭的，可视其为杂物箱，不受这些规定的限制。

D.15 对4.2.3.1的注解

所规定的尺寸是指板件表面在覆盖邵尔(A)硬度低于50的材料之前而言的(见4.2.4)。吸能试验按附录G的规定执行。

D.16 对4.2.3.2的注解

假如搁板脱落或碎裂,不应造成危险的断面,这点不仅适用于边框,而且也适用于因受力而朝向乘员舱的其他边缘。

搁板强度最大的部位应看作是最接近固定装置的部分。此外,在施加力的作用下,"明显变形"应是指搁板的弯曲变形,在与试验圆柱最初的接触点上测量,应该是肉眼可见的折叠或变形。弹性变形是允许的。

试验圆柱的长度至少是50 mm。

D.17 对4.3的注解

"其他构件"应包括诸如车窗锁止按钮、安全带上部固定零件以及其他位于搁脚空间与门槛上的零件,除非这些零件在前面的条款中已做了规定或者在这些条款中规定豁免。

D.18 对4.3.2的注解

在前围挡板与高出仪表板下缘的仪表板之间的空间,不受4.3规定的限制。

D.19 对4.3.2.1的注解

考虑在所有使用位置时,3.2 mm半径可适用于4.3所提及的全部能被接触到的部件。

作为特例,杂物箱只考虑其关闭位置,座椅安全带一般只考虑其扣紧位置,但对于任何具有固定贮藏位置的构件,则规定在其贮藏位置上,其棱边应满足3.2 mm半径的规定。

D.20 对4.3.2.2的注解

确定基准面的位置可采用附录F中F.2所规定的装置,并对基准面施加20 N的力。若不能做到这一点,则应采用附录F中F.1所规定的方法,仍施加20 N的力。

危险凸出物的评定,由负责试验的部门决定。

根据实际情况,即使初始凸出高度小于35 mm或25 mm,也可对其施加378 N的力,凸出高度是在施加载荷下测量的。

通常使用一个直径不大于50 mm的平端压头施加378 N的纵向水平力,如果无法做到这一点则可采用其他等效方法,例如除去障碍物。

对于新式门把手,玻璃升降器操纵手柄有时被门护板包围,乘员膝部通常很难或者根本不可能接触到手柄,在此情况下,经与制造商协商,由检测机构决定是否进行上述推力试验。

D.21 对4.3.2.3的注解

对于变速杆,其最远凸出部位是变速杆手柄或球形把手部分,它首先被一沿纵向水平方向移动的铅垂横截面所接触。如果变速杆或手制动杆的任何部分位于"H"点以上,则可认为该杆件全部都超过了"H"点的高度。

D.22 对4.3.4的注解

若通过最低的前排和后排座椅"H"点的水平面不重合,则需确定一个通过前排座椅"H"点并垂直于车辆纵轴的垂直面，豁免区应相对于它们的各"H"点对前、后乘员舱分别考虑直到以上确定的垂直面为止。

D.23 对 4.3.4.1 的注解

活动的遮阳板应考虑到各种使用位置，遮阳板的框架不应视作刚性支撑件(见 4.3.5)。

D.24 对 4.4 的注解

当进行顶盖试验，测量那些能被一个直径为 165 mm 的球体所接触到的凸出物和零件时，应除去顶棚(邵尔(A)硬度低于 50 时)。当评价规定的半径时，应当考虑到顶棚材料的规格和特性。顶盖的试验区应延伸至最后排座椅上的人体模型躯干基准线所限横向平面以上和以前的区域。

D.25 对 4.4.2.1 的注解(参见 3.18 关于"尖棱"的定义)

向下的凸出量应按附录 F 中 F.1 的方法垂直于顶盖进行测量。

凸出物的宽度应在与其轴线垂直的方向上测量。特别是顶盖的刚性拱架或加强筋，凸出于顶盖内表面的凸出高度不应大于 19 mm。

D.26 对 4.5 的注解

活动顶盖的任一条筋，如能被直径 165 mm 的球体所触及，则应满足 4.4 的规定。

D.27 对 4.5.1.2、4.5.1.2.1 及 4.5.1.2.2 的注解

当顶盖开启机构与操纵机构处于停止位置而顶盖关闭时，应满足全部规定。

D.28 对 4.5.1.2.3 的注解

即使初始凸出高度等于或小于 25 mm，也施加 378 N 的力。凸出高度是在加载时测量的。

按附录 G 规定的冲击方向施加 378 N 的力，该方向与球头模型运动轨迹相切。施力时通常使用一个直径不大于 50 mm 的平端压头，但对无法做到这一点的地方，则可使用其他等效的试验方法，例如除去妨碍物。

"停止位置"是指操纵机构在锁止时的位置。

D.29 对 4.6 的注解

敞篷车顶的杆系并非滚翻保护支架。

D.30 对 4.6.1 的注解

风窗窗框上缘从风窗透明轮廓线以上算起。

D.31 对 4.7.1.1 的注解

参见 3.18 关于"尖棱"的定义。

D.32 对 4.7.1.2 的注解

在确定前排座椅靠背的头部碰撞区时，任何支撑座椅靠背必需的构件应视作座椅靠背的一部分。

D.33 对 4.7.1.2.3 的注解

座椅框架结构的衬垫也应避免可能增大乘员严重伤害风险的危险粗糙表面或尖棱。

D.34 对附录C“头部碰撞区的确定”的注解

D.34.1 对C.2.1.1.2的注解

由制造商选用两种测定高度的一种。

D.34.2 对C.2.2的注解

当确定接触点时，在每次单独测量中，测量装置的臂长是不变的。每次测量从铅垂位置开始。

D.34.3 对C.3的注解

25.4 mm的尺寸是指从通过“H”点的水平面到与球头模型外轮廓下缘相切的水平切面之间的距离。

D.35 对附录G“吸能材料的试验方法”的注释

D.35.1 对G.4的注解

在做吸能试验时，对任一构件破损的处理，参见标准4.1.2的注释。

附 录 E
（规范性附录）
柱状试验棒在天窗及车窗“开口”中的典型位置

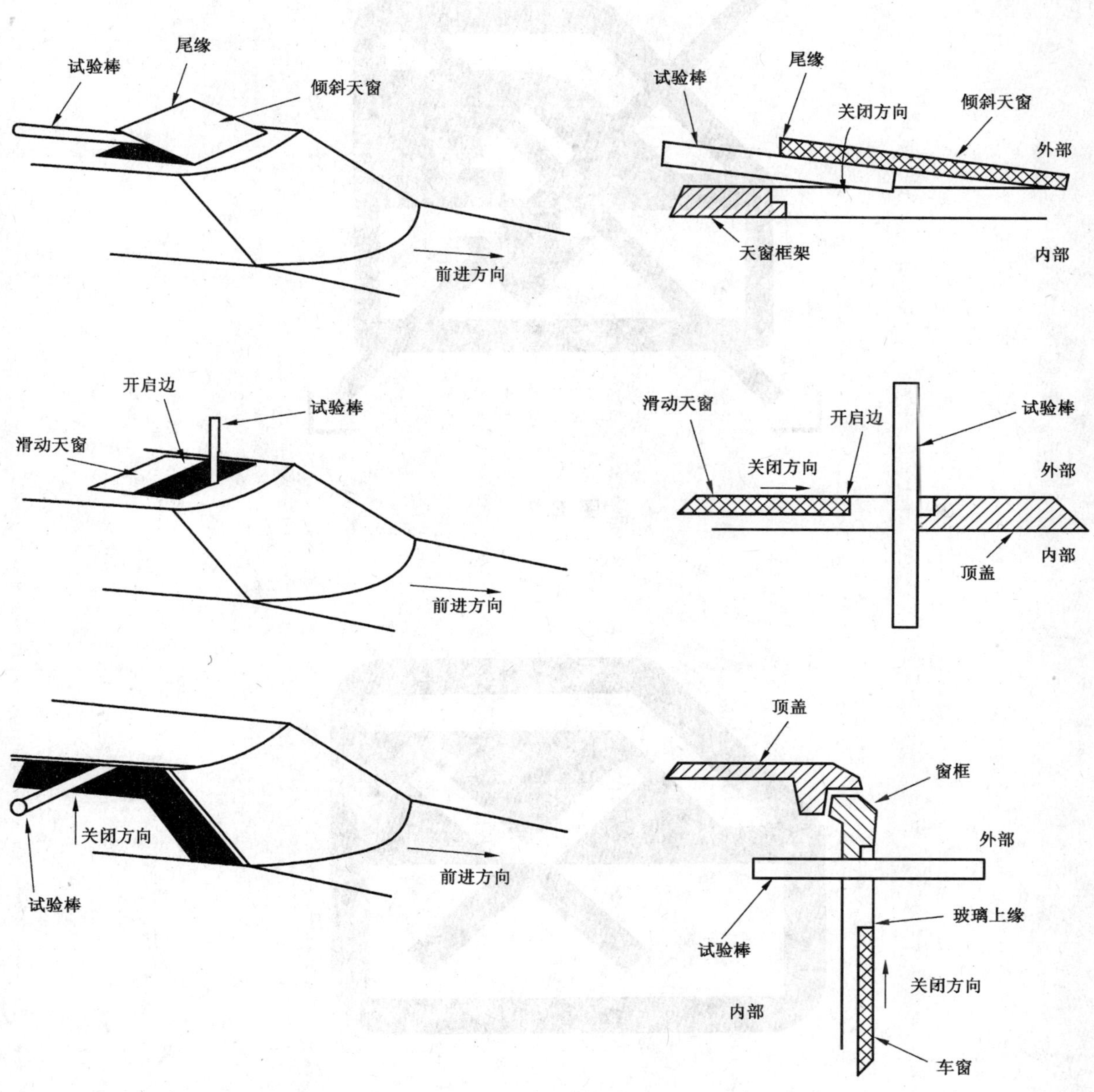

图 E.1

驾驶员控制开关符号示例

图 E.2

图 E.3
(ISO 2575:2004)

附 录 F
（规范性附录）
测量凸出高度的方法

F.1 为了测定一个安装于板上的零件相对于板件的凸出量，可使一个直径为 165 mm 的球体沿该零件表面滚过并始终保持与它接触。从与零件开始接触起，测取球心在垂直于板面方向的变动量“Y”，在所有变化“Y”值中的最大值即为凸出高度。

F.1.1 如果板面和零件等表面覆盖有邵尔（A）硬度低于 50 的材料，则应在除去覆盖材料之后进行测量。

F.2 位于基准区内的开关、拉钮等构件的凸出高度应使用下述测量装置和程序进行测量。

F.2.1 测量装置

F.2.1.1 测量凸出高度的仪器由一个直径为 165 mm 的半球形的球头模型组成，在球头模型中部有一直径为 50 mm 的滑动压头。

F.2.1.2 压头端部平面与球头模型边缘的相对位置可通过一活动指针在刻度尺上读出。当测量装置在被测构件上滑动时，指针就停留在最大测量值的位置上。测量时，其量程不应小于 30 mm；为满足测量要求，最小分辨刻度为 0.5 mm。

F.2.1.3 校准方法

F.2.1.3.1 将测量仪器放在一个平面上，并使其轴线垂直于该平面。当压头平端与平面接触时，将标尺调零。

F.2.1.3.2 在压头平端与支撑平面之间插入一个 10 mm 厚的验规，检查指针所示读数是否与验规厚度一致。

F.2.1.4 凸出高度测量仪如图 F.1 所示。

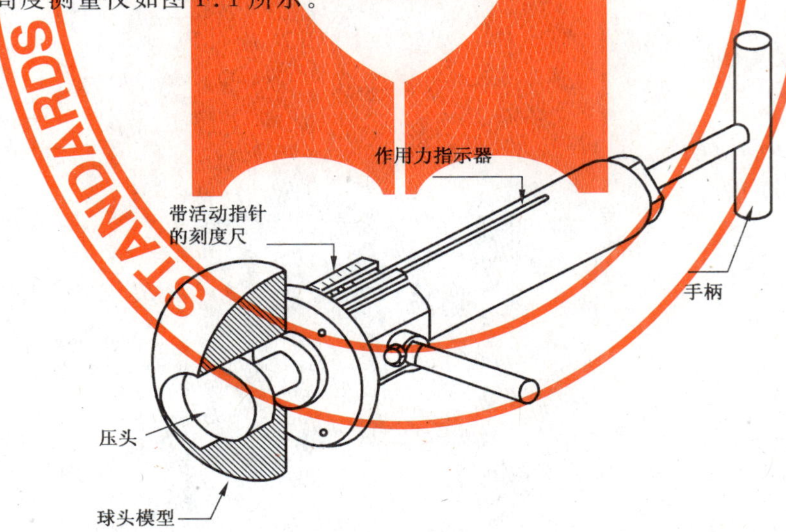

图 F.1 凸出高度测量仪

F.2.2 测量程序

F.2.2.1 将压头退回，使该仪器前部形成一个中空腔，推动活动标尺使之与压头接触。

F.2.2.2 将仪器罩在被测的凸出物上，以不超过 20 N 的力使球头模型尽可能接触凸出物周围的表面。

F.2.2.3 推动压头，使其与被测凸出物接触，在刻度尺上读出该凸出物的凸出高度。

F.2.2.4 调整球头模型测得最大的凸出量，并记录。

F.2.2.5 如果两个或多个操纵件位置足够靠近，以致于同时与压头或球头模型接触，将对它们作以下处理：

F.2.2.5.1 当几个操纵件能同时纳入球头模型的中空腔时，应作为一个单独的凸出物对待。

F.2.2.5.2 如果其他的操纵件由于接触球头模型而妨碍对某一操纵件的正常测量，应拆下这些操纵件，在没有干扰的情况下对该操纵件进行测量。随后，依次装复某个操纵件同时拆除其他的操纵件，逐一进行测量。

附　录　G
（规范性附录）
吸能材料的试验程序

G.1　试验样品的安装

G.1.1　吸能材料制成的构件应安装在车上固定它的结构支撑件上进行试验。如果可能，最好直接在车身上进行试验。结构支撑件或车身本体应牢固地固定在试验台上，以免在撞击时发生移动。

G.1.2　如果制造商有要求时，构件也可固定在模拟车上安装的夹具上。但应满足"构件-夹具"系统与车上真实的"构件-结构支撑件"系统具有相同的几何结构，且前者的几何刚度不低于后者，而其吸能能力又不高于后者。

G.2　试验装置

G.2.1　该装置由一个摆锤组成，其回转中心由球轴承支撑，摆锤在撞击中心处的折合质量为 6.8 kg。摆锤的下端是一个直径为 165 mm 的刚性锤头，其中心与摆锤的撞击中心重合。折合质量计算公式如下：

$$m_r = m(l/a)$$

式中：

m_r——摆锤撞击中心处的折合质量，单位为千克(kg)；

m——摆锤总质量，单位为千克(kg)；

l——摆锤重心与回转轴的距离，单位为米(m)；

a——撞击中心与回转轴的距离，单位为毫米(mm)。

G.2.2　锤头上装有两个加速度传感器和一个速度传感器，用以测定在撞击方向上的各种数据。

G.3　记录仪器

所采用的记录仪器应达到下列测量精度要求：

G.3.1　加速度

准确度：实测值的±5%；

数据通道的频率等级：对应于 ISO 6487:1980 的 600 级；

横轴灵敏度：不小于刻度最低点的 5%。

G.3.2　速度

准确度：实测值的±2.5%；

灵敏度：0.5 km/h。

G.3.3　时间记录仪

该记录仪能在全过程中进行记录，并能在 0.001 s 的间隔内记录出各个数值。锤头与试验构件刚开始撞击接触的一瞬间，应标在试验记录上，用以分析试验。

G.4　试验程序(见附录 D 对 G.4 的注解)

G.4.1　对于被测试表面上的每个撞击点，撞击方向应是附录 C 中所述测量装置的球头模型轨迹的切线方向。

对于 4.3.4.1 和 4.4.2.2 中所述的零件进行试验时，测量装置的测量臂应延长至与被测试零件接触为止，延长距离从胯关节铰接点到球头模型顶部之间以 1 000 mm 为限。在 4.4.2.2 中提及的不能被接触到的任何顶盖的拱架和加强筋，仍需服从 4.4.2.1 的规定，但有关凸出高度的规定除外。

G.4.2 撞击速度

G.4.2.1 如果撞击方向与撞击点表面法线间的夹角小于或等于 5°，试验中应使摆锤撞击中心运动轨迹切线与 G.4.1 规定的撞击方向相重合。锤头应以 24.1 km/h 的速度撞击试验构件，对用于覆盖安全气囊的盖板，则应以 19.3 km/h 的速度进行撞击。为达到这一速度，可仅利用本身的动能，也可利用一个附加的推动装置。

G.4.2.2 如果撞击方向与撞击点表面法线间的夹角大于 5°，试验中可使摆锤撞击中心运动轨迹的切线与撞击点表面法线相重合。此时试验速度应降低到 G.4.2.1 规定速度的法线分量。

G.4.3 结果要求

试验中，锤头的减速度超过 $80g$ 的持续时间不应超过 3 ms。

减速度值应取两个加速度计读数的平均值。

G.5 等效试验方法

G.5.1 只要能取得上述 G.4.3 所规定的结果，允许采用其他等效试验方法。

G.5.2 采用不同于 G.1～G.4 所述的试验方法时，试验人员有责任对所采用方法的等效性加以论证。

附 录 H
（规范性附录）
用于4.2.1的测量装置和程序

在采用下述装置及程序时，一切能被本装置所触及的构件（开关、拉钮等），均应视作有可能与乘员膝部发生碰撞的构件。所有脚操纵的操纵件均视作脚踏板。

H.1 测量装置

测量装置简图如图H.1所示。

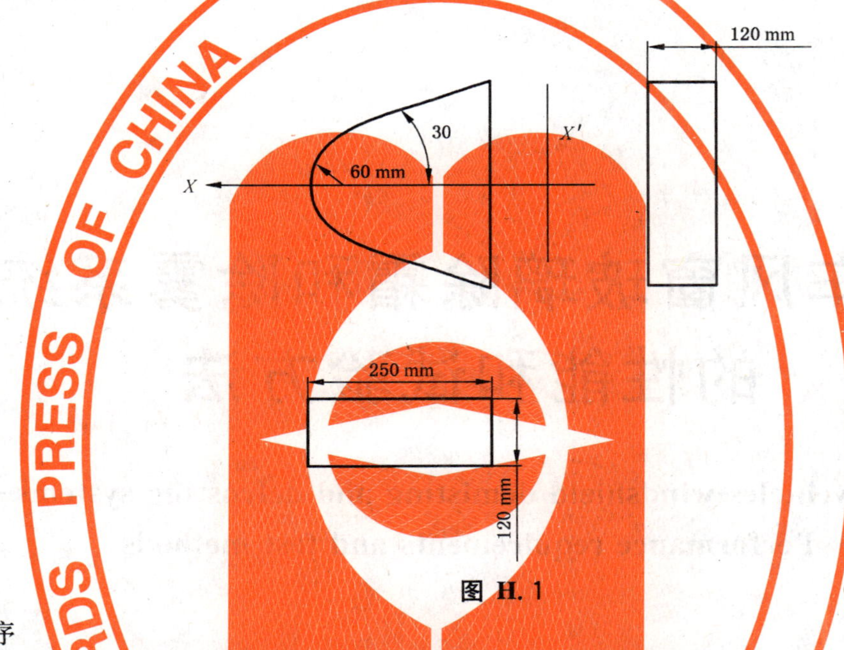

图 H.1

H.2 程序

可以将测量装置置于仪表板上下分界线以下的任何位置，并使：

——XX'平面与车辆的纵向中心平面平行；

——X轴线在水平面上、下各30°的范围内转动。

H.3 在进行以上试验时，应除去邵尔（A）硬度低于50的所有材料。

ICS 43.040.60
T 26

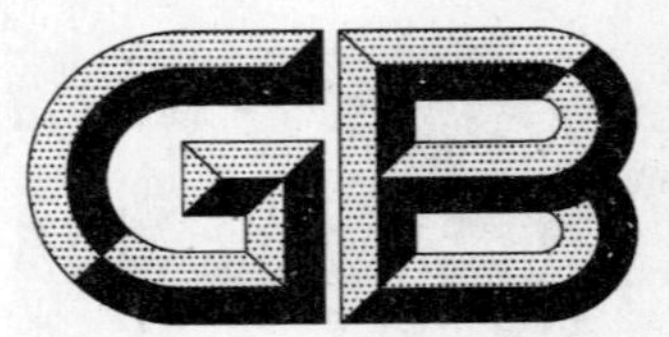

中华人民共和国国家标准

GB 11555—2009
代替 GB 11555—1994,GB 11556—1994

汽车风窗玻璃除霜和除雾系统的性能和试验方法

Motor vehicles-windshield demisting and defrosting systems—Performance requirements and test methods

2009-09-30 发布　　　　2011-01-01 实施

中华人民共和国国家质量监督检验检疫总局
中国国家标准化管理委员会　发布

前　言

本标准的全部技术内容为强制性要求。

本标准修改采用欧洲共同体 78/317/EEC（1977 年 12 月 21 日）OJ N0. L81（1978 年 3 月 28 日）《关于协调成员国有关汽车玻璃表面除霜除雾系统法规的理事会指令》（英文版）。

本标准代替 GB 11555—1994《汽车风窗玻璃除雾系统的性能要求及试验方法》和 GB 11556—1994《汽车风窗玻璃除霜系统的性能要求及试验方法》。

本标准根据 78/317/EEC 重新起草。在附录 A 中列出了本标准章条编号与 78/317/EEC 指令章条编号的对照一览表。

考虑到我国国情，在采用 78/317/EEC 指令时，本标准做了一些修改。

本标准与 78/317/EEC 指令的技术性差异及其原因如下：

——删去了 78/317/EEC 指令中与认证有关内容，即附件 1 中的第 3 章、第 4 章和附件 6，其原因是标准体系与指令体系的形式差别所致；

——删去了 78/317/EEC 指令附件 1 中“2.3 三维坐标系”、“2.4 基本参照标记”、“2.5 座椅靠背角”、“2.6 实际座椅靠背角”、“设计座椅靠背角”的名词定义和附件 2“H 点及实际靠背角的确定、R 点与 H 点相对位置验证，以及设计座椅靠背角与实际座椅靠背角之间的关系验证程序”、附件 3“车辆基准参照标记与三维坐标记之间的关系”，其原因是此内容在 GB 11551—2003 和 GB 11562—1994 标准中已明确，并一致。

为了便于使用，对于 78/317/EEC 指令，本标准还做了以下编辑性修改：

——“本指令”改为“本标准”；

——“定义”改为“术语和定义”；

——增加了资料性附录 A。

本标准与 GB 11555—1994 和 GB 11556—1994 的主要差异：

——增加了“驾驶员前方 180°视野范围”（本版的第 1 章）；

——增加了“V 点”、“R 点”名词定义（本版的 3.8 和 3.9）；

——将“除霜装置”改为“除霜系统”（本版的 3.1），“除雾装置”改为“除雾系统”（本版的 3.4）；

——增加了“蒸汽发生器的尺寸与特征”[本版的 6.2.2.1d)]；

——增加了“在试验开始后的前 5 min 内，可以采用制造商为寒冷气候条件下起动发动机时推荐的程控“‘快怠速’发动机转速”和“除霜系统的接线端上电压不应高于系统额定电压值的 20%”（本版的 6.1.1.5 和 6.1.1.9）。

本标准的附录 A 为资料性附录。

本标准由国家发展和改革委员会提出。

本标准由全国汽车标准化技术委员会归口。

本标准起草单位：武汉汽车车身附件研究所、东风汽车工程研究院、中国质量认证中心。

本标准主要起草人：李再华、余博英、曲艳平。

本标准所代替标准的历次版本发布情况为：

——GB 11555—1994；

——GB 11556—1994。

汽车风窗玻璃除霜和除雾系统的性能和试验方法

1 范围

本标准规定了汽车风窗玻璃除霜和除雾系统的性能要求和试验方法。

本标准适用于 M_1 类车辆驾驶员前方 180°视野范围。

2 规范性引用文件

下列文件中的条款通过本标准的引用而成为本标准的条款。凡是注日期的引用文件，其随后所有的修改单(不包括勘误的内容)或修订版均不适用于本标准，然而，鼓励根据本标准达成协议的各方研究是否可使用这些文件的最新版本。凡是不注日期的引用文件，其最新版本适用于本标准。

GB 11551—2003 乘用车正面碰撞的乘员保护

GB 11562—1994 汽车驾驶员前方视野要求及测量方法

3 术语和定义

下列术语和定义适用于本标准。

3.1

除霜系统 defrosting system

用来融化风窗玻璃外表面上的霜或冰，从而恢复视野的系统。

3.2

除霜 defrosting

通过除霜或风窗玻璃刮水器系统的运行去除玻璃外表面上的霜或冰。

3.3

除霜面积 defrosted area

表面干燥以及已完全融化或部分融化(湿)的霜覆盖的风窗面积，覆盖的霜可以从外面用风窗玻璃刮水器清除。除霜面积不包括风窗上被干霜覆盖的面积。

3.4

除雾系统 demisting system

用来清除风窗玻璃内表面冷凝物，从而恢复视野的系统。

3.5

雾 mist

在风窗玻璃内表面上的凝结物。

3.6

除雾 demisting

通过除雾系统的运行除去玻璃内表面上所覆盖的雾。

3.7

除雾面积 demisted area

经除雾后，风窗玻璃内表面上恢复视野的面积。

3.8

V点　V points

V点是表征驾驶员眼睛位置的点，它们的位置由通过驾驶员乘坐位置(如果是可调座椅，则应将座椅调至最后位置。)中心线的纵向铅垂平面、R点以及设计座椅靠背角度(见GB 11562—1994中3.4.1所述)确定。V点用于检查汽车视野是否符合要求。常用V_1、V_2两点表示V点的不同位置(见图1)。

3.9

R点　R points

"R点"即"乘坐基准点"，其定义按GB 11551—2003中3.7所述。

4　A、B和A′区域的确定

4.1　A区域是下述从V点(即指V_1和V_2点，见GB 11562—1994中3.5.1所述；V点位置的确定按GB 11562—1994中5.1规定)向前延伸的4个平面与风窗玻璃外表面相交的交线所封闭的面积(见图1)。

4.1.1　通过V_1和V_2点且在X轴的左侧与X轴成13°角的铅垂平面。

4.1.2　通过V_1点，与X轴成3°仰角且与Y轴平行的平面。

4.1.3　通过V_2点，与X轴成1°俯角且与Y轴平行的平面。

4.1.4　通过V_1和V_2点，向X轴的右侧与X轴成20°角的铅垂平面。

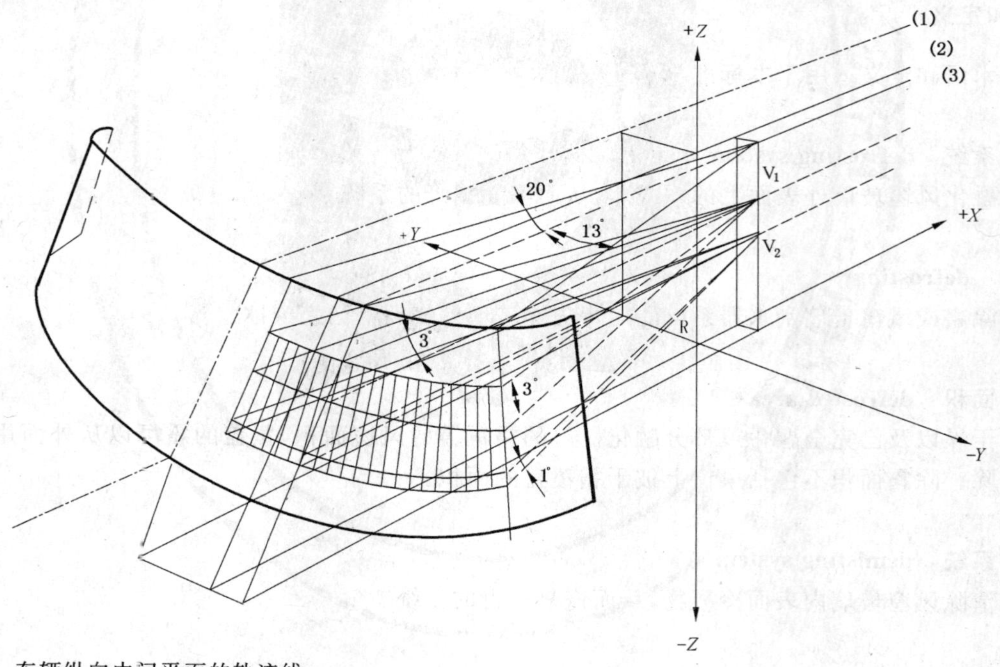

(1)——车辆纵向中间平面的轨迹线；

(2)——通过R点的纵向铅垂平面轨迹线；

(3)——通过V_1和V_2点的纵向铅垂平面轨迹线。

图1　A区域

4.2　B区域是指由下述4个平面所围成的风窗外表面的面积，且距风窗玻璃透明部分面积边缘向内至少25 mm，以较小面积为准(见图2)。

4.2.1　通过V_1点，与X轴成7°仰角且与Y轴平行的平面；

4.2.2　通过V_2点，与X轴成5°俯角且与Y轴平行的平面；

4.2.3　通过V_1和V_2点，在X轴的左侧与X轴成17°角的铅垂平面；

4.2.4　以汽车纵向中心平面为基准面，且与4.2.3所述平面对称的平面。

4.3 A′区域是以汽车纵向中心平面为基准面,与A区域相对称的区域。

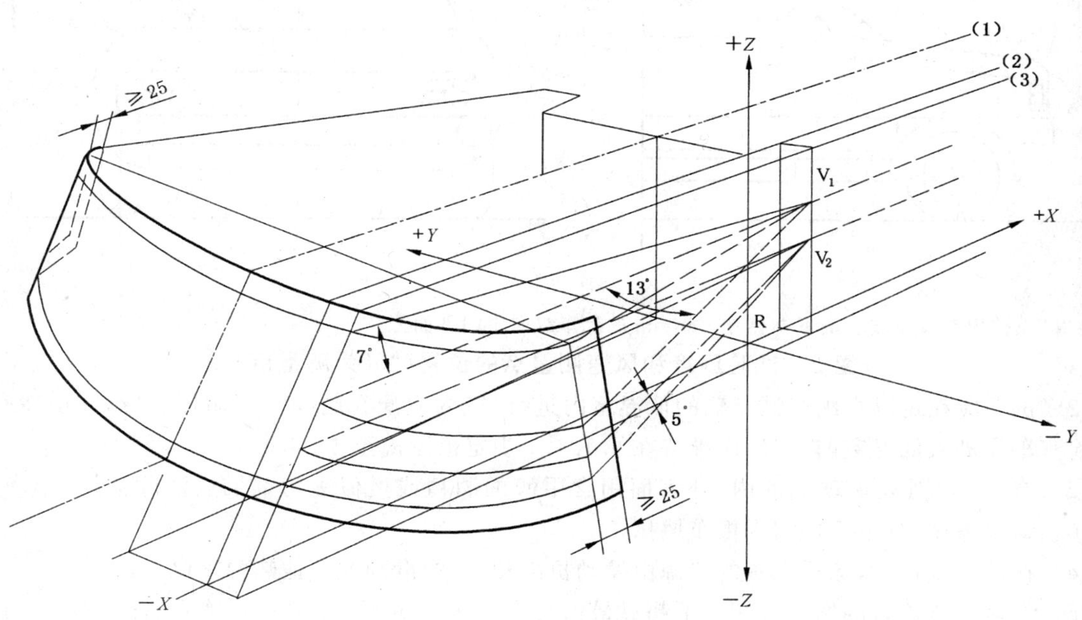

(1)——车辆纵向中间平面的轨迹线;

(2)——通过R点的纵向铅垂平面轨迹线;

(3)——通过 V_1 和 V_2 点的纵向铅垂平面轨迹线。

图2 B区域

5 要求

5.1 风窗玻璃除霜要求

5.1.1 每辆汽车应装备除霜系统,能够确保在寒冷天气条件下恢复风窗玻璃的能见度。

5.1.2 应符合以下要求:

5.1.2.1 试验开始后20 min,A区域有80%已完成除霜;

5.1.2.2 试验开始后25 min,A′区域有80%已完成除霜;

5.1.2.3 试验开始后40 min,B区域有95%已完成除霜。

5.2 风窗玻璃除雾要求

5.2.1 每辆汽车应装备除雾系统,能够确保在潮湿天气条件下恢复风窗玻璃的能见度。

5.2.2 应符合以下要求:

5.2.2.1 试验开始后10 min,A区域有90%已完成除雾;

5.2.2.2 试验开始后10 min,B区域有80%已完成除雾。

6 试验方法

6.1 风窗玻璃除霜试验方法

6.1.1 试验条件

6.1.1.1 试验在−18 ℃±3 ℃温度下进行,其测量点见图3所示。

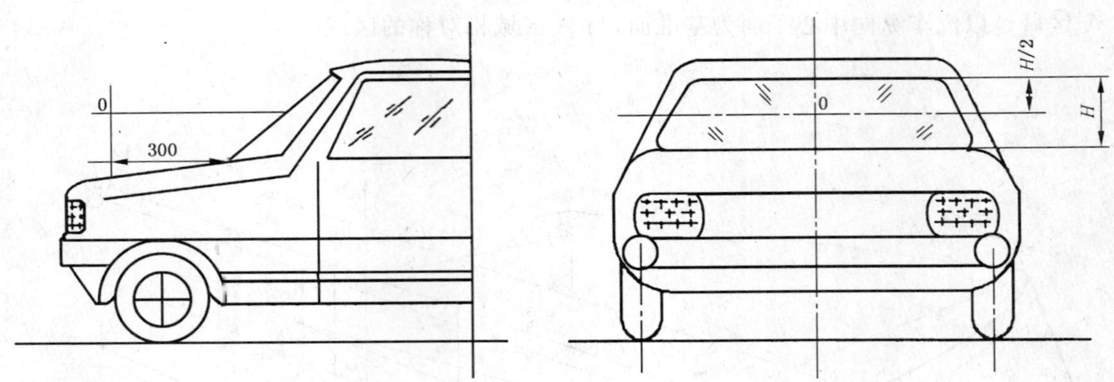

注："0"点位置在风窗玻璃最下端前方 300 mm 的汽车纵向中间平面上。

图 3 试验温度和风速测量点的位置("0"为测量点)

6.1.1.2 试验应在足以容纳被试车辆的低温室内进行，室内应配有制冷空气循环装置，并使冷空气循环，试验汽车在进入低温室前，室温应维持在 6.1.1.1 规定范围内至少 24 h。

6.1.1.3 试验前，对风窗玻璃的内、外表面用含甲醇的酒精或类似去污剂彻底清除油污，干燥后，用 3%～10%氨水擦拭，待干后再用干棉布擦拭。

6.1.1.4 在试验过程中，除霜系统的热源由发动机冷却液、润滑剂或其他热源提供。

6.1.1.5 变速器空挡时的发动机转速不超过最大功率转速的 50%(在试验开始后的前 5 min 内，可以采用制造商为寒冷气候条件下起动发动机时推荐的程控"快怠速"发动机转速)。

6.1.1.6 低温室空气流速水平分量应低于 2.2 m/s，其测量点如图 3 所示。

6.1.1.7 汽车蓄电池应处于充满状态。

6.1.1.8 整个试验期间，除霜系统的温度控制器和风量开关应设定到"最大"位置，送风控制器应设定到"全除霜"位置，循环风控制器按汽车制造商推荐的要求设定。

6.1.1.9 除霜系统的接线端上电压不应高于系统额定电压值的 20%。

6.1.1.10 试验期间，若风窗刮水器不需人工辅助而能自行工作，则可随时使用刮水器。

6.1.1.11 试验期间，除了加热和通风系统的进、出口外，发动机罩、车门和其他通风口等均应关闭。如果车辆制造商有要求时，在除雾试验一开始可以开启 1 扇或 2 扇车窗，总开启间隙不应超过 25 mm。

6.1.2 试验仪器，设备及其要求

6.1.2.1 喷枪应符合如下要求：

a) 喷嘴孔直径 1.7 mm；

b) 工作压力 350 kPa±20 kPa；

c) 液流速率 0.395 L/min；

d) 距喷嘴 200 mm 处形成的喷射锥直径为 300 mm±50 mm。

6.1.2.2 温度计或其他测温仪器。

6.1.2.3 发动机转速表。

6.1.2.4 秒表或其他计时仪器。

6.1.2.5 风速计或其他测速仪器。

6.1.2.6 电压表。

6.1.2.7 特种铅笔、记录纸和照像机。

6.1.3 试验程序

6.1.3.1 试验车进入低温室后熄火，在试验温度下至少停放 10 h；如果发动机冷却液、润滑剂等温度确知已稳定在试验温度时，停放时间可以缩短。

6.1.3.2 试验车完成 6.1.3.1 规定后，用 6.1.2.1 规定的喷枪，将 0.044 g/cm² 乘以风窗玻璃面积值的水量均匀地喷射到玻璃外表面上，生成均匀的冰层。喷射时，喷嘴应垂直于玻璃表面，相距 200 mm～250mm。

6.1.3.3 风窗上形成冰层后，汽车应在低温室停放 30 min～ 40 min，然后由 1 名或 2 名试验人员进入车内，起动发动机(必要时可用某种外部设备起动发动机)。发动机开始运转，同时开启除霜系统，即认为试验开始。

6.1.4 试验开始后，试验人员每隔 5 min 在风窗玻璃内表面上描出除霜面积轮廓图，并标上辨别驾驶员所在位置一侧的标记。

6.2 风窗玻璃除雾试验方法

6.2.1 试验条件

6.2.1.1 试验应在足以容纳被试车辆，且能维持试验温度为－3℃±1℃的低温试验室内进行。

6.2.1.2 试验前，应使用含甲醇的酒精或类似的去污剂彻底清除玻璃内表面上的油污，然后用 3%～10%氨水擦拭，待干后再用棉布擦干净。

6.2.1.3 及时测量试验室的温度和冷空气流速，其测量位置见图 3。

6.2.1.4 试验室冷空气流速的水平分量应低于 2.2 m/s。

6.2.1.5 变速器空挡时发动机的转速，应接近但不超过其最大功率相应转速的 50%。

6.2.1.6 试验期间，除了加热及通风系统的进气口和排气口外，发动机罩、车门和其他通风口均应关闭。如果车辆制造商有要求时，在除雾试验开始前，可开启 1 扇或 2 扇车窗，但总开启距离不得超过 25 mm(垂直距离)。

6.2.1.7 除雾系统的接线端电压不应高于系统额定电压值的 20%。

6.2.1.8 蓄电池应处于充满状态。

6.2.2 试验仪器、设备及其要求

6.2.2.1 试验用蒸汽发生器(见图 4)应满足如下要求：

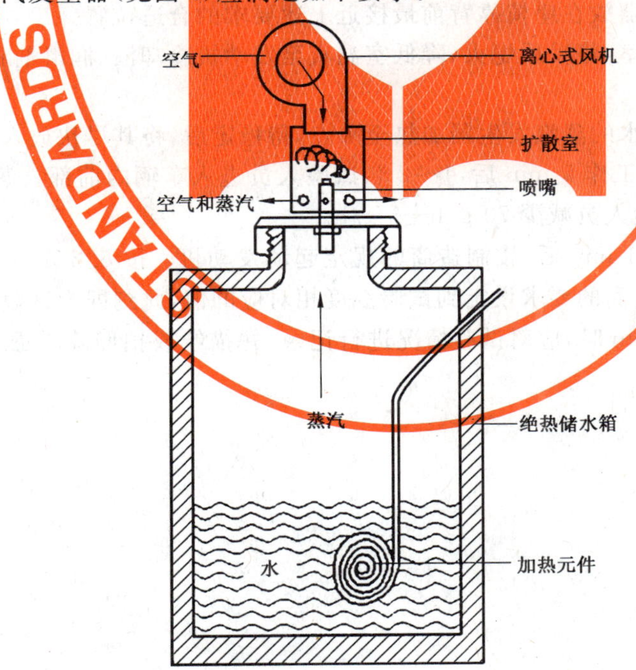

图 4 蒸汽发生器装置示意图

a) 容器的盛水量不少于 2.25 L；

b) 在－3 ℃±1 ℃的环境温度下，沸点的热损失应不超过 75 W；

c) 鼓风机在 50 Pa 的静压时,应有 4.2 m^3/h～6.0 m^3/h 排量;

d) 在蒸汽发生器的顶部须有 6 个直径为 6.3 mm 的出气孔;

e) 发生器输出的蒸汽量,在－3 ℃±1 ℃的条件下为 n×(70 g/h±5 g/h);

注:n 为汽车制造厂所规定的汽车座位数。

f) 蒸汽发生器的尺寸与材料见表 1。

表 1 蒸汽发生器的尺寸与材料

部件	尺寸	材料
喷嘴	长 100 mm 内径 15 mm	黄铜
扩散室	长 115 mm 直径 75 mm 在扩散室下端周围均匀设置(相隔 25 mm) 六个直径为 6.3 mm 的蒸汽排放孔	壁厚 0.4 mm 的黄铜管

6.2.2.2 直流可调稳压电源。

6.2.2.3 发动机转速表或其他测量仪器。

6.2.2.4 风速计或其他测量仪器。

6.2.2.5 温度计或其他测温仪器。

6.2.3 试验程序

6.2.3.1 按第 4 章规定确定试验车风窗玻璃的 A 区域和 B 区域。

6.2.3.2 蒸汽发生器应放在紧挨车辆前排座椅靠背后面的地方,其出气口应在驾驶员座椅的 R 点上方 580 mm±80 mm 处座椅对称垂直中心平面上;若座椅靠背是可调的则应调至规定角度;若座椅靠背后安放不下,则可将蒸汽发生器放在座椅靠背前最接近上述要求的合适位置。

6.2.3.3 将试验车开进试验室,停妥后熄火,降低室温直至发动机冷却液、润滑剂和车内温度都稳定在－3 ℃±1 ℃时为止。

6.2.3.4 将装有至少 1.7 L 水的蒸汽发生器加热至沸点,待稳定后,将其尽快放入车内,关好车门。

6.2.3.5 蒸汽发生器在车内工作 5 min 后,1～2 名试验人员进入车辆内前部。蒸汽发生器输出的蒸汽量应按每个进入车内的试验人员减少 70 g/h±5 g/h。

6.2.3.6 试验人员进入车内 1 min 后,按制造商的规定起动发动机。按 6.2.1.5 规定运行,并将除雾系统的温度控温器按汽车制造商的要求设定到试验温度相对应的值,此刻即为试验开始时间。

6.2.3.7 除雾试验开始 10 min 时,应对试验情况进行记录,并描绘或拍照除雾面积轮廓图,并标上辨别驾驶员所在位置一侧的标记。

附　录　A
（资料性附录）
本标准章条编号与78/317/EEC章条编号对照

表A.1给出了本标准章条编号与78/317/EEC章条编号对照一览表。

表A.1　本标准章条编号与78/317/EEC章条编号对照

本标准章条编号	78/317/EEC章条编号	
1	附件1	1
2		—
3		2
—		2.1～2.14
3.1		2.15
3.2		2.16
3.3		2.17
3.4		2.18
3.5		2.19
3.6		2.20
3.7		—
3.8		2.8
3.9		2.9
—		3
—		3.1～3.3
—		4
—		4.1～4.7
4	附件4	1、2
5	附件1	5
5.1		5.1
5.2		5.2
6		6
6.1		6.1
6.2		6.2
6.2.1、6.2.3		6.2.1～6.2.7
6.2.2	附件5	a)～e)及表1
—	附件2	77/649/EEC指令附件3
—	附件3	1～6及图1～图3
附录A		—

ICS 43.040.60
T 26

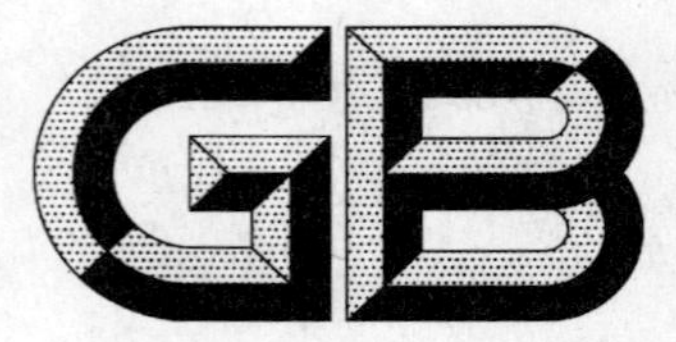

中华人民共和国国家标准

GB 11566—2009
代替 GB 11566—1995

乘用车外部凸出物

External projections for passenger car

2009-09-30 发布　　　　2011-01-01 实施

中华人民共和国国家质量监督检验检疫总局
中国国家标准化管理委员会　发布

前　言

本标准的全部技术内容为强制性要求。

本标准代替 GB 11566—1995《轿车外部凸出物》。

本标准技术内容修改采用欧洲经济委员会 ECE R26 法规(03 系列,2007 年版)《关于就外部凸出物方面车辆认证的统一规定》(法文版)的相关条款,并在附录 A 中列出了本标准章条编号与 ECE R26 法规章条编号的对照一览表。

考虑到我国国情,在采用 ECE R26 法规时,本标准做了以下修改:

——根据我国人体平均身高因素,本标准 4.1,5.17.1 中将“2 m”改为“1.8 m”;

——增加了规范性引用文件;

——删除了 ECE R26 中有关认证方面的下列章节和附录,其原因是标准体系和法规体系的形式差别所致:第 3 章“认证申请”,第 4 章“认证”,第 7 章“车型的认证更改及认证扩展”,第 8 章“生产一致性”,第 9 章“生产不一致的处罚”,第 10 章“正式停产”,第 11 章“认证试验部门及政府部门的名称和地址”,第 12 章“过渡条款”,附录 1“通知书”,附录 2“认证标志的布置示例”,附录 4“通知书”。

为便于使用,对于 ECE R26 法规还作了下列编辑性修改:

——cm 改为 mm,daN 改为 N;

——“本法规”改为“本标准”;

——对附录 B 的图示,采用了 GB 11566—1995 中的图示说明;

——增加资料性附录 A。

本标准与 GB 11566—1995 的主要差异有:

——更改了标题:“轿车”改为“乘用车”;

——适用范围由“轿车”扩大为“M_1 类车”(本版的第 1 章);

——增加了车辆型式、圆角半径、凸出物的尺寸、天线的定义(本版的 3.1,3.4,3.7,3.9);

——更改了保险杠方面的技术要求(本版的 5.5.2);

——调整了需满足要求的金属板件的边缘的范围(本版的 5.8);

——更改了天线底座凸出部分的高度及其技术要求(本版的 5.17.4);

——增加了天线底座不易识别的天线应满足的技术要求(本版的 5.17.4.1 及 5.17.4.2);

——增加了资料性附录 A(本版的附录 A)。

本标准的附录 B 为规范性附录,附录 A 为资料性附录。

关于本标准第 5.5.2,5.17.4.1,5.17.4.2 实施的过渡要求:

a) 对于新认证车型,本标准自 2011 年 1 月 1 日起实施;

b) 对于在生产车型,本标准自 2012 年 1 月 1 日起实施。

本标准由国家发展和改革委员会提出。

本标准由全国汽车标准化技术委员会归口。

本标准起草单位:神龙汽车有限公司、东风汽车公司、国家汽车质量监督检验中心(襄樊)、郑州日产汽车有限公司。

本标准主要起草人:王焱、侯翠华、黄小枚、王玉民。

本标准所代替标准的历次版本发布情况为:

——GB 11566—1989,GB 11566—1995。

乘用车外部凸出物

1 范围

本标准规定了GB/T 15089—2001中的M_1类车外部凸出物的一般要求、特殊要求及其检验方法。

本标准适用于M_1类车的外部凸出物。

本标准对停止及行驶时的车辆都适用，但不适用于外后视镜，也不适用于牵引装置。

2 规范性引用文件

下列文件中的条款通过本标准的引用而成为本标准的条款。凡是注日期的引用文件，其随后所有的修改单（不包括勘误的内容）或修订版均不适用于本标准，然而，鼓励根据本标准达成协议的各方研究是否可使用这些文件的最新版本。凡是不注日期的引用文件，其最新版本适用于本标准。

GB/T 15089—2001 机动车辆及挂车的分类

3 术语和定义

下列术语和定义适用于本标准。

3.1

车辆型式 vehicle type

在类似于外表面形状或材料等主要方面没有差异的同一型式的车辆。

3.2

外表面 external surface

车辆覆盖件的可见表面，包括发动机罩、行李箱盖、车门、翼子板、车顶、照明及灯光信号装置和可见的加强筋等。

3.3

底线 floor line

按以下方法确定的线：

取一个半角为30°的圆锥体（自行确定锥高，以操作方便为原则，锥顶向上，锥轴与水平面垂直），使其沿一满载车辆的车身外表面可接触的最低位置连续接触，这些接触点的几何轨迹即是底线。确定底线时，不考虑起重器支承点、排气管或车轮的因素。车轮上的拱形间隙可假想成填平后所形成的连续光滑表面，在确定汽车两端的底线时，应考虑保险杠。对某一具体车型，锥体接触点可能在保险杠的端头或在保险杠下面的车身板件上。如果同时有两个或两个以上的接触点，应取最下面的接触点来确定底线。

3.4

圆角半径 radius of curvature

假想部分最接近圆形的圆弧半径。

3.5

满载车辆 laden vehicle

装至技术上允许的最大总质量的车辆。如果车辆装备有液气、液力或空气悬挂装置，或随载荷变化的自动稳定装置，应按制造厂规定正常行驶条件下的最不利状况装载。

3.6

汽车最外边缘　extreme outer edge

对两侧而言，指与汽车的Y平面平行且与汽车两侧最外边缘相切的两平面；对前后端而言，指与汽车X平面平行且与汽车前、后最外边缘相切的垂直横向平面。在确定汽车最外边缘时，不考虑以下凸出物：

——轮胎与地面接触部分及轮胎气门嘴；

——装在车轮上的防滑装置；

——外后视镜；

——侧转向信号灯、示廓灯、前及后(侧)位灯及驻车灯；

——装在汽车前、后端保险杠上的零件，牵引装置和排气管。

3.7

凸出物的尺寸　the dimension of the projection

车身板件上装配的零件的凸出物的尺寸。按照附录B.2描述的方法测量。

3.8

车身板件标定线　the nominal line of a panel

按附录B.2.2的方法，用直径为100 mm的球体对车身某一板件表面测量时，通过最初与最后位置的两球心的连线。

3.9

天线　aerial

为了发射和/或接收电磁信号所使用的装置。

4　一般要求

4.1　本标准不适用于在汽车满载，车门、车窗及各种入口的盖板均处于关闭状态时，外表面位于以下位置的零部件：

——高于地面1.8 m的零部件；

——低于底线的零部件；

——在工作状态或静止状态下，均不能被直径为100 mm的球体所触及的零部件。

4.2　车身外表面不应有任何朝外的尖锐零件，以及由于其形状、尺寸、朝向、硬度等在碰撞事故中可能增加刮伤、撞伤的危险性或加重被撞者伤势的朝外的凸出物。

4.3　车身外表面不应有可能刮到行人、骑自行车或摩托车的人的朝外零件。

4.4　车身外表面凸出零件的圆角半径不应小于2.5 mm。这一要求不适用于凸出车身外表面不到1.5 mm的零件以及凸出车身外表面1.5 mm以上、5 mm以下但零件朝外的部分是圆滑的零件。

4.5　车身外表面凸出零件的材料硬度不超过邵尔(A)硬度60 HA时，圆角半径可小于2.5 mm。在测量硬度时，部件应安装在车辆上。当不能用邵尔(A)硬度方法进行硬度测量时，可用比较测量法进行评价。

4.6　除第5章特殊要求中有明确规定的情况外，以上4.1～4.5的规定均适用。

5　特殊要求

5.1　装饰件

5.1.1　对凸出支承面超过10 mm的车身装饰件，在大致平行于其安装面的平面内，从任何方向对装饰件凸出的最高点施加100 N的外力时，该装饰件应能收缩到支承面之内、脱落或弯曲变形。本规定不适用于散热器格栅上的装饰件，这些件只需满足第4章的一般要求。

在施加100 N的力时，应用一个直径不大于50 mm的平端压头，如若不可行，应采用等效法。装饰件缩进、脱落或弯曲之后，剩余的部分凸出高度不应大于10 mm。这些凸出件在任何情况下均应满足4.2的规定。如果装饰件安装在一个基板上，则认为基板属于装饰件，而不属于支承面。

5.1.2 车身外表面上的保护装饰条或防护件不受5.1.1的限制，但应可靠地固定在车身上。

5.2 前照灯

5.2.1 前照灯允许装凸出的遮光板及灯圈，但相对于前照灯配光镜外表面的凸出高度应不超出30 mm且圆角半径不应小于2.5 mm。如前照灯安装在一个外加的透明面之后，凸出部分应自最外的透明表面测量。凸出高度按附录B.3规定的方法测量。

5.2.2 可收缩式前照灯无论处于工作位置或收缩位置都应符合5.2.1的规定。

5.2.3 5.2.1的规定不适用于埋在车身板件内或外伸在车身板件上的前照灯，但车身板件要符合5.9的要求。

5.3 格栅及间隙

5.3.1 4.4的规定不适用于固定元件或活动元件(包括进出风道口的零件以及散热器罩)间的间隙宽度小于40 mm、且此间隙是有功能要求的情况。当间隙宽度在25 mm～40 mm之间时，圆角半径不应小于1 mm；若间隙宽度等于或小于25 mm时，其外边缘的圆角半径不应小于0.5 mm。两相邻元件之间的间隙宽度按附录B.4所规定的方法测量。

5.3.2 形成格栅或间隙的每个元件的前端与侧端的接合处应是圆滑的。

5.4 风窗刮水器

5.4.1 风窗刮水器的转轴应带有保护罩，其圆角半径满足4.4的规定，其端部面积不应小于150 mm^2。如是圆形盖，在离最高凸出点不大于6.5 mm处测量时，应有150 mm^2的最小投影面积。后窗刮水器和前照灯刮水器也应同样满足此要求。

5.4.2 刮水器刮片及其支承件不受4.4规定的限制，但这些零件上不应有尖角或刃口。

5.5 保险杠

5.5.1 保险杠两端应向车身表面弯曲，以减少刮伤的危险。如果保险杠是嵌入式的；或和车身结构形成一体的；或保险杠侧端部向内弯曲但不能被直径为100 mm的球体所接触，并且保险杠端部和最近的车身表面之间的距离不超过20 mm，则认为满足要求。

5.5.2 如果车身外轮廓线与前或后保险杠的曲线的垂直投影相重合，在距车辆前向(对于后保险杠是后向)的车身外轮廓线内侧20 mm，和车身外轮廓线及其与车辆垂直纵向对称平面成15°夹角的两垂直平面相切的法线围成的区域(见图1)内，所有点组成的表面的圆角半径不应小于5 mm。其他情况下不应小于2.5 mm。

5.5.3 5.5.2的要求不适用于凸出高度小于5 mm的保险杠的局部零件或保险杠上的镶嵌件，尤其是前照灯洗涤器的连接盖及喷嘴，这些零件朝外的角应是圆滑的，但凸出高度小于1.5 mm的零件除外。

5.6 车门、行李箱盖和发动机罩的手柄、铰链和按钮；油箱盖和各种盖子

5.6.1 车门或行李箱盖手柄的凸出高度不应超过40 mm，其他情况不应超过30 mm。

5.6.2 如侧门手柄属旋转式的，则应满足下述任一条：

5.6.2.1 如手柄与车门表面平行旋转，手柄的自由端应朝向后方且向车门板弯曲并安置在保护套内或是嵌在凹槽中。

5.6.2.2 对不与车门表面平行、任意方向向外转动的手柄，在关闭位置时，手柄的自由端应朝后或朝下并安置在一个保护套内或是嵌在凹槽中。

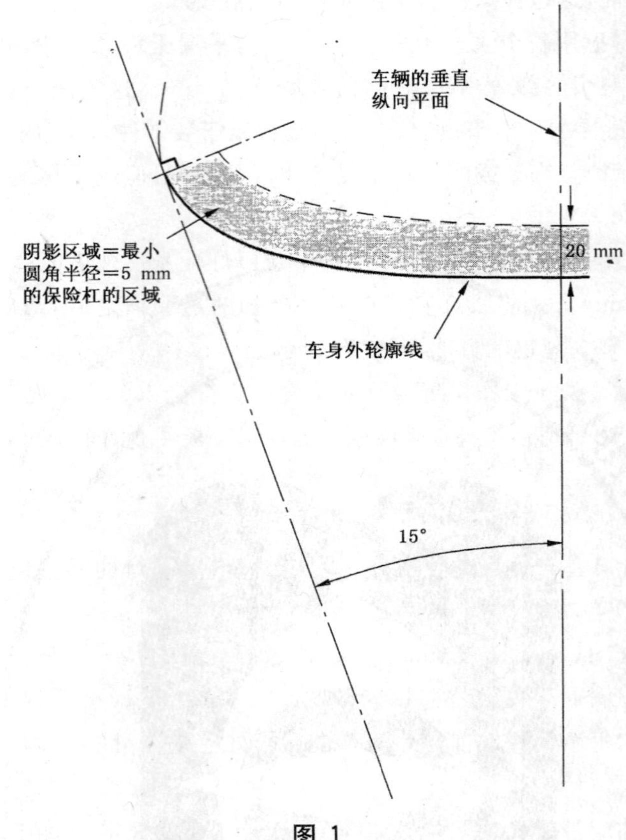

图 1

不满足上述条件但满足下列条件的手柄仍可接受：

a） 手柄有一个独立的回位机构；

b） 如回位机构损坏，手柄凸出表面不超过 15 mm；

c） 在打开位置，符合 4.4 的规定；

d） 手柄端部的表面积在离最外凸出点不大于 6.5 mm 处测量时，不小于 150 mm^2。

5.7 车轮、车轮螺母、轮毂罩盖和车轮装饰罩

5.7.1 车轮、车轮螺母、轮毂罩盖及车轮装饰罩等零件的外表面不受 4.4 的限制。

5.7.2 在超过轮辋外平面的车轮、车轮螺母、轮毂罩盖及车轮装饰罩等零件上不应有任何尖锐的凸出物，不允许用蝶形螺母。

5.7.3 当汽车直线行驶时，位于车轮旋转轴线水平面以上的车轮零件(轮胎除外)，不应凸出车身外表面在水平面上的垂直投影。如果因功能要求(如车轮装饰罩)不得不凸出时，凸出量最多为 30 mm，凸出部分表面的圆角半径不应小于 30 mm。

5.8 金属板件的边缘

流水槽及滑动门轨道等金属板件应翻边或加装符合本标准规定的防护件。

未经保护的边缘，应翻边 180°，或者向车身表面翻边，使其不会被一直径为 100 mm 的球体所触及。

发动机罩后边缘以及后行李箱盖的前边缘的金属板件，可不满足 4.4 的要求。

5.9 车身板件

车身板件上加强筋的圆角半径允许小于 2.5 mm，但不应小于按附录 B.1 的方法测量的凸出高度 H 的 1/10。

5.10 两侧空气及雨水导流板

车身两侧导流板朝外的边缘的圆角半径不应小于 1 mm。

5.11 千斤顶支承架和排气管

千斤顶支承架和排气管末端凸出位于其正上方的底线垂直投影的距离，不应大于 10 mm。若排气管的末端边缘是圆形，且最小圆角半径为 2.5 mm，则排气管可以凸出底线的垂直投影 10 mm 以上。

5.12 进排气风门片

进排气风门片在所有使用位置都应满足 4.2、4.3、4.4 的要求。

5.13 顶盖

5.13.1 带有活动天窗车辆的顶盖，只考虑在其关闭时的位置。

5.13.2 敞篷式车辆应在车篷升起位置和落下位置进行检验。

5.13.2.1 当车篷落下时，不应对由车篷在升起位置所构成的一个假想表面的车辆内部的物品做检验。

5.13.2.2 当车篷落下时，若有一个作为标准装备的罩盖将其覆盖，则检验时连同罩盖一起进行检验。

5.14 车窗

从车身外表面向外移动的车窗，在所有使用位置均应符合以下规定：

——应没有任何外露的边缘朝向前方；

——车窗的任何部分不应凸出汽车最外边缘。

5.15 号牌支架

由汽车制造厂提供的号牌支架，当号牌按汽车制造厂推荐的位置安装时，用一直径为 100 mm 的球体与之接触时，应符合 4.4 的要求。

5.16 行李架及雪撬架

5.16.1 行李架及雪撬架安装在车辆上时，应至少在一个方向上能将其可靠固定，且能承受纵向及横向的水平作用力。力值不应低于制造厂规定的最大垂直承载能力。对于按制造厂规定安装的行李架及雪撬架试验，试验载荷不能仅作用在一个点上。

5.16.2 行李架及雪撬架安装固定后，用一直径为 165 mm 的球体对其进行接触检验时，其接触表面的圆角半径不应小于 2.5 mm。满足 5.3 要求的除外。

5.16.3 在 5.16.2 提及的接触表面之上的连接件(诸如螺钉之类的不借助工具可以拧紧或松开的连接件)，其凸出高度不应大于 40 mm。凸出高度用直径为 165 mm 的球体按附录 B.2.2 所述方法进行测量。

5.17 天线

5.17.1 无线电收发天线按制造商规定的任一使用位置安装在车辆上时，如果天线的顶端离地高度小于 1.8 m，它应处在汽车最外边缘内 100 mm 的垂直平面围成的区域内。

5.17.2 此外，安装在车辆上的天线顶端部分不应伸出车辆最外边缘。

5.17.3 天线杆件的圆角半径可以小于 2.5 mm，但天线顶端应装固定的帽，该帽的圆角半径不应小于 2.5 mm。

5.17.4 按附录 B.2 的方法测量时，装天线的底座不应凸出 40 mm 以上。

5.17.4.1 当天线由于没有柔性杆或部件而不能识别天线底座的组成部分时，在天线最凸出的部分的位置，用一个直径不大于 50 mm 的平端压头向前和向后分别施加 1 个最大 500 N 的水平力之后，应满足：

a) 天线朝支承面弯曲，且凸出高度不超出 40 mm，或

b) 天线折断，而剩余零件不存在尖锐或危险的部分，且用一直径为 100 mm 的球体与之接触时，其凸出高度不超过 40 mm。

5.17.4.2 5.17.4 和 5.17.4.1 的要求不适用于位于通过驾驶员“R”点的横向垂直平面之后的天线。

如果天线位于此垂直平面之后，其包括底座在内的天线的最凸出部分按附录 B.2 的方法进行测量，只要不超过 70 mm 即可。

如果天线位于此垂直平面之后但凸出高度超过 70 mm，5.17.4.1 同样适用，凸出高度的限值是 70 mm 而不是 40 mm。

5.18 安装说明

已经过型式认证的作为单列技术装置的行李架、雪撬架及收放机及无线电天线应附装配说明书，否则不应销售。

装配说明书应包含足够的参数资料，使已认证的部件安装到车辆上能符合上述第 4 章，第 5 章的有关规定。特别对伸缩式天线应指出使用位置。

附 录 A
（资料性附录）
本标准章条编号与 ECE R26 章条编号对照

表 A.1 给出了本标准章条编号与 ECE R26 章条编号对照一览表。

表 A.1 本标准章条编号与 ECE R26 章条编号对照

本标准章条编号	对应的国际标准章条编号	本标准章条编号	对应的国际标准章条编号
1	1	5.8	6.8
1	1.1	5.9	6.9
1	1.2	5.10	6.10
2	—	5.11	6.11
3	2	5.12	6.12
3.1	2.2	5.13	6.13
3.2	2.3	5.14	6.14
3.3	2.4	5.15	6.15
3.4	2.5	5.16	6.16
3.5	2.6	5.17	6.17
3.6	2.7	5.18	6.18
3.7	2.8	—	7
3.8	2.9	—	8
3.9	2.10	—	9
—	3	—	10
—	4	—	11
4	5	—	12
4.1	5.1	—	附录 1
4.2	5.2	—	附录 2
4.3	5.3	附录 A	—
4.4	5.4	附录 B	附录 3
4.5	5.5	附录 B.1	附录 3-1
4.6	5.6	附录 B.1.1	附录 3-1.1,1.2
5	6	附录 B.1.2	附录 3-1.3
5.1	6.1	附录 B.1.3	附录 3-1.4
5.2	6.2	附录 B.2	附录 3-2
5.3	6.3	附录 B.2.1	附录 3-2.1
5.4	6.4	附录 B.2.2	附录 3-2.2
5.5	6.5	附录 B.3	附录 3-3
5.6	6.6	附录 B.4	附录 3-4
5.7	6.7	—	附录 4

附 录 B
（规范性附录）
凸出物及间隙的尺寸测量方法

B.1 车身板件上凸出及折叠部分的测量方法

B.1.1 若被测截面仅有一个凸出折叠加强筋时(见图 B.1)：

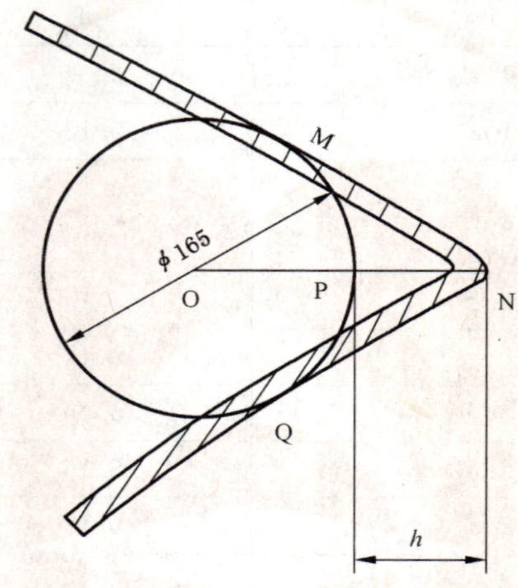

图 B.1

a) 用一直径为 165 mm 的圆作基准圆，与被测截面的车身外廓内切于 M、Q 点；

b) 连接被测截面最凸出点 N 与圆心 O，交内切圆的圆周于 P 点；

c) 量取线段 PN 的长度即是被测凸出部分的凸出高度 h。

B.1.2 若被测截面有两个凸出部分组成时(见图 B.2)：

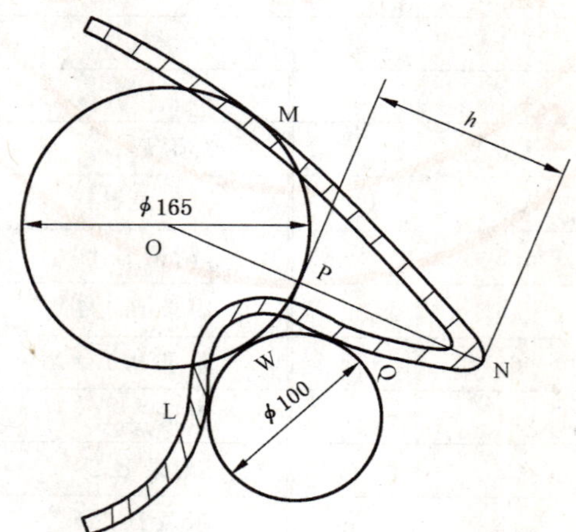

图 B.2

a) 用直径 100 mm 的圆与被测截面外表面相切于 Q、L 两点(见图 B.2)；

b) 用直径 100 mm 圆的 QWL 弧段代替被测截面的原外廓弧段 QL；

c) 按附录 B.1.1 所述方法求出被测截面的凸出高度 h 值。

B.1.3 制造商应提供被测部分的外廓截面图，为了能够用上述方法确定凸出物的高度。

B.2 装在车身外表面上的零件凸出物尺寸的测量方法

B.2.1 装在凸形表面上的一个零件的凸出尺寸可以直接测量，或参照此零件在安装位置时的相应截面的图纸来测定。

B.2.2 如果一个零件装在非凸出板件上(见图B.3)，这个零件的凸出部分尺寸使用一个直径为100 mm的球体沿被测表面连续滚动，将得到一系列的球体球心位置点O_1、O_2、O_3。过首末球体位置的球心点O_1和O_3做一直线，O_1O_3线即是车身板件标定线。从距O_1O_3最远的球心点O_2向凸出物的凸出表面作垂线交O_1O_3于Q，则O_2Q即是被测的凸出高度h。

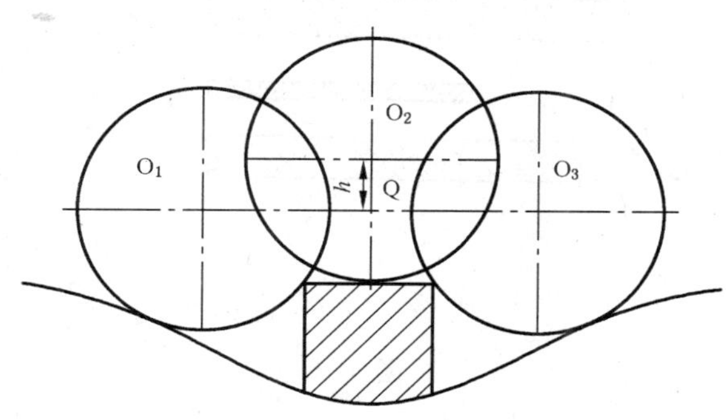

图 B.3

B.3 前照灯遮光板和灯圈的凸出部分的测量方法

从直径为100 mm的球体的接触点水平测量前照灯外表面凸出部分，如图B.4所示。用直径100 mm的球体与前照灯透光镜外表面相接于点L，同时该球外表面又与前照灯遮光板上部最凸出部分相接于点Q，点L和Q在纵向垂直平面的投影水平距离h即为凸出高度。

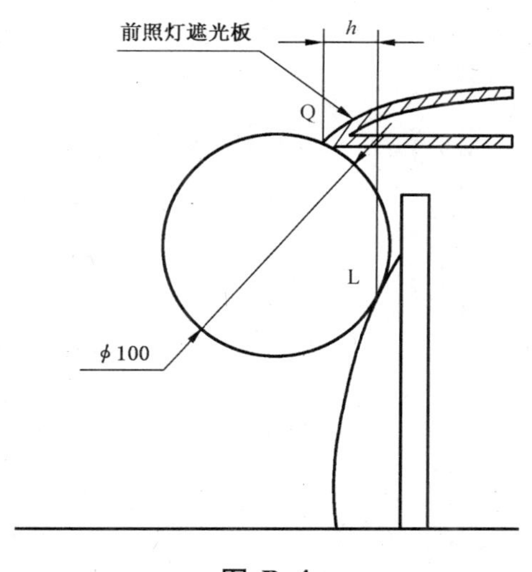

图 B.4

B.4 格栅之间间隙尺寸的测量方法

格栅之间的间隙尺寸应由通过球体两接触点并垂直于连接这些点的线的两个平面间的距离来测定。如图B.5、图B.6所示。用直径100 mm的球体与格栅的两相邻元件接触，接触点分别为L、Q点。点L和Q间的距离h即为格栅间隙。

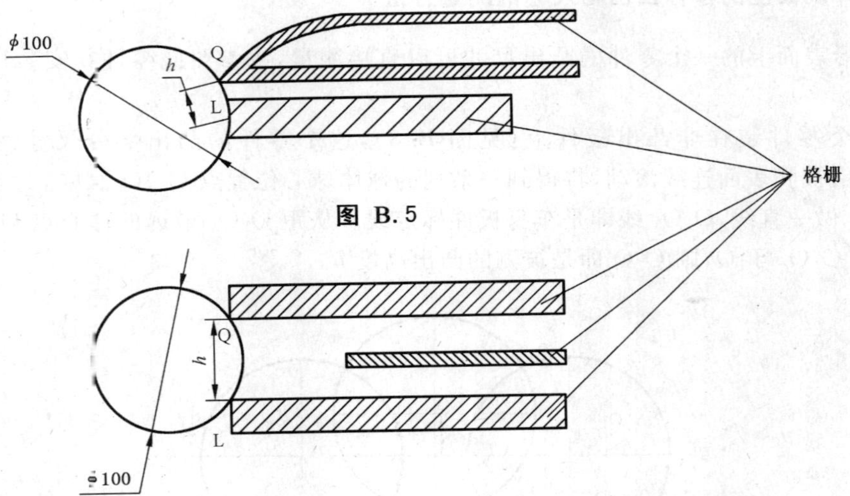

图 B.5

图 B.6

ICS 33.040.50
M 32

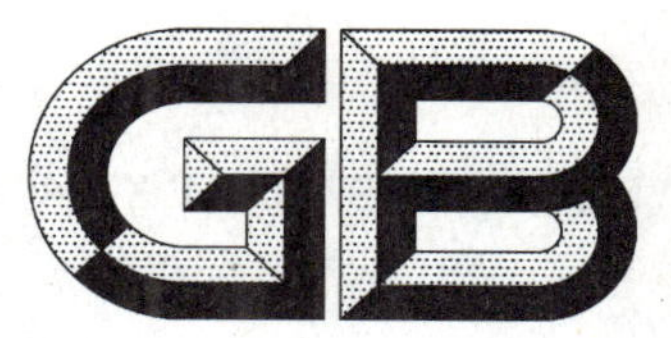

中华人民共和国国家标准

GB/T 11594—2009/ITU-T X.24:1988
代替 GB/T 11594—1989

公用数据网上数据终端设备(DTE)与数据电路终接设备(DCE)间的互换电路定义表

List of definitions for interchange circuits between data terminal equipment (DTE) and data circuit-terminating equipment (DCE) on public data networks

(ITU-T X.24:1988,IDT)

2009-09-30 发布　　2009-12-01 实施

中华人民共和国国家质量监督检验检疫总局
中国国家标准化管理委员会　发布

前　言

本标准等同采用 ITU-T X.24:1988《公用数据网上数据终端设备(DTE)与数据电路终接设备(DCE)间的互换电路定义表》(英文版)。

本标准代替 GB/T 11594—1989《公用数据网上数据终端设备(DTE)与数据电路终接设备(DCE)间的互换电路定义表》。

本标准与 GB/T 11594—1989 相比主要变化如下：

——按照标准修订要求，重新编写了前言；

——增加了第 1 章“范围”；

——增加了第 2 章“规范性引用文件”；

——增加了第 3 章“术语和定义、缩略语”；

——将 GB/T 11594—1989 中原“范围”一章的名称改为“概述”，作为第 4 章；

——将 GB/T 11594—1989 中原“范围”一章之后的章条序号顺延；

——对 GB/T 11594—1989 中原“电路 S—信号码元定时”的技术内容进行了补充；

——对 GB/T 11594—1989 中原“电路 B—字节定时”中的部分规定进行了修改调整。

本标准由中华人民共和国工业和信息化部提出。

本标准由中国通信标准化协会归口。

本标准起草单位：工业和信息化部电信研究院。

本标准主要起草人：吴英桦、聂秀英、刘述。

本标准所代替标准的历次版本发布情况为：

——GB/T 11594—1989。

公用数据网上数据终端设备(DTE)与数据电路终接设备(DCE)间的互换电路定义表

1 范围

本标准规定了公用数据网上数据终端设备(DTE)与数据电路终接设备(DCE)间的互换电路定义表。

本标准适用于公用数据网上数据终端设备(DTE)与数据电路终接设备(DCE)间的接口。

2 规范性引用文件

下列文件中的条款通过本标准的引用而成为本标准的条款。凡是注日期的引用文件,其随后所有的修改单(不包括勘误的内容)或修订版均不适用于本标准,然而,鼓励根据本标准达成协议的各方研究是否可使用这些文件的最新版本。凡是不注日期的引用文件,其最新版本适用于本标准。

GB/T 3455—1982 非平衡双流接口电路的电特性(idt ITU-T V.28:1980)

GB/T 7618—1987 在数据通信领域中通常同集成电路设备一起使用的非平衡双流接口电路的电气特性(eqv ITU-T V.10:1984)

GB/T 7619—1987 在数据通信领域中通常同集成电路设备一起使用的平衡双流接口电路的电气特性(eqv ITU-T V.11:1984)

GB/T 11589—1999 公用数据网和综合业务数字网(ISDN)的国际用户业务类别和接入种类(eqv ITU-T X.1:1996)

GB/T 11590—1999 公用数据网与ISDN网的国际数据传输业务和任选用户设施(eqv ITU-T X.2:1996)

GB/T 11592—1989 公用数据网上起/止传输业务使用的数据终端设备(DTE)和数据电路终接设备(DCE)间的接口(idt ITU-T X.20:1984)

GB/T 11593—2001 公用数据网上同步工作的数据终端设备(DTE)和数据电路终接设备(DCE)间的接口(eqv ITU-T X.21:1992)

3 术语和定义、缩略语

3.1 术语和定义

下列术语和定义适用于本标准。

3.1.1

数据终端设备 data terminal equipment

在数据通信系统中,用于发送和接收数据的设备称为数据终端设备(简称DTE)。从计算机和计算机通信系统的观点来看,终端是输入/输出的工具;从数据通信网络的观点来看,计算机和其他各种类型的终端都称为网络的数据终端设备,简称终端。

3.1.2

数据电路终接设备 data circuit-terminating equipment

用来连接DTE与数据通信网络的设备称为数据电路终接设备(DCE),该设备为用户设备提供入网的连接点,DCE的功能是完成数据信号的变换,把数据信号变成适合信道传输的信号。

3.2 缩略语

下列缩略语适用于本标准。

DCE data circuit terminating equipment 数据电路终接设备

DTE data terminal equipment 数据终端设备

4 概述

4.1 互换电路

本标准的内容包括在数据网的DTE/DCE接口上为传输二进制数据、呼叫控制信号以及定时信号而提供的互换电路的各项功能。

任一类型的实际设备所需的互换电路，可从本标准所定义的各种互换电路中适当选用。对于GB/T 11589定义的用户业务类别和GB/T 11590定义的用户业务设施，特定的DCE中要用到的实际互换电路已在接口规程特性的有关标准(如GB/T 11592或GB/T 11593)中给出。

为了能够研制一个标准的DTE，DTE并非要使用某些电路和终接该电路不可，即使这些电路也许已在DCE中实施。这方面已在有关接口的标准中单独描述。

用于二进制数据传送的互换电路亦同样用于呼叫控制信号的交换。

互换电路的电气特性的详细说明，已在有关互换电路的电气特性的相应标准中给出。有关这些特性在特定DCE上的应用，已在有关接口规程特性的标准中说明。

4.2 互换电路适用业务

本标准所描述的一系列互换电路适用于公共数据网所能提供的一系列业务，诸如电路交换业务(同步与起/止式)、用户电报业务、分组交换业务、报文登记与重发业务以及传真电报业务等。

5 分界线

5.1 DTE与DCE之间的接口

DTE与DCE之间的接口位于一个连接器上，即图1所示的这两种设备之间的互换点。

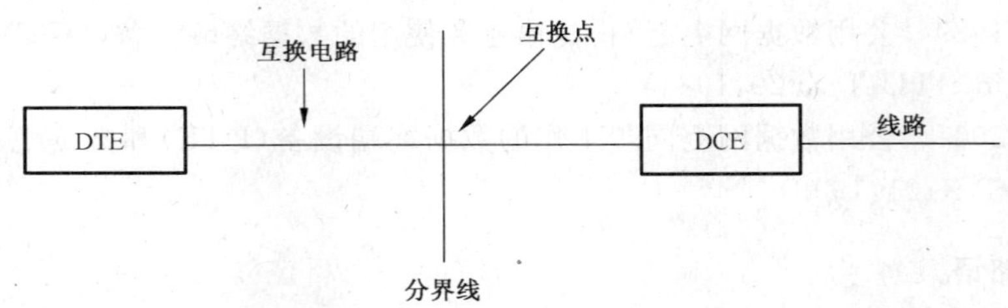

图1 接口设备示意图

5.2 连接器

连接器不一定要在物理上与DCE连接而可以固定于DTE附近，连接器的插座部分属于DCE。

5.3 连接电缆

通常DTE均已配有一条连接电缆。电缆的长度受有关互换电路电气特性的标准中规定的电气参数的限制。

6 互换电路的定义

6.1 互换电路一览表

数据网互换电路一览表详见表1。

表 1　数据网互换电路

互换电路标记	互换电路名称	数据		控制		定时	
		由 DCE	至 DCE	由 DCE	至 DCE	由 DCE	至 DCE
G	信号地线或公共回路						
G_a	DTE 公共回路				X		
G_b	DCE 公共回路			X			
T	发送		X		X		
R	接收	X		X			
C	控制				X		
I	指示			X			
S	信号码元定时					X	
B	字节定时					X	
F	帧起始识别					X	
X	DTE 信号码元定时						X

6.2　**电路 G—信号地线或公共回路**

这根导线为电气特性符合 GB/T 3455 所规定的不平衡双流互换电路提供信号公共参考电位。在 GB/T 7618 和 GB/T 7619 所定义的互换电路的场合，若需要，该导线可将发生器和接收机的零伏参考点连起来，以便降低环境信号干扰。

在 DCE 内，该导线应在设备内部用金属片集中于一点或者保护地线上。该金属片安装时根据需要可接上或拔掉以降低侵入电子电路的噪音或者满足有关条例的要求。

注：在接口上采用屏蔽连接电缆的场合，可依照国家规定的条例，将屏蔽套接到电路 G 或者保护地。而保护地则可根据电气安全条例的有关规定，进一步接至外接地线。

具有 GB/T 7618 所规定的电气特性的不平衡互换电路，要求采用两根公共回路导线，即每一信号方向采用一根导线，而且每根导线仅在接口的发生器一侧接地。在应用场合，这些导线将标以电路 G_a 和 G_b，并定义如下：

电路 G_a—DTE 公共回路：

此导线与 DTE 电路的公共回路相连并为 DCE 内部的 GB/T 7618 型不平衡互换电路接收机提供参考电位。

电路 G_b—DCE 公共回路：

此导线与 DCE 电路的公共回路相连并为 DTE 内部的 GB/T 7618 型不平衡互换电路接收机提供参考电位。

6.3　**电路 T—发送**

方向：至 DCE

当由 DTE 产生的二进制信号，拟在数据传送阶段通过数据电路往一个或者一个以上的远端 DTE 传输时，就在此电路上向 DCE 传送。

根据接口规程特性的有关标准，在呼叫建立阶段以及其他呼叫控制阶段，DTE 亦可通过此电路往 DCE 发送呼叫控制信号。

DCE 将根据接口的电气特性规范对此电路进行检测，以便发现电路的故障情况。而每一个电路故障则将由 DCE 根据接口规程特性的标准进行解释。

6.4　**电路 R—接收**

方向：由 DCE

在数据传送阶段，DCE从远端DTE接收的二进制信号应在此电路上向DTE传送。

根据接口规程特性的有关标准，在呼叫建立阶段以及其他呼叫控制阶段，DCE亦可通过此电路将收到的呼叫控制信号发送出去。

DCE将根据接口的电气特性规范，对此电路进行检测，以发现电气电路的故障情况。而每一个电路故障将由DTE根据接口规程特性的标准进行解释。

6.5 电路C—控制

方向：至DCE

此电路上的信号，在特定信令过程中用于对DCE进行控制。

控制信号的表示法要求按接口规程特性的有关标准对电路T—“发送”另行编码。在数据阶段，此电路应保持“接通”状态。在呼叫控制阶段，此电路的状态应符合接口规程特性的有关标准的规定。

注：在适当选择特殊用户业务设施（尚未定义）之后，根据使用这些设施的条例，有可能在转入数据阶段之后需要改变“接通”状态。此问题尚待进一步研究。

DCE将根据接口的电气特性规范对此电路进行检测，以便发现电路的故障情况。而每一个电路故障则将由DCE根据接口规程特性的有关标准进行解释。

6.6 电路I—指示

方向：由DCE

此电路上的信号向DTE指示呼叫控制过程的状态。

控制信号的表示法要求按接口规程特性的有关标准对电路R—“接收”另行编码。此电路的“接通”状态表示在电路R上的信号包含来自远端DTE的信息。而“断开”状态则表示一种控制信令状态。它是按照接口规程特性的规定，由电路R上的比特序列定义。

DTE将根据接口规程特性的规范，对此电路进行检测，以发现电气电路的故障情况。而每一个电路故障则将由DTE根据接口规程特性的标准进行解释。

注：在使用特殊用户业务设施（尚未定义）的场合，根据使用这些设施的条例，在转入数据传送阶段之后，由可能要求使用“断开”状态。此问题尚待进一步研究。

6.7 电路S—信号码元定时

方向：由DCE

此电路上的信号为DTE提供信号码元定时信息。此电路的状态为“接通”与“断开”两种，而且二者的标称持续时间大致相等。但是，在突发式等时操作情况下，“断开”状态可以延长，根据接口规程特性的有关规范，允许其持续时间等于“接通”状态的标称持续时间的奇数倍。

DTE应在电路T—“发送”上发送一个二进制信号，在电路C—“控制”上发送状态信号，而其转移则发生于此电路由“断开”状态转入“接通”状态的时刻。

DCE在电路R—“接收”上发送一个二进制信号，在电路I—“指示”上发送状态信号，而其转移则发生于此电路由“断开”状态转入“接通”状态的时刻。

从“接通”到“断开”状态的转换名义上指示了电路R上每个信号码元的中心。

在定时源能产生信号码元定时信息的情况下，DCE应在此电路上经接口持续地传送该定时信息。

6.8 电路B—字节定时

方向：由DCE

此电路上的信号为DTE提供8位字节的定时信息。在电路S—“信号码元定时”呈现“接通”状态的持续时间内，此电路呈现“断开”状态，以指示8位字节的最后一个比特，而在8位字节周期内的其余时间则呈现“接通”状态。

在呼叫控制阶段，用于DCE与DTE之间各方向的所有信息传送的呼叫控制字符和稳态状态，均应以电路B上的信号为准进行调整。

DTE在电路T—“发送”上发送一个呼叫控制字符的第一个比特的开始的正常时间，应当发生在电路S由"断开"向"接通"状态转移的时刻，即随电路B由"断开"向"接通"状态转移而转移。

电路C—"控制"的状态转移可发生在电路S由"断开"向"接通"状态的任意一次转移，但对它在DCE的取样则发生在电路B由"断开"向"接通"状态的转移时刻，这样做时为了便于判断电路T上的后随呼叫控制字符。

每个呼叫控制字符的最后一个比特的中心点应在电路B由"断开"向"接通"状态转移的时刻，由DCE送到电路R—"收信"上。

电路I—"指示"的状态的转移应发生在电路S由"断开"向"接通"状态转移的时刻，即随电路B由"断开"向"接通"转移而转移。

在定时源能产生字节定时信息的情况下，DCE应在此电路上经接口持续地传送该信息。

注1：在数据传送阶段，借助于8位码进行通信的DTE可以利用字节定时信息来相互保持字符同步。

提供此种功能有先决条件，即当呼叫进入数据传送阶段之后必须保持字符同步，而在一个接口上所获得的同步调准又必须与在其他接口上的同步调准保持同步。(此种可能性仅存在于某些连接上)。

此外，凡有这种功能的地方，前面定义的电路C上的状态变化，有可能导致远端接口电路I上的相对调准产生相应的变化。

注2：在一些有关接口规程特性的标准(例如GB/T 11593)中，并非规定DTE必须使用此电路和终接此电路，即使在DCE内实现此电路亦不例外。

6.9 电路F—帧起始识别

方向：由DCE

当此电路被接到一个复用DTE/DCE接口时，此电路上的信号就为DTE连续提供一个复用帧起始指示。

此电路在一个比特的标称持续时间内应呈现"断开"状态，以指示复用帧的最后一个比特，而在其余时间内则应保持"接通"状态。

用户信道I上的第一个数据比特的发送或接收，应在电路F由"断开"向"接通"状态开始转移的时刻进行。

6.10 电路X—DTE发送信号码元定时

方向：往DCE

在电路S只为收信方向提供信号码元定时的场合，此电路上的信号为发信方向提供信号码元定时信息。此电路的"接通"与"断开"状态的持续时间大致相等。但是，在突发式等时操作的情况下，"断开"状态的持续时间，按接口有关规程特性的规定，可延长到等于"接通"状态的标称持续时间的奇数倍。

DTE应在电路T—"发信"上发送一个二进制信号，并在电路C—"控制"上发送状态信号。电路状态的转移发生在此电路由"断开"向"接通"转移的时刻。

注：DCE对此电路的使用和终接属于国内问题。

ICS 33.040.40
M 32

中华人民共和国国家标准

GB/T 11599—2009/ITU-T X.21bis:1988
代替 GB/T 11599—1989

与同步V系列调制解调器接口的数据终端设备(DTE)在公用数据网上的用法

Use on public data networks of data terminal equipment (DTE) which is designed for interfacing to synchronous V-series MODEMs

(ITU-T X.21bis:1988,IDT)

2009-09-30 发布　　　　2009-12-01 实施

中华人民共和国国家质量监督检验检疫总局
中国国家标准化管理委员会　发布

前　言

本标准等同采用 ITU-T X.21bis:1988《与同步 V 系列调制解调器接口的数据终端设备(DTE)在公用数据网上的用法》(英文版)。

本标准代替 GB/T 11599—1989《与同步 V 系列调制解调器接口的数据终端设备(DTE)在公用数据网上的用法》。

本标准与 GB/T 11599—1989 相比主要变化如下:

——增加了第 1 章“范围”,第 2 章“规范性引用文件”,第 3 章“缩略语”,原章条顺序顺延;

——将引用标准“GB 11589—1989”修改为“GB/T 11589”,将引用标准“GB 11593—1989”修改为“GB/T 11593”,将引用标准“GB 11595—1989”修改为“GB/T 11595”;

——增加 5.1 概述;

——5.2.1.1“但在半双工设施的情况下,线路信号的检测应由某种其他控制机构来替代。”改为“但在半双工设施的情况下,线路信号的检测应由某种其他控制机制来替代。”

——在 6.2.1.1.3 DCE 清除指示/DTE 清除证实中,将“在电路 107 上发出 DCE 清除指示之后 100 ms 内,DTE 把电路 108/1 或 108/2 转为断开状态来给出 DTE 清除证实信号”修改为“在电路 107 上发出 DCE 清除指示之后 500 ms 内,DTE 把电路 108/1 或 108/2 转为断开状态来给出 DTE 清除证实信号”;

——6.3.1“DTE 可控未准备好”改为“受控 DTE 未就绪”;

——6.3.2“DTE 可控未准备好”改为“受控 DTE 未就绪”;

——在 7.3.2　本地测试环——第 3 类环路中,将“在本国测试规则允许的场合下,环路 3 可从任一状态建立。”修改为“在符合国内相关测试标准的条件下,环路 3 可从任一状态建立。”。

——在 7.3.2　本地测试环——第 3 类环路中,将“DCE 内测试环路上的具体装置由本国选择。”修改为“DCE 内测试环路上的具体装置可由国内相关测试标准根据实际情况统一规范。”。

——在 7.3.3　网络测试环路——第 2 类环路中,将“在本国测试原则允许的场合下,DTE 可以如下使用环路 2:”修改为“在符合国内相关测试标准的条件下,DTE 可以如下使用环路 2:”。

——在 7.3.3　网络测试环路——第 2 类环路中,将“DCE 内测试环路的确切装置是本国选择项目。”修改为“DCE 内测试环路的确切装置可由国内相关测试标准根据实际情况统一规范。”。

——在 7.3.3　网络测试环路——第 2 类环路中,将“环路控制和提供自动控制时所使用的方法由本国选择。”修改为“环路控制和提供自动控制时所使用的方法可由国内相关测试标准根据实际情况统一规范。”。

本标准的附录 A 为规范性附录。

本标准由中华人民共和国工业和信息化部提出。

本标准由中国通信标准化协会归口。

本标准起草单位:工业和信息化部电信研究院。

本标准主要起草人:刘述、聂秀英。

本标准所代替标准的历次版本发布情况为:

——GB/T 11599—1989。

与同步V系列调制解调器接口的数据终端设备(DTE)在公用数据网上的用法

1 范围

本标准规定了数据电路与V系列调制解调器的数据终端设备互连时的操作方法和可选的性能要求。

本标准适用于V系列调制解调器同步接口设备的选型与设计。

2 规范性引用文件

下列文件中的条款通过本标准的引用而成为本标准的条款。凡是注日期的引用文件,其随后所有的修改单(不包括勘误的内容)或修订版均不适用于本标准,然而,鼓励根据本标准达成协议的各方研究是否可使用这些文件的最新版本。凡是不注日期的引用文件,其最新版本适用于本标准。

GB/T 3454 数据终端设备(DTE)和数据电路终接设备(DCE)之间的接口电路定义表(GB/T 3454—1982,idt ITU-T V.24:1980)

GB/T 3455 非平衡双流接口电路的电特性(GB/T 3455—1982,idt ITU-T V.28:1980)

GB/T 6107 使用串行二进制数据交换的数据终端设备和数据电路终接设备之间的接口(GB/T 6107—2000,idt EIA/TIA-232-E:1991)

GB/T 7618 在数据通信领域中通常同集成电路设备一起使用的非平衡双流接口电路的电气特性(GB/T 7618—1987,eqv ITU-T V.10:1984)

GB/T 7619 在数据通信领域中通常同集成电路设备一起使用的平衡双流接口电路的电气特性(GB/T 7619—1987,eqv ITU-T V.11:1984)

GB/T 7623 在电话自动交换网上的自动应答设备和(或)并行自动呼叫设备,包括人工和自动建立呼叫时使回波控制装置停止工作的规程(GB/T 7623—1987,eqv ITU-T V.25:1984)

GB/T 9412 用于60～108 kHz基群电路的48 kbit/s数据传输的调制解调器(GB/T 9412—1988,eqv ITU-T V.35:1984)

GB/T 9950 数据通信 37插针DTE/DCE接口连接器和接触件编号分配(GB/T 9950—1988,idt ISO 4902:1980)

GB/T 9951 数据通信 系统间远程通信和信息交换 34插针DTE/DCE接口连接器的配合性尺寸和接触件编号分配(GB/T 9951—1988,idt ISO 2593:1984)

GB/T 11589 公用数据网和综合业务数字网(ISDN)的国际用户业务类别和接入种类(GB/T 11589—1999,eqv ITU-T X.1:1996)

GB/T 11593 公用数据网上同步工作的数据终端设备(DTE)和数据电路终接设备(DCE)间的接口(GB/T 11593—2001,eqv ITU-T X.21:1992)

GB/T 11595 用专用电路连接到公用数据网上的分组式数据终端设备(DTE)与数据电路终接设备(DCE)之间的接口(GB/T 11595—1999,idt ITU-T X.25:1996)

3 缩略语

下列缩略语适用于本标准。

DCE	Data Circuit Terminating Equipment	数据电路终接设备
DTE	Date Terminal Equipment	数据终端设备
MODEM	MOdulator/DEModulator	调制解调器

4 概述

本标准规定具有V系列接口的DTE连接到公用数据网可以采用：

a) 租用电路业务(点到点与多点集中)；

b) 直接呼叫设施；

c) 寻址呼叫设施。

本标准规定了当数据电路与V系列DTE互连时的操作方式和可选性能，在附录A中描述了V系列DTE与在符合国内相关测试标准的条件下GB/T 11593所规定DTE间协同工作。

5 对于租用电路业务和分组交换业务(GB/T 11595等级1)的V系列DTE用法

5.1 概述

本标准用于说明公用数据网上采用租用电路的V系列DTE的用法。

数据信号速率参照在GB/T 11589中规定的采用同步传输的用户业务类型的速率。

5.2 互换电路的用法

在接口的DCE一侧和DTE一侧互换电路的电气特性可以符合GB/T 3455的规定，该标准采用由GB/T 6107规定的25插针连接器和插针分配；也可以符合GB/T 7618，GB/T 7618采用由GB/T 9950规定的37插针连接器和插针分配。电信管理部门可以选择只提供其中一种接口。在电信管理部门允许GB/T 3455设备(接口一侧)和GB/T 7618(接口的另一侧)互连工作场合下，应参考GB/T 7618与GB/T 9950(GB/T 7618设备的供应部门有责任提供与符合GB/T 3455的设备互连工作所需要的适配器)。

对于48 kbit/s的数据信号速率的应用而言，在接口DCE一侧和DTE一侧的连接器和电气特性分别在GB/T 9951(34插针接口连接器的插针分配)和GB/T 9412中给出。对48 kbit/s的数据信号速率的另一种选择是在接口DCE一侧和DTE一侧的连接器和电气特性可以分别采用GB/T 9950和GB/T 7618/GB/T 7619，同GB/T 9412。后一种选择的配置不能与GB/T 9951和GB/T 9412配置互连工作。电信管理部门可以决定在48 kbit/s下中提供其中任一种接口选择。

表1给出租用电路业务的互换电路的用法。

表 1

互换电路编号	名　称
102	信号地或公共回线
103	发送数据
104	接收数据
105	请求发送
106	准备发送
107	数据设备准备好[a]
108/1	把数据设备接至线路[b,c]
109	数据信道接收线路信号检测器
114	发送器信号码元定时(DCE)[d]
115	接收器信号码元定时(DTE)[d]

表 1(续)

互换电路编号	名　　称
140	环回/维护测试[e]
141	本地环回[e]
142	测试指示器

[a] 仅在 DCE 断电(通常把不确定状态解释为断开)、丢失服务(见 7.2)或电路 108/1(当提供时)转为断开的情况下,电路 107 进入断开状态。

[b] 对 GB/T 9412 兼容的接口不需要这条电路。

[c] 当提供电路 108/1 时,DCE 把该电路上接通状态解释为:表示 DTE 在运行。如果不提供 108/1 电路,则 DCE 应把缺掉的电路 108/1 看作接通状态。当电路 108/1(当提供时)为接通状态,并且电路连接是可用时,DCE 把电路 107 转为接通状态。

[d] DCE 应向 DTE 提供发送器和接收器信号码元定时,这是把 DCE 来的定时信号馈送给电路 114 和 115 来达到的。

[e] 在不提供自动环路动作的网络中不需要这条电路。

所有这些电路的功能均符合 GB/T 3454 和相应的调制解调器的标准(见 6.2.1)。

5.2.1　工作要求

5.2.1.1　半双工操作

原则上,所提供的数据电路具有双工传输能力。然而,当要求电路 105 对电路 109 进行远程响应时,可选提供半双工操作(见附录 A)。

注:应当注意的情况是,虽然电路 105 能控制另一端电路 109,但在半双工设施的情况下,线路信号的检测应由某种其他控制机制来替代。

5.2.1.2　响应时间

作为对电路 105 由断开到接通的响应,电路 106 从断开到接通的响应时间对 600 bit/s 用户速率应暂定在 30 ms 到 50 ms 之间,对于更高的用户速率,在 10 ms 到 30 ms 之间。

5.2.1.3　钳位

下列情况采用:

a)　在线路故障事件中(例如信道停止服务,丢失对准)DCE 应把电路 104 钳位到稳定的二进制 1 状态。而电路 109 置到断开状态;

b)　在所有的应用场合中,电路 109 处于断开状态时,DCE 应将电路 104 保持在二进制 1 状态;

c)　此外,当提供半双工设施,DCE 在电路 105 处于接通状态时,应将电路 104 保持在二进制 1 状态。而电路 109 处于断开状态;

d)　当电路 105 或电路 106 或两者都处于断开状态时,DTE 应将电路 103 保持在二进制 1 状态。

5.2.1.4　定时安排

当 DCE 有能力产生定时信号时,在电路 114 和 115 上总应提供定时信号,而不考虑其他电路的状态。当 DCE 不能产生定时信息时,电路 114 和 115 应由 DCE 保持在断开状态。

6　对直接呼叫和寻址呼叫设施 V 系列 DTE 的用法

6.1　概述

本节为公用数据网中采用直接呼叫和寻址呼叫设施的 V 系列 DTE 用法。

数据信号速率参照 GB/T 11589 中规定的采用同步传输的用户业务类型的速率。

6.2　互换电路的用法

在接口的 DCE 一侧和 DTE 一侧互换电路的电气特性可以符合 GB/T 3455,GB/T 3455 采用由

GB/T 6107 规定的 25 插针连接器和插针分配；也可以符合 GB/T 7618，GB/T 7618 采用由 GB/T 9950 规定的 37 插针连接器和插针分配。电信管理部门可以选择只提供其中一种接口。在电信管理部门允许 GB/T 3455（接口一侧）和 GB/T 7618（接口另一侧）互连工作环境下，应参考 GB/T 7618 和 GB/T 9950（GB/T 7618 设备的供应部门有责任提供与 GB/T 3455 设备连接工作所需要的适配器）。

对于 48 kbit/s 的数据信号速率的应用而言，在接口 DCE 一侧和 DTE 一侧的连接器和电气特性分别在 GB/T 9951（34 插针接口连接器的插针分配）和 GB/T 9412 中给出。对 48kbit/s 的数据信号速率的另一种选择是在 DCE 一侧和 DTE 一侧的连接器和电气特性可以分别采用 GB/T 9950 和 GB/T 7618/GB/T 7619，同 GB/T 9412。后一种选择的配置不能与 GB/T 9951 和 GB/T 9412 配置互连工作。电信管理部门可以决定在 48 kbit/s 上只提供其中一种接口选择。

表 2 给出了互换电路。

表 2

GB/T 3454 互换电路编号	名　称
102	信号地或公共回线
103	发送数据
104	接收数据
105	请求发送
106	准备发送
107	数据设备准备好
108/1 或	把数据设备接至线路
108/2	数据终端准备好
109	数据信道接收线路信号检测器
114	发送器信号码元定时（DCE）
115	接收器信号码元定时（DTE）
140	环回/维护测试
141	本地环回
142	测试指示器

对互换电路的进一步定义，参考 GB/T 3454 和相应的 V 系列调制解调器标准。

6.2.1 呼叫建立和拆除阶段

下面的互换电路应在呼叫建立和拆除阶段用作控制信号：

电路 102——信号地或公共回线；

电路 107——数据设备准备好；

该电路用来指示表 3 中功能。

表 3

电路 107 的状态	在网络中的功能（见 6.2.1.1）
ON（接通）	准备接收数据
OFF（断开）	DCE 清除指示
OFF（断开）	DCE 清除证实

注：双工传输中，当 DTE 不采用电路 105 时，相对于电路 107 跃变到接通，电路 106 经 0 到 20 ms 时延而被置于接通状态。

电路 108/1——把数据设备接至线路。

该电路用来代替电路和 108/2。应指示表 4 中功能。

表 4

电路 108/1 的状态	在网络中的功能(见 6.2.1.1)
ON(接通)	呼叫请求
ON(接通)	呼叫请求
OFF(断开)	DTE 清除请求
OFF(断开)	DTE 清除证实
注:当 DTE 连接到一个不终接电路 108/1 的调制解调器时,这条电路不应工作。	

电路 108/2——数据终端准备好;

该电路用来代替 108/1 电路,应指示表 5 中功能。

表 5

电路 108/2 的状态	在网络中的功能(见 6.2.1.1)
ON(接通)	呼叫接受
OFF(断开)	DTE 清除请求
OFF(断开)	DTE 清除证实
注:当 DTE 连接到一个不终接电路 108/2 的调制解调器时,这条电路不应工作。	

电路 114——发送器信号码元定时(DCE);

电路 115——接收器信号码元定时(DCE);

DCE 应提供给 DTE 发送器和接收器信号码元定时,这是通过把来自 DCE 的定时信号馈送给电路 114 和 115 来达到的。

电路 125——呼叫指示器;

接通状态指示呼入,在下列任一条件下该电路要转为断开状态:

a) 随电路 107 转为接通时;

b) 接收到来自网络的 DCE 准备好;

c) 接收到 DCE 清除指示。

电路 141——本地环回;

该电路上的信号用来控制在本地 DCE 中的环路 3 测试状态,在未提供自动环路动作的网络中不需要该电路。

电路 142——测试指示器;

该电路用来向 DTE 指示 DCE 所处的测试方式状态。

6.2.1.1 工作要求

6.2.1.1.1 呼叫请求

对于直接呼叫设施,DTE 通过把电路 108/1 转为接通来指示一个呼叫请求。电路 108/2 不能用于此目的。

6.2.1.1.2 呼叫接受

DTE 收到一个呼入后,500ms 内应当把电路 108/1 或 108/2 从断开转为接通,以指示呼叫接受,否则该呼叫将被清除。当 DCE 对 DTE 发送呼入时,在 DTE 的电路 108/2 已处于接通状态的情况下,DCE 将把电路的 108/2 上的接通状态看作呼叫接通指示。

此外,当 DTE 不提供电路 108/1 或 108/2 时,应由 DCE 产生向网络发送的呼叫接受信号,作为对来自网络的呼入信号的应答。也可以在 DCE 上用人工操作产生准备好信号之前,DCE 可以认为受控

DTE 未就绪。

6.2.1.1.3 **DCE 清除指示/DTE 清除证实**

通过把电路 107 转为断开,DCE 把清除指示传送到 DTE。当提供 DTE 清除证实时,在电路 107 上发出 DCE 清除指示之后 500 ms 内,DTE 把电路 108/1 或 108/2 转为断开状态来给出 DTE 清除证实信号。否则,在 108/1 或 108/2 转为断开之前,或者对 DCE 进行人工操作产生准备好信号之前,DCE 可以认为 DTE 处于不可控未就绪状态。

电路 108/1 应能始终给出 DTE 清除证实。

此外,当 DTE 不把电路 108/2 转为断开作为 DTE 清除证实时,在 DCE 内将自动产生一个清除证实作为对从网络接收指示的应答,并且认为 DTE 处于就绪的状态。

在 DTE 希望电路 107 断开仅作为对电路 108/1 或 108/2 断开的响应时,在这种情况下,DCE 将不把电路 107 转为断开作为一个 DCE 清除指示,并且,在这种情况下,不把 DCE 清除指示通过接口传送到 DTE。这时,所需要的 DTE 清除证实信号应在 DCE 内自动产生,并把它作为对从网络接收清除指示信号的应答。在电路 108/1 或 108/2 转为断开之前,可以认为 DTE 处于不可控未就绪状态。

6.2.1.1.4 **线路标识**

V 系列 DTE 不能处理主叫和被叫标识信号。

6.2.1.1.5 **呼叫进行信号**

V 系列 DTE 不能处理呼叫进行信号,如果按照 GB/T 7623 提供自动寻址呼叫时,将在电路 205 上向 DTE 指示否定呼叫进行信号的接收。

6.2.2 **数据传送阶段**

表 6 中所示的互换电路应当用在数据传送阶段。

表 6

GB/T 3454 互换电路编号	名　称
102	信号地或公共回线
103	发送数据
104	接收数据
105	请求发送
106	准备发送
107	数据设备准备好
109	数据信道接收线路信号检测器
114	发送器信号码元定时(DCE)
115	接收器信号码元定时(DTE)
注:DCE 应向 DTE 提供发送器和接收器信号码元定时,这是把 DCE 来的定时信号馈送给电路 114 和 115 来达到的。	

所有这些电路的功能均符合 GB/T 3454 和相应的调制解调器标准。

6.2.2.1 **工作要求**

6.2.2.1.1 **半双工操作**

原则上,所提供的数据电路具有双工传输能力。然而,当要求电路 105 对电路 109 进行远程响应时,可选提供半双工操作(见附录 A)。

6.2.2.1.2 **响应时间**

作为对电路 105 由断开到接通的响应,电路从 106 从断开到接通的响应时间对 600 bit/s 用户速率应暂定在 30 ms 到 50 ms 之间,对于更高的用户速率,为 10 ms 到 20 ms 之间。

6.2.2.1.3 钳位

下列情况下采用：

a) 在线路故障事件中(例如信道停止服务，丢失对准)DCE应把电路104钳位到稳定的1状态，而电路置到断开状态；

b) 在所有应用场合中，电路109处于断开状态时，DCE应将电路104保持在二进制1状态；

c) 此外，当提供半双工设施，DCE在电路105处于接通状态时，就应将电路104保持在二进制1状态而电路109处于断开状态；

d) 当电路105或电路106或者两者都处于断开状态时，DTE应将电路103保持在二进制1状态。

6.2.2.1.4 定时安排

当DCE有能力产生定时信号时，在电路114和115上总应提供定时信号，而不考虑其他电路的状态。当DCE不能产生定时的信号时，电路114和115应由DCE保持在断开状态。

应采用连续的等时工作。

6.3 操作方式

6.3.1 直接呼叫设施

可以提供下列的操作方式：

a) DTE的自动直接呼叫和自动拆接，应采用电路108/1。这种情况下不应采用自DCE的人工拆接；

b) DCE的人工直接呼叫和DTE的自动拆接，应采用电路108/2；

c) DCE的人工直接呼叫和人工拆接：用于未提供电路108的DTE或不能采用电路108/2进行拆接的DTE。

只应当实施由电路108/1或108/2(当提供时)控制的自动呼叫应答，或者在DCE内自身控制的自动呼叫应答。然而在后一种情况下，可能通过DCE人工向网络发出受控DTE未就绪信号。

注：人工应答的考虑和人工DTE清除证实的含意有待进一步研究。

6.3.2 寻址呼叫设施

可以提供下列的操作：

a) DCE的人工寻址呼叫和与DTE的自动拆接，应当采用电路108/2；

b) DCE的人工寻址呼叫和与DTE的人工拆接，用于未提供108/1或108/2的DTE或不能采用电路108/2进行拆接的DTE。

应当仅实施由电路108/2(当提供时)控制的自动应答，或者在DCE内自身控制的自动呼叫应答。然而在后一种情况下，可能通过DCE人工向网络发出受控DTE未就绪信号；

c) 如果提供DTE自动寻址和自动拆线，应采用200系列互换电路和GB/T 7623的有关规程。公众数据网络上，在选择序列时，电路206～209的空与置位组合可能用作特殊的含意。电路206～209上控制字符和GB/T 11593的控制字符的关系如表7所示。

表7

二进制状态				对应于GB/T 11593的控制字符
209	208	207	206	
1	1	0	0	+
1	1	0	1	,
1	1	1	1	/
1	1	1	0	.
1	0	1	0	—

在过渡时期，电信管理部门可以提供如表8所示的关系。

表 8

二进制状态				对应于 GB/T 11593 的控制字符
209	208	207	206	
1	0	1	1	+
1	1	0	0	,
1	1	1	1	/
1	1	1	0	.
1	1	0	1	—

7 故障检测和隔离

7.1 互换电路上的不确定状态

如果 DTE 或 DCE 不能确定电路 105、107、108/1 或 108/2 以及有可能包括电路 103 和 104 的状态时，应当按有关电气接口规范中规定，把它解释为断开状态或二进制 1 状态(电路 103 和 104)。

7.2 DCE 故障状态

如果 DCE 在规定的时间内不能提供服务(例如丢失了信号对准或进入的线路信号)，则应把电路 107 转为断开状态。其规定时间的值与网络有关。

此外，一旦 DCE 检测到这种情况，它就将电路 109 转为断开状态，并且使电路 104 处于二进制 1 状态。

7.3 测试环路

测试环路的定义及利用测试环路维护的原理在有关标准中提供。

7.3.1 DTE 测试环路——第 1 类环路

该环路用作 DTE 操作的基本测试，在 DTE 内环路返回发送信号进行检验。环路应当在尽可能靠近 DTE/DCE 接口处的 DTE 内建立。

当 DTE 处于环路 1 测试状态时：

a） 在 DTE 内把电路 103 连接到电路 104；

b） 提供给 DCE 的电路 103 必须处于二进制 1 状态；

c） 电路 105 必须处于断开状态；

d） 电路 108/1 或 108/2 可以处于测试前的状态；

e） 如果提供电路 140 和 141，则必须处于断开状态；

f） DCE 在电路 114 和 115 上连续地提供信号码元定时信息，DTE 不必利用该定时信息。

此外，其他互换电路的状态不作规定，但它们应当尽可能允许正常工作。

环路 1 可以自数据传送阶段建立，也可以空闲阶段建立。

如果环路自数据传送阶段建立，那么在测试期间，DTE 仍然像正常操作那样，DCE 可以继续把数据交付到 DTE，在环路测试期间所发生的任何差错都由 DTE 负责恢复。

如果环路自空闲阶段建立，DTE 应当继续监视电路 125 以便给予呼入高于例行测试的优先权。

7.3.2 本地测试环路——第 3 类环路

本地测试环路第 3 类环路用于测试 DTE、互连电缆以及本地 DCE 的全部或部分操作：

在符合国内相关测试标准的条件下，环路 3 可以自任一状态建立。

用于租用电路进行测试及短时间测试时，DCE 应当在电路交换连接上继续提供测试前存在的线路状态(例如数据传送或就绪状态)，或者向远端 DTE 发送可控未就绪状态。在上述情况不可行(例如环路 3a 的某些情况)或者不需要(例如在电路交换应用中长时间测试)时，DCE 应终止现有呼叫，如有可能就向用户线路传送一个未就绪状态。

为了激活测试环路，在 DCE 上应当提供人工控制。

如果在该环路上提供自动激活应当由电路 141 控制。

DCE 内测试环路的确切装置可由国内相关测试标准根据实际情况统一规范。但至少应当实施下述的本地测试环路之一。

7.3.2.1 环路 3d

本环路通过把发送信号返回到 DTE 进行检验，来测试包括互连电缆在内的 DTE 操作。该环路在本地 DCE 内建立，但不包括互换电路的发生器和负载。

当 DCE 处于环路 3d 测试状态时：

a) 电路 103 连接到电路 104；

b) 电路 105 同时连接至电路 106 和 109；

注：DTE 设计者应当注意到这种连接将导致一个发生器驱动两个并行的负载。

c) 电路 107 和 142 置于接通状态；

d) DCE 在电路 114 和 115 上连续提供信号码元定时信息。DTE 必须利用该定时信息。

注：当测试环路 3d 工作时，接口电缆的有效长度加倍，因此，为确保环路 3d 的正常运行，最大的 DTE/DCE 接口电缆长度应为适合于所用数据信号率正常长度的一半。

7.3.2.2 环路 3c

本环路以测试 DTE 的操作，包括互连电缆和 DCE 互换电路发生器和负载。

除了电路 103 环回到 104 外，其配置与 7.3.2.1 中环路 3d 给出的配置相同，电路 105 到 109 的环回，包括互换电路发生器和负载。电路 106 应同电路 105 一样，采用通常的时延或没有时延。有关接口电缆长度和负载的输入阻抗限制的说明，在此不适用。

7.3.2.3 环路 3b

这个环路用来测试 DTE 和线路编码的操作，以及 DCE 的控制逻辑和电路。它包括除了线路信号调整电路（例如，阻抗匹配变量器，放大器，均衡器等）之外的其他全部 DCE 电路。发送和接收的测试数据之间时延为若干个 8 位组的时间（注）。

除了环路返回点的位置之外，其配置和 7.3.2.2 中环路 3c 所给出的配置相同。

注：在某些 DCE 中，环路 3b 的设置将导致暂时丢失包络对准，引起在接收互换电路上出现一段时间的随机信号。这可能影响 DTE 测试规程。在某些网络中，环路 3b 的设置造成已有连接的清除。

7.3.2.4 环路 3a

这个环路用以测试 DTE 和 DCE 的操作。该环路应当包括 DCE 工作中所使用的最大数量的电路，特别是包括线路信号调整电路。在某些情况下，在环回路径中可能需要包括各种设备（例如，衰耗器，均衡器或测试环路转换器）。在环路 3a 处于测试状态期间适当地终接用户线路。发送和接收测试数据之间的时延为若干个 8 位组的时间（注）。

除了环路返回点的位置之外，其配置和 7.3.2.3 中给出的配置相同。

注：在某些 DCE 中，环路 3a 的设置将导致暂时丢失包络对准，引起在接收互换电路上出现一段时间的随机信号。这可能影响 DTE 测试规程。在某些网络中，环路 3a 的设置造成已有连接的清除。

7.3.3 网络测试环路——第 2 类环路

电信管理部门的测试中心应用网络测试环路（测试环路 2）来测试租用电路或者用户线路以及 DCE 的全部或部分工作。

在符合国内相关测试标准的条件下，DTE 可以如下使用环路 2：

a) 在电路交换网络的情况下，在数据传送阶段测试包括远端 DCE 在内的网络连接操作。在完成网络环路测试之后，应当有可能再次进入数据传送阶段；

b) 在租用电路的情况下，在空闲阶段测试包括远端 DCE 在内的线路操作。当测试进行中时，该

DCE将电路107和109置于断开状态。电路104置于二进制1状态，而电路142置于接通状态。

环路可以由DCE上的开关人工控制，或者由网络自动控制。环路控制和提供自动控制时所使用的方法可由国内相关测试标准根据实际情况统一规范。在租用电路业务时，用户对环路的控制(如提供)应通过电路104实现。

在呼叫请求和环路激活之间发生冲突的情况下，环路激活命令将有优先权，而将呼叫请求放弃。

DCE内测试环路的确切装置可由国内相关测试标准根据实际情况统一规范。应当实现下述网络测试环路之一。

7.3.3.1 环路2b

电信管理部门的测试中心和(或)远端DTE用该环路测试用户线路以及除了互换电路发生器和负载之外的DCE全部电路的操作。

当DCE处于环路2b测试状态时：

a) 在DCE内把电路104接至电路103；

b) 在DCE内把电路109接至电路105；

c) 在接口处，DCE把电路104置于二进制1状态，把电路109置于断开状态，或者作为替代办法在电路104和109上形成开路或电源断开状态；

d) 使到DTE的电路106、107和125置于断开状态；

e) 把到DTE的电路142置于断开状态；

f) DCE在电路114和115上提供定时信息。

7.3.3.2 环路2a

电信管理部门的测试中心或远端DTE用该环路测试用户线路和整个DCE的操作。

除了返回点的位置之外其配置和7.3.3.1中环路2b给出的配置相同。

7.3.4 用户线路测试环路——第4类环路

电信管理部提供用户线路测试环路第4类用于维护线路。

7.3.4.1 环路4a

只有在4线用户线路的情况下才提供这种环路，电信管理部门利用环路4a作为线路维护。当发送和接收的线对连接在一起时，不能认为所产生的电路是正常的。环路4a可以在DCE内部建立，或者在单独分开的设备内建立。

当DCE处于环路4a测试状态时：

a) 到DTE的电路104置于二进制1状态；

b) 到DTE的电路106、107、109和125处于断开状态；

c) 到DTE的电路142处于接通状态；

d) DCE电路114和115上提供定时信息。

7.3.4.2 环路4b

电信管理部门用该环路来测试包括DCE内的线路信号调整电路的用户线路的操作。当接收和发送的电路在该点上连接时，环路4b提供一种可以被认为是正常的连接，然而由于DCE不实现完整的信号再生，所以可能对性能有一定的损害。

除了返回点的位置之外其配置和7.3.4.1中环路4a给出的配置相同。

7.4 信号码元定时

当可能时，信号码元定时信号由电路114和115传送到DTE。特别是按照上面7.3中所述各种环路之一工作时或DCE丢失对准或丢失输入线路信号时，信号码元定时信号都要传送到DTE。在这些状态期间，信号码元定时的容差应为±1%。

附 录 A
（规范性附录）
符合 GB/T 11593 和本标准的 DTE 之间的互连工作

要认识到对于不采用半双工操作的 DTE，其一端按照本标准连接到公用数据网的 V 系列 DTE 和另一端按照 GB/T 11593 连接到公用数据网的 DTE 之间的互连工作总应是可能的。

某些电信管理部门可以提供一些设施，允许遵照 GB/T 11593 和遵照本标准的 DTE 之间采用半双工操作进行互连工作。这是通过在数据传送阶段按照图 A.1 转换电路 C，I 和电路 109，105 实现的。

不提供这种设施的那些管理部门，在本标准的 DTE 信号电路 105 断开时，应使 GB/T 11593 的 DCE 发送 r=1，i=ON（接通）信号，对于那些在信号电路 105 接通之前不要求电路 109 断开的 DTE，将允许半双工操作。

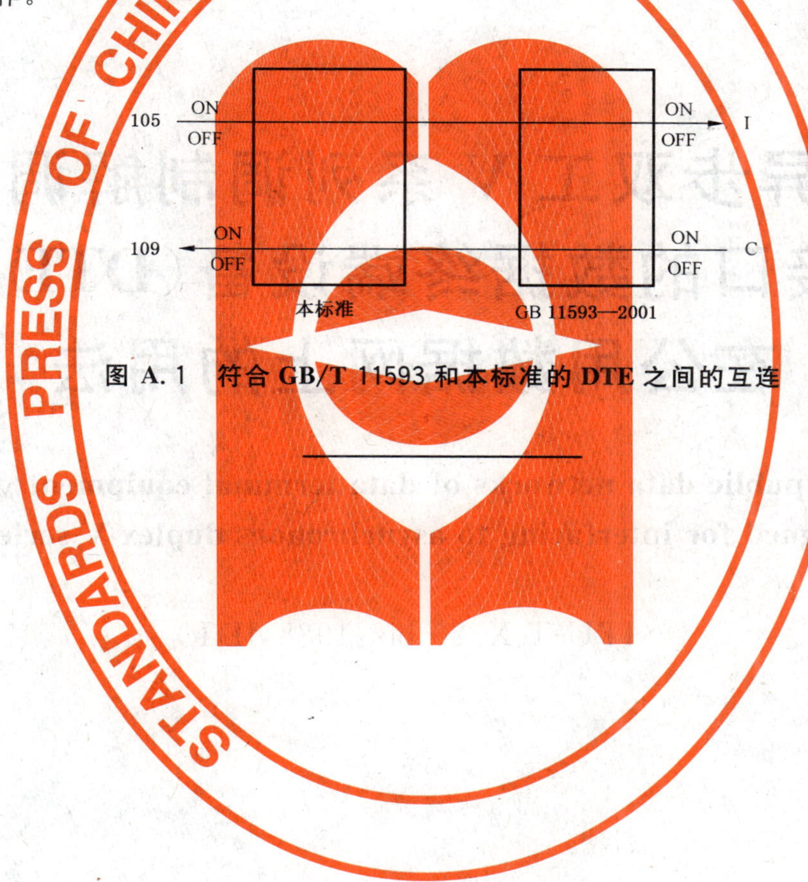

图 A.1 符合 GB/T 11593 和本标准的 DTE 之间的互连

ICS 33.040.40
M 32

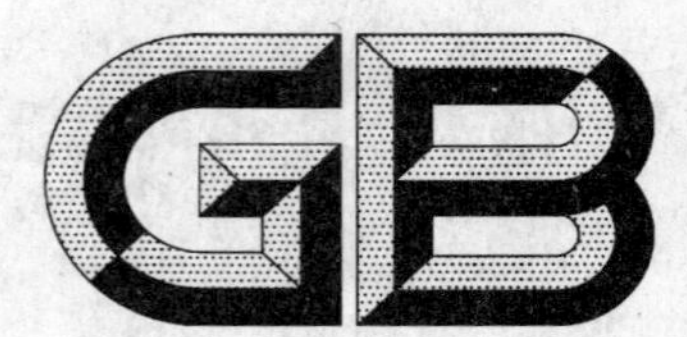

中华人民共和国国家标准

GB/T 11600—2009/ITU-T X.20bis:1988
代替 GB/T 11600—1989

与异步双工V系列调制解调器接口的数据终端设备(DTE)在公用数据网上的用法

Use on public data networks of data terminal equipment (DTE) which is designed for interfacing to asynchronous duplex V-series MODEMS

(ITU-T X.20 bis:1988,IDT)

2009-09-30 发布　　2009-12-01 实施

中华人民共和国国家质量监督检验检疫总局
中国国家标准化管理委员会　发布

前　言

本标准等同采用 ITU-T X.20bis:1988《与异步双工 V 系列调制解调器接口的数据终端设备(DTE)在公用数据网上的用法》(英文版)。

本标准代替 GB/T 11600—1989《与异步双工 V 系列调制解调器接口的数据终端设备(DTE)在公用数据网上的用法》。

本标准与 GB/T 11600—1989 相比主要变化如下:

——将第 1 章名称"适用范围"修改为"范围";

——将第 1 章中"GB 11589"修改为"GB/T 11589";

——将第 1 章中"租用电路业务"修改为"租用电路业务(点对点或中心多点)";

——增加了第 2 章"规范性引用文件",原章条顺序顺延;

——将规范性引用文件"GB 11589"修改为"GB/T 11589",将"GB/T 6107—1985"修改为"GB/T 6107";

——增加了第 3 章"术语和定义",原章条顺序顺延;

——增加了第 4 章"符号与缩略语",原章条顺序顺延;

——在 6.4.4 DCE 清除指示/DTE 清除证实中,将"在电路 107 上发出 DCE 清除指示之后 100 ms 内,DTE 把电路 108/1 或 108/2 转为断开状态。"修改为"在电路 107 上发出 DCE 清除指示之后 500 ms 内,DTE 把电路 108/1 或 108/2 转为断开状态。";

——在 8.3.3.1 本地测试环(第 3 类环路)中,将"在本国测试规则允许的场合下,环路 3 可从任一状态建立。"修改为"在符合国内相关测试标准的条件下,环路 3 可从任一状态建立。";

——在 8.3.3.1 本地测试环(第 3 类环路)中,将"DCE 内测试环路上的具体装置由本国选择。"修改为"DCE 内测试环路上的具体装置可由国内相关测试标准根据实际情况统一规范。";

——在 8.3.4.1 网络测试环路(第 2 类环路)中,将"在本国测试原则允许的场合下,DTE 可以如下使用环路 2:"修改为"在符合国内相关测试标准的条件下,DTE 可以如下使用环路 2:";

——在 8.3.4.1 网络测试环路(第 2 类环路)中,将"DCE 内测试环路的确切装置是本国选择项目。"修改为"DCE 内测试环路的确切装置可由国内相关测试标准根据实际情况统一规范。";

——在 8.3.4.1 网络测试环路(第 2 类环路)中,将"环路控制和提供自动控制时所使用的方法由本国选择。"修改为"环路控制和提供自动控制时所使用的方法可由国内相关测试标准根据实际情况统一规范。";

——在 8.3.5.2 环路 4a 中,将"b)到 DTE 的电路 106、107 和 125 置于断开状态;"修改为"b)到 DTE 的电路 106、107、109 和 125 置于断开状态;"。

本标准由中华人民共和国工业和信息化部提出。

本标准由中国通信标准化协会归口。

本标准起草单位:工业和信息化部电信研究院。

本标准主要起草人:卜哲、聂秀英。

本标准所代替标准的历次版本发布情况为:

——GB/T 11600—1989。

与异步双工V系列调制解调器接口的数据终端设备(DTE)在公用数据网上的用法

1 范围

本标准规定了对原设计为与异步双工V系列调制解调器接口的数据终端设备(DTE)在接入公用数据网络时的要求。

本标准适用于DTE(原设计与双工V系列起止传输的调制解调器接口)和公用数据网上的DCE之间的接口。

本标准仅限定操作于GB/T 11589中对起止传输所规定的数据信号速率和字符结构。其应用包括:

a) 线路交换业务;

b) 租用电路业务(点对点或中心多点)。

2 规范性引用文件

下列文件中的条款通过本标准的引用而成为本标准的条款。凡是注日期的引用文件,其随后所有的修改单(不包括勘误的内容)或修订版均不适用于本标准,然而,鼓励根据本标准达成协议的各方研究是否可使用这些文件的最新版本。凡是不注日期的引用文件,其最新版本适用于本标准。

GB/T 3454 数据终端设备(DTE)和数据电路终接设备(DCE)之间的接口电路定义表(GB/T 3454—1982,idt ITU-T V.24:1980)

GB/T 3455 非平衡双流接口电路的电特性(GB/T 3455—1982,idt ITU-T V.28:1980)

GB/T 6107 使用串行二进制数据交换的数据终端设备和数据电路终接设备之间的接口(GB/T 6107—2000,idt EIA/TIA-232-E:1991)

GB/T 11589 公用数据网和综合业务数字网(ISDN)的国际用户业务类别和接入种类(GB/T 11589—1999,eqv ITU-T X.1:1996)

3 术语和定义

下列术语和定义适用于本标准。

3.1

数据终端设备 data terminating equipment

发起或终结通信数据的设备。

3.2

数据电路终接设备 data circuit terminating equipment

位于数据终端设备与传输介质间,完成信号转换功能的设备,如调制解调器。

3.3

调制解调器 modem

完成从二进制数字到模拟信息的转化和从模拟信息到二进制数字的转化功能的设备。

4 符号与缩略语

下列缩略语适用于本标准。

DCE	Data Circuit Terminating Equipment	数据电路终接设备
DTE	Data Terminating Equipment	数据终端设备
ISDN	Integrated Services Digital Network	综合业务数字网

5 互换电路

5.1 功能特性

有关互换电路(见表1)的功能特性符合 GB/T 3454。

5.2 电气特性

互换电路的电气特性符合 GB/T 3455,并采用 GB/T 6107 中的 25 插针接口连接器和 25 针插针接口连接器插针的分配。

表 1

互换电路	
编号	名称
102	信号地或公共回线
103	发送数据
104	接收数据
106	准备发送
107	数据设备准备好
108/1	把数据设备接至线路
108/2	数据终端准备好
109	数据信道接收线路信号检测器
125	呼叫指示器
141	本地环回
142	测试指示器

注 1:用于自动控制直接呼叫设施的情况。

注 2:用于交换数据网络业务的情况。

注 3:在租用电路业务中不提供该电路。

注 4:对于不提供自动环路测试的网络不提供电路。

6 互换电路的用法

6.1 互换电路 107 的操作——数据设备准备好

该电路用以只是表 2 中给出的操作功能。

表 2

电路 107 的状态	数据网中的含义
ON(接通)	数据准备好
OFF(断开)	DCE 清除指示
OFF(断开)	DCE 清除证实

6.2 互换电路 108/1 和 108/2 的用法

6.2.1 电路 108/1——把数据设备接至线路

该电路用来替代 108/2。应当指示表 3 中所给出的操作功能。

表 3

电路 108/1 的状态	数据网中的含义
ON(接通)	对直接呼叫的呼叫请求(见 6.4.1)
ON(接通)	呼叫接受
OFF(断开)	DTE 清除请求
OFF(断开)	DTE 清除证实(见 6.4.4)

6.2.2 电路 108/2——数据终端准备好

该电路用来代替 108/1,应当指示表 4 中所给出的操作功能。

表 4

电路 108/2 的状态	数据网中的含义
ON(接通)	呼叫接受
OFF(断开)	DTE 清除请求
OFF(断开)	DTE 清除证实(见 6.4.4)

6.3 电路 125——呼叫指示器

接通状态指示呼入,下列条件下该电路转为断开:

a) 随电路 107 转为接通;或

b) 接收到来自网络的 DCE 准备好;或

c) 接收到来自网络的 DCE 清除指示。

6.4 对电路 106、107、108/1、108/2 和 109 的操作要求

6.4.1 对直接呼叫的呼叫请求

对于直接呼叫设施,DTE 使电路 108/1 转为接通状态来指示呼叫请求。电路 108/2 不能用于这个目的。

6.4.2 呼叫接受

DTE 收到一个呼入后,500 ms 内应当把电路 108/1 或 108/2 从断开转为接通,以指示呼叫接受,否则清除该呼叫。当 DCE 对 DTE 发出呼入时,在 DTE 的电路 108/2 已处于接通状态的情况下,DCE 将把电路 108/2 上的接通状态看作呼叫接受指示。

作为选择,当 DTE 不提供电路 108/1 或 108/2 时,应由 DCE 产生呼叫接收信号并向网络发送,以此作为对来自网络的呼入信号的应答。也可以在 DCE 上用人工操作向网络发送一个 DTE 可控未准备好信号。

6.4.3 互换电路 109 和 106 的操作

DCE 将电路 109 随电路 107 一起转为接通状态。在电路 107 出现接通状态之后 0 到 20 ms 内,电路 106 置于接通状态。

电路 108 转为断开或者处于接通状态,或当 DCE 发出 DCE 清除指示信号时(见 6.4.4)电路 109 和 106 都转为断开状态。

6.4.4 DCE 清除指示/DTE 清除证实

通过把电路 107 转为断开,DCE 清除指示被传送到 DTE。在电路 107 上发出 DCE 清除指示之后 500 ms 内,DTE 把电路 108/1 或 108/2 转为断开状态。以此给出 DTE 清除证实信号。否则,在 108/1 或 108/2 转为断开之前,或者对 DCE 进行人工操作产生准备好信号之前,DCE 可能认为 DTE 处于不可控未准备好状态。

电路 108/1 应能始终给出 DTE 清除证实。

作为选择,当 DTE 不把电路 108/2 转为断开作为 DTE 清除证实时,在 DCE 可自动产生一个清除

证实作为对从网络接收清除指示的应答，并认为 DTE 处于准备好状态。

在 DTE 希望电路 107 断开仅作为对电路 108/1 或 108/2 断开的响应时，DCE 将不把电路 107 转为断开作为一个 DCE 清除指示，在这种情况下，不会把 DCE 清除指示通过接口传送到 DTE。所需要的 DTE 清除证实信号应在 DCE 内自动产生，并把它作为对从网络接收清除指示信号的应答。

直到电路 108/1 或 108/2 转为断开之前，可以认为 DTE 可处于不可控未准备好状态。

6.4.5 中心控制的多点操作

由于电路 106 和 109 总是处于接通状态，传输的规则必须由各 DTE 的端到端控制规程来确定。

7 呼叫进行信号和 DCE 提供的信息

V 系列 DTE 不能处理呼叫进行信号和 DCE 提供的信息。

8 故障检测和隔离

8.1 互换电路的故障状态

如果 DTE 或 DCE 不能确定电路 107，108/1 或 108/2 以及可能包括的电路 103 和 104 的状态时，应当按有关电气接口规范中定义把它解释为断开或二进制 1 状态（电路 103 和 104）。

8.2 DCE 故障状态

如果 DCE 在规定时间内不能提供服务（例如丢失了进入的线路信号），则应把电路 107 转为断开状态，其规定时间的值与网络有关。

8.3 测试环路

8.3.1 测试环路的定义

测试环路的定义以及测试环路维护测试的原理在有关标准中提供。

8.3.2 DTE 测试环——第 1 类环路

该环用作 DTE 操作的基本测试，在 DTE 内环路返回发送的信号进行检验。环路应当在尽可能靠近 DTE/DCE 接口处的 DTE 内建立。

当 DTE 处于环路 1 测试状态时：

a） 在 DTE 内把电路 103 连接到电路 104；

b） 提供给 DCE 的电路 103 必须处于二进制 1 状态；

c） 电路 108/1 或 108/2 可以处于测试前的状态；

d） 如果提供电路 140 和 141，必须处于断开状态。

此外，其他互换电路的状态不作规定，但应当尽可能保证它们的正常工作。

环路 1 可以于数据传送阶段建立，也可在自空闲阶段建立。

如果环路自数据传送阶段建立，那么在测试期间，DTE 仍然想正常操作那样，DCE 可以继把数据交付到 DTE。在环路测试期间所发送的任何差错都由 DTE 负责恢复。

如果环路自空闲阶段建立，DTE 应当继续监视电路 125，以便将高于例行测试的优先权给予可能到来的呼入。

8.3.3 本地测试环——第 3 类环路

8.3.3.1 本地测试环（第 3 类环路）

本地测试环（第 3 类环路）用于测试 DTE、互联电缆以及本地 DCE 的全部或部分操作。

在符合国内相关测试标准的条件下，环路 3 可从任一状态建立。

对租用电路进行测试及短期测试时，DCE 应当在线路交换连接上继续向电路提供测试前存在的线路状态（例如数据传送或准备好状态），在上述情况无法实现时（例如环路 3a 的某些情况）或不需要（例如在线路交换应用中长期测试）的场合下，DCE 应终止现有呼叫。

为了激活测试环路应当在 DCE 上提供人工控制。

如果在环路上提供自动激活功能，应当由电路141控制。

DCE内测试环路上的具体装置可由国内相关测试标准根据实际情况统一规范。但应至少实现下述的本地测试环路之一。

8.3.3.2 环路3d

通过把发送信号返回到DTE进行检测，本环路可测试包括互联电缆在内的DTE操作。该环路在本地DCE内建立，不包括互换电路的发生器和负载。

当DCE处于环路3d测试状态时：

a) 电路103连接到电路104；

b) 电路107和142置于接通状态。

注：当测试环路3d工作时，互连电缆的有效长度是加倍的。因此，为确保环路3d的正确运行，最大的DTE/DCE接口电缆长度应为适合于所用数据信号率正常长度的一半。

8.3.3.3 环路3c

本环路用以测试DTE的操作，包括互连电缆和DCE互换电路的发生器和负载。

除了电路103到104的环路中包括互换电路发生器和负载之外，其余配置和8.3.3.2中环路3d给出的配置相同。有关接口电缆长度和负载的输入阻抗限制的注释在这里是不适用的。

8.3.3.4 环路3b

这个环路用来测试DTE、DCE的线路编码、控制逻辑和电路的操作。它包括除了线路信号调整电路(例如，阻抗匹配变压器、放大器、均衡器)之外的其他全部DCE电路。发送和接收到测试数据之间的时延为几个8位组的时间(见注)。

除了环路返回点的位置之外，其配置和8.3.3.3中环路3c给出的配置相同。

注：在某些网络中环路3b的设置将造成已有连接的清除。

8.3.3.5 环路3a

这个环路用以测试DTE和DCE的操作。该环路应当包括DCE工作中所使用的最大数量的电路，特别包括线路信号调整电路。要认识到，在某些情况下，在环回路经中可能需要包括各种设备(例如，衰耗器，均衡器或测试环路转换器)处于环路3a测试状态期，用户线路可能被适当的终接。

除了环路返回点的位置之外，其配置和8.3.3.4中环路3b给出的配置相同。

注：在某些网络中设置环路3a将造成现有连接的清除。

8.3.4 网络测试环路——第2类环路

8.3.4.1 网络测试环路(测试环路2)

电信管理部门的测试中心应用网络测试环路(测试环路2)来测试租用电路或者用户线路以及DCE的全部或部分工作，讨论如下：

在符合国内相关测试标准的条件下，DTE可以如下使用环路2：

在线路交换网络的情况下，在数据传送阶段测试包括远端DCE在内的网络连接的操作。在成网络环路测试之后，应当有可能再次进入数据传送阶段；

在租用电路的情况下，在空闲阶段测试包括远端DCE在内的线路操作。当测试在进行中的时候，该DCE将电路107和109置于断开状态。电路104置于二进制“1”状态。而电路142置于接通状态。

环路可以由DCE上的开关人工控制，或者由网络自动控制。环路控制和提供自动控制时所使用的方法可由国内相关测试标准根据实际情况统一规范。

在呼叫请求和环路激活发生冲突的情况下，环路激活命令将有优先权，而将呼叫请求放弃。

DCE内测试环路的确切装置可由国内相关测试标准根据实际情况统一规范。但应当实现下述网络测试环路之一。

8.3.4.2 环路2b

电信管理部门的测试中心和(或)远端DTE用该环路测试用户线路以及除了互换电路发生器和负

载之外的 DCE 全部电路的操作。

当 DCE 处于环路 2b 测试状态时：

a） 在 DCE 内把电路 104 连接到电路 103；

b） 在接口处，DCE 把电路 104 置于二进制 1 状态，把电路 109 置于断开状态，或者作为替代办法在电路 104 和 109 上提供开路或电源断开状态；

c） 使到 DTE 的电路 106、107 和 125 置于断开状态；

d） 把到 DTE 的电路 142 置于接通状态。

8.3.4.3 环路 2a

电信管理部门的测试中心或远端 DTE 用该环路测试用户线路和整个 DCE 的操作。

除了返回点的位置之外其配置和 8.3.4.2 中环路 2b 给出的配置相同。

8.3.5 用户线路测试环路——第 4 类环路

8.3.5.1 用户线路测试环路（第 4 类环路）

电信管理部门提供用户线路测试环路（第 4 类环路）用于维护线路。

8.3.5.2 环路 4a

只有在 4 线用户线路的情况下才提供这种环路。电信管理部门利用环路 4a 作为维护线路。当发送和接收的线对连接在一起时，不能认为所产生的电路是正常的。环路 4a 可以在 DCE 内部建立，或者在分立的设备内建立。

当 DCE 处于环路 4a 测试状态时：

a） 到 DTE 的电路 104 置于二进制 1 状态；

b） 到 DTE 的电路 106、107、109 和 125 置于断开状态；

c） 到 DTE 的电路 142 置于接通状态。

8.3.5.3 环路 4b

电信管理部门用该环路来测试包括 DCE 内线路信号调整电路在内的用户线路的操作。当接收和发送的电路在该点上连接时，环路必提供了一种可以被认为是正常的连接；然而，由于 DCE 不能实现完整的信号再生，所以一定程度的性能损伤是预料之中的事。

除了返回点的位置之外其配置和 8.3.5.2 中环路 4a 也给出的配置相同。

ICS 81.040.20
Q 33

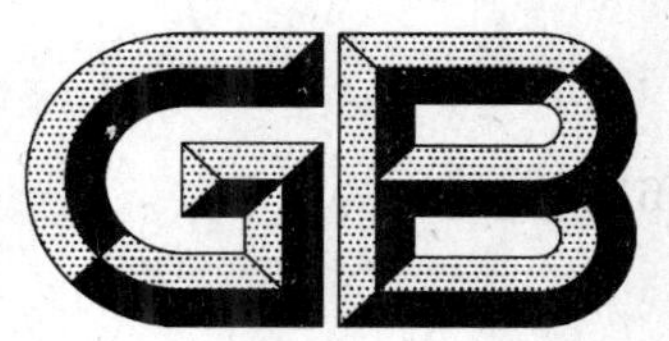

中华人民共和国国家标准

GB 11614—2009
代替 GB 4871—1995、GB 11614—1999、GB/T 18701—2002

平板玻璃

Flat glass

2009-03-28 发布　　　　2010-03-01 实施

中华人民共和国国家质量监督检验检疫总局
中国国家标准化管理委员会　发布

前　言

本标准5.2～5.6为强制性的，其余为推荐性的。

本标准代替GB 4871—1995《普通平板玻璃》、GB 11614—1999《浮法玻璃》和GB/T 18701—2002《着色玻璃》。

本标准与GB 11614—1999相比主要变化如下：

——由按用途分类修改为按外观质量分类(1999年版的3.1，本版的4.2)；

——增加了"术语和定义"(本版的第3章)；

——增加了对12 mm及12 mm以上厚度的厚薄差的规定(1999年版的4.2，本版的5.4)；

——外观质量中，用"点状缺陷"术语取代"气泡"和"夹杂物"，同时提高了要求；增加了直径100 mm圆内点状缺陷不超过3个的规定(1999年版的4.3、4.4和4.5，本版的5.5)；

——增加了"检验分类"和"抽样"条款(1999年版的第6章，本版的第7章)。

本标准与GB/T 18701—2002相比主要变化如下：

——取消着色玻璃按色调分类(2002年版的3.3)；

——取消着色玻璃可见光透射比的要求(2002年版的4.3)；

——取消同一片玻璃色差的要求(2002年版的3.4)。

本标准由中国建筑材料联合会提出。

本标准由全国建筑用玻璃标准化技术委员会(SAC/TC 255)归口。

本标准负责起草单位：秦皇岛玻璃工业研究设计院。

本标准参加起草单位：洛阳玻璃股份有限公司、山东金晶科技股份有限公司、秦皇岛耀华玻璃股份有限公司、江苏华尔润集团有限公司、浙江玻璃股份有限公司、威海蓝星玻璃股份有限公司、信义玻璃控股有限公司、台玻长江玻璃有限公司、中国建筑材料科学研究总院。

本标准主要起草人：王玉兰、刘志付、武庆涛、张佰恒、陆万顺、刘焕章、吴楠、田纯祥、石新勇、吕金、李波。

本标准所代替标准的历次版本发布情况为：

——GB 4871—1985、GB 4871—1995；

——GB 11614—1989、GB 11614—1999；

——GB/T 18701—2002。

平 板 玻 璃

1 范围

本标准规定了无色透明与本体着色平板玻璃的术语和定义、分类、要求、试验方法、检验规则、标志、包装、运输和贮存。

本标准适用于各种工艺生产的钠钙硅平板玻璃。

本标准不适用于压花玻璃和夹丝玻璃。

2 规范性引用文件

下列文件中的条款通过本标准的引用而成为本标准的条款。凡是注日期的引用文件,其随后所有的修改单(不包括勘误的内容)或修订版均不适用于本标准,然而,鼓励根据本标准达成协议的各方研究是否可使用这些文件的最新版本。凡是不注日期的引用文件,其最新版本适用于本标准。

GB/T 1216 外径千分尺

GB/T 2680 建筑玻璃 可见光透射比、太阳光直接透射比、太阳能总透射比、紫外线透射比及有关窗玻璃参数的测定

GB/T 2828.1—2003 计数抽样检验程序 第1部分:按接收质量限(AQL)检索的逐批检验抽样计划

GB/T 8170 数值修约规则与极限数值的表示和判定

GB/T 9056 金属直尺

GB/T 11942 彩色建筑材料色度测量方法

GB/T 15764 平板玻璃术语

JB/T 2369 读数显微镜

JB/T 8788 塞尺

QB/T 2443—1999 钢卷尺

3 术语和定义

GB/T 15764 中确立的以及下列术语和定义适用于本标准。

3.1

光学变形 optical distortion

在一定角度透过玻璃观察物体时出现变形的缺陷。其变形程度用入射角(俗称斑马角)来表示。

3.2

点状缺陷 spot faults

气泡、夹杂物、斑点等缺陷的统称。

3.3

断面缺陷 edge defects

玻璃板断面凸出或凹进的部分。包括爆边、边部凹凸、缺角、斜边等缺陷。

3.4

厚薄差 thickness wedge

同一片玻璃厚度的最大值与最小值之差。

4 分类

4.1 按颜色属性分为无色透明平板玻璃和本体着色平板玻璃。

4.2 按外观质量分为合格品、一等品和优等品。

4.3 按公称厚度分为：

2 mm、3 mm、4 mm、5 mm、6 mm、8 mm、10 mm、12 mm、15 mm、19 mm、22 mm、25 mm。

5 要求

5.1 概述

平板玻璃要求与试验方法对应条款见表1。其中对尺寸偏差、对角线差、厚度偏差、厚薄差、外观质量和弯曲度的要求为强制性的。

表1 要求与试验方法对应条款

要求项目		要求	试验方法
尺寸偏差		5.2	6.1
对角线差		5.3	6.2
厚度偏差		5.4	6.3
厚薄差		5.4	6.4
外观质量	点状缺陷	5.5	6.5.1
	点状缺陷密集度	5.5	6.5.2
	线道、划伤、裂纹	5.5	6.5.3
	光学变形	5.5	6.5.4
	断面缺陷	5.5	6.5.5
弯曲度		5.6	6.6
光学性能	无色透明平板玻璃可见光透射比	5.7.1	6.7.1
	本体着色平板玻璃透射比偏差	5.7.2	6.7.2
	本体着色平板玻璃颜色均匀性	5.7.3	6.7.3

5.2 尺寸偏差

平板玻璃应切裁成矩形，其长度和宽度的尺寸偏差应不超过表2规定。

表2 尺寸偏差

单位为毫米

公称厚度	尺寸偏差	
	尺寸≤3 000	尺寸>3 000
2~6	±2	±3
8~10	+2，−3	+3，−4
12~15	±3	±4
19~25	±5	±5

5.3 对角线差

平板玻璃对角线差应不大于其平均长度的0.2%。

5.4 厚度偏差和厚薄差

平板玻璃的厚度偏差和厚薄差应不超过表3规定。

表 3　厚度偏差和厚薄差

单位为毫米

公称厚度	厚度偏差	厚薄差
2～6	±0.2	0.2
8～12	±0.3	0.3
15	±0.5	0.5
19	±0.7	0.7
22～25	±1.0	1.0

5.5　外观质量

5.5.1　平板玻璃合格品外观质量应符合表 4 的规定。

表 4　平板玻璃合格品外观质量

<table>
<tr><th>缺陷种类</th><th colspan="4">质量要求</th></tr>
<tr><td rowspan="5">点状缺陷[a]</td><td colspan="2">尺寸(L)/mm</td><td colspan="2">允许个数限度</td></tr>
<tr><td colspan="2">0.5≤L≤1.0</td><td colspan="2">2×S</td></tr>
<tr><td colspan="2">1.0<L≤2.0</td><td colspan="2">1×S</td></tr>
<tr><td colspan="2">2.0<L≤3.0</td><td colspan="2">0.5×S</td></tr>
<tr><td colspan="2">L>3.0</td><td colspan="2">0</td></tr>
<tr><td>点状缺陷密集度</td><td colspan="4">尺寸≥0.5 mm 的点状缺陷最小间距不小于 300 mm;直径 100 mm 圆内尺寸≥0.3 mm 的点状缺陷不超过 3 个</td></tr>
<tr><td>线道</td><td colspan="4">不允许</td></tr>
<tr><td>裂纹</td><td colspan="4">不允许</td></tr>
<tr><td rowspan="2">划伤</td><td colspan="2">允许范围</td><td colspan="2">允许条数限度</td></tr>
<tr><td colspan="2">宽≤0.5 mm,长≤60 mm</td><td colspan="2">3×S</td></tr>
<tr><td rowspan="4">光学变形</td><td>公称厚度</td><td colspan="2">无色透明平板玻璃</td><td>本体着色平板玻璃</td></tr>
<tr><td>2 mm</td><td colspan="2">≥40°</td><td>≥40°</td></tr>
<tr><td>3 mm</td><td colspan="2">≥45°</td><td>≥40°</td></tr>
<tr><td>≥4 mm</td><td colspan="2">≥50°</td><td>≥45°</td></tr>
<tr><td>断面缺陷</td><td colspan="4">公称厚度不超过 8 mm 时,不超过玻璃板的厚度;8 mm 以上时,不超过 8 mm</td></tr>
<tr><td colspan="5">注:S 是以平方米为单位的玻璃板面积数值,按 GB/T 8170 修约,保留小数点后两位。点状缺陷的允许个数限度及划伤的允许条数限度为各系数与 S 相乘所得的数值,按 GB/T 8170 修约至整数。</td></tr>
<tr><td colspan="5">[a] 光畸变点视为 0.5 mm～1.0 mm 的点状缺陷。</td></tr>
</table>

5.5.2　平板玻璃一等品外观质量应符合表 5 的规定。

表 5　平板玻璃一等品外观质量

<table>
<tr><th>缺陷种类</th><th colspan="2">质量要求</th></tr>
<tr><td rowspan="5">点状缺陷[a]</td><td>尺寸(L)/mm</td><td>允许个数限度</td></tr>
<tr><td>0.3≤L≤0.5</td><td>2×S</td></tr>
<tr><td>0.5<L≤1.0</td><td>0.5×S</td></tr>
<tr><td>1.0<L≤1.5</td><td>0.2×S</td></tr>
<tr><td>L>1.5</td><td>0</td></tr>
</table>

表 5（续）

缺陷种类	质量要求		
点状缺陷密集度	尺寸≥0.3 mm 的点状缺陷最小间距不小于 300 mm；直径 100 mm 圆内尺寸≥0.2 mm 的点状缺陷不超过 3 个		
线道	不允许		
裂纹	不允许		
划伤	允许范围		允许条数限度
	宽≤0.2 mm，长≤40 mm		2×S
光学变形	公称厚度	无色透明平板玻璃	本体着色平板玻璃
	2 mm	≥50°	≥45°
	3 mm	≥55°	≥50°
	4 mm～12 mm	≥60°	≥55°
	≥15 mm	≥55°	≥50°
断面缺陷	公称厚度不超过 8 mm 时，不超过玻璃板的厚度；8 mm 以上时，不超过 8 mm		

注：S 是以平方米为单位的玻璃板面积数值，按 GB/T 8170 修约，保留小数点后两位。点状缺陷的允许个数限度及划伤的允许条数限度为各系数与 S 相乘所得的数值，按 GB/T 8170 修约至整数。

[a] 点状缺陷中不允许有光畸变点。

5.5.3 平板玻璃优等品外观质量应符合表 6 的规定。

表 6 平板玻璃优等品外观质量

缺陷种类	质量要求		
点状缺陷[a]	尺寸(L)/mm		允许个数限度
	0.3≤L≤0.5		1×S
	0.5<L≤1.0		0.2×S
	L>1.0		0
点状缺陷密集度	尺寸≥0.3 mm 的点状缺陷最小间距不小于 300 mm；直径 100 mm 圆内尺寸≥0.1 mm 的点状缺陷不超过 3 个		
线道	不允许		
裂纹	不允许		
划伤	允许范围		允许条数限度
	宽≤0.1 mm，长≤30 mm		2×S
光学变形	公称厚度	无色透明平板玻璃	本体着色平板玻璃
	2 mm	≥50°	≥50°
	3 mm	≥55°	≥50°
	4 mm～12 mm	≥60°	≥55°
	≥15 mm	≥55°	≥50°
断面缺陷	公称厚度不超过 8 mm 时，不超过玻璃板的厚度；8 mm 以上时，不超过 8 mm		

注：S 是以平方米为单位的玻璃板面积数值，按 GB/T 8170 修约，保留小数点后两位。点状缺陷的允许个数限度及划伤的允许条数限度为各系数与 S 相乘所得的数值，按 GB/T 8170 修约至整数。

[a] 点状缺陷中不允许有光畸变点。

5.6 弯曲度

平板玻璃弯曲度应不超过0.2%。

5.7 光学特性

5.7.1 无色透明平板玻璃可见光透射比应不小于表7的规定。

表7 无色透明平板玻璃可见光透射比最小值

公称厚度/mm	可见光透射比最小值/%
2	89
3	88
4	87
5	86
6	85
8	83
10	81
12	79
15	76
19	72
22	69
25	67

5.7.2 本体着色平板玻璃可见光透射比、太阳光直接透射比、太阳能总透射比偏差应不超过表8的规定。

表8 本体着色平板玻璃透射比偏差

种　类	偏差/%
可见光(380 nm～780 nm)透射比	2.0
太阳光(300 nm～2 500 nm)直接透射比	3.0
太阳能(300 nm～2 500 nm)总透射比	4.0

5.7.3 本体着色平板玻璃颜色均匀性,同一批产品色差应符合$\Delta E_{ab}^{*}\leqslant 2.5$。

5.8 特殊厚度或其他要求

特殊厚度或其他要求由供需双方协商。

6 试验方法

6.1 尺寸偏差

用符合GB/T 9056规定的分度值为1 mm的金属直尺或用符合QB/T 2443—1999规定的1级精度钢卷尺,在长、宽边的中部,分别测量两平行边的距离。实测值与公称尺寸之差即为尺寸偏差。

6.2 对角线差

用符合QB/T 2443—1999规定的1级精度钢卷尺测量玻璃板的两条对角线长度,其差的绝对值即为对角线差。

6.3 厚度偏差

用符合 GB/T 1216 规定的分度值为 0.01 mm 的外径千分尺，在垂直于玻璃板拉引方向上测量 5 点：距边缘约 15 mm 向内各取一点，在两点中均分其余 3 点。实测值与公称厚度之差即为厚度偏差。

6.4 厚薄差

用 6.3 同样方法，测出一片玻璃板五个不同点的厚度，计算其最大值与最小值之差。

6.5 外观质量

6.5.1 点状缺陷

用符合 JB/T 2369 规定的分格值为 0.01 mm 的读数显微镜测量点状缺陷的最大尺寸。

6.5.2 点状缺陷密集度

用符合 GB/T 9056 规定的分度值为 1 mm 的金属直尺测量两点状缺陷的最小间距并统计 100 mm 圆内规定尺寸的点状缺陷数量。

6.5.3 线道、划伤和裂纹

如图 1 所示。在不受外界光线影响的环境中，将试样垂直放置在距屏幕 600 mm 的位置。屏幕为黑色无光泽屏幕，安装有数支 40 W，间距为 300 mm 的荧光灯。观察者距离试样 600 mm，视线垂直于试样表面观察。

采用符合 GB/T 9056 规定的分度值为 1 mm 的金属直尺和符合 JB/T 2369 规定的分格值0.01 mm 的读数显微镜测量划伤的长度和宽度。

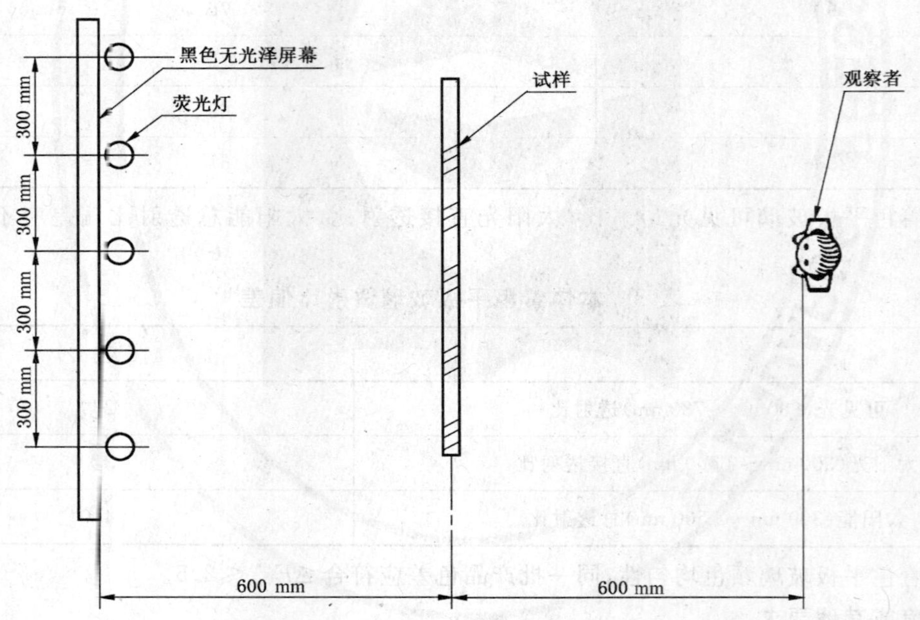

图 1 检验外观质量示意图

6.5.4 光学变形

如图 2 所示。试样按拉引方向垂直放置于距屏幕 4.5 m 处。屏幕带有黑白色斜条纹，且亮度均匀。观察者距试样 4.5 m，透过试样观察屏幕上的条纹。首先使条纹明显变形，然后慢慢转动试样直至变形消失，记录此时的入射角度。

6.5.5 断面缺陷

用符合 GB/T 9056 规定的分度值为 1 mm 的金属直尺测量。凹凸时，测量边部凹进或凸出最大处与板边的距离；爆边时，测量边部沿板面凹进最大处与板边的距离；缺角时，测量原角等分线的长度；斜边时，测量端口突出。如图 3 所示。

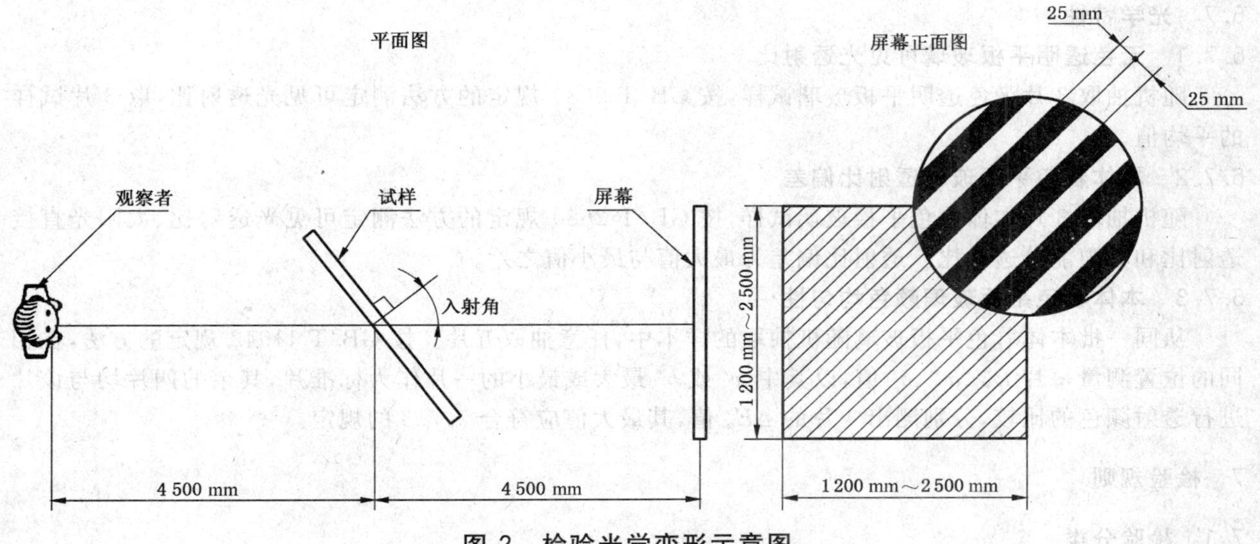

图 2　检验光学变形示意图

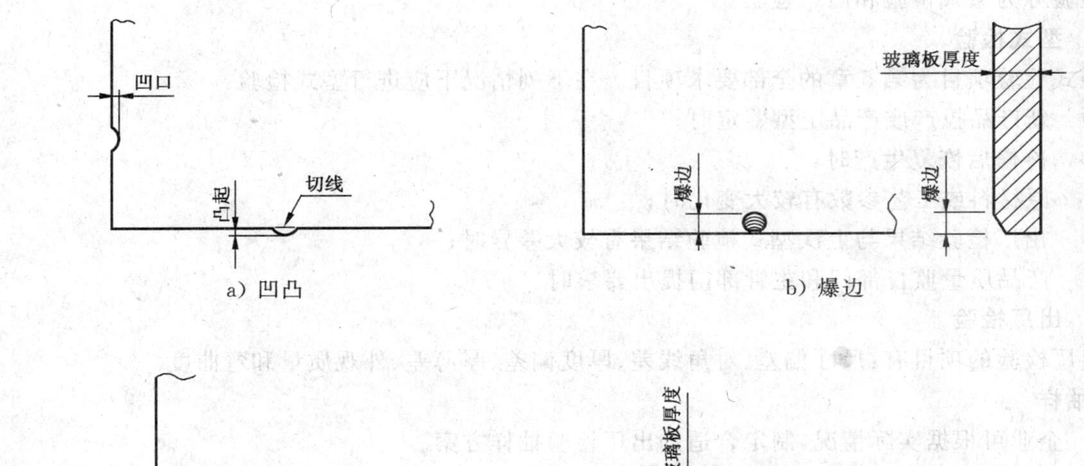

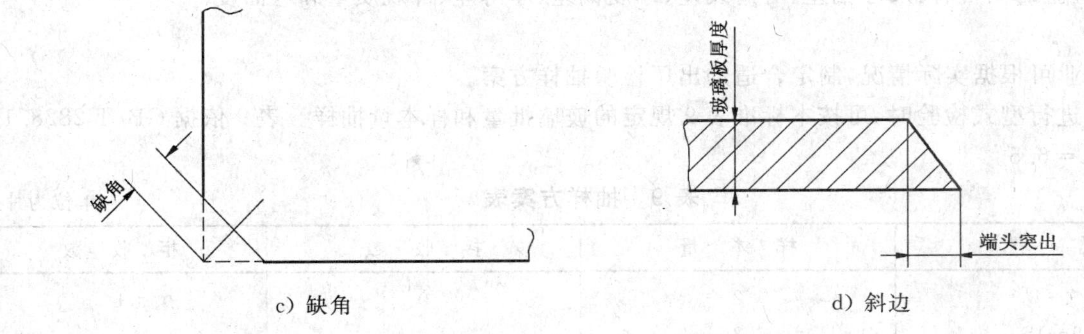

图 3　测量断面缺陷示意图

6.6　弯曲度

将玻璃板垂直于水平面放置，不施加任何使其变形的外力。沿玻璃表面紧靠一根水平拉直的钢丝，用符合 JB/T 8788 规定的塞尺，测量钢丝与玻璃板之间的最大间隙。玻璃呈弓形弯曲时，测量对应弦长的拱高；玻璃呈波形时，测量对应两波峰间的波谷深度。按式(1)计算弯曲度：

$$c = \frac{h}{l} \times 100 \qquad (1)$$

式中：

c——弯曲度，单位为百分数(%)；

h——拱高或波谷深度，单位为毫米(mm)；

l——弦长或波峰到波峰的距离，单位为毫米(mm)。

6.7 光学特性

6.7.1 无色透明平板玻璃可见光透射比

随机抽取3片无色透明平板玻璃试样，按GB/T 2680规定的方法测定可见光透射比，取3片试样的平均值。

6.7.2 本体着色平板玻璃透射比偏差

随机抽取3片本体着色平板玻璃试样，按GB/T 2680规定的方法测定可见光透射比、太阳光直接透射比和太阳能总透射比。透射比偏差为最大值与最小值之差。

6.7.3 本体着色平板玻璃颜色均匀性

从同一批本体着色平板玻璃随机抽取的样本中，任意抽取五片。按GB/T 11942规定的方法，在相同的位置测量每片L^*、a^*、b^*值，以其中a^*或b^*最大或最小的一片作为标准片，其余的四片均与该片进行透射颜色的比较，分别测出4片的ΔE_{ab}^*值，其最大值应符合5.7.3的规定。

7 检验规则

7.1 检验分类

检验分为型式检验和出厂检验。

7.1.1 型式检验

型式检验项目为第5章的全部要求项目。在下列情况下应进行型式检验：

a) 新产品投产或产品定型鉴定时；

b) 冷修后恢复生产时；

c) 原材料或工艺参数有较大变化时；

d) 出厂检验结果与上次型式检验结果有较大差异时；

e) 产品质量监督部门和主管部门提出要求时。

7.1.2 出厂检验

出厂检验的项目有：尺寸偏差、对角线差、厚度偏差、厚薄差、外观质量和弯曲度。

7.2 抽样

7.2.1 企业可根据实际情况，制定合适的出厂检验抽样方案。

7.2.2 当进行型式检验时，可按本标准表9规定的玻璃批量和样本量抽样。表9依据GB/T 2828.1—2003，AQL=6.5。

表9 抽样方案表

单位为片

批量	样本量	接收数	拒收数
2～8	2	0	1
9～15	3	0	1
16～25	5	1	2
26～50	8	1	2
51～90	13	2	3
91～150	20	3	4
151～280	32	5	6
281～500	50	7	8
501～1 200	80	10	11

7.3 判定规则

7.3.1 对产品尺寸偏差、对角线差、厚度偏差、厚薄差、外观质量和弯曲度进行检验时，一片玻璃其检验结果的各项指标均达到该等级的要求则该片玻璃为合格，否则为不合格。

一批玻璃中，若不合格片数小于或等于表9中接收数，则该批玻璃上述指标合格；若不合格片数大于或等于表 9 中拒收数，则该批玻璃上述指标不合格。

7.3.2　对无色透明平板玻璃可见光透射比进行检验时，若检验结果符合 5.7.1 的规定，则判定该批产品该项指标合格。

7.3.3　对本体着色平板玻璃的透射比偏差进行检验时，若检验结果符合 5.7.2 的规定，则判定该批产品该项指标合格。

7.3.4　对本体着色平板玻璃颜色均匀性进行检验时，若检验结果符合 5.7.3 的规定，则判定该批产品该项指标合格。

7.3.5　出厂检验时，若上述 7.3.1 判定合格，则该批产品判定合格，否则判定不合格；型式检验时，若上述 7.3.1、7.3.2、7.3.3 和 7.3.4 均判定合格，则该批产品判定合格，否则判定不合格。

8　标志、包装、运输和贮存

8.1　标志

玻璃包装上应有标志或标签，标明产品名称、生产厂、注册商标、厂址、质量等级、颜色、尺寸、厚度、数量、生产日期、拉引方向和本标准号，并印有“轻搬轻放、易碎品、防水防湿”字样或标志。

8.2　包装

玻璃包装应便于装卸运输，应采取防护和防霉措施，包装数量应与包装方式相适应。

8.3　运输

运输时应防止包装剧烈晃动、碰撞、滑动和倾倒。在运输和装卸过程中应有防雨措施。

8.4　贮存

玻璃应贮存在通风、防潮、有防雨设施的地方，以免玻璃发霉。

ICS 47.020.50
U 27

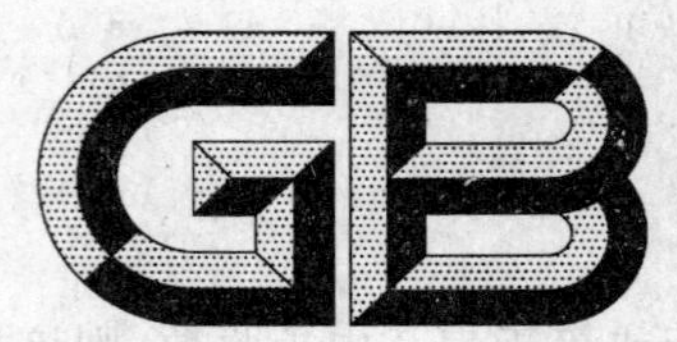

中华人民共和国国家标准

GB/T 11626—2009
代替 GB 11626—1989,GB/T 4445—1994

船舶和海上技术
吊放式救生艇降放装置

Ships and marine technology—
Launching appliances for davit－launched lifeboats

(ISO 15516:2006,MOD)

2009-03-09 发布　　　　　　2009-11-01 实施

中华人民共和国国家质量监督检验检疫总局
中国国家标准化管理委员会　发布

前　言

本标准修改采用ISO 15516:2006《船舶和海上技术　吊放式救生艇降放装置》(英文版)。

本标准根据ISO 15516:2006翻译起草。在附录A中列出了本标准章条编号与ISO 15516:2006章条号的对照一览表。

考虑到我国国情,在采用ISO 15516:2006时,本标准做了一些修改。有关技术性差异已编入正文中,并在相关条款页边空白处用单垂线标出。在附录B中给出了这些技术差异及其原因的一览表以供参考。

本标准与ISO 15516:2006的主要技术差异如下:

——修改了第2章的第一段内容;

——删除了3.4的术语;

——删除了4.3的第一段;

——删除了表1"按主管机关规定"和"重量小于550 kg的救助艇应按主管机关要求";

——在表2中在"满载快速救助艇"后增加"(6人)";

——将5.2.5.4和5.3.6合并;

——将5.4.7和5.4.8合并;

——删除了8.4的内容。

为便于使用,本标准还做了以下编辑性修改:

——"本国际标准"一词改为"本标准";

——用小数点"."代替作为小数点的逗号",";

——删除国际标准的前言和引言;

——相应的国家标准代替文中引用的国际标准。

本标准代替GB 11626—1989《救助艇绞车》和GB/T 4445—1994《救生艇绞车》,将GB 11626—1989和GB/T 4445—1994整合修订。

本标准与GB 11626—1989和GB/T 4445—1994相比,主要有下列变化:

——将标准名称改为《船舶与海上技术　吊放式救生艇降放装置》;

——修改了原标准中的引用标准;

——修改了原标准中的术语和定义;

——取消了原标准中的产品分类;

——修改了标准中有关设备性能的技术要求;

——修改了试验方法;

——按照IMO所要求增加了吊放式救生艇降放装置的检查与维护要求。

本标准的附录A、附录B为资料性附录。

本标准由中国船舶重工集团公司提出。

本标准由全国船用机械标准化技术委员会甲板机械与机舱辅机分技术委员会归口。

本标准起草单位:中国船舶重工集团公司第七〇四研究所、镇江船舶辅机厂。

本标准主要起草人:徐跃、李一飞、蒋余良、陈铁、盛伟群。

本标准所代替标准的历次版本发布情况为:

——GB 11626—1989;

——GB 4445—1984、GB/T 4445—1994。

船舶和海上技术
吊放式救生艇降放装置

1 范围

本标准规定了吊放式救生艇降放装置的性能、设计与结构、安全维修及试验的要求。

本标准适用于各类海洋船舶的吊放式救生艇降放装置及吊放式救助艇降放装置，包括客滚船的快速救助艇降放装置，但不适用于自由降落救生艇降放装置。内河船舶的同类装置可参照使用。

注：标准中各条除被特别列出外，也适用于吊放式救助艇降放装置。

2 规范性引用文件

下列文件中的条款通过本标准的引用而成为本标准的条款。凡是注日期的引用文件，其随后所有的修改单(不包括勘误的内容)或修订版均不适用于本标准，然而，鼓励根据本标准达成协议的各方研究是否可使用这些文件的最新版本。凡是不注日期的引用文件，其最新版本适用于本标准。

GB/T 2346 流体传动系统及元件 公称压力系列(GB/T 2346—2003，ISO 2944:2000，MOD)

GB/T 3766 液压系统通用技术条件(GB/T 3766—2001，eqv ISO 4413:1998)

GB/T 3893 造船及海上结构物 甲板机械 术语和符号(GB/T 3893—2008，ISO/FDIS 3828:2007，IDT)

GB 4208 外壳防护等级(IP 代码)(GB 4208—2008，IEC 60529:2001，IDT)

GB/T 7932 气动系统通用技术条件(GB/T 7932—2003，ISO 4414:1998，IDT)

IEC 60092(所有部分) 船舶电气设备

3 术语和定义

GB/T 3893 确定的以及下列术语和定义适用于本标准。

3.1

空载艇 non-loaded boat

装备齐全而无乘员的救生艇或救助艇。

注：以下将救生艇与救助艇统称为艇。

3.2

轻载救生艇 light-loaded lifeboat

装备齐全且载有操作水手的救生艇，操作水手人数由设计规定，至少为 2 人，每人重量按75 kg计。

3.3

满载艇 fully loaded lifeboat

装备齐全且载有全部额定乘员的艇。

3.4

吊重零部件 loose gear

用于起吊艇的承载零部件，如吊艇索、浮动滑车、吊艇链、吊环、眼板、卸扣、吊钩、转环、紧固件以及在艇降放和回收过程中承受负载的其他非结构件。

3.5

救生艇绞车 lifeboat winch

收放救生艇用的起艇绞车。

3.6

救助艇绞车 rescue boat winch

收放救助艇用的起艇绞车。

注：以下将救生艇绞车与救助艇绞车统称为绞车。

3.7

最大工作负载 maximum working load

降放装置降放它所配用的最大满载艇重时所承受的负载。

3.8

最大回收负载 maximum recovering load

降放装置回收它所配用的最大艇重时所承受的负载。

注：对于救生艇，此重量为最大轻载救生艇重；

对于救助艇，此重量为最大满载救助艇重；

对于救生艇兼救助艇，此重量为最大空载艇重和救助艇全部额定乘员重的总和(额定乘员至少为6人)。

3.9

最轻降放负载 lightest launching load

降放装置降放艇时所配用的最轻空载艇重时所承受的负载。

3.10

绞车最大工作负载 maximum working load of winch

在降放和回收艇过程中，绞车卷筒上的吊艇索所承受的最大负载。

3.11

绞车起升负载 hoisting load of winch

降放装置起升最大回收负载时，绞车卷筒上的吊艇索所承受的负载。

3.12

最大调速负载 maximum governing load

降放装置下放所配用的最大满载艇重时，绞车卷筒上的吊艇索所承受的负载。

3.13

出绳角 fleet angle

卷筒放开吊艇索的方向与卷筒轴线垂直面之间的角度。

4 分类和组成

4.1 组成

降放装置通常由吊艇架与绞车二大部分组成。

4.2 吊艇架组成

吊艇架通常由吊重零部件、悬挂索、系艇装置、靠舷装置、滑轮装置等组成。

4.3 吊艇架分类

吊艇架基本结构型式，按吊艇架吊艇臂转出舷外的工作方式大致可分为重力式和机械储能式吊艇架。

4.4 绞车分类

4.4.1 按驱动方式绞车可分为：

a) 非动力绞车；

b) 动力绞车。

动力绞车有电动的、液压的与气动的。非动力绞车不适用于救助艇。

4.4.2 按用途绞车可分为：

a) 救生艇绞车；

b) 救助艇绞车；

c) 救生艇兼救助艇绞车，此绞车应兼有a)和b)的性能。

5 要求

5.1 性能

5.1.1 艇的降放

5.1.1.1 降放装置应能在船舶处于纵倾达10°并向任何一舷横倾达20°时，安全降放空载艇或满载艇。

5.1.1.2 除了5.1.1.1的要求外，对于具有最后横倾角超过20°的油船、化学品液货船和气体运输船，考虑到船的最后破损水线，降放装置应能在船舶处于最后横倾角时，在较低舷降放空载艇或满载艇。

5.1.1.3 降放装置应只能依靠重力或不依赖船舶动力的储存机械能来降放其所服务的艇。

5.1.1.4 降放装置应使艇按表1的降落速度降落和停止。

表1

艇的状态		艇的降落速度 m/s
满载艇	下限	$S=0.4+0.02H$ 式中： S——降落速度下限； H——吊艇架头部到最轻载航行的船舶水线的高度，单位为米(m)。 当$H>30$时，$S=1$
	上限	1.3 1.0，只适用于快速救助艇降放装置
空载艇	下限	0.7 S
	上限	1.0
注：计算H值时，吊艇架的吊艇臂置于满舷外位置。		

5.1.1.5 对于配备在20 000总吨及以上货轮的救生艇降放装置和所有船舶配备的救助艇的降放装置，应考虑船舶处于平静海面以5节航速前进条件下艇能安全降放至水面。

5.1.2 艇的回收

5.1.2.1 降放装置能在船舶处于正浮的情况下，利用绞车顺利地将轻载救生艇或满载救助艇从水中回收至艇的存放处。每台救助艇降放装置应配备动力绞车。

5.1.2.2 动力回收艇的速度应按表2。

表2

艇的状态	动力回收艇的速度 m/s
满载救助艇	≥0.3
轻载救生艇	≥0.05
满载快速救助艇(6人)	≥0.8

5.1.2.3 每台动力绞车还应具有以手动方式将轻载救生艇或满载救助艇从水中回收至艇存放处的

能力。

5.1.2.4 采用非动力救生艇绞车时，回收速度应不小于 0.005 m/s。

5.1.3 艇的存放

5.1.3.1 一艘艇应配置一台降放装置，且应使艇始终处于随时可使用的准备状态。

5.1.3.2 降放装置应设计成能使乘员直接从艇存放处登艇并从该处直接降放艇，当该降放装置应用于客船时，既可采用从艇存放处登艇也可采用从登乘甲板处登艇的方式。

5.1.3.3 降放装置应设计成便于乘员登艇。救助艇登乘和回收的布置应考虑能将担架病人安全顺利地转运。

5.1.4 降放装置的操纵

5.1.4.1 降放装置可由一名船员在船舶甲板上进行操作，且在艇的降放与回收过程中，始终能观察到艇。

5.1.4.2 降放装置应具有不需要在船舶甲板上留人，而从艇内能遥控操纵降放艇的功能。

5.1.4.3 降放装置应尽可能在结冰情况下，仍能有效操纵。

5.1.4.4 快速救助艇降放装置应配备能在快速救助艇降放和回收过程中降低波浪造成的冲击力和摇摆的装置。该装置应包括减轻冲击力的柔性物体和减小振荡的阻尼物体。

5.1.4.5 快速救助艇绞车应配备自动高速张紧装置，该装置能防止快速救助艇在各种海况下操作时引起的吊艇索松动。

5.2 设计与结构

5.2.1 材料

5.2.1.1 制造降放装置的材料，应保证其在－30 ℃～＋65 ℃温度下存放而不损坏。

5.2.1.2 露天材料，应考虑防腐烂、抗锈蚀、防老化、以及不受海水过度影响，可采用涂漆、镀锌等保护措施。

5.2.1.3 结构件应由成形性和焊接性良好的船用钢材制成。

5.2.1.4 不应采用灰铸铁或类似脆性材料。绞车装置应采用机械钢、青铜或其他适用的材料。

5.2.2 安全系数

根据最大工作负载和结构使用的材料极限强度，设计计算吊重零部件，结构件及所有其他连接释放设备的附件的安全系数应符合表 3。

表 3

零部件名称	最小安全系数
吊重零部件，悬挂索和回收环索	6
吊艇架结构件及其他附件	4.5
绞车零部件	4.5

5.2.3 吊艇臂与座架

5.2.3.1 除非材料防腐蚀，吊艇臂与座架所用的钢板与型钢截面的厚度应不小于 6 mm。

5.2.3.2 重力式吊艇架设计，应保证吊艇臂处于存放位置时，在船舶纵倾达 10°和内横倾达 20°的状态下，仍有一个向外倒出的力矩。

5.2.3.3 当吊艇臂转出舷外后，艇在船舶纵倾达 10°和内横倾达 20°的状态下，借助船舶甲板上的滑板，仍能安全降放。

5.2.3.4 当吊艇臂转出舷外后，应有足够的外伸距，以使艇回收时即使在船舶纵倾 2°和内横倾 5°也不会碰伤。

5.2.4 吊重零部件

5.2.4.1 吊艇链、链环、卸扣、吊钩等吊重零部件的材料应塑性好、耐冲击（在 0 ℃时，应不小于 27 J）。

5.2.4.2 吊艇索应为防旋转的纤维芯镀锌钢丝绳。

5.2.4.3 除非吊艇索防腐蚀，其直径应不小于 10 mm。

5.2.4.4 吊艇索应有足够的长度，在船舶处于最轻航行状态和内横倾 20°及纵倾 10°时能将艇从存放处降放到水面之后，还在绞车卷筒上至少保留三整圈。

5.2.5 **吊艇滑车与导向滑轮组**

5.2.5.1 滑轮在槽底处的轮直径应不小于 12 倍吊艇索直径，绳槽深不小于 1.5 倍吊艇索直径。

5.2.5.2 滑轮应设有滑轮罩以使吊艇索保持在滑轮槽内。滑轮罩与滑轮间间隙应小于 3 mm，以防止卡住吊艇索。

5.2.5.3 吊艇滑车应能在船舶处于向任何一舷横倾 20°时，或油船、化学品液货船和气体运输船处于最后横倾角超过 20°时，从吊艇臂头部顺利脱开。

5.2.6 **系艇装置**

5.2.6.1 吊艇架应设有平时能将艇固定在存放位置的系艇索具或类似的装置。系艇索具应容易脱开，且不影响降放艇。

5.2.6.2 系艇装置的钢丝绳应带有护套或类似装置，以防止刮伤艇。

5.2.7 **靠舷装置与救生索具**

5.2.7.1 对于从登乘甲板登艇的吊艇架，应配备能将艇紧靠登船甲板并牢固地系留在船舷的靠舷装置。

5.2.7.2 对用于部分封闭救生艇的吊艇架，应配备一套救生索具，包括一根吊艇柱顶跨索和不少于两根的救生索。救生索应足够长，在船舶处于最轻航行状态并处于不利纵倾及向任何一舷横倾 20°时能到达水面。

5.2.7.3 靠舷与救生索可采用纤维索，若需配备滑轮，则滑轮在槽底处的轮直径应不小于纤维索直径的 4.5 倍。

5.2.8 **卷筒**

5.2.8.1 绞车可配备单个剖分式卷筒或两个独立卷筒。对于双卷筒或多卷筒绞车，应使其上的吊艇索同步升降。

5.2.8.2 卷筒表面可制成平滑型或有槽型，平滑型卷筒出绳角不大于 3°，有槽型卷筒出绳角不大于 5°。

5.2.8.3 卷筒直径应不小于吊艇索直径的 16 倍。

5.2.8.4 卷筒法兰边应比全部均匀卷绕在卷筒上的最外层吊艇索表面高出吊艇索直径的 1.5 倍。

5.2.9 **制动器**

5.2.9.1 每台绞车应配备一台制动装置，确保能将以最大降落速度下降的满载艇刹住并系留住。

5.2.9.2 控制艇降放的手动制动器应始终处于制动状态，除非操作者或操作者操作的机构把制动控制器保持在“脱开”的位置上。

5.2.9.3 如适用，制动块应采取防水和防油措施。

5.2.9.4 快速救助艇绞车制动器应有渐变动作。当快速救助艇全速降落然后突然制动时，作用于吊艇索附加冲击力以及惯性力应不超过降放装置工作负载的 0.5 倍。

5.2.10 **降落速度的调速器**

5.2.10.1 绞车应配备离心式离合器或其他适用装置来控制艇的降落速度，装置应符合 5.1.1.4 的要求。

5.2.10.2 控制降落速度的装置应直接与传动装置连接，在艇降放过程中能自动调节降落速度。

5.2.11 **驱动设备**

5.2.11.1 电力驱动及控制设备应符合 IEC 60092 的规定，甲板安装外罩应符合 GB 4208 中 IP56，或符合安装环境和使用的防护等级。

5.2.11.2 液压驱动及控制设备应符合 GB/T 3766 的规定，系统额定压力应从 GB/T 2346 中选取，而驱动装置应在比选定额定压力低 10%的压力下运转良好，且符合表 2 的规定。

5.2.11.3 气力驱动及控制设备应符合 GB/T 7932 的规定，系统额定压力应从 GB/T 2346 中选取，而驱动装置应能在比选定额定压力低 10%的压力下运转良好，且符合表 2 的规定。

5.2.12 手动装置

5.2.12.1 每台动力绞车应配备回收艇用的手动装置。此装置可通过握力手柄或能在轴上自由转动的手轮来操作。

5.2.12.2 手柄或手轮的回转半径不大于 500 mm。连续操作时每人的手动力不超过 160 N。在存放艇时，允许使用更大力。

5.2.12.3 当绞车卷筒上无负载时，应能手动放出吊艇索。

5.2.13 快速救助艇绞车

快速救助艇降放装置绞车应配备自动高速张紧装置，该装置能防止所配属的快速救助艇在任何海况下操作时松弛。

5.2.14 从艇内控制降放

5.2.14.1 若通过一根由绞车辅助卷筒松出的操纵索从艇内来控制艇的降放，装置安装后以下各点应作特别考虑。

5.2.14.2 吊艇臂将艇从存放处转出至登乘处过程中，操纵索上悬挂的重量应足以克服其上各个导向滑轮的摩擦力。

5.2.14.3 应可从艇内操纵绞车制动器。绞车制动器应不受完全放出的操纵索重量影响。

5.2.14.4 操纵索应有足够的长度，能随艇下降到水面。

5.2.14.5 在艇降落过程中应使操纵人员能始终拉住操纵索，直到艇与降放装置脱离。

5.2.15 操纵设备

5.2.15.1 各种操纵手柄、手轮、按钮或操纵杆上应清晰地作出永久性标记，以说明其用途，操作方式，手动收艇方向。

5.2.15.2 各种操纵机构应能自动回到停止位置。

5.2.16 润滑

5.2.16.1 为了充分润滑所有需润滑的轴承及齿轮，绞车减速箱应采用封闭式油浴润滑或其他充分润滑方式。

5.2.16.2 绞车应设有检测润滑油油位的装置。另外，应为绞车提供标明正确润滑剂的润滑系统图。

5.3 安全

5.3.1 绞车应配备一个单向离合器或其他适用装置，以使艇在重力降放时，动力绞车电动机能自动脱开。

5.3.2 绞车应设有联锁保护装置或其他适用装置，以保证使用动力降放或回收艇时，绞车运动部件不会使手动装置的手柄或手轮旋转。

5.3.3 布设在甲板上的吊艇索应加防护罩。

5.3.4 如使用动力收回吊艇架吊艇臂，应装设安全装置，在吊艇架吊艇臂回到存放位置前要自动切断动力，以防止吊艇索或吊艇架受到过度应力，除非驱动装置的设计能防止此过度应力。

5.3.5 存放状态下的吊艇臂应固定，在这方式下吊艇架仍易于使用。不应仅依靠摩擦力固定吊艇臂。

5.3.6 当吊艇架吊放救助艇时，救助艇降放装置应配备回收环索。

5.4 维修与保养

5.4.1 设计降放装置时应使其仅需最少的日常维修工作量。

5.4.2 所有需要船员进行定期维修的零部件，应容易接近与维修。应对各润滑点定期检查并润滑。

5.4.3 船上应有制造商提供的整套维修保养说明书，供降放装置检验、维修、调整和复位操作时使用。

5.4.4 每周每月检验及日常维修应按照制造商提供的说明书在高级船员的直接监督下进行。

5.4.5 降放装置应在年度检查时接受彻底检查，检查完成后应接受最轻降放负载最大降落速度时的绞车制动器动载试验。在不超过五年的间隔期内，降放装置应接受 1.1 倍绞车最大工作负载下的动载试验。

5.4.6 除了每周每月检验及日常维修以外，所有检查，维护和修理应由制造商代表或经制造商培训给予证书的人员进行。

5.4.7 应对降放用的吊艇索作定期检查，尤其要检查吊艇索进出滑轮处的磨损情况。吊艇索每隔 5 年应更换一次或破损后立即更换，取其较早者。

5.4.8 每台降放装置应备有操作指示牌及维护保养说明书，内容清楚明了并配有图示。

5.4.9 每台救生艇降放装置应设有维修时可脱开释放机构的悬挂索。

6 试验方法

6.1 吊重零部件试验

吊重零部件试验如表 4 所示。

表 4

试验项目	试验负载	试验方法	验收标准
静载试验	在 2.2 倍最大工作负载下吊重零部件承受的负载	承受试验负载至少 5 min	无任何永久变形与损坏

6.2 绞车试验

6.2.1 绞车型式试验如表 5 所示。

表 5

<table>
<tr><th>序号</th><th>试验项目</th><th>试验负载</th><th>试验方法</th><th>验收标准</th></tr>
<tr><td rowspan="2">1</td><td rowspan="2">空载试验</td><td rowspan="2">0</td><td>空运转 10 min</td><td rowspan="2">起动、停车工作平稳，易于操纵。温升、噪声、联锁、油封等均无异常</td></tr>
<tr><td>将试验负载手动起升至 1 m 高度。试验至少重复 2 次</td></tr>
<tr><td>2</td><td>动力起升试验（如适用的话）</td><td>绞车起升负载</td><td>将试验负载动力起升至足够高度，并测量起升速度。试验至少重复 2 次</td><td>工作平稳，易于操纵，制动器工作正常，起升速度或等效速度应符合表 2 的规定</td></tr>
<tr><td>3</td><td>降落试验</td><td>最大调速负载</td><td>将试验负载挂在足够高度上，释放制动器，降落负载，当其通过 3 m～4 m 距离时，测量降落速度</td><td>制动器工作正常，降落速度或等效速度应符合表 1 的规定</td></tr>
<tr><td rowspan="2">4</td><td rowspan="2">动载试验</td><td rowspan="2">1.1 倍绞车最大工作负载</td><td>将试验负载挂在足够高度上，释放制动器，降落负载，当其达到最大降落速度并通过至少 3 m 距离时突然制动。试验至少重复 2 次</td><td>制动器工作正常，制动后负载滑落不超过 1 m</td></tr>
<tr><td>若绞车制动器为敞开式，则应将制动器表面弄湿，进行一次试验</td><td>制动器工作正常，此时负载滑落可以超过 1 m</td></tr>
</table>

表 5（续）

序号	试验项目	试验负载	试验方法	验收标准
5	静载试验	1.5 倍绞车最大工作负载	在卷筒的最外层吊艇索上挂试验负载，使其降落至少为卷筒一整转，然后制动	用绞车能刹住负载。无任何影响性能的变形与损坏
6	手动起升试验(1)	绞车起升负载	将试验负载手动起升至 1 m 高度	操作平稳，操作力符合 5.2.12.2的规定
7	手动起升试验(2)	1.5 倍全部吊重零部件重	若绞车具有手动快速回收功能，则应进行快速回收试验	操作平稳，操作力符合 5.2.12.2的规定，起升速度达到设计值
8	绞车拆卸		拆开绞车并检验其受力零部件	无任何永久变形与损坏
注：各次试验的累计降落距离至少 150 m。				

6.2.2　绞车出厂试验如表 6 所示。

表 6

序号	试验项目	试验负载	试验方法	验收标准
1	空载试验	同表 5 第 1 项		
2	动力起升试验	同表 5 第 2 项		
3	降落试验	满载艇降落时绞车卷筒上吊艇索所受的负载 空载艇降落时绞车卷筒上吊艇索所受的负载	将试验负载挂在足够高度上，释放制动器，降落负载，当其降落至少3 m～4 m时，测降落速度。 （试验至少重复 2 次）	制动器工作正常。降落速度或等效速度应符合表 1 的规定
4	动载试验	1.1 倍满载艇降落时所计算的绞车负载	将试验负载挂在足够高度上，释放制动器，降落负载，当其达到最大降落速度并通过至少 3 m 距离时突然制动。 （试验至少重复 2 次）	制动器工作正常，制动后负载滑落不超过 1 m
5	静载试验	同表 5 第 5 项		

6.3　降放装置试验

6.3.1　降放装置型式试验如表 7 所示。

表 7

序号	试验项目	试验负载	试验方法		验收标准
			模拟船舶状态	说明	
1	转出降放试验(1)	最轻降放负载	正浮状态	将吊艇臂从存放位置转至满舷外位置，然后降落负载。试验至少重复 2 次	转出平稳、灵活。无任何损坏
2	转出降放试验(2)		内横倾 20° 纵倾 10°		

表 7（续）

序号	试验项目	试验负载	试验方法		验收标准
			模拟船舶状态	说明	
3	回收试验	最大回收负载	正浮状态	吊起试验负载，然后将吊艇臂从满舷外转到舷内存放位置。试验至少重复2次	工作正常。无任何影响性能的变形
4	动载试验(1)	1.1倍最大工作负载	正浮状态	将吊艇臂从存放位置转至满舷外位置，然后降落负载。试验至少重复2次	工作正常。无任何影响性能的变形
5	动载试验(2)		内横倾20° 纵倾10°		
6	动载试验(3)		正浮状态	将吊艇臂从存放位置转至满舷外位置，然后降落负载并快速但逐步制动。试验至少重复2次	由吊艇索产生的动力应不超过0.5倍试验负载
7	静载试验(1)	2.2倍最大工作负载	正浮状态	将试验负载挂在处于满舷外位置的吊艇臂（包括绞车和制动器）上，并将此负载摆动2周期，通过艏艉垂向平面的弧度每一侧各为10°	无任何影响性能的变形与损坏
8	静载试验(2)		内横倾20°		
9	静载试验(3)		外横倾20°		
10	缓冲与抗拉试验	1.1倍最大工作负载	正浮状态	在风力为6 Bft和有义波高至少为3 m的海况或模拟的海况下，降落和回收在全舷外位置的试验负载并突然制动2次	缓解冲力和振荡的装置工作良好。绞车制动器和高速张紧装置工作良好
注：项目6和项目10仅适用快速救助艇降放装置。					

6.3.2 降放装置出厂试验如表8所示。

表 8

序号	试验项目	试验负载	试验方法		验收标准
			模拟船舶状态	说明	
1	转出降放试验	同表7第1项			
2	回收试验	同表7第3项			
3	动载试验	同表7第4项			
4	静载试验	2.2倍最大工作负载	正浮状态	将试验负载挂在处于满舷外位置的吊艇臂上，持续5 min	无任何影响性能的变形与损坏

7 检验规则

7.1 检验分类

降放装置检验分为：

a) 型式试验；

b) 出厂试验。

7.2 型式试验

7.2.1 有下列情形之一时，一般应进行型式试验：

a) 新产品或老产品转厂生产的试制定型鉴定；

b) 正式投产后，结构、材料、工艺有可能影响产品性能的较大改变；

c) 出厂检验结果与上次样机检验有较大差异；

d) 国家主管机关要求进行检验。

7.2.2 降放装置进行样机检验应首先对绞车与吊重零部件进行检验。

7.2.3 吊重零部件样机检验的试验项目、方法及验收标准如表4所示。绞车样机检验的试验项目、方法及验收标准如表5所示。降放装置样机检验的试验项目、方法及验收标准如表7所示。

7.3 出厂检验

7.3.1 降放装置完成样机试验后，每台产品应进行出厂试验。

7.3.2 降放装置进行出厂检验前应分别对绞车与吊重零部件进行检验。

7.3.3 吊重零部件出厂检验的试验项目、方法及验收标准如表4所示。绞车出厂检验的试验项目、方法及验收标准如表6所示。降放装置出厂检验的试验项目、方法及验收标准如表8所示。

8 标记

8.1 标志应明显、清晰及防腐蚀，且安装牢固。

8.2 每台降放装置应标有：

a) 产品名称；

b) 产品型号；

c) 制造商名称和地址；

d) 吊艇架和绞车最大工作负载；

e) 产品序列号；

f) 生产日期；

g) 检验标志。

8.3 除了8.2外，每台降放装置也应标有合格证明。

附 录 A
（资料性附录）
本标准章条编号与 ISO 15516:2006 章条编号对照

A.1 表 A.1 给出了本标准章条编号与 ISO 15516:2006 章条编号对照一览表。

表 A.1 本标准章条编号与 ISO 15516:2006 章条编号对照

本标准章条编号	对应的国际标准章条编号
1～2	1～2
3.1～3.3	3.1～3.3
3.4～3.13	3.5～3.14
4.1	4 的第一段
4.2～4.4	4.1～4.3
5.1	5.1
5.2.1～5.2.4	5.2.1～5.2.4
5.2.5.1～5.2.5.3	5.2.5.1～5.2.5.3
—	5.2.5.4
5.2.6～5.2.13	5.2.6～5.2.13
5.2.14.1	5.2.14 的第一段
5.2.14.2～5.2.14.5	5.2.14.1～5.2.14.4
5.2.15～5.2.16	5.2.15～5.2.16
5.3	5.3
5.4.1～5.4.6	5.4.1～5.4.6
5.4.7	5.4.7～5.4.8
5.4.8	5.4.9
5.4.9	5.4.10
6	6
7.1	7 的第一段
7.2～7.3	7.1～7.2
8.1～8.2	8.1～8.2
附录 A	—
附录 B	—

附 录 B
（资料性附录）
本标准与 ISO 15516:2006 技术性差异及其原因

B.1 表 B.1 给出了本标准与 ISO 15516:2006 技术性差异及其原因的一览表。

表 B.1 本标准与 ISO 15516:2006 技术性差异及其原因

本标准的章条编号	技术性差异	原因
2	修改了 ISO 15516:2006 中第 2 章的第一段内容	根据 GB/T 1.1—2000《标准化工作导则 第 1 部分:标准的结构和起草规则》的要求进行修改
3	删除了 ISO 15516:2006 中 3.4 的术语	该内容与 ISO 15516:2006 中 4.2 的内容相同,根据标准的结构形式,删除了国际标准中 3.4 的内容
4.3	删除了 ISO 15516:2006 中 4.3 的第一段;删除“也包括符合本标准各项要求的其他结构型式”	根据 GB/T 1.1—2000 的要求,该段为悬置段,且无实质性内容,不影响标准的使用;适应我国标准编写的要求和语言习惯
表 1	删除了“按主管机关规定”和“重量小于 550 kg 的救助艇应按主管机关要求”	国际标准为多个国家使用,故增加这样的内容,现转换为国家标准,无需写这样的内容,符合我国国情
表 2	在“满载快速救助艇”后增加“(6 人)”	国际标准中没有明确满载快速救助艇的负载
5.2.5.4 和 5.3.6	将 ISO 15516:2006 中 5.2.5.4 和 5.3.6 合并	国际标准中这两条要求基本相同,避免要求的重复阐述,将这两条内容合并
5.4.7 和 5.4.8	将 ISO 15516:2006 中 5.4.7 和 5.4.8合并	根据国际海事组织的MSC.216(82)和MSC.218(82)中钢丝绳掉头的要求已被删除,改为5年必需更换钢丝绳
8	删除了 ISO 15516:2006 中 8.4 的内容	我国在实际操作中并没有在降放装置上标有国家标准编号的要求

ICS 47.080
U 37

中华人民共和国国家标准

GB/T 11700—2009/ISO 8665:2006
代替 GB/T 11700—2003

小艇　船用推进往复式内燃机功率的测定和标定

Small craft—Marine propulsion reciprocating internal combustion engines—Power measurements and declarations

(ISO 8665:2006,IDT)

2009-03-09 发布　　2009-11-01 实施

中华人民共和国国家质量监督检验检疫总局
中国国家标准化管理委员会　发布

前言

本标准等同采用 ISO 8665:2006《小艇　船用推进发动机和推进装置　功率的测定和标定》。(英文版)。

本标准代替 GB/T 11700—2003《小艇　船用推进发动机和推进装置　功率的测定和标定》。

本标准与 GB/T 11700—2003 相比,主要有下列变化:

——增加了对 ISO 15550:2002 的引用;

——删除了 3.2、第 4 章;

——修改了第 5 章、第 6 章、第 7 章、第 8 章、第 9 章有关内容。

本标准的附录 A 和附录 B 为资料性附录。

本标准由中国船舶工业集团公司提出。

本标准由全国小艇标准化技术委员会归口。

本标准起草单位:中国船舶工业集团公司第七〇八研究所。

本标准主要起草人:景宝金。

本标准所代替标准的历次版本发布情况为:

GB 11700—1989,GB/T 11700—2003。

小艇　船用推进往复式内燃机功率的测定和标定

1　范围

本标准规定了船用推进往复式内燃机的功率测定和标定。同时,还提供了用于证明和校核制造厂公布的标定(额定)功率的方法。

本标准适用于艇体长度不大于 24 m 的游艇和其他小艇的船用推进发动机。

本标准需与 ISO 15550 合并使用。

注:发动机排放测定可按 ISO 8178、ISO 14396 的要求。

2　规范性引用文件

下列文件中的条款通过本标准的引用而成为本标准的条款。凡是注日期的引用文件,其随后所有的修改单(不包括勘误的内容)或修订版均不适用于本标准,然而,鼓励根据本标准达成协议的各方研究是否可使用这些文件的最新版本。凡是不注日期的引用文件,其最新版本适用于本标准。

ISO 3104:1994　石油制品　透明及不透明液体　运动黏度的测定与计算方法

ISO 3675:1998　原油和液体石油制品　密度或相对密度的试验室测定　液体比重计法

ISO 5165:1998　石油制品　着火性能测定　十六烷值法

ISO 15550:2002　内燃机　功率测定方法　总则

3　术语和定义

ISO 15550 中确立的及下列术语和定义适用于本标准。

3.1

标定发动机转速　declared engine speed

(对无调速器的火花点火发动机)制造厂为选择螺旋桨所推荐的油门全开时转速范围的中点转速。

4　符号

ISO 15550:2002 表 2 中给出的符号适用于本标准。

5　标准参考工况

ISO 15550:2002 第 5 章中规定的标准参考工况适用于本标准。

6　试验方法

6.1　总则

采用 ISO 15550:2002 中 6.3 的试验方法 2。

6.2　试验工况

ISO 15550:2002 中 6.3.4.1～6.3.4.14 适用,并增加下列工况。

6.2.1　试验用发动机或推进装置应是制造厂生产的产品中具有代表性的样品,装设的所有辅助装置应予列出和说明。

6.2.2　所有未在 ISO 15550:2002 中表 1 中第 3 栏列出的设备和附件均需在试验前拆除。

安装在发动机上的非推进所必需的附件应在试验前拆除。

例如：

——空调压缩机；

——冲洗/舱底泵。

如果附件确实无法拆除，应将其置于空载状态。

6.2.3 对火花点火的发动机，用于功率测定的燃油应符合制造厂的推荐参数。

6.2.4 对压燃式柴油发动机所使用的燃油应符合表1的要求。

表 1

特性	单位	上下限		方法标准
		最小值	最大值	
15 ℃时的密度	kg/m^3	835	845	ISO 3675:1998
40 ℃时的黏度	mm^2/s	2.5	3.6	ISO 3104:1994
十六烷数值	—	49.0	53.0	ISO 5165:1998

柴油机（压缩点火）燃油喷射泵入口处的燃油温度应保持在 313K±3K。

注：这些要求不适用于用中质燃油或重质燃油运行的柴油机。

6.2.5 所使用的滑油应符合制造厂的建议。记录滑油的类型、等级和黏度（若适用）。

6.2.6 对舷外发动机而言，通风帽如果作为标准设备，应被视为空气进气系统的一部分。

6.2.7 若排气系统不是成套提交的，则发动机标定转速时的背压，应在制造厂规定的可能达到标定功率的最大排气背压的±0.75 kPa之内。

若排气系统是成套提交的，则试验室排气系统应保持装置出口处的排气压力在试验台压力表读数的±0.75 kPa之内。

6.2.8 若发动机进气口接入试验室空气系统中，则该系统提供给发动机的空气应在试验台压力表读数的±0.75 kPa之内。

6.2.9 对水冷式发动机，在海水入口处冷却水的温度应保持在 298 K±15 K(25 ℃±15 ℃)；对于装有增压空气冷却器的发动机，其冷却水温度应保持在 298 K±5 K(25 ℃±5 ℃)。

冷却水压力应不超过 50 kPa。没有安装海水泵的推进系统免除本条要求。

若规定冷却水出口温度范围，则它应在制造厂规定的范围之内。

6.3 产品符合性测试/制造公差

标定的功率指发动机成品台架运行中测试的平均功率。在产品符合性测试时，任何单独的船用推进发动机或推进装置在标定转速下测得的功率与标定值的偏差均不应大于下列数值：

a) 对有调速器且标定功率大于 100 kW 的发动机或推进装置为±5%，或者；

b) 对其他发动机和推进系统为±10%或±0.45 kW，取大者。

7 功率修正方法

按 ISO 15550:2002 第7章。

8 排放检测

ISO 15550:2002 的第8章不适用。

9 测试报告

9.1 总则

ISO 15550:2002 的 9.2 适用并带有下列条件。

ISO 15550:2002 的 9.2.2.4 中表 13 不适用，应用下列内容代替：

a) 发动机转速；

b) 扭矩；

c) 进气温度和压力(见 ISO 15550:2002 的 6.3.4.3)；

d) 燃油温度[仅对柴油(压燃式)发动机](见 6.2.4)；

e) 大气环境温度(见 ISO 15550:2002 的 6.3.4.2)；

f) 试验台的大气压力(见 ISO 15550:2002 的 6.3.4.2)；

g) 湿度(见 ISO 15550:2002 的 6.3.4.2)；

h) 功率修正因子(见 ISO 15550:2002 的第 7 章)；

i) 试验室排气系统压力(见 6.2.7)；

j) 滑油温度(见 ISO 15550:2002 的 6.3.4.12)；

k) 海水入口和发动机出口处的冷却水温度(见 ISO 15550:2002 的 6.3.4.10 以及本标准的 6.2.9)；

l) 冷却水压力(见 6.2.9)；

m) 排气背压(见 6.2.7)；

n) 燃油特性，仅适用柴油机(见 6.2.4)。

当适用或为安全运行，应记录下列任选的参数：

a) 滑油压力；

b) 进气歧管内的进气温度和压力；

c) 排气温度；

d) 点火或喷射定时，或电控发动机设备点火提前曲线；

e) 供油泵出口处的燃油供油压力；

f) 单位时间的耗油量。

9.2 数据标定

9.2.1 功率标定

单独的标定功率值应同时标定发动机转速。

标定应指出该功率是推进器轴功率还是曲轴功率。

9.2.2 螺旋桨轴功率标定

对于带有一套推进单元的主机上或者带有推进器联轴节和/或减速换向齿轮箱的发动机上的螺旋桨轴功率应标定。

9.2.3 排气背压

标定功率时应标明所标功率能达到的最大允许排气背压。

9.2.4 选择性表述

功率和转速分别参见附录 A 和附录 B 所示的曲线。

9.2.5 参阅 GB/T 11700—2009/ISO 8665:2006

应参照 GB/T 11700—2009/ISO 8665:2006。

附　录　A
（资料性附录）
发动机功率-转速曲线（带整体推进器）

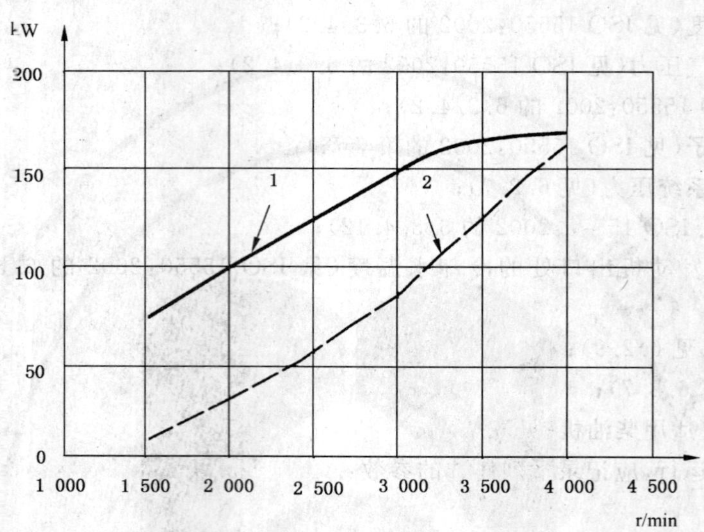

1——满负荷时轴功率；

2——桨轴功率。

图 A.1　满负荷时的桨轴功率与计算桨负荷时的桨轴功率

附 录 B
（资料性附录）
发动机功率-转速曲线（不带传动装置）

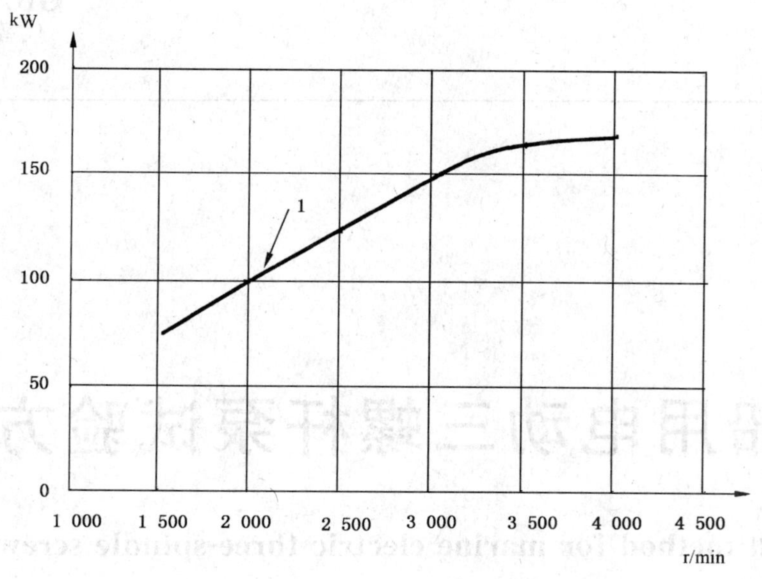

1——满负荷曲轴功率。

图 B.1 满负荷曲轴功率

ICS 47.020.50
U 47

中华人民共和国国家标准

GB/T 11705—2009
代替 GB/T 11705—1989

船用电动三螺杆泵试验方法

Test method for marine electric three-spindle screw pump

2009-03-09 发布　　　　2009-11-01 实施

中华人民共和国国家质量监督检验检疫总局
中国国家标准化管理委员会　发布

前 言

本标准代替 GB/T 11705—1989《船用电动三螺杆泵试验方法》。

本标准与 GB/T 11705—1989 相比，主要技术内容有如下变化：

——增加和修改了引用标准；

——增加了泵的基本参数；

——简化了术语，增加了术语的英文解释；

——更改了某些量的符号；

——将原标准的噪声和振动表述为引用国家标准；

——删减了环境振动、冲击试验等方面的表述内容；

——将原标准的试验程序和测量方法按标准 GB/T 1.1—2000 修改成要求、试验方法等；

——增加了试验记录表和性能曲线表。

本标准的附录 A 和附录 B 为资料性附录。

本标准由中国船舶重工集团公司提出。

本标准由全国船用机械标准化技术委员会甲板机械与机舱辅机分技术委员会归口。

本标准起草单位：中国船舶重工集团公司第七〇四研究所。

本标准主要起草人：聂书彬、李福天、吕伟领、孙卫平。

本标准所代替标准的历次版本发布情况为：

——GB/T 11705—1989。

船用电动三螺杆泵试验方法

1 范围

本标准规定了船用电动三螺杆泵(以下简称泵)的试验项目、试验方法、试验结果的计算等。

本标准适用于船舶上输送燃油、滑油和液压油等清洁的润滑性介质(流量 0.18 m^3/h～720 m^3/h、出口压力 0.2 MPa～25 MPa、轴功率 0.25 kW～600 kW、净吸上高度＋0.02 MPa～－0.06 MPa)的泵的试验。

2 规范性引用文件

下列文件中的条款通过本标准的引用而成为本标准的条款。凡是注日期的引用文件,其随后所有的修改单(不包括勘误的内容)或修订版均不适用于本标准,然而,鼓励根据本标准达成协议的各方研究是否可使用这些文件的最新版本。凡是不注日期的引用文件,其最新版本适用于本标准。

GB/T 265　石油产品运动粘度测定法和动力粘度计算法

GB/T 3214　水泵流量的测定方法

GB/T 3216　回转动力泵　水力性能验收试验 1 级和 2 级(GB/T 3216—2005,ISO 9906:1999,MOD)

GB/T 16301　船舶机舱辅机振动烈度的测量和评价

JB/T 8098　泵的噪声测量与评价方法

3 术语和定义、符号

下列术语和定义、符号适用于本标准。

3.1 术语和定义

3.1.1

额定工况　rated condition

泵设计所定工况的性能参数。通常包括:额定流量 Q_r、额定排出压力 p_{dr}、额定净吸上高度 h_{1r}、额定转速 n_r、额定介质黏度 ν_r 和额定介质温度 t_r 等。

3.1.2

实际工况　actual condition

泵实际运行时的性能参数。通常包括:流量 Q、排出压力 p_d、净吸上高度 h_1、转速 n、介质黏度 ν 和介质温度 t 等。

3.1.3

最大净吸上高度　maximum suction

泵运行时保持全压力、转速、介质黏度和温度不变,当流量下降量为额定流量的 3%时的净吸上高度即为泵在该工况下的最大净吸上高度。

3.2 符号

本标准的有关量采用表 1 所示的符号和国家法定计量单位和表 2 所示为以字母或数字表示的有关量的符号的下标。

表 1　量的符号和单位

量的名称	符　号	单　位
流量	Q	L/min、m^3/h
出口压力	p_d	MPa

表 1（续）

量的名称	符号	单位
进口压力	p_s	MPa
净吸上高度	h_1	m、MPa
转速	n	r/min
功率	P	kW
泵输入功率	P_r	kW
泵输出功率	P_u	kW
黏度	ν	mm^2/s
温度	t	℃
机械效率	η_m	
容积效率	η_v	
总效率	η	
振动烈度	v_{rms}	mm/s
密度	ρ	kg/m^3

表 2　作下标用的字母和数字

下标	意义
r	额定工况
l	理论

4　试验方法

4.1　一般要求

4.1.1　试验介质

试验介质应符合如下要求：

a）无腐蚀、不含固体颗粒和具有润滑性的清洁液体（如柴油、燃油、滑油、液压油、机械油等）；

b）建议试验介质黏度在 2 mm^2/s～1 000 mm^2/s 范围内，试验和换算时以 75 mm^2/s 为规定值；

c）黏度允许偏差范围应由供需双方协商决定，当试验介质黏度与规定黏度不同时，应按 5.1 将试验测得的试验数据换算成规定黏度下的性能参数值。

4.1.2　试验系统

4.1.2.1　试验系统原理图如图 1 所示，泵的进、出口管路上应有平直管段，进口平直管长不小于进口直径的 12 倍长度，出口平直管长不小于出口直径的 5 倍长度。图 1 所示安全阀为外泄流式，如果泵安全阀为内泄流式，则无“11——阀门”及该段管路。

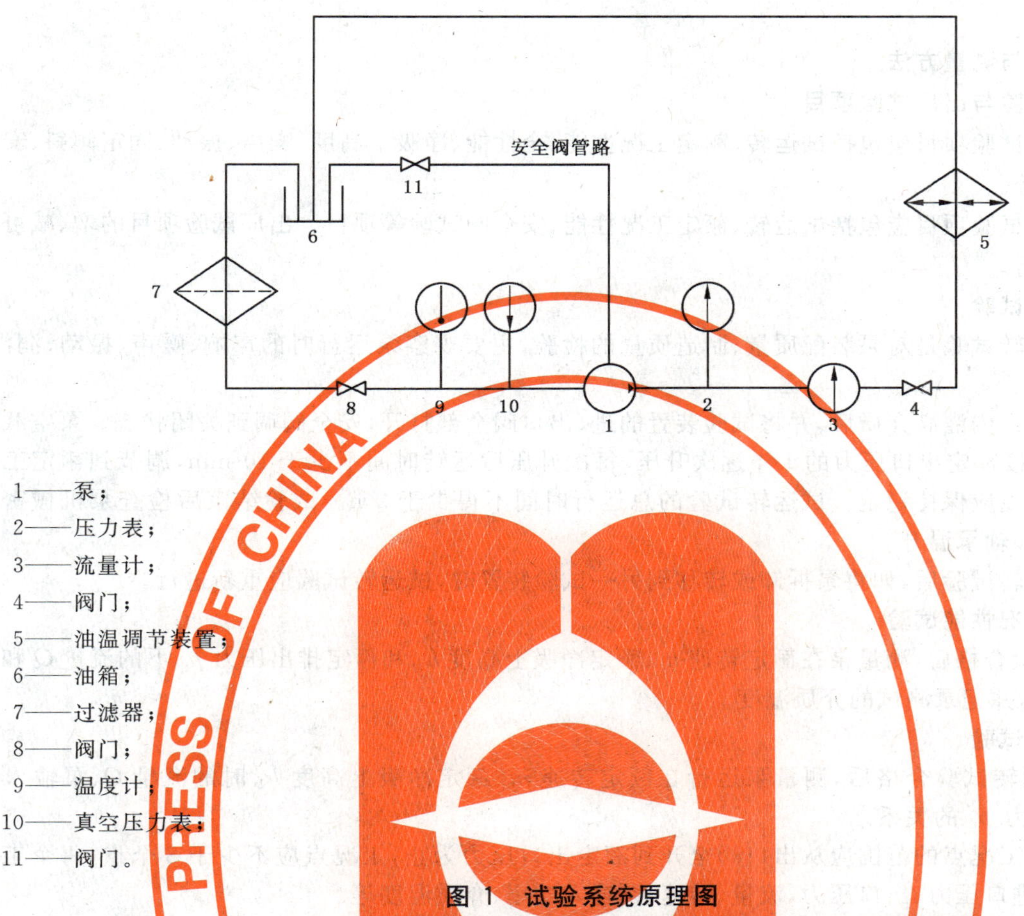

图 1　试验系统原理图

4.1.2.2　试验系统中泵进口前应安装过滤器，过滤器过流面积应为泵进口过流断面面积的 4 倍～20 倍，过滤精度为通过过滤器颗粒的最大直径不大于 0.1 mm。

4.1.2.3　介质由泵流回油箱处和油箱的泵吸入口之间应装有钻有很多孔的隔板，数量应不少于 2 块。

4.1.2.4　泵进出口管路段的各连接处和阀门均应保证密封，防止空气渗入或液体泄漏。

4.1.2.5　测量振动和噪声时，泵机组下的基础应超过其重量的 4 倍。

4.2　测试误差及精度

4.2.1　测试量的容许波动幅度应符合 GB/T 3216 中的相关条款要求。

4.2.2　同一量重复测量结果之间的变化限度应符合 GB/T 3216 中的相关条款要求。

4.2.3　性能试验测试精度对计量仪器、仪表的容许系统误差的要求应符合表 3 规定。计量仪器、仪表应附有合格印封或出厂合格证，并按其规定期限进行检查和校正后获得检验合格证。

表 3　容许系统误差

测量参数	容许系统误差/%
流量	±2.5
压力	
泵输入功率	
电动机输入功率	±2.0
转速	±1.0
温度	±2.0

4.2.4　试验应待工况稳定后，读出或记录所有测量仪表的值。每个测试量的测量次数应不少于 3 次，

取其平均值。

4.3 试验项目与测量方法

4.3.1 型式试验与出厂试验项目

4.3.1.1 型式试验项目应包括试运转、额定工况性能、全性能、净吸上高度、噪声、振动、固定倾斜、安全阀和连续试验等。

4.3.1.2 出厂试验项目应包括试运转、额定工况性能、安全阀试验等项目。出厂试验项目的增、减可按合同中规定执行。

4.3.2 试运转试验

4.3.2.1 试运转试验是对泵装配质量、制造质量的检验,主要观察泵运行时的声响、噪声、振动、润滑、温度和泄漏等。

4.3.2.2 在向泵内灌满介质后,并将试验装置的进、出口阀全部打开,安全阀调到关闭状态。泵空载运转 1 h 后,然后按额定出口压力的 1/4 逐次升压,每次升压后运转时间不少于 10 min,调节到额定工况运行时,轴承温度应保持稳定。试运转试验的总运行时间不得少于 2 h。试验结束后检查泵机械密封的平均泄漏量和轴承温升。

4.3.2.3 试运转试验后,如将泵拆卸或转移到另一试验装置时,试运转试验应重新进行。

4.3.3 额定工况性能试验

试运转试验合格后,测量泵在额定转速 n_r、额定净吸上高度 h_{1r} 和额定排出压力 p_{dr} 下的流量 Q 和泵输入功率值 P_r,并记录测试的介质温度。

4.3.4 全性能试验

4.3.4.1 试运转试验合格后,测量泵运行在额定转速 n_r、额定净吸上高度 h_{1r} 时的流量 Q、泵输入功率 P_r 与出口压力 p_d 的关系。

4.3.4.2 试验工况点的范围应从出口阀全开到额定出口压力为止,工况点应不少于 8 个点,每个工况点应同时记录进口压力、出口压力、流量、转速、泵输入功率、介质温度等。

4.3.4.3 参照附录 A.1 测定的值和附录 B 格式绘制 p-Q、p-P_r、p-η_v 特性曲线,其中全压力 $p=p_d+h_1$。

4.3.5 净吸上高度试验

4.3.5.1 泵运行在额定转速 n_r、额定出口压力 p_{dr} 下测量流量 Q 与净吸上高度 h_1 的关系。

4.3.5.2 试验工况点应开始于进口阀全开,逐渐关小阀门开度测试进口真空度,直至流量下降量为额定流量的 3% 为止。试验工况点应不少于 8 点,在流量低于额定工况流量的工况区,试验工况点的间隔应适当减小。

4.3.5.3 参照附录 A.2 测定的值和附录 B 格式,绘制 h_1-Q 特性曲线。

4.3.6 安全阀试验

在泵额定工况下,逐渐关闭出口阀,测试安全阀全回流压力,试验应不少于 3 次。当出口压力回复到额定压力时,测量泵的流量。试验合格后应加以铅封。

4.3.7 噪声试验

泵的噪声试验方法按 JB/T 8098 进行,一般只测量 A 计权声压级。

4.3.8 振动试验

泵的振动试验方法按 GB/T 16301 进行。

4.3.9 固定倾斜试验

4.3.9.1 固定倾斜试验是考核泵在固定倾斜状态下运转时结构、性能和连续运行的可靠性。可代替考核泵在摇摆、倾斜状态下的运行可靠性。

4.3.9.2 试验台上泵的布置应符合如下规定:

a) 卧式泵:一般情况下泵的轴线保持水平,分安装底脚与水平面成 22.5°或泵轴线与水平面成 22.5°两种;

b) 立式泵:泵的轴线与水平面成67.5°。

4.3.9.3 试验应在额定工况下进行,连续运行30 min后,测量泵的流量。试验后泵应能正常运行,零件应不损坏。

4.3.10 连续运转试验

4.3.10.1 连续运转试验在额定工况下进行,试验时观察泵运行情况,并每间隔4 h测量和记录流量、出口压力、净吸上高度、转速和介质的温度值。泵工作200 h内不允许故障停车,并不应更换任何零件。

4.3.10.2 试验后应进行拆检,测量运动副部件的磨损量。

4.3.11 流量测量

按GB/T 3214规定的容积法和重量法测定流量及流量测量不确定度。

4.3.12 压力测量

4.3.12.1 型式检验和抽样检验时测试仪表精度应不低于1级,出厂试验时应使用精度不低于1.5级的仪表。

4.3.12.2 泵的压力系指换算到泵基准面上的进、出口压力。基准面规定如下:

a) 卧式泵的基准面是主动螺杆轴线的水平面;

b) 立式泵的基准面是螺杆1/2螺旋长度处的水平面。

4.3.12.3 泵的全压力按公式(1)计算,用相对于泵基准面的出口压力 p_d 和进口压力 p_s 之差来表示:

$$p = p_d + h_1 = p_d - p_s = G_d - G_s + 9.8 \times 10^{-6} \rho (Z_d - Z_s) \quad \cdots\cdots (1)$$

式中:

G_d——出口处仪表测得的压力值,单位为兆帕(MPa);

G_s——进口处仪表测得的压力值(真空表值为负),单位为兆帕(MPa);

Z_d——出口压力取压孔或仪表中心至泵基准面的垂直距离的数值,单位为米(m);

Z_s——进口压力取压孔或仪表中心至泵基准面的垂直距离的数值,单位为米(m)。

当 $9.8 \times 10^{-6} \rho (Z_d - Z_s)$ 小于全压力的1/100时,可忽略不计。

4.3.12.4 取压孔应符合GB/T 3216中的相关条款要求。

4.3.12.5 泵的压力和真空度的计量,一般采用弹簧压力表和真空压力表,测定压力值应选择为仪表量程的1/3~2/3,仪表前应装有三通旋塞阀或脉动阻尼装置。测量压力大于大气压时,应排尽仪表与测压孔之间接管内的空气,并充满液体。

4.3.13 功率测量

4.3.13.1 泵的输入功率指电动机输入到泵轴的功率,当有减速器时应为减速器输出轴传递的功率,其值应通过泵的转速和转矩得出,或由已知效率的电动机输入功率来确定或用传感器测量等方法。

4.3.13.2 功率测量应符合GB/T 3216中的相关条款要求。

4.3.14 转速测量

4.3.14.1 转速测量应符合GB/T 3216中的相关条款要求。

4.3.14.2 若试验转速不符合额定转速,应按5.1的计算公式将试验测得的性能数值换算成额定转速下的值。

4.3.15 温度测量

4.3.15.1 试验介质的温度、泵零部件的温度及环境温度的测量,均应选用误差±1 ℃以内的温度测量仪器,若选用温度计时,刻度不大于1 ℃。

4.3.15.2 试验介质的温度应在泵进口前不小于4倍管径处测取,温度计或温度传感器的测量部分应直接进入介质或放置薄壁金属圆筒内,介质从筒外流过,筒内用矿物油充满;温度计在测量介质温度时应与管路内介质成45°逆流内装。环境温度应在离开泵1 m~2 m、无辐射和偶尔流动的冷热风处测量。

4.3.16 黏度测试

应根据 GB/T 265 规定或提供试验介质的黏度温度变化曲线。试验介质的黏度应定期或加注新油时进行测定。

5 试验结果的计算

5.1 性能换算

5.1.1 流量:当实测转速 n 和实测介质黏度 ν 与额定值不符时,额定转速和额定介质黏度下的流量按公式(2)计算:

$$Q_r = \left[Q + \left(\frac{\nu_r - \nu}{\nu_r}\right)(Q_l - Q)\right]\frac{n_r}{n} \quad \cdots\cdots(2)$$

5.1.2 泵输入功率:当实测转速 n 和实测介质黏度 ν 与额定值不符时,额定转速和额定介质黏度下的泵输入功率按公式(3)计算:

$$P_r = \left[P + \left(\frac{\nu_r - \nu}{\nu_r}\right)(P_l - P)\right]\frac{n_r}{n} \quad \cdots\cdots(3)$$

5.2 效率计算

5.2.1 容积效率 η_v 按公式(4)计算:

$$\eta_v = \frac{Q}{Q_l} \times 100 \quad \cdots\cdots(4)$$

5.2.2 机械效率 η_m 按公式(5)计算:

$$\eta_m = \frac{P_l}{P_r} \times 100 \quad \cdots\cdots(5)$$

5.2.3 总效率 η 按公式(6)计算:

$$\eta = \eta_v \times \eta_m \times 100 \quad \cdots\cdots(6)$$

附　录　A
（资料性附录）
全性能试验记录表

A.1　全性能试验的记录表按表 A.1。

表 A.1　全性能试验记录表

项　　目		单位	测试点序号							
			1	2	3	4	5	6	7	8
实测转速		r/min								
黏度	实测油温	℃								
	查黏温曲线值	mm^2/s								
出口压力　p_d		MPa								
进口压力　p_s		MPa								
实测流量	测试值	s/100 L								
		m^3/h								
实测泵输入功率	测试值	kW								
安全阀全回流压力		MPa								
换算到额定转速和额定黏度下的流量、输入功率										
压力　p		MPa								
换算流量　Q		m^3/h								
换算输入功率　P_r		kW								
容积效率　η_v		%								
泵总效率　η		%								

责任者	试验负责人	检验员	检验单位
签　字			

A.2 净吸上高度试验的记录表按表 A.2。

表 A.2 净吸上高度试验记录表

<table>
<tr><td colspan="2" rowspan="2">项 目</td><td rowspan="2">单位</td><td colspan="8">测试点序号</td></tr>
<tr><td>1</td><td>2</td><td>3</td><td>4</td><td>5</td><td>6</td><td>7</td><td>8</td></tr>
<tr><td colspan="2">实测转速</td><td>r/min</td><td></td><td></td><td></td><td></td><td></td><td></td><td></td><td></td></tr>
<tr><td rowspan="2">黏度</td><td>实测油温</td><td>℃</td><td></td><td></td><td></td><td></td><td></td><td></td><td></td><td></td></tr>
<tr><td>查黏温曲线值</td><td>mm^2/s</td><td></td><td></td><td></td><td></td><td></td><td></td><td></td><td></td></tr>
<tr><td colspan="2">净吸上高度 p_s</td><td>MPa</td><td></td><td></td><td></td><td></td><td></td><td></td><td></td><td></td></tr>
<tr><td colspan="2">出口压力 p_d</td><td>MPa</td><td></td><td></td><td></td><td></td><td></td><td></td><td></td><td></td></tr>
<tr><td rowspan="2">实测流量</td><td rowspan="2">测试值</td><td>s/100 L</td><td></td><td></td><td></td><td></td><td></td><td></td><td></td><td></td></tr>
<tr><td>m^3/h</td><td></td><td></td><td></td><td></td><td></td><td></td><td></td><td></td></tr>
<tr><td>实测泵输入功率</td><td>测试值</td><td>kW</td><td></td><td></td><td></td><td></td><td></td><td></td><td></td><td></td></tr>
<tr><td colspan="11">换算到额定转速和额定黏度下的流量、输入功率</td></tr>
<tr><td colspan="2">净吸上高度 p_s</td><td>MPa</td><td></td><td></td><td></td><td></td><td></td><td></td><td></td><td></td></tr>
<tr><td colspan="2">出口压力 p_d</td><td>MPa</td><td></td><td></td><td></td><td></td><td></td><td></td><td></td><td></td></tr>
<tr><td colspan="2">换算流量 Q</td><td>m^3/h</td><td></td><td></td><td></td><td></td><td></td><td></td><td></td><td></td></tr>
<tr><td colspan="2">换算输入功率 P_r</td><td>kW</td><td></td><td></td><td></td><td></td><td></td><td></td><td></td><td></td></tr>
<tr><td>责任者</td><td colspan="2">试验负责人</td><td colspan="2">检验员</td><td colspan="6">检验单位</td></tr>
<tr><td>签 字</td><td colspan="2"></td><td colspan="2"></td><td colspan="6"></td></tr>
</table>

附 录 B
（资料性附录）
性 能 曲 线

B.1 性能曲线绘制见图 B.1。

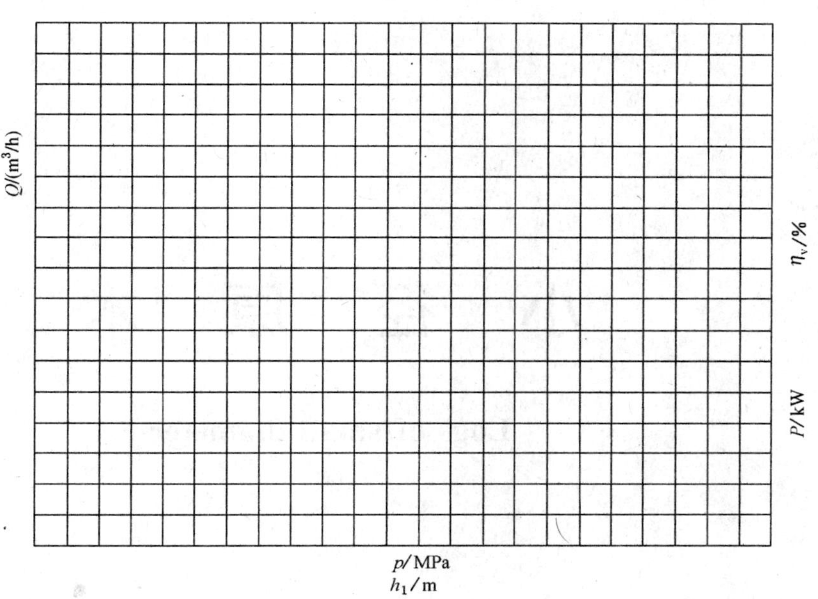

图 B.1

ICS 79.040
B 68

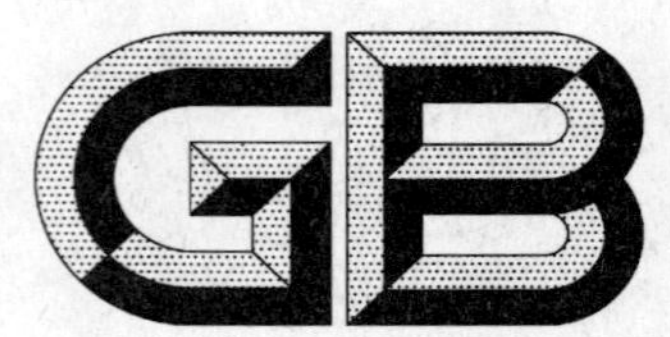

中华人民共和国国家标准

GB/T 11716—2009
代替 GB/T 11716—1999

小径原木

Logs of small diameter

2009-02-23 发布

2009-08-01 实施

中华人民共和国国家质量监督检验检疫总局
中国国家标准化管理委员会 发布

前　　言

本标准代替 GB/T 11716—1999《小径原木》。

本标准与 GB/T 11716—1999 相比，主要变化如下：

——检尺径：东北、内蒙古地区 4 cm～16 cm，其他地区 4 cm～13 cm；

——修改了心材腐朽、弯曲的允许限度；

——增加了检尺径 13 cm 的材积计量。

本标准的附录 A 为规范性附录。

本标准由国家林业局提出。

本标准由全国木材标准化技术委员会归口。

本标准起草单位：全国木材标准化技术委员会原木锯材分技术委员会、内蒙古克一河林业局、广西林威木材产品检验有限公司、桂林市林业局木材总公司。

本标准主要起草人：李晓琴、白龙、龚仁梅、张妍、韩德志、牟光辉、赵楠、李伟栋、黄善忠、许斌、李树金、张东梅、王亚杰、李有友、李宝森、侯建筠、王景昌、刘吉斌、李重久。

本标准所代替标准的历次版本发布情况为：

——GB/T 11716—1989、GB/T 11716—1999。

小 径 原 木

1 范围

本标准规定了小径原木的技术要求、抽样方法、检验方法、材积计量及产品标志。

本标准适用于全国木材生产、流通领域,也适用于农业、轻工业、手工业木制品及民需其他用料。

2 规范性引用文件

下列文件中的条款通过本标准的引用而成为本标准的条款。凡是注日期的引用文件,其随后所有的修改单(不包括勘误的内容)或修订版均不适用于本标准,然而,鼓励根据本标准达成协议的各方研究是否可使用这些文件的最新版本。凡是不注日期的引用文件,其最新版本适用于本标准。

GB/T 144 原木检验

GB 4814 原木材积表

GB/T 17659.1 原木锯材批量检查抽样、判定方法 第1部分:原木批量检查抽样、判定方法

LY/T 1511 原木产品 标志 号印

3 技术要求

3.1 树种

所有针叶树材、阔叶树材树种。

3.2 尺寸

3.2.1 检尺长

2 m ~6 m,按 0.2 m 进级。长级公差:允许$^{+6}_{-2}$ cm。

3.2.2 检尺径

东北、内蒙古地区 4 cm~16 cm,其他地区 4 cm~13 cm。4 cm~13 cm 按 1 cm 进级,14 cm~16 cm 按 2 cm 进级。

3.3 缺陷限度

缺陷限度见表1。

表1 缺陷限度

缺陷名称	允许限度		
漏节	全材长范围内的个数不得超过		1个
边材腐朽	腐朽厚度不得超过检尺径的		10%
心材腐朽	腐朽直径不得超过检尺径的	小头	不许有
		大头	20%
虫眼	任意材长 1 m 范围内的个数不得超过		10个
弯曲	最大拱高不得超过检尺长的	2 m~3.8 m	3%
		4 m~6 m	4%
注:本表未列缺陷不计。			

4 抽样方法、检验方法、材积计算及产品标志

4.1 抽样、判定方法

抽样、判定方法按 GB/T 17659.1 规定执行。

4.2 检验方法

尺寸检量和材质评定按 GB/T 144 规定执行。

4.3 材积计算

检尺径自 14 cm 以上按 GB 4814 规定执行。不足 14 cm，按小径原木材积表规定执行，见附录 A。

4.4 产品标志

产品标志按 LY/T 1511 规定执行。

附 录 A
（规范性附录）
小径原木材积表

表 A.1 小径原木材积表

检尺长/m	检尺径/cm									
	4	5	6	7	8	9	10	11	12	13
	材积/m³									
2.0	0.004 1	0.005 8	0.007 9	0.010 3	0.013	0.016	0.019	0.023	0.027	0.031
2.2	0.004 7	0.006 6	0.008 9	0.011 6	0.015	0.018	0.022	0.026	0.030	0.035
2.4	0.005 3	0.007 4	0.010 0	0.012 9	0.016	0.020	0.024	0.028	0.033	0.038
2.6	0.005 9	0.008 3	0.011 1	0.014 3	0.018	0.022	0.026	0.031	0.037	0.042
2.8	0.006 6	0.009 2	0.012 2	0.015 7	0.020	0.024	0.029	0.034	0.040	0.046
3.0	0.007 3	0.010 1	0.013 4	0.017 2	0.021	0.026	0.031	0.037	0.043	0.050
3.2	0.008 0	0.011 1	0.014 7	0.018 8	0.023	0.028	0.034	0.040	0.047	0.054
3.4	0.008 8	0.012 1	0.016 0	0.020 4	0.025	0.031	0.037	0.043	0.050	0.058
3.6	0.009 6	0.013 2	0.017 3	0.022 0	0.027	0.033	0.040	0.046	0.054	0.062
3.8	0.010 4	0.014 3	0.018 7	0.023 7	0.029	0.036	0.042	0.050	0.058	0.066
4.0	0.011 3	0.015 4	0.020 1	0.025 4	0.031	0.038	0.045	0.053	0.062	0.071
4.2	0.012 2	0.016 6	0.021 6	0.027 3	0.034	0.041	0.048	0.057	0.065	0.075
4.4	0.013 2	0.017 8	0.023 1	0.029 1	0.036	0.043	0.051	0.060	0.069	0.080
4.6	0.014 2	0.019 1	0.024 7	0.031 0	0.038	0.046	0.054	0.064	0.074	0.084
4.8	0.015 2	0.020 4	0.026 3	0.033 0	0.040	0.049	0.058	0.067	0.078	0.089
5.0	0.016 3	0.021 8	0.028 0	0.035 1	0.043	0.051	0.061	0.071	0.082	0.094
5.2	0.017 5	0.023 2	0.029 8	0.037 2	0.045	0.054	0.064	0.075	0.086	0.099
5.4	0.018 6	0.024 7	0.031 6	0.039 3	0.048	0.057	0.068	0.079	0.091	0.104
5.6	0.019 9	0.026 2	0.033 4	0.041 6	0.051	0.060	0.071	0.083	0.095	0.109
5.8	0.021 1	0.027 8	0.035 4	0.043 8	0.053	0.064	0.075	0.087	0.100	0.114
6.0	0.022 4	0.029 4	0.037 3	0.046 2	0.056	0.067	0.078	0.091	0.105	0.119

ICS 79.040
B 68

中华人民共和国国家标准

GB/T 11717—2009
代替 GB/T 11717—1989

造纸用原木

Pulp logs

2009-02-23 发布　　2009-08-01 实施

中华人民共和国国家质量监督检验检疫总局
中国国家标准化管理委员会　发布

前言

本标准代替 GB/T 11717—1989《造纸用原木》。

本标准与 GB/T 11717—1989 相比,主要变化如下:

——树种:增加了南方树种马尾松、桉木;

——检尺长:由原来 2 m～6 m 改为 1 m～4 m;

——检尺径:自 6 cm 以上改为自 4 cm 以上;

——修改了边材腐朽、心材腐朽的允许限度;

——取消了对漏节的要求。

本标准由国家林业局提出。

本标准由全国木材标准化技术委员会归口。

本标准起草单位:全国木材标准化技术委员会原木锯材分技术委员会、内蒙古克一河林业局、广西林威木材产品检验有限公司、桂林市林业局木材总公司。

本标准主要起草人:李晓琴、白龙、龚仁梅、张妍、黄善忠、许斌、韩德志、王亚杰、李有友、李宝森、侯建筠、李树金、王景昌、刘吉斌、李重久。

本标准所代替标准的历次版本发布情况为:

——GB/T 11717—1989。

造 纸 用 原 木

1 范围

本标准规定了造纸用原木的技术要求、抽样方法、检验方法、材积计算及产品标志。

本标准适用于全国林区生产制造各种纸浆用的原木。

2 规范性引用文件

下列文件中的条款通过本标准的引用而成为本标准的条款。凡是注日期的引用文件，其随后所有的修改单(不包括勘误的内容)或修订版均不适用于本标准，然而，鼓励根据本标准达成协议的各方研究是否可使用这些文件的最新版本。凡是不注日期的引用文件，其最新版本适用于本标准。

GB/T 144 原木检验

GB 4814 原木材积表

GB/T 11716 小径原木

GB/T 17659.1 原木锯材批量检查抽样、判定方法 第1部分：原木批量检查抽样、判定方法

LY/T 1511 原木产品 标志 号印

3 技术要求

3.1 树种

云杉、冷杉、杨木、马尾松、红松、落叶松、樟子松、桦木、桉木。

3.2 检尺长

1 m～4 m，自2 m以上按0.2 m进级，长级公差：允许$^{+6}_{-2}$ cm。不足2 m按0.1 m进级，长级公差：允许$^{+3}_{-1}$ cm。

3.3 检尺径

自4 cm以上。4 cm～13 cm按1 cm进级，14 cm以上按2 cm进级。

3.4 缺陷限度

3.4.1 缺陷限度见表1。

表1 缺陷限度

缺陷名称	允许限度	
边材腐朽	腐朽厚度不得超过检尺径的	25%
心材腐朽	腐朽直径不得超过检尺径的	65%
注：本表未列缺陷不计。		

3.4.2 下列原木不适于造纸用材：

a) 因风倒、病倒困山的腐朽木；

b) 树干已炭化的火烧木。

4 抽样方法、检验方法、材积计算及产品标志

4.1 抽样、判定方法

按GB/T 17659.1的规定执行。

4.2 检验方法

按 GB/T 144 的规定执行。

4.3 材积计算

检尺径自 14 cm 以上按 GB 4814 的规定执行。不足 14 cm,按 GB/T 11716 的规定执行。

4.4 产品标志

按 LY/T 1511 的规定执行。

ICS 79.060.20
B 70

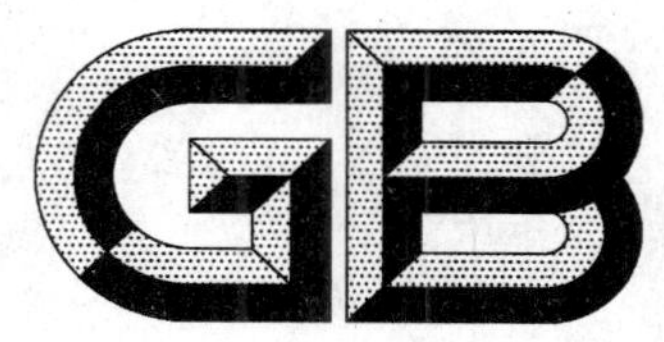

中华人民共和国国家标准

GB/T 11718—2009
代替 GB/T 11718—1999

中密度纤维板

Medium density fibreboard

2009-10-30 发布　　　　2010-04-01 实施

中华人民共和国国家质量监督检验检疫总局
中国国家标准化管理委员会　发布

前言

本标准修改采用ISO/DIS 16895-2《人造板　干法纤维板　第2部分:技术要求》(英文版)中密度纤维板部分。本标准与ISO/DIS 16895-2中的中密度纤维板部分相比,主要差异如下:

——将一些适用于国际标准的表述改为适用于我国标准的表述;

——增加了5.1"外观质量"、5.5"其他性能"、第6章"测量和试验方法"、第7章"检验规则"第8章"标志、包装、运输和贮存";

——增加中密度纤维板及其三大类产品的定义;

——取消饰面中密度纤维板的厚度偏差要求;

——含水率下限指标放宽至3.0%;

——增加板内密度偏差的计算公式。

本标准代替GB/T 11718—1999《中密度纤维板》。

本标准与GB/T 11718—1999相比主要变化如下:

——修改范围的表述(1999年版的第1章;本版的第1章);

——修改产品术语和定义的表述(1999年版的第3章;本版的第3章);

——修改分类和表示符号(1999年版的第4章;本版的4.1);

——增加缩略语、附加分类(见3.2、4.2);

——取消按内结合强度指标划分等级,仅按外观质量分为两个等级(1999年版的5.1;本版的5.1);

——修改技术要求(1999年版的第5章;本版的第5章);

——修改检验规则(1999年版的6.2.2、6.2.3和6.2.4;本版的7.2.1、7.2.2和7.2.3);

——增加甲醛释放量检验方法(见附录A);

——修改试件的制取方法(1999年版的8.2.2;本版的6.2.2);

——修改表面结合强度测定方法(1999年版的8.10;本版的6.9);

——修改循环试验条件下防潮性能测定方法(1999年版的8.14;本版的6.10);

——修改沸腾试验方法(1999年版的8.15.4.2;本版的6.11.4);

——增加湿静曲强度的测定(见6.12);

——修改产品标志、包装要求(1999年版的7.1、7.2;本版的8.1、8.2)。

本标准的附录A为规范性附录。

本标准由国家林业局提出。

本标准由全国人造板标准化技术委员会归口。

本标准负责起草单位:福建福人木业有限公司。

本标准参加起草单位:国家人造板与木竹制品质量监督检验中心、广东威华股份有限公司、乐山吉象人造林制品有限公司、东营正和木业有限公司、柯诺(北京)木业有限公司、东营人造板厂、四川国栋建设股份有限公司、顺龙中密度纤维板有限公司、罗宾有限公司、四川升达林产集团有限公司、福建省永安林业(集团)股份有限公司、安徽肯帝亚皖华人造板有限公司、广西丰林林业开发有限公司、国家工程复合材料检测中心、江苏大江木业集团、广东盈然木业有限公司、南京罗伦特地板制品有限公司、湖北宝源木业有限公司。

本标准主要起草人:王旭、张和据、江福昌、吕斌、谢岳伟、黄强、李杰、张熙中、王云林、覃海先、梁严增、朱金华、向中华、陈仰光、张惠敏、黄庆平、朱宇宏、刘江波、佘学彬、邵旭强、张开兴。

本标准所代替标准的历次版本发布情况为:

——GB/T 11718—1999。

中 密 度 纤 维 板

1 范围

本标准规定了中密度纤维板的术语、定义和缩略语、分类和附加分类、要求、测量和试验方法、检验规则、标志、包装、运输和贮存等。

本标准适用于干法生产的中密度纤维板。

注：本标准规定的产品性能要求，不作为工程设计应用的特征值。若中密度纤维板被归类为承重板或指定建筑结构应用以及将其替代用于特定的承重用途时，其相关的特征性能还应符合国家有关标准(规范)要求。

2 规范性引用文件

下列文件中的条款通过本标准的引用而成为本标准的条款。凡是注日期的引用文件，其随后所有的修改单(不包括勘误的内容)或修订版均不适用于本标准，然而，鼓励根据本标准达成协议的各方研究是否可使用这些文件的最新版本。凡是不注日期的引用文件，其最新版本适用于本标准。

GB/T 2828.1—2003 计数抽样检验程序 第1部分：按接收质量限(AQL)检索的逐批检验抽样计划

GB/T 17657 人造板及饰面人造板理化性能试验方法

GB/T 18259 人造板及其表面装饰术语

GB 18580 室内装饰装修材料 人造板及其制品中甲醛释放限量

GB/T 19367—2009 人造板的尺寸测定

GB/T 23825—2009 人造板及其制品中甲醛释放量测定 气体分析法

LY/T 1612—2004 甲醛释放量检测用 1 m^3 气候箱

LY/T 1717—2007 人造板抽样检验指导通则

3 术语、定义和缩略语

3.1 术语和定义

GB/T 18259 和 LY/T 1717—2007 确立的以及下列术语和定义适用于本标准。

3.1.1

中密度纤维板 medium density fibreboard；MDF

以木质纤维或其他植物纤维为原料，经纤维制备，施加合成树脂，在加热加压条件下，压制成厚度不小于 1.5 mm，名义密度范围在 0.65 g/cm^3～0.80 g/cm^3 之间的板材。

注：本标准规定的名义密度范围仅作为一个指导，若制品的密度在名义密度范围的±10%内，并符合指定类型中密度纤维板的所有性能要求，生产商可以将此产品归类到该类型板。例如：密度为 0.83 g/cm^3 的纤维板，如果符合指定类型中密度纤维板等级的所有性能要求，也可称为中密度纤维板。

3.1.2

普通型中密度纤维板 general purpose medium density fibreboard

通常不在承重场合使用以及非家具用的中密度纤维板，如展览会用的临时展板、隔墙板等。

3.1.3

家具型中密度纤维板 furniture grade medium density fibreboard

作为家具或装饰装修用，通常需要进行表面二次加工处理的中密度纤维板，如家具制造、橱柜制作、装饰装修件、细木工制品等。

3.1.4

承重型中密度纤维板　load bearing medium density fibreboard

通常用于小型结构部件，或承重状态下使用的中密度纤维板，如室内地面铺设、棚架、室内普通建筑部件等。

3.1.5

干燥状态　dry conditions

室内环境或者有保护措施的室外环境。通常指温度 20 ℃、相对湿度不高于 65%，或在一年中仅有几个星期相对湿度超过 65%的环境状态。

3.1.6

潮湿状态　humid conditions

室内环境或者有保护措施的室外环境。通常指温度 20 ℃、相对湿度高于 65%但不超过 85%，或在一年中仅有几个星期相对湿度超过 85%的环境状态。

3.1.7

高湿度状态　high-humid conditions

室内环境或者有保护措施的室外环境。通常指温度高于 20 ℃、相对湿度大于 85%，或者偶有可能与水接触(浸水或浇水除外)的环境状态。

3.1.8

室外状态　exterior conditions

室外自然气候有日晒、雨淋和空气污染的环境状态。

3.2　缩略语

下列缩略语适用于本标准。

EXT——exterior，用于地表的室外状态下；

F——fungi retardant，抗真菌性能；

FN——furniture，用于家具制造、橱柜制作和细木工制品，以及以此为基材进行表面装饰处理；

FR——fire retardant，阻燃性能；

GP——general purpose，用于非家具或非结构等级的特定性能要求的普通应用；

HMR——high moisture resistant，用于高湿度状态下；

I——insect retardant，防虫害性能；

LB——load-bearing，建筑结构或承重应用；

MR——moisture resistant，用于潮湿状态下；

REG——regular，仅适用于干燥状态下。

4　分类和附加分类

4.1　分类

表 1 规定了中密度纤维板的所有分类，其中包括了目前现有的所有定型产品，也包括将来在市场上有可能出现的未定型产品。

表 1　中密度纤维板分类及类型符号

类　型	适用条件	类型符号
普通型中密度纤维板	干燥	MDF-GP REG
	潮湿	MDF-GP MR
	高湿度	MDF-GP HMR
	室外	MDF-GP EXT

表 1（续）

类　　型	适用条件	类型符号
家具型中密度纤维板	干燥	MDF-FN REG
	潮湿	MDF-FN MR
	高湿度	MDF-FN HMR
	室外	MDF-FN EXT
承重型中密度纤维板	干燥	MDF-LB REG
	潮湿	MDF-LB MR
	高湿度	MDF-LB HMR
	室外	MDF-LB EXT

4.2 附加分类

产品除按 4.1 分类外，还可附加分类为阻燃(FR)、防虫害(I)、抗真菌(F)等。

5 要求

5.1 外观质量

5.1.1 产品按外观质量分为优等品、合格品两个等级，其中砂光板的表面质量应符合表 2 规定。

表 2 砂光板的表面质量要求

名　　称	质量要求	允许范围	
		优等品	合格品
分层、鼓泡或炭化	—	不允许	
局部松软	单个面积≤2 000 mm²	不允许	3 个
板边缺损	宽度≤10 mm	不允许	允许
油污斑点或异物	单个面积≤40 mm²	不允许	1 个
压痕	—	不允许	允许
同一张板不应有两项或以上的外观缺陷。			

5.1.2 不砂光板的表面质量由供需双方确定。

5.2 幅面尺寸、尺寸偏差、密度及偏差和含水率要求

5.2.1 幅面尺寸：宽度为 1 220 mm(1 830 mm)，长度为 2 440 mm。特殊幅面尺寸由供需双方确定。

5.2.2 尺寸偏差、密度及偏差和含水率要求，见表 3。

表 3 尺寸偏差、密度及偏差和含水率要求

性　　能		单位	公称厚度范围/mm	
			≤12	>12
厚度偏差	不砂光板	mm	−0.30～+1.50	−0.50～+1.70
	砂光板	mm	±0.20	±0.30
长度与宽度偏差		mm/m	±2.0	
垂直度		mm/m	<2.0	
密度		g/cm³	0.65～0.80(允许偏差为±10%)	
板内密度偏差		%	±10.0	
含水率		%	3.0～13.0	
每张砂光板内各测量点的厚度不应超过其算术平均值的±0.15 mm。				

5.3 物理力学性能

5.3.1 普通型中密度纤维板(MDF-GP)性能要求

5.3.1.1 在干燥状态下使用的普通型中密度纤维板(MDF-GP REG)性能要求见表4。

表4 干燥状态下使用的普通型中密度纤维板(MDF-GP REG)性能要求

性能	单位	公称厚度范围/mm						
		≥1.5～3.5	>3.5～6	>6～9	>9～13	>13～22	>22～34	>34
静曲强度	MPa	27.0	26.0	25.0	24.0	22.0	20.0	17.0
弹性模量	MPa	2 700	2 600	2 500	2 400	2 200	1 800	1 800
内结合强度	MPa	0.60	0.60	0.60	0.50	0.45	0.40	0.40
吸水厚度膨胀率	%	45.0	35.0	20.0	15.0	12.0	10.0	8.0

5.3.1.2 在潮湿状态下使用的普通型中密度纤维板(MDF-GP MR)性能要求见表5。

表5 潮湿状态下使用的普通型中密度纤维板(MDF-GP MR)性能要求

性能		单位	公称厚度范围/mm						
			≥1.5～3.5	>3.5～6	>6～9	>9～13	>13～22	>22～34	>34
静曲强度		MPa	27.0	26.0	25.0	24.0	22.0	20.0	17.0
弹性模量		MPa	2 700	2 600	2 500	2 400	2 200	1 800	1 800
内结合强度		MPa	0.60	0.60	0.60	0.50	0.45	0.40	0.40
吸水厚度膨胀率		%	32.0	18.0	14.0	12.0	9.0	9.0	7.0
防潮性能	选项1:循环试验后内结合强度	MPa	0.35	0.30	0.30	0.25	0.20	0.15	0.10
	循环试验后吸水厚度膨胀率	%	45.0	25.0	20.0	18.0	13.0	12.0	10.0
	选项2:沸腾试验后内结合强度	MPa	0.20	0.18	0.16	0.15	0.12	0.10	0.10
	选项3:湿静曲强度(70 ℃热水浸泡)	MPa	8.0	7.0	7.0	6.0	5.0	4.0	4.0

5.3.1.3 在高湿度状态下使用的普通型中密度纤维板(MDF-GP HMR)性能要求见表6。

表6 高湿度状态下使用的普通型中密度纤维板(MDF-GP HMR)性能要求

性能	单位	公称厚度范围/mm						
		≥1.5～3.5	>3.5～6	>6～9	>9～13	>13～22	>22～34	>34
静曲强度	MPa	28.0	26.0	25.0	24.0	22.0	20.0	18.0
弹性模量	MPa	2 800	2 600	2 500	2 400	2 000	1 800	1 800
内结合强度	MPa	0.60	0.60	0.60	0.50	0.45	0.40	0.40
吸水厚度膨胀率	%	20.0	14.0	12.0	10.0	7.0	6.0	5.0

表 6(续)

性　能		单位	公称厚度范围/mm						
			≥1.5～3.5	>3.5～6	>6～9	>9～13	>13～22	>22～34	>34
防潮性能	选项 1:循环试验后内结合强度	MPa	0.40	0.35	0.35	0.30	0.25	0.20	0.18
	循环试验后吸水厚度膨胀率	%	25.0	20.0	17.0	15.0	11.0	9.0	7.0
	选项 2:沸腾试验后内结合强度	MPa	0.25	0.20	0.20	0.18	0.15	0.12	0.10
	选项 3:湿静曲强度(70 ℃热水浸泡)	MPa	12.0	10.0	9.0	8.0	8.0	7.0	7.0

5.3.2　家具型中密度纤维板(MDF-FN)性能要求

5.3.2.1　在干燥状态下使用的家具型中密度纤维板(MDF-FN REG)性能要求见表 7。

表 7　干燥状态下使用的家具型中密度纤维板(MDF-FN REG)性能要求

性　能	单位	公称厚度范围/mm						
		≥1.5～3.5	>3.5～6	>6～9	>9～13	>13～22	>22～34	>34
静曲强度	MPa	30.0	28.0	27.0	26.0	24.0	23.0	21.0
弹性模量	MPa	2 800	2 600	2 600	2 500	2 300	1 800	1 800
内结合强度	MPa	0.60	0.60	0.60	0.50	0.45	0.40	0.40
吸水厚度膨胀率	%	45.0	35.0	20.0	15.0	12.0	10.0	8.0
表面结合强度	MPa	0.60	0.60	0.60	0.60	0.90	0.90	0.90

5.3.2.2　在潮湿状态下使用的家具型中密度纤维板(MDF-FN MR)性能要求见表 8。

表 8　潮湿状态下使用的家具型中密度纤维板(MDF-FN MR)性能要求

性　能		单位	公称厚度范围/mm						
			≥1.5～3.5	>3.5～6	>6～9	>9～13	>13～22	>22～34	>34
静曲强度		MPa	30.0	28.0	27.0	26.0	24.0	23.0	21.0
弹性模量		MPa	2 800	2 600	2 600	2 500	2 300	1 800	1 800
内结合强度		MPa	0.70	0.70	0.70	0.60	0.50	0.45	0.40
吸水厚度膨胀率		%	32.0	18.0	14.0	12.0	9.0	9.0	7.0
表面结合强度		MPa	0.60	0.70	0.70	0.80	0.90	0.90	0.90
防潮性能	选项 1:循环试验后内结合强度	MPa	0.35	0.30	0.30	0.25	0.20	0.15	0.10
	循环试验后吸水厚度膨胀率	%	45.0	25.0	20.0	18.0	13.0	12.0	10.0

表 8（续）

性能		单位	公称厚度范围/mm						
			≥1.5～3.5	>3.5～6	>6～9	>9～13	>13～22	>22～34	>34
防潮性能	选项 2：沸腾试验后内结合强度	MPa	0.20	0.18	0.16	0.15	0.12	0.10	0.08
	选项 3：湿静曲强度（70 ℃热水浸泡）	MPa	8.0	7.0	7.0	6.0	5.0	4.0	4.0

5.3.2.3　在高湿度状态下使用的家具型中密度纤维板（MDF-FN HMR）性能要求见表 9。

表 9　高湿度状态下使用的家具型中密度纤维板（MDF-FN HMR）性能要求

性能		单位	公称厚度范围/mm						
			≥1.5～3.5	>3.5～6	>6～9	>9～13	>13～22	>22～34	>34
静曲强度		MPa	30.0	28.0	27.0	26.0	24.0	23.0	21.0
弹性模量		MPa	2 800	2 600	2 600	2 500	2 300	1 800	1 800
内结合强度		MPa	0.70	0.70	0.70	0.60	0.50	0.45	0.40
吸水厚度膨胀率		%	20.0	14.0	12.0	10.0	7.0	6.0	5.0
表面结合强度		MPa	0.60	0.70	0.70	0.90	0.90	0.90	0.90
防潮性能	选项 1：循环试验后内结合强度	MPa	0.40	0.35	0.35	0.30	0.25	0.20	0.18
	循环试验后吸水厚度膨胀率	%	25.0	20.0	17.0	15.0	11.0	9.0	7.0
	选项 2：沸腾试验后内结合强度	MPa	0.25	0.20	0.20	0.18	0.15	0.12	0.10
	选项 3：湿静曲强度（70 ℃热水浸泡）	MPa	14.0	12.0	12.0	12.0	10.0	9.0	8.0

5.3.2.4　在室外状态下使用的家具型中密度纤维板（MDF-FN EXT）性能要求见表 10。

表 10　室外状态下使用的家具型中密度纤维板（MDF-FN EXT）性能要求

性能	单位	公称厚度范围/mm						
		≥1.5～3.5	>3.5～6	>6～9	>9～13	>13～22	>22～34	>34
静曲强度	MPa	34.0	30.0	30.0	28.0	26.0	23.0	21.0
弹性模量	MPa	2 800	2 600	2 500	2 400	2 000	1 800	1 800
内结合强度	MPa	0.70	0.70	0.70	0.65	0.60	0.55	0.50
吸水厚度膨胀率	%	15.0	12.0	10.0	7.0	5.0	4.0	4.0

表 10（续）

性能		单位	公称厚度范围/mm						
			≥1.5～3.5	>3.5～6	>6～9	>9～13	>13～22	>22～34	>34
防潮性能	选项 1：循环试验后内结合强度	MPa	0.50	0.40	0.40	0.35	0.30	0.25	0.22
	循环试验后吸水厚度膨胀率	%	20.0	16.0	15.0	12.0	10.0	8.0	7.0
	选项 2：沸腾试验后内结合强度	MPa	0.30	0.25	0.24	0.22	0.20	0.20	0.18
	选项 3：湿静曲强度（100 ℃热水浸泡）	MPa	12.0	12.0	12.0	12.0	10.0	9.0	8.0

5.3.3 承重型中密度纤维板(MDF-LB)性能要求

5.3.3.1 在干燥状态下使用的承重型中密度纤维板(MDF-LB REG)性能要求见表 11。

表 11 干燥状态下使用的承重型中密度纤维板(MDF-LB REG)性能要求

性能	单位	公称厚度范围/mm						
		≥1.5～3.5	>3.5～6	>6～9	>9～13	>13～22	>22～34	>34
静曲强度	MPa	36.0	34.0	34.0	32.0	28.0	25.0	23.0
弹性模量	MPa	3 100	3 000	2 900	2 800	2 500	2 300	2 100
内结合强度	MPa	0.75	0.70	0.70	0.70	0.60	0.55	0.55
吸水厚度膨胀率	%	45.0	35.0	20.0	15.0	12.0	10.0	8.0

5.3.3.2 在潮湿状态下使用的承重型中密度纤维板(MDF-LB MR)性能要求见表 12。

表 12 潮湿状态下使用的承重型中密度纤维板(MDF-LB MR)性能要求

性能		单位	公称厚度范围/mm						
			≥1.5～3.5	>3.5～6	>6～9	>9～13	>13～22	>22～34	>34
静曲强度		MPa	36.0	34.0	34.0	32.0	28.0	25.0	23.0
弹性模量		MPa	3 100	3 000	3 000	2 800	2 500	2 300	2 100
内结合强度		MPa	0.75	0.70	0.70	0.70	0.60	0.55	0.55
吸水厚度膨胀率		%	30.0	18.0	14.0	12.0	8.0	7.0	7.0
防潮性能	选项 1：循环试验后内结合强度	MPa	0.35	0.30	0.30	0.25	0.20	0.15	0.12
	循环试验后吸水厚度膨胀率	%	45.0	25.0	20.0	18.0	13.0	11.0	10.0
	选项 2：沸腾试验后内结合强度	MPa	0.20	0.18	0.18	0.15	0.12	0.10	0.08
	选项 3：湿静曲强度(70 ℃热水浸泡)	MPa	9.0	8.0	8.0	8.0	6.0	4.0	4.0

5.3.3.3 在高湿度状态下使用的承重型中密度纤维板(MDF-LB HMR)性能要求见表13。

表 13 高湿度状态下使用的承重型中密度纤维板(MDF-LB HMR)性能要求

<table>
<tr><th colspan="2" rowspan="2">性能</th><th rowspan="2">单位</th><th colspan="7">公称厚度范围/mm</th></tr>
<tr><th>≥1.5～3.5</th><th>>3.5～6</th><th>>6～9</th><th>>9～13</th><th>>13～22</th><th>>22～34</th><th>>34</th></tr>
<tr><td colspan="2">静曲强度</td><td>MPa</td><td>36.0</td><td>34.0</td><td>34.0</td><td>32.0</td><td>28.0</td><td>25.0</td><td>23.0</td></tr>
<tr><td colspan="2">弹性模量</td><td>MPa</td><td>3 100</td><td>3 000</td><td>3 000</td><td>2 800</td><td>2 500</td><td>2 300</td><td>2 100</td></tr>
<tr><td colspan="2">内结合强度</td><td>MPa</td><td>0.75</td><td>0.70</td><td>0.70</td><td>0.70</td><td>0.60</td><td>0.55</td><td>0.55</td></tr>
<tr><td colspan="2">吸水厚度膨胀率</td><td>%</td><td>20.0</td><td>14.0</td><td>12.0</td><td>10.0</td><td>7.0</td><td>6.0</td><td>5.0</td></tr>
<tr><td rowspan="4">防潮性能</td><td>选项1:循环试验后内结合强度</td><td>MPa</td><td>0.40</td><td>0.35</td><td>0.35</td><td>0.35</td><td>0.30</td><td>0.27</td><td>0.25</td></tr>
<tr><td>循环试验后吸水厚度膨胀率</td><td>%</td><td>25.0</td><td>20.0</td><td>17.0</td><td>15.0</td><td>11.0</td><td>9.0</td><td>7.0</td></tr>
<tr><td>选项2:沸腾试验后内结合强度</td><td>MPa</td><td>0.25</td><td>0.20</td><td>0.20</td><td>0.18</td><td>0.15</td><td>0.12</td><td>0.10</td></tr>
<tr><td>选项3:湿静曲强度(70 ℃热水浸泡)</td><td>MPa</td><td>15.0</td><td>15.0</td><td>15.0</td><td>15.0</td><td>13.0</td><td>11.5</td><td>10.5</td></tr>
</table>

5.4 甲醛释放量

5.4.1 甲醛释放量要求见表14。

表 14 中密度纤维板甲醛释放限量

<table>
<tr><th>方法</th><th>气候箱法</th><th>小型容器法</th><th>气体分析法</th><th>干燥器法</th><th>穿孔法</th></tr>
<tr><td>单位</td><td>mg/m³</td><td>mg/m³</td><td>mg/(m²·h)</td><td>mg/L</td><td>mg/100 g</td></tr>
<tr><td>限量值</td><td>0.124</td><td>—</td><td>3.5</td><td>—</td><td>8.0</td></tr>
<tr><td colspan="6">甲醛释放量应符合气候箱法、气体分析法或穿孔法中的任一项限量值,由供需双方协商选择。
如果小型容器法或干燥器法应用于生产控制检验,则应确定其与气候箱法之间的有效相关性,即相当于气候箱法对应的限量值。</td></tr>
</table>

5.4.2 室外状态下使用的家具型中密度纤维板(MDF-FN EXT),甲醛释放量由供需双方协商确定。

5.5 其他性能

5.5.1 握螺钉力、含砂量、表面吸收性能和尺寸稳定性为中密度纤维板的其他性能。

5.5.2 在需方对其他性能有要求时,由供需双方协商确定其性能要求。

5.6 规格限

5.6.1 本标准规定的性能要求为产品的规格限,用于判定单位产品的物理力学性能是否合格,适用于成批产品的合格判定。

5.6.2 对于尺寸偏差、密度及偏差和含水率,表3的数值即是规格限。对于甲醛释放量,表14规定的数值即是上规格限。

5.6.3 下列力学性能项目的指标为下规格限 μ_L,按LY/T 1717—2007中5.3.2.8.1规定计算单侧下规格限质量统计量 Q_L,其值应大于等于5.3规定的下规格限。

——静曲强度；
——弹性模量；
——内结合强度；
——表面结合强度；
——循环试验后内结合强度；
——沸腾试验后内结合强度；
——湿静曲强度。

5.6.4 下列物理性能项目的指标为上规格限 μ_u，按 LY/T 1717—2007 中 5.3.2.8.2 规定计算单侧上规格限质量统计量 Q_u，其值应小于等于 5.3 规定的上规格限。
——吸水厚度膨胀率；
——循环试验后吸水厚度膨胀率。

5.7 防潮性能

表 5、表 6、表 8、表 9、表 10、表 12、表 13 中的防潮性能规定了三种可供选择的试验方法(选项 1、选项 2 与选项 3)，三种选项只需符合其中任一项，由供需双方协商确定。

6 测量和试验方法

6.1 幅面尺寸的测量

6.1.1 板的厚度、宽度和长度的测量

按 GB/T 19367—2009 中的规定进行。

6.1.2 垂直度的测量

按 GB/T 19367—2009 中的规定进行。

6.2 取样和试件制备

6.2.1 仪器

6.2.1.1 千分尺，分度值 0.01 mm。

6.2.1.2 游标卡尺，分度值 0.1 mm。

6.2.1.3 天平，感量 0.01 g。

6.2.2 方法

6.2.2.1 样板按 7.2.2 规定抽取，试件的尺寸、数量和编号见表 15。试件尺寸的测量按 GB/T 17657 规定的试件尺寸的测量方法进行。

表 15 试件的尺寸、数量和编号

性能	试件尺寸/mm	试件数量/块	编号	备注
密度	50×50	6	D	—
含水率	试件尺寸、形状不限 但具有完整厚度	4(份)	—	任意位置 每份试样质量不小于 20.0 g
吸水厚度膨胀率	50×50	8	Q	—
内结合强度	50×50	8	I	—
静曲强度 和弹性模量	长度($20t+50$) 最大 1 050、最小 150； 宽度 50	纵横各 6	B	t——试件公称厚度
表面结合强度	50×50	8	—	任意位置

表 15（续）

性能		试件尺寸/mm	试件数量/块	编号	备注
甲醛释放量	穿孔法	20×20	—	—	任意位置，试样质量 105 g～110 g
	气候箱法	500×500	2	—	样板中除图 1 试件位置的其他任意位置
	气体分析法	400×50	3	—	样板中除图 1 试件位置的离板边 500 mm 的其他任意位置
握螺钉力		150×50	板面 3 板边 6	—	任意位置
含砂量		尺寸、形状不限	—	—	任意位置，约 200 g
表面吸收性能		300×100	纵向 3	—	任意位置
尺寸稳定性		300×50	纵横各 4	—	任意位置

6.2.2.2 对于同一性能试件之间的距离不小于 100 mm，见图 1。若取试件处有外观缺陷时，可适当错开试件的制取位置。

单位为毫米

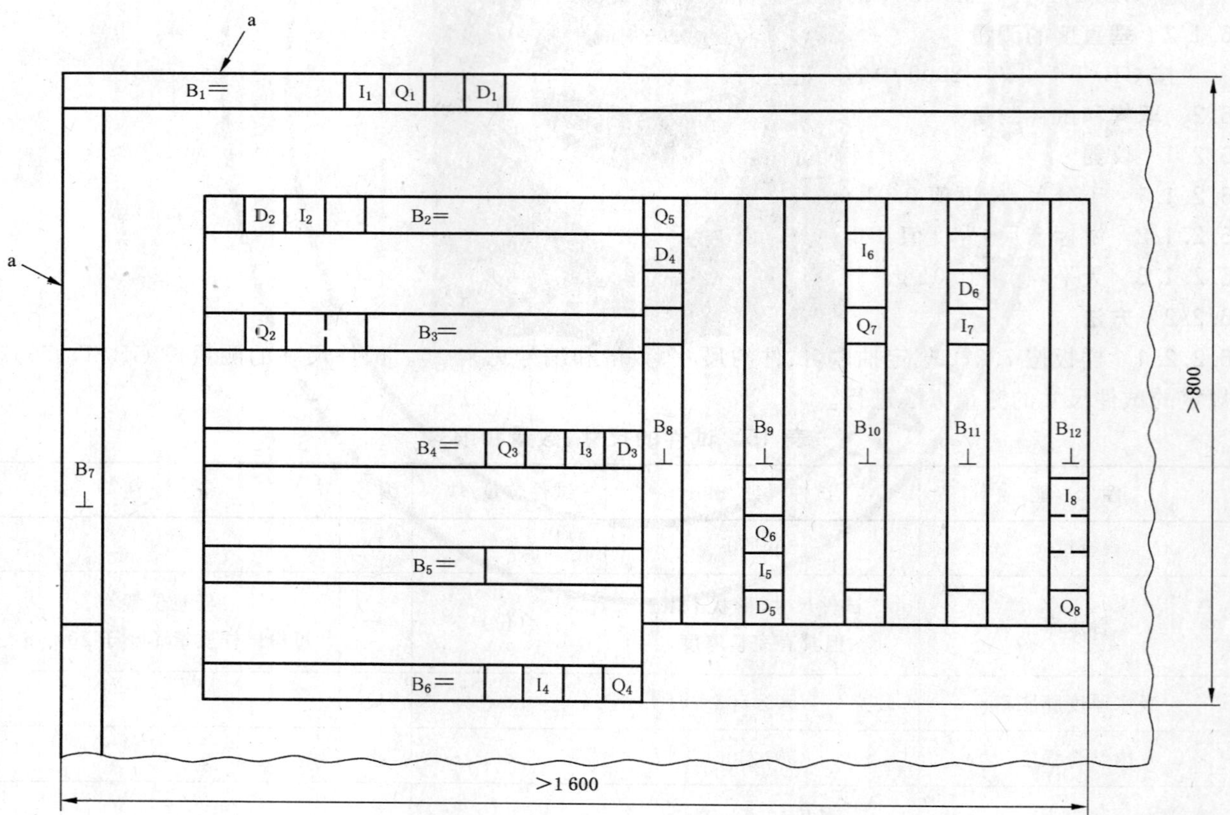

a——裁边后的产品边部；
═——纵向试件；
⊥——横向试件。

图 1 试件制备

6.2.2.3　对于静曲强度和弹性模量、表面结合强度试件，应标识区分上、下表面，并将同一表面（上或下）试件作为同一组试件，分别测试。

6.2.2.4　试件不允许焦边，边棱应平直，相邻两边为直角。

6.3　密度测定

6.3.1　按 GB/T 17657 规定的密度测定方法进行，其中试件尺寸为(50±1)mm×(50±1)mm，并要求厚度的测量在试件中心位置。

6.3.2　板内密度偏差 $\Delta\rho$(%)按式(1)计算，精确至 0.1%。

$$\Delta\rho = \frac{\rho_{max}(\text{或}\ \rho_{min}) - \rho}{\rho} \times 100\% \qquad \cdots\cdots(1)$$

式中：

ρ_{max}——最大密度，g/cm^3；

ρ_{min}——最小密度，g/cm^3；

ρ——平均密度，g/cm^3。

6.4　含水率测定

按 GB/T 17657 规定的含水率测定方法进行。

6.5　甲醛释放量测定

——穿孔法测定甲醛释放量按 GB/T 17657 规定的甲醛释放量穿孔法测定方法进行；

——气候箱法测定甲醛释放量按附录 A 进行；

——气体分析法测定甲醛释放量按 GB/T 23825—2009 规定的方法进行。

6.6　吸水厚度膨胀率测定

按 GB/T 17657 规定的吸水厚度膨胀率测定方法进行，并要求浸泡时间为 24 h±5 min，浸泡后的测量在 10 min 内完成。

6.7　内结合强度测定

按 GB/T 17657 规定的内结合强度测定方法进行。

6.8　静曲强度和弹性模量测定(三点弯曲)

6.8.1　原理

静曲强度是确定试件在最大载荷作用时的弯矩和抗弯截面模量之比；弹性模量是确定试件在材料的弹性极限范围内，载荷产生的应力与应变之比。

6.8.2　仪器

6.8.2.1　万能力学试验机，由以下几部分组成：

6.8.2.1.1　两个平行的圆柱形支撑辊，辊长度超过试件宽度。当试件厚度 $t \leqslant 6$ mm 时，支承辊直径为(10±0.5)mm；当试件厚度 $t > 6$ mm 时，支撑辊直径为(15±0.5)mm。支撑辊之间的距离是可以调节的。

6.8.2.1.2　圆柱形加载辊，当试件厚度 $t \leqslant 6$ mm 时，加载辊直径为(10±0.5)mm；当试件厚度 $t >$ 6 mm 时，加载辊直径为(30±0.5)mm。加载辊平行与支撑辊放置，并与两支撑辊之间距离相等。

6.8.2.1.3　如百分表或类似测量工具，置于支撑辊的中间，测量试件变形，精度为 0.1 mm。

6.8.2.1.4　测量系统，可测量施加到试件上的载荷，精度为测量值的 1%。

6.8.2.2　游标卡尺，分度值 0.02 mm。

6.8.2.3　千分尺，分度值 0.01 mm。

6.8.2.4　秒表。

6.8.3　试件

6.8.3.1　试件尺寸

长度 $l_2 \geqslant [(20t+50)\pm 2]$mm，$t$ 为试件厚度，且 150 mm$\leqslant l_2 \leqslant$1 050 mm；

宽度 $b=(50\pm 1)$mm。

6.8.3.2 **试件平衡处理**

将试件置于温度(20±2)℃、相对湿度(65±5)%环境中至质量恒定。

6.8.4 **方法**

6.8.4.1 测量试件的宽度和厚度。

6.8.4.2 调节两支座跨距为试件厚度的20倍，最小为100 mm，最大为1 000 mm。测量支座间的中心距，精确至0.5 mm。按图2所示测定静曲强度和弹性模量。加载辊轴线应与支承辊轴线平行，加载辊和支承辊长度应大于试件宽度。

单位为毫米

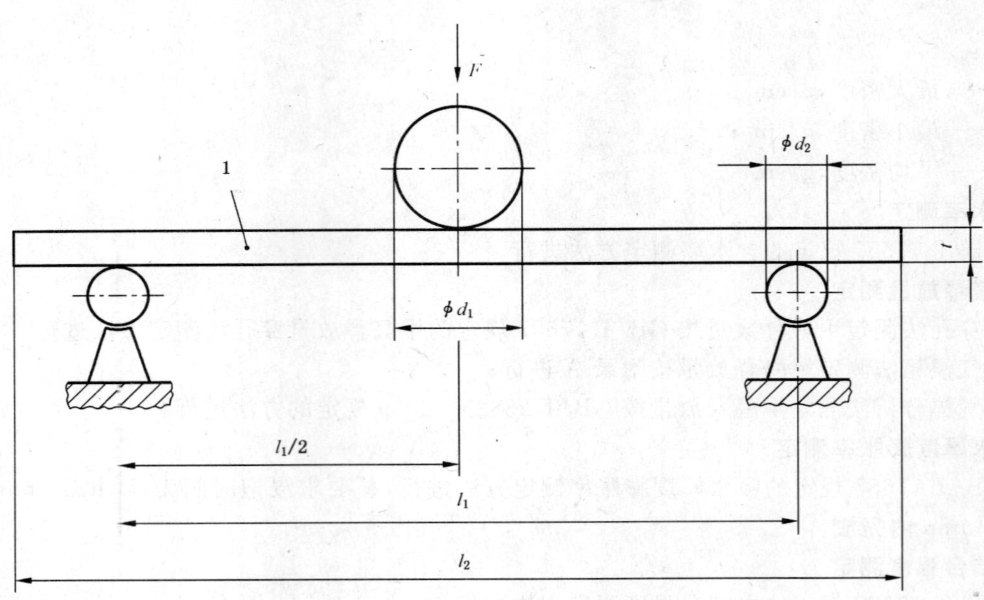

1——试件；

F——载荷；

t——试件厚度。

$l_1 \geqslant 20t$

$l_2 = l_1 + 50$

$t \leqslant 6, \phi d_1 = \phi d_2 = 10 \pm 0.5$

$t > 6, \phi d_1 = 30 \pm 0.5 \ \phi d_2 = 15 \pm 0.5$

图2 静曲强度和弹性模量测定示意图

6.8.4.3 试验时加载辊轴线应与试件长轴中心线垂直，应均匀加载，从加载开始在(60±30)s内使试件破坏，同时，测定试件跨距中部挠度和相应的载荷值，绘制载荷-挠度曲线图。记下最大载荷值，精确至测量值的1%。

6.8.4.4 测定静曲强度时如果试件挠度变形很大而试件并未破坏，则两支座间距离应减小，但不小于100 mm。检测报告中应写明试件破坏时的支座距离。

6.8.4.5 根据板的纵横向，锯制两组试件。在每组试件内，测试时一半试件正面向上，一半试件背面向上。

6.8.5 **结果表示**

6.8.5.1 **静曲强度**

试件的静曲强度按式(2)计算，精确至0.1 MPa。

$$\sigma_b = \frac{3 \times F_{max} \times l}{2 \times b \times t^2} \qquad \cdots\cdots(2)$$

式中：

σ_b——试件的静曲强度，MPa；

F_{max}——试件破坏时最大载荷，N；

l——两支座间距离，mm；

b——试件宽度，mm；

t——试件厚度，mm。

6.8.5.2 **弹性模量**

试件的弹性模量按式(3)计算，精确至 10 MPa。

$$E_b = \frac{l^3}{4 \times b \times t^3} \times \frac{F_2 - F_1}{a_2 - a_1} \quad \cdots\cdots(3)$$

式中：

E_b——试件的弹性模量，MPa；

l——两支座间距离，mm；

b——试件宽度，mm；

t——试件厚度，mm；

$F_2 - F_1$——在载荷-挠度曲线中直线段内载荷的增加量(见图 3，F_1 值约为最大载荷的 10%，F_2 值约为最大载荷的 40%)，N；

$a_2 - a_1$——试件中部变形的增加量，即在力 F_2 到 F_1 区间试件变形量，mm。

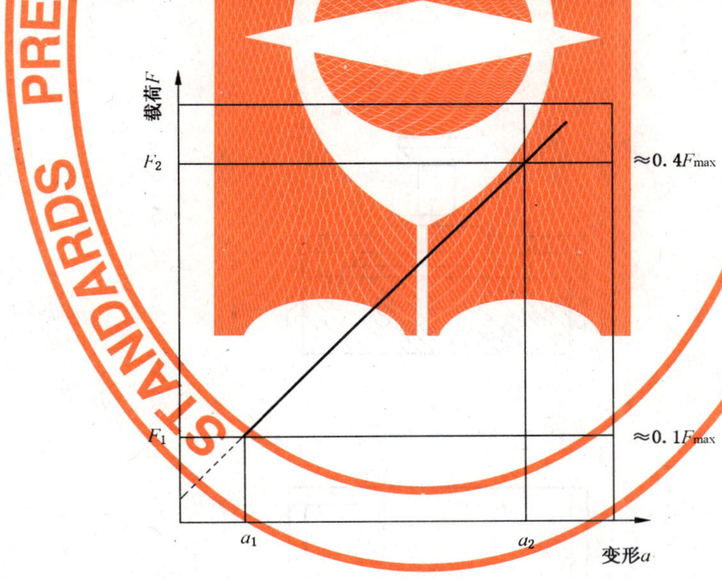

图 3 弹性变形范围内的载荷-挠度曲线

6.9 表面结合强度测定

6.9.1 原理

确定表面层垂直于板面最大破坏力与试件胶合表面积之比。

6.9.2 仪器设备

6.9.2.1 木材万能力学试验机，精度 1 N。

6.9.2.2 铣刀。

6.9.2.3 专用卡头，见图 4。

单位为毫米

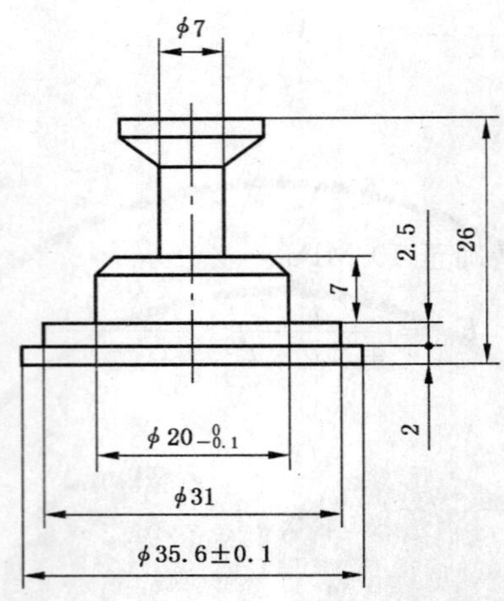

图 4 专用卡头

6.9.2.4 对中钢框，见图 5。

单位为毫米

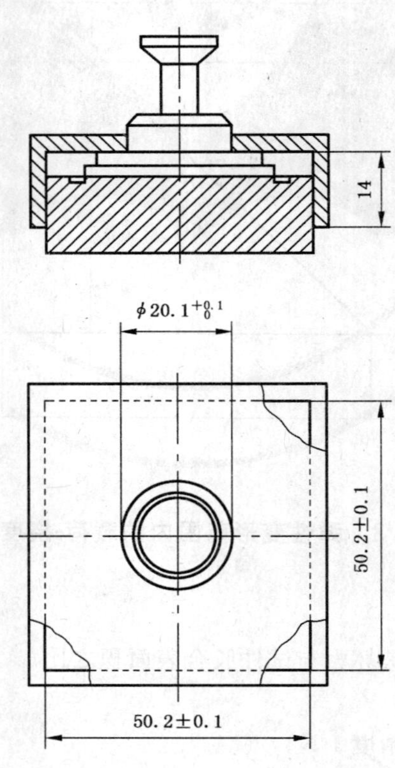

图 5 对中钢框

6.9.2.5 钢垫片,见图6。

单位为毫米

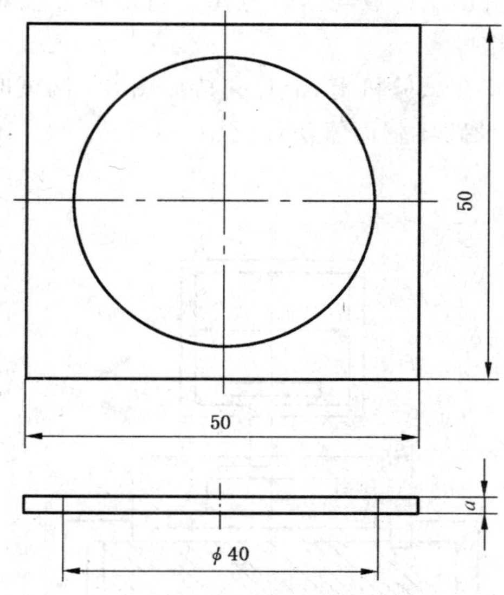

a=2 mm~3 mm。

图6 钢垫片

6.9.2.6 游标卡尺,分度值0.1 mm。

6.9.3 试件尺寸

长度 l=(50±1)mm,宽度 b=(50±1)mm。

6.9.4 方法

6.9.4.1 试件在温度(20±2)℃、相对湿度(65±5)%条件下放至质量恒定。

6.9.4.2 按试件上下两个不同表面分为两组,其中一组(四个试件)测定上表面,另一组(四个试件)测定下表面。在试件表面用铣刀铣一环形槽,槽的内径为35.6 mm~35.7 mm(圆面积约为1 000 mm²),深度为(0.3±0.1)mm,见图7。

单位为毫米

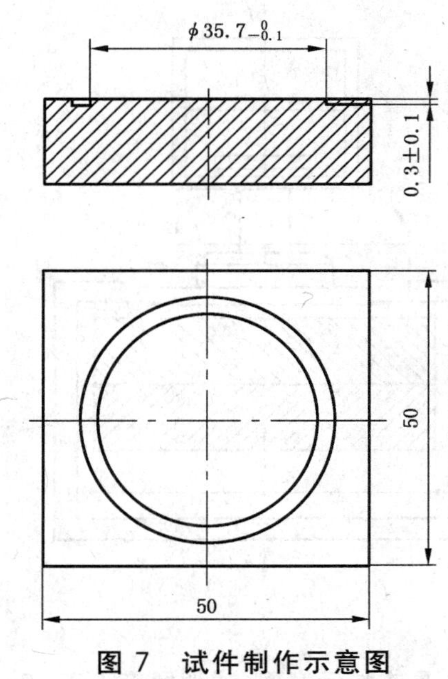

图7 试件制作示意图

6.9.4.3 用熔点低于150 ℃已融化的热熔胶，均匀涂布在专用卡头上，最大用胶量为0.3 g。同时使用对中钢框将卡头准确定位于试件表面。对中时，可施加轻微压力，直至热熔胶冷却固化。若胶溢入槽内，可用小刀沿环形槽割划，使溢流出来的胶与卡头分离。若加热过程对表面结合强度有负面影响，则应使用冷固化环氧树脂胶代替热熔胶。

6.9.4.4 胶冷却固化后，将试件装在试验机上，卡具夹持见图8。测试时应均匀施加载荷，从加载开始应在(60±30)s内使试件破坏，记录破坏载荷值，精确至1 N。

单位为毫米

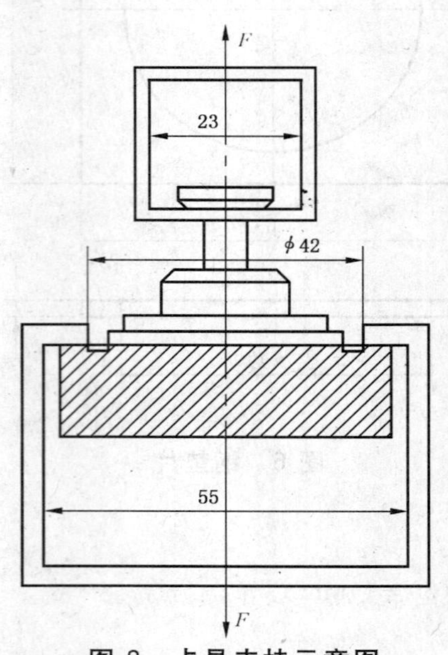

图8 卡具夹持示意图

6.9.4.5 当试件厚度小于15 mm，试件的背面应用至少厚10 mm、规格为50 mm×50 mm的钢板粘结。当试件厚度小于10 mm，还应在试件与卡具之间增垫一片厚2 mm～3 mm、规格为50 mm×50 mm、带中心圆孔(直径40 mm)的钢垫片，见图9。

单位为毫米

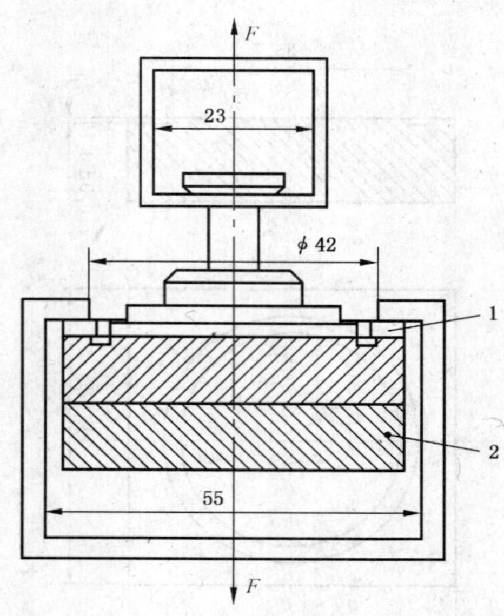

1——钢垫片；
2——钢板。

图9 卡具夹持示意图(试件厚度小于10 mm)

6.9.4.6 若测试时在胶层破坏，则该试件的测试结果不计，应在原试样上另取试件重测。

6.9.5 结果表示

每一试件的表面结合强度按式(4)计算，精确至 0.01 MPa。

$$S = \frac{F}{A} \quad \cdots\cdots (4)$$

式中：

S——试件表面结合强度，MPa；

F——试件表面层破坏时的最大载荷，N；

A——试件与卡头粘合面积，1 000 mm^2。

6.10 循环试验条件下防潮性能测定

6.10.1 原理

试件经受三次循环试验处理，每次循环包括一定温升条件的水浸泡、冷冻和烘干等。循环处理后，经再平衡，测定吸水厚度膨胀率和剩余(内结合)强度。

6.10.2 仪器

6.10.2.1 恒温水槽，可保持水温(20±1)℃；

6.10.2.2 冷冻冰箱，可保持恒温(−12 ℃～−25 ℃)，放入试件后能在 1 h 内恢复到此温度范围；

6.10.2.3 空气对流干燥箱，可保持恒温(70±2)℃，放入试件后能在 2 h 内达到此温度要求。

6.10.3 试件尺寸和数量

长度 l=(50±1)mm，宽度 b=(50±1)mm；各 8 块，图 1 其他位置。

6.10.4 方法

6.10.4.1 试件条件

试件在温度(20±2)℃、相对湿度(65±5)%条件下放至质量恒定。

6.10.4.2 试件尺寸的测量

按 GB/T 17657 规定的试件尺寸的测量方法进行。

6.10.4.3 第一次循环

6.10.4.3.1 将试件浸于 pH 值为 7±1，温度为(20±1)℃的水中；试件之间，以及试件与水槽底部和槽壁之间至少相距 15 mm。试件上端距水面(25±5)mm。浸泡(70±1)h。

6.10.4.3.2 浸泡后，从水槽中取出试件，擦干试件表面附水，将试件放入温度为−12 ℃～−25 ℃的冷冻冰箱中，试件之间相互间隔至少 15 mm。冷冻(24±1)h。

6.10.4.3.3 冷冻后，从冷冻冰箱中取出试件，立即放入温度为(70±2)℃的空气对流干燥箱中，试件之间相互间隔至少 15 mm。试件的总体积不应超过干燥箱容积的 10%。烘干(70±1)h。

6.10.4.3.4 烘干后，从干燥箱中取出试件，放置在(20±5)℃的室温下冷却。试件之间相互间隔至少 15 mm。冷却(4±0.5)h。

6.10.4.3.5 试件在浸泡、冷冻、烘干、冷却过程中，应始终保持同样一边位置不变，垂直放置。

6.10.4.4 第二次循环

第一次循环结束后，将试件垂直反转 180°至相对边，并保持此位置不变，二次进行水浸泡、冷冻、烘干和冷却处理，见 6.10.4.3。

6.10.4.5 第三次循环

第二次循环结束后，再将试件垂直反转 180°至相对边(即第一次循环时的直立位置)，并保持此位置不变，再次进行水浸泡、冷冻和烘干处理，见 6.10.4.3.1、6.10.4.3.2 和 6.10.4.3.3。

6.10.4.6 **再平衡处理**

第三次循环烘干后，从干燥箱中取出试件，放在温度(20±2)℃、相对湿度(65±5)%条件下至质量恒定后测量试件厚度。

6.10.5 **结果表示**

6.10.5.1 按6.6规定计算吸水厚度膨胀率。

6.10.5.2 按6.7测定内结合强度，试件尺寸按循环处理前的尺寸。在粘结试件前，可用细砂纸轻砂试件表面，以消除由于循环处理导致的试件表面粗糙或轻微变形。

6.11 **沸腾试验**

6.11.1 **原理**

确定试件经沸水煮、干燥后的内结合强度。

6.11.2 **仪器**

6.11.2.1 温控水槽，可按一定的升温速度达到沸点，并维持沸腾时间大于等于2 h。

6.11.2.2 空气对流干燥箱，可保持恒温(70±2)℃。

6.11.3 **试件尺寸和数量**

长度 l=(50±1)mm，宽度 b=(50±1)mm；8块，图1其他位置。

6.11.4 **方法**

6.11.4.1 试件在(20±2)℃、相对湿度(65±5)%条件下放至质量恒定。

6.11.4.2 测量试件长度和宽度，按GB/T 17657规定的试件尺寸的测量方法进行。

6.11.4.3 把试件放在温度为(20±5)℃，pH值为7±1的水中，水深(75±25)mm。试件之间，以及试件与水槽底部和槽壁之间至少相距15mm，以使水自由循环流动，整个处理过程应始终保持上述间距。每次试验开始应更换清洁水。

6.11.4.4 在(90±10)min内缓慢匀速加热至沸点(约100 ℃)，立即开始计时，试件继续在沸水中煮(120±5)min。沸水应保持平缓沸腾，不应过于猛烈或出现强烈紊动，或水位低于试件表面。

6.11.4.5 沸水煮后，取出试件，垂直放入温度为(20±5)℃的水中浸泡(60±5)min。浸泡过程保持试件之间，以及试件与水槽底部和槽壁之间至少相距15 mm。

6.11.4.6 浸泡后，取出试件拭干，平放在温度为(70±2)℃的空气对流干燥箱中烘干(960±15)min。干燥后取出试件，冷却至室温。

6.11.4.7 若试件表面粗糙不平，可用细砂纸轻砂表面，按6.7测定内结合强度，试件尺寸按水煮前的尺寸。

6.12 **湿静曲强度测定**

6.12.1 **原理**

确定试件经热水浸泡2 h后的湿静曲强度。

6.12.2 **仪器**

6.12.2.1 水槽，带不锈钢盖，见图10。

—— 对于方法A，可保持恒温(70±3)℃；

——对于方法B，可保持平缓沸腾(约100 ℃)，沸水不应过于猛烈或强烈紊动，或水位低于试件表面。

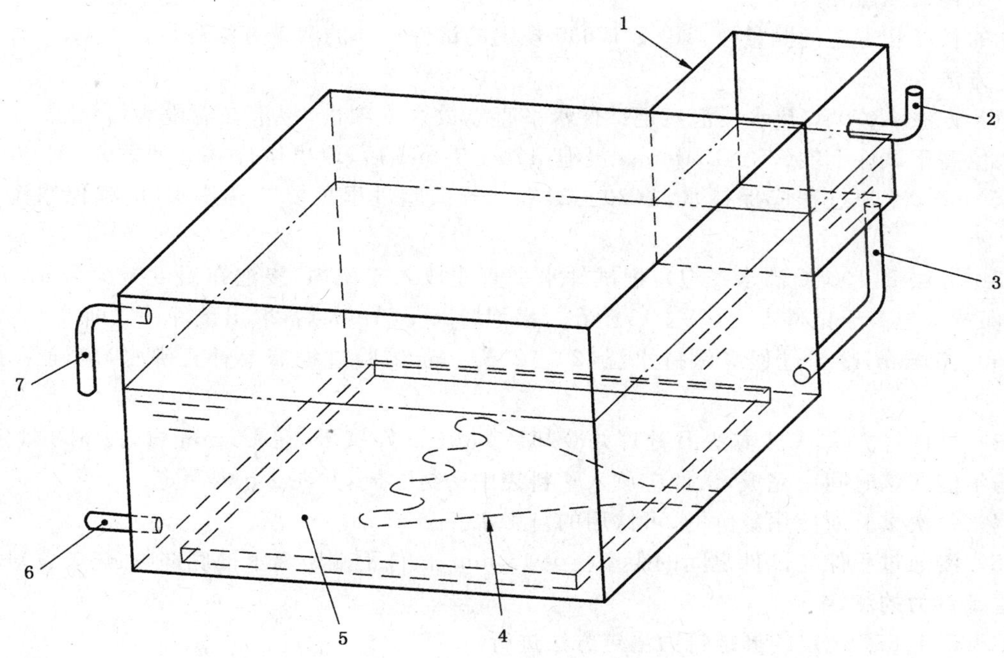

1——贮水箱；
2——进水管；
3——导水连通管；
4——加热装置；
5——隔板；
6——排水管；
7——溢流管。

图 10 水槽示意图

6.12.2.2 支架，见图 11。

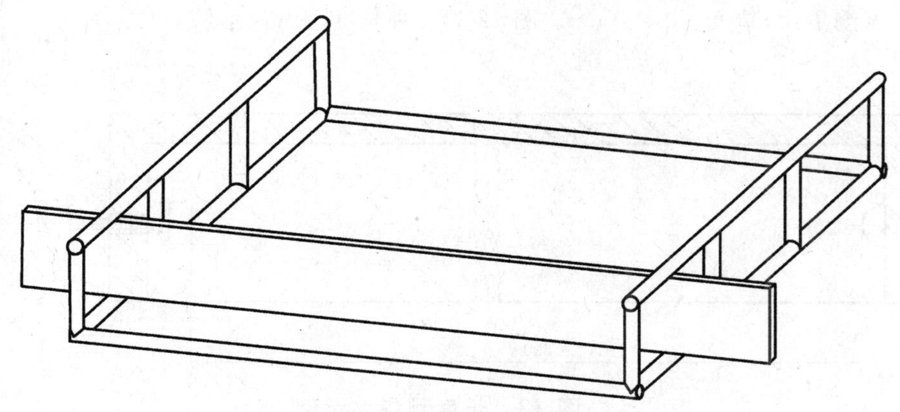

图 11 试件支撑示意图

6.12.3 试件尺寸和数量

长度 l_1＝[(20t＋50)±2]mm，t 为试件公称厚度，150 mm≤l_1≤1 050 mm；

宽度 b＝(50±1)mm；

数量：纵横各 3。

6.12.4 试件平衡处理

试件在温度(20±2)℃、相对湿度(65±5)%条件下放至质量恒定。

6.12.5 试件的测量

试件的长度和宽度的测量按 GB/T 17657 规定的试件尺寸的测量方法进行。

6.12.6 方法

6.12.6.1 方法 A(70 ℃热水浸泡):把试件水平直立放入支架内,浸泡在温度为(70±3)℃的热水中,并保持水位高于试件上端(75±15)mm。浸泡(120±5)min 后,取出试件并立即放入(20±2)℃水中冷却(60±5)min,冷却过程应保持水温(20±2)℃。若试验过程需要补充热水,应确保水温保持(70±3)℃。

6.12.6.2 方法 B(100 ℃沸水浸泡):把试件水平直立放入支架内,浸泡在温度至少为 97 ℃的平缓沸水中,并保持水位高于试件上端(75±15)mm。浸泡(120±5)min 后,取出试件并立即放入(20±2)℃水中冷却(60±5)min,冷却过程应保持水温(20±2)℃。若试验过程需要补充沸水,应确保水温至少为 97 ℃。

6.12.6.3 试件经方法 A 或方法 B 处理并冷却后,取出试件拭干,在 15 min 内,按 6.8 规定测定静曲强度。若不能在该时间内完成,试件应放入塑料袋中密封贮放,并在 4 h 内测定。

6.12.6.4 每次试验应使用新鲜的、可饮用的自来水。

6.12.6.5 浸泡过程保持试件之间的距离至少 15 mm,试件下端距离水槽底部(加热装置)40 mm。

6.13 握螺钉力的测定

按 GB/T 17657 规定的握螺钉力测定方法进行。

6.14 含砂量的测定

按 GB/T 17657 规定的含砂量测定方法进行。

6.15 表面吸收性能的测定

按 GB/T 17657 规定的表面吸收性能测定方法进行。

6.16 尺寸稳定性的测定

6.16.1 原理

确定试件在温度 20 ℃时,由于相对湿度的变化而引起的尺寸变化。

6.16.2 仪器

6.16.2.1 千分尺,分度值 0.01 mm。

6.16.2.2 长度测量仪,精度±0.01 mm。图 12 为一种长度测量仪示例。

单位为毫米

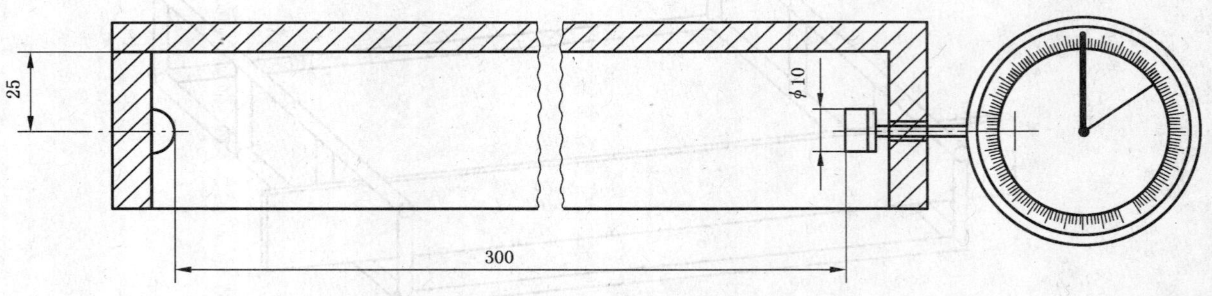

图 12 长度测量仪示例

6.16.2.3 校准杆,足够长度的不锈钢杆,校正测量仪长度,校准杆读数值在 0.01 mm 以内。

6.16.2.4 恒温恒湿箱,温度误差±1 ℃,相对湿度误差±3%。

6.16.2.5 湿度计,可测量和记录恒温恒湿箱内的空气相对湿度,精度为±1%。

6.16.2.6 温度计,可测量和记录恒温恒湿箱内的温度,精度为±0.5℃。

6.16.3 试件尺寸

长度 l=(300±1)mm;宽度 b=(50±1)mm。

6.16.4 方法

6.16.4.1 试件厚度和长度测量点

a) 厚度测量点：记号位于离试件端部 50 mm 的中心线上，如图 13。试件表面可用墨水作记号，也可采用其他有效的记号，以保证每一次测量在同一点进行。

b) 长度测量点：合适的参照系统包括胶合在试件端部的、厚度至少为 1 mm 的玻璃板。另一可选择的参照系统是金属扣，相隔 250 mm，距端部 25 mm。金属扣可用机械方式固定或胶合在试件表面。不能采用水溶性或吸湿的胶黏剂。如证明可得到正确的结果，也可使用其他标记形式。

单位为毫米

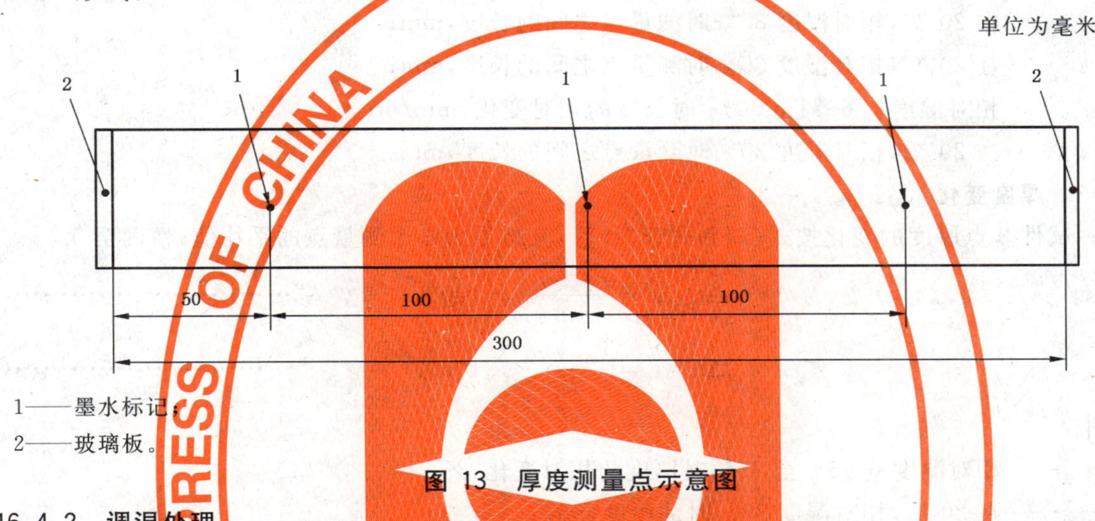

1——墨水标记；

2——玻璃板。

图 13 厚度测量点示意图

6.16.4.2 调湿处理

将试件分成两组，分别在恒温恒湿箱进行调湿处理，每一组分 3 个步骤进行。按表 16 中的每一步骤处理使试件达到恒定质量。在完成 2、3 步骤后按 6.16.4.3 测定试件长度和厚度。在试件平衡处理期间，每小时不少于 1 次进行测量并记录箱内的温度和湿度。

表 16 试件调湿处理条件

步骤	第 1 组	第 2 组
1	20 ℃，相对湿度 30%	20 ℃，相对湿度 85%
2	20 ℃，相对湿度 65%	20 ℃，相对湿度 65%
3	20 ℃，相对湿度 85%	20 ℃，相对湿度 30%

6.16.4.3 测量

在测量长度之前，用校准杆校正长度测量装置。翘曲或弯曲试件在测量时应使其平直。

试件在分别完成表 16 中 2、3 步骤后，应进行下面测量：

——长度标记之间的距离；

——试件厚度（在三个点测量厚度，见图 13）；

——试件质量。

所有测量工作应在平衡处理环境中进行，或从恒温恒湿箱中取出试件后 5 min 内完成。

6.16.4.4 干燥

在试验后，试件进行干燥并称量。

6.16.5 结果表示

6.16.5.1 含水率

表 16 中 2、3 步骤后，3 次平衡处理后的每一试件含水率，使用 6.16.4.3、6.16.4.4 所测得结果进行计算。

6.16.5.2 **长度变化**

每一试件长度的相对变化按式(5)和式(6)计算，精确至 0.1 mm/m。

$$\Delta l_{65.85} = \frac{l_{85} - l_{65}}{l_{65}} \times 1\,000 \quad \cdots\cdots(5)$$

$$\Delta l_{65.30} = \frac{l_{30} - l_{65}}{l_{65}} \times 1\,000 \quad \cdots\cdots(6)$$

式中：

$\Delta l_{65.85}$——相对湿度从 65%至 85% 时长度的相对变化，mm/m；

l_{85}——在 20 ℃，相对湿度 85%时测量点之间的长度，mm；

l_{65}——在 20 ℃，相对湿度 65%时测量点之间的长度，mm；

$\Delta l_{65.30}$——相对湿度从 65%至 30% 时长度的相对变化，mm/m；

l_{30}——在 20 ℃，相对湿度 30%时测量点之间的长度，mm。

6.16.5.3 **厚度变化**

每一试件 3 点厚度的变化按式(7)和式(8)计算，其结果为 3 个测量点的平均值，精确至 0.1%。

$$\Delta t_{65.85} = \frac{t_{85} - t_{65}}{t_{65}} \times 100\% \quad \cdots\cdots(7)$$

$$\Delta t_{65.30} = \frac{t_{30} - t_{65}}{t_{65}} \times 100\% \quad \cdots\cdots(8)$$

式中：

$\Delta t_{65.85}$——相对湿度从 65%至 85%时厚度的相对变化，%；

t_{85}——在 20 ℃，相对湿度 85%时的厚度，mm；

t_{65}——在 20 ℃，相对湿度 65%时的厚度，mm；

$\Delta t_{65.30}$——相对湿度从 65%至 30%时厚度的相对变化，%；

t_{30}——在 20 ℃，相对湿度 30% 时的厚度，mm。

6.16.6 **结果表示**

计算每一张板的含水率、长度和厚度变化的平均值。

7 检验规则

7.1 检验类型

7.1.1 出厂检验

出厂检验包括以下项目：

a) 外观质量检验；

b) 幅面尺寸及其偏差检验；

c) 理化性能检验：甲醛释放量、密度及板内密度偏差、含水率、吸水厚度膨胀率、内结合强度、静曲强度。

7.1.2 型式检验

型式检验除包括出厂检验的全部项目外，增加弹性模量、表面结合强度、防潮性能的检验。有下列情况之一时，应进行型式检验：

a) 当原辅材料及生产工艺发生较大变化时；

b) 长期停产恢复生产时；

c) 正常生产时，每年检验不少于四次；

d) 质量监督机构提出检验要求时。

7.2 抽样与判定规则

7.2.1 外观质量、幅面尺寸及其偏差抽样检验

采用GB/T 2828.1—2003中的一般检验水平为Ⅱ，接收质量限(AQL)为4.0的一次抽样方案，见表17。

表17 外观质量、幅面尺寸及其偏差抽样检验

批量范围	样本数	合格判定数	不合格判定数	样本合格数
51～90	13	1	2	12
91～150	20	2	3	18
151～280	32	3	4	29
281～500	50	5	6	45
501～1 200	80	7	8	73
1 201～3 200	125	10	11	115
3 201～10 000	200	14	15	186
10 001～35 000	315	21	22	294
35 001～150 000	500	21	22	479

7.2.2 理化性能抽样检验

7.2.2.1 对成批拨交的出厂检验或型式检验实施的抽样以及质量统计量的计算

采用一次抽样方案，同一种规格连续生产的产品至少随机抽取4张样板用于测试甲醛释放量、吸水厚度膨胀率、内结合强度、静曲强度和弹性模量、表面结合强度、防潮性能、含水率、密度及板内密度偏差。其中吸水厚度膨胀率、内结合强度、静曲强度和弹性模量、表面结合强度及防潮性能按LY/T 1717—2007中5.3.2规定计算单侧上、下规格限质量统计量Q_u、Q_L。

7.2.2.2 对已验收合格的产品总体实施质量监督的抽样以及质量统计量的计算

从同一种规格连续生产的产品中随机抽取三张样板，任取一张用于测试甲醛释放量、吸水厚度膨胀率、内结合强度、静曲强度和弹性模量、表面结合强度、防潮性能、含水率、密度及板内密度偏差。其中吸水厚度膨胀率、内结合强度、静曲强度和弹性模量、表面结合强度及防潮性能按LY/T 1717—2007中6.2规定计算单侧上、下规格限质量统计量Q_u、Q_L。另两张样板用于复检和(或)增加样板量。

7.2.3 判定规则

样板的外观质量、幅面尺寸及其偏差和理化性能符合下列要求时，判为合格，否则判为不合格。

—— 外观质量、幅面尺寸及偏差应符合5.1、5.2和表17的规定；

——至少95%的单张样板的密度及板内密度偏差、含水率应符合表3规定；

——吸水厚度膨胀率、内结合强度、静曲强度和弹性模量、表面结合强度及防潮性能的单侧上、下规格限质量统计量Q_u、Q_L的值应符合5.3相应板型的单侧上、下规格限μ_u、μ_L要求；

——对于对成批拨交的出厂检验或型式检验实施的抽样检验，每张样板的甲醛释放量应符合表14的规定；对已验收合格的产品总体实施质量监督的抽样检验，甲醛释放量应符合表14的规定，并按GB 18580的判定规则与复检规则进行；

——若需方对其他性能提出要求，则所检验的其他性能的算术平均值应符合供需双方确定的规格限要求。

7.2.4 检验时限

如需方要求对拨交的产品进行检验时，应从发货之日起三个月内向供方提出，并请法定检验机构按本标准进行检验。对于质量监督检验，则样品应在检验前半年内生产的产品中抽取。

7.3 产品的计量

产品以立方米为计量单位(允许偏差不应计算在内)。成批拨交时,计量应精确至 0.01 m^3,测算单张板时应精确至 0.000 01 m^3。

8 标志、包装、运输和贮存

8.1 标志

产品应加盖表明产品类型符号(见表 1)、幅面尺寸、生产日期和甲醛释放限量等标志。需方自用的产品,或厚度小于等于 6 mm 的产品且供需合同规定不需加盖产品标志的,可不加盖产品标志。

8.2 包装

应按不同类型、规格分别妥善包装。每个包装应附有注明产品名称、类型、等级、生产厂名、商标、幅面尺寸、数量、产品标准号、生产许可证编号、QS 标志和甲醛释放限量标志的检验标签。

8.3 运输和贮存

产品在运输和贮存过程中应注意防潮、防雨、防晒、防变形。

附 录 A
(规范性附录)
甲醛释放量测定 1 m³ 气候箱法

A.1 原理

将 1 m^2 表面积的样品放入温度、相对湿度、空气流速和空气置换率控制在一定值的气候箱内。甲醛从样品中释放出来，与箱内空气混合，定期抽取箱内空气，将抽出的空气通过盛有蒸馏水的吸收瓶，空气中的甲醛全部溶入水中；测定吸收液中的甲醛量及抽取的空气体积，计算出每立方米空气中的甲醛量，以毫克每立方米(mg/m^3)表示，抽气是周期性的，直到气候箱内的空气中甲醛浓度达到稳定状态为止。

A.2 设备及仪器

A.2.1 1 m^3 气候箱

气候箱参数、技术要求应满足 LY/T 1612—2004 规定。

A.2.2 空气抽样系统

空气抽样系统包括：抽样管、2 个 100 mL 的吸收瓶、硅胶干燥器、气体抽样泵、气体流量计、气体计量表。

A.2.3 恒温恒湿室

室内保持相对湿度(50±5)%，温度(23±1)℃，且空气置换率至少为 1/h。

A.2.4 化学分析仪器

——分光光度计，光程至少 50 mm；
——水浴锅，可保持在(60±1)℃恒温；
——容量瓶，6 个，100 mL(在 20 ℃校准)；
——容量瓶，2 个，1 000 mL(在 20 ℃校准)；
——移液管，5 mL、10 mL、15 mL、20 mL、25 mL、50 mL 和 100 mL(在 20 ℃校准)；
——微量滴定管；
——带塞烧瓶，6 个，50 mL；
——天平，刻度 0.001 g。

A.3 试剂

A.3.1 乙酰丙酮溶液：4 mL 的乙酰丙酮加入一个 1 000 mL 的容量瓶中，加入水至 1 000 mL 刻度。

A.3.2 乙酸铵溶液：200 g 的乙酸铵溶于一个 1 000 mL 的容量瓶中的水中，加入水至 1 000 mL 刻度。

A.3.3 标准碘溶液，$c(I_2)=0.05$ mol/L。

A.3.4 标准硫代硫酸钠溶液，$c(Na_2S_2O_3)=0.1$ mol/L。

A.3.5 标准氢氧化钠溶液，$c(NaOH)=1$ mol/L。

A.3.6 标准硫酸溶液，$c(H_2SO_4)=1$ mol/L。

A.3.7 淀粉溶液，1%(按重量比)。

A.4 试件

A.4.1 试件尺寸和数量

长度 $l=(500\pm5)$mm，宽度 $b=(500\pm5)$mm，2 块(总表面积为 1 m^2)。

A.4.2　试件平衡处理

试件应在(23±1)℃、相对湿度(50±5)%的条件下放置(15±2)天，试件之间相距至少25 mm，恒温恒湿室内空气置换率至少为1/h。按A.5.4.2测定室内空气背景浓度，不应超过0.10 mg/m^3。

如果试件没有立即进行平衡和测定，应用塑料膜包裹，而且储存时间不超过7天。

注：如果使用空气净化装置来保持背景浓度<0.10 mg/m^3，那么也可以使用通风能力低的恒温恒湿室。

A.4.3　试件侧边的密封

平衡后，采用不含甲醛的铝胶带封边，未封边的长度 L 与试件表面积的比例为 $L/A=1.5\ m/m^2$。即每个试件未封边长度为 $L=0.5\ m^2\times1.5\ m/m^2=0.75\ m$。

A.5　试验步骤

A.5.1　试验条件

在试验过程中，气候箱内保持下列条件：

——温度：(23±0.5)℃；

——相对湿度：(50±3)%；

——承载率：(1.0±0.02)m^2/m^3；

——空气置换率：(1.0±0.05)h^{-1}；

——试样表面空气流速：0.1 m/s～0.3 m/s；

——试样在气候箱的中心垂直放置，表面与空气流动方向平行。

A.5.2　空气取样

——先将空气抽样系统与气候箱的空气出口相连接。2个吸收瓶(气体洗瓶)中各加入25 mL蒸馏水，串联在一起。开动抽气泵，抽气速度控制在2 L/min左右，每次至少抽取120 L空气；

——将2个气体洗瓶的溶液充分混合，备用；

——取样时记录室内环境温度；

——对于较低浓度的测定，应增加取样的空气体积，或减少吸收液的体积。也可采用荧光法测定，以提高分析的灵敏性。此外，吸收溶液的重量损失应通过称重来测定，同时，应保证气体洗瓶插管上方的水位足够高。

A.5.3　测试期限

在测试的第一天，不需要取样；然后从第2天至第5天，每天取样2次。每次取样的时间间隔应超过3 h。在经过前三天后，如果达到稳定状态，即可停止取样。

当最后4次测定的甲醛浓度的平均值与最大值(或最小值)之间的偏差值低于5%，或低于0.005 mg/m^3，即可认为达到稳定状态。具体如下：

——平均值：$v=(B_n+B_{n-1}+B_{n-2}+B_{n-3})/4$；

——偏差值：d=最大绝对值[$(v-B_n)$，$(v-B_{n-1})$，$(v-B_{n-2})$，$(v-B_{n-3})$]；

——达到稳定状态：$(d/v)\times100<5\%$，或 $d<0.005\ mg/m^3$。

其中：B_n 是最后一次浓度测定值，B_{n-1} 是倒数第二次浓度测定值，依次类推。

如果在前五天没有达到稳定状态，取样次数应降为1次/天，直至达到稳定状态，或者是连续测试28天，然后停止测试。

A.5.4　甲醛释放量分析

A.5.4.1　标准曲线

根据甲醛溶液浓度与吸光度的关系绘制标准曲线(见图A.1)，其浓度用碘量法测定。标准曲线每月至少检查一次。

a)　甲醛溶液标定

把大约1 g甲醛溶液(浓度35%～40%)移至1 000 mL容量瓶中，并用蒸馏水稀释至刻度。甲醛溶液浓度按下述方法标定：

量取 20 mL 甲醛溶液与 25 mL 碘标准溶液(0.05 mol/L)、10 mL 氢氧化钠标准溶液(1 mol/L)于 100 mL 带塞三角烧瓶中混合。静置暗处 15 min 后,把 1 mol/L 硫酸溶液 15 mL 加入到混合液中。多余的碘用 0.1 mol/L 硫代硫酸钠溶液滴定,滴定接近终点时,加入几滴 1%淀粉指示剂,继续滴定到溶液变为无色为止。同时用 20 mL 蒸馏水做平行试验。甲醛溶液浓度按式(A.1)计算:

$$c_1(\mathrm{HCHO}) = (V_0 - V) \times 15 \times c_2 \times 1\,000/20 \qquad (A.1)$$

式中:

c_1——甲醛浓度,mg/L;

V_0——滴定空白液所用的硫代硫酸钠标准溶液的体积,mL;

V——滴定甲醛溶液所用的硫代硫酸钠标准溶液的体积,mL;

15——甲醛($1/2CH_2O$)摩尔质量,g/mol;

c_2——硫代硫酸钠溶液的浓度,mol/L。

注:1 mL 0.1 mol/L 硫代硫酸钠相当于 1 mL 0.05 mol/L 的碘溶液和 1.5 mg 的甲醛。

b) 甲醛校定溶液

按 a)中确定的甲醛溶液浓度,计算含有甲醛 3 mg 的甲醛溶液的体积。用移液管移取该体积的甲醛溶液到 1 000 mL 容量瓶中,并用蒸馏水稀释到刻度,则 1 mL 校定溶液中含有 3 μg 甲醛。

c) 标准曲线的绘制

把 5 mL,10 mL,20 mL,50 mL 和 100 mL 的甲醛校定溶液分别移加到 100 mL 容量瓶中,并用蒸馏水稀释到刻度。然后分别取出 10 mL 溶液,按 A.5.4.2 所述方法进行吸光度测量分析。根据甲醛浓度(0~3 mg/L 之间)吸光情况绘制标准曲线(图 A.1)。斜率由标准曲线计算确定,保留四位有效数字。

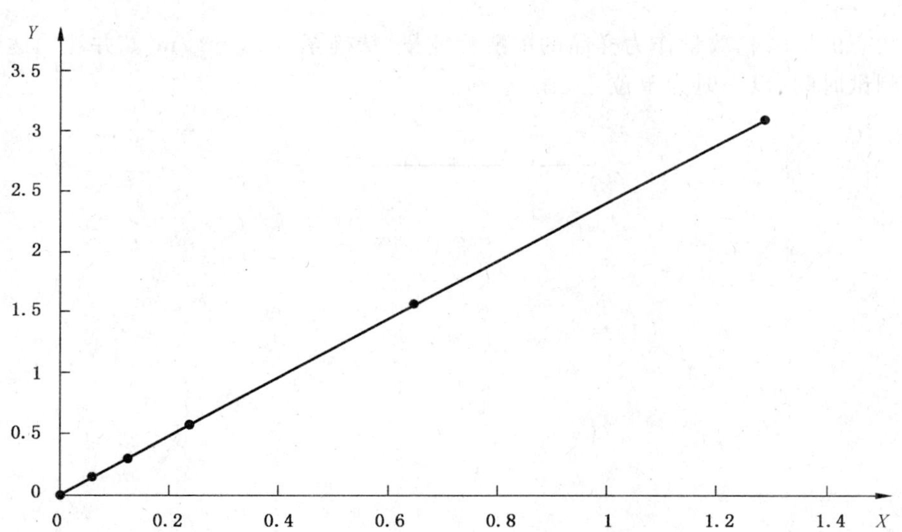

X——吸光度,$A_s - A_b$;

Y——甲醛校定溶液的浓度,$c_1 \times 10^{-3}$ mg/mL。

图 A.1 标准曲线

A.5.4.2 吸收液中甲醛含量测定

移取 10 mL 的吸收液至 50 mL 的烧瓶中,然后加入 10 mL 的乙酰丙酮溶液,再加入 10 mL 的乙酸铵溶液。塞上瓶塞,摇匀,再放到(60±1)℃的水槽中加热 10 min,然后把这种黄绿色的溶液静置在暗处,冷却至室温(18 ℃~28 ℃,约 1 h)。在分光光度计上 412 nm 处,以蒸馏水作为对比溶液,调零,测定吸收液的吸光度 A_s,同时用蒸馏水代替吸收液作空白试验,确定空白值 A_b。

吸收液中甲醛量按式(A.2)计算，精确至0.1 mg/L。

$$G = f \times (A_s - A_b) \times V_{sol} \qquad \text{(A.2)}$$

式中：

G——吸收液中甲醛含量，mg；

f——标准曲线斜率，mg/L；

A_s——待测液的吸光度；

A_b——蒸馏水的吸光度；

V_{sol}——吸收液体积，mL。

A.5.4.3 甲醛释放量计算

样品的甲醛释放量按式(A.3)计算，精确至0.01 mg/m³。

$$c = G_n / V_{air} \qquad \text{(A.3)}$$

式中：

c——甲醛释放量，mg/m³；

G_n——吸收液中甲醛总量，mg；

V_{air}——抽取的空气体积(校准到标准温度23 ℃时的体积)，m³。

A.6 稳定状态的甲醛释放量

当达到稳定状态(见A.5.3)，甲醛释放量为最后四次测定值的算术平均值。

如果测试在28天内没有达到稳定状态，甲醛释放量不能记录。在这种情况下，最后四次测定值的算术平均值可以记录为“临时甲醛释放量”，随附说明“稳定状态没有达到”。

A.7 结果表示

达到稳定状态的甲醛释放量作为样品的甲醛释放量，精确至0.01 mg/m³。并注明达到稳定状态的甲醛释放量的测试时间(以小时为单位)。

ICS 91.100.30
Q 14

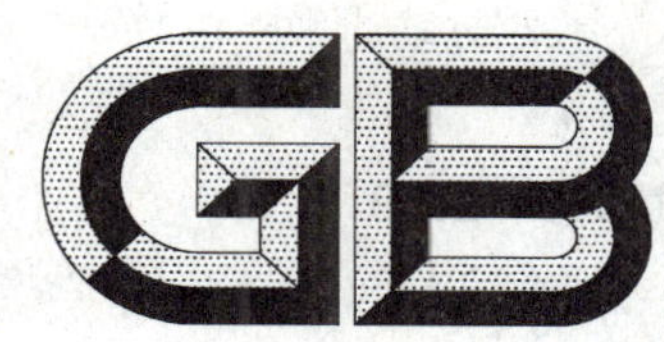

中华人民共和国国家标准

GB/T 11836—2009
代替 GB/T 11836—1999

混凝土和钢筋混凝土排水管

Concrete and reinforced concrete sewer pipes

2009-03-09 发布　　2009-11-05 实施

中华人民共和国国家质量监督检验检疫总局
中国国家标准化管理委员会　发布

前言

本标准代替 GB/T 11836—1999《混凝土和钢筋混凝土排水管》。

本标准与 GB/T 11836—1999 的主要差异如下：

——调整了部分规范性引用文件(第 2 章)；

——增加了术语和定义章节(第 3 章)；

——扩大了产品规格范围，补充了柔性接头的排水管品种(第 4 章)；

——修改了钢筋骨架制作规定(第 5 章)；

——完善了技术要求内容(第 6 章)；

——修改了检验批量和判定规则(第 8 章)。

本标准附录 A 为资料性附录。

本标准由中国建筑材料联合会提出。

本标准由全国水泥制品标准化技术委员会(SAC/TC 197)归口。

本标准由苏州混凝土水泥制品研究院、北京韩建集团有限公司负责起草。

本标准参加起草单位：北京市市政工程研究院、北京市市政工程设计研究总院、武汉双强水泥制品有限责任公司、上海水泥制管厂、上海浦东混凝土制品有限公司、昆明顺弘水泥制管有限公司、南宁鸿基水泥制品有限责任公司、新疆城建(集团)股份有限公司、秦皇岛市抚宁水泥管材有限公司、昆明预达制管有限责任公司、北京远通水泥制品有限公司、三河市三友建材有限公司、湖北中南管道有限公司、上海闵马水泥制管有限公司、昆山巴城水泥制品有限公司、浙江巨龙管业集团有限公司、厦门千秋业水泥制品有限公司、福建石狮永前建材有限公司、唐山市永宏水泥制品有限公司、秦皇岛红旗管业有限公司、天津万联管道工程有限公司、山东山水水泥集团有限公司管道分公司、邹平禹王水泥制品有限公司、桓台县志达水泥制品厂、维坊双龙管道有限公司、浙江南洋水泥制品有限公司、嘉善宏泰构件有限公司、无锡市广益水泥制品厂、辽宁北票电力电杆制造有限公司、辽阳县小屯水泥制品厂、重庆蓬盛水泥制品有限公司、天津泽宝水泥制品有限公司、深圳深罗水泥制品厂、嘉华多伦建筑制品(深圳)有限公司、吉林电力管道工程总公司、南安市方圆水泥制品有限公司、北京诚丰建材制品有限公司、邹平县天元水泥制品厂、广州市番禺奔达水泥制品有限公司、苏州科星混凝土水泥制品装备有限公司、南京费隆复合材料有限责任公司水泥制品机械厂、江都市建材机械厂、沧州宇通建材机械有限公司、沧州华强建材水泥制品机械厂、唐山市天泽专用焊接设备有限公司、洛阳旭辰机械设备有限公司。

本标准主要起草人：沈丽华、王贯明、王憬山、王乃震、刘江宁、张吟秋、田培云、吕根喜、王泽生、何栋、王辉、纪爱民、王志峰、李曦临、王世民、李凤雏、余洪方、崔宁。

本标准 1989 年首次发布；1999 年第一次修订，本次为第二次修订。

混凝土和钢筋混凝土排水管

1 范围

本标准规定了混凝土和钢筋混凝土排水管的分类、原材料、要求、试验方法、检验规则、标志、包装、运输、贮存和产品出厂证明书等内容。

本标准适用于采用离心、悬辊、芯模振动、立式挤压及其他方法成型的混凝土和钢筋混凝土排水管。

本标准适用于雨水、污水、引水及农田排灌等重力流管道的管子。生产其他用途(如需要特殊防腐)的混凝土和钢筋混凝土排水管,由供需双方协商,可参照本标准执行。

按本标准生产的管子适用于开槽施工、顶进施工及其他施工方法。

2 规范性引用文件

下列文件中的条款通过本标准的引用而成为本标准的条款。凡是注日期的引用文件,其随后所有的修改单(不包括勘误的内容)或修订版均不适用于本标准,然而,鼓励根据本标准达成协议的各方研究是否可使用这些文件的最新版本。凡是不注日期的引用文件,其最新版本适用于本标准。

GB 175 通用硅酸盐水泥

GB/T 700 碳素结构钢

GB 748 抗硫酸盐硅酸盐水泥

GB 1499.1—2008 钢筋混凝土用钢 第1部分:热轧光圆钢筋

GB 1499.2—2007 钢筋混凝土用钢 第2部分:热轧带肋钢筋

GB/T 3274 碳素结构钢和低合金结构钢 热轧厚钢板和钢带

GB 8076 混凝土外加剂

GB/T 11837 混凝土管用混凝土抗压强度试验方法

GB 13788 冷轧带肋钢筋

GB/T 14684 建筑用砂

GB/T 14685 建筑用卵石、碎石

GB/T 16752 混凝土和钢筋混凝土排水管试验方法

GB 20472 硫铝酸盐水泥

GB 50204 混凝土结构工程施工质量验收规范

GBJ 107 混凝土强度检验评定标准

JC/T 540 混凝土制品用低碳冷拔钢丝

JGJ 63 混凝土用水标准

JGJ 95 冷轧带肋钢筋混凝土结构技术规程

3 术语和定义

下列术语和定义适用于本标准。

3.1

混凝土管 concrete pipe (CP)

管壁内不配置钢筋骨架的混凝土圆管。

3.2

钢筋混凝土管 reinforced concrete pipe (RCP)

管壁内配置有单层或多层钢筋骨架的混凝土圆管。

3.3

刚性接头　rigid joint

在工作状态下，相邻管端不具备角变位和轴向线位移功能的接头。如采用石棉水泥、膨胀水泥砂浆等填料的插入式接头；水泥砂浆抹带、现浇混凝土套环接头等。

3.4

柔性接头　flexible joint

在工作状态下，相邻管端允许有一定量的相对角变位和轴向线位移的接头。如采用弹性密封圈或弹性填料的插入式接头等。

3.5

裂缝荷载　cracking load under three-edge bearing test

钢筋混凝土管按三点法试验时，管壁裂缝宽度为0.2 mm时的荷载值。

3.6

破坏荷载　ultimate load under three-edge bearing test

混凝土和钢筋混凝土管按三点法试验时，管子因破裂或管壁裂缝过大不能再继续增加荷载时的荷载值。

4　分类

4.1　产品按是否配置钢筋骨架分为混凝土管(CP)和钢筋混凝土管(RCP)，以下简称管子。按外压荷载分级，其中混凝土管分为Ⅰ、Ⅱ两级；钢筋混凝土管分为Ⅰ、Ⅱ、Ⅲ三级。混凝土管和钢筋混凝土管的规格、外压荷载和内水压力检验指标分别见表1、表2。根据工程需要，也可生产其他规格、外压荷载和内水压力检验指标的管子，其技术要求可参照本标准执行。

4.2　管子按施工方法分为开槽施工管和顶进施工管(DRCP)等。

表1　混凝土管规格、外压荷载和内水压力检验指标

公称内径 D_0/mm	有效长度 L/mm ≥	Ⅰ级管			Ⅱ级管		
		壁厚 t/mm ≥	破坏荷载/(kN/m)	内水压力/MPa	壁厚 t/mm ≥	破坏荷载/(kN/m)	内水压力/MPa
100	1 000	19	12	0.02	25	19	0.04
150		19	8		25	14	
200		22	8		27	12	
250		25	9		33	15	
300		30	10		40	18	
350		35	12		45	19	
400		40	14		47	19	
450		45	16		50	19	
500		50	17		55	21	
600		60	21		65	24	

4.3　管子按连接方式分为柔性接头管和刚性接头管。

4.3.1　柔性接头管按接头型式分为承插口管、钢承口管、企口管、双插口管和钢承插口管。

4.3.1.1　柔性接头承插口管型式分为A型、B型、C型，分别见图1、图2、图3。

4.3.1.2　柔性接头钢承口管型式分为A型、B型、C型，分别见图4、图5、图6。

4.3.1.3　柔性接头企口管型式见图7。

4.3.1.4　柔性接头双插口管型式见图8。

4.3.1.5　柔性接头钢承插口管型式见图9。

表2　钢筋混凝土管规格、外压荷载和内水压力检验指标

公称内径 D_0/mm	有效长度 L/mm ≥	Ⅰ级管				Ⅱ级管				Ⅲ级管			
		壁厚 t/mm ≥	裂缝荷载/(kN/m)	破坏荷载/(kN/m)	内水压力/MPa	壁厚 t/mm ≥	裂缝荷载/(kN/m)	破坏荷载/(kN/m)	内水压力/MPa	壁厚 t/mm ≥	裂缝荷载/(kN/m)	破坏荷载/(kN/m)	内水压力/MPa
200		30	12	18		30	15	23		30	19	29	
300		30	15	23		30	19	29		30	27	41	
400		40	17	26		40	27	41		40	35	53	
500		50	21	32		50	32	48		50	44	68	
600		55	25	38		60	40	60		60	53	80	
700		60	28	42		70	47	71		70	62	93	
800		70	33	50		80	54	81		80	71	107	
900		75	37	56		90	61	92		90	80	120	
1 000		85	40	60		100	69	100		100	89	134	
1 100		95	44	66		110	74	110		110	98	147	
1 200		100	48	72		120	81	120		120	107	161	
1 350		115	55	83		135	90	135		135	122	183	
1 400	2 000	117	57	86	0.06	140	93	140	0.10	140	126	189	0.10
1 500		125	60	90		150	99	150		150	135	203	
1 600		135	64	96		160	106	159		160	144	216	
1 650		140	66	99		165	110	170		165	148	222	
1 800		150	72	110		180	120	180		180	162	243	
2 000		170	80	120		200	134	200		200	181	272	
2 200		185	84	130		220	145	220		220	199	299	
2 400		200	90	140		230	152	230		230	217	326	
2 600		220	104	156		235	172	260		235	235	353	
2 800		235	112	168		255	185	280		255	254	381	
3 000		250	120	180		275	198	300		275	273	410	
3 200		265	128	192		290	211	317		290	292	438	
3 500		290	140	210		320	231	347		320	321	482	

4.3.2　刚性接头管按接头型式分为平口管、承插口管和企口管。

4.3.2.1　刚性接头平口管型式见图10。

4.3.2.2　刚性接头承插口管型式见图11。

4.3.2.3　刚性接头企口管型式见图12。

4.3.3　本标准所涉及管子接头详细尺寸可参照资料性附录A。

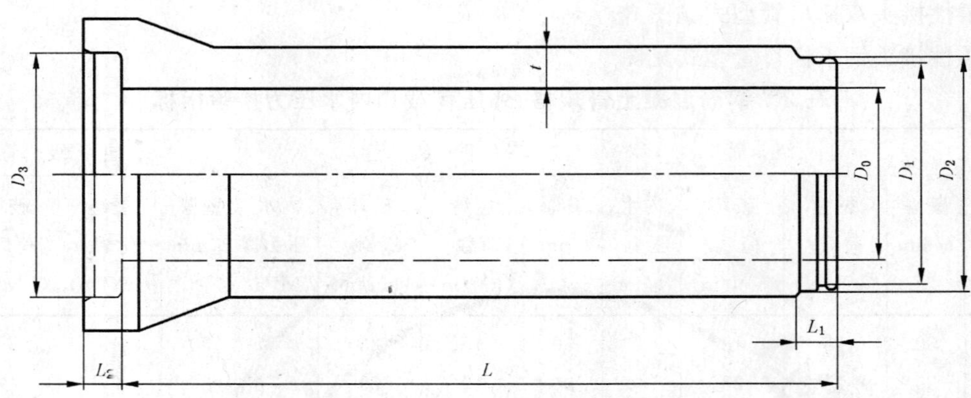

图 1 柔性接头 A 型承插口管

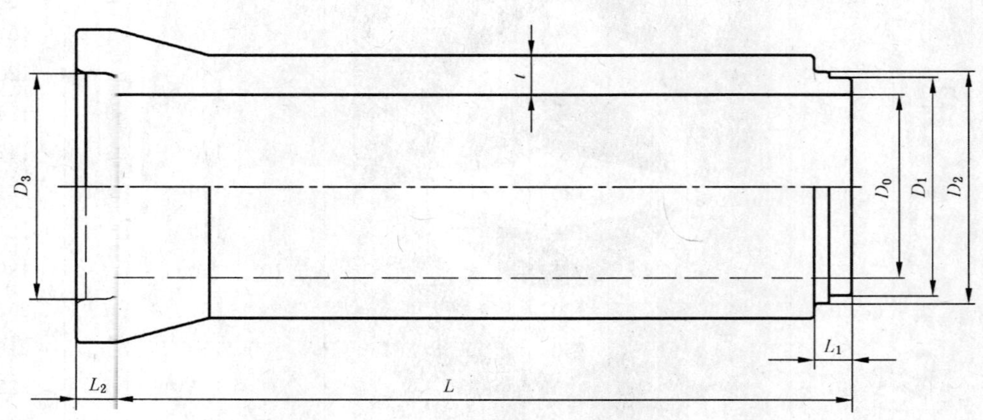

图 2 柔性接头 B 型承插口管

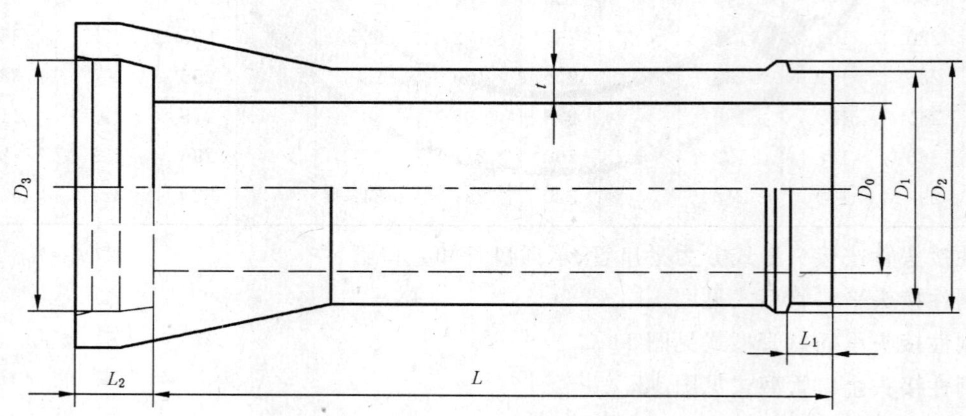

图 3 柔性接头 C 型承插口管

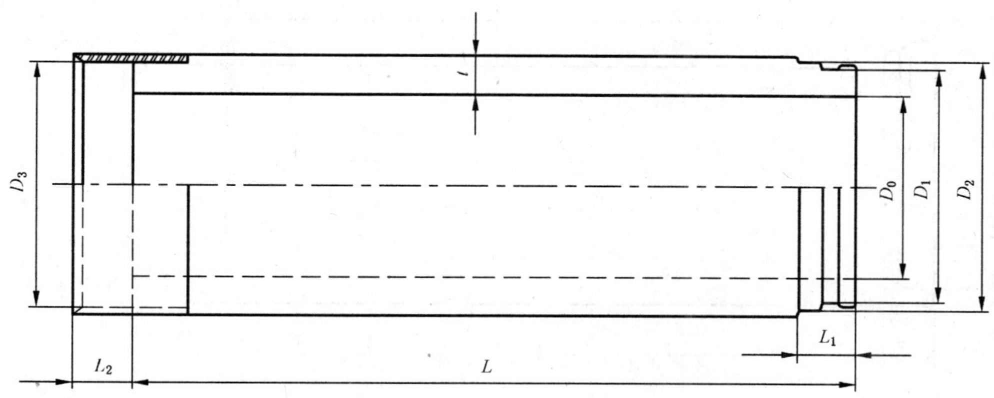

图 4 柔性接头 A 型钢承口管

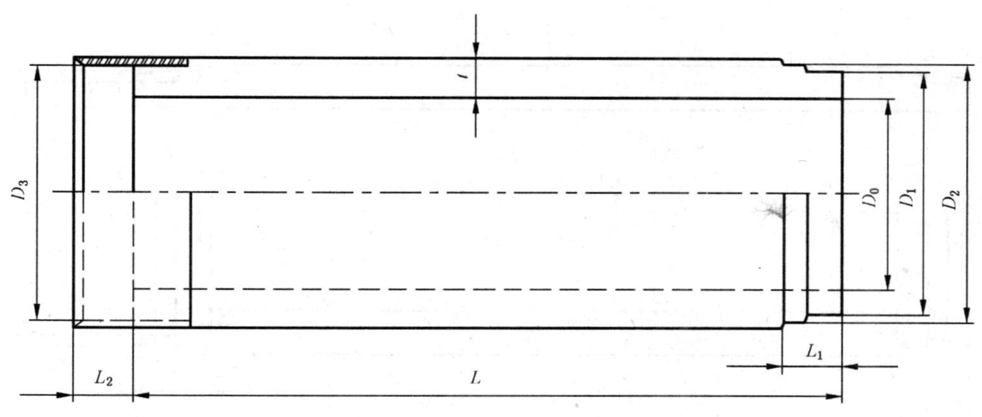

图 5 柔性接头 B 型钢承口管

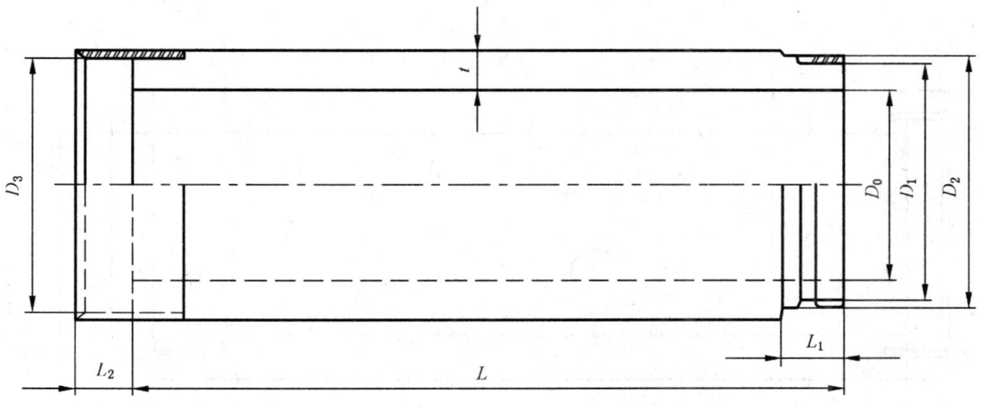

图 6 柔性接头 C 型钢承口管

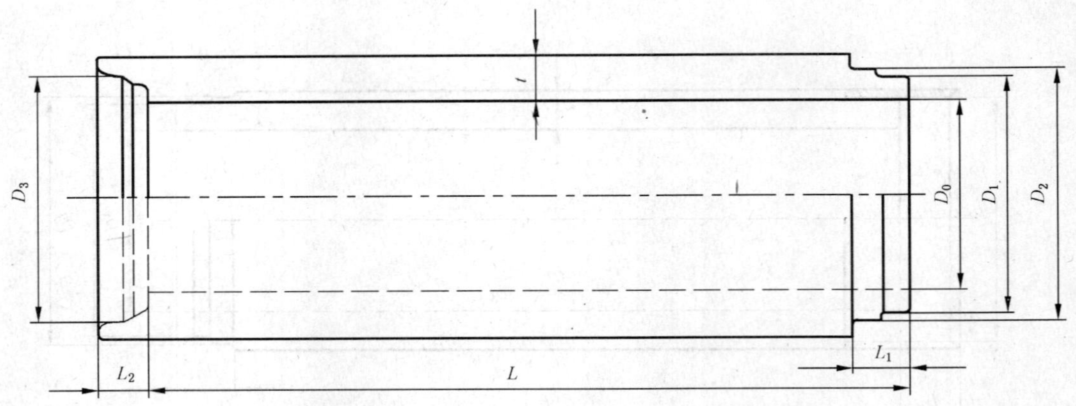

图 7　柔性接头企口管

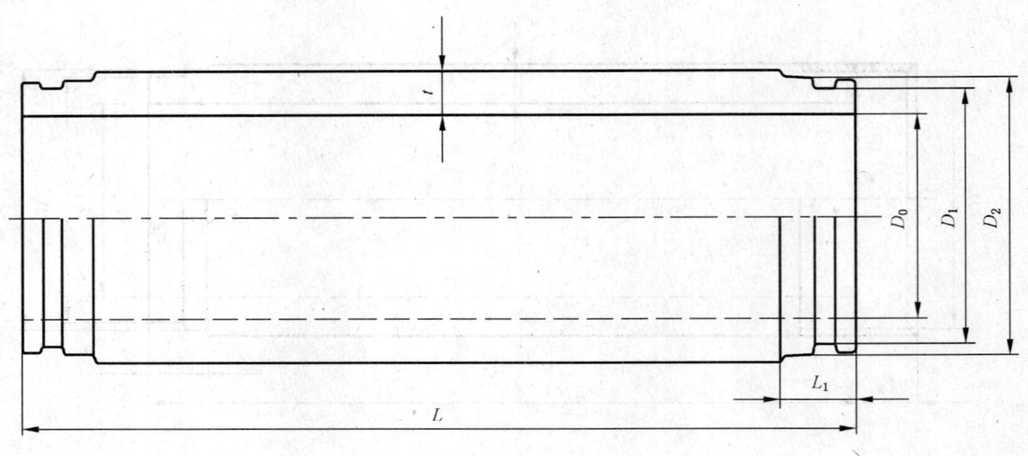

图 8　柔性接头双插口管

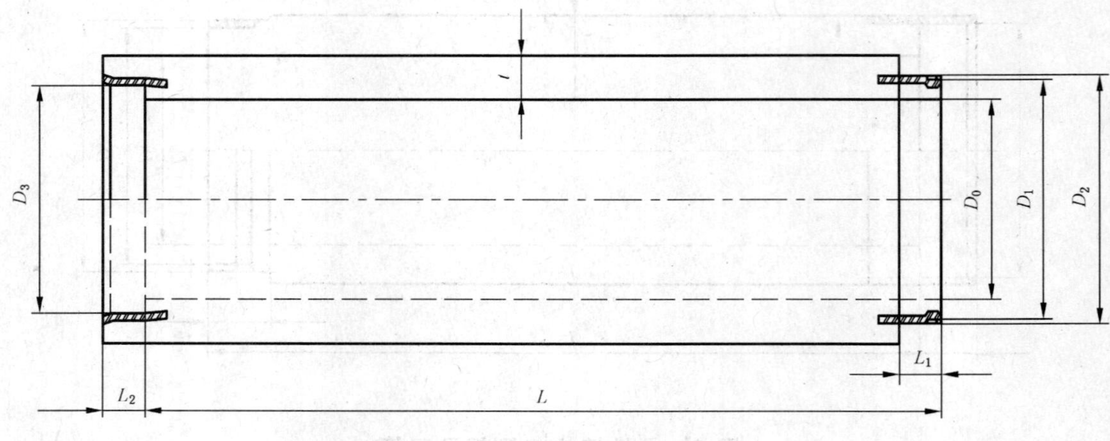

图 9　柔性接头钢承插口管

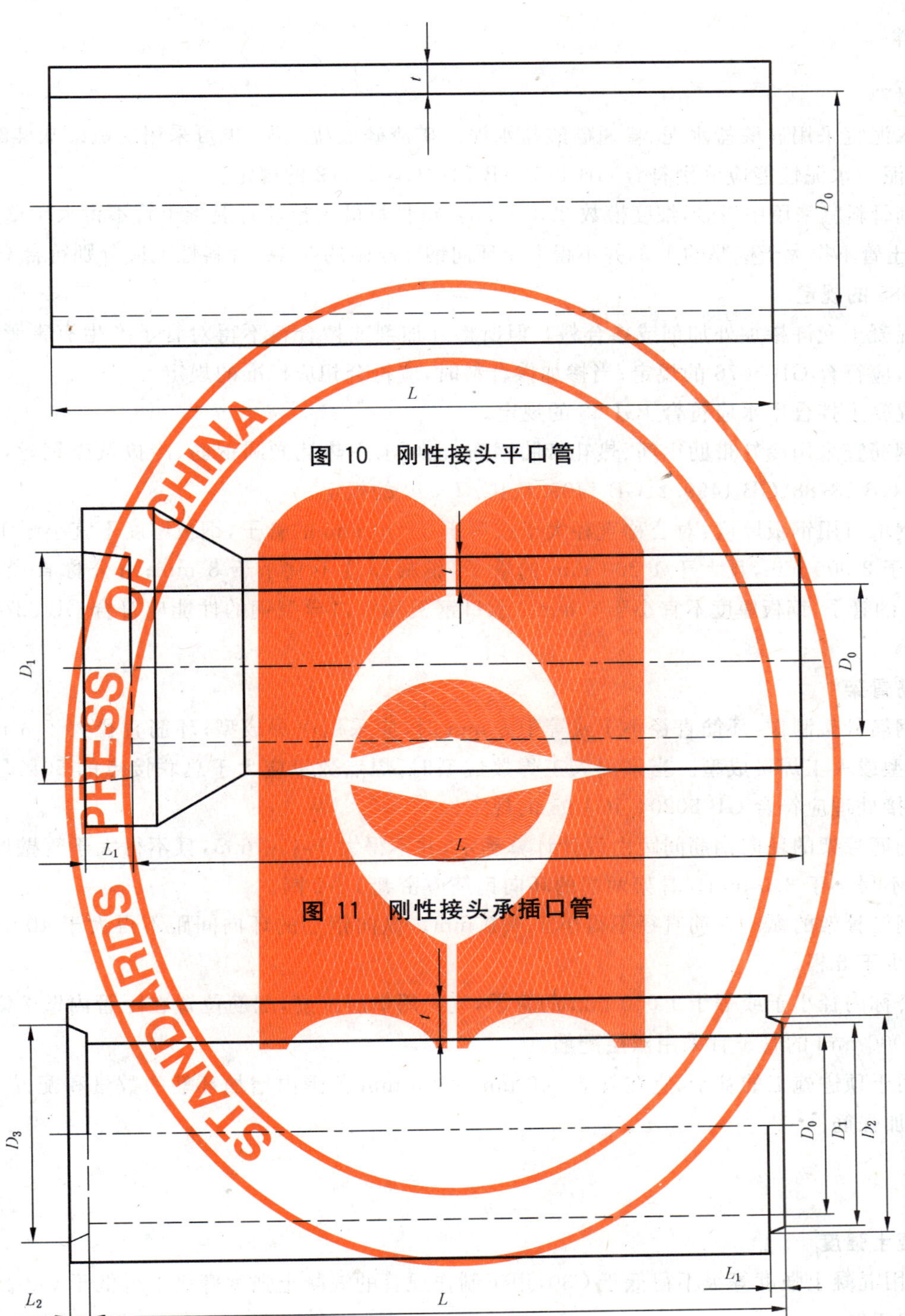

图 10 刚性接头平口管

图 11 刚性接头承插口管

图 12 刚性接头企口管

4.4 管子按施工方法、名称、外压荷载级别、规格(公称内径×有效长度)和标准编号顺序进行标记。

示例 1:公称内径为 600 mm、有效长度为 1 000 mm、开槽施工的Ⅰ级混凝土管,其标记如下:

CPⅠ600×1 000GB/T 11836

示例 2:公称内径为 1 800 mm、有效长度为 2 000 mm、开槽施工的Ⅱ级钢筋混凝土管,其标记如下:

RCPⅡ1800×2 000GB/T 11836

示例 3:公称内径为 2 400 mm、有效长度为 2 000 mm、顶进施工的Ⅱ级钢筋混凝土管,其标记如下:

DRCPⅡ2 400×2 000GB/T 11836

5 原材料

5.1 原材料

5.1.1 水泥宜采用硅酸盐水泥、普通硅酸盐水泥或矿渣硅酸盐水泥，也可采用抗硫酸盐硅酸盐水泥、硫铝酸盐水泥。水泥性能应分别符合 GB 175、GB 748、GB 20472 的规定。

5.1.2 细骨料宜采用中粗砂，细度模数 2.3～3.3。粗骨料最大粒径对混凝土管不得大于壁厚的 1/2，对钢筋混凝土管不得大于壁厚的 1/3，并不得大于环向钢筋净距的 3/4。骨料性能应分别符合 GB/T 14684、GB/T 14685 的规定。

5.1.3 混凝土允许掺加外加剂或掺合料。但所掺外加剂或掺合料不得对管子产生有害影响。当掺加外加剂时，应符合 GB 8076 的规定；当掺加掺合料时，应符合相应标准的规定。

5.1.4 混凝土拌合用水应符合 JGJ 63 的规定。

5.1.5 钢筋宜采用冷轧带肋钢筋、热轧带肋钢筋，也可采用热轧光圆钢筋、冷拔低碳钢丝，钢筋性能应分别符合 GB 13788、GB 1499.2、GB 1499.1、JC/T 540 的规定。

5.1.6 钢承口用钢板厚度：对公称直径大于或等于 2 000 mm 的管子，钢板厚度不宜小于 10 mm；对公称直径小于 2 000 mm，且大于 1 200 mm 的管子，钢板厚度不宜小于 8 mm；对公称直径小于或等于 1 200 mm 的管子，钢板厚度不宜小于 6 mm。承口钢板和插口异型钢的性能应符合 GB 3274、GB/T 700 的规定。

5.2 钢筋骨架

5.2.1 钢筋骨架制作：环筋直径小于或等于 8 mm 时，应采用滚焊成型；环筋直径大于 8 mm 时，应采用滚焊成型或人工焊接成型。当采用人工焊接成型时，焊点数量应大于总联接点的 50%且均匀分布。钢筋的连接处理应符合 GB 50204、JGJ 95 的规定。

5.2.2 钢筋骨架的环向钢筋间距由设计计算确定，并不得大于 150 mm，且不得大于管壁厚度的 3 倍。钢筋直径不得小于 3.0 mm。骨架两端的环向钢筋应密缠 1～2 圈。

5.2.3 钢筋骨架的纵向钢筋直径不得小于 4.0 mm。纵向钢筋的环向间距不得大于 400 mm，且纵筋根数不得少于 6 根。

5.2.4 公称内径小于或等于 1 000 mm 的管子，宜采用单层配筋，配筋位置在距管内壁 2/5 处；公称内径大于 1 000 mm 的管子宜采用双层配筋。

5.2.5 用于顶进施工的管子，宜在管端 200 mm～300 mm 范围内增加环筋的数量和配置 U 型箍筋或其他形式加强筋。

6 要求

6.1 混凝土强度

制管用混凝土强度等级不得低于 C30，用于制作顶管的混凝土强度等级不得低于 C40。

6.2 外观质量

6.2.1 管子内、外表面应平整，管子应无粘皮、麻面、蜂窝、塌落、露筋、空鼓，局部凹坑深度不应大于 5 mm。

注：芯模振动工艺脱模时产生的表面拉毛及微小气孔，可不作处理。

6.2.2 混凝土管不允许有裂缝。钢筋混凝土管外表面不允许有裂缝，内表面裂缝宽度不得超过 0.05 mm，但表面龟裂和砂浆层的干缩裂缝不在此限。

6.2.3 合缝处不应漏浆。

6.2.4 在下列情况下，管子允许进行修补：

a) 表面凹深不超过 10 mm,粘皮、麻面、蜂窝深度不超过壁厚的 1/5,其最大值不超过 10 mm,且总面积不超过相应内或外表面积的 1/20,每块面积不超过 100 cm^2;

b) 内表面有局部塌落,但塌落面积不超过管子内表面积的 1/20,每块面积不超过 100 cm^2;

c) 合缝漏浆深度不超过壁厚的 1/5,且最大长度不超过管长的 1/5;

d) 端面碰伤纵向长度不超过 100 mm,环向长度限值不超过表 3 的规定。

表 3 端面碰伤环向长度限值

单位为毫米

公称内径 D_0	碰伤环向长度限值
100～200	45
300～500	60
600～900	80
1 000～1 600	105
1 650～2 400	120
2 600～3 000	150
3 200～3 500	200

6.3 尺寸允许偏差

6.3.1 柔性接头承插口管尺寸允许偏差见表 4。

6.3.2 柔性接头钢承口管尺寸允许偏差见表 5。

6.3.3 柔性接头企口管尺寸允许偏差见表 6。

6.3.4 柔性接头双插口管尺寸允许偏差见表 7。

6.3.5 柔性接头钢承插口管尺寸允许偏差见表 8。

6.3.6 刚性接头平口管尺寸允许偏差见表 9。

6.3.7 刚性接头承插口管尺寸允许偏差见表 10。

6.3.8 刚性接头企口管尺寸允许偏差见表 11。

表 4 柔性接头承插口管尺寸允许偏差

单位为毫米

公称内径 D_0	管子尺寸			接头尺寸				
	D_0	t	L	D_1	D_2	D_3	L_1	L_2
300～800	+4 −8	+8 −2	+18 −10	±2	±2	±2	±3	+4 −3
900～1 500	+6 −10	+10 −3	+18 −12	±2	±2	±2	±3	+4 −3

表 5 柔性接头钢承口管尺寸允许偏差

单位为毫米

公称内径 D_0	管子尺寸			接头尺寸				
	D_0	t	L	D_1	D_2	D_3	L_1	L_2
600～800	+4 −8	+8 −2	+18 −10	±2	±2	±2	±3	±2
900～1 500	+6 −10	+10 −3	+18 −12	±2	±2	±2	±3	±2
1 600～2 400	+8 −12	+12 −4	+18 −12	±2	±2	±2	±3	±2
2 600～3 500	+10 −14	+14 −5	+18 −12	±2	±2	±2	±3	±2

表 6　柔性接头企口管尺寸允许偏差　　单位为毫米

公称内径 D_0	管子尺寸			接头尺寸				
	D_0	t	L	D_1	D_2	D_3	L_1	L_2
1 350～1 500	$^{+6}_{-10}$	$^{+10}_{-3}$	$^{+18}_{-12}$	±2	±2	±2	±3	$^{+4}_{-3}$
1 600～2 400	$^{+8}_{-12}$	$^{+12}_{-4}$	$^{+18}_{-12}$	±2	±2	±2	±3	$^{+4}_{-3}$
2 600～3 000	$^{+10}_{-14}$	$^{+14}_{-5}$	$^{+18}_{-12}$	±2	±2	±2	±3	$^{+4}_{-3}$

表 7　柔性接头双插口管尺寸允许偏差　　单位为毫米

公称内径 D_0	管子尺寸			接头尺寸		
	D_0	t	L	D_1	D_2	L_1
600～800	$^{+4}_{-8}$	$^{+8}_{-2}$	$^{+18}_{-10}$	±2	±2	±3
900～1 500	$^{+6}_{-10}$	$^{+10}_{-3}$	$^{+18}_{-12}$	±2	±2	±3
1 600～2 400	$^{+8}_{-12}$	$^{+12}_{-4}$	$^{+18}_{-12}$	±2	±2	±3
2 600～3 000	$^{+10}_{-14}$	$^{+14}_{-5}$	$^{+18}_{-12}$	±2	±2	±3

表 8　柔性接头钢承插口管尺寸允许偏差　　单位为毫米

公称内径 D_0	管子尺寸			接头尺寸				
	D_0	t	L	D_1	D_2	D_3	L_1	L_2
300～800	$^{+4}_{-8}$	$^{+8}_{-2}$	$^{+18}_{-10}$	±2	±2	±2	±3	±2
900～1 500	$^{+6}_{-10}$	$^{+10}_{-3}$	$^{+18}_{-12}$	±2	±2	±2	±3	±2
1 600～2 400	$^{+8}_{-12}$	$^{+12}_{-4}$	$^{+18}_{-12}$	±2	±2	±2	±3	±2
2 600～3 200	$^{+10}_{-14}$	$^{+14}_{-5}$	$^{+18}_{-12}$	±2	±2	±2	±3	±2

表 9　刚性接头平口管尺寸允许偏差　　单位为毫米

公称内径 D_0	管子尺寸		
	D_0	t	L
200～800	$^{+4}_{-8}$	$^{+8}_{-2}$	$^{+18}_{-10}$
900～1 500	$^{+6}_{-10}$	$^{+10}_{-3}$	$^{+18}_{-12}$
1 600～2 400	$^{+8}_{-12}$	$^{+12}_{-4}$	$^{+18}_{-12}$

表 10　刚性接头承插口管尺寸允许偏差　　单位为毫米

公称内径 D_0	管子尺寸			接头尺寸	
	D_0	t	L	D_1	L_1
100～600	$^{+4}_{-8}$	$^{+8}_{-2}$	$^{+18}_{-10}$	±4	±6

表 11 刚性接头企口管尺寸允许偏差

单位为毫米

公称内径 D_0	管子尺寸			接头尺寸				
	D_0	t	L	D_1	D_2	D_3	L_1	L_2
1 100～1 500	+6 −10	+10 −3	+18 −12	±3	±3	±3	±3	±3
1 650～1 800	+8 −12	+12 −4	+18 −12	±3	±3	±3	±4	±4
2 000～2 400	+8 −12	+12 −4	+18 −12	±3	±3	±3	±5	±5
2 600～3 000	+10 −14	+14 −5	+18 −12	±3	±3	±3	±6	±6

6.3.9 管子弯曲度(δ)的允许偏差为小于或等于管子有效长度的0.3%。

6.3.10 管子端面倾斜(S)的允许偏差为:对于开槽施工的管子,公称内径小于1 000 mm时,允许偏差为小于或等于10 mm;公称内径大于或等于1 000 mm时,允许偏差为小于或等于公称内径的1%,并不得大于15 mm。对于顶进施工的管子:公称内径小于1 200 mm时,允许偏差为小于或等于3 mm;公称内径大于等于1 200 mm,且小于3 000 mm时,允许偏差为小于或等于4 mm;公称内径大于或等于3 000 mm时,允许偏差为小于或等于5 mm。

6.4 内水压力

管子在进行内水压力检验时,在规定的检验内水压力下允许有潮片,但潮片面积不得大于总外表面积的5%,且不得有水珠流淌。

注:壁厚大于等于150 mm的雨水管,可不作内水压力检验。

6.5 外压荷载

管子外压检验荷载不得低于表1、表2规定的荷载要求。

6.6 保护层厚度(C)

环筋的内、外混凝土保护层厚度:当壁厚小于或等于40 mm时,不应小于10 mm;当壁厚大于40 mm且小于等于100 mm时,不应小于15 mm;当壁厚大于100 mm时,不应小于20 mm。对有特殊防腐要求的管子应根据需要确定保护层厚度。

7 试验方法

7.1 试验设备

试验用主要仪器设备和量具应符合GB/T 16752的规定。

7.2 试验项目

7.2.1 混凝土抗压强度

7.2.1.1 混凝土拌合物应在搅拌站或喂料工序中随机取样,制作立方体试件,3个试件为1组。

7.2.1.2 每天拌制的同配合比的混凝土,取样不得少于一次,每次至少成型2组试件,与管子同条件养护。试件拆模后,除测定脱模强度的试件外,其余试件再进行标准养护。

7.2.1.3 一组试件用于检验评定混凝土28d强度,一组试件用于测定脱模强度,其余备用。

7.2.1.4 立方试件的抗压强度应按GB/T 11837规定的试验方法进行测定。

7.2.2 外观质量

包括露筋、裂缝、合缝漏浆、粘皮、麻面、蜂窝、空鼓、端部碰伤、外表面凹坑等,应按GB/T 16752的规定进行检验。

7.2.3 尺寸偏差

包括公称内径、有效长度、管壁厚度、接头尺寸、弯曲度和端面倾斜,应按GB/T 16752的规定进行检验。

7.2.4 内水压力

应按 GB/T 16752 的规定进行检验。允许采用专用装置检验管体的内水压力。

7.2.5 外压荷载

应按 GB/T 16752 的规定进行检验。

7.2.6 保护层厚度

环筋保护层厚度，应按 GB/T 16752 的规定进行检验。

8 检验规则

8.1 检验分类

检验分为出厂检验与型式检验两类。

8.2 出厂检验

8.2.1 检验项目

检验项目包括：混凝土抗压强度、外观质量、尺寸偏差(不包括保护层厚度)、内水压力和外压荷载。检验项目分为 A 类和 B 类指标，见表 12。

表 12 检验项目及类别

序号	质量指标	检验项目	类别	备注
1	外观质量	粘皮	B	
2		麻面	B	
3		局部凹坑	B	
4		蜂窝	A	
5		塌落	A	
6		露筋	A	
7		空鼓	A	
8		裂缝	A	
9		合缝漏浆	A	
10		端面碰伤	A	
11	尺寸偏差	承口直径(D_3)	A	刚性接头承插口管测 D_1
12		插口直径(D_1)	A	
13		承口长度(L_2)	B	刚性接头承插口管测 L_1
14		插口长度(L_1)	B	
15		管子公称内径(D_0)	B	
16		管壁厚度(t)	B	
17		管子有效长度(L)	B	
18		弯曲度(δ)	B	
19		端面倾斜(S)	B/A	顶进施工为 A 类
20		保护层厚度(C)	A	
21	物理力学性能	内水压力	A	
22		裂缝荷载	A	
23		破坏荷载	A	
24		混凝土抗压强度	A	

8.2.2 组批规则

由相同原材料、相同生产工艺生产的同一种规格、同一种接头型式、同一种外压荷载级别的管子组成一个受检批。不同管径批量数见表13；在3个月内生产总数不足表13的规定时，也应作为一个检验批。

表13 出厂检验批量

产品品种	公称内径 D_0/ mm	批量/ 根
混凝土管	100～300	≤3 000
	350～600	≤2 500
钢筋混凝土管	200～500	≤2 500
	600～1 400	≤2 000
	1 500～2 200	≤1 500
	2 400～3 500	≤1 000

8.2.3 抽样、检验

8.2.3.1 混凝土抗压强度

检查生产记录，混凝土抗压强度按GBJ 107的规定进行检验评定。

8.2.3.2 外观质量、尺寸偏差

从受检批中采用随机抽样的方法抽取10根管子，逐根进行外观质量和尺寸偏差检验。

8.2.3.3 内水压力和外压荷载

从混凝土抗压强度、外观质量和尺寸偏差检验合格的管子中抽取2根管子。混凝土管1根检验内水压力，另1根检验外压破坏荷载。钢筋混凝土管1根检验内水压力，另1根检验外压裂缝荷载。

8.2.4 判定规则

8.2.4.1 外观质量和尺寸偏差

10根受检管子中，A类项目必须全部合格；每项B类项目的超差不超过2根，B类项目的超差不超过2项，则判定该批产品的外观质量和尺寸偏差合格。

8.2.4.2 力学性能

内水压力和外压荷载检验分别符合本标准6.4、6.5规定时，则判该批产品力学性能合格。如内水压力或外压荷载检验不符合标准规定时，允许从同批产品中抽取2根管子进行复检。复检结果如全部符合标准规定时，则剔除原不合格的1根，判该批产品力学性能合格。复检结果如仍有1根管子不符合标准规定时，则判该批产品力学性能不合格。

8.2.5 总判定

混凝土抗压强度、外观质量、尺寸偏差、力学性能均符合标准要求时，则判该批产品为合格。

8.2.6 使用单位对产品质量有怀疑时，有权按照本标准提出的外压荷载、内水压力检验要求，对将交付使用的管子与生产方配合进行复检。产品质量复检不合格时，试验发生的费用由生产方承担；产品质量复检合格时，试验发生的费用由使用方承担。

8.3 型式检验

8.3.1 检验项目

检验项目包括：混凝土抗压强度、外观质量、尺寸偏差、内水压力、外压荷载和保护层厚度等，见表12。

8.3.2 当有下列情况之一时，应进行型式检验：

a) 新产品或老产品转厂生产的试制定型鉴定；

b) 正式生产后如产品结构、原材料、生产工艺和管理有较大改变,可能影响产品性能时;

c) 产品长期停产后,恢复生产时;

d) 出厂检验结果与上一次型式检验有较大差异时;

e) 国家或地方质量监督检验机构提出进行型式检验的要求时;

f) 当每种规格管子的生产量达到表14的规定时,或在6个月内生产总数不足表14规定时。

表14 型式检验批量

产品品种	公称内径 D_0/mm	批量/根
混凝土管	100～300	≤15 000
	350～600	≤10 000
钢筋混凝土管	200～500	≤75 000
	600～1 400	≤5 000
	1 500～2 200	≤3 000
	2 400～3 500	≤2 000

8.3.3 抽样、检验

8.3.3.1 混凝土抗压强度

同8.2.3.1。

8.3.3.2 外观质量、尺寸偏差

同8.2.3.2。

8.3.3.3 内水压力和外压荷载

从混凝土抗压强度、外观质量和尺寸偏差检验合格的管子中,抽取4根管子,其中2根检验内水压力,另外2根检验外压荷载。

8.3.3.4 保护层厚度

抽取一根检验外压荷载后的管子,进行保护层厚度检验。

8.3.4 判定规则

8.3.4.1 外观质量和尺寸偏差

同8.2.4.1。

8.3.4.2 力学性能

内水压力和外压荷载检验分别符合本标准6.4、6.5规定时,则判该批产品力学性能合格。如内水压力或外压荷载检验2根管子中有1根不符合标准规定时,允许从同批产品中抽取2根管子进行复检。复检结果如全部符合标准规定时,则剔除原不合格的1根,判该批产品力学性能合格。复检结果如仍有1根管子不符合标准规定时,则判该批产品力学性能不合格。内水压力或外压荷载检验2根都不符合标准规定时,不得复检,判该批产品力学性能不合格。

8.3.4.3 保护层厚度

被测的3点均符合标准6.6规定时,则判该批产品保护层厚度合格。3点中有1点不符合标准规定时,允许从同批产品中抽取2根管子进行复检。复检结果全部符合标准规定时,则剔除原不合格的1根,判该批产品保护层厚度合格。复检结果如仍有1点不符合标准规定时,则判该批产品保护层厚度不合格。3点中有2点不符合标准规定时,不得复检,判该批产品保护层厚度不合格。

8.3.5 总判定

混凝土抗压强度、外观质量、尺寸偏差、保护层厚度及力学性能均符合标准要求时,则判该批产品为合格。

9 标志、包装、运输、贮存

9.1 标志

每根管子出厂前，应在管子表面标明：企业名称、商标、生产许可证编号、产品标记、生产日期和“严禁碰撞”等字样。

9.2 包装

根据用户要求，为防止在运输过程中管子损坏，管子两端可用软质物品包扎。

9.3 运输

管子起吊应轻起轻落，严禁直接用钢丝绳穿心吊。装卸时不允许管子自由滚动和随意抛掷，运输途中严禁碰撞。

9.4 贮存

管子应按品种、规格、外压荷载级别及生产日期分别堆放，堆放场地要平整，堆放层数不宜超过表15的规定。

表 15 管子堆放层数

公称内径 D_0/mm	100～200	250～400	450～600	700～900	1 000～1 400	1 500～1 800	≥2 000
层数	7	6	5	4	3	2	1

10 出厂证明书

管子出厂时，应随带企业统一编号的出厂证明书，其内容应包括：

a) 企业名称、商标、厂址、电话；
b) 生产日期、出厂日期；
c) 执行标准、生产许可证标志和编号；
d) 产品品种、规格、荷载级别；
e) 混凝土抗压强度检验结果；
f) 外观质量及尺寸偏差检验结果；
g) 力学性能检验结果；
h) 保护层厚度检验结果；
i) 企业检验部门及检验人员鉴章。

附　录　A
（资料性附录）
管子接头参考细部尺寸

A.1　ϕ600～ϕ1 200 柔性接头 A 型承插口管接头细部尺寸见图 A.1、表 A.1。

A.2　ϕ300～ϕ1 200 柔性接头 B 型承插口管接头细部尺寸见图 A.2、表 A.2。

A.3　ϕ1 350～ϕ1 500 柔性接头 B 型承插口管接头细部尺寸见图 A.3、表 A.3。

A.4　ϕ300～ϕ800 柔性接头 C 型承插口管接头细部尺寸见图 A.4、表 A.4。

A.5　ϕ600～ϕ3 000 柔性接头 A 型钢承口管接头细部尺寸见图 A.5、表 A.5。

A.6　ϕ600～ϕ3 000 柔性接头 B 型钢承口管接头细部尺寸见图 A.6、表 A.6。

A.7　ϕ600～ϕ3 500 柔性接头 C 型钢承口管接头细部尺寸见图 A.7、表 A.7。

A.8　ϕ1 350～ϕ3 000 柔性接头企口管接头细部尺寸见图 A.8、表 A.8。

A.9　ϕ1 000～ϕ3 000 柔性接头双插口管接头细部尺寸见图 A.9、表 A.9。

A.10　ϕ300～ϕ3 200 柔性接头钢承插口管接头细部尺寸见图 A.10、表 A.10。

A.11　ϕ200～ϕ3 000 刚性接头平口管管体尺寸见图 A.11、表 A.11。

A.12　ϕ100～ϕ600 刚性接头承插口管接头细部尺寸见图 A.12、表 A.12。

A.13　ϕ1 100～ϕ3 000 刚性接头企口管接头细部尺寸见图 A.13、表 A.13。

单位为毫米

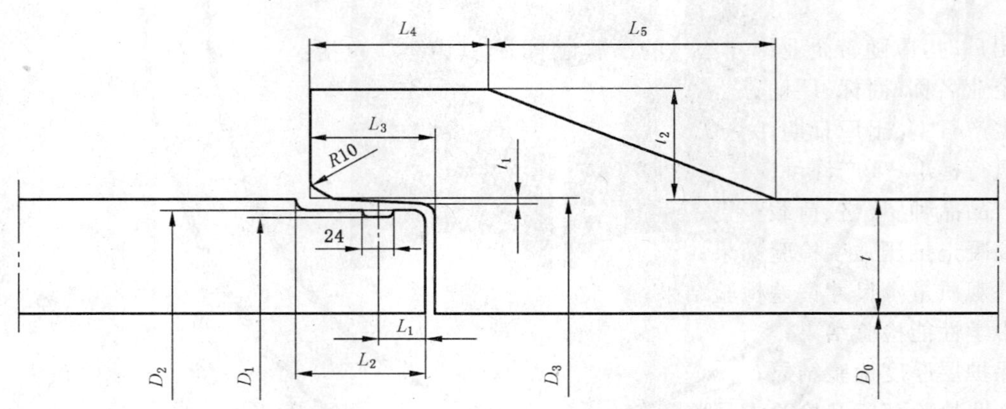

图 A.1　ϕ600～ϕ1 200 柔性接头 A 型承插口管接头

表 A.1　ϕ600～ϕ1 200 柔性接头 A 型承插口管接头细部尺寸　　单位为毫米

管内径 D_0	管壁厚 t	插口尺寸				承口尺寸					
		D_1	D_2	L_1	L_2	D_3	t_1	t_2	L_3	L_4	L_5
600	75	705	725	37	102	728	3	59	99	140	150
800	92	924	944	37	102	947	3	67	99	140	169
1 000	110	1 148	1 168	37	110	1 172	4	76	106	140	192
1 200	125	1 363	1 383	37	110	1 386	4	73	106	156	185
注：本标准正文图例直径 D_1、D_2、D_3 对应本图、表为 D_1、D_2、D_3；管接头纵向尺寸 L_1、L_2 对应本图、表为 L_2、L_3。											

单位为毫米

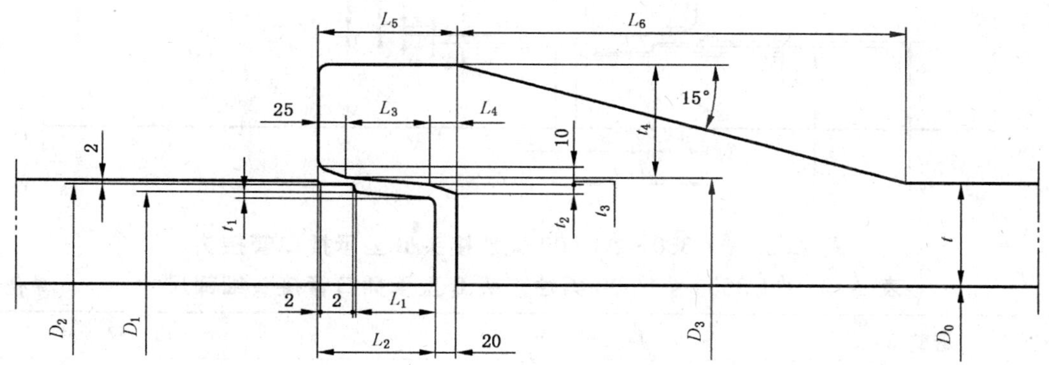

图 A.2 Φ300～Φ1 200 柔性接头 B 型承插口管接头

表 A.2 Φ300～Φ1 200 柔性接头 B 型承插口管接头细部尺寸 单位为毫米

管内径 D_0	管壁厚 t	插口尺寸					承口尺寸							
		D_1	D_2	t_1	L_1	L_2	D_3	t_2	t_3	t_4	L_3	L_4	L_5	L_6
300	40	362	376	2	60	95	384	10	2	50	70	20	120	194
400	45	472	486	2	60	95	494	10	2	55	70	20	120	212
500	55	592	606	2	60	95	614	10	2	65	70	20	120	250
600	60	700	716	3	75	110	726	12	3	70	80	25	130	272
700	70	820	836	3	75	110	846	12	3	80	80	25	130	310
800	80	940	956	3	75	110	966	12	3	90	80	25	130	347
900	90	1 060	1 076	3	75	110	1 086	12	3	100	80	25	130	384
1 000	100	1 180	1 196	3	75	110	1 206	12	3	110	80	25	130	422
1 100	110	1 298	1 316	3	75	110	1 326	12	3	120	80	25	130	459
1 200	120	1 418	1 436	3	75	110	1 446	12	3	130	80	25	130	496

注：本标准正文图例直径 D_1、D_2、D_3 对应本图、表为 D_1、D_2、D_3；管接头纵向尺寸 L_1、L_2 对应本图、表为 L_2、L_5。

单位为毫米

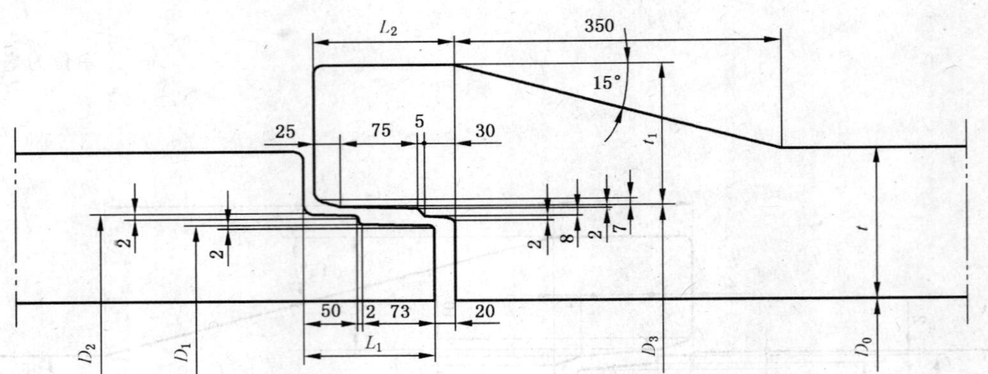

图 A.3 ϕ1 350～ϕ1 500 柔性接头 B 型承插口管接头

表 A.3 ϕ1 350～ϕ1 500 柔性接头 B 型承插口管接头细部尺寸

单位为毫米

管内径	管壁厚	插口尺寸			承口尺寸		
D_0	t	D_1	D_2	L_1	D_3	t_1	L_2
1 350	135	1 514	1 536	125	1 544	132	135
1 400	140	1 564	1 586	125	1 594	137	135
1 500	150	1 674	1 696	125	1 704	142	135

注：本标准正文图例直径 D_1、D_2、D_3 对应本图、表为 D_1、D_2、D_3；管接头纵向尺寸 L_1、L_2 对应本图、表为 L_1、L_2。

单位为毫米

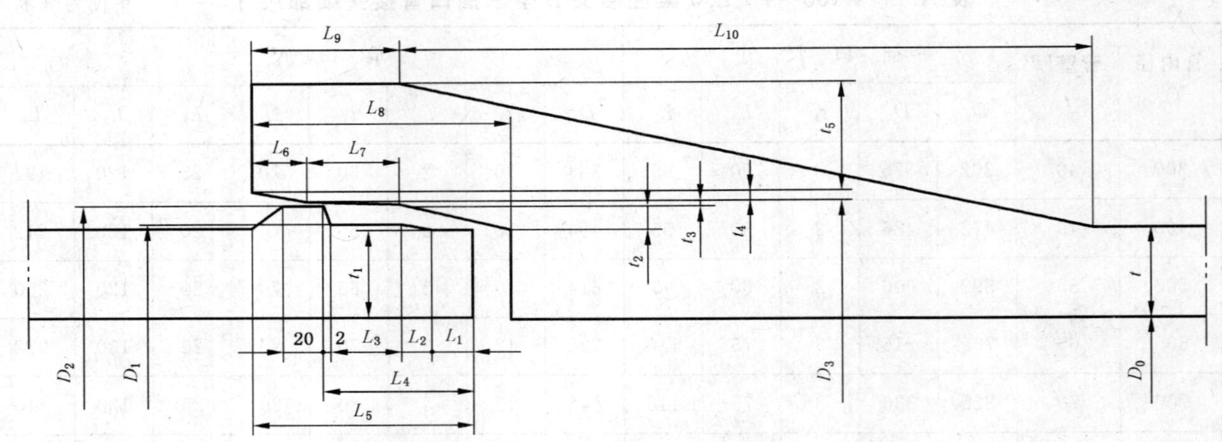

图 A.4 ϕ300～ϕ800 柔性接头 C 型承插口管接头

表 A.4 ϕ300～ϕ800 柔性接头 C 型承插口管接头细部尺寸

单位为毫米

管内径	管壁厚	插口尺寸								承口尺寸									
D_0	t	D_1	D_2	t_1	L_1	L_2	L_3	L_4	L_5	D_3	t_2	t_3	t_4	t_5	L_6	L_7	L_8	L_9	L_{10}
300	40	382	397	38	18	15	25	60	88	402	11.5	0.5	4.5	49.5	20	35	105	55	310
400	45	496	514	45	20	15	35	72	107	519	13.0	0.5	5.5	55.0	27	45	127	72	350
500	55	616	634	55	20	15	35	72	107	639	13.0	0.5	5.5	65.0	27	45	127	72	395
600	60	726	743	59	20	20	40	82	117	751	13.0	0.5	5.5	74.0	27	50	142	77	475
800	80	966	984	79	25	20	50	97	140	994	15.0	0.5	7.0	103.0	35	60	165	95	592

注：本标准正文图例直径 D_1、D_2、D_3 对应本图、表为 D_1、D_2、D_3；管接头纵向尺寸 L_1、L_2 对应本图、表为 L_4、L_8。

单位为毫米

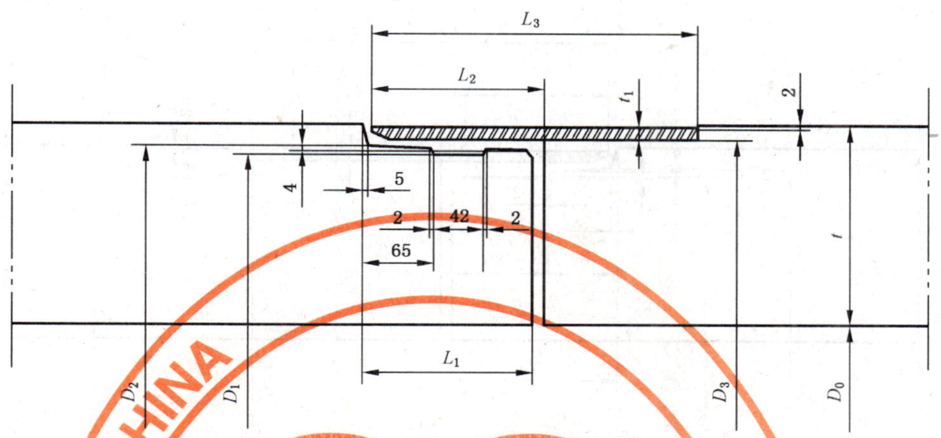

图 A.5 ϕ600～ϕ3 000 柔性接头 A 型钢承口管接头

表 A.5 ϕ600～ϕ3 000 柔性接头 A 型钢承口管接头细部尺寸　　单位为毫米

<table>
<tr><th rowspan="2">管内径
D_0</th><th rowspan="2">管壁厚
t</th><th colspan="3">插 口 尺 寸</th><th colspan="4">钢 承 口 尺 寸</th></tr>
<tr><th>D_1</th><th>D_2</th><th>L_1</th><th>D_3</th><th>t_1</th><th>L_2</th><th>L_3</th></tr>
<tr><td>600</td><td>60</td><td>678</td><td>698</td><td rowspan="7">145</td><td>704</td><td rowspan="7">6</td><td rowspan="7">140</td><td rowspan="7">≥250</td></tr>
<tr><td>700</td><td>70</td><td>798</td><td>818</td><td>824</td></tr>
<tr><td>800</td><td>80</td><td>918</td><td>938</td><td>944</td></tr>
<tr><td>900</td><td>90</td><td>1 038</td><td>1 058</td><td>1 064</td></tr>
<tr><td>1 000</td><td>100</td><td>1 158</td><td>1 178</td><td>1 184</td></tr>
<tr><td>1 100</td><td>110</td><td>1 278</td><td>1 298</td><td>1 304</td></tr>
<tr><td>1 200</td><td>120</td><td>1 398</td><td>1 418</td><td>1 424</td></tr>
<tr><td>1 350</td><td>135</td><td>1 574</td><td>1 594</td><td rowspan="6">145</td><td>1 600</td><td rowspan="6">8</td><td rowspan="6">140</td><td rowspan="6">≥250</td></tr>
<tr><td>1 400</td><td>140</td><td>1 634</td><td>1 654</td><td>1 660</td></tr>
<tr><td>1 500</td><td>150</td><td>1 754</td><td>1 774</td><td>1 780</td></tr>
<tr><td>1 600</td><td>160</td><td>1 874</td><td>1 894</td><td>1 900</td></tr>
<tr><td>1 650</td><td>165</td><td>1 934</td><td>1 954</td><td>1 960</td></tr>
<tr><td>1 800</td><td>180</td><td>2 114</td><td>2 134</td><td>2 140</td></tr>
<tr><td>2 000</td><td>200</td><td>2 346</td><td>2 370</td><td rowspan="6">145</td><td>2 376</td><td rowspan="6">10</td><td rowspan="6">140</td><td rowspan="6">≥250</td></tr>
<tr><td>2 200</td><td>220</td><td>2 586</td><td>2 610</td><td>2 616</td></tr>
<tr><td>2 400</td><td>230</td><td>2 806</td><td>2 830</td><td>2 836</td></tr>
<tr><td>2 600</td><td>235</td><td>3 016</td><td>3 040</td><td>3 046</td></tr>
<tr><td>2 800</td><td>255</td><td>3 256</td><td>3 280</td><td>3 286</td></tr>
<tr><td>3 000</td><td>275</td><td>3 496</td><td>3 520</td><td>3 526</td></tr>
<tr><td colspan="9">注 1：本标准正文图例直径 D_1、D_2、D_3 对应本图、表为 D_1、D_2、D_3；管接头纵向尺寸 L_1、L_2 对应本图、表为 L_1、L_2。
注 2：当采用 16 锰钢板时，承口钢板厚度可适当减薄。</td></tr>
</table>

单位为毫米

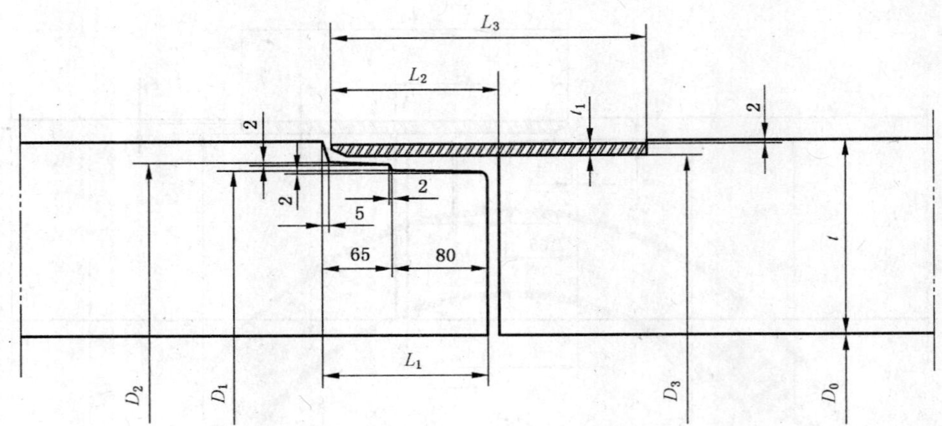

图 A.6 ϕ600～ϕ3 000 柔性接头 B 型钢承口管接头

表 A.6 ϕ600～ϕ3 000 柔性接头 B 型钢承口管接头细部尺寸

单位为毫米

管内径	管壁厚	插口尺寸			钢承口尺寸			
D_0	t	D_1	D_2	L_1	D_3	t_1	L_2	L_3
600	60	678	698	145	704	6	140	≥250
700	70	798	818		824			
800	80	918	938		944			
900	90	1 038	1 058		1 064			
1 000	100	1 158	1 178		1 184			
1 100	110	1 278	1 298		1 304			
1 200	120	1 398	1 418		1 424			
1 350	135	1 574	1 594	145	1 600	8	140	≥250
1 400	140	1 634	1 654		1 660			
1 500	150	1 754	1 774		1 780			
1 600	160	1 874	1 894		1 900			
1 650	165	1 934	1 954		1 960			
1 800	180	2 114	2 134		2 140			
2 000	200	2 346	2 370	145	2 376	10	140	≥250
2 200	220	2 586	2 610		2 616			
2 400	230	2 806	2 830		2 836			
2 600	235	3 016	3 040		3 046			
2 800	255	3 256	3 280		3 286			
3 000	275	3 496	3 520		3 526			

注 1：本标准正文图例直径 D_1、D_2、D_3 对应本图、表为 D_1、D_2、D_3；管接头纵向尺寸 L_1、L_2 对应本图、表为 L_1、L_2。

注 2：当采用 16 锰钢板时，承口钢板厚度可适当减薄。

单位为毫米

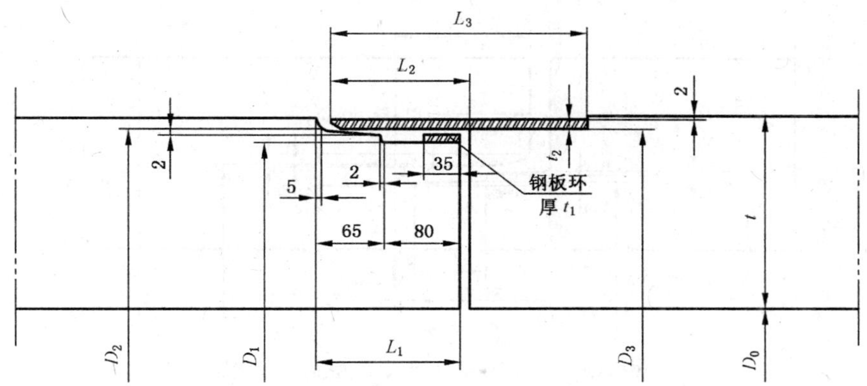

图 A.7 Φ600～Φ3 500 柔性接头 C 型钢承口管接头

表 A.7 Φ600～Φ3 500 柔性接头 C 型钢承口管接头细部尺寸

单位为毫米

管内径 D_0	管壁厚 t	插口尺寸				钢承口尺寸			
		D_1	D_2	t_1	L_1	D_3	t_2	L_2	L_3
600	60	678	698	8	145	704	6	140	≥250
700	70	798	818			824			
800	80	918	938			944			
900	90	1 038	1 058			1 064			
1 000	100	1 158	1 178			1 184			
1 100	110	1 278	1 298			1 304			
1 200	120	1 398	1 418			1 424			
1 350	135	1 574	1 594	8	145	1 600	8	140	≥250
1 400	140	1 634	1 654			1 660			
1 500	150	1 754	1 774			1 780			
1 600	160	1 874	1 894			1 900			
1 650	165	1 934	1 954			1 960			
1 800	180	2 114	2 134			2 140			
2 000	200	2 346	2 370	8	145	2 376	10	140	≥250
2 200	220	2 586	2 610			2 616			
2 400	230	2 806	2 830			2 836			
2 600	235	3 016	3 040			3 046			
2 800	255	3 256	3 280			3 286			
3 000	275	3 496	3 520			3 526			
3 200	290	3 726	3 750			3 756			
3 500	320	4 086	4 110			4 116			

注 1：本标准正文图例直径 D_1、D_2、D_3 对应本图、表为 D_1、D_2、D_3；管接头纵向尺寸 L_1、L_2 对位本图、表为 L_1、L_2。

注 2：当采用 16 锰钢板时，承口钢板厚度可适当减薄。

单位为毫米

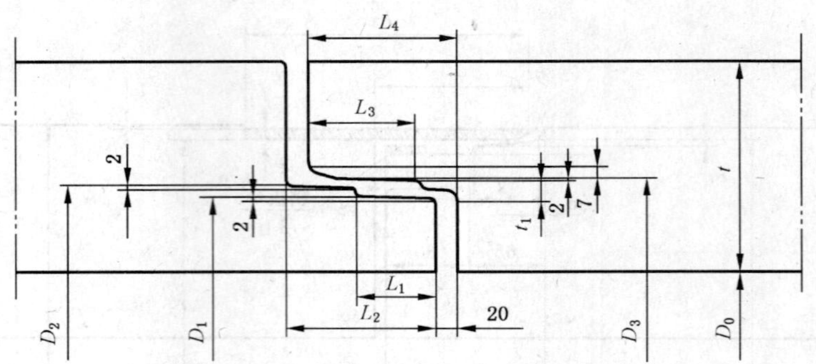

a) ϕ1 350～ϕ3 000 柔性接头 A 型企口管接头

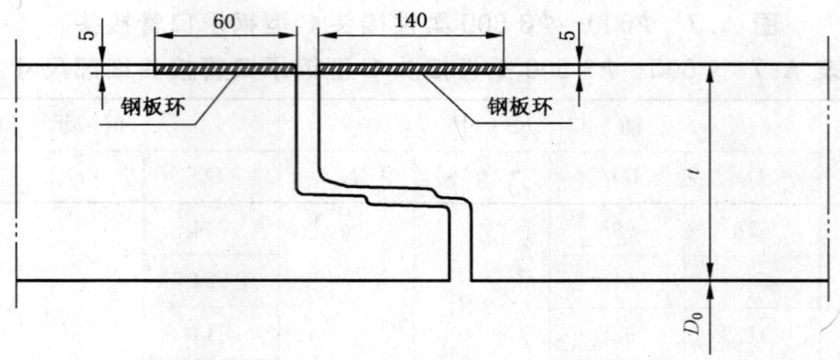

b) ϕ1 350～ϕ3 000 柔性接头 B 型企口管接头

图 A.8 柔性接头企口管接头

表 A.8 ϕ1 350～ϕ3 000 柔性接头企口管接头细部尺寸

单位为毫米

<table>
<tr><th rowspan="2">管内径
D_0</th><th rowspan="2">管壁厚
t</th><th colspan="4">插 口 尺 寸</th><th colspan="4">承 口 尺 寸</th></tr>
<tr><th>D_1</th><th>D_2</th><th>L_1</th><th>L_2</th><th>D_3</th><th>t_1</th><th>L_3</th><th>L_4</th></tr>
<tr><td>1 350</td><td>160</td><td>1 468</td><td>1 488</td><td rowspan="3">68</td><td rowspan="3">125</td><td>1 496</td><td rowspan="3">9</td><td rowspan="3">90</td><td rowspan="3">125</td></tr>
<tr><td>1 400</td><td>160</td><td>1 518</td><td>1 538</td><td>1 546</td></tr>
<tr><td>1 500</td><td>165</td><td>1 622</td><td>1 642</td><td>1 650</td></tr>
<tr><td>1 600</td><td>165</td><td>1 722</td><td>1 742</td><td rowspan="3">73</td><td rowspan="3">135</td><td>1 750</td><td rowspan="3">9</td><td rowspan="3">100</td><td rowspan="3">135</td></tr>
<tr><td>1 650</td><td>165</td><td>1 772</td><td>1 792</td><td>1 800</td></tr>
<tr><td>1 800</td><td>180</td><td>1 932</td><td>1 952</td><td>1 960</td></tr>
<tr><td>2 000</td><td>200</td><td>2 152</td><td>2 172</td><td rowspan="2">73</td><td rowspan="2">135</td><td>2 182</td><td rowspan="2">10</td><td rowspan="2">100</td><td rowspan="2">135</td></tr>
<tr><td>2 200</td><td>220</td><td>2 362</td><td>2 382</td><td>2 392</td></tr>
<tr><td>2 400</td><td>230</td><td>2 572</td><td>2 594</td><td rowspan="4">73</td><td rowspan="4">135</td><td>2 602</td><td rowspan="4">10</td><td rowspan="4">100</td><td rowspan="4">135</td></tr>
<tr><td>2 600</td><td>235</td><td>2 778</td><td>2 800</td><td>2 808</td></tr>
<tr><td>2 800</td><td>255</td><td>2 998</td><td>3 020</td><td>3 028</td></tr>
<tr><td>3 000</td><td>275</td><td>3 208</td><td>3 230</td><td>3 238</td></tr>
<tr><td colspan="10">注 1：本标准正文图例直径 D_1、D_2、D_3 对应本图、表为 D_1、D_2、D_3；管接头纵向尺寸 L_1、L_2 对应本图、表为 L_2、L_4。
注 2：A、B 型接头除端头有无钢板外，其他尺寸都相同。</td></tr>
</table>

单位为毫米

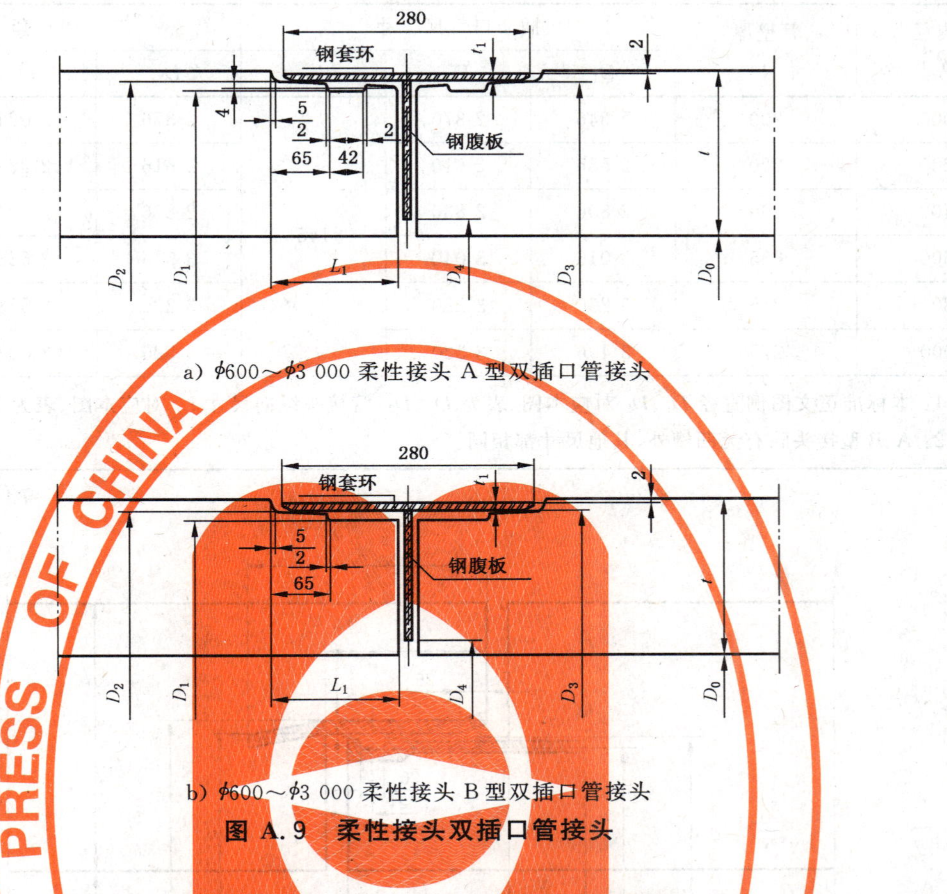

a) ϕ600～ϕ3 000 柔性接头 A 型双插口管接头

b) ϕ600～ϕ3 000 柔性接头 B 型双插口管接头

图 A.9 柔性接头双插口管接头

表 A.9 ϕ600～ϕ3 000 柔性接头双插口管接头细部尺寸 单位为毫米

管内径 D_0	管壁厚 t	插口尺寸			钢套环		
		D_1	D_2	L_1	D_3	D_4	t_1
600	60	678	698		704	624	
700	70	798	818		824	724	
800	80	918	938		944	624	
900	90	1 038	1 058	145	1 064	924	6
1 000	100	1 158	1 178		1 184	1 024	
1 100	110	1 278	1 298		1 304	1 124	
1 200	120	1 398	1 418		1 424	1 224	
1 350	135	1 574	1 594		1 600	1 374	
1 400	140	1 634	1 654		1 660	1 424	
1 500	160	1 754	1 774		1 780	1 524	
1 600	150	1 874	1 894	145	1 900	1 624	8
1 650	165	1 934	1 954		1 960	1 674	
1 800	180	2 114	2 134		2 140	1 824	

表 A.9（续） 单位为毫米

管内径 D_0	管壁厚 t	插口尺寸			钢套环		
		D_1	D_2	L_1	D_3	D_4	t_1
2 000	200	2 346	2 370	145	2 376	2 024	10
2 200	220	2 586	2 610		2 616	2 224	
2 400	230	2 806	2 830		2 836	2 424	
2 600	235	3 016	3 040		3 046	2 628	
2 800	255	3 256	3 280		3 286	2 828	
3 000	275	3 496	3 520		3 526	3 028	

注 1：本标准正文图例直径 D_1、D_2 对应本图、表为 D_1、D_2；管接头纵向尺寸 L_1 对应本图、表为 L_1。

注 2：A、B 型接头除有无凹槽外，其他尺寸都相同。

单位为毫米

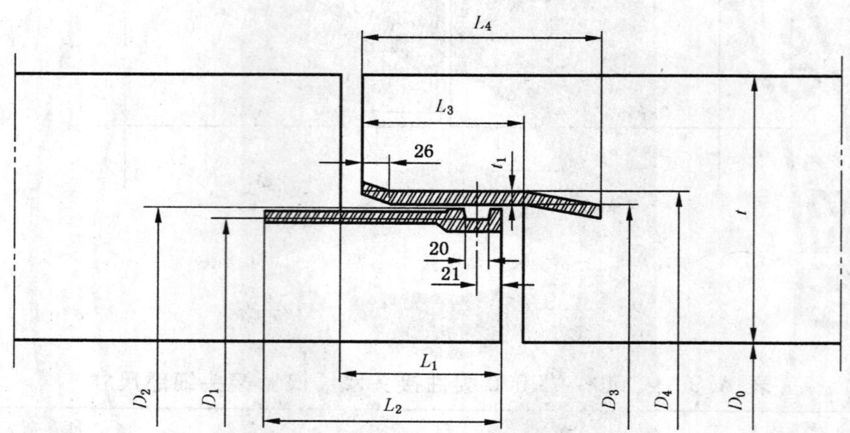

图 A.10 Φ300～Φ3 200 柔性接头钢承插口管接头

表 A.10 Φ300～Φ3 200 柔性接头钢承插口管接头细部尺寸 单位为毫米

管内径 D_0	管壁厚 t	钢插口尺寸				钢承口尺寸				
		D_1	D_2	L_1	L_2	D_3	D_4	L_3	L_4	t_1
300	50	349	369	95	150	371	385	95	140	4-6
400	55	444	464			466	480			
500	55	544	564			566	580			
600	60	649	669			671	685			
700	70	768	789			791	805			
800	80	869	889			891	905			
900	90	989	1 009			1 011	1 025			
1 000	100	1 109	1 129			1 131	1 145			
1 100	110	1 119	1 139			1 141	1 155			
1 200	120	1 339	1 359			1 361	1 375			

表 A.10（续）

单位为毫米

管内径 D_0	管壁厚 t	钢插口尺寸				钢承口尺寸				
		D_1	D_2	L_1	L_2	D_3	D_4	L_3	L_4	t_1
1 350	135	1 519	1 539	100	150	1 541	1 555	100	150	6-8
1 400	140	1 579	1 599			1 601	1 615			
1 500	150	1 679	1 699			1 701	1 715			
1 600	160	1 799	1 819			1 821	1 835			
1 650	165	1 859	1 879			1 881	1 895			
1 800	180	2 029	2 049			2 051	2 065			
2 000	200	2 249	2 269			2 271	2 285			
2 200	220	2 489	2 509			2 511	2 525			
2 400	230	2 709	2 729			2 731	2 745			
2 600	235	2 909	2 929			2 931	2 945			
2 800	255	3 139	3 159	150	220	3 161	3 175	150	210	8-10
3 000	275	3 359	3 379			3 381	3 395			
3 200	290	3 589	3 609			3 611	3 625			

注：本标准正文图例直径 D_1、D_2、D_3 对应本图、表为 D_1、D_2、D_3；管接头纵向尺寸 L_1、L_2 对应本图、表为 L_1、L_3。

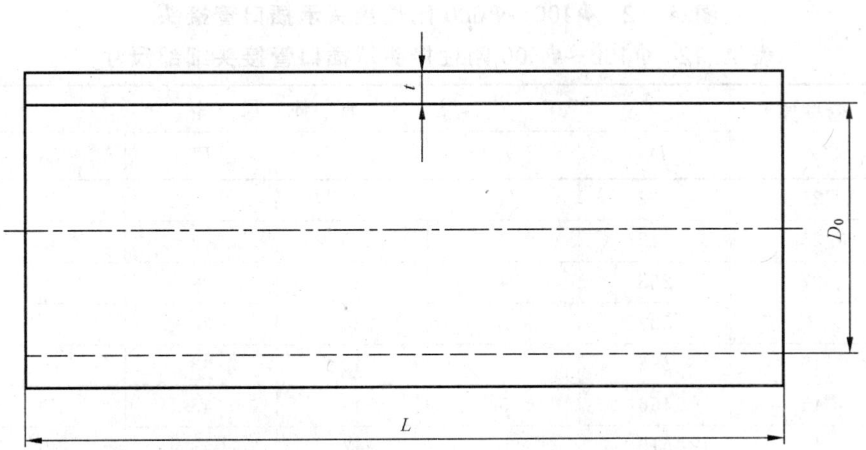

图 A.11　Φ200～Φ3 000 刚性接头平口管管体

表 A.11 Φ200～Φ3 000 刚性接头平口管管体尺寸　　单位为毫米

管内径 D_0	管壁厚 t	管长度 L	管内径 D_0	管壁厚 t	管长度 L
200	30	2 000	1 350	115	2 000
300	30		1 500	125	
400	40		1 650	140	
500	50		1 800	150	
600	55		2 000	170	
700	60		2 200	185	
800	70		2 400	200	
900	75		2 600	220	
1 000	85		2 800	235	
1 100	95		3 000	250	
1 200	100				

注：平口管一般用于混凝土基础铺设，使用Ⅰ级管。本图、表按Ⅰ级管壁厚制作。

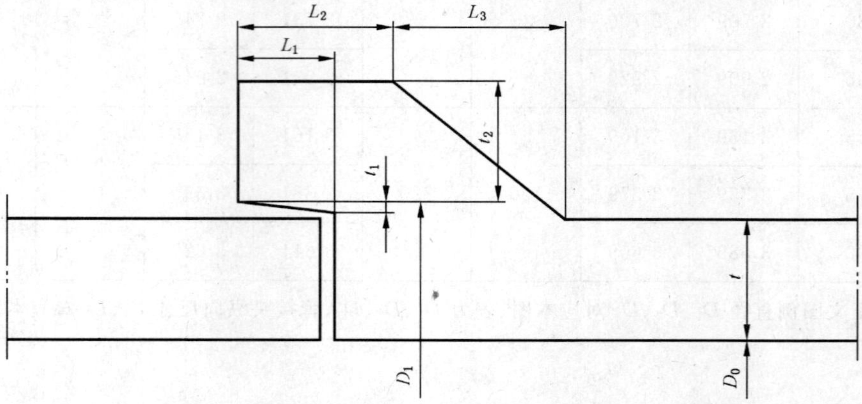

图 A.12 Φ100～Φ600 刚性接头承插口管接头

表 A.12 Φ100～Φ600 刚性接头承插口管接头细部尺寸　　单位为毫米

管内径 D_0	管壁厚 t	管体尺寸					
		D_1	t_1	t_2	L_1	L_2	L_3
100	25	162	4	25	38	50	50
150	25	212	4	25	38	60	65
200	27	268	4	27	38	60	65
250	3	332	5	33	38	60	65
300	40	396	5	40	43	70	73
350	45	456	5	45	43	70	73
400	47	510	5	47	43	70	73
450	50	566	5	50	43	70	73
500	55	628	6	55	50	80	80
600	65	748	6	65	50	80	80

注 1：本标准正文图例直径 D_1 对应本图、表为 D_1，管接头纵向尺寸 L_1 对应本图、表为 L_1。

注 2：本图、表尺寸适应于挤压成型混凝土排水管。

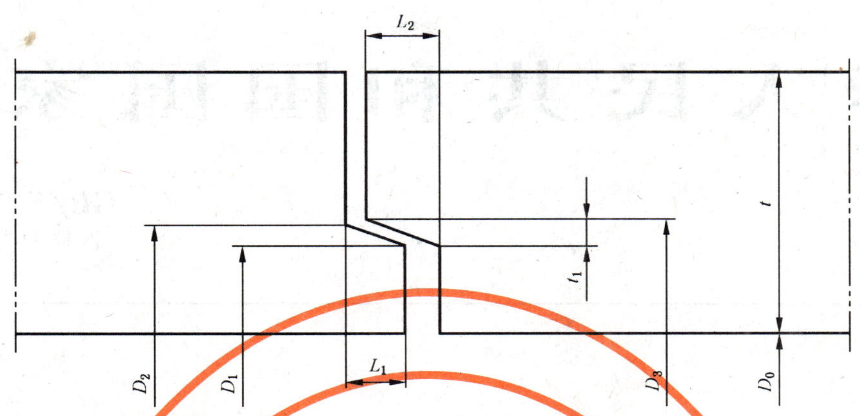

图 A.13 ϕ1 100～ϕ3 000 刚性接头企口管接头

表 A.13 ϕ1 100～ϕ3 000 刚性接头企口管接头细部尺寸

单位为毫米

管内径 D_0	管壁厚 t	插口尺寸			承口尺寸		
		D_1	D_2	L_1	D_3	t_1	L_2
1 100	110	1 172	1 186	30	1 196	10	40
1 200	120	1 282	1 296	30	1 306	10	40
1 350	135	1 446	1 460	30	1 470	10	40
1 400	140	1 498	1 512	30	1 522	10	40
1 500	150	1 600	1 620	35	1 630	15	45
1 600	160	1 704	1 724	35	1 746	15	45
1 650	165	1 764	1 784	35	1 794	15	45
1 800	180	1 930	1 950	35	1 960	15	45
2 000	200	2 136	2 166	40	2 176	20	50
2 200	220	2 356	2 386	40	2 396	20	50
2 400	240	2 576	2 606	40	2 596	20	50
2 600	235	2 786	2 826	40	2 786	25	50
2 800	255	3 006	3 046	45	3 006	25	55
3 000	275	3 226	3 266	50	3 226	25	60
注：本标准正文图例直径 D_1、D_2、D_3 对应本图、表为 D_1、D_2、D_3；管接头纵向尺寸 L_1、L_2 对应本图、表为 L_1、L_2。							

ICS 91.100.30
Q 04

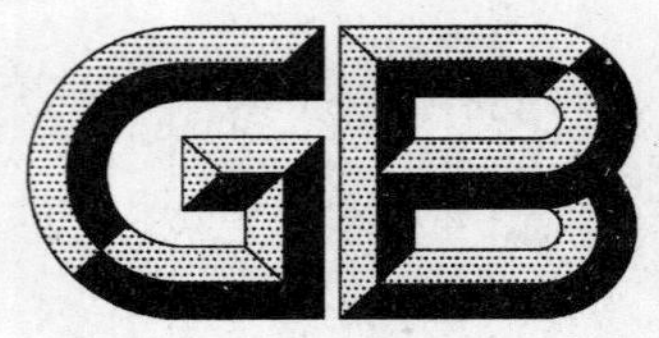

中华人民共和国国家标准

GB/T 11837—2009
代替 GB/T 11837—1989

混凝土管用混凝土抗压强度试验方法

Test methods of the concrete compressive strength of concrete pipes for water

2009-03-09 发布　　2009-11-05 实施

中华人民共和国国家质量监督检验检疫总局
中国国家标准化管理委员会　发布

前　言

本标准代替 GB/T 11837—1989《混凝土管用混凝土抗压强度试验方法》。

本标准与 GB/T 11837—1989 的主要差异如下：

——调整了部分规范性引用文件(第 2 章)；

——完善了主要试验设备(第 4 章)；

——完善了试件的制作要求(第 6 章)；

——完善了试件的养护要求(第 7 章)；

——取消了附录 A 芯样试体抗压强度试验方法。

本标准由中国建筑材料联合会提出。

本标准由全国水泥制品标准化技术委员会(SAC/TC 197)归口。

本标准由苏州混凝土水泥制品研究院负责起草。

本标准参加起草单位：武汉双强水泥制品有限责任公司、上海水泥制管厂、上海浦东混凝土制品有限公司、南宁鸿基水泥制品有限责任公司、上海闵马水泥制管有限公司、昆山巴城水泥制品有限公司、浙江巨龙管业集团有限公司、福建石狮永前建材有限公司、唐山市永宏水泥制品有限公司、天津万联管道工程有限公司、嘉善宏泰构件有限公司、辽宁北票电力电杆制造有限公司、天津泽宝水泥制品有限公司、邹平县天元水泥制品厂。

本标准主要起草人：沈丽华、张吟秋、田培云、吕根喜、何栋、纪爱民、李凤雏、余洪方。

本标准 1989 年首次发布；本次为第一次修订。

混凝土管用混凝土抗压强度试验方法

1 范围

本标准规定了混凝土管用混凝土抗压强度试验方法所涉及的试件、主要试验设备、混凝土拌合物取样、试件制作、试件养护、试验步骤、试验结果计算、试验报告等。

本标准规定的试验方法适用于预应力混凝土管、预应力钢筒混凝土管、混凝土和钢筋混凝土排水管制管用混凝土抗压强度的测定。

2 规范性引用文件

下列文件中的条款通过本标准的引用而成为本标准的条款。凡是注日期的引用文件，其随后所有的修改单(不包括勘误的内容)或修订版均不适用于本标准，然而，鼓励根据本标准达成协议的各方研究是否可使用这些文件的最新版本。凡是不注日期的引用文件，其最新版本适用于本标准。

GB/T 2611 试验机通用技术要求

GB/T 3159 液压式万能试验机

GB 5696 预应力混凝土管

GB/T 11836 混凝土和钢筋混凝土排水管

GB/T 19685 预应力钢筒混凝土管

GB/T 50081—2002 普通混凝土力学性能试验方法标准

GBJ 107 混凝土强度检验评定标准

JG 3019 混凝土试模

JG/T 3020 混凝土试验室用振动台

3 试件

3.1 试件的形状

试件的形状为立方体。

3.2 试件的尺寸

3.2.1 试件的尺寸为150 mm×150 mm×150 mm、100 mm×100 mm×100 mm两种。其中150 mm×150 mm×150 mm试件为标准试件，100 mm×100 mm×100 mm试件为非标准试件。

3.2.2 试件的尺寸应根据骨料的最大粒径按表1选定。

表1 混凝土试件尺寸

骨料最大粒径/mm	试件横截面尺寸/mm
31.5	100×100
40	150×150

3.3 尺寸公差

3.3.1 试件承压面的平面度公差为0.000 5l(l为边长)。

3.3.2 试件相邻面间的夹角应为90°，其公差为0.5°。

3.3.3 试件各边长的尺寸公差为1 mm。

4 主要试验设备

4.1 试模

4.1.1 试模应符合JG 3019中技术要求的规定。

4.1.2 应定期对试模进行自检,自检周期宜为3个月。

4.2 振动台

4.2.1 振动台应符合JG/T 3020中技术要求的规定。

4.2.2 应具有有效期内的计量合格证书。

4.3 压力试验机

4.3.1 压力试验机除应符合GB/T 3159及GB/T 2611中技术要求外,其测量精度为±1%,试件破坏荷载应大于压力机全量程的20%且小于压力机全量程的80%。

4.3.2 应具有加荷速度指示装置或加荷速度控制装置,并应能均匀、连续地加荷。

4.3.3 应具有有效期内的计量检定证书。

4.3.4 试验用其他试验设备应符合GB/T 50081—2002的规定。

5 混凝土拌合物取样

a) 在混凝土搅拌站或喂料工序中随机取样。

b) 取样频率按GB 5696、GB/T 19685、GB/T 11836的规定执行。

c) 每次取样量应满足GB 5696、GB/T 19685、GB/T 11836有关混凝土试件组数的规定,3个试件为1组。

6 试件制作

a) 塑性混凝土拌合物按GB/T 50081的规定制作试件。

b) 干硬性混凝土拌合物,可采用加压振动的方法制作试件。

7 试件养护

a) 采用自然养护的管子,其评定混凝土强度等级的试件应采用标准养护28 d。
采用标准养护的试件,应在温度为20 ℃±5 ℃的环境中静置1 d～2 d,然后编号、拆模。拆模后应立即放入温度为20 ℃±2 ℃,相对湿度为95%以上的标准养护室中养护 ,或在温度为20 ℃±2 ℃的不流动的$Ca(OH)_2$饱和溶液中养护。标准养护室内的试件应放在支架上,彼此间隔10 mm～20 mm,试件表面应保持潮湿,并不得被水直接冲淋。

b) 采用蒸汽养护的管子,其评定混凝土强度等级的试件,应先随管子同条件蒸汽养护,然后置入标准养护条件继续养护至28 d。

c) 测定脱模强度、缠丝强度、出厂强度或其他龄期抗压强度的试件,应先采用与管子同条件养护。试件拆膜后,除测定脱模强度的试件外,其余试件在标准养护条件或与管子同条件继续养护至规定龄期。

d) 对于采用振动挤压工艺生产的预应力混凝土管,试件成型后应在其表面施加0.03 MPa的压力,然后进行蒸汽养护。

8 试验步骤

8.1 外观检查与尺寸测量

试件不得有缺损,相对两面应平行。在试验前应擦试干净。测量试件尺寸应精确至1 mm,计算承压面积。

8.2 试件安置

以成型时的侧面为上下承压面,将试件稳妥放在下压板上,对正上、下压板几何中心,开动试验机,当上压板与试件表面接近时,调整球形座,使接触均衡。

8.3 加荷速率

以0.5 MPa/s～0.8 MPa/s的加荷速率连续均匀地加荷(较高的混凝土强度等级取较高的加荷速

率),直至试件破坏,记录破坏荷载。

9 试验结果计算

9.1 混凝土立方体抗压强度应按下式计算:

$$f_{cc} = \frac{F}{A}$$

式中:

f_{cc}——混凝土立方体试件抗压强度,单位为兆帕(MPa);

F——试件破坏荷载,单位为牛(N);

A——试件承压面积,单位为平方毫米(mm^2)。

9.2 强度值的确定应符合下列规定:

(1) 3个试件测值的算术平均值作为该组试件的强度值(精确至0.1 MPa);

(2) 3个测值中的最大值或最小值中如有1个与中间值的差值超过中间值的15%时,则把最大及最小值一并舍除,取中间值作为该组试件的抗压强度值;

(3) 如最大值和最小值与中间值的差值均超过中间值的15%,则该组试件的试验结果无效。

9.3 尺寸换算系数

100 mm×100 mm×100 mm 试件的抗压强度,换算成标准试件150 mm×150 mm×150 mm抗压强度时,应乘以尺寸换算系数0.95。

9.4 混凝土抗压强度的工艺换算系数

除评定混凝土强度等级的试件外,不同制管工艺的脱模强度、缠丝强度、出厂强度或其他龄期的抗压强度,由立方体混凝土抗压强度乘以工艺换算系数获得。工艺换算系数由企业经试验取得;未取得工艺换算系数时,可按表2的规定选用。

9.5 混凝土强度等级的评定按GBJ 107的规定进行。

表2 混凝土抗压强度工艺换算系数

制管工艺方式	工艺换算系数
离心工艺	1.25
悬辊工艺	1.00
立式振动工艺	1.00
振动挤压工艺	1.50

10 试验报告

试验报告应包括下列内容:

a) 试验项目名称;

b) 试验目的和要求;

c) 试件成型日期、编号、试验日期及龄期;

d) 成型方式及养护方式;

e) 混凝土强度等级、配合比及原材料品种规格;

f) 试件外观及尺寸测量记录;

g) 混凝土抗压强度试验结果;

h) 试验单位及试验人员签章;

i) 数据偏差、取舍说明等试验分析;

j) 标准编号。

ICS 47.020.20
U 44

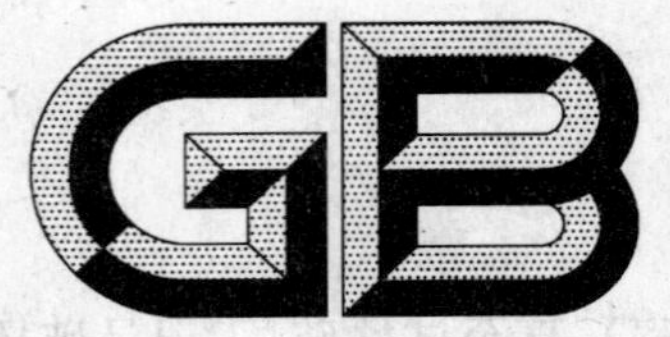

中华人民共和国国家标准

GB 11871—2009
代替 GB 11871—1989

船用柴油机辐射的空气噪声限值

Limits of airborne noise emitted by marine diesel engines

2009-03-09 发布　　2009-08-01 实施

中华人民共和国国家质量监督检验检疫总局
中国国家标准化管理委员会　发布

前　言

本标准的第3章为强制性的，其余为推荐性的。

本标准代替GB 11871—1989《船用柴油机辐射的空气噪声限值》。

本标准与GB 11871—1989相比主要技术差异如下：

——噪声限值的给出由表格法改为公式法，且该值由精确到整数位改为精确到小数点后一位；

——对船用柴油机辐射的空气噪声限值进行了修正。

本标准由中国船舶重工集团公司提出。

本标准由全国船用机械标准化技术委员会柴油机分技术委员会归口。

本标准起草单位：中国船舶重工集团公司第七一一研究所。

本标准主要起草人：韩彦民、朱震海、季文、贺林、陶龙海。

本标准所代替标准的历次版本发布情况为：

——GB 11871—1989。

船用柴油机辐射的空气噪声限值

1 范围

本标准规定了船用柴油机在台架试验时辐射空气噪声的A声功率级限值。

本标准适用于船用柴油机台架试验。

2 规范性引用文件

下列文件中的条款通过本标准的引用而成为本标准的条款。凡是注日期的引用文件,其随后所有的修改单(不包括勘误的内容)或修订版均不适用于本标准,然而,鼓励根据本标准达成协议的各方研究是否可使用这些文件的最新版本。凡是不注日期的引用文件,其最新版本适用于本标准。

GB/T 9911 船用柴油机辐射的空气噪声测量方法

3 噪声限值

3.1 计算公式

船用柴油机在标定功率和标定转速下辐射空气噪声的A声功率级 L_W 应不大于公式(1)计算所得的数值,计算结果精确至小数点后一位。

$$L_W = 10\lg(n_r \cdot P_r) + C \qquad (1)$$

式中:

L_W——标定工况下辐射空气噪声的A声功率级限值,单位为分贝[dB(A)];

n_r——标定转速的数值,单位为转每分(r/min);

P_r——标定功率的数值,单位为千瓦(kW);

C——常数,单位为分贝[dB(A)]。当 $P_r<736$ kW 时,$C=62.0$。当 $P_r\geqslant 736$ kW 时,$C=64.1$($n_r\leqslant 300$ r/min);或 $C=63.0$($n_r>300$ r/min)。

3.2 测量方法

本标准适用的测量方法按GB/T 9911中规定的工程法执行。如果声学测试环境条件不满足工程法的要求,经供需双方协商同意也可按GB/T 9911中规定的准工程法执行,但应在测试报告中说明。

ICS 79.020
B 60

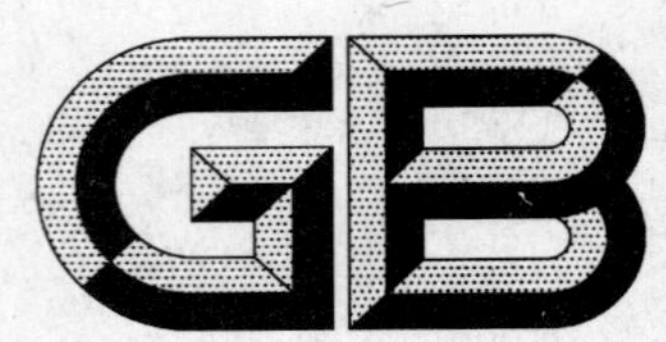

中华人民共和国国家标准

GB/T 11917—2009
代替 GB/T 11917—1989

制材工艺术语

Terms in timber sawing technology

2009-02-23 发布　　2009-08-01 实施

中华人民共和国国家质量监督检验检疫总局
中国国家标准化管理委员会　发布

前　　言

本标准代替 GB/T 11917—1989《制材工艺术语》。

本标准与 GB/T 11917—1989 相比，主要变化如下：

——修改了原标准中定义不当、含义不清、用语不准确的内容，使术语含意表达更加清楚；

——删除过时陈旧的术语。

本标准由国家林业局提出。

本标准由全国木材标准化技术委员会归口。

本标准起草单位：东北林业大学。

本标准主要起草人：刘一星、沈隽、陈峰、苏雪瑶。

本标准所代替标准的历次版本发布情况为：

——GB/T 11917—1989。

制 材 工 艺 术 语

1 范围

本标准定义了制材产品尺寸、形状、生产技术方面的术语。

本标准适用于木材制作工艺。

2 术语和定义

2.1

原木 log

原条经过造材截断成为符合标准要求的木段。

2.2

根段原木 butt log

原条根部截造出的原木。

2.3

梢段原木 top log

原条梢部截造出的原木。

2.4

中段原木 second log

原条中部截造出的原木。

2.5

制材用原木 saw log

用于加工锯材的原木。

2.6

锯材 sawn timber

原木经制材加工得到的产品。

2.7

干燥锯材 dried sawn timber

经过大气干燥或人工干燥达到规定含水率要求的锯材。

2.8

刨光锯材 planed sawn timber

经过刨光加工符合技术要求的锯材或集成材。

2.9

防腐锯材 preserved sawn timber

经过处理具有抗腐性能的锯材。

2.10

滞火锯材 fire-retarding sawn timber

经过处理具有滞火、耐燃性能的锯材。

2.11

整边锯材 square-edged sawn timber

相对宽材面相互平行，相邻材面互为垂直，材棱上钝棱不超过允许限度的锯材。

2.11.1

平行整边锯材　square-edged sawn timber with parallel edges

两组相对材面均相互平行的整边锯材。

2.11.2

梯形整边锯材　square-edged sawn timber with tapered edges

相对窄材面相互不平行的整边锯材。

2.12

毛边锯材　unedged sawn timber

宽材面相互平行,窄材面未着锯,或虽着锯而钝棱超过允许限度的锯材。

2.13

板材　board

宽度尺寸为厚度尺寸自二倍以上者。

2.14

方材　square

宽度尺寸不足厚度尺寸二倍者。

2.15

材面　sawn timber surface

凡经纵向锯割出的锯材任何一面统称材面。

2.15.1

宽材面　face

板方材的较宽材面。

2.15.2

窄材面　edge

板方材的较窄材面。

2.16

端面　end

锯材在长度方向上两端部的横截面。

2.17

着锯面　sawn face

在材面上显露的锯割部分。

2.18

未着锯面　unsawn face

在材面上显露的未着锯部分。

2.19

径切板　quarter-sawn timber

沿原木半径方向锯割的板材,生长轮纹切线与宽材面夹角自45°以上者。

2.20

弦切板　plain-sawn timber

沿原木生长轮切线方向锯割的板材,生长轮纹切线与宽材面夹角不足45°者。

2.21

内材面　internal face

距髓心较近的宽材面。

2.22

外材面　external face

距髓心较远的宽材面，两个宽材面离髓心相等时，指其中任何一个。

2.23

材棱　arris

锯材相邻两材面的相交线。

2.24

钝棱　wane

整边锯材在宽度或厚度上有部分或全部材棱未着锯，残留的原木表面部分。

2.25

标准尺寸　standard size

锯材标准中规定的尺寸。

2.26

公称尺寸　nominal size

锯材在含水率为12%时，已知的或给定的尺寸，不考虑锯割的精度。

2.27

实际尺寸　actual size

锯材上实际量得的尺寸。

2.28

锯剖尺寸　green sawn size

湿锯材在干缩后可以达到公称尺寸的尺寸。

2.29

最终尺寸　finished size

锯材干燥至终含水率，经机械加工后应达到的尺寸。

2.30

干缩量　shrinkage

锯材因其含水率降低而缩小的尺寸。

2.31

湿胀量　swelling

锯材因其含水率增大而增加的尺寸。

2.32

锯材厚度与宽度　thickness and width

相对宽材面之间的垂直距离为锯材厚度，相对窄材面之间的垂直距离为锯材宽度。

2.33

锯材长度　length

锯材两端面之间的最短距离。

2.34

制材工艺　lumber sawing technology

原木加工为锯材过程中，针对相应的锯机条件，所采取的锯割方案、工艺程序、加工技术和完成指标的措施。

2.35

制材生产程序　productive process

制材生产全过程。包括原木准备、原木锯割、板院作业三个过程。

2.36

半圆材　half log

原木沿材长直径方向剖开为两等分或接近两等分的锯材。

2.37

四分圆材　quarter log

原木沿材长半径方向剖开为四等分或接近四等分的锯材。

2.38

髓心板　heart board

含有髓心的径切板。

2.39

半髓心板　half heart board

沿髓心剖开显露出髓心的板材。

2.40

剖料　breakdown

以基准面加工，将原木纵锯为毛方、大料的制材过程。

2.41

剖分　rip sawing

以基准面加工，将毛方、大料锯割为板方材的制材过程。

2.42

锯割　feed

剖料和剖分的总称。

2.43

毛方　cant

原木割去板皮后制成的毛边方材，分为单面毛方、双面毛方。单面毛方如图1，双面毛方如图2。

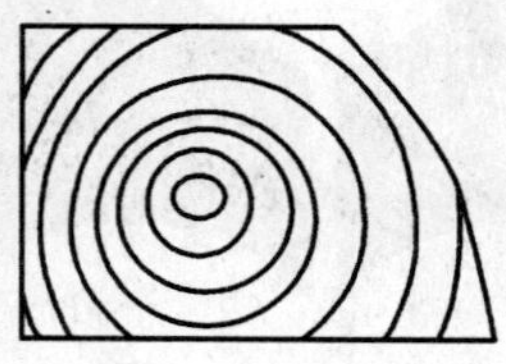

图1　单面毛方（断面）

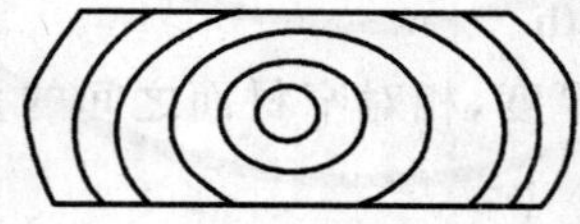

图2　双面毛方（断面）

2.44

大料　blank

经大带锯或剖料主锯加工后提供给其他剖分锯机的各种形状坯料。

2.45

板皮　slab

从原木上锯割下来的弧形边材，其横截面为弦切平面和原木外缘的弧形相连接。

2.46

板条 trip

毛边板裁边为整边材时,所裁掉的剩余物,如图 3。

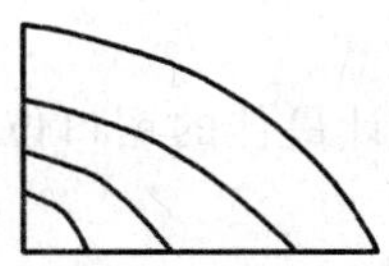

图 3 板条(断面)

2.47

毛头板 aboard with end uncut square

生产整边锯材的截头,呈鸭嘴形锐棱的板皮,一般作削片原料。

2.48

扎钩 dog

跑车卡木桩的上钩和底钩从上下两个方向卡紧木材机构的动作。

2.49

调梢 taper-set

跑车具有 3 个～5 个卡木桩,通常同时进退,使某 1 个卡木桩单独位移的动作称为调梢。

2.50

上木 load

将原木或木料送给进给机构的动作。

2.51

翻木 turning

将木料翻转某一角度的动作。

2.52

进锯 sawing

原木或木料锯割的过程。

2.53

返程 return

原木或木料经过锯割后返回进料位置的过程。

2.54

卸料 unload

完成锯割过程后,将木料从进料机构上卸下来的动作。

2.55

划线下锯 sawing according to patterns on log end

预先在原木小头端面及材身进行划线设计,然后进行锯割作业的方法。

2.56

套裁配制 sawing with various size products well concerted

在每根原木上,把主产品、连产品、短产品统筹安排、合理配制的作业方法。

2.57

小头进锯 sawing with small end first

原木经过调头机使小头向前输入制材车间进行加工的方法。

2.58

合理下锯　best opening face

出材率、质量、经济效益最佳化的下锯方法。

2.59

下锯图　sawing pattern

根据原木条件、产品计划、锯机条件设计最佳的锯口位置和锯割顺序的设计图。

2.60

基本下锯法　basic sawing method

原木锯割方案和程序。主要有毛板下锯法、三面下锯法、四面下锯法。

2.60.1

毛板下锯法　live sawing

原木断面上所有锯口都是平行的下锯法。

2.60.2

三面下锯法　sawing on tri-side of the log

原木锯割第一锯口后，把基准面向下翻转90°，然后依次平行下锯的下锯法。

2.60.3

四面下锯法　cant sawing

原木先割成对称两面毛方，然后把基准面向下翻转，依次平行下锯的下锯法。

2.60.4

翻转下锯法　around sawing

四面下锯法的一种，原木依次连续作90°或180°翻转，每次割取1块～2块板材循环翻转的下锯法。

2.61

缺陷原木下锯法　the sawing method of defect logs

按缺陷特征和部位，采取集中剔除严重缺陷或适当分散一般缺陷的下锯法。

2.62

一边挤下锯法　all taper sawing

第一锯口与原木外缘平行，然后180°翻转得到一块尖削大板皮，90°翻转后第一个锯口仍与原木外缘平行下锯，最后再得到一块尖削大板皮，称为一边挤下锯法。

2.63

轴心下锯法　sawing parallel to the axis of logs

平行于轴心线的下锯法。

2.64

楔形剔除下锯法　half taper sawing

将原木大头的心腐部分，以木楔形状集中剔除掉的下锯法。

2.65

径向下锯　quarter sawing

生产径切板的下锯。

2.66

弦向下锯　plain sawing

生产弦切板的下锯。

2.67

主产品　major product

原木小头端面内接正方材范围，可割取的枕木、厚板等主要产品。

2.68

连产品　by-product

除主产品外，可割取与原木等长的板、方材等产品。

2.69

短产品　short sawn timber

除主产品、连产品外，可割取自1 m以上而小于原木长度的短板、方材。

2.70

小规格材　saw timber of small size

小于1 m材长的板、方材和各种小材，通常不包括0.49 m以下的小材。

2.71

箱板材　small size board for making boxes

包装用箱板材，包括帮板、底板、盖板、堵板、带板、底楞等部件。

2.71.1

带板　strip used in making boxes

箱板材中，横向固定多拼纵向板的窄板。

2.71.2

底楞　plank under box

箱板材中，垫底的两根小方。

2.72

木托板　bunk

仓库垫板、集装箱隔板、纸夹板等多拼纵向板。

2.73

出材率　volume recovery

原木制材中锯材的材积占原木材积的百分比。

2.73.1

综合出材率　volume recovery of all sawn timber produced

原木制材中全部产品即主产品、连产品、短产品、小规格材的总材积占原木材积的百分比。

2.73.2

主产出材率　volume recovery of major product

原木制材中主产品的总材积占原木材积的百分比。

2.73.3

调运出材率　the government determined lumber recovery of timber when transferred to user

原木制材中可供调拨锯材的材积占原木材积的百分比。

2.73.4

正品出材率　volume recovery of sawn timber up to standard

原木制材中正品材的材积占原木材积的百分比，不包含不合格品、残次品。

2.74

锯材合格率　rate of sawn timber up to standard

包括规格合格率与材质合格率：规格合格率指符合国标尺寸、公差的百分比；材质合格率指符合国标各等级缺陷极限偏差锯材的百分比。

2.74.1

一次合格率　rate of sawn timber up to standard before resawing of sawn timber below grade

锯割当时，不合格品未经改锯的合格率。

2.74.2

二次合格率　rate of sawn timber up to standard after resawing of sawn timber below grade

不合格锯材经改锯后，堆放在板院内待销售外运时的合格率。

2.75

锯材等级比率　ratio of grade

锯材各级等级所占百分比。

2.76

改锯材　sawn timber to be resawed to standard size

产品经检验不合格，需要再加工的锯材。

2.77

改锯率　rate of sawn timber improperly cut to all timber produced

需返工改锯的锯材材积占出材积的百分比。

2.78

跑锯板　sawn timber warped through sawing

返工改锯剩余的不规整残次板。

2.79

跑锯　sawing defects

锯口不成直线，材面呈现某种弯曲现象。

2.80

锯割缺陷　saw bladed deviated from line during cutting

锯割时造成的各种锯材不平整现象。

2.80.1

瓦棱状锯痕　deep saw marks

锯切时，在锯材表面上产生高低不平的深痕，呈瓦棱状。

2.80.2

波状纹　snacking

锯切时因吃力不均匀使材面产生的波浪状。

2.80.3

毛刺糙面　rough saw cut

木材在锯割时，因纤维受强烈撕裂或扯离而形成毛刺状表面。

2.80.4

锯口偏斜　saw kerf deviated

凡相对材面不相互平行，或相邻材面不相互垂直，而发生的偏斜现象，如偏沿子，即称为锯口偏斜。

2.80.5

端部突出　snake head shape deformation near board end

锯材前端部位偏厚，呈现蛇头形的缺陷，形状见图4。

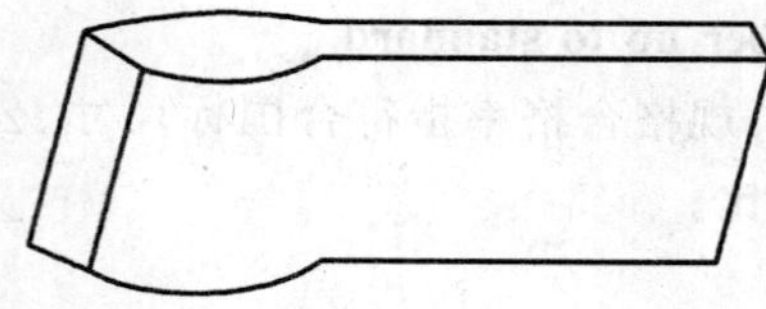

图4　端部突出

2.80.6

凸腹与凹腹　thicker or thinner in middle portion of a piece of sawn timber

锯材在材长中部增厚或减厚的缺陷，凸腹其形状见图5，凹腹见图6。

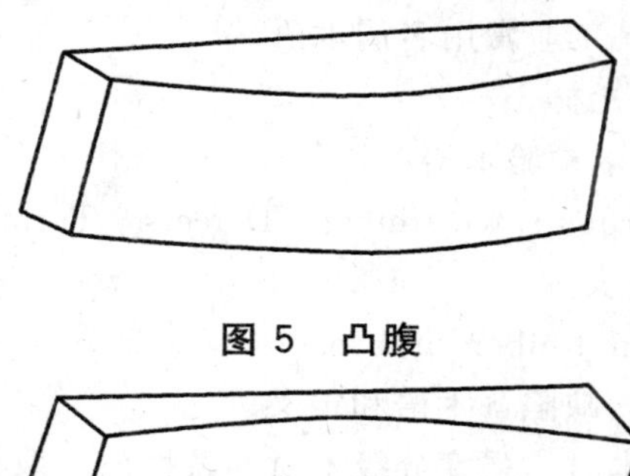

图5　凸腹

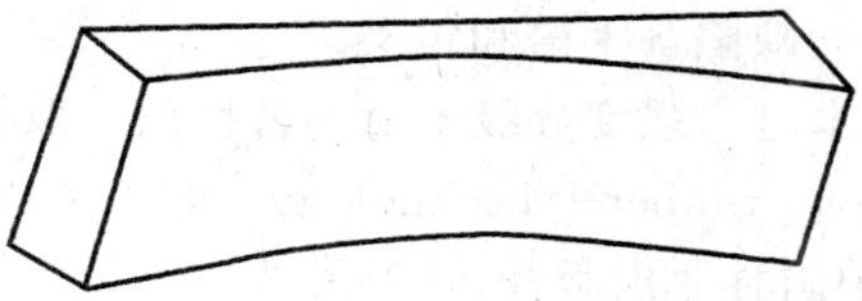

图6　凹腹

2.81

板院　lumber yard

贮存锯材的场所。

2.82

板院工作程序　sequence of log yard operation

锯材的分选、检尺、验收、垛积保管、拨付、装车、结算等。

2.83

选材场　lumber sorting yard

位于制材车间的后部，是锯材分类、评等、检验的场所。

2.84

选材　sorting

通常在选材场或制材车间规定场所按标准的缺陷允许限度进行评等分选。

2.84.1

应力分等　stress-grading

用应力分等机，按测得的板材抗弯弹性模量自动评等分选。

2.84.2

手工分等　hand grading

用手工方式进行评等分选。

2.85

卡垛　piling

选材后的锯材，将同厚、同材长锯材整齐地堆成长方形小垛供叉车作业。

2.86

锯材垛基　pillar of sawn timber pile

锯材垛的基础，通常由垛基及垫条两部分组成，也可用两根混凝土条状垛基或连接式石条垛基做成。

2.87

材垛积法　way of lumber piling

锯材堆垛的方法。主要有侧叉卡垛垛积法、延宽码垛法、垫木垛积法、纵横垛积法、一顺水垛积法、倾斜垛积法等。

参 考 文 献

［1］ QB/T 3914—1999 家具工业常用名词术语

［2］ GB/T 20445—2006 刨光材

［3］ GB/T 15787—2006 原木检验术语

［4］ ISO 1031:1974 Coniferous sawn timber—Defects—Terms and definitions (Trilingual edition)针叶树锯材 缺陷 术语和定义

［5］ ISO 2300:1973 Sawn timber of broadleaved species—Defects—Terms and definitions (Trilingual edition)阔叶树类锯材 缺陷 术语和定义

［6］ ISO 13910:2005 结构木材 强度分级木材的特性值 取样、全尺寸检验和评价

［7］ EN 844 Round and sawn timber—Technology 圆木和锯材 术语

［8］ 陆继圣.制材学.北京:中国林业出版社,1998.

［9］ 刘一星.木质资源材料学.北京:中国林业出版社,2004.

中 文 索 引

英 文 索 引

A

B

C

D

E

F

G

H

I

L

M

N

P

Q

R

S

T

U

V

W

ICS 83.080
G 31

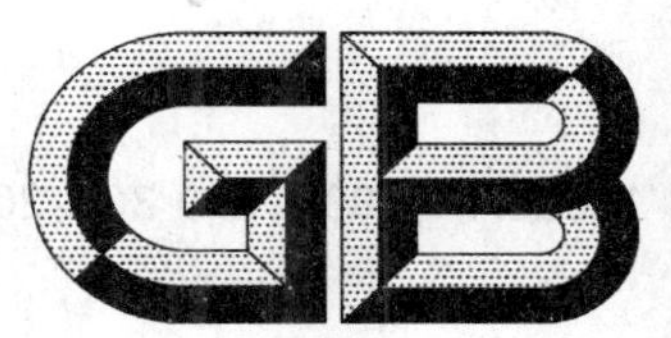

中华人民共和国国家标准

GB/T 12006.1—2009/ISO 307:2007
代替 GB/T 12006.1—1989

塑料 聚酰胺
第1部分:黏数测定

Plastics—Polyamides—
Part 1:Determination of viscosity number

(ISO 307:2007,IDT)

2009-06-15 发布 2010-02-01 实施

中华人民共和国国家质量监督检验检疫总局
中国国家标准化管理委员会 发布

前　言

GB/T 12006《塑料　聚酰胺》目前分为以下2个部分：

——第1部分：黏数测定；

——第2部分：含水量测定。

本部分为GB/T 12006的第1部分，等同采用ISO 307:2007《塑料　聚酰胺　黏数测定》(英文版)，在技术内容上完全一致。为便于使用，本部分作了下列编辑性修改：

——把"本国际标准"一词改为"本部分"；

——删除了ISO 307:2007的前言、引言；

——增加了本部分的前言；

——用我国的小数点符号"."代替国际标准中的小数点符号","；

——对于ISO 307:2007引用的国际标准中，未有等同采用为我国标准的，在标准中均被直接引用。

本部分代替GB/T 12006.1—1989《聚酰胺黏数测定方法》，与GB/T 12006.1—1989相比，主要技术内容改变如下：

——更改了标准名称；

——"规范性引月文件"一章内容不同；

——增加了第9章和第13章内容；

——增加了三种溶剂(见5.1)；

——增加了聚合物浓度计算公式(见第11章)；

——增加了Hagenbach校正；

——无精密度内容。

本部分的附录A、附录B、附录C、附录D、附录E为资料性附录。

本部分由中国石油和化学工业协会提出。

本部分由全国塑料标准化技术委员会塑料树脂通用方法和产品分会(SAC/TC 15/SC 4)归口。

本部分负责起草单位：国家合成树脂质量监督检验中心。

本部分参加起草单位：中国神马集团有限责任公司、广州金发科技股份有限公司、广州合成材料研究院。

本部分主要起草人：王永桂、赵平、李鹏洲、李建军、王浩江。

本部分所代替标准的历次版本发布情况为：

——GB/T 12006.1—1989。

塑料 聚酰胺
第1部分:黏数测定

1 范围

GB/T 12006 的本部分规定了聚酰胺在某些规定的溶剂中稀溶液黏数的测定方法。

聚酰胺样品应完全溶解于所选溶剂中。添加剂如阻燃剂和改性剂等常会影响黏度的测试,在甲酸中会使黏数偏高,在硫酸中会使黏数偏低。对聚酰胺化合物的影响程度取决于添加剂、添加剂含量、存在的其他一些添加剂和配方等条件。

对于纯聚酰胺或者含对黏度测试无影响的添加剂的聚酰胺,其黏数的测定提供了一种聚合物分子量测试方法。纯聚酰胺或者含对黏度测试无影响的添加剂的聚酰胺,其黏数能从一种溶剂转换成另一种溶剂。

含添加剂的聚酰胺,该添加剂对黏度测试有影响,其黏数应指明所用溶剂和材料成分。这种情况下,黏数的测定不能由一种溶剂转换成另一种溶剂。

本方法适用于按 ISO 1874-1 命名的 PA46、PA6、PA66、PA69 、PA610、PA612、PA11、PA12、PA6T/66、PA6I/6T、PA6T/6I/66、PA6T/61、PA6I/6T/66 和 PA MXD6 的聚酰胺,以及在规定条件下可溶于一种规定溶剂的共聚酰胺、聚酰胺化合物和其他聚酰胺。

本方法不适用于由内酰胺阴离子聚合生成或由交联剂生成的聚酰胺,这类聚酰胺通常不溶于规定溶剂。

黏数系遵照本部分所规定的具体条件按 GB/T 1632.1—2008 规定的通用步骤来测定。

2 规范性引用文件

下列文件中的条款通过 GB/T 12006 的本部分的引用而成为本部分的条款。凡是注日期的引用文件,其随后所有的修改单(不包括勘误的内容)或修订版均不适用于本部分,然而,鼓励根据本部分达成协议的各方研究是否可使用这些文件的最新版本。凡是不注日期的引用文件,其最新版本适用于本部分。

GB/T 1632.1—2008 塑料 使用毛细管黏度计测定聚合物稀溶液黏度 第1部分:通则(ISO 1628-1:1998,IDT)

GB/T 9345.4—2008 塑料 灰分的测定 第4部分:聚酰胺(ISO 3451-4:1998,IDT)

ISO 1042:1998 实验室玻璃容器 单标线容量瓶

ISO 1874-1 塑料 聚酰胺(PA)模塑和挤塑材料 第1部分:命名

ISO 3105 玻璃毛细管运动黏度计 规格和使用说明

ISO 15512 塑料 含水量的测定

ASTM D 789 聚酰胺(PA)相对黏度测定的方法标准

JIS K 6920-2:2000 塑料 聚酰胺(PA)模塑和挤塑材料 第2部分:测试样本制备及性能测定

3 术语和定义

GB/T 1632.1—2008 确立的以及下列术语和定义适用于本部分。

3.1

聚合物黏数 viscosity number of a polymer

用本部分中提到的黏度计及式(1)计算得到的数值。其流经时间足够长,不需要进行动能校正:

$$VN=\left(\frac{\eta}{\eta_0}-1\right)\times\frac{1}{c} \qquad (1)$$

式中:

η——在一种规定溶剂中聚合物溶液的黏度,单位为帕斯卡秒(Pa·s)或牛秒每平方米($N/m^2\cdot s$);

η_0——溶剂的黏度,单位为帕斯卡秒(Pa·s)或牛秒每平方米($N/m^2\cdot s$);

$\frac{\eta}{\eta_0}$——在一种规定溶剂中聚合物溶液的相对黏度;

c——聚合物的浓度,单位为克每毫升(g/mL);

VN——黏数,单位为毫升每克(mL/g)。

注1:对于一种特定黏度计,并且溶液和溶剂密度基本相等,用该溶液的流经时间比代替黏度比。

$$\frac{\eta}{\eta_0} \qquad (2)$$

式中:

$\frac{\eta}{\eta_0}$——在一种规定溶剂中聚合物溶液的相对黏度。

注2:ISO 3105 规定,1型和2型乌氏黏度计流经时间分别低于200 s和60 s时,应进行动力校正,即所谓 Hagenbach 校正。对于其他类型的黏度计,如果修正值≥0.15%,应进行动能校正。

注3:液体流经时间比得到黏度的关系见式(3):

$$\nu=\frac{\eta}{\rho}=C\times t-\left(\frac{A}{t^2}\right) \qquad (3)$$

式中:

ν——黏度/密度比,单位为平方米每秒(m^2/s);

ρ——液体密度,单位为千克每立方米(kg/m^3);

C——黏度计常数,单位为平方米每二次方秒(m^2/s^2);

t——流经时间,单位为秒(s);

A——动力校正系数,单位为平方米秒($m^2\cdot s$)。

注4:对于一种特定黏度计,溶液和溶剂密度基本相等并给定一动力因子,在本部分中黏度比

$$\frac{\eta}{\eta_0} \qquad (4)$$

用流经时间比代替,每次流经时间用黏度计生产商提供的流经时间函数,即所谓的 Hagenbach 校正(单位秒)进行换算。

4 原理

在25 ℃,用同一支黏度计分别测定溶剂和浓度为0.005 g/mL聚酰胺溶液的流经时间,然后用两次测定值和已知的溶液浓度来计算黏数。

5 试剂和材料

5.1 溶剂和试剂

仅使用分析纯试剂和蒸馏水或相同纯度的水。

警告——避免皮肤接触溶剂和洗涤液并避免吸入其蒸气。

5.1.1 硫酸:96.00%±0.20%(质量分数)溶液

工业硫酸(95%～98%)浓度的测定并调节至96.00%,见附录A和附录B。

5.1.2 甲酸:90.00%±0.15%(质量分数)溶液

试剂应贮存于棕色玻璃瓶中。其浓度每两周至少校核一次。试剂中醋酸及甲酸甲酯含量不大于0.2%。

工业甲酸(90%)浓度的测定并调节至90.00%±0.15%,见附录C和附录D。

5.1.3 间甲酚,应符合下列规格:

——外观:清洁、无色。

——间甲酚含量(质量分数):≥99%。

——邻甲酚含量(质量分数):≤0.3%。

——水含量(质量分数):≤0.13%。

所需纯度的间甲酚可由化学纯间甲酚蒸馏而得,最好用真空蒸馏。

为了避免氧化(真空蒸馏时)最好用氮气补偿压力。间甲酚的纯度可用气相色谱法测定,此溶剂应贮存于棕色玻璃瓶中。

5.1.4 苯酚,≥99%(质量分数)

5.1.5 1,1,2,2-四氯乙烷,≥99.5%(质量分数)

5.1.6 苯酚/1,1,2,2-四氯乙烷

称取6质量份苯酚(5.1.4)溶解于4质量份1,1,2,2-四氯乙烷(5.1.5)中,至少准确至1%。在23 ℃下搅拌该混合物,防止其结晶。

5.1.7 正磷酸,85%(质量分数),密度1.71 g/mL

5.1.8 间甲酚/磷酸

在锥形瓶(6.4)中加入50 mL间甲酚,用移液管(6.5)移取0.14 mL正磷酸(5.1.7)于锥形瓶中,盖上锥形瓶,用磁力搅拌器于100 ℃下搅拌30 min,然后将此溶液转移至已加入约800 mL间甲酚的容量瓶中,继续搅拌。用间甲酚冲洗锥形瓶数次,并转移至间甲酚溶液中。移开磁力搅拌器并将溶液稀释至刻度,搅拌此溶液30 min。

5.2 洗涤液

5.2.1 铬酸溶液,由硫酸(96%,ρ_0=1.84 g/mL,工业级)和等体积的饱和重铬酸钾溶液(99.5%,工业级)混合制得。必要时,可用其他等效洗涤液代替铬酸溶液。

5.2.2 丙酮(99.5%,工业级)或任何水溶性低沸点溶剂(工业级)。

6 仪器

6.1 真空干燥箱,压力小于100 kPa。

6.2 天平,精确至0.1 mg。

6.3 容量瓶,容量50 mL或100 mL,符合ISO 1042的要求,带有磨口玻璃塞。

6.4 锥形瓶,100 mL,带有磨口玻璃塞。

6.5 移液管,0.2 mL,精确至0.01 mL。

6.6 振荡装置或磁力搅拌器。

6.7 砂芯漏斗,孔径为40 μm～100 μm(P100级),或不锈钢筛,其孔隙大小约为0.075 mm^2。

6.8 黏度计,符合ISO 3105要求的气承液柱式乌氏黏度计。黏度计规格如图1所示。供甲酸溶液(5.1.2)使用时,其毛细管内径应为0.58 mm±2%(符合ISO 3105 1型的要求)。供硫酸溶液(5.1.1)或间甲酚(5.1.3)使用时,其毛细管内径应为1.03 mm±2%(符合ISO 3105 2型的要求)。

单位为毫米

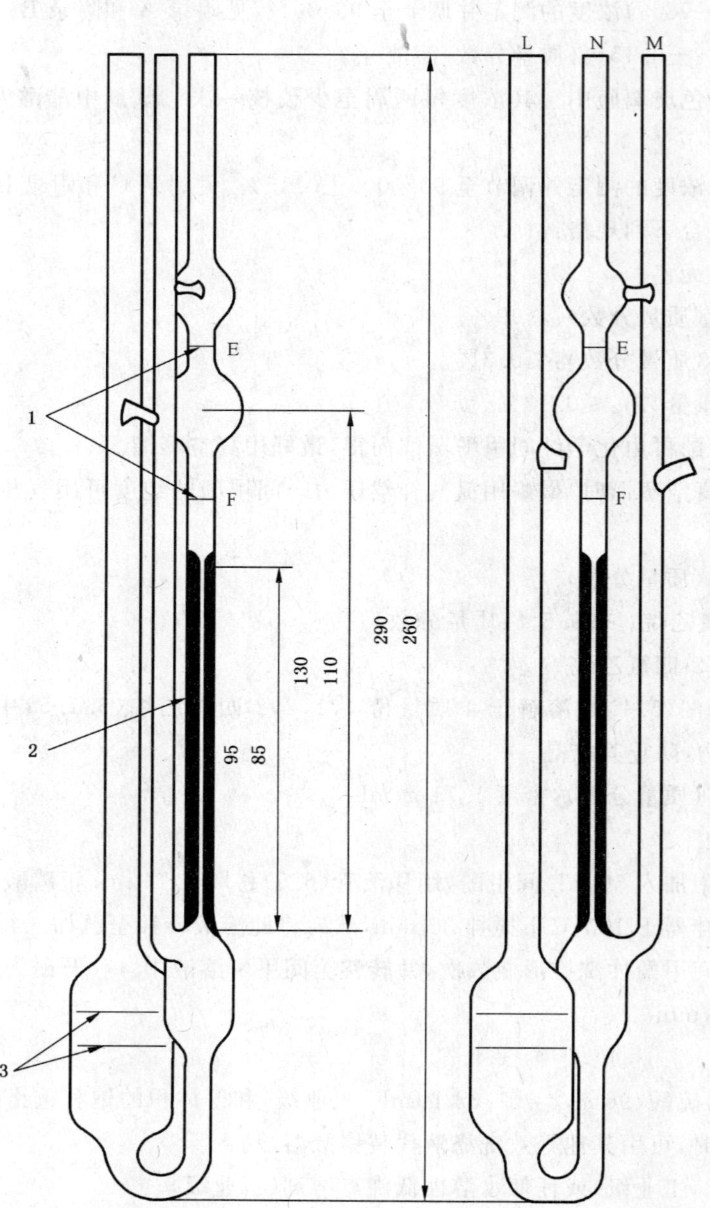

1——刻度线内体积为 4 mL±0.2 mL；

2——甲酸用毛细管直径为 0.58 mm(1±2%)；硫酸和间甲酚用毛细管直径为 1.03 mm(1±2%)；

3——充液线。

图 1　乌氏黏度计

也可使用 ISO 3105 所列其他类型的黏度计，只要其所得结果与上述规定的乌氏黏度计所得者相同。但在有争议的情况下，推荐采用乌氏黏度计。

按 GB/T 1632.1—2008 要求选择其他类型的黏度计。

注：本部分按 ISO 3105 要求，推荐采用 1 型和 2 型乌氏黏度计。

6.9　温度计，如具有适当范围和已校准的精度为 0.05 ℃的"全浸式"玻璃温度计。也可使用其他有相同或更高精度的温度计。

6.10　恒温槽，能恒温至 25.00 ℃±0.05 ℃。

6.11　计时器，如秒表，精确至 0.1 s。

6.12 离心机。

7 试样的制备

7.1 概述

用于黏数测定的聚酰胺样品应溶解于所选溶剂中，不包括如增强填料类添加剂。

注：一些样品的溶解时间太长不适合生产控制。在此情况下，为了缩短溶解时间，如果能得到相同的试验结果，宜将材料研磨为粉末。

7.2 聚酰胺含量(质量分数)小于98%的样品

对于添加剂含量大于2%的样品，添加剂量的确定用特定方法或由配方得到。测定方法应在报告中注明。

样品的含水量按ISO 15512测定。灰分含量按GB/T 9345.4—2008测定。

称取的聚酰胺样品的准确量用第8章方程计算得到。

一些添加剂，例如三氧化锑和硫化锌，按GB/T 9345.4—2008在锻烧过程中完全挥发，如果玻璃纤维增强的材料中含有三氧化锑阻燃剂，和/或其他挥发性添加剂，其总量超过2%，将通过公式计算试样的准确含量。

注：添加剂测定的时间可能太长而不适合生产质量控制，当聚合物含量(质量分数)的总差异小于4%，例如65%PA变化范围在63%～67%，生产配方中的添加剂含量可用于样品量的计算。

8 试样的计算

按式(5)计算试样的质量 m_c，单位为毫克：

$$m_c = \frac{250}{1 - \frac{w_1 + w_2 + w_3}{100}} \qquad (5)$$

式中：

w_1——按ISO 15512测定的试样含水量，以质量分数表示；

w_2——按GB/T 9345.4—2008测定的试样无机物(例如填料或玻璃纤维)含量，以质量分数表示；

w_3——用适当方法测定的其他材料(例如，其他聚合物如聚烯烃，或添加剂如阻燃剂)的含量，以质量分数表示。

对于不易测定的添加剂含量，用产品配方含量。

9 溶剂的选择

聚酰胺黏数值取决于所用溶剂。

用于特定聚酰胺的溶剂规定如下：

a) 对于PA6、PA46、PA66、PA69、PA610、PA MXD6及其相应的共聚酰胺，应使用甲酸溶液或硫酸作溶剂，对于含有添加剂的聚酰胺，若在酸性溶剂中释放气体，则使用间甲酚作溶剂。在有争议的情况下，使用甲酸作溶剂。

b) 对于PA612，应使用硫酸溶液或间甲酚作溶剂。在有争议的情况下，使用间甲酚。

c) 对于PA11、PA12和PA11/12的共聚物，应使用间甲酚作溶剂。当端基反应产生的羧酸胺，对黏度的影响有争议时，使用间甲酚/磷酸溶液(5.1.8)作溶剂重新测试。

d) 对于PA6T/66、PA6I/66、PA6I/6T、PA6T/6I/66、PA6T/6I、PA6I/6T/66，应使用间甲酚或苯酚/1,1,2,2-四氯乙烷作溶剂，在有争议的情况下，应使用间甲酚。

e) 对于其他聚酰胺，可使用所述任一溶剂。

注1：不含对黏度测试有影响的添加剂的聚酰胺黏数能通过常用互换公式从一种溶剂转换成另一种溶剂。转换表示于第13章，并在附录E中介绍。互换可靠性在附录E中讨论。

10 步骤

10.1 黏度计的清洗

首次使用之前应清洗黏度计(6.8),在出现不一致读数之后(例如当溶剂两次连续流出时间测定值差别大于0.4 s时)应再清洗,并在正常使用期中每隔一定时间再清洗。让黏度计装满洗涤液(5.2),如铬酸溶液(5.2.1),放置12h。倒出洗涤液,先用水,然后用丙酮(5.2.2)冲洗黏度计,再用如经过滤的缓慢空气流或真空干燥箱(6.1)等方法使之干燥。

每次测定后,沥干黏度计,先用溶剂,再用水,然后用丙酮(5.2.2)冲洗,并按上述方法使之干燥。

但是,如果下次的待测溶液是同类型聚酰胺液或是类似黏度的溶液,则允许在沥干黏度计后用待测溶液冲洗黏度计,然后用该溶液注满。

注:在生产控制和自动流经时间测试时,黏度计可以用下次待测样品的溶剂注满。

10.2 溶液的配制

10.2.1 概述

本部分叙述了三种不同的被测溶液的配制方法。第一种容量法(10.2.2),不需要校正试样中不溶添加剂的体积。考虑实用,允许试样质量为(m_c±5)mg。对于纯聚酰胺,浓度范围在0.004 9 g/mL~0.005 1 g/mL。在黏数计算中应考虑聚合物的真实浓度。含不溶添加剂的样品,将准确计算质量的试样配成近似于0.005 g/mL的溶液。

第二种容量法(10.2.3)和重量法(10.2.4)需考虑不溶添加剂和聚酰胺体积。后两种方法常联合应用于半自动黏度测试仪。

注:只含不溶添加剂的聚酰胺样品,按容量法或重量法配制溶液的浓度将准确至5 mg/mL。

10.2.2 容量法

称取(m_c±5)mg试样,准确至0.2 mg。其中m_c是按第8章计算得到的。操作要迅速,以尽量减少聚合物的吸湿。如果称量时间超过2 min,废弃该样料,重新称样。

把试样转移到50 mL的容量瓶(6.3)中,加入约40 mL溶剂(见第9章)。盖住容量瓶,摇动或用磁力搅拌器(6.6)搅拌瓶内溶液,直至聚合物溶解为止。根据聚酰胺类型和试样颗粒大小,溶解时间可能需要半小时到几小时。使用硫酸或甲酸溶液作溶剂时,温度应不超过30 ℃。使用间甲酚或苯酚/1,1,2,2-四氯乙烷作溶剂时,温度可升至95 ℃~100 ℃。若在后一种情况下,溶解时间超过2 h,则应在报告中注明。对于PA6T/66,适宜条件为90 ℃下2 h。

完全溶解后,将溶液冷却至25 ℃±2 ℃,用溶剂稀释至刻度,并混合均匀。若用磁力搅拌器(6.6),在稀释前把搅拌子从溶液中移出,用溶剂冲洗,把冲洗液加入容量瓶中,再行稀释。

10.2.3 与聚合物含量有精确关系的容量法

称取(m_c±10%)mg试样,准确至0.2 mg,其中m_c是按第8章计算得到的。操作要迅速,以尽量减少聚合物吸湿。如果称量时间超过2 min,废弃该样料,重新称样。

把试样转移至100 mL容量瓶(6.3)或锥形瓶(6.4)中,并加入配制浓度为每100 mL溶液中含0.50 g试样所需的溶剂体积(见第9章),加入溶剂的体积适合于样品可溶部分的体积。通过适当的定量装置(例如,精确至0.01 mL的滴定管)加入溶剂。盖住容量瓶,摇动或用磁力搅拌器(6.6)搅拌瓶内溶液,直至聚合物溶解为止。根据聚酰胺类型和试样颗粒大小,溶解时间可能需要半小时到几小时。使用硫酸或甲酸溶液作溶剂时,温度应不超过30 ℃;使用间甲酚或苯酚/1,1,2,2-四氯乙烷作溶剂时,温度可升至95 ℃~100 ℃。若在后一情况下,溶解时间超过2 h,则应在报告中注明。对于PA6T/66,适宜条件为90 ℃下2 h。完全溶解后,将溶液冷却至25 ℃±2 ℃。

示例

样品中聚酰胺质量	275 mg
聚酰胺密度	1.130 0 kg/dm^3

聚酰胺体积	0.275 g/1.130 0 g/mL=0.243 4 mL
加入溶剂体积	[(275/250)×50−0.243 4]mL=54.76 mL

10.2.4 与聚合物含量有精确关系的重量法

称取(m_c±10%)mg 试样，准确至 0.2 mg，其中 m_c 是按第 8 章计算得到的。操作要迅速，以尽量减少聚合物吸湿。如果称量时间超过 2 min，废弃该样料，重新称样。

将试样转移至 100 mL 容量瓶(6.3)或锥形瓶(6.4)中，加入配制浓度为 0.50 g 试样/100 mL 溶液所需的溶剂质量(见第 9 章)，加入溶剂的质量适合于样品可溶部分的体积。盖住容量瓶，摇动或用磁力搅拌器(6.6)搅拌瓶内溶液，直至聚合物溶解为止。根据聚酰胺类型和试样颗粒大小，溶解时间可能需要半小时到几小时。使用硫酸或甲酸溶液作溶剂时，温度应不超过 30 ℃，使用间甲酚或苯酚/1,1,2,2-四氯乙烷作溶剂时，温度可升至 95 ℃～100 ℃。若在后一情况下，溶解时间超过 2 h，则应在报告中注明。对于 PA 6T/66，适宜条件为 90 ℃下 2 h。完全溶解后，将溶液冷却至 25 ℃±2 ℃。

示例

样品中聚酰胺质量	275 mg
聚酰胺密度	1.130 0 kg/m^3
溶剂密度	1.204 4 kg/m^3
聚酰胺体积	0.275 g/1.130 0 g/mL=0.243 4 mL
加入溶剂体积	[(275/250)×50−0.243 4]mL=54.76 mL
加入溶剂质量	54.76 mL×1.204 4=65.95 g

注 1：生产控制中常使用自动称量系统配制样品溶液。

注 2：在聚酰胺有极高的相对分子量的情况下，尽管经长时间的摇动或搅拌也不总能得到所谓条纹现象的溶液，这种试验溶液只可用于相似产品的相互比较。

10.3 流经时间的测定

用测定溶液流经时间的同一黏度计和同一方法测定溶剂的平均流经时间。所用溶剂的流经时间每天至少测定一次，或采用经实验室验证的其他频次。如果溶剂的流经时间与配制时测定的初始值之差大于 0.5%时，则应废弃该溶剂，重新配制新溶剂。

溶液通过砂芯漏斗(6.7)或金属筛，滤进黏度计的 L 管中(见图 1)，或者以约 50 s^{-1}的频率离心，再将上层清液注入到黏度计(6.8)中，加入液体的体积应使流完后液面位于两条充液线之间。手动往黏度计里充液时，应该离开恒温浴，避免偶然溢出污染浴槽。

把黏度计放置在 25 ℃±0.05 ℃的恒温浴中，确保 N 管垂直，并使上刻度线 E 位于恒温浴液面下至少 30 mm 处，装好液体的黏度计应至少恒温 15 min。

关闭 M 管，用胶皮球或类似器具把液体压或抽吸到 N 管的上球内。关闭 N 管，打开 M 管，使液体从毛细管下端流出，打开 N 管，测量弯月面最低点从 E 线到 F 线所需要的流经时间，而混浊溶液则是弯月面最高点从 E 线到 F 线所需的时间，准确至 0.2 s。重复测量流经时间，直至连续两次测定值之差在 0.25%以内为止，取两次测量值的平均值作为溶液的流经时间。

每个聚酰胺样品的黏数至少要测定两次。每次用新溶液，连续两次测定值满足所用溶剂的重复性要求(见第 12 章)为止。报告这两个值的平均数，修约至整数，作为样品的黏数。若连续两次测定溶液的平均流经时间之差大于 0.5%，则应清洗黏度计(见 10.1)。

注 1：必要时，在测量前用过滤器(6.7)过滤样品溶液。样品中含有的玻璃纤维将在 3 h～4 h 后完全沉淀下来，这样不需要过滤，轻轻倒出测试溶液进行测量。

对于溶液黏度自动测定仪，其步骤与所述方法可以有所不同。但是，有关测试溶液、仪器、浴温及流经时间等方面的要求应一样。

对于生产质量控制，原则上允许单次黏数测定的条件是：已知测试方法的精度和允许规定的操作差异(精度<操作差异的 30%，最好<10%)，根据已知的精度差异和已确认的统计，测定操作控制限和操作警告限。强烈推荐该统计模式纳入质量手册，包括怎样处理产品的操作法，及如果单次测定结果落在

警告限外但在处置限内或处置限外,所应采取的措施。这些程序包括:

——重复测试(例如平行测试);

——任何生产控制中均匀批次的测试或;

——接受基于较大操作限的产品。

11 结果的表示

根据式(6)计算聚合物浓度,单位为 g/mL:

$$c=\frac{m_c}{1\,000\times 50\times\left(\frac{100}{100-(w_1+w_2+w_3)}\right)} \qquad (6)$$

式中:

c——聚合物浓度,单位为克每毫升(g/mL);

m_c——质量,单位为千克(kg);

w_1、w_2、w_3——同式(5)。

根据式(7)计算黏数 VN,单位为 mL/g。

在计算聚合物黏数时,溶液与溶剂的黏度比可以用相应的流经时间之比来替换。并且,聚合物浓度可以不用 g/mL 溶液表示,而用 g/mL 溶剂表示,不致造成显著的误差。

动能校正:

$$VN=\left(\frac{t-t_c}{t_0-t_{0c}}-1\right)\frac{1}{c} \qquad (7)$$

式中:

t——溶液流经时间,单位为秒(s);

t_c——如果适用,溶液的 Hagenbach 校正,单位为秒(s);

t_0——溶剂的流经时间,单位为秒(s);

t_{0c}——如果适用,溶剂的 Hagenbach 校正,单位为秒(s);

c——聚合物浓度,单位为克每毫升(g/mL)。

注:当(自动)样品的配制与聚合物准确含量有关时,相对黏度也适用于生产控制。

12 重复性和再现性

由于尚未得到实验室间的试验数据,故未知本试验方法的精密度。

如果得到上述数据,则在下次修订时加上精密度说明。

但是希望不要重大偏离 ISO 307:2003 和本部分表 E.1 给出的再现性。

13 在96%(质量分数)硫酸溶液与在各种溶液中测定的黏数的关系

下列在不同溶剂中测定的黏数的互换见附录 E,只对纯聚酰胺(PAs)作为一种指导。

——对于 PA6、PA66、PA69 和 PA610,在96%(质量分数)硫酸与90%(质量分数)甲酸中黏数的互换。

——对于 PA612,在96%(质量分数)硫酸与间甲酚中黏数的互换。

——对于 PA6 和 PA66,按 ASTM D789 测定的相对黏度与在96%(质量分数)硫酸中(按本部分)测定的黏数的互换。

——对于 PA6 和 PA66,按附录 B JIS K 6920-2:2002,在98%(质量分数)硫酸溶液中测定的相对黏度与在96%(质量分数)硫酸中(按本部分)测定的黏数的互换。

——对于 PA6 和 PA66,浓度为 0.01 g/mL,在95.7%(质量分数)硫酸中的相对黏度与在96%(质量分数)硫酸中黏数(按本部分)的互换。

14 试验报告

试验报告应包括下列信息：

a) 注明采用本部分；

b) 标明受试物料的全部资料；

c) 所用溶剂；

d) 如果时间长于 2 h,间甲酚在 95 ℃～100 ℃完全溶解样品所需时间；

e) 黏数(两次测定的单个值和算术平均值)；

f) 如果需要,说明添加剂的测试方法；

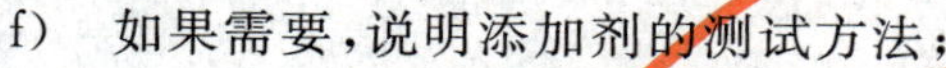

g) 与本部分方法的任何偏差。

附 录 A
（资料性附录）
工业硫酸（95%～98%）浓度的测定并通过滴定调节至96%

A.1 概述

工业用硫酸的浓度在95%和98%之间，将硫酸的浓度调节至96.00%±0.20%。硫酸浓度通过滴定测定。

A.2 仪器和试剂

A.2.1 已校准的滴定管，50 mL或100 mL，精度至少为0.1%。

A.2.2 氢氧化钠，标准溶液，$c(NaOH)=1$ mol/L，最好是市场上购买的配制好的溶液或由安瓿瓶制得的溶液。

A.2.3 盐酸，标准溶液，$c(HCl)=1$ mol/L，最好是市场上购买的配制好的溶液或由安瓿瓶制得的溶液。

A.2.4 三（羟甲基）氨基甲烷，≥99.5%（质量分数），基准物质。

A.2.5 无水碳酸钠，≥99.5%（质量分数），基准物质。或者三（羟甲基）氨基甲烷，≥99.5%（质量分数）。

A.2.6 酚酞，0.1%甲醇溶液（质量/体积分数）。

A.3 步骤

A.3.1 盐酸滴定度的检查

通过滴定，检查盐酸溶液的滴定度，最好采用三（羟基）氨基甲烷或无水碳酸钠。所耗盐酸的体积约为20 mL～25 mL。

A.3.2 1 mol/L氢氧化钠溶液的配制

向装有回流冷凝器烧瓶中的沸水通入氮气鼓泡至少2 h，得到无二氧化碳的蒸馏水。由1 mol/L安瓿瓶制得的氢氧化钠溶液用无二氧化碳的蒸馏水稀释，并贮存于防二氧化碳进入的玻璃瓶中。

用固体氢氧化钠配制氢氧化钠溶液时，去除氢氧化钠溶液的碳酸，可用稍过量的氯化钡通过沉淀然后过滤以除去碳酸盐，将清液稀释至所需体积。（见注）

注：氢氧化钠可以通过配制并过滤1:1（质量分数）水溶液从碳酸盐中分离出来，碳酸钠在溶液中几乎不溶解。用无二氧化碳的蒸馏水稀释1:1溶液（质量分数）配制1 mol/L氢氧化钠溶液。对于其他方法，使用者可参考关于定量分析如参考文献[1]和[2]参考书。

A.3.3 氢氧化钠溶夜滴定度的测定

用盐酸测定氢氧化钠溶液的滴定度。三次连续测定的氢氧化钠滴定度误差不能大于0.02%，计算三次测定的平均值作为氢氧化钠溶液的滴定度。

不允许用邻苯二甲酸氢钾、$C_6H_4COOH(COOK)$作为氢氧化钠滴定度测定的基准物。

A.3.4 初始硫酸溶液滴定度的测定

称取2 g酸于干燥的具塞称量瓶中，准确至0.1 mg，小心倒出酸，缓缓加入已装有约50 mL蒸馏水的250 mL锥形瓶中。用蒸馏水冲洗称量瓶并将冲洗液转移至锥形瓶中，直至体积约为100 mL。然后用氢氧化钠溶液（A.2.2）滴定，用酚酞（A.2.6）作指示剂，直至出现粉红色并保持不褪色为终点（所耗氢氧化钠溶液体积约为40 mL）。

至少进行三次测定，计算结果的算术平均值。单次测试结果与其平均值误差不大于0.15%。

滴加几滴酚酞于冲洗称量瓶的水中，以检查称量瓶是否洗净并将硫酸全部转移至锥形瓶中。

也可用电位滴定仪，最好在 N_2 保护下进行滴定以避免 CO_2 的影响。

A.4 结果表示

用式(A.1)计算硫酸的滴定度，以质量分数表示：

$$n = \frac{m_s \times V}{m} \qquad \text{(A.1)}$$

式中：

V——所耗氢氧化钠溶液的体积，单位为毫升(mL)；

m——硫酸试样的质量，单位为克(g)；

m_s——相当于 0.10 mL 1 mol/L 氢氧化钠溶液的硫酸质量 4.903 9 mg，单位为毫克(mg)；

n——溶液的滴定度，单位为摩尔每升(mol/L)。

A.5 硫酸浓度的调节

A.5.1 硫酸溶液浓度低于 96%

将已测定较高浓度的硫酸与初始硫酸以其浓度值计算的比例混合，达到所需浓度 96.00%±0.20%。测定混合硫酸的浓度。

A.5.2 硫酸溶液浓度高于 96%

将已测定较低浓度的硫酸与初始硫酸以其浓度值计算的比例混合，达到所需浓度 96.00%±0.20%。测定混合硫酸的浓度。

警告——严禁用水稀释浓硫酸有以下原因：通常所需水量极少，会导致稀释错误；安全原因，浓硫酸不能加水稀释，需将硫酸加入水中。实际应用时，后者不用于浓硫酸的稀释，有时应用于极少量浓硫酸的稀释。

附 录 B
（资料性附录）
硫酸(95%～98%)浓度的测定并通过在小毛细管黏度计中测试流经时间将其浓度调节至96%

B.1 概述

工业用硫酸浓度在95%和98%之间，将其调节至96.00%±0.20%。通过在小毛细管黏度计中测量流经时间来测定硫酸的浓度。

B.2 仪器

B.2.1 乌氏黏度计，常数约为0.005 mm^2/s^2，d=0.46 mm。

B.2.2 超级恒温浴，能恒温至(25.00±0.03)℃。

B.2.3 温度计，精确至0.01 ℃。

B.2.4 校准滴定管，50 mL或100 mL，精度至少为0.1%。

B.3 校准曲线的制备

配制至少五种标称浓度硫酸溶液，约为95.50%；95.75%；96.00%；96.25%；96.50%。按附录A所述方法通过滴定测定其准确浓度。每种浓度至少应进行三次测定。

在黏度计中每种浓度的流经时间至少测定三次，计算结果的算术平均值。单次测试结果与其平均值之差不超过2 s。

校准曲线的示例见表B.1和图B.1。

表B.1 作为流经时间函数的硫酸浓度的校准曲线示例

标称浓度（质量分数）/%	流经时间/s	平均值/s	硫酸浓度（质量分数）/%	平均值/%
95.75	2316;2317;2318	2 317.0	95.38;95.52;95.46	95.453
96.00	2329;2327;2328	2 328.0	95.93;95.91;95.81	95.883
96.25	2339;2339;2340	2 339.3	96.24;96.35;96.29	96.293
96.50	2350;2353;2351	2 351.3	96.46;96.60;96.73	96.596
96.75	2385;2384;2384	2 384.3	96.88;96.89;96.97	96.913

注：通过流经时间测量对硫酸含量测定的标准偏差期望值为0.061%。

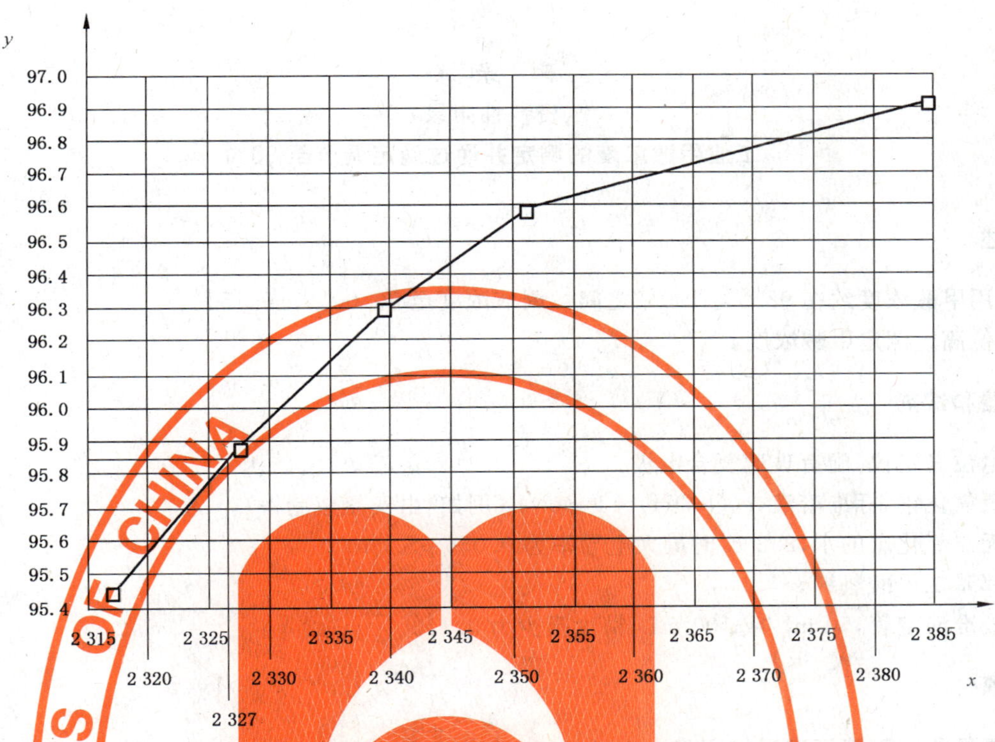

x——流经时间，单位为 s；

y——浓度(质量分数)，单位为%。

图 B.1　流经时间/黏度关系示例

B.4　硫酸浓度的调节

B.4.1　硫酸溶液浓度低于 96%

将初始硫酸与已测定较高浓度的硫酸，以其浓度值计算的比例混合，达到所需浓度 96.00%±0.20%。

测定混合硫酸的浓度。

B.4.2　硫酸溶液浓度高于 96%

将初始硫酸与已测定较低浓度的硫酸，以其浓度值计算的比例混合，达到所需浓度 96.00%±0.20%。

测定混合硫酸的浓度。

警告——严禁用水稀释浓硫酸有下列原因：所需水量极少，通常会导致稀释错误；安全原因，浓硫酸不能加水稀释，需将硫酸加入水中。实际应用时，后者不用于浓硫酸的稀释，有时应用于极少量浓硫酸的稀释。

附　录　C
（资料性附录）
工业甲酸浓度的测定并通过滴定调节至90%

C.1　概述

工业用甲酸浓度约在98%与100%之间。调节浓度至90.00%±0.15%。

用电位滴定测定甲酸浓度。

C.2　仪器和试剂

C.2.1　电位滴定仪，配有玻璃复合电极。

C.2.2　氢氧化钠，标准溶液，$c(NaOH)=1$ mol/L（例如，由安瓿瓶制得）。

C.2.3　无二氧化碳的水，298 K时最大电导率为0.056 μS/cm。

C.2.4　邻苯二甲酸氢钾。

C.2.5　校准滴定管，50 mL或100 mL，精度至少为0.1%。

C.3　步骤

C.3.1　氢氧化钠溶液滴定度的测定

称取约1.5 g邻苯二甲酸氢钾，准确至0.000 1 g，溶解于80 mL水中，于20 ℃用氢氧化钠溶液滴定。按式（C.1）计算五次测定的平均值作为氢氧化钠溶液的滴定度。

$$n=\frac{m_t}{204.23\times V_1\times 0.001} \qquad \cdots\cdots (C.1)$$

式中：

m_t——所用邻苯二甲酸氢钾试样的质量，单位为克（g）；

204.23——邻苯二甲酸氢钾的摩尔质量，单位为克每摩尔（g/mol）；

V_1——所用氢氧化钠溶液的体积，单位为毫升（mL）；

0.001——毫升与升的转换因子；

n——氢氧化钠溶液的滴定度，单位为摩尔每升（mol/L）。

最好在N_2保护下滴定，以避免CO_2的影响。

C.3.2　甲酸浓度的测定

称取约0.6 g甲酸，准确至0.000 1 g，溶解于约80 mL水中。于20 ℃用氢氧化钠溶液滴定。按式（C.2）计算三次测定的平均值作为甲酸溶液的浓度。

$$c=\frac{V_2\times 0.001\times n\times 46.03}{m_F}\times 100 \qquad \cdots\cdots (C.2)$$

式中：

V_2——所用氢氧化钠溶液的体积，单位为毫升（mL）；

0.001——毫升与升的转换因子；

n——氢氧化钠溶液的滴定度，单位为摩尔每升（mol/L）；

46.03——甲酸的分子量，单位为克每摩尔（g/mol）；

m_F——所用甲酸的质量，单位为克（g）；

c——甲酸浓度（质量分数）以百分数表示（%）。

注：通过滴定对甲酸含量测定的标准偏差期望值为<0.05%。一次测定重复进行三次，标准偏差期望值为0.03%。

C.4 甲酸浓度的调节

如果甲酸浓度太高，小心与蒸馏水混合以得到所需浓度。甲酸需缓缓加入蒸馏水中。如果浓度太低，与较高浓度的酸混合。

附　录　D
（资料性附录）
工业甲酸浓度的测定并通过密度测试调节至90%

D.1　概述

工业用甲酸的浓度约在98%与100%之间。将浓度调节至90.00%±0.15%。通过密度测试测定甲酸浓度。

D.2　仪器

D.2.1　密度测量仪，精确至0.000 01 kg/m³，例如，基于所谓"U管振荡原理"的测量仪。

D.3　步骤

在20 ℃测定甲酸的密度至少保留5位小数。按表D.1测定浓度。

如果甲酸浓度太高，小心与蒸馏水混合，以得到所需浓度。甲酸应缓缓加入蒸馏水中。如果甲酸浓度太低，与较高浓度的酸混合。

注：通过密度测试对甲酸含量测定的标准偏差期望值为<0.01%。

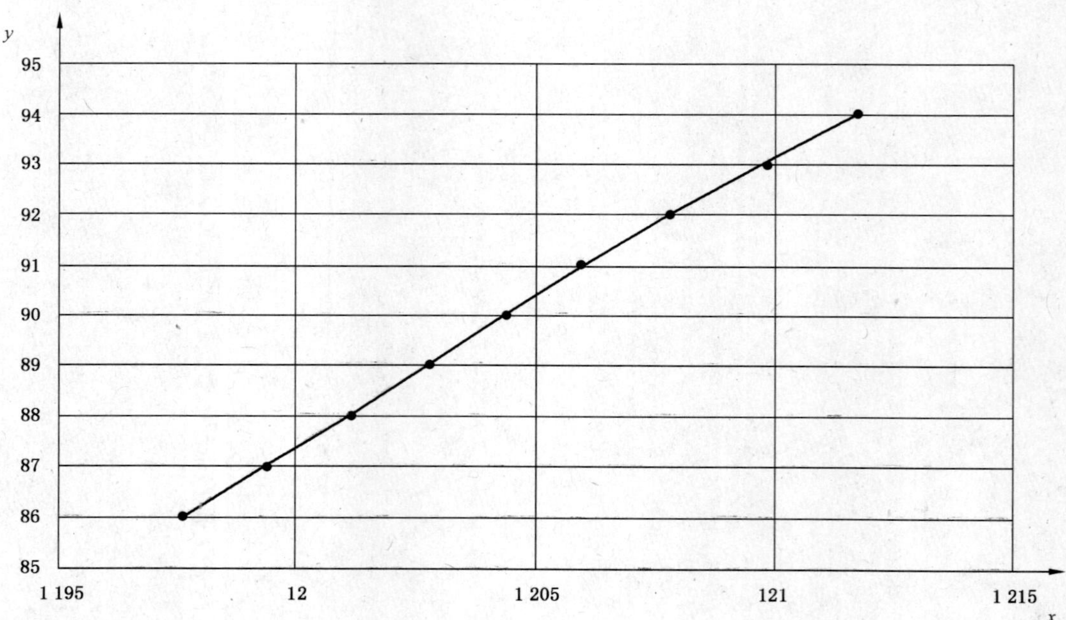

x——20 ℃时的密度；

y——甲酸的浓度（质量分数），%（自参考文献[3]）。

图D.1　作为密度函数的甲酸浓度

表 D.1 20 ℃时作为甲酸浓度函数的甲酸密度(kg/m³)
(拟合曲线数据)

密度/(kg/m³)	甲酸浓度[a]	甲酸浓度(质量分数)拟合曲线数据/%	密度/(kg/m³)	甲酸浓度[a]	甲酸浓度(质量分数)拟合曲线数据/%
1.202 80	89	89.017 53	1.204 46		90.008 22
1.203 60		89.494 86	1.204 48		90.020 15
1.203 78		89.602 37	1.204 50		90.032 07
1.203 96		89.709 86	1.204 52		90.043 99
1.204 12		89.805 39	1.204 54		90.055 90
1.204 14		89.817 33	1.204 56		90.067 82
1.204 16		89.829 27	1.204 58		90.079 74
1.204 18		89.841 20	1.204 60		90.091 65
1.204 20		89.853 14	1.204 62	90.1	90.103 56
1.204 22		89.865 07	1.204 64		90.115 48
1.204 24		89.877 01	1.204 66		90.127 39
1.204 26		89.888 94	1.204 68		90.139 30
1.204 28	89.9	89.900 87	1.204 70		90.151 20
1.204 30		89.912 81	1.204 72		90.163 11
1.204 32		89.924 74	1.204 74		90.175 01
1.204 34		89.936 67	1.204 76		90.186 91
1.204 36		89.948 59	1.204 78		90.198 81
1.204 38		89.960 52	1.204 96		90.305 84
1.204 40	90	89.972 45	1.205 12		90.400 84
1.204 42		89.984 37	1.205 28		90.495 70
1.204 44		89.996 30	1.205 90	91	90.861 65

a 自参考文献[3]。

附 录 E
（资料性附录）
在96%（质量分数）硫酸溶液中测定的黏数与在各种溶剂中测定的黏度的关系

E.1 在96%（质量分数）硫酸与在90%（质量分数）甲酸和间甲酚中所测定黏数的关系

E.1.1 分别在96%（质量分数）硫酸与90%（质量分数）甲酸中的黏数

PA6、PA66、PA69、PA610在硫酸溶液（5.1.1）和甲酸溶液（5.1.2）中的黏数的关系见表E.1。

通常一实验室以一种溶剂测量的值不同于在其他实验室以另一种溶剂测量的值所转换得到的值。以转换值的质量分数表示的此差别的95%置信区间为：

——对于PA6 ±9%

——对于PA66 ±9%

——对于PA69 ±10%

——对于PA610 ±14%

E.1.2 分别在96%（质量分数）硫酸与间甲酚中的黏数

在硫酸溶液（5.1.1）和在间甲酚（5.1.3）中PA612黏数的关系见表E.2。

对于PA612，准确测量值与转换值之间的差别的95%置信区间取决于转换方向。以转换值的质量分数表示的这些置信区间为：

——在间甲酚中的值转换成96%（质量分数）硫酸中的值 ±17%

——在96%（质量分数）硫酸中的值转换成在间甲酚中的值 ±9%

E.1.3 精度

在实验室间测定不同溶剂中黏数的关系见表E.1注。

表E.1 重复性和再现性

溶 剂	重复性/%	再现性/%
硫酸溶液（5.1.1）	2	5
甲酸溶液（5.1.2）	2	10
间甲酚（5.1.3）	3	10
注：表中所列重复性和再现性是在1982年进行的实验室间研究工作进行的。七个实验室参加了这一研究工作。其方案包括11种PA6,9种PA66,3种PA69,4种PA610,5种PA612,2种PA6T/66。这些样品的黏数按本部分在两种溶剂中各测两次。		

E.2 按ASTM D789测定的相对黏度与在96%（质量分数）硫酸中测定的黏数

PA6和PA66的相对黏度与PA6、PA66在硫酸溶液（5.1.1）中的黏数之间的转换表和关系图分别示于表E.2和图E.3。

因为尚未获得实验室间的试验数据，故未知PA6和PA66的相对黏度与PA6、PA66在硫酸溶液中的黏数之间关系的精度。分别示于表E.2和图E.3的关系，只是作为一种预期关系的表示。

E.3 相对黏度(附录 B JIS K 6920-2:2000)与 PA6 和 PA66 的黏数(本部分)的互换

PA6 和 PA66 在 98%(质量分数)硫酸溶液中的相对黏度与在 96%(质量分数)硫酸溶液(5.1.1)中的黏数之间的关系见图 E.4。

1999 年 8 个实验室进行实验室间的测试,检查 PA6 和 PA66 在 98%(质量分数)硫酸溶液中的相对黏度和在 96%(质量分数)硫酸中的黏数之间的黏度互换。

图 E.4 所示的线性关系用式(E.1)表示为:

$$VN = 69.771 \times RV - 49.372 \qquad (E.1)$$

式中:

RV——按附录 B JIS K 6920-2:2000 测量的相对黏度;

VN——按本部分测量的黏数,单位为 mL/g。

线性回归系数 $R^2=0.982\,3$。

在 98%(质量分数)硫酸溶液中相对黏度的测试条件如下:

——溶液　　98.0%±0.2%(质量分数)硫酸

——聚合物浓度　　(0.250±0.001)g/25 mL 溶剂(0.01 g/mL)

——温度　　25.0 ℃±0.1 ℃

——黏度计　　奥氏

E.4 PA6、PA66 在 95.7%(质量分数)硫酸中浓度为 0.01 g/mL 的相对黏度和黏数(本部分)的互换

PA6、PA66 在 95.7%(质量分数)硫酸中浓度为 0.01g/mL 的相对黏度和在 96%(质量分数)硫酸溶液(5.1.1)中的黏数之间的关系图分别示于图 E.5 和图 E.6。

用 2 支不同的黏度计和不同的操作者在 95.7%(质量分数)硫酸中测定同一 PA6 样品的相对黏度,每天测定一次,连续 21 周,一周 5 天,以评估其再现性。标准偏差 S_R 评估为 0.013 3。

1999 年 5 个实验室进行了实验室间试验,测定 PA6 和 PA66 在 95.7%(质量分数)硫酸中样品浓度为 0.01 g/mL 测量的相对黏度(RV)与在 96%(质量分数)硫酸中黏数的互换。

用本部分方法进行黏度测试。相对黏度测试例外。

——溶液　　95.7%±0.2%(质量分数)硫酸

——聚合物浓度　　(0.500 0±0.000 5)/50 mL 溶剂(0.01 g/mL)

——黏度计　　乌氏,直径 1.36 mm

图 E.5 所示线性关系用式(E.2)表示为:

$$VN = 77.450\,2 \times RV - 59.194\,7 \qquad (E.2)$$

式中:

RV——在 95.7%(质量分数)硫酸中浓度为 0.01 g/mL 测试的相对黏度;

VN——按本部分测试的黏数。

线性回归系数 $R^2=0.998\,9$。

图 E.6 所示线性关系用式(E.3)表示为:

$$VN = 77.573\,9 \times RV - 59.897\,0 \qquad (E.3)$$

式中:

RV——在 95.7%(质量分数)硫酸中浓度为 0.01 g/mL 测试的相对黏度;

VN——按本部分测试的黏数。

线性回归系数 $R^2=0.993\,6$。

表 E.2 PA6、PA66 的相对黏度(*RV*)和黏数(*VN*)
(从图 E.3 曲线取值)

RV (ASTM D789)	*VN* (本部分) 在 96%(质量分数)硫酸中	*RV* (ASTM D789)	*VN* (本部分) 在 96%(质量分数)硫酸中
25	83.93	89	198.50
27	90.87	91	200.51
29	97.32	93	202.47
31	103.34	95	204.39
33	108.98	97	206.27
35	114.29	99	208.11
37	119.30	101	209.92
39	124.05	103	211.69
41	128.57	105	213.42
43	132.87	107	215.12
45	136.97	109	216.80
47	140.89	111	218.44
49	144.65	113	220.05
51	148.26	115	221.63
53	151.73	117	223.19
55	155.07	119	224.72
57	158.30	121	226.22
59	161.41	123	227.70
61	164.42	125	229.15
63	167.33	127	230.59
65	170.15	129	232.00
67	172.88	131	233.39
69	175.54	133	234.75
71	178.12	135	236.10
73	180.62	137	237.43
75	183.06	139	238.73
77	185.44	141	240.02
79	187.75	143	241.29
81	190.01	145	242.55
83	192.21	147	243.78
85	194.35	149	245.00
87	196.45	151	246.21

表 E.2（续）

RV （ASTM D789）	*VN* （本部分） 在 96%（质量分数）硫酸中	*RV* （ASTM D789）	*VN* （本部分） 在 96%（质量分数）硫酸中
153	247.39	191	267.41
155	248.56	193	268.35
157	249.72	195	269.28
159	250.86	197	270.20
161	251.99	199	271.11
163	253.11	201	272.01
165	254.21	203	272.91
167	255.29	205	273.79
169	256.37	207	274.67
171	257.43	209	275.54
173	258.48	211	276.40
175	259.52	213	277.25
177	260.54	215	278.09
179	261.56	217	278.93
181	262.56	219	279.75
183	263.55	221	280.57
185	264.53	223	281.39
187	265.50	225	282.19
189	266.46		

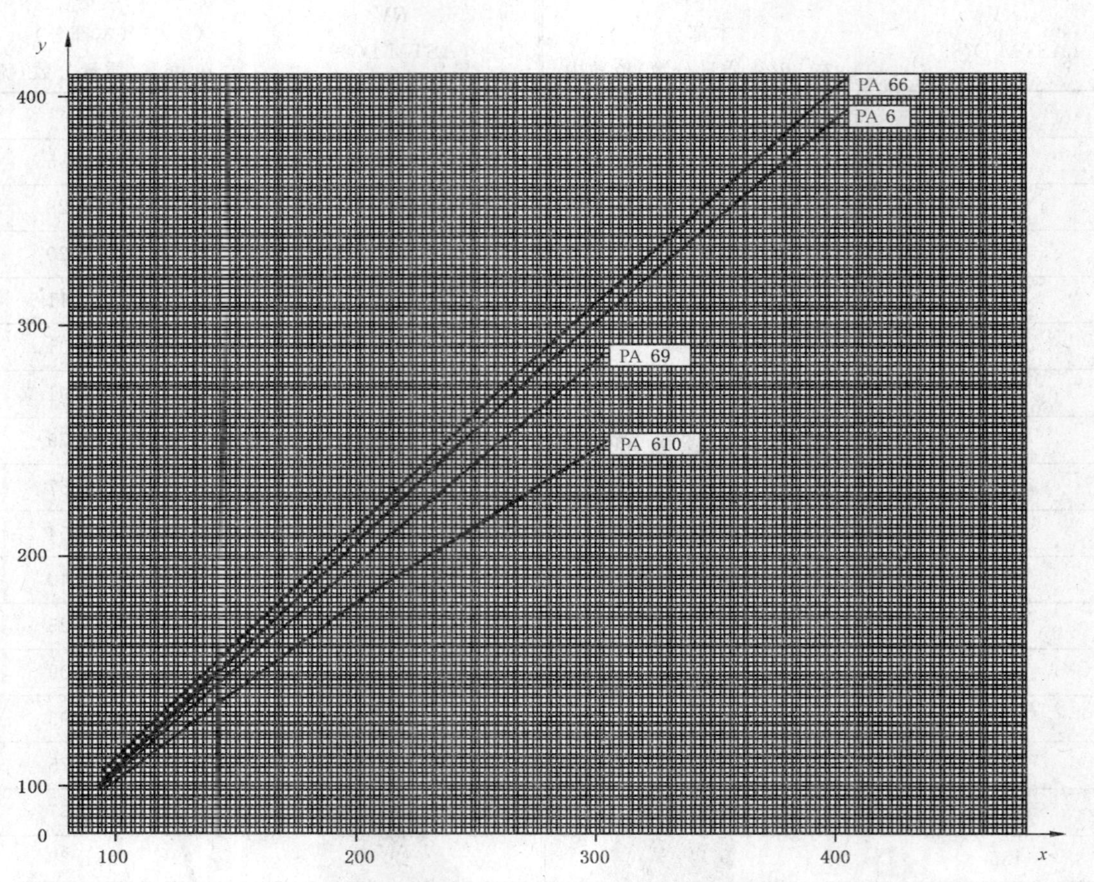

x 在 90%(质量分数)甲酸中的黏数

y 在 96%(质量分数)硫酸的黏数

对于 PA6,$\ln y = 0.416\ 1 + 0.927\ 6\ \ln x$

对于 PA66,$\ln y = 0.454\ 1 + 0.926\ 1\ \ln x$

对于 PA69,$\ln y = 0.463\ 4 + 0.909\ 5\ \ln x$

对于 PA610,$\ln y = 0.982\ 3 + 0.793\ 2\ \ln x$

图 E.1 PA6、PA66、PA69 和 PA610 在 90%(质量分数)甲酸溶液和 96%(质量分数)硫酸溶液中黏数转换校准线

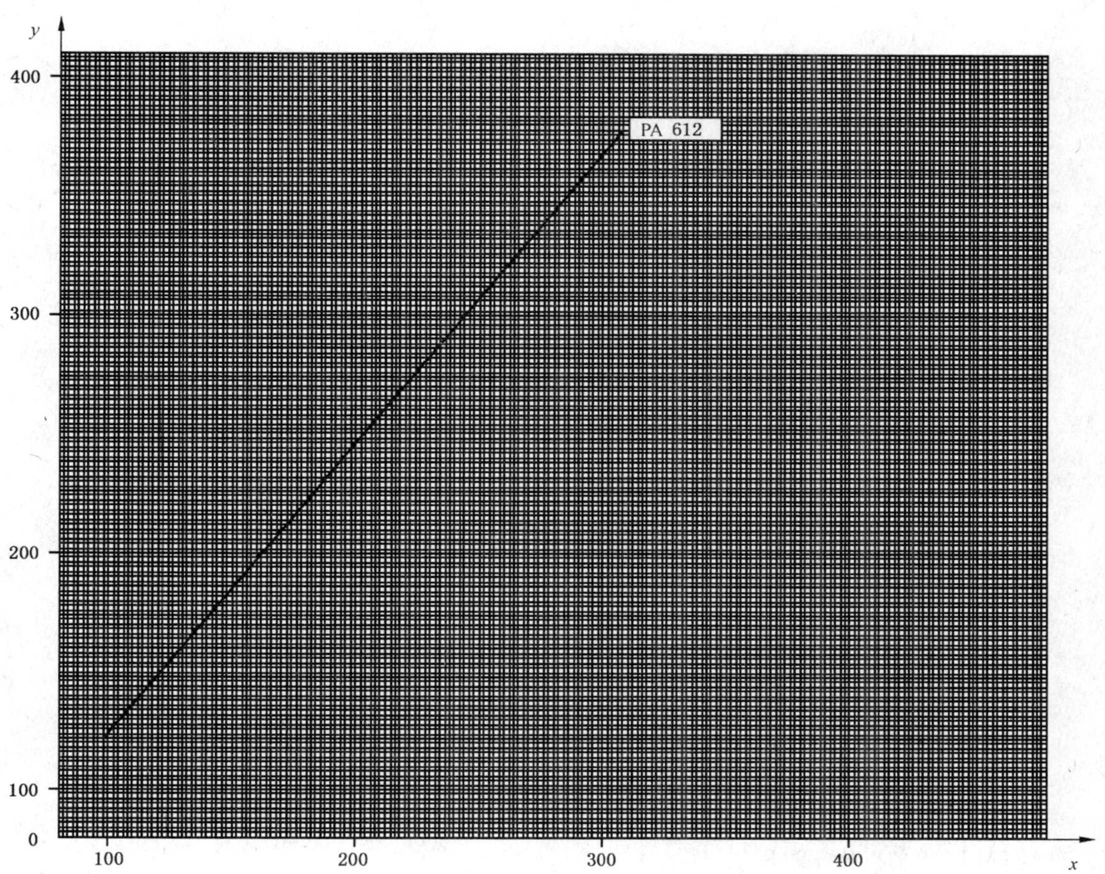

x　在96%(质量分数)硫酸中的黏数

y　在间甲酚中的黏数

对于PA612，$\ln y = 0.285\,7 + 0.985\,9\ \ln x$

图E.2　PA612在96%(质量分数)硫酸溶液和间甲酚中的黏数转换校准线

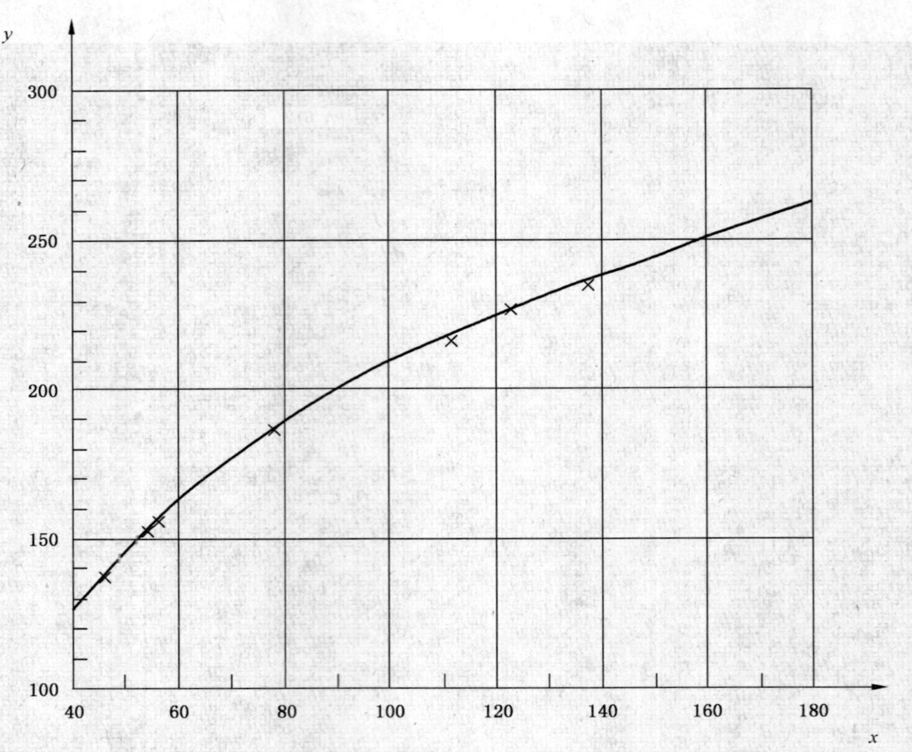

x 按 ASTM D789 的相对黏度(RV)

y 在 96%硫酸中的黏数(VN)

× 测量值

— 最佳拟合曲线

$VN = A + B\ln RV$

式中：

$A = -206.521\,24$

$B = 90.233\,55$

图 E.3 PA6、PA66 相对黏度和黏数的转换

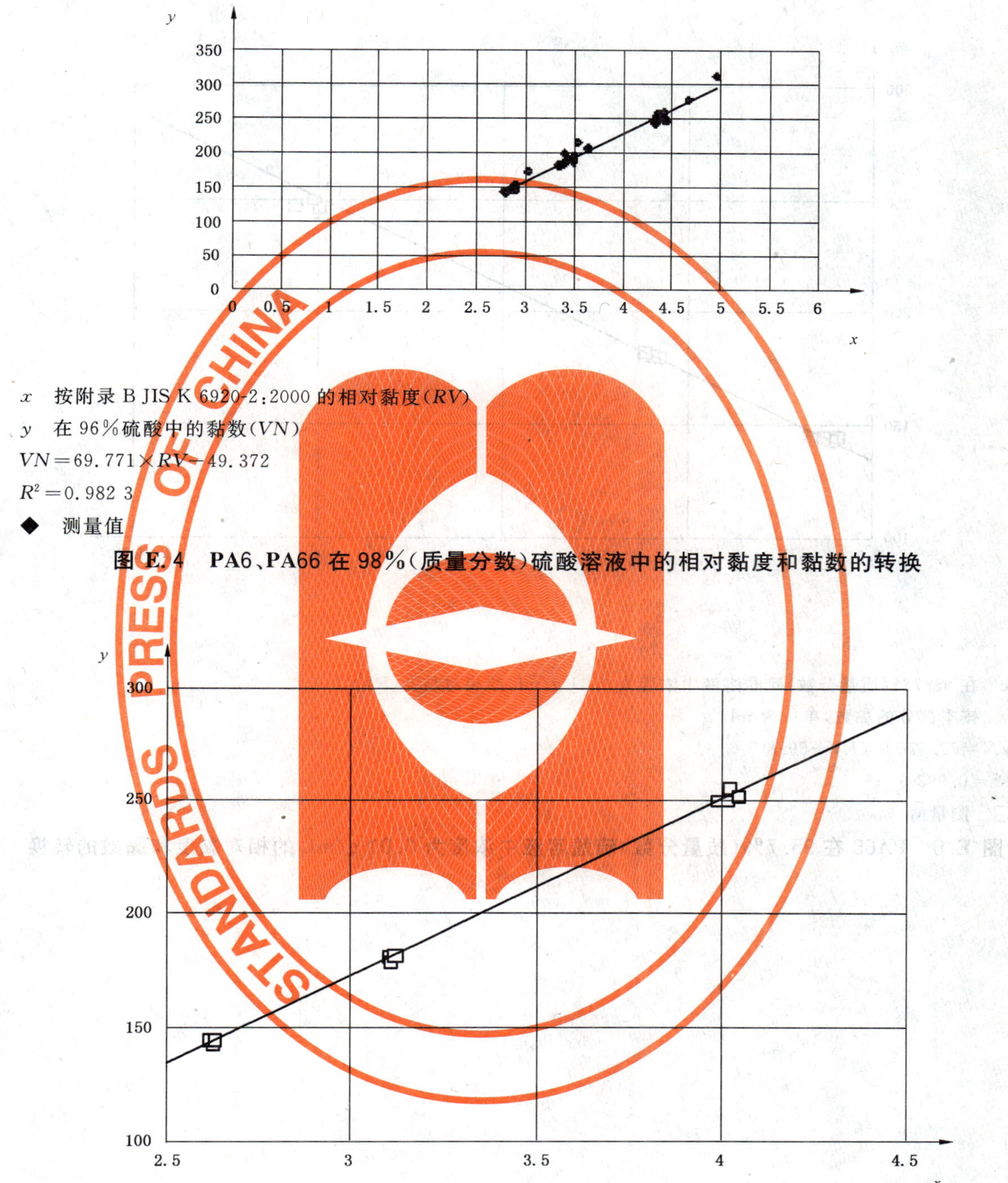

x 按附录 B JIS K 6920-2:2000 的相对黏度(*RV*)

y 在 96%硫酸中的黏数(*VN*)

$VN=69.771\times RV-49.372$

$R^2=0.982\ 3$

◆ 测量值

图 E.4 PA6、PA66 在 98%(质量分数)硫酸溶液中的相对黏度和黏数的转换

x 在 95.7%(质量分数)硫酸溶液中浓度为 0.01 g/mL 的相对黏度(*RV*)

y 按本部分的黏数,单位为 mL/g

$VN=77.450\ 2\times RV-59.197$

$R^2=0.998\ 9$

□ 测量值

图 E.5 PA6 在 95.7%(质量分数)硫酸溶液中浓度为 0.01 g/mL 的相对黏度和黏数的转换

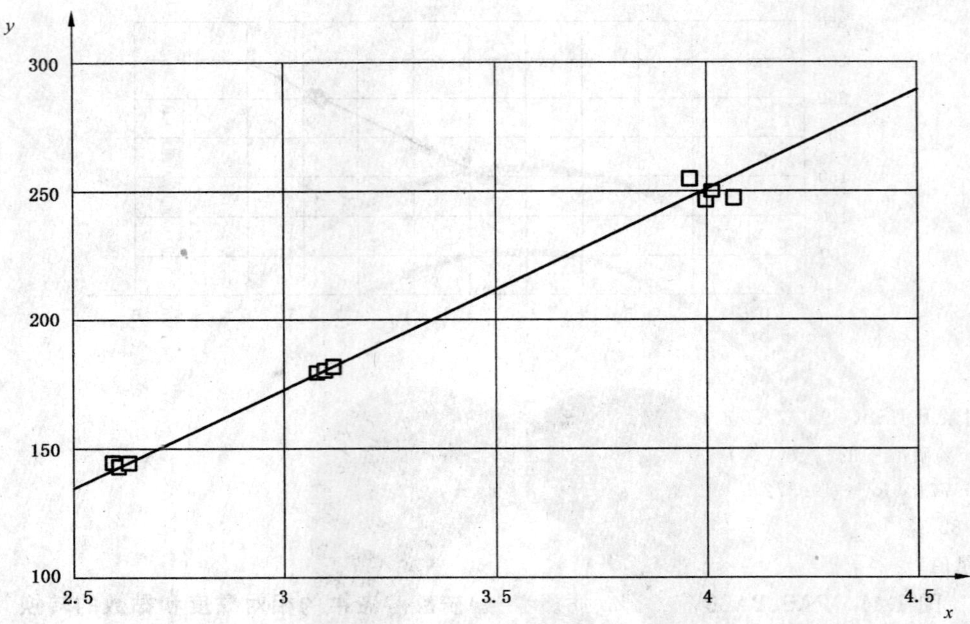

x 在95.7%(质量分数)硫酸溶液中浓度为0.01 g/mL的相对黏度(RV)

y 按本部分的黏数,单位为mL/g

$VN=77.5769\times RV-59.8970$

$R^2=0.9936$

□ 测量值

图 E.6 PA66在95.7%(质量分数)硫酸溶液中浓度为0.01 g/mL的相对黏度和黏数的转换

参 考 文 献

[1] KOLTHOFF,SANDELL,MEEHAN 和 BRUCKENSTEIN,化学定量分析;
[2] WILLARD,FURMAN BRICKER,元素定量分析;
[3] Perry,《化学工程手册》,第 7 版,1997 年,2-109 页。

ICS 83.080
G 31

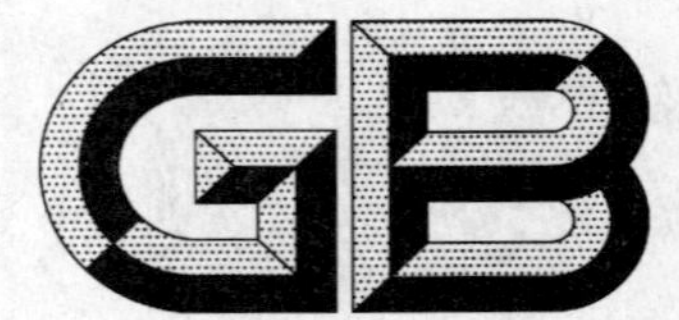

中华人民共和国国家标准

GB/T 12006.2—2009
代替 GB/T 12006.2—1989

塑料 聚酰胺
第2部分:含水量测定

Plastics—Polyamides—
Part 2:Determination of water content

(ISO 15512:1999,Plastics—Determination of water content,MOD)

2009-06-15 发布 2010-02-01 实施

中华人民共和国国家质量监督检验检疫总局
中国国家标准化管理委员会 发布

前　言

GB/T 12006《塑料　聚酰胺》目前分为以下2个部分：

——第1部分：黏数测定；

——第2部分：含水量测定。

本部分为GB/T 12006的第2部分，修改采用ISO 15512:1999《塑料　含水量的测定》。

本部分与ISO 15512:1999的主要技术性差异如下：

——删除了原国际标准中的方法B。

——对于ISO 15512:1999引用的国际标准，相应采用我国标准。

为便于使用，本部分作了下列编辑性修改：

——把“本国际标准”一词改为“本部分”；

——删除了ISO 15512:1999的前言；

——增加了本部分的前言；

——用我国的小数点符号“.”代替国际标准中的小数点符号“,”；

本部分代替GB/T 12006.2—1989《聚酰胺含水量测定方法》，与GB/T 12006.2—1989相比，主要技术内容改变如下：

——更改了标准名称；

——增加了一个规范性引用文件；

——增加了精密度和注意。

本部分由中国石油和化学工业协会提出。

本部分由全国塑料标准化技术委员会塑料产品和通用方法分会(SAC/TC 15/SC 4)归口。

本部分负责起草单位：国家合成树脂质量监督检验中心。

本部分参加起草单位：中国神马集团有限责任公司、广州金发科技股份有限公司、广州合成材料研究院。

本部分主要起草人：郑宁、赵平、李鹏洲、李建军、王浩江。

本部分所代替标准的历次版本发布情况为：

——GB/T 12006.2—1989。

塑料 聚酰胺
第2部分:含水量测定

1 范围

1.1 GB/T 12006 的本部分规定了聚酰胺粒料和成品含水量的测定方法。这些方法不适用于按 GB/T 1034—2008规定的塑料吸水性(动力学平衡)的测定,该方法适用于聚酰胺中含水量较低情况:

——方法 A 0.1%或以上;

——方法 B 0.01%或以上。

1.2 本部分规定了两种试验方法

a) 方法 A 是无水甲醇提取法。该方法用无水甲醇将试样中的水提取出来,然后采用卡尔·费休滴定法测定收集到的水分。该方法适用于所有的聚酰胺粒料,其最大尺寸为 4 mm×4 mm×3 mm;

b) 方法 B 是压力测量法。该方法通过测定在真空状态下水分蒸发引起的压力增值来计算含水量。该方法不适用于含有除水之外的易挥发物的聚酰胺样品,它们在室温条件下能够产生较大的气压。材料中若存在大量易挥发性物质,应当用例如气相色谱法对其进行定期检测。对于新类型或新牌号的材料都应如此。

2 规范性引用文件

下列文件中的条款通过 GB/T 12006 的本部分的引用而成为本部分的条款。凡是注日期的引用文件,其随后所有的修改单(不包括勘误的内容)或修订版均不适用于本部分,然而,鼓励根据本部分达成协议的各方研究是否可使用这些文件的最新版本。凡是不注日期的引用文件,其最新版本适用于本部分。

GB/T 1034—2008 塑料 吸水性的测定(ISO 62:2008,IDT)

GB/T 6283—2008 化工产品中水分含量的测定 卡尔·费休法(通用方法)(ISO 760:1978,MOD)

3 方法 A——无水甲醇提取法

3.1 原理

试样用无水甲醇提取,提取出来的水分用卡尔·费休滴定法测定。

3.2 试剂

在分析过程中,应使用分析纯试剂。

3.2.1 无水甲醇:分析纯。

3.2.2 卡尔·费休试剂:水当量约为 3 mg/mL~5 mg/mL。试剂配制及水当量标定应按 GB/T 6283—2008规定进行。

3.3 仪器

3.3.1 烧瓶:容量为 250 mL,带磨口玻璃塞或橡皮塞。

3.3.2 锥形瓶：容量为150 mL，具塞标准磨口瓶。

3.3.3 回流冷凝器：其磨口能够与锥形瓶(3.3.2)和干燥管(3.3.4)相匹配。

3.3.4 具有磨口的干燥管：里面填充氯化钙或其他干燥剂。

3.3.5 电加热或热空气加热器：用于加热锥形瓶(3.3.2)。

3.3.6 移液管：容量为50 mL(也可采用自动填充移液管)。

3.3.7 配有两个管的沃尔夫瓶。

3.3.8 弧型或U型干燥管：用氯化钙填充。

3.3.9 滴管。

3.3.10 移液管：容量为10 mL。

3.3.11 干燥器：内装无水氯化钙或其他适合的干燥剂。

3.3.12 分析天平：精确至0.2 mg。

3.3.13 卡尔·费休滴定仪：按照GB/T 6283—2008，用于测定含水量。

3.4 试样的制备

3.4.1 粒料

称取大约100 g具有代表性的样品放入预先干燥好的烧瓶中(3.3.1)，并且立即用塞子密封瓶口。

注：建议先将烧瓶在烘箱中干燥，然后让其在合适的干燥器中冷却。

3.4.2 制件

将制件切或锯成尺寸不大于4 mm×4 mm×3 mm的薄片，制样过程需快速，以减少试样在制样过程中吸收水分。

3.5 操作步骤

3.5.1 试样准备

同一样品需进行两次平行试验，通过对样品中含水量的估计来决定测试试样的质量，从而使得测试试样中约含有10 mg～20 mg的水分。

注：由于测试的水分质量很小，在试验过程中应尽量避免受到来自于样品容器、空气、转移设备中水分的影响。吸湿性树脂应当隔绝潮气。

3.5.2 测试

3.5.2.1 仔细干燥仪器

3.5.2.2 称取试样(精确到1 mg)置入锥形瓶中(3.3.2)，用磨口玻璃瓶塞密封。用移液管(3.3.6)移取50 mL无水甲醇(3.2.1)至装有样品的锥形瓶中。同时，在另一个锥形瓶中也移入50 mL无水甲醇，作为空白试验。塞住瓶口，并将塞住瓶口的锥形瓶置于干燥器(3.3.11)中。

3.5.2.3 打开锥形瓶的玻璃塞，快速地将烧瓶与装有干燥管的回流冷凝器(3.3.3)及(3.3.4)相连接。将锥形瓶加热，回流3 h，然后放置45 min自然冷却到室温。快速地将锥形瓶与回流冷凝器分离，用磨口玻璃塞塞住瓶口，并将烧瓶置入干燥器中。

3.5.2.4 在卡尔·费休滴定仪(3.3.13)上用卡尔·费休试剂(3.2.2)滴定出每个试样的含水量。

3.6 结果表示

3.6.1 试样的含水量w的质量分数用%表示，由式(1)计算：

$$w=\frac{(V_1-V_2)T}{m}\times 100 \qquad \cdots\cdots(1)$$

式中：

V_1——用于滴定样品所消耗的卡尔·费休试剂的体积，单位为毫升(mL)；

V_2——用于滴定空白试验所消耗的卡尔·费休试剂的体积，单位为毫升(mL)；

T——水当量，用消耗1毫升卡尔·费休试剂所需要的水的毫克数来表示，单位为毫克每毫升(mg/mL)；

m——试样的质量，单位为毫克(mg)。

3.6.2 两次平行试验测得的含水量的相对值不大于10%或绝对值不大于0.02%。若相差太大，则应重新试验直到试验结果满足以上条件为止，舍去所有不符合条件的结果。

3.6.3 试验结果采用两次平行试验的平均值表示，精确到0.01%(质量分数)。

3.7 精密度

由于尚未得到实验室间试验数据，故未知本试验方法的精密度。如果得到上述数据，则在下次修订时加上精密度说明。

4 方法B——压力测量法

4.1 原理

在密闭的真空环境中，将试样加热到规定的温度，以确保水分能完全蒸发。测量所引起的压力增值，该压力增值与含水量成正比。采用校正因子计算含水量。校正因子是通过在测量已知的含水化合物中的含水量而得到的，其测试条件应与测试试样的完全一致。

4.2 试剂

二水钼酸钠($Na_2MoO_4 \cdot 2H_2O$)：分析纯

注：也可以使用其他能够在测试条件下失去其结晶水的含水化合物，如二水氯化钡($BaCl_2 \cdot 2H_2O$)。

4.3 设备

4.3.1 测压仪：

推荐使用如图1所示的测压设备。

图示装置为真空密闭连接的全玻璃系统，连接处最好采用球形连接。球A和球B的体积分别为(0.5±0.05)L和不小于1L。球形容器A和B连接在连接管(C)上。连接管(C)的一端连接有高真空压力表，另一端连接有配有活塞(E)的试样管。同时，管C还与配有活塞(F)的真空泵(N)相连，再安装一个活塞(G)使两个球形容器分开。在活塞(G)的两侧U型油压计(L)经过防溅球管(H)和截止阀(K)连接，油压计(L)的支管长度至少350 mm。试样管(M)应用耐高温玻璃制成。不同试样管间的体积差异不应超过5 ml。

注1：若能满足4.5.3.3中所提到的重复性要求，也可以使用不同的装置设备。

注2：油压计中宜填充硅油。

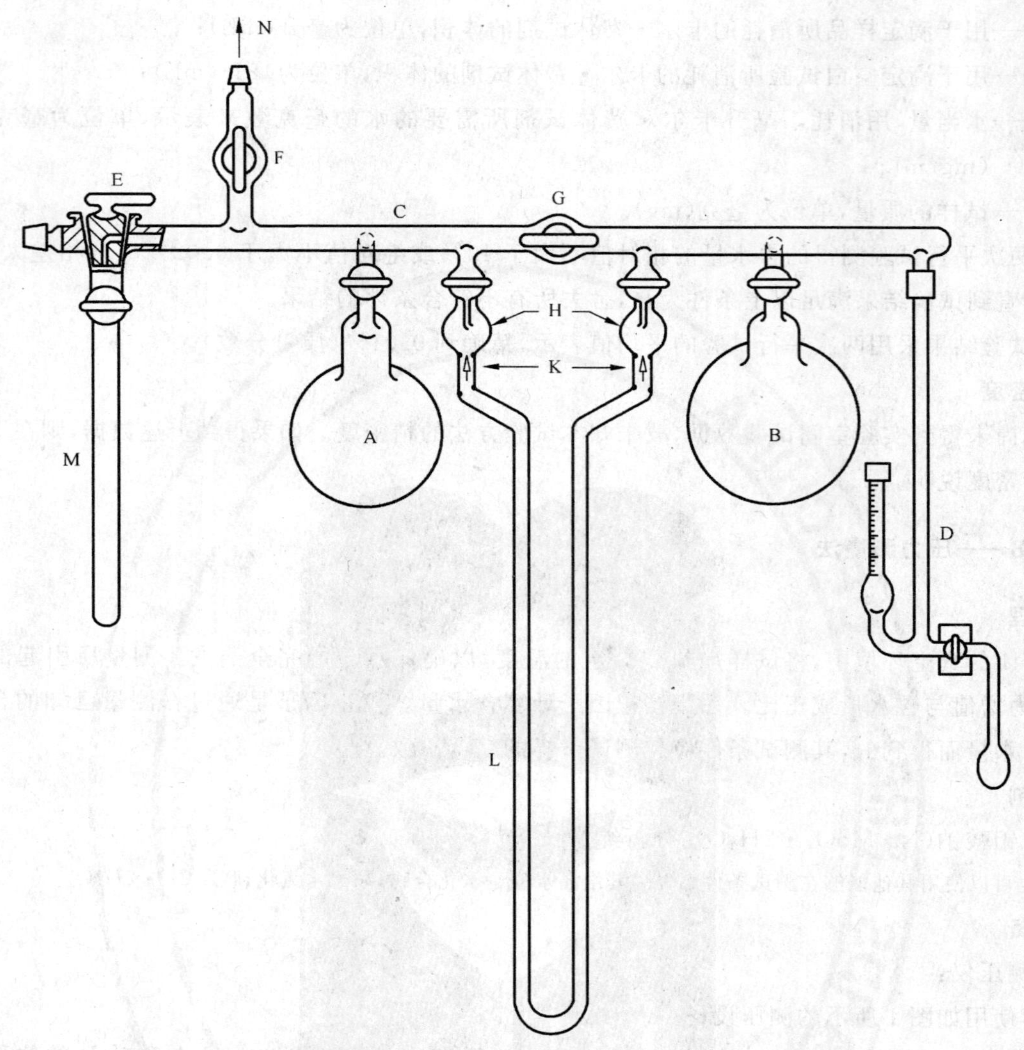

A——球形容器,体积为 0.5 L±0.05 L;
B——球形容器,体积≥1 L;
C——连接管;
D——高真空计量器;
E,F,G——开关;
H——防溅球管;
K——截止阀;
L——油压计;
M——试样管;
N——真空泵。

图 1 用方法 B(压力测量法)测定含水量的装置示意图

4.3.2 加热装置:

电炉,适用于加热样品管到指定温度。加热装置应便于安装和移动。

4.4 试样制备

4.4.1 粒料

在预先干燥的容器中快速的填充测试材料试样,并迅速的密封容器,以减少从空气中吸收水分。

4.4.2 制件

将制件切或锯成约几个毫米的薄片，制样过程需快速，以减少试样在制样过程中的吸收水分。然后按4.4.1进行操作。

4.5 操作步骤

注：由于测试的水分质量很小，在试验过程中应尽量避免受到来自于样品容器、空气、转移设备中水分的影响。吸湿性树脂应当隔绝潮气。

4.5.1 试样的准备

进行两组平行试验。测试试样的质量选择应保证能够让油压计产生大于50 mm的压力差。

若球A和球B的体积分别为0.5 L±0.05 L和不小于1 L，推荐使用试样的质量见表1。

表1 测试试样

预期的含水量W(质量分数)/%	试样质量m/g
$W>1$	$0.2\leqslant m<0.5$
$0.5<W\leqslant 1$	$0.5\leqslant m<1$
$0.2<W\leqslant 0.5$	$1\leqslant m<2.5$
$0.1<W\leqslant 0.2$	$2.5\leqslant m<5$
$W\leqslant 0.1$	$m\geqslant 5$

4.5.2 漏气检测

按如下步骤检测装置是否漏气：固定一干燥的空的试样管到装置上，试样管不需加热。打开活塞E、F和G。

抽真空，使得装置内的压力低于100 Pa，然后关闭活塞F和G。1 h后，检查系统内的压力仍然低于100 Pa，并且油压计显示的压力差小于2 mm。若不能满足以上两点要求，检查设备并重新检测。

为保证在测试过程中系统的密闭性，有必要经常进行漏气检测。

注：当更换油压计中的油时，装置必须保持真空数小时，以除去新油带来的污染。

4.5.3 测定

4.5.3.1 快速称取试样(见表1)，精确到1 mg，然后置入干燥的试样管，并将试样管固定到装置上。打开活塞E和G。旋转活塞F使得系统与真空泵相连，并打开真空压力表(D)。抽取真空，使得系统内的压力低于100 Pa。旋转活塞F，使得系统与真空泵断开连接。关闭活塞G。

4.5.3.2 先将加热装置加热到200 ℃±5 ℃，再将试样管放置到加热装置上，恒温50 min，或在5 min内油压计显示的压力差的变化不超过1 mm。

对于未知试样，不能排除含水量很高的可能。因此，应在测试的最初10 min，不断地观察真空压力表。若压力变得太高，则打开活塞G，并减少试样量重新试验。

50 min后，或压力差恒定后，读取压力差数据，精确到毫米。

停止加热试样管，打开活塞G，为消除试样管的真空状态须打开活塞E。

将试样管冷却，并称取残留物的质量，精确到1 mg。

4.5.3.3 若两组平行试验所测得的含水量绝对值之差大于0.005%，则应做漏气检测(见4.5.2)，并重新进行平行试验测试。

4.5.4 校正

4.5.4.1 称取至少5份二水钼酸钠，每份大约30 mg～40 mg，并分别放入干燥洁净的试样管中。

按4.5.3.2中的说明，对每份二水钼酸钠进行含水量测试。加热时间可以从50 min调整到15 min。

4.5.4.2 根据产生1 mm的油压差所需要的水质量(g)，校正因子f可用式(2)来计算：

$$f=\frac{m_{\mathrm{ref}}\times w_{\mathrm{ref}}}{\Delta p}\times 10^{-4} \qquad \cdots\cdots(2)$$

式中：

m_{ref}——二水钼酸钠的测试质量，单位为克(g)；

w_{ref}——每克二水钼酸钠中的含水量，单位为克每克(g/g)；

Δp——油压计显示的压力差，单位为毫米(mm)。

若采用其他含水化合物进行校正，则只需相应调整测试试样的质量和 w 的值即可。

计算不同试样获得的校正因子 f 的算术平均值。在这一计算中，舍去与平均值相对偏差大于 5% 的测试结果值。

当采用新一批的二水钼酸钠时，在开始测试前先确定其含水量，先称取测试试样，然后在 200 ℃ 条件下干燥 1 h 并重新称重。

在进行校正因子测试时，不能使用水。因为水的需要量很小，在称重时很难达到精度要求。

4.6 结果表示

含水量 w(质量分数)可用式(3)计算：

$$w = \frac{f \times \Delta p}{m} \times 100 \qquad \cdots\cdots(3)$$

式中：

f——校正因子，计算方法见 4.5.4，单位为克每毫米(g/mm)；

Δp——油压计显示的压力差，单位为毫米(mm)；

m——试样的质量，单位为克(g)。

4.7 精密度

由于尚未得到实验室间试验数据，故未知本试验方法的精密度。如果得到上述数据，则在下次修订时加上精密度说明。

5 试验报告

试验报告应含有下列内容：

a) 注明采用本部分；

b) 样品必需的详细信息；

c) 采用的试样方法(方法 A 或方法 B)；

d) 两个平行试验分别测得的含水量，以及它们的平均值，精确到小数点后两位；

e) 试验日期。

ICS 83.080
G 31

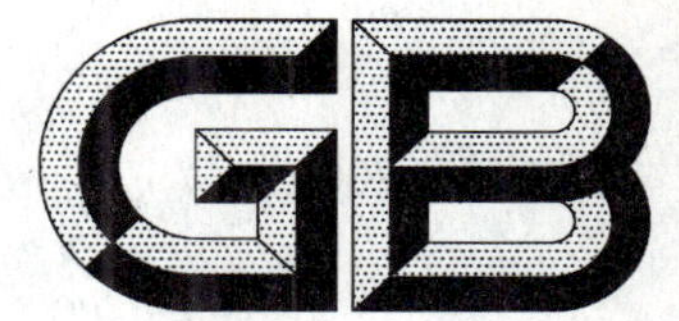

中华人民共和国国家标准

GB/T 12008.1—2009
代替 GB/T 12008.1—1989

塑料 聚醚多元醇 第1部分：命名系统

Plastics—Polyether polyols—Part 1: Designation system

2009-06-15 发布 2010-02-01 实施

中华人民共和国国家质量监督检验检疫总局
中国国家标准化管理委员会 发布

前　言

GB/T 12008《塑料　聚醚多元醇》共分为7个部分：

——第1部分：命名系统；

——第2部分：规格；

——第3部分：羟值的测定；

——第4部分：钠和钾的测定；

——第5部分：酸值的测定；

——第6部分：不饱和度的测定；

——第7部分：黏度的测定。

本部分为GB/T 12008的第1部分，代替GB/T 12008.1—1989《聚醚多元醇命名》。

本部分与GB/T 12008.1—1989相比主要差异如下：

——增加了范围内容（本部分“1.2”、“1.4”和“1.5”）；

——修改了聚醚多元醇命名的构成（原标准“2.1”，本部分“2.1.2”）；

——修改了起始剂官能度和聚醚多元醇标称分子量的表示（原标准“2.1.1”，本部分“2.2”和“2.3”）；

——修改了改性或特殊性能的代号（原标准“2.1.2”，本部分“2.4”）；

——修改了附加信息或其他信息的给出（原标准“2.1.3”，本部分“2.5”）；

——增加了规范性附录“标称分子量的计算公式”（参见附录A）。

本部分的附录A为规范性附录。

本部分由中国石油和化学工业协会提出。

本部分由全国塑料标准化技术委员会塑料树脂通用方法和产品分会（SAC/TC 15/SC 4）归口。

本部分负责起草单位：中国石化集团资产经营管理有限公司上海高桥分公司。

本部分参加起草单位：国家合成树脂质量监督检验中心、江苏省化工研究所有限公司、中国石化集团资产经营管理有限公司天津石化分公司、江苏钟山化工有限公司。

本部分主要起草人：徐清、宋虹霞、罗宏、王建东、赵平、刘蓉、戚莉、杜新蕾。

本部分所代替标准的历次版本发布情况为：

——GB/T 12008.1—1989。

塑料 聚醚多元醇 第1部分:命名系统

1 范围

1.1 GB/T 12008 的本部分规定了聚醚多元醇的命名系统。该系统可作为分类基础。

1.2 不同类型的聚醚多元醇用下列指定的固定名称以及特征项目组中起始剂官能度、聚醚多元醇标称分子量、改性或特殊性能等为基础的一种命名系统加以区分:

a) 主要起始剂官能度数;

b) 次要起始剂官能度数;

c) 标称分子量的千位数;

d) 标称分子量的百位数;

e) 改性或特殊性能的代号。

1.3 本部分适用于聚氨酯材料用聚醚多元醇的命名。

1.4 本部分不意味着命名相同的聚醚多元醇必定具有相同的性能。本部分不提供用于说明聚醚多元醇特殊用途和(或)加工方法所需的工程数据、性能数据或加工条件数据。

1.5 为了说明某种聚醚多元醇的特殊用途、或生产厂为了加以区分或说明的其他信息,可在字符组4中给出附加要求。

2 命名系统

2.1 总则

2.1.1 聚醚多元醇的命名由固定名称加特征项目组构成,固定名称为聚醚多元醇,简称聚醚。

2.1.2 聚醚多元醇的命名系统基于下列标准模式:

命名				
固定名称	特征项目组			
	字符组 1	字符组 2	字符组 3	字符组 4

特征项目组由表示特征性能的四个字符组构成:

字符组 1:表示起始剂官能度的一组数字。

位置 1:主要起始剂官能度数(见 2.2)

位置 2:次要起始剂官能度数(见 2.2)

字符组 2:表示聚醚多元醇标称分子量的一组数字。

位置 1:标称分子量的千位数(见 2.3)

位置 2:标称分子量的百位数(见 2.3)

字符组 3:表示改性或特殊性能的代号 (见 2.4)

字符组 4:附加信息或其他信息可在字符组 4 中给出(见 2.5),如果给出此信息,应与字符组 3 以横线"—"相连。

2.2 字符组 1

在这个字符组中,用阿拉伯数字表示聚醚多元醇起始剂的官能度数。对多起始剂的聚醚多元醇,位置 1 表示所用主要起始剂官能度数的数字,位置 2 表示所用次要起始剂官能度数的数字。对单起始剂的聚醚多元醇,位置 1 表示所用起始剂官能度数的数字,位置 2 没有给出可以省略。常用起始剂的官能度数见表 1。

表 1 常用起始剂的官能度数

起始剂	官能度数
正丁醇 烯丙醇	1
四氢呋喃 二甘醇 乙二醇 丙二醇 新戊二醇	2
丙三醇 三羟甲基丙烷 三乙醇胺	3
季戊四醇 乙二胺 丙二胺	4
木糖醇	5
甘露醇 山梨醇	6
蔗糖	8

2.3 字符组 2

在这个字符组中，用阿拉伯数字表示聚醚多元醇标称分子量(计算方法见附录 A)。位置 1 为聚醚多元醇标称分子量的千位数，位置 2 为聚醚多元醇标称分子量的百位数。百位数的确定是以十位数四舍五入的原则取得。

2.4 字符组 3

在这个字符组中，用英文字母表示改性或特殊性能的代号，英文字母的含义如表 2 所示。对非改性聚醚多元醇，或在名称中不需说明改性情况时，名称中可以不含本部分内容。

表 2 改性或特殊性能的代号

改性情况	字母代号	改性情况	字母代号
高活性改性	H	阻燃性能	F
环氧乙烷改性	E	端胺基改性	A
四氢呋喃改性	T	其他改性	X

2.5 字符组 4

这个可选用的字符组中表述的附加要求是为了说明聚醚多元醇的特殊用途，或在字符组 1～字符组 3 中未能反映但生产厂认为应加以区分或说明的其他信息，具体作法可参考合适的国家标准或已发布的相关标准进行。

3 命名示例

3.1 某聚醚多元醇，系以环氧丙烷及环氧乙烷为主要成分，烯丙醇为起始剂，环氧乙烷改性(混/无规共聚)，标称分子量为 1250，其特征项目组表示为：

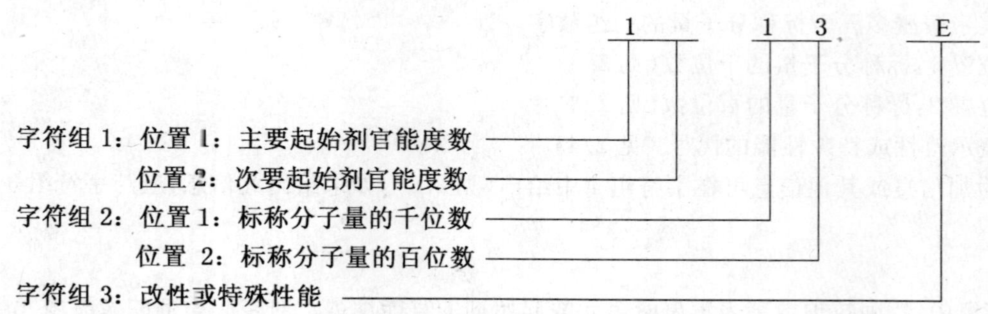

命名：聚醚多元醇 113E，简称聚醚 113E

3.2 某聚醚多元醇，系以环氧丙烷为主要成分，丙二醇为起始剂，标称分子量为 2000，其特征项目组表示为：

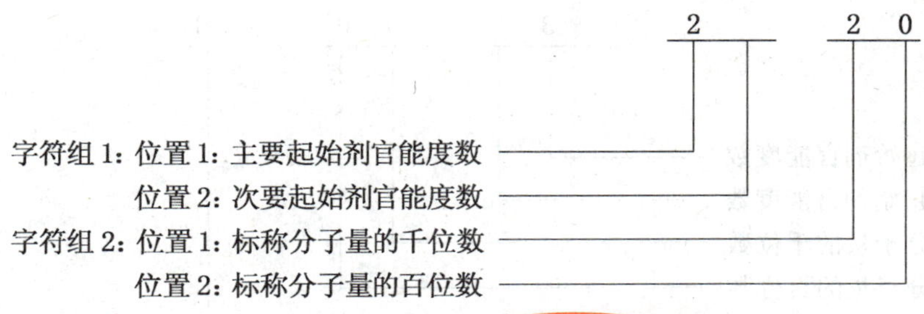

命名：聚醚多元醇220，简称聚醚220

3.3 某聚醚多元醇，系以环氧丙烷为主要成分，丙三醇为起始剂，标称分子量为1000，其特征项目组表示为：

命名：聚醚多元醇310，简称聚醚310

3.4 某聚醚多元醇，系以环氧丙烷为主要成分，乙二胺为起始剂，标称分子量为300，其特征项目组表示为：

4 0 3

字符组1：位置1：主要起始剂官能度数

位置2：次要起始剂官能度数

字符组2：位置1：标称分子量的千位数

位置2：标称分子量的百位数

命名：聚醚多元醇403，简称聚醚403

3.5 某聚醚多元醇，系以环氧丙烷及环氧乙烷为主要成分，丙三醇为起始剂，环氧乙烷改性（混/无规共聚），标称分子量为3000，其特征项目组表示为：

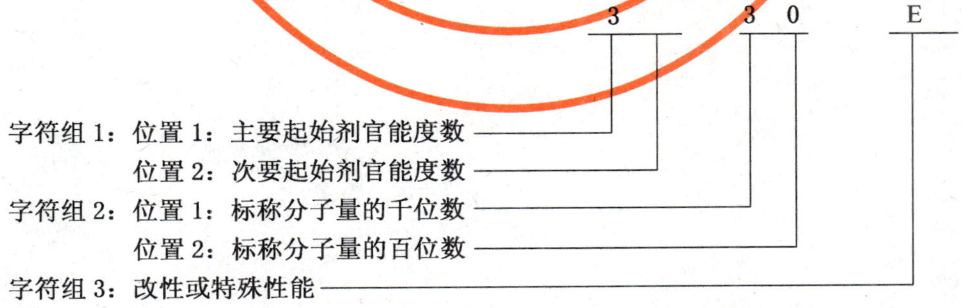

命名：聚醚多元醇330E，简称聚醚330E

3.6 某聚醚多元醇，系以环氧丙烷及环氧乙烷为主要成分，丙三醇为起始剂，环氧乙烷封端（高活性改性），标称分子量为6000，其特征项目组表示为：

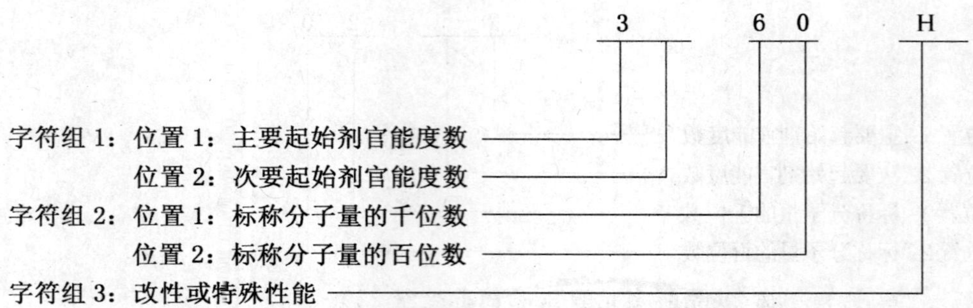

命名：聚醚多元醇 360H，简称聚醚 360H

3.7 某聚醚多元醇，系以环氧丙烷为主要成分，蔗糖、丙三醇为起始剂，标称分子量为 500，其特征项目组表示为：

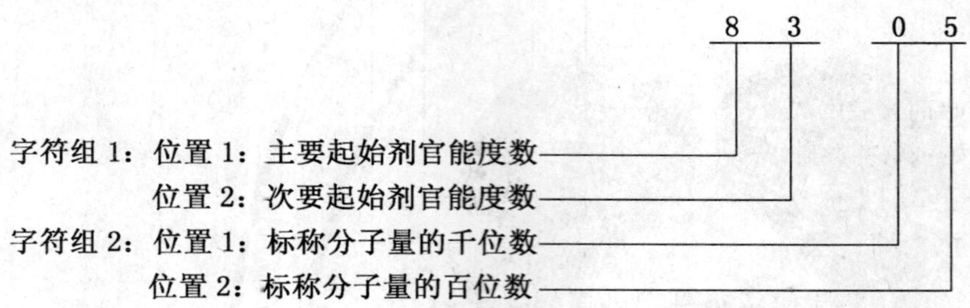

命名：聚醚多元醇 8305，简称聚醚 8305

附　录　A
（规范性附录）
标称分子量的计算公式

A.1　概述

标称分子量是指单质或化合物分子的相对质量，用字母 M 表示。按式（A.1）计算：

$$M=\frac{56.1\times f\times 1\,000}{OHV_c} \qquad \cdots\cdots\text{(A.1)}$$

式中：

56.1——氢氧化钾的相对分子质量；

f——起始剂含活泼氢的原子数。对多起始剂的聚醚多元醇，官能度数的确定是以起始剂含活泼氢原子数的加权平均值取得；

OHV_c——羟值：与每克试样中羟基含量相当的氢氧化钾毫克数。

ICS 83.080
G 31

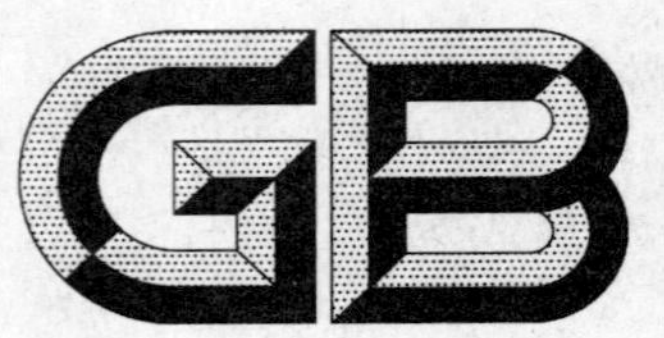

中华人民共和国国家标准

GB/T 12008.3—2009
代替 GB/T 12008.3—1989

塑料　聚醚多元醇 第3部分：羟值的测定

Plastics—Polyether polyols— Part 3: Determination of hydroxyl number

(ISO 14900:2001, Plastics—
Polyols for use in the production of polyurethane—
Determination of hydroxyl number, NEQ)

2009-06-15 发布　　2010-02-01 实施

中华人民共和国国家质量监督检验检疫总局
中国国家标准化管理委员会　发布

前　言

GB/T 12008《塑料　聚醚多元醇》共分为7个部分：

——第1部分：命名系统；

——第2部分：规格；

——第3部分：羟值的测定；

——第4部分：钠和钾的测定；

——第5部分：酸值的测定；

——第6部分：不饱和度的测定；

——第7部分：黏度的测定。

本部分为GB/T 12008的第3部分，与ISO 14900：2001《塑料　用于聚氨酯生产的多元醇　羟值的测定》、ASTM D 6342：2008《聚氨酯原材料标准实施规范　近红外光谱法测定多元醇的羟值》的一致性程度为非等效。

本部分代替GB/T 12008.3—1989《聚醚多元醇中羟值测定方法》。

本部分与GB/T 12008.3—1989相比主要变化：

——更改了标准名称；

——邻苯二甲酸酐酰化试剂加入了催化剂咪唑(1989年版的5.2，本版的4.3.3)；

——回流时间缩短(1989年版的8.2，本版的4.5.2)；

——增加了方法B——近红外光谱法(本版的第5章)。

本部分的附录A为资料性附录。

本部分由中国石油和化学工业协会提出。

本部分由全国塑料标准化技术委员会塑料树脂通用方法和产品分会(SAC/TC 15/SC 4)归口。

本部分负责起草单位：江苏省化工研究所有限公司、中国石化集团资产经营管理有限公司上海高桥分公司。

本部分参加起草单位：中国石化集团资产经营管理有限公司天津石化分公司、江苏钟山化工有限公司、国家合成树脂质量监督检验中心。

本部分主要起草人：刘蓉、徐一东、周芩楠、陆巍、戚莉、杜新蕾、王建东。

本部分所代替标准的历次版本发布情况为：

——GB/T 12008.3—1989。

塑料　聚醚多元醇
第3部分:羟值的测定

警告——使用本部分的人员应熟悉实验室的常规操作。本部分未涉及与使用有关联的任何安全问题。如果使用有任何相关问题,使用者有责任建立适宜的安全和健康措施并确保遵守国家的管理规定。

1　范围

1.1　GB/T 12008的本部分规定了两种聚醚多元醇羟值的测定方法。

1.2　方法A为邻苯二甲酸酐法,推荐用于聚醚多元醇、聚合物多元醇和以氨为起始剂的多元醇。但对于有位阻效应的多元醇结果会偏低。如果能采取修正措施,其他多元醇也可应用这个方法。

1.3　方法B规定了用近红外光谱法测定聚醚多元醇中羟值。描述了样品的选择、数据采集、建立和验证校正模型的步骤。

2　规范性引用文件

下列文件中的条款通过GB/T 12008的本部分的引用而成为本部分的条款。凡是注日期的引用文件,其随后所有的修改单(不包括勘误的内容)或修订版均不适用于本部分,然而,鼓励根据本部分达成协议的各方研究是否可使用这些文件的最新版本。凡是不注日期的引用文件,其最新版本适用于本部分。

GB/T 601—2002　化学试剂　标准滴定溶液的制备

GB/T 2035—2008　塑料术语及其定义(ISO 472:1999,IDT)

GB/T 6682—2008　分析实验室用水规格和试验方法(ISO 3696:1987,MOD)

ASTM D 7253:2006　聚氨酯原材料标准试验方法　聚醚多元醇酸值的测定

3　术语和定义

GB/T 2035—2008确立的以及下列术语和定义适用于本部分。

3.1

聚氨酯　polyurethane

由有机二异氰酸酯或多异氰酸酯与含有两个或两个以上羟基的化合物反应制得的聚合物。

3.2

羟值　hydroxyl number、hydroxyl value

与每克试样中羟基含量相当的氢氧化钾毫克数。

4　方法A——邻苯二甲酸酐法

4.1　原理

试样中的羟基在邻苯二甲酸酐的吡啶溶液中回流被酯化,反应用咪唑为催化剂。过量的酸酐用水水解,生成的邻苯二甲酸用氢氧化钠标准滴定溶液滴定。通过试样和空白滴定的差值计算羟值。

4.2　干扰

4.2.1　过量的水会破坏酯化试剂而干扰测定。如果样品的水分含量大于0.2%,用不会向样品中引入酸或碱的试剂来干燥。

4.2.2　伯、仲氨基和长链脂肪酸与试剂反应生成稳定的化合物,会包含在结果中。

4.3 试剂

除非另有说明,仅使用分析纯试剂。试验用水应符合 GB/T 6682—2008 中三级水规格。

4.3.1 咪唑。

4.3.2 吡啶:含水小于 0.1%。

4.3.3 邻苯二甲酸酐酰化试剂:称取 116 g 邻苯二甲酸酐于 1 L 棕色瓶中,加入 700 mL 吡啶并剧烈摇荡至其溶解,加入 16 g 咪唑并小心摇动至溶解,溶液在使用前应静置过夜。避免长期暴露于空气中吸潮,当颜色变深试剂应弃去。在空白滴定中,25 mL 这种试剂应消耗 0.5 mol/L 氢氧化钠标准滴定溶液 95 mL～100 mL。

4.3.4 盐酸标准滴定溶液 $c(HCl)=0.1$ mol/L:按 GB/T 601—2002 配制和标定。被分析的样品中含有强碱需要校正羟值时才用这种溶液。

4.3.5 氢氧化钠标准滴定溶液 $c(NaOH)=0.5$ mol/L:按 GB/T 601—2002 配制和标定。

4.3.6 酚酞指示剂溶液 10 g/L:1 g 酚酞溶于 100 mL 吡啶。

4.4 仪器

4.4.1 电位滴定仪或 pH 计:精度不低于 0.1 mV,配一对电极或玻璃-甘汞复合电极,一支容量100 mL 具塞滴定管或能自动回填的滴定管。

4.4.2 注射器:2 mL、5 mL 和 10 mL,有一个适于处理黏稠多元醇的孔。

4.4.3 磁力搅拌器。

4.4.4 分析天平:精确至 0.1 mg。

4.4.5 移液管:25 mL。

4.4.6 刻度移液管:1 mL。

4.4.7 量筒:100 mL。

4.4.8 烧杯:250 mL、500 mL。

4.4.9 滴定管:用于显色滴定,100 mL,有刻度值的部分 50 mL,分度值 0.1 mL。如果没有 100 mL 的滴定管,则先用移液管加入 50 mL,另 50 mL 用滴定管完成。

4.4.10 锥形瓶:300 mL,标准 24/40 磨口。

4.4.11 空气冷凝管:400 mm,标准 24/40 磨口。

4.4.12 油浴:温度保持在(115±2)℃。

4.5 步骤

4.5.1 用注射器(4.4.2)或其他合适的取样器具,取样到锥形瓶(4.4.10)中,试料质量 m(按 561 除以估计羟值计算,单位为克)。

不能将样品沾到瓶颈。记录试料质量,准确至毫克。由于计算的试料质量有可能接近方法允许的最大值,所以试料质量要与计算值相近。

4.5.2 向每个试料和空白锥形瓶中准确移取 25 mL 邻苯二甲酸酐酰化试剂(4.3.3)。摇动瓶子,至试料溶解,每个锥形瓶接上空气冷凝管 (4.4.11),放在(115±2)℃油浴(4.4.12)里 30 min。

注:一些实验室更偏向将油浴温度维持在(100±2)℃。如果能证明特殊产品可以完成定量反应则这种温度是可以的。

4.5.3 加热后,将装置从油浴中拿出并冷却至室温。用 30 mL 吡啶(4.3.2)冲洗冷凝管并取下冷凝管。将溶液定量转移到 250 mL 烧杯(4.4.8)中,用 20 mL 吡啶冲洗锥形瓶。

4.5.4 用以下方法之一滴定溶液:

4.5.4.1 电位滴定法

烧杯放在自动滴定仪(4.4.1)上,用磁力搅拌器(4.4.3)搅拌。

将滴定仪电极浸入溶液,用 0.5 mol/L 的氢氧化钠标准滴定溶液(4.3.5)滴定至终点。如果滴定试料所消耗的氢氧化钠标准滴定溶液体积小于空白体积的 80%,则试料质量偏大,减少试料质量重新测定。

4.5.4.2 显色滴定法

加入 0.5 mL 酚酞指示液(4.3.6)和磁力搅拌棒,在搅拌下用 0.5 mol/L 的氢氧化钠标准滴定溶液滴定至淡粉红色终点并保持 15 s。

读体积数,精确至 0.02 mL。如果滴定试料所消耗的氢氧化钠标准滴定溶液体积小于空白体积的 80%,则试料质量偏大,减少试料质量重新测定。

4.5.5 按 ASTM D 7253:2006 测酸值 C。如果测定酸值的溶液呈粉红色,按以下步骤测定碱值 L:

用 0.1 mol/L 盐酸标准滴定溶液(4.3.4),电位滴定仪滴定至终点(或用显色法滴定至粉红色消失)。再过量 1.0 mL,记录总量,用 0.1 mol/L 氢氧化钠标准滴定溶液回滴至终点(或以显色法滴定至粉红色终点保持至少 15 s)。

不加试样,加入与前述总量相同量的 0.1 mol/L 盐酸,做空白试验。

碱值 L,以每克试样消耗的氢氧化钾毫克数表示,按式(1)计算:

$$L = \frac{(V_2 - V_1)c_1 \times 56.1}{w} \quad \cdots\cdots(1)$$

式中:

V_1——滴定试样消耗的氢氧化钠标准滴定溶液的体积,单位为毫升(mL);

V_2——滴定空白消耗的氢氧化钠标准滴定溶液的体积,单位为毫升(mL);

c_1——测碱值氢氧化钠标准滴定溶液的浓度,单位为摩尔每升(mol/L);

w——试料的质量,单位为克(g)。

4.6 结果的计算与表示

4.6.1 羟值 OHV,以每克试样消耗的氢氧化钾毫克数表示,按式(2)计算:

$$OHV = \frac{(V_4 - V_3)c \times 56.1}{m} \quad \cdots\cdots(2)$$

式中:

V_3——滴定 4.5.4.1 或 4.5.4.2 试料消耗的氢氧化钠标准滴定溶液的体积,单位为毫升(mL);

V_4——滴定 4.5.4.1 或 4.5.4.2 空白消耗的氢氧化钠标准滴定溶液的体积,单位为毫升(mL);

c——氢氧化钠标准滴定溶液的浓度,单位为摩尔每升(mol/L);

m——试料的质量,单位为克(g)。

4.6.2 如果样品按步骤 4.5.5 检测含游离酸或游离碱,结果按式(3)或式(4)校正:

$$OHV_C = OHV + C \quad \cdots\cdots(3)$$

或:

$$OHV_C = OHV - L \quad \cdots\cdots(4)$$

式中:

OHV_C——羟值(校正),以每克试样消耗的氢氧化钾毫克数表示;

OHV——羟值,以每克试样消耗的氢氧化钾毫克数表示;

C——酸值,以每克试样消耗的氢氧化钾毫克数表示;

L——碱值,以每克试样消耗的氢氧化钾毫克数表示。

4.7 精密度

精密度数据参见附录 A。

4.8 试验报告

试验报告应包括以下内容:

a) 标明引用本部分;

b) 完整鉴别样品所需的所有细节;

c) 滴定方法(电位自动滴定或显色滴定);

d) 检测结果，校正羟值为平行样的平均值，以每克试样消耗的氢氧化钾毫克数表示，准确至0.1；

e) 本部分未规定的可能对结果产生影响的任何因素和细节；

f) 试验日期。

5 方法B——近红外光谱法

5.1 原理

近红外光谱主要是由于分子振动的非谐振性使分子振动从基态向高能级跃迁时产生的。近红外光谱记录的是分子中单个化学键的基频振动的倍频和合频信息，它常常受含氢基团X-H(X=C、N、O)的倍频和合频的重叠主导。所以在近红外光谱范围内，测量的主要是含氢基团X-H振动的倍频和合频吸收。根据比尔定律：物质吸光度与物质的浓度成线性关系。建立聚醚多元醇吸光度与聚醚多元醇羟值的对应关系(即分析模型)，通过测定样品光谱的吸光度，即可测得聚醚多元醇羟值。

5.2 仪器

5.2.1 近红外羟值分析仪及配套软件。

5.2.2 恒温单元。

5.2.3 样品池。

5.3 应用

5.3.1 使用总则

5.3.1.1 为了制备聚氨酯有必要知道聚醚多元醇的羟值。

5.3.1.2 本方法适用于科研、质量控制、性能测试和过程控制。

5.3.2 局限性

5.3.2.1 校正之前，首先要测定被分析的多元醇中近红外光谱的影响因素。为了适当地选择样品，需了解化学结构、干扰、任何非线性关系、温度的影响以及被分析物与其他成分如与催化剂、水分和其他多元醇的相互作用，以模拟这些不能很好控制的因素。

5.3.2.2 校正仅对具体生成校正表的近红外仪器有效。使用不同的仪器(甚至是同一制造商生产的)进行校准和分析将严重影响测试羟值的准确度和精密度。在仪器之间调用校正表是有问题的，这些过程都需要在新仪器上进行完整的验证与误差统计分析。

5.3.2.3 分析结果仅在校正使用的羟值范围内统计为有效，外推羟值太低或太高会增加误差和降低精度。同样，分析结果仅对校正集使用的相同化学组成的样品有效。组成的显著变化或污染也可以影响到结果。异常值的检测是一种可以用来检测上面提到的可能存在的问题的一种工具。

5.4 校正样品的选择

5.4.1 校正集的样品应尽量按照以下指导来选择。

5.4.1.1 样品选择包括感兴趣样品中预期出现的所有组成。

5.4.1.2 选择的样品包括超出预期的羟值范围。

5.4.1.3 样品羟值数平均分布在整个校正范围内，提供一种样品“箱式”分布(均匀分布在整个感兴趣范围内)。

5.4.1.4 选择样品的数量要足够大以统计界定光谱变量与羟值数之间的关系。

5.4.1.5 所有样品的光谱要相似以免错误建模。例如，所有样品用相同的路径长度，基线、峰的最大值、峰的最小值要相似。

5.4.2 模型要消除所有在实际检测时能消除变量的潜在来源。如果这些来源不能被消除，它们应包含在样品集中。变量的来源可以包括：

5.4.2.1 化学组成。

5.4.2.2 物理特征。

5.4.2.3 样品处理、温度和湿度。

5.4.3 校正近红外模型需要的样品数量取决于被分析样品的复杂程度。简单模型在不同浓度仅包括很少组分，将仅有很少光谱变量，是典型的不需要大样品集去界定关系的模型。另一方面，复杂系统在不同浓度包含几种组分，将需要大量的样品去界定关系，以确保足够去建立模型。

5.4.3.1 如果多变量模型建立时使用5个或更少变量(多元线性回归中波长或是主成分回归和偏最小二乘回归中的因素)，校正集在除异常值后应包括至少30个样品。

5.4.3.2 如果多变量模型建立时使用$k(>5)$个变量(多元线性回归中波长或是主成分回归和偏最小二乘回归中的因素)，校正集在剔除异常值后应包括至少$6k$个样品。

5.5 步骤

5.5.1 数据采集

5.5.1.1 化学法数据采集

按照本部分方法A对聚醚多元醇样品的羟值进行测定，作为原始数据备用。

5.5.2 光谱采集

5.5.2.1 光谱条件的确定

按照仪器说明书推荐的光谱扫描范围(羟值的吸收波长带)、光谱分辨率、扫描次数、恒温温度、恒温时间等选择合适的样品测试光谱条件。按照选定的光谱条件，先对空白进行扫描，其标记为空白光谱(将在样品测试时被扣除)。

5.5.2.2 样品扫描

扫描样品集中聚醚多元醇样品，采集已知羟值样品的光谱，同时建立数据表格，将样品集中聚醚多元醇的羟值(原始数据)与扫描的光谱一一对应起来。空白值应登记在表中。

5.5.3 模型的建立

按照仪器说明书的操作要求建立模型，对模型中的变量进行优化，在模型校正过程中，利用数学与统计学方法识别异常值，并在模型定型之前剔除所有异常值，将模型进行校正，校正好的模型称为校正模型，同时生成该模型的校正表。

5.5.4 模型的验证

模型的验证是通过预测独立样品集中被分析物的浓度与已知分析物浓度，统计分析模型的响应来完成的。按照选择校正集样品相同的条件来选择验证集样品。此外还要遵循以下条件：

5.5.4.1 样品的选择要在校正集羟值范围内，任何不在模型范围内的样品都要被舍去。

5.5.4.2 样品要均匀分布在整个羟值范围内以确保“箱式”分布。

5.5.4.3 要从校正集中有光谱相似的样品中选择，并覆盖所有光谱变量范围。

5.5.5 校正模型的转换

5.5.5.1 校正模型的转换涉及到建立校正模型的步骤，是指将近红外羟值分析仪得来的数据用来进行光谱数据采集分析的过程。

5.5.5.2 当建立校正模型转换，有必要对其进行演示以保证模型的性能在转换过程中不退化。每个校正转换步骤至少要用已转换的模型进行一次完整的验证。

5.5.5.3 如果局限于相同型号有相同光学系统或较低配置系统的近红外仪，校正就更简单了。

5.5.5.4 校正转换限于相同样品之间。

5.5.6 羟值测定

按照确定的光谱条件，将样品倒入样品池，放入恒温单元中恒温，待样品温度恒定后进行样品测试，利用模型，先进行空白测定(每次分析都要进行空白测定以扣除空白值)，再进行样品测定，仪器会直接给出聚醚多元醇羟值的测定结果。

5.6 结果表示

同一样品平行测定，以算术平均值报告结果，精确至0.1。

5.7 试验报告

试验报告应包括以下内容：

a） 标明引用本部分；

b） 完整鉴别样品所需的所有细节；

c） 检测结果，以每克试样消耗的氢氧化钾毫克数表示；

d） 本部分未规定的可能对结果产生影响的任何因素和细节；

e） 试验日期。

附 录 A
（资料性附录）
邻苯二甲酸酐法精密度

A.1 概述

精密度数据的测定是由美国聚氨酯原料分析委员会(PURMAC)联合部分实验室采用循环法获得的。ASTM E180 用于计算精密度值。循环法数据可以从美国材料与试验协会 D—20 或美国塑料协会的 PURMAC 获得。

用 A.2 和 A.3 的准则判断结果可否接受。

A.2 重复性

在同一实验室，由同一操作员使用相同的设备，在同一天内，对同一样品测得的两个结果的差值大于表 A.1 给出相同或相似物质的 r 值，则结果可疑。

A.3 再现性

在不同实验室得到的平行结果的平均值的差值大于表 A.1 给出相同或相似物质的 R 值，则结果被认为不同。

表 A.1 邻苯二甲酸酐法测定的羟值精密度数据

试验材料	羟值的平均值	S_r	S_R	r	R
聚四氢呋喃	112	0.4	1.7	1.1	4.8
甘油基多元醇，p.o/e.o	34.0	0.1	0.5	0.3	1.4
甘油基多元醇，p.o/e.o	56.1	0.3	1.7	0.8	4.8
蔗糖/甘油基多元醇	492	1.4	3.9	3.9	10.9

S_r——重复性标准差；
S_R——再现性标准差；
r——重复性限（$2.8\times S_r$）；
R——再现性限（$2.8\times S_R$）。

参 考 文 献

ASTM E180 工业化学制品的分析和试验的 ASTM 方法的精密度测定

ICS 83.080
G 31

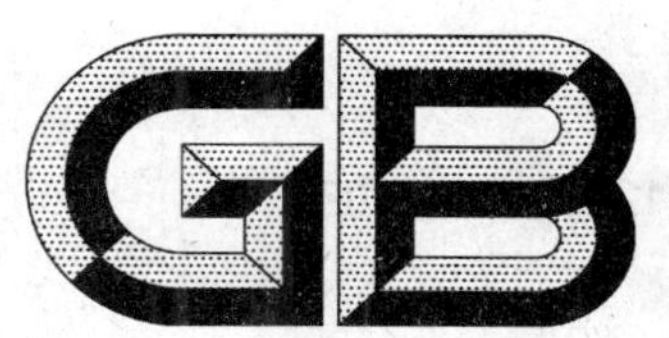

中华人民共和国国家标准

GB/T 12008.4—2009
代替 GB/T 12008.4—1989

塑料 聚醚多元醇 第4部分:钠和钾的测定

Plastics—Polyether polyols— Part 4:Determination of sodium and potassium

2009-06-15 发布 2010-02-01 实施

中华人民共和国国家质量监督检验检疫总局
中国国家标准化管理委员会 发布

前　言

GB/T 12008《塑料　聚醚多元醇》共分为 7 个部分：

——第 1 部分：命名系统；

——第 2 部分：规格；

——第 3 部分：羟值的测定；

——第 4 部分：钠和钾的测定；

——第 5 部分：酸值的测定；

——第 6 部分：不饱和度的测定；

——第 7 部分：黏度的测定。

本部分为 GB/T 12008 的第 4 部分，代替 GB/T 12008.4—1989《聚醚多元醇中钠和钾测定方法》。

本部分与 GB/T 12008.4—1989 相比主要变化：

——更改了标准名称；

——增加了试料质量（1989 年版的 6.1，本版的 7.1）；

——灰分定容体积增大（1989 年版的 6.4，本版的 7.2）；

——增加了附录 A，钠和钾的测定——溶液法，以供参考。

本部分附录 A 为资料性附录。

本部分由中国石油和化学工业协会提出。

本部分由全国塑料标准化技术委员会塑料树脂通用方法和产品分会（SAC/TC 15/SC 4）归口。

本部分负责起草单位：江苏省化工研究所有限公司、中国石化集团资产经营管理有限公司上海高桥分公司。

本部分参加起草单位：中国石化集团资产经营管理有限公司天津石化分公司、江苏钟山化工有限公司、国家合成树脂质量监督检验中心。

本部分主要起草人：刘蓉、陆巍、徐一东、周芩楠、戚莉、杜新蕾、王建东。

本部分所代替标准的历次版本发布情况为：

——GB/T 12008.4—1989。

塑料 聚醚多元醇
第4部分:钠和钾的测定

1 范围

1.1 GB/T 12008的本部分规定的试验方法适用于钠和钾含量在0～10 mg/kg各种多元醇中钠和钾的测定。多元醇中钠和钾的含量高时,可以用下述方法中的一种或几种改进后测定:

——减少称样量;

——稀释灰分溶液;

——工作曲线延伸至更高的浓度。

1.2 本部分未涉及与使用有关联的任何安全问题。在使用前,使用者有责任建立适宜的安全和健康措施并确定管理限制的适用范围。特别需要的注意事项见第6章。

2 规范性引用文件

下列文件中的条款通过GB/T 12008的本部分的引用而成为本部分的条款。凡是注日期的引用文件,其随后所有的修改单(不包括勘误的内容)或修订版均不适用于本部分,然而,鼓励根据本部分达成协议的各方研究是否可使用这些文件的最新版本。凡是不注日期的引用文件,其最新版本适用于本部分。

GB/T 602—2002 化学试剂 杂质测定用标准溶液的制备

GB/T 6682—2008 分析实验室用水规格和试验方法

3 原理

试样灰化后,用火焰光度计测定。

4 仪器

4.1 火焰光度计。

4.2 分析天平:精确至0.1 mg。

4.3 聚乙烯瓶:500 mL。

4.4 铂皿。

4.5 调温电炉。

4.6 马弗炉。

4.7 容量瓶:50 mL。

5 试剂

除非另有说明,仅使用分析纯试剂。试验用水应符合GB/T 6682—2008中二级水规格。

5.1 钾标准储备液和标准溶液:

按GB/T 602—2002制备钾(0.1 mg/mL)标准储备液;

用0.1 mg/mL的钾标准储备液制备1 mg/L、2 mg/L、3 mg/L、5 mg/L钾标准溶液,贮存在聚乙烯瓶中。

5.2 钠标准储备液和标准溶液：

按 GB/T 602—2002 制备钠(0.1 mg/mL)标准储备液；

用 0.1 mg/mL 的钠标准储备液制备 1 mg/L、2 mg/L、3 mg/L、5 mg/L 钠标准溶液，贮存在聚乙烯瓶中。

6 注意事项

整个过程中要特别注意避免污染。环境应无灰尘和烟雾。在样品附近加热敞口的钙、钠和钾的盐溶液会严重影响检测结果。手指不能接触溶液和容器的内壁。所有容器使用前应该用装在密闭的耐化学物质的玻璃或聚乙烯瓶中的新制备的水冲洗。由于使用后进入洗瓶中的空气能轻易地引入钠和钾，挤压式聚乙烯洗瓶中的水应经常更换。滤纸能吸收或释放出钠离子，分析过程中不能使用滤纸。样品灰分溶液应在制备的当天在火焰光度计上读取数据。容量瓶应盖上玻璃塞。铂皿应彻底清洗，内表面应有光泽和光滑，并专用于这一分析。由于许多多元醇易吸湿，制样过程中要小心，尽量减少暴露在大气湿气中。

7 样品灰化

7.1 称取(20±0.1)g 试料于铂皿(4.4)中，用调温电炉(4.5)小心加热，避免试料产生的泡沫溅出来。如果试料挥发性低，可将试料点燃并允许有少量白色蒸气的小火焰。

样品呈焦炭状后(约 40 min)，在铂皿上方将其点燃。将热源移开，让残留物烧尽。将铂皿放入 525 ℃～550 ℃马弗炉(4.6)中(高于 550 ℃钠或钾会损失)烧至灰烬不含碳。

注：有些产品的含碳的残渣可能阻碍其在马弗炉中的氧化。如果 60 min 后碳颗粒还没有消失，向冷却的残渣中加入几滴浓硫酸，缓慢小心地加热酸化的残渣到无白色烟雾，放回马弗炉。一次酸处理通常会将灰分中的碳颗粒分解掉。如果需要酸处理，用同样量的酸做空白。

将铂皿从马弗炉中取出，在干燥器中冷却至室温。

7.2 每次用 10 mL 热水，共四次溶解灰分定量转移到淋洗过的容量瓶(4.7)中。室温下用水稀释定容，摇匀。

8 火焰光度计的调节

根据仪器说明书规定调节仪器。

9 钠的测定

9.1 工作曲线

9.1.1 用新制备的空白水清洗装样品的容器后加上水，用来校正背景。

9.1.2 用 5 mg/L 的钠标准溶液清洗并加满装样品的容器。

9.1.3 向火焰中喷空白水 15 s，用于背景校正。调节"调零"钮，使读数为零。光源稳定大约需要 15 s。

9.1.4 喷 5 mg/L 的钠标准溶液，调节"增益"钮，选定合适的灵敏度。在检测过程中不要改变这一灵敏度。

9.1.5 将钠溶液移开，喷空白水。

9.1.6 喷 1 mg/L、2 mg/L、3 mg/L 的钠标准溶液，读取读数。

9.1.7 做出读数对钠(mg/L)的工作曲线。

9.2 步骤

9.2.1 用空白水清洗雾化器，测定含试料灰分的溶液。记下读数。如果读数超过 5 mg/L 钠标准溶液的读数，用整数倍的水进一步稀释直到读数在 5 mg/L 钠标准溶液的读数 50%左右。

9.2.2 将溶液移开，测平行样中的另一个样。如前读数。

9.2.3　如果差值较大，重新制备试料灰分溶液，按 9.2.1 和 9.2.2 测定，直到得到满意的结果。

9.2.4　将溶液移开，喷空白水。

如果当天样品检测过程中拖延时间很长，需重新核对标准曲线中的一个点，确保仪器没有变化。

9.2.5　试验结束，用空白水彻底清洗雾化器。30 s 后首先关闭燃气阀门，当火焰熄灭后关闭空气阀门，关闭仪器。

9.3　结果的计算与表示

从读数对钠(mg/L)的工作曲线上查出钠含量(mg/L)，按式(1)计算试样中钠含量，单位为毫克每千克(mg/kg)：

$$w(\mathrm{Na}) = A_{\mathrm{Na}} \times 2.5 \times F \qquad \cdots\cdots(1)$$

式中：

A_{Na}——从工作曲线上查到的钠的含量，单位为毫克每升(mg/L)；

2.5——方法的稀释倍数；

F——溶液进一步稀释的稀释因子。

9.4　精密度

以下数据可用于判定结果是否可以接受(95%置信度)。

9.4.1　重复性：同一检测人员的平行结果之差不应大于 0.5 mg/kg。

9.4.2　再现性：一个实验室的检测结果的平均值与另一试验室的结果之差不应大于 2.0 mg/kg。

10　钾的测定

10.1　工作曲线

用钾标准溶液代替钠标准溶液，按 9.1 所述做钾的工作曲线。

10.2　步骤

按 9.2 所述测试料灰分溶液。

10.3　结果的计算与表示

从读数对钾(mg/L)的工作曲线上查出钾含量(mg/L)，按式(2)计算试样中钾含量，单位为毫克每千克(mg/kg)：

$$w(\mathrm{K}) = A_{\mathrm{K}} \times 2.5 \times F \qquad \cdots\cdots(2)$$

式中：

A_{K}——从工作曲线上查到的钾的含量，单位为毫克每升(mg/L)；

2.5——方法的稀释倍数；

F——溶液进一步稀释的稀释因子。

10.4　精密度

以下数据可用于判定结果是否可以接受(95%置信度)。

10.4.1　重复性：同一检测人员的平行结果之差不应大于 0.5 mg/kg。

10.4.2　再现性：一个实验室的检测结果的平均值与另一试验室的结果之差不应大于 2.0 mg/kg。

11　试验报告

试验报告应包括以下内容：

a)　标明引用本部分；

b)　完整鉴别样品所需的所有细节；

c)　检测结果，钠和钾含量的平均值，单位为 mg/kg，准确至 0.1 mg/kg；

d)　本部分未规定的可能对结果产生影响的任何因素和细节；

e)　试验日期。

附 录 A
（资料性附录）
钠和钾的测定——溶液法

A.1 试剂

分析方法中，除非另有说明，仅使用分析纯试剂。试验用水应符合 GB/T 6682—2008 中二级水规格。

A.1.1 70%的乙醇溶液：700 mL 无水乙醇和 300 mL 水混合。

A.1.2 钾标准储备溶液（1 mL 含 0.1 mg 钾）：按 GB/T 602—2002 制备钾标准储备液。

A.1.3 钠标准储备溶液（1 mL 含 0.1 mg 钠）：按 GB/T 602—2002 制备钠标准储备液。

A.1.4 无钠和钾的聚醚多元醇。

A.1.5 钾标准溶液的配制

用移液管准确吸取 0 mL、0.5 mL、1 mL、3 mL、5 mL、7 mL、10 mL 钾储备液（A.1.2）于 100 mL 容量瓶中，分别加入无钠和钾的聚醚多元醇（A.1.4）(5±0.01)g，用 70%乙醇溶液稀释至刻度，摇匀，贮存在聚乙烯瓶中。上述溶液分别含 0.00 mg/L、0.50 mg/L、1.00 mg/L、3.00 mg/L、5.00 mg/L、7.00 mg/L、10.0 mg/L 钾。

A.1.6 钠标准溶液的配制

用移液管准确吸取 0 mL、0.5 mL、1 mL、3 mL、5 mL、7 mL、10 mL 钠储备液（A.1.3）于 100 mL 容量瓶中，分别加入无钠和钾的聚醚多元醇（A.1.4）(5±0.01)g，用 70%乙醇溶液稀释至刻度，摇匀，贮存在聚乙烯瓶中。上述溶液分别含 0.00 mg/L、0.50 mg/L、1.00 mg/L、3.00 mg/L、5.00 mg/L、7.00 mg/L、10.0 mg/L 钠。

A.2 仪器

A.2.1 火焰光度计。

A.2.2 分析天平：精确至 0.1 mg。

A.2.3 容量瓶：1 000 mL、100 mL、50 mL。

A.2.4 聚乙烯瓶：100 mL、1 000 mL。

A.3 钠的测定

A.3.1 钠工作曲线的绘制

A.3.1.1 接好电源，调节助燃气和燃气的流量，确定最佳火焰高度，按仪器说明书进行预热、调零等操作，使仪器达到可供测定条件。

A.3.1.2 用钠标准溶液（A.1.6）中最高浓度的溶液（10.0 mg/L）按所用火焰光度计说明书要求进行操作。使读数不超过仪器的最大读数。

A.3.1.3 反复用（A.1.6 ）中钠的浓度为“0”的储备液洗涤喷雾器，至仪器读数接近于零。

A.3.1.4 再依次用钠标准溶液从低浓度到高浓度进行喷雾燃烧，测定各自的读数，以读数为纵坐标，钠的浓度为横坐标，绘制工作曲线。

A.3.2 样品的测定

A.3.2.1 准确称取(5±0.01)g 聚醚多元醇样品于 50 mL 容量瓶中，加入 30 mL 的 70%乙醇溶液使样品完全溶解，再用 70%乙醇溶液稀释至刻度，摇匀，待测定用。

A.3.2.2 重复(A.3.1.3)作零点校正，再测定样品，记下读数。如果读数超过10.0 mg/L钠标准溶液的读数，用整数倍的70%乙醇溶液稀释样品直到读数在10 mg/ L钠标准溶液的读数50%左右。

A.3.2.3 在工作曲线上由样品的读数查出的相应钠的浓度为c_1(mg/L)。

A.4 钾的测定

A.4.1 钾工作曲线的绘制

按照(A.3.1)中钠的步骤作钾的工作曲线。

A.4.2 样品的测定

按照(A.3.2)中钠的步骤测样品中钾的读数，在工作曲线上由样品的读数查出相应钾的浓度为c_2(mg/L)。

A.5 测定结果的表示与计算

A.5.1 样品中钠含量X_1(mg/kg)按式(A.1)计算：

$$X_1 = c_1 \times \frac{50}{m} \qquad \text{(A.1)}$$

式中：

X_1——钠的含量，单位为毫克每千克(mg/kg)；

c_1——在工作曲线上由样品的读数查出的相应钠的浓度，单位为毫克每升(mg/L)；

m——样品的质量，单位为克(g)。

A.5.2 样品中钾含量X_2(mg/kg)按式(A.2)计算：

$$X_2 = c_2 \times \frac{50}{m} \qquad \text{(A.2)}$$

式中：

X_2——钾的含量，单位为毫克每千克(mg/kg)；

c_2——在工作曲线上由样品的读数查出的相应钾的浓度，单位为毫克每升(mg/L)；

m——样品的质量，单位为克(g)。

A.5.3 测定结果以两个结果的算术平均值表示。

A.6 试验报告

试验报告应包括以下内容：

a) 标明引用本部分；

b) 完整鉴别样品所需的所有细节；

c) 检测结果，钠和钾含量的平均值，单位为mg/kg，精确至0.1 mg/kg；

d) 本部分未规定的可能对结果产生影响的任何因素和细节；

e) 试验日期。

ICS 83.080
G 31

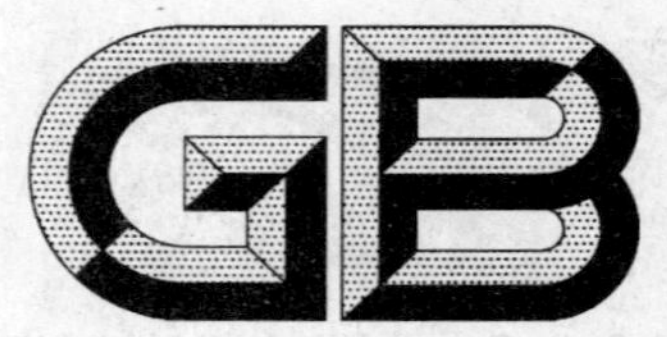

中华人民共和国国家标准

GB/T 12009.3—2009
代替 GB/T 12009.3—1989

塑料　多亚甲基多苯基异氰酸酯
第3部分：黏度的测定

Plastics—Polymethylene polyphenyl isocyanate—Part3: Determination of viscosity

(ISO 3219:1993, Plastics—Polymers/resins in the liquid state or as emulsions or dispersions—Determination of viscosity using a rotational viscometer with defined shear rate, MOD)

2009-06-15 发布　　2010-02-01 实施

中华人民共和国国家质量监督检验检疫总局
中国国家标准化管理委员会　发布

前　言

GB/T 12009《塑料　多亚甲基多苯基异氰酸酯》分为5个部分：

——第1部分：总氯含量的测定；

——第2部分：水解氯含量的测定；

——第3部分：黏度的测定；

——第4部分：异氰酸根含量的测定；

——第5部分：酸度的测定。

本部分为GB/T 12009的第3部分，修改采用ISO 3219：1993《塑料　液态或乳液态或分散体系聚合物/树脂　用旋转黏度计在规定剪切速率下黏度的测定》(英文版)。

本部分根据ISO 3219：1993重新起草，为了方便比较，在资料性附录B中列出本部分与ISO 3219：1993的技术差异，并在文中用垂直单线标识。

为便于使用，本部分作了下列编辑性修改：

a) 把“本国际标准”一词改为“本部分”；

b) 删除了ISO 3219：1993的前言；

c) 增加了国家标准的前言；

d) 对于ISO 3219：1993引用的其他国际标准中有被等同采用为我国标准的，本部分用引用我国的国家标准代替对应的国际标准；

e) 用我国的小数点符号“.”代替国际标准中的小数点符号“,”。

本部分代替GB/T 12009.3—1989《多亚甲基多苯基异氰酸酯黏度测定方法》。

本部分与GB/T 12009.3—1989相比主要变化如下：

——剪切速率给出了两个系列；

——对仪器的精度做了规定；

——测定次数为3次；

——增加了2个附录；

——增加了黏度计的校准；

——循环浴的温度(0～50)℃范围内能恒定在±0.2 ℃；

——增加了温度计的精度应为0.05 ℃。

本部分附录A为规范性附录，附录B为资料性附录。

本部分由中国石油和化学工业协会提出。

本部分由全国塑料标准化技术委员会塑料树脂通用方法和产品分会(SAC/TC 15/SC 4)归口。

本部分负责起草单位：国家合成树脂质量监督检验中心。

本部分参加起草单位：中国蓝星(集团)股份有限公司、蓝星(天津)化工有限公司、沧州大化集团公司、江苏省化工研究所有限公司、烟台万华聚氨酯股份有限公司。

本部分主要起草人：王琰、蔡亮珍、王海、张根山、刘蓉、何平。

本部分所代替标准的历次版本发布情况为：

——GB/T 12009.3—1989。

塑料 多亚甲基多苯基异氰酸酯 第3部分:黏度的测定

1 范围

GB/T 12009 的本部分给出了用具有规定剪切速率的同轴双圆筒旋转黏度计测定黏度的方法。

本部分适用于多亚甲基多苯基异氰酸酯黏度的测定。

2 原理

用具有规定特性的旋转黏度计根据所用的剪切速率和得到的剪切应力测量液态样品的黏度。

黏度 η 用式(1)定义:

$$\eta = \frac{\tau}{\dot{\gamma}} \tag{1}$$

式中:

η——黏度,单位为帕斯卡秒(Pa·s);

τ——剪切力,单位为帕斯卡(Pa);

$\dot{\gamma}$——剪切速率,单位为每秒(s^{-1})。

根据国际单位制(SI)黏度的单位为帕斯卡秒(Pa·s)

$$1\ Pa \cdot s = 1\ N \cdot s/m^2$$

注1:符号与 GB 3102.3《力学的量和单位》一致。

注2:如果黏度依赖于测定所用剪切速率,即 $\eta = f(\dot{\gamma})$,液体称为非牛顿性液体。液体所具有的黏度与剪切速率无关则称为牛顿性液体。

3 仪器

3.1 旋转黏度计

3.1.1 测量系统

测量系统应包括两个刚性对称的同轴表面,其间放入待测黏度的流体。其中一个表面以恒定角速度旋转,而另一表面则保持静止。测量系统应能确定每次测量的剪切速率。

扭矩测量装置应与其中一个表面连接,这样可以测定为克服流体的黏滞阻力所需的扭矩。

适宜的测量系统为同轴圆筒系统。

测量系统的尺寸应满足附录A规定的条件,其设计可确保所有测量类型和所有通用型号仪器的测量区域具有相似的几何尺寸。

3.1.2 基础仪器

基础仪器应设计成能安装可供选择的转子和定子,以形成一系列规定的旋转频率(逐级地或连续地变化),并且能测定与之对应的扭矩,反之亦然(即:产生一个规定的扭矩并测量与之对应的旋转频率)。

仪器的扭矩测定精度应在满刻度计数的2%以内。在仪器的正常工作范围内,仪器的旋转频率精度应在测定值的2%以内。黏度测定的重复性应在±2%。

注:就所使用的不同测量系统和旋转频率来说,大多数商品仪器都有一个黏度测量范围,其最小范围为(10^{-2}～10^{3})Pa·s。

不同仪器的剪切速率的范围差别很大,应根据所需测量的黏度和剪切速率的范围来选择一个特定的基础仪器和适合的测量系统。

3.2 温度控制装置

液体循环浴的温度或电加热器的温度在(0～50)℃范围内时,应能保持恒定在±0.2 ℃,在超过这个温度范围时,应能保持恒定在±0.5 ℃。

更精确的测量则需要更高的准确度(如±0.1 ℃)。

3.3 温度计

温度计的精度应为 0.05 ℃。

4 取样

取样方法,包括样品的任何特殊制备和加入黏度计的方法应在所测产品的试验标准中规定。

样品中不应含有任何可见杂质和气泡。

如样品易吸潮或含有挥发性成分,应密闭样品容器以尽量减少对黏度测量的影响。

5 试验条件

5.1 校准

黏度计应定期校准,例如通过测量扭矩参数或采用已知黏度的参考流体(牛顿型流体)。如果在方法的精确度范围内,通过参考流体的测定值的直线不通过坐标系的原点,应根据制造商的说明书更彻底地检查操作步骤和仪器。

用于校准的标准流体的黏度应在待测样品的黏度范围内。

5.2 试验温度

由于黏度与温度相关,比对试验应在相同的温度下进行。如果需要在室温进行测定,测定温度应选择(23.0±0.2)℃。

更进一步的细节应在所测产品的测试标准中规定。

注 1:在测量期间热被释放到样品中。牛顿型流体在绝热试验条件下,热分散速率由 $\eta \cdot \dot{\gamma}^2$(单位 W/m^3)给出,并且可能引起样品温度升高。

5.3 剪切速率的选择

对于所有牛顿型产品规定一个剪切速率,非牛顿型产品采用 4 个剪切速率,绘出黏度对剪切速率的坐标图。

为了能比较由不同仪器测定的黏度,推荐从以下数据组成的系列中选择剪切速率。

1.00 s^{-1} 2.50 s^{-1} 6.30 s^{-1} 16.0 s^{-1} 40.0 s^{-1} 100 s^{-1} 250 s^{-1}

或

1.00 s^{-1} 2.50 s^{-1} 5.00 s^{-1} 10.0 s^{-1} 25.0 s^{-1} 50.0 s^{-1} 100 s^{-1}

及以这些值乘以或除以 100 的数据。

如果给定的基础仪器不容许选择这些值,则应从黏度曲线上选择剪切速率值。

对于非牛顿型流体,测量应从低剪切速率开始,逐渐增加速度直至达到最大速度,然后降低速度,再在低的剪切速率下进一步测定。

注 2:以这种方式可以定性的确定触变性和震凝性。

对触变性和震凝性流体,测定条件应在所测产品的标准中规定。

测定前,在黏度计中的试料应有足够的时间恢复任何触变性结构,这个时间依特定样品的性质而定。

如果在增加和降低剪切速率下的读数呈无规则变化,可以取两个读数的平均值。如果观察到稳定的变化,对于触变性体系,两个值都应记录。

6 步骤

除非所测产品的测试标准另有规定，应根据附录A进行三次测定，每次使用同一样品的新部分。

对于测定黏度的计算，见附录A。

6.1 选择合适的转子。

6.2 加入足够的试样，使其达到转子上的标线，小心地注入试样勿引进空气，若有气泡则拆下转子放在试样中轻轻搅动直至气泡消失再装上转子。

6.3 将仪器与恒温装置连接，启动恒温器，直至温度恒定。

6.4 接通电源，开动马达，使转子旋转。待指针稳定后读数。

7 结果表示

使用仪器附带的操作手册或明细表或计算图给出的关系计算黏度 η，以 Pa·s 表示。计算三次测定结果的算术平均值。

当表述黏度值时，在括号内给出黏度测定所用的温度和剪切速率，例如：

$$\eta(23\ ^\circ\mathrm{C}, 1\,600\ \mathrm{s}^{-1}) = 4.25\ \mathrm{Pa \cdot s}$$

当采用不同温度和剪切速率测定黏度时，用坐标曲线表示这些关系。

8 精密度

由于尚未得到实验室间试验数据，故未知本试验方法的精密度。如果得到上述数据，则在下次修订时加上精密度说明。

9 试验报告

试验报告应包含以下内容：

a) 注明采用本部分；

b) 所测样品的必要标识；

c) 取样日期；

d) 测试的温度；

e) 样品制备说明；

f) 所用黏度计测量系统的描述；

g) 由所有的以帕(Pa)表示的剪切力 τ 和以秒的倒数表示的剪切速率 $\dot{\gamma}$ 的对应值绘制的黏度曲线；

h) 在单点测量情况下的黏度(包括进行测定时的温度和剪切速率)(见第7章)；

i) 在触变性和震凝性流体的情况下的条件(如斜坡时间和总剪切力)；

j) 测量时间(即达到所需剪切力后并在连续读数之前的时间段)；

k) 每个单独的黏度测定结果，以 Pa·s 或毫帕斯卡秒(mPa·s)表示，及这些结果的算术平均值；

l) 任何采用本部分但与本部分有区别的试验条件。例如使用了不同尺寸的测量系统；

m) 测试日期。

附 录 A
（规范性附录）
同轴圆筒黏度计

A.1 系统特性

测量系统包括一个杯（即封底的外筒）和一个悬锤（即如图 A.1 所示的带轴的内筒），悬锤可以作为转子，而杯作为定子，反之亦可。

A.2 计算方法

剪切力 τ 和剪切速率 $\dot{\gamma}$ 在同轴圆筒旋转黏度计的环状截面上不是常数，而是从里到外降低（Searle 型）或与之相反（Conette 型）。此外，$\dot{\gamma}$ 的变化也依赖于测试材料的流变性。

作为“表观”值计算 τ 和 $\dot{\gamma}$ 是非常方便的。表观值不会发生在测量系统本身的表面（即：在外半径 r_e 或内半径 r_i），而是发生在一定距离的环形区域内。其表现为（理论和经验两者）以式（A.2）和式（A.3）叙述计算的表观值 τ_{rep} 和 $\dot{\gamma}_{rep}$。其非常近似的描述了局限幂律指数（local power law index）范围为 0.3～2 的流体的流动特性。

剪切力以帕斯卡（Pa）表示，根据在内筒（即在半径 r_i）或外筒（即在半径 r_e）测量的扭矩 M 采用式（A.1）和式（A.2）计算。这两个半径以米表示：

$$\tau_i = \frac{M}{2\pi L r_i^2 C_L}; \qquad \tau_e = \frac{M}{2\pi L r_e^2 C_L} \quad \cdots\cdots (A.1)$$

$$\tau_{rep} = \frac{\tau_i + \tau_e}{2} = \frac{1+\delta^2}{2\delta^2} \times \tau_i = \frac{1+\delta^2}{2} \times \tau_e = \frac{1+\delta^2}{2\delta^2} \times \frac{M}{2\pi L r_i^2 C_L} \quad \cdots\cdots (A.2)$$

其中：除上述所提到的量外，

M——扭矩，单位为牛顿米（N·m）；

L——内筒长度，单位为米（m）；

C_L——用于计算测量系统底表面扭矩效应的底部效应校正系数（该校正系数依赖于测量系统的几何结构和流体的流变性，而且对于每一个测量系统的几何结构类型都必须进行实验测定）；

δ——外筒与内筒半径之比。

表观剪切速率以弧度每秒表示，按式（A.3）计算：

$$\dot{\gamma}_{rep} = \omega \times \frac{1+\delta^2}{\delta^2 - 1} \quad \cdots\cdots (A.3)$$

其中 ω 为角速度，以弧度每秒表示。

如果旋转频率 n 以转每分表示则：

$$\omega = \frac{2\pi n}{60} = 0.104\,7n$$

A.3 标准几何结构（见图 A.1）

与一个给定黏度计配套的测量系统类型的尺寸应根据以下比值，以保证对所有的操作和基础仪器形体相似的流动区域：

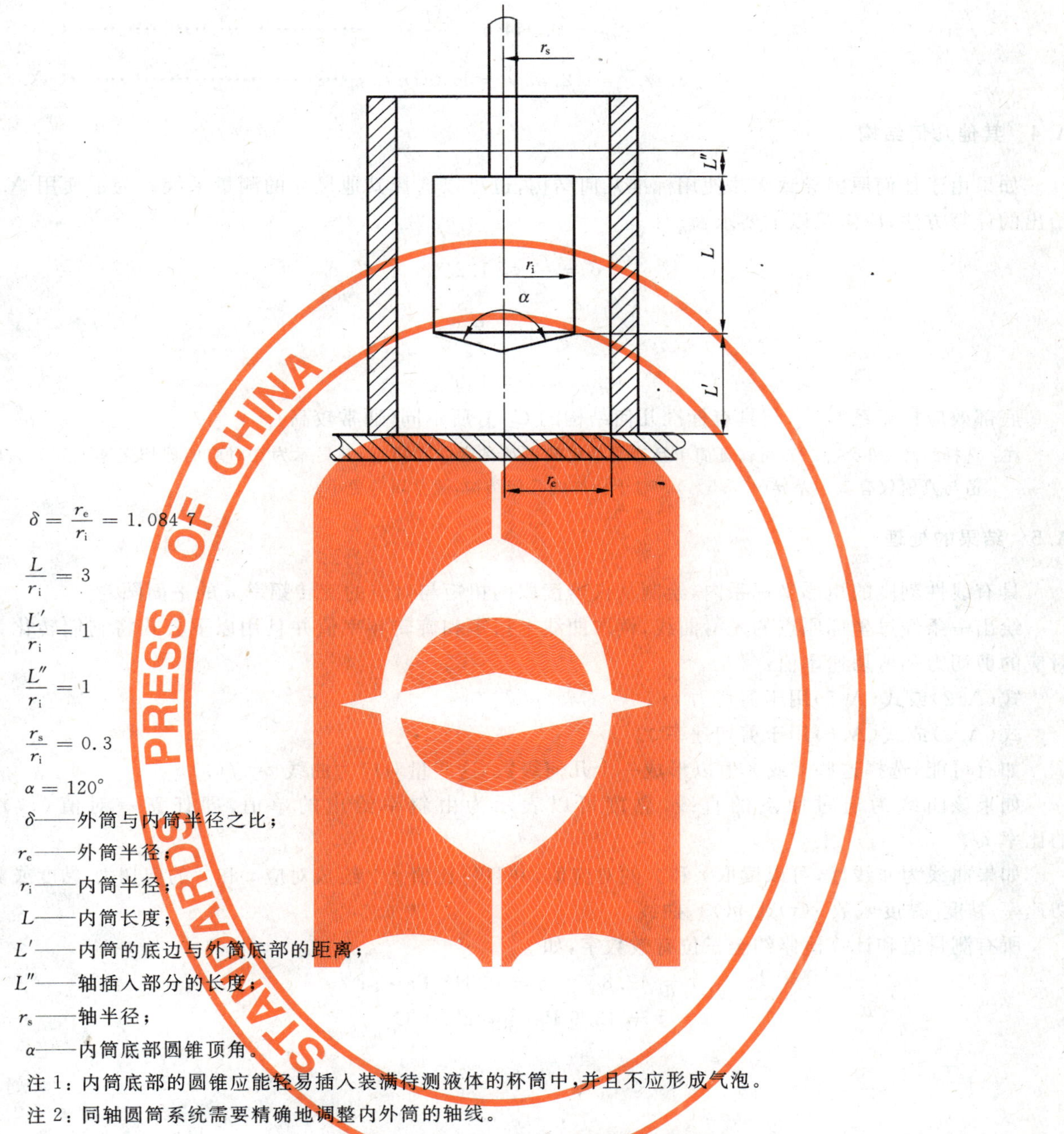

$\delta = \frac{r_e}{r_i} = 1.0847$

$\frac{L}{r_i} = 3$

$\frac{L'}{r_i} = 1$

$\frac{L''}{r_i} = 1$

$\frac{r_s}{r_i} = 0.3$

$\alpha = 120°$

δ——外筒与内筒半径之比；

r_e——外筒半径；

r_i——内筒半径；

L——内筒长度；

L'——内筒的底边与外筒底部的距离；

L''——轴插入部分的长度；

r_s——轴半径；

α——内筒底部圆锥顶角。

注 1：内筒底部的圆锥应能轻易插入装满待测液体的杯筒中，并且不应形成气泡。

注 2：同轴圆筒系统需要精确地调整内外筒的轴线。

图 A.1 同轴圆筒系统标准几何结构

样品的体积只与半径 r_i 有关，由式(A.4)给出：

$$V = 8.17 r_i^3 \qquad \cdots\cdots\cdots\cdots (A.4)$$

对于具有这种标准几何结构的测量系统，底部效应校正系数 C_L 与半径 r_i 无关，对牛顿型流体：

$$C_L = 1.10$$

可作为一个经验值。对于非牛顿型流体，C_L 不是常数，但与剪切速率 $\dot{\gamma}$ 和流体的流变性有关。

注 3：对于细薄流体的剪切，在一定剪切速率下 C_L 可以达到 1.2。对于黏塑性流体存在一个塑变值，在低剪切速率下 C_L 值可达 1.28。

采用 $C_L = 1.10$（牛顿型流体），$\delta^2 = 1.17657$ 和 $\tau_{rep} = 0.925\tau_i = 1.086\tau_e$，如果表观剪切力 τ_{rep} 以 Pa 表示，扭矩 M 以牛顿米(N·m)表示，表观剪切速率 $\dot{\gamma}_{rep}$ 和角速度 ω 以弧度每秒表示，内径 r_i 以米表示，而旋转频率以分钟的倒数表示，则得到以下数学关系式：

$$\tau_{\text{rep}} = 0.044\,6 \times \frac{M}{r_i^{\,3}} \qquad \text{(A.5)}$$

$$\dot{\gamma}_{\text{rep}} = 12.33\omega = 1.291n \qquad \text{(A.6)}$$

A.4 其他几何结构

如果由于任何原因导致无法使用标准几何结构，也可以选择其他尺寸的测量系统。为了使用 A.2 给出的计算方法，应满足以下要求：

$$\delta = \frac{r_e}{r_i} \leqslant 1.2$$

$$\frac{L}{r_i} \geqslant 3 \qquad \frac{L'}{r_i} \geqslant 1$$

$$90^\circ \leqslant \alpha \leqslant 150^\circ$$

底部效应校正系数 C_L 与具有标准几何结构的 C_L 有所不同(通常较高)。

注：选择窄环(如 $\delta \leqslant 1.2$)，可保证简单且容易量化的表观黏度非常接近，其显示为在对应的剪切速率下表观黏度值与真值仅有微小差异($\leqslant 3.5\%$)。对于标准的几何结构，通常误差更小。

A.5 结果的处理

具有线性刻度的矩形坐标系内，绘制从仪器读取的扭矩与对应的旋转频率 n 的平面图。

绘出一条经过坐标原点的光滑曲线，读取曲线上扭矩和旋转频率值并且用以下公式将它们转化为对应的剪切力和剪切速率值：

式(A.2)或式(A.5)用于剪切力 τ；

式(A.3)或式(A.6)用于剪切速率 $\dot{\gamma}$。

如有可能，选择这些 τ 或 $\dot{\gamma}$ 值以形成一个几何级数，这些量对应为曲线 $\tau = f(\dot{\gamma})$。

如果该曲线为通过原点的直线，黏度可以表示为由斜率给出的单值，即任意一对值 $(\tau, \dot{\gamma})$ 的比率 $\tau/\dot{\gamma}$。

如果曲线为非线性，可以读取 τ 和 $\dot{\gamma}$ 的对应值，并且将比值 $\tau/\dot{\gamma}$ 绘成对应 τ 和 $\dot{\gamma}$ 的剪切力-黏度或剪切速率-黏度[黏度函数 $\eta(\tau)$ 或 $\eta(\dot{\gamma})$]曲线。

所有测量值和计算值修约至三位有效数字，如

$$\dot{\gamma} = 42.8\ \text{s}^{-1};\ \eta = 0.318\ \text{Pa}\cdot\text{s};$$

$$\tau = 13.6\ \text{Pa};\ \theta = 23.0\ ℃$$

附 录 B
(资料性附录)
本部分与 ISO 3219:1993 的技术差异

本部分与 ISO 3219:1993 的技术差异如表 B.1 所示。

表 B.1 本部分与 ISO 3219:1993 的技术差异

本部分章条编号	技 术 性 差 异
1	删除了 ISO 的范围
3.1.1	删除了锥板系统
5.3	删除了非牛顿型产品的推荐,改为采用 4 个剪切速率
6	对应 ISO 的编号为 6.4,删除了 ISO 的第 2,3,4 段话,增加了具体的操作步骤
8	增加精密度一章
附录 B	删除了锥板系统的附录

参 考 文 献

GB 3102.3　力学的量和单位

ICS 13.340.10
C 73

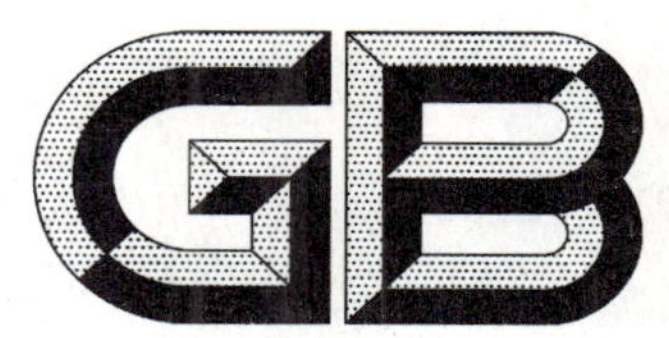

中华人民共和国国家标准

GB 12011—2009
代替 GB 12011—2000

足部防护 电绝缘鞋

Foot protection—Electrically insulating footwear

2009-04-13 发布 2009-12-01 实施

中华人民共和国国家质量监督检验检疫总局
中国国家标准化管理委员会 发布

前　言

本标准的4.1.1,4.1.3.4,4.1.3.5,4.1.3.10,4.1.4,4.1.5.2,4.1.5.3,4.2,7.1和7.4.2为强制性条款,其余为推荐性条款。

本标准自实施之日起代替GB 12011—2000《电绝缘鞋通用技术条件》。

本标准与GB 12011—2000《电绝缘鞋通用技术条件》相比主要变化如下:

——将标准名称从《电绝缘鞋通用技术条件》修改为《足部防护　电绝缘鞋》;

——修改了鞋帮高度的要求和测量方法(本版的4.1.3.1和5.1;2000版的4.1.3.1和5.2);

——对鞋帮厚度的要求与原标准相同,修改了测量方法,采用GB 20991中6.1方法(本版的5.2;2000版的5.3);

——修改了革类撕裂强度的要求和测试方法,增加了对织物鞋帮耐撕裂性的要求和测试方法(本版的4.1.3.3和5.3;2000版的4.1.3.3);

——修改了橡胶和聚合材料鞋帮拉伸性能的要求,及对橡胶鞋帮和聚合材料鞋帮拉伸性能的测试方法(本版的4.1.3.4和5.4;2000版的4.1.3.5和5.6);

——增加了对鞋帮的耐折性、水蒸气渗透性和系数、pH值、水解、六价铬含量的要求和测试方法(本版的4.1.3.5~4.1.3.9和5.5~5.9);

——增加了外底防滑花纹和厚度方面的要求和测量方法(本版的4.1.4.1、4.1.4.2、5.11);

——增加了对外底撕裂强度的要求和测试方法(本版的4.1.4.3、5.12);

——修改了外底耐磨性、耐折性的要求和测试方法(本版的4.1.4.4、4.1.4.5、5.13、5.14;2000版的4.1.4.3、4.1.4.4、5.9、5.10);

——增加了对聚氨酯外底和外层为聚氨酯材料的鞋底水解要求和测试方法(本版的4.1.4.6、5.15);

——增加了对多层鞋底中间层结合强度的要求和测试方法(本版的4.1.4.7、5.16);

——增加了全聚合材料鞋的外观要求(本版的4.1.5.1d));

——将对外底剥离强度的要求和测试方法改为对鞋帮/鞋底结合强度的要求和测试方法(本版的4.1.5.2、5.16;2000版的4.1.5.3、5.11);

——将原标准的附录A、附录B并入本版的5.18中,并进行了修改;

——删除了附录C。

本标准由国家安全生产监督管理总局提出。

本标准由全国个体防护装备标准化技术委员会(SAC/TC 112)归口。

本标准起草单位:中钢集团武汉安全环保研究院有限公司、武汉钢铁(集团)公司、东莞市新虎威实业有限公司、江苏省金湖县国祥工贸有限公司、重庆沙坪坝皮鞋厂有限公司、扬州健步鞋业有限公司。

本标准主要起草人:程钧、曾丽、章文福、竺宏峰、朱国侯、陶谦、王剑、许彪、吴启兵、唐正鹏、周刚、邵良林、刘宏斌。

本标准于1989年首次发布,2000年第一次修订,本次为第二次修订。

足部防护　电绝缘鞋

1　范围

本标准规定了电绝缘鞋的分类、式样、技术要求、测试方法、检验规则、标志、包装、贮存和运输。

本标准适用于在电气设备上工作时作为辅助安全用具的电绝缘鞋。

本标准不适用于单一线缝工艺制作的绝缘鞋。

2　规范性引用文件

下列文件中的条款通过本标准的引用而成为本标准的条款。凡是注日期的引用文件，其随后所有的修改单(不包括勘误的内容)或修订版均不适用于本标准，然而，鼓励根据本标准达成协议的各方研究是否可使用这些文件的最新版本。凡是不注日期的引用文件，其最新版本适用于本标准。

GB/T 308　滚动轴承　钢球(GB/T 308—2002，ISO 3290：1998，NEQ)

GB/T 532　硫化橡胶或热塑性橡胶与织物粘合强度的测定(GB/T 532—2008，ISO 36：2005 Ed.4，IDT)

GB/T 3293.1　鞋号

GB/T 3923.1　纺织品　织物拉伸性能　第1部分：断裂强力和断裂伸长率的测定　条样法(GB/T 3923.1—1997，neq ISO/DIS 13934-1：1994)

GB/T 20991—2007　个体防护装备　鞋的测试方法(ISO 20344：2004，MOD)

HG/T 2401—1992　工矿靴

HG/T 2495—2007　劳动鞋

QB/T 1002—2005　皮鞋

QB 1471—1992　工业靴

3　分类与式样

3.1　分类

按帮面材料分类如下：

a)　电绝缘皮鞋类；

b)　电绝缘布面胶鞋类；

c)　电绝缘全橡胶鞋类；

d)　电绝缘全聚合材料鞋类。

3.2　式样

按鞋帮高低分为以下式样：

a)　低帮电绝缘鞋(见图1a))；

b)　高腰电绝缘鞋(见图1b))；

c)　半筒电绝缘靴(见图1c))；

d)　高筒电绝缘靴(见图1d))。

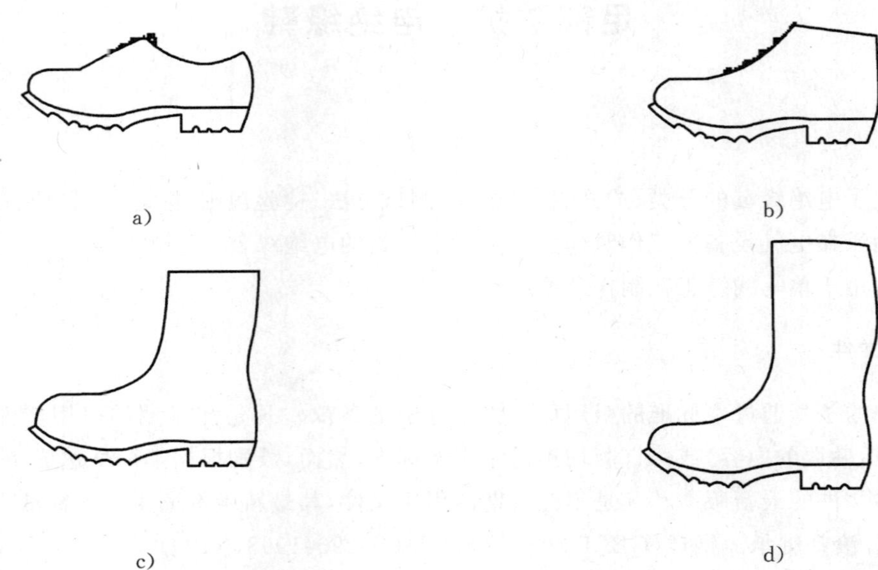

图 1 鞋的式样

4 技术要求

4.1 一般要求

4.1.1 结构

鞋底应有防滑功能。鞋底和跟部不应有金属勾心等部件。具有抗冲击性和耐压力性的电绝缘鞋内保护包头是金属材料时应进行表面绝缘处理,并在制鞋时与鞋为一体不能活动。帮底连结不应采用上下穿通线缝,但可以侧缝。

4.1.2 鞋号

鞋号设置应符合 GB/T 3293.1 的规定。

4.1.3 鞋帮

4.1.3.1 高度

按照 5.1 方法测量时,鞋帮高度应符合表 1 要求。

表 1 鞋帮高度

单位为毫米

鞋号	高度			
	低帮	高腰	半筒	高筒
≤225	<103	≥103	≥162	≥255
230～240	<105	≥105	≥165	≥260
245～250	<109	≥109	≥172	≥270
255～265	<113	≥113	≥178	≥280
270～280	<117	≥117	≥185	≥290
≥285	< 121	≥121	≥192	≥300

4.1.3.2 厚度

按照 5.2 方法测试时,鞋帮材料任何一处厚度应符合表 2 要求。

表 2　鞋帮厚度

单位为毫米

材料种类	厚　度
皮革	≥1.2
橡胶	≥1.5
聚合材料	≥1.0
织物	≥0.8

4.1.3.3　**耐撕裂性**

按照 5.3 方法测试时，鞋帮耐撕裂性应符合表 3 要求。

表 3　鞋帮耐撕裂性

单位为牛顿

材料种类	最小力
皮革	≥120
织物	≥60

4.1.3.4　**拉伸性能**

按照 5.4 方法测试时，鞋帮拉伸性能应符合表 4 要求。

表 4　拉伸性能

材料种类	抗张强度/(N/mm^2)	扯断强力/N	100%定伸应力/(N/mm^2)	扯断伸长率/%
皮革	≥15	—	—	—
橡胶	—	≥180	—	—
聚合材料	—	—	1.3～4.6	≥250
织物	—	经向：≥980 纬向：≥490	—	—

4.1.3.5　**耐折性**

按照 5.5 方法测试时，鞋帮耐折性应符合表 5 要求。

表 5　耐折性

材料种类	耐　折　性
橡胶	至少连续屈挠 125 000 次，表面无裂纹
聚合材料	至少连续屈挠 150 000 次，表面无裂纹

4.1.3.6　**水蒸气渗透性和系数**

皮革和织物鞋帮按照 5.6 方法测试时，水蒸气渗透率不应小于 0.8 $mg/(cm^2 \cdot h)$，水蒸气系数不应小于 15 mg/cm^2。

4.1.3.7　**pH 值**

皮革鞋帮按照 5.7 方法测试时，pH 值不应小于 3.2，如果 pH 值小于 4，则稀释差应小于 0.7。

4.1.3.8　**水解**

聚氨酯鞋帮按照 5.8 方法测试时，至少连续屈挠 150 000 次，表面应无裂纹产生。

4.1.3.9　**六价铬含量**

皮革鞋帮按照 5.9 方法测试时，六价铬含量应没有检出。

4.1.3.10　**鞋帮与围条粘附强度**

布面胶鞋按照 5.10 方法测试时，鞋帮与围条粘附强度不应小于 2.0 kN/m。

4.1.3.11 **鞋帮与织物粘附强度**

全橡胶鞋和全聚合材料鞋按照 5.10 方法测试时，鞋帮与织物粘附强度不应小于 0.6 kN/m。

4.1.4 **外底**

4.1.4.1 **防滑花纹**

至少图 2 所示的阴影部分应有向侧边开口的防滑花纹。

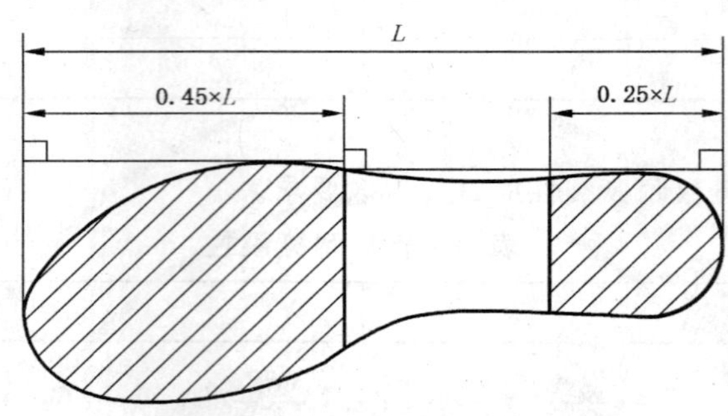

图 2 防滑区域

4.1.4.2 **厚度**

a) 按照 5.11 方法测量时，直接注压、硫化或胶粘外底，厚度 d_1 不应小于 4 mm，花纹高度 d_2 不应小于 2.5 mm；多层外底，厚度 d_1 不应小于 4 mm，花纹高度 d_2 不应小于 2.5 mm；全橡胶和全聚合材料鞋外底，厚度 d_1 不应小于 3 mm，厚度 d_3 不应小于 6 mm，花纹高度 d_2 不应小于 4 mm。

b) 当防滑花纹高度无法测量时，除腰窝外任何一处的外底厚度不应小于 6 mm。

4.1.4.3 **撕裂强度**

非皮革外底按照 5.12 方法测试时，撕裂强度不应小于：

——8 kN/m，适用密度大于 0.9 g/cm^3 的材料；

——5 kN/m，适用密度小于或等于 0.9 g/cm^3 的材料。

4.1.4.4 **耐磨性**

皮鞋的非皮革外底按照 5.13 方法测试时，密度等于或小于 0.9 g/cm^3 材料的相对体积磨耗量不应大于 250 mm^3，密度大于 0.9 g/cm^3 材料的相对体积磨耗量不应大于 150 mm^3。

布面胶鞋的外底按照 5.13 方法测试时，相对体积磨耗量不应大于 250 mm^3。

15 kV 及以下的全橡胶或全聚合材料鞋的外底按照 5.13 方法测试时，相对体积磨耗量不应大于 250 mm^3；20 kV 及以上的全橡胶或全聚合材料鞋的外底按照 5.13 方法测试时，相对体积磨耗量不应大于 400 mm^3。

4.1.4.5 **耐折性**

非皮革外底按照 5.14 方法测试时，连续屈挠 30 000 次，切口增长不应大于 4 mm。

4.1.4.6 **水解**

聚氨酯外底和外层为聚氨酯材料的鞋底按照 5.15 方法测试时，连续屈挠 150 000 次，切口增长不应大于 6 mm。

4.1.4.7 **中间层结合强度**

按照 5.16 方法测试时，外层或防滑层与相邻层之间的结合强度不应小于 4.0 N/mm；如果鞋底有撕裂现象，则结合强度不应小于 3.0 N/mm。

4.1.5 **成鞋**

4.1.5.1 **外观质量**

a) 电绝缘皮鞋应符合 QB 1002—2005 的感官质量要求。

b) 电绝缘布面胶鞋应符合 HG/T 2495—2007 的外观质量要求。

c) 电绝缘全橡胶鞋应符合 HG/T 2401—1992 的外观质量要求。

d) 电绝缘全聚合材料鞋应符合 QB 1471—1992 的 4.2.1、4.2.2 要求。

4.1.5.2 鞋帮/鞋底结合强度

除缝合底外，皮鞋按照 5.16 方法测试时，结合强度不应小于 4.0 N/mm；如果鞋底有撕裂现象，则结合强度不应小于 3.0 N/mm。

4.1.5.3 防漏性

全橡胶鞋和全聚合材料鞋按照 5.17 方法测试时，应没有空气泄漏。

4.2 电性能要求

4.2.1 电绝缘皮鞋和电绝缘布面胶鞋

按照 5.18 方法测试，应符合表 6 要求。

表 6 电绝缘皮鞋和电绝缘布面胶鞋的电性能要求

项目名称	出厂检验			预防性检验		
	皮鞋	布面胶鞋		皮鞋	布面胶鞋	
测试电压(工频)/kV	6	5	15	5	3.5	12
泄漏电流/mA	≤1.8	≤1.5	≤4.5	≤1.5	≤1.1	≤3.6
测试时间/min	1					

4.2.2 电绝缘全橡胶胶鞋和电绝缘全聚合材料鞋

按照 5.18 方法测试，应符合表 7 要求。

表 7 电绝缘全橡胶胶鞋和电绝缘全聚合材料鞋的电性能要求

项目名称	出厂检验					预防性检验				
测试电压(工频)/kV	6	10	15	20	30	4.5	8	12	15	25
泄漏电流/mA	≤2.4	≤4	≤6	≤8	≤10	≤1.8	≤3.2	≤4.8	≤6	≤10
测试时间/min	1									

注：预防性检验指为确保使用安全，对电绝缘鞋的电性能所进行的定期检查（一般指以 6 个月为时限的检验。）

5 测试方法

5.1 鞋帮高度

按照 GB/T 20991—2007 中 6.2 方法进行测量。

5.2 鞋帮厚度

按照 GB/T 20991—2007 中 6.1 方法进行测定。

5.3 鞋帮耐撕裂性

按照 GB/T 20991—2007 中 6.3 方法进行测定。

5.4 鞋帮拉伸性能

皮革、橡胶和聚合材料鞋帮按照 GB/T 20991—2007 中 6.4 方法进行测试。

织物鞋帮按照 GB/T 3923.1 方法进行测试。

5.5 鞋帮耐折性

按照 GB/T 20991—2007 中 6.5 方法进行测试。

5.6 水蒸气渗透性和系数

按照 GB/T 20991—2007 中 6.6 和 6.8 方法进行测试。

5.7 pH值

按照GB/T 20991—2007中6.9方法进行测试。

5.8 鞋帮水解

按照GB/T 20991—2007中6.10方法进行测试。

5.9 六价铬含量

按照GB/T 20991—2007中6.11方法进行测试。

5.10 鞋帮与围条/织物粘附强度

按照GB/T 532方法进行测试。

5.11 外底厚度

按照GB/T 20991—2007中8.1方法进行测量。

5.12 外底撕裂强度

按照GB/T 20991—2007中8.2方法进行测试。

5.13 外底耐磨性

按照GB/T 20991—2007中8.3方法进行测试。

5.14 外底耐折性

按照GB/T 20991—2007中8.4.2方法进行测试。

5.15 外底水解

按照GB/T 20991—2007中8.5方法进行测试。

5.16 结合强度

按照GB/T 20991—2007中5.2方法进行测试。

5.17 防漏性

按照GB/T 20991—2007中5.7方法进行测试。

5.18 电性能

5.18.1 测试原理

以工频电压值施加于被测鞋内、外电极，在规定的测试时间内，测试样品如未击穿，则毫安表指示的数值(mA)即为泄漏电流值，电压表指示的数值(kV)即为耐电压值。

5.18.2 装置

5.18.2.1 外电极

由海绵和水组成。

5.18.2.2 内电极

由直径大于5 mm的铜片和直径为(3.5±0.6)mm的不锈钢珠组成，钢珠应符合GB/T 308要求。应采取措施防止或除去钢珠的氧化，因为氧化可能影响导电性。

5.18.2.3 变压器

应选用大于0.5 kVA(500 VA)的变压器。

5.18.2.4 电压表

准确度1.5级以内。

5.18.2.5 毫安表

准确度1.0级以内，其使用值应为仪表量程的15%～85%。

5.18.2.6 测量系统电阻值

不超过28×10⁴ Ω。

5.18.3 测试条件

温度15 ℃～35 ℃、相对湿度45%～75%。

5.18.4 试样的制备

取3双鞋作为试样，试样应是制成后至少存放72 h的成鞋，穿用后的鞋应擦洗干净和干燥，试样应在测试条件下放置至少3 h。

5.18.5 测试步骤

将铜片放入鞋内，铜片上铺满直径为(3.5±0.6)mm的不锈钢珠。对于电绝缘布面胶鞋，其钢珠高度至少15 mm，其他鞋的钢珠高度至少30 mm。

内电极装好后，将试样鞋放入盛有水和海绵的器皿中。

注：测试电绝缘皮鞋和电绝缘布面胶鞋时，含水海绵不得浸湿鞋帮。

按图3所示接好电路，以1 kV/s的速度使电压从零升到测试电压值的75%，再以100 V/s的速度升到规定的电压值。保持1 min，记录电流表所示之值，精确到0.01 mA。

测试结束应迅速降压至零位，但不得突然切断电源。

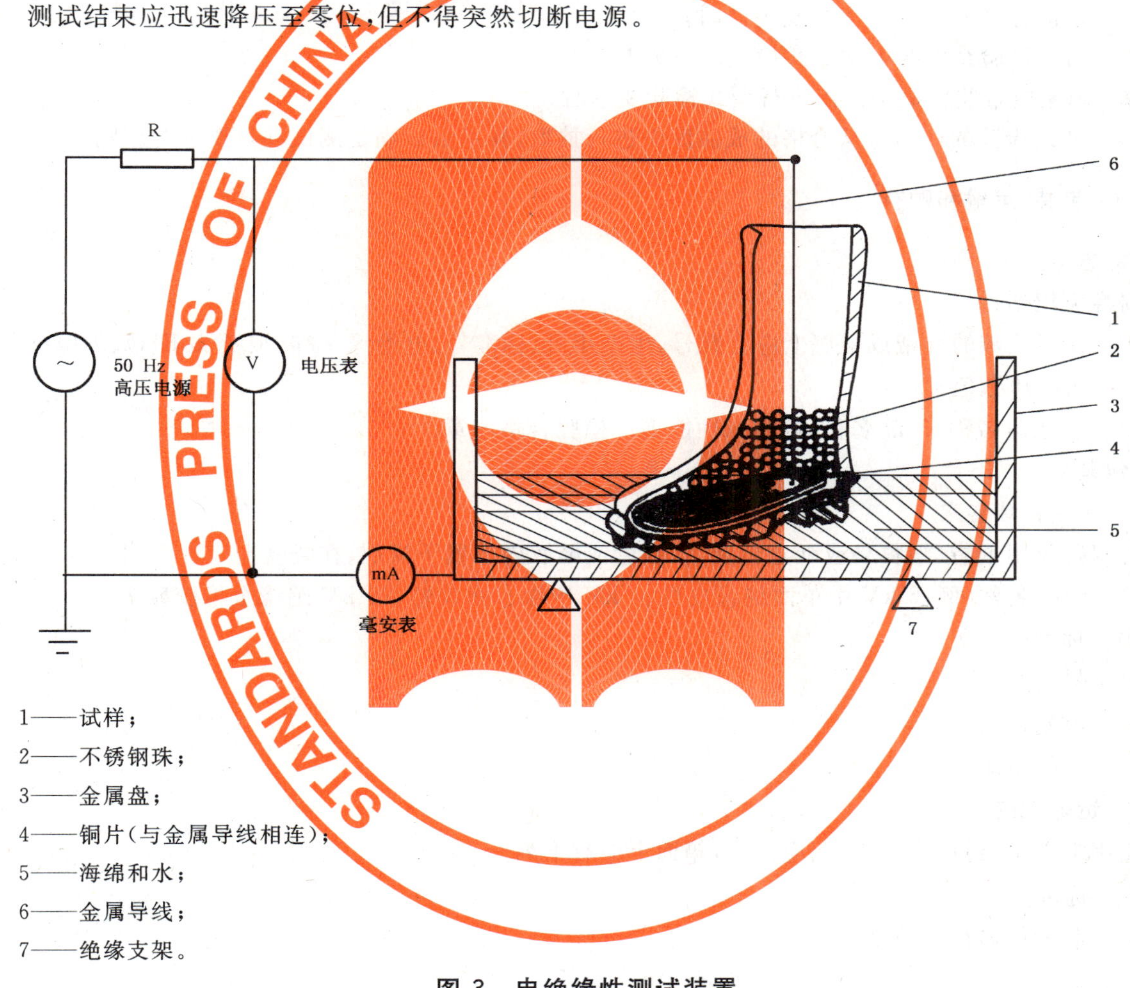

1——试样；

2——不锈钢珠；

3——金属盘；

4——铜片(与金属导线相连)；

5——海绵和水；

6——金属导线；

7——绝缘支架。

图3 电绝缘性测试装置

6 检验规则

6.1 出厂检验

出厂检验由制造商的质量检验部门负责进行，检验项目要求如下：

a) 应逐双检查成鞋的外观质量；

b) 应逐只测试成鞋的电性能，将不合格品除掉后方可入库；

c) 物理机械性能由制造商选择外底耐折、外底耐磨、鞋帮撕裂强度、鞋帮拉伸性能、结合强度中的3项按表8要求进行抽样检验，若不合格则判定该批为不合格品。

表 8 抽样表

批量范围/双	抽样数 N/双
281～500	3
501～10 000	5

6.2 型式检验

型式检验是按标准规定对产品进行全项目的检验，当有下列情况之一者应进行型式检验：

a) 新产品或老产品转厂生产的型式评价；

b) 正式生产后，如结构、材料、工艺有较大改变可能影响产品的性能时；

c) 正常生产时，每半年进行一次周期检查；

d) 产品停产 6 个月以上恢复生产时；

e) 出厂检验结果与上次型式检验有较大差异时；

f) 国家质量监督机构提出进行型式检验要求时；

g) 型式检验的样品应从合格的成品库中进行抽取，样品数以满足测试项目要求为原则。

7 标志、包装、运输和贮存

7.1 标志

内容应包括：

a) 在每只鞋的鞋帮或鞋底上应有鞋号、生产年月、标准号、电绝缘字样（或英文 EH）、闪电标记和耐电压数值；

b) 制造商名称、产品名称、电绝缘性能出厂检验合格印章。

7.2 包装

7.2.1 最小销售包装

每双鞋应用纸袋、塑料袋或纸盒包装，在鞋盒或鞋腔内放置干燥剂，在袋盒上应有下列内容：

a) 产品名称（例：6 kV 牛革面绝缘皮鞋、5 kV 绝缘布面胶鞋、20 kV 绝缘全橡胶靴等）；

b) 标准号；

c) 制造商名称；

d) 鞋号；

e) 使用须知。

7.2.2 运输包装

应用纸板箱，封口应牢固，箱应捆紧，箱面上应有下列内容：

a) 标准号；

b) 制造商名称及地址；

c) 邮编；

d) 产品名称；

e) 产品规格；

f) 数量；

g) 生产年月；

h) 箱号；

i) 尺寸与体积（或重量）。

7.3 运输

在运输过程中必须有遮盖物以防雨淋，不得与酸碱类或其他腐蚀性物品放在一起。

7.4 贮存

7.4.1 场所

应放在干燥通风的仓库中，防止霉变。堆放离开地面和墙壁 20 cm 以上，离开一切发热体 1 m 以外，避免受油、酸碱类或其他腐蚀品的影响。

7.4.2 期限

一般为 24 个月（自生产日期起计算），超过 24 个月的产品须逐只进行电性能预防性检验，只有符合本标准 4.2 规定的鞋，方可以电绝缘鞋销售或使用。

ICS 13.340.10
C 73

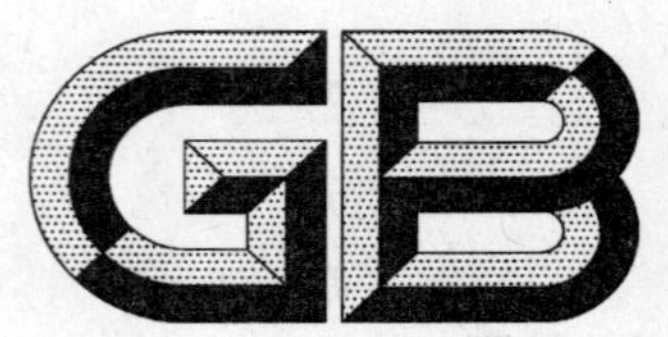

中华人民共和国国家标准

GB 12014—2009
代替 GB 12014—1989

防 静 电 服

Static protective clothing

2009-04-01 发布 2009-12-01 实施

中华人民共和国国家质量监督检验检疫总局
中国国家标准化管理委员会 发布

前　言

本标准4.1.2、4.1.3、4.2.5、4.2.6、4.2.7、第6章、第7章为强制性，其余为推荐性。

本标准代替GB 12014—1989《防静电工作服》。

本标准与GB 12014—1989相比主要变化如下：

——增加了静电耗散材料、表面电阻率、点对点电阻的定义；

——增加了防静电面料外观质量要求；

——增加了防静电面料点对点电阻的技术要求及测试方法；

——增加了防静电面料甲醛含量、pH值、尺寸变化率、耐水色牢度、透气量、耐干摩擦色牢度、耐光色牢度的技术要求及测试方法；

——增加了防静电服的缝制要求；

——增加了防静电服的检验类别；

——增加了参考文献；

——修改了防静电服带电电荷量、断裂强力的技术要求；

——修改了防静电服的分级；

——修改了防静电性能测试环境条件；

——删除了附录C；

——删除了附录D。

本标准的附录A、附录B、附录C为规范性附录。

本标准由国家安全生产监督管理总局提出。

本标准由全国个体防护装备标准化技术委员会归口。

本标准负责起草单位：北京市劳动保护科学研究所。

本标准参加起草单位：陕西元丰纺织技术研究有限公司、西安精诚职业服装有限公司、总后军需研究所士兵中心。

本标准主要起草人：杨文芬、臧兰兰、张普选、张燕、宗淑清、王利祥、姜荣华。

本标准所代替标准的历次版本发布情况为：

——GB 12014—1989。

防 静 电 服

1 范围

本标准规定了防静电服的技术要求、测试方法、检验规则、标识等。

本标准适用于可能引发电击、火灾及爆炸危险场所穿用的防静电服。

本标准定义的防静电服不适用于抗电源电压。

2 规范性引用文件

下列文件中的条款通过本标准的引用而成为本标准的条款。凡是注日期的引用文件，其随后所有的修改单(不包括勘误的内容)或修订版均不适用于本标准，然而，鼓励根据本标准达成协议的各方研究是否可使用这些文件的最新版本。凡是不注日期的引用文件，其最新版本适用于本标准。

GB/T 2912.1—1998 纺织品 甲醛的测定 第1部分:游离水解的甲醛(水萃取法)

GB/T 3920 纺织品 色牢度试验 耐摩擦色牢度(GB/T 3920—2008,ISO 105-X12:2001,MOD)

GB/T 3923.1—1997 纺织品 织物拉伸性能 第1部分:断裂强力和断裂伸长率的测定 条样法

GB/T 4288 家用电动洗衣机

GB/T 5453—1997 纺织品 织物透气性的测定

GB/T 5713—1997 纺织品 色牢度试验 耐水色牢度

GB/T 7568.5—2002 纺织品 色牢度试验 聚丙烯晴标准贴衬织物规格

GB/T 7573—2002 纺织品 水萃取液 pH 值的测定

GB/T 8427—1998 纺织品 色牢度试验 耐人造光色牢度:氙弧

GB/T 8628—2001 纺织品 测定尺寸变化的试验中织物试样和服装的准备、标记及测量

GB/T 8629—2001 纺织品 试验用家庭洗涤和干燥程序

GB/T 8630—2002 纺织品 洗涤和干燥后尺寸变化的测定

GB/T 13640 劳动防护服 号型

3 术语和定义

下列术语和定义适用于本标准。

3.1

防静电服 static protective clothing

为了防止服装上的静电积聚，用防静电织物为面料，按规定的款式和结构而缝制的工作服。

3.2

防静电织物 static protective fabric

在纺织时，采用混入导电纤维纺成的纱或嵌入导电长丝织造形成的织物，也可是经处理具有防静电性能的织物。

3.3

导电纤维 conductive fibre

全部或部分使用金属或有机物的导电材料或静电耗散材料制成的纤维。

3.4

静电耗散材料 electrostatic dissipative material

表面电阻率大于或等于 1×10^{5} Ω/□，但小于 1×10^{11} Ω/□的材料。

3.5

表面电阻率　surface resistivity

表征物体表面导电性能的物理量。

注：表面电阻率是材料表面正方形对边间测得的电阻值，与该物体厚度及正方形大小无关。

3.6

点对点电阻　point to point resistance

在给定时间内，施加材料表面两个电极间的直流电压与流过这两点间的直流电流之比。

4 技术要求

4.1 面料

4.1.1 外观质量

面料应无破损、斑点、污物或其他影响面料防静电性能的缺陷。

4.1.2 点对点电阻

面料按附录A规定的方法测试，点对点电阻应符合表1的规定。

表1 点对点电阻技术要求

测试项目	技术要求	
	A级	B级
点对点电阻/Ω	$1\times10^5\sim1\times10^7$	$1\times10^7\sim1\times10^{11}$

4.1.3 理化性能

面料的理化性能应符合表2的要求。

表2 理化性能技术要求

测试项目	技术要求		测试方法
甲醛含量/(mg/kg)	直接接触皮肤≤75	非直接接触皮肤≤300	5.1
pH值	4.0～9.0		5.2
尺寸变化率/%	+2.5～−2.5(经、纬向)		5.3
透气率/(mm/s)	10～30(涂层面料)	>30	5.4
耐水色牢度/级(变色、沾色)	≥3-4		5.5
耐干摩擦色牢度/级(变色、沾色)	≥3-4		5.6
耐光色牢度/级(变色、沾色)	≥3-4		5.7
断裂强力/N	经向≥780(单位面积质量≥200 g/m²) 经向≥490(单位面积质量<200 g/m²)	纬向≥390	5.8

4.2 服装

成品服装面料应符合4.1的技术要求。

4.2.1 外观质量

服装外观应无破损、斑点、污物以及其他影响穿用性能的缺陷。

4.2.2 结构及款式

4.2.2.1 服装结构应安全、卫生，有利于人体正常生理要求与健康。

4.2.2.2 服装应便于穿脱并适应作业时的肢体活动。

4.2.2.3 服装款式应简洁、实用。根据使用要求，可采用如下款式(见图1)：

a) “三紧式”上衣、下装为直筒裤。

b) 衣裤(或帽、脚)连体式。

c) 其余款式根据实际情况确定。

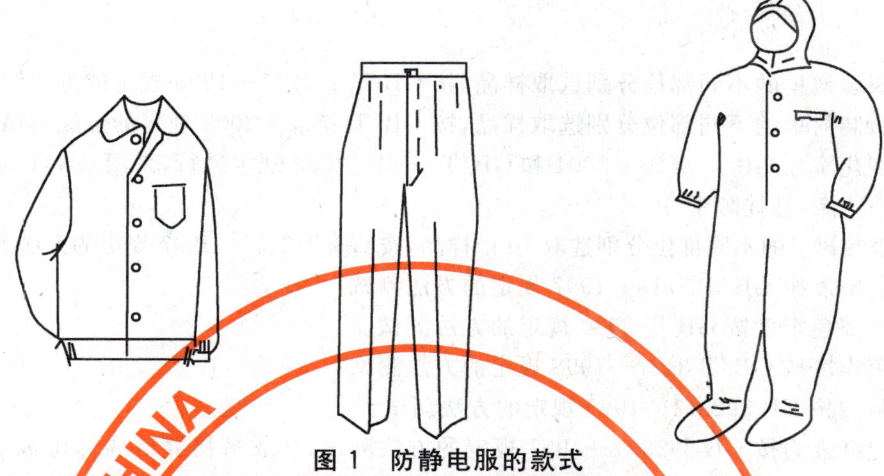

图 1　防静电服的款式

4.2.2.4　根据服装款式及使用要求，参照 GB/T 13640 选定号型规格，超出范围按档差自行设置。

4.2.3　缝制

4.2.3.1　服装各部位缝制线路顺直、整齐、平服牢固。上下松紧适宜，无跳针、断线、起落针处应有回针。

4.2.3.2　缝线针距：(12～14)针/3 cm(单位面积质量≥200 g/m²)，(14～16)针/3 cm(单位面积质量<200 g/m²)。

4.2.3.3　按 5.9 规定的方法测试，服装接缝强力不得小于 100 N。

4.2.4　带电电荷量

防静电服按附录 B 规定的方法测试，带电电荷量应符合表 3 的规定。

表 3　带电电荷量技术要求

测 试 项 目	技 术 要 求	
	A 级	B 级
带电电荷量/(μC/件)	<0.20	0.20～0.60

4.2.5　附件

服装上一般不得使用金属材质的附件，若必须使用(如钮扣、钩袢、拉链)时，其表面应加掩襟，金属附件不得直接外露。

4.2.6　衬里

服装衬里应采用防静电织物，非防静电织物的衣袋、加固布面积应小于防静电服内面积的 20%，防寒服或特殊服装应做成内胆可拆卸式。

4.2.7　尺寸变化率

防静电服按 GB/T 8629—2001 中规定的 6B 或 6A 程序洗涤，悬挂晾干，水洗后的尺寸变化率应符合表 4 的规定。

表 4　尺寸变化率技术要求

测 试 项 目	尺寸变化率/%
领大	≥−1.5
胸围	≥−2.5
衣长	≥−3.5
腰围	≥−2.0
裤长	≥−3.5

5 测试方法

5.1 从面料和服装衬里的不同部位分别选取样品，按 GB/T 2912.1—1998 规定的方法测试甲醛含量。

5.2 从面料和服装衬里的不同部位分别选取样品，按 GB/T 7573—2002 规定的方法测试 pH 值。

5.3 面料尺寸变化率按 GB/T 8628—2001 和 GB/T 8630—2002 规定进行，采用 GB/T 8629—2001 中的 6B 或 6A 程序洗涤，悬挂晾干。

5.4 从面料和服装衬里的不同部位分别选取 10 个样品，按 GB/T 5453—1997 规定的方法测试透气率。

5.5 面料耐水色牢度按 GB/T 5713—1997 规定的方法测试。

5.6 面料耐干摩擦色牢度按 GB/T 3920 规定的方法测试。

5.7 面料耐光色牢度按 GB/T 8427—1998 规定的方法测试。

5.8 面料断裂强力按 GB 3923.1—1997 规定的方法测试。

5.9 成品服装接缝强力按 GB 3923.1—1997 规定的方法测试，从衣裤接缝薄弱部位裁取五个接缝在中心的试样，接缝的方向与受力方向成 90°角，如接缝采用单线应将接缝端线打结，以防滑脱。测试结果取最低值。

6 检验规则

6.1 出厂检验

生产企业应按照生产批次对防静电服逐批进行出厂检验。各测试项目、测试样本大小、不合格分类、判定数组见表 5。

表 5 出厂检验

<table>
<tr><th rowspan="2">测试项目</th><th rowspan="2">批量范围</th><th rowspan="2">单项测试
样本大小</th><th rowspan="2">不合格分类</th><th colspan="2">单项判定数组</th></tr>
<tr><th>合格判定数</th><th>不合格判定数</th></tr>
<tr><td rowspan="3">附件
衬里
点对点电阻
带电电荷量
尺寸变化率
断裂强力
标识</td><td>≤100</td><td>2</td><td rowspan="3">A</td><td rowspan="3">0</td><td rowspan="3">1</td></tr>
<tr><td>101～1 000</td><td>3</td></tr>
<tr><td>≥1 001</td><td>5</td></tr>
<tr><td rowspan="3">外观质量
款式
结构
缝制</td><td>≤100</td><td>2</td><td rowspan="3">B</td><td rowspan="3">1</td><td rowspan="3">2</td></tr>
<tr><td>101～1 000</td><td>3</td></tr>
<tr><td>≥1 001</td><td>5</td></tr>
</table>

6.2 型式检验

有下列情况之一时需进行型式检验：

6.2.1 新产品鉴定或老产品转厂生产的试制定型鉴定；

6.2.2 当面料、工艺、结构设计发生变化时；

6.2.3 停产超过一年后恢复生产时；

6.2.4 周期检查，每年一次；

6.2.5 出厂检验结果与上次型式检验结果有较大差异时；

6.2.6 国家有关主管部门提出型式检验要求时；

6.2.7 样本由提出检验的单位或委托第三方从企业出厂检验合格的产品中随机抽取，样品数量以满足全部测试项目要求为原则。

7 标识

7.1 永久标识

7.1.1 每套(件、条)服装上应有:产品名称、商标(如有)、号型规格、生产厂名称、等级。

7.1.2 每套产品应附有合格证,内容包括:生产厂名称、厂址、联系电话、生产日期、标准号。

7.1.3 每套产品应附有产品使用说明及有关国家标准或行业标准规定必须具备的标记或标志。

7.2 产品说明书

产品使用说明书应包括:

——禁止在火灾爆炸危险场所穿、脱防静电服。

——禁止在火灾爆炸危险场所穿用的防静电服上附加或佩带任何金属物件。

——外层服装应完全遮盖住内层服装。分体式上衣应足以盖住裤腰,弯腰时不应露出裤腰。

——在火灾爆炸危险场所穿用防静电服时必须与相关国家标准中规定的防静电鞋配套穿用。

——其他需要说明的内容。

8 包装和储存

8.1 产品包装应按客户的要求达到整齐、牢固、无破损、产品数量准确、内外包装应设防潮层。箱内应放入生产厂包装检验单,包装检验单应包括产品名称、号型、批号、数量、检验员、检验日期,箱外注明产品名称、数量、生产日期、生产厂名称、厂址。

8.2 产品不得与有腐蚀性物品放在一起,存放处应干燥通风,包装箱距离墙面、地面 20 mm 以上,防止鼠咬、虫蛀、霉变。

附　录　A
（规范性附录）
点对点电阻测试方法

A.1　原理

将被测样品放置在绝缘平板上，上放电极装置，在电极装置间施加直流电压测量样品的点对点电阻。

A.2　设备

A.2.1　测试电极

测试电极为两个直径(65±5)mm的金属圆柱体；电极材料为不锈钢或铜；电极接触端的材料为导电橡胶，其硬度(60±10)(邵氏A级)，厚度(6±1)mm，体积电阻小于500 Ω；电极单重(2.5±0.25)kg。

A.2.2　高阻计

高阻计的测量范围：10^5 Ω～10^{13} Ω；

测量精度：≤10^{12} Ω时，应为±5%；>10^{12} Ω时，应为±20%。

A.2.3　绝缘台面

台面表面电阻、体积电阻分别大于1×10^{14} Ω，其几何周边尺寸均大于被测材料10 cm。电极之间距离300 mm。

A.3　洗涤与调湿

试样在测试前须经洗涤处理与调湿。

A.3.1　洗涤处理

按附录C规定的洗涤方法进行洗涤。

A.3.2　调湿

经洗涤后的样品，在(60±10)℃温度下干燥1 h后，在测试环境条件下，放置6 h。

A.4　试样

在防静电面料上的不同位置选取五组测试点。

A.5　测试条件

测试环境条件为温度(20±5)℃，相对湿度(35±5)%。

注：如果在非规定的测试环境中测试，应在报告中注明环境条件。

A.6　测试程序

A.6.1　清洗

用沾有清洗剂(如丙二醇或乙醇)的纸巾将电极的下表面和绝缘台面的上表面擦拭干净，并在空气中晾干。

注：丙二醇或乙醇是易燃和有毒的，应避免溅到皮肤、眼睛和衣服上以及吸入其蒸气。

A.6.2　测试

A.6.2.1　将测试样品正面向上放置在绝缘台面上或以实际使用状态放置，测试电极组放在试样上。

A.6.2.2　测试电压(100±5)V，测试时间(15±1)s，如果表面电阻小于10^5 Ω，可降低电压并在报告中注明。重复上述测试过程在同一试样上再选取四点测试。

A.7 测试结果

取五次测量值的几何平均值为最终结果。

附　录　B
（规范性附录）
带电电荷量测试方法

B.1　原理

将经过滚筒摩擦机摩擦后的试样，投入法拉第筒内，以测量试样的带电量。

B.2　试样

防静电服一件（上、下衣均可）。

B.3　装置

B.3.1　摩擦装置

回转式滚筒摩擦机，其技术要求应符合表B.1规定。

表B.1　摩擦装置

项　　目	规　　格	项　　目	规　　格
滚筒内径	(65±5)cm	滚筒内衬材质	聚丙烯晴标准布
滚筒深度	(45±5)cm	滚筒叶片数	2片以上
滚筒转数	46 r/min 以上	风量	2 m^3/min 以上
滚筒口径	30 cm 以上		
聚丙烯晴标准布应符合 GB/T 7568.5—2002。如有起毛等外观变化的现象，应予更换。			

B.3.2　带电量测试装置

由法拉第筒和静电电量测试仪组成。按图B.1所示连接。

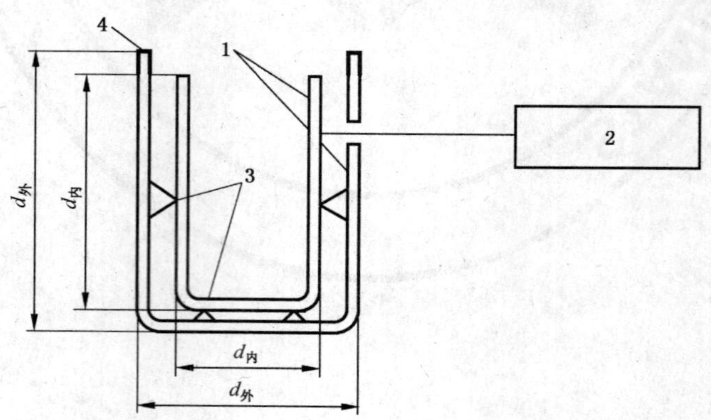

1——法拉第筒；
2——静电电量测试仪；
3——绝缘支架；
4——聚乙烯胶带。

图B.1　带电量测试电路

B.3.2.1 法拉第筒:内、外两只金属制圆筒,$h_{内}$ 等于 $2d_{内}$、$h_{外}$ 等于 $2d_{外}$、$d_{内}$ 大于或等于 40 cm、$d_{外}$ 等于 $d_{内}+10$ cm。

B.3.2.2 静电电量测试仪:测量范围:2 nC~2 μC,精度:±1%。

B.3.2.3 绝缘支架:绝缘电阻在 10^{12} Ω 以上的聚四氟乙烯。

B.3.2.4 聚乙烯胶带:绝缘电阻在 10^{12} Ω 以上。

B.4 洗涤与调湿

试样在测试前须经洗涤处理与调湿。

B.4.1 洗涤处理

按附录 C 规定的洗涤方法进行洗涤。

B.4.2 调湿

经洗涤后的试样,在(60±10)℃温度下干燥 1 h 后,在测试环境条件下,放置 6 h。

B.5 测试条件

测试环境条件为温度(20±5)℃,相对湿度(35±5)%。

注:如果在非规定的测试环境中测试,应在报告中注明测试环境条件。

B.6 测试程序

B.6.1 将试样放入滚筒摩擦机中运转 15 min。

B.6.2 将试样直接从滚筒摩擦机中自动进入(或戴绝缘手套绝缘电阻在 10^{12} Ω 以上,直接取出,立即投入)法拉第筒内,此时应注意试样距离人体、金属等物体 300 mm 以上。

B.6.3 读取静电电量测试仪读数,以 μC 计。

B.6.4 按附录 B 中的 B.6.1~B.6.3 规定程序,重复测试 5 次。每次测试与测试之间,相隔 10 min,在每次测试前,应对符合 GB 7568.5—2002 的试样和滚筒内衬标准布进行消电处理。

B.7 测试结果

取 5 次测试的平均值,为最终测量值。

注:带衬里的工作服应将衬里翻转朝外,重复上述测试步骤,并将结果记入报告中。防寒服应拆除内胆后测试挂面及衬里。

附　录　C
（规范性附录）
洗涤方法

C.1　设备

C.1.1　洗衣机：须符合 GB 4288 中规定的波轮式（B）洗衣机。

C.1.2　普通温度计。

C.1.3　精度为 0.1 g 的天平。

C.2　洗涤剂

pH 为 7～7.5 的合成洗涤剂。

C.3　洗涤条件

洗涤条件应符合表 C.1 规定。

表 C.1　洗涤条件

项　　目	条　　件	项　　目	条　　件
洗涤方式	普通洗涤	洗涤液浓度	2 g/L
洗涤水温	(40±3)℃	浴比	1∶30（布∶水）
水容量	30 L 以上	负荷	添加棉白布

C.4　洗涤程序

C.4.1　按洗涤次数洗涤

C.4.1.1　将试样放入符合 C.1.1 规定的洗衣机中，按 C.3 规定的洗涤条件，洗涤 15 min 后，排水，再脱水 1 min。

C.4.1.2　换常温清水，漂洗 2 min 后，排水，再脱水 1 min。如此重复进行 3 次，至漂洗干净。重复步骤 C.4.1.1～C.4.1.2，共 100 次。

C.4.1.3　洗涤完脱水后的试样自然晾干，或根据需要在适合试样熨烫的温度下熨烫。

C.4.2　按连续时间洗涤

C.4.2.1　将试样放入 C.1.1 规定的洗衣机中，按 C.3 规定的洗涤条件进行洗涤。

C.4.2.2　洗涤程序按表 C.2 进行。

表 C.2　洗涤程序

序号	1	2	3	4	5	6	7
洗涤程序	洗涤 9.0 h	排水	脱水 2 min	漂洗 8.0 h	排水	脱水 2 min	按序号 4～6 重复 3 次

C.4.2.3　洗涤脱水后的试样自然晾干，或根据需要在适合试样熨烫的温度下熨烫。

参 考 文 献

［1］ JIS T 8118-2001 Working wears for preventing electrostatic hazards

［2］ JIS L 1094-1997 Testing methods for electrostatic propensity of woven and knitted fabrics

［3］ EN 1149-1：1996 Protective clothing—Electrostatic properties Part 1：Surface resistivity (test methods and requirements)

［4］ EN 340-2003 Protective clothing—General requirement

［5］ STM 2.1-1997 For the protection of electrostatic discharge susceptible items—Garments

［6］ ANSI/ESD S 20.20-2007 For the development of an electrostatic discharge control program for—Protection of electrical and electronic parts, assemblies and equipment (excluding electrically initiated explosive devices)

［7］ BS EN 61340-4-1：2004 Electrostatics—Part 4-1：Standard test methods for specific applications—Electrical resistance of floor coverings and installed floors

［8］ BS EN 61340-5-1-2001 Electrostatics—Part 5-1：Protection of electronic devices from electrostatic phenomena—General requirements

ICS 67.180.20
X 11

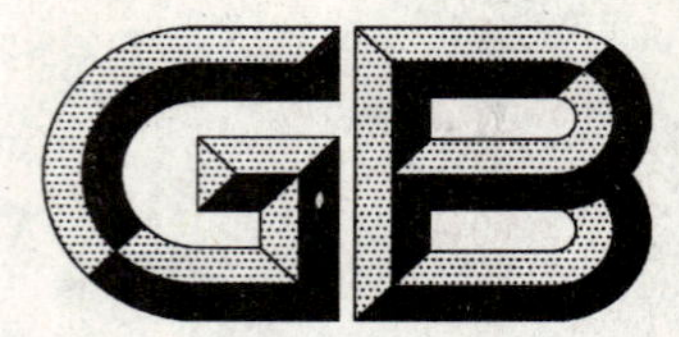

中华人民共和国国家标准

GB/T 12104—2009
代替 GB/T 12104—1989

淀粉术语

Starch vocabulary

2009-06-12 发布

2009-12-01 实施

中华人民共和国国家质量监督检验检疫总局
中国国家标准化管理委员会 发布

前言

本标准代替 GB/T 12104—1989《淀粉(包括衍生物和副产品)术语》。

本标准修订时参考了 ISO 1227:1979《淀粉(包括其衍生物和副产品)术语》有关内容的基础上,对 GB/T 12104—1989 的修订。与 GB/T 12104—1989 相比,主要变化如下:

——本标准的名称修改为《淀粉术语》,在“1 范围”中明确了适用范围;

——对直链淀粉、支链淀粉、糊化等一些术语的定义更为明确和贴切;

——增加了一些原料术语,如芭蕉芋、芋头、蕨根等,同时增加了一些流通术语;

——去除了一些目前已不使用的工艺术语,如:提炼液、碾磨淀粉等;

——在辅助原料中,增加了葡萄糖淀粉酶、脱支酶、异淀粉酶、普鲁兰酶、葡萄糖基转移酶等术语;

——在变性淀粉产品中,增加了一些新的变性淀粉产品,如淀粉马来酸酯、羟丙基淀粉、羟乙基淀粉、复合变性淀粉等,并对这些术语进行了明确的定义;对部分变性淀粉产品术语的定义进行了修改,如可溶性淀粉等;

——在分析术语中,增加了一些常用的术语,如聚合度、膨润力、糊化度、克分子取代度、糊化温度及其范围、流度、接枝百分率等,并做了明确的定义。

本标准由中国商业联合会提出并归口。

本标准起草单位:江南大学食品学院、中国商业联合会商业标准中心、中国淀粉工业协会变性淀粉专业委员会。

本标准主要起草人:顾正彪、洪雁、程力、靳晓蕾、刘振宇。

本标准所代替标准的历次版本发布情况为:

——GB/T 12104—1989。

淀 粉 术 语

1 范围

本标准规定了淀粉及其衍生物和副产品的常用术语。

本标准适用于淀粉及其衍生物和副产品的生产和检验。

2 一般术语

2.1

淀粉 starch

一种碳水化合物，以颗粒形状存在于某些植物有机体中。是α-D-吡喃葡萄糖通过α-1,4-糖苷键和α-1,6-糖苷键连接而成的多糖分子。

2.1.1

原淀粉 native starch

用物理方法从植物当中提取出来的且未经其他方法处理的淀粉。

2.1.2

变性淀粉 modified starch

原淀粉经过某种方法处理，不同程度地改变其原来的物理或化学特性后的产物。

2.2

珍珠淀粉 pearl starch

由颗粒聚合而成的淀粉。

2.3

粉状淀粉 starch powder

能全部通过一定规格筛目的淀粉。

2.4

直链淀粉 amylose

淀粉组分之一，是α-D-吡喃葡萄糖通过α-1,4-糖苷键连接而成的链状多糖分子。

2.5

支链淀粉 amylopectin

淀粉组分之一，是α-D-吡喃葡萄糖通过α-1,4-糖苷键和α-1,6-糖苷键连接而成的具有分枝状的多糖分子。

2.6

淀粉衍生物 starch derivative

由原淀粉加工后所得产品的通称。如变性淀粉、淀粉水解产品等。

2.7

淀粉颗粒 starch granule

淀粉在植物细胞中存在的形式。

2.8

淀粉糊 starch paste

淀粉糊化后形成的粘稠性物质。

2.9

D-葡萄糖　D-glucose

分子式为 $C_6H_{12}O_6$ 的醛糖，并有 α-D-葡萄糖和 β-D-葡萄糖等几种异构物。

2.10

淀粉分解　amylolysis

淀粉分子中 α-1，4-糖苷键或 α-1，6-糖苷键的断裂，由大分子变为小分子。

2.11

糊化　gelatinization

水介质中，通过添加化学试剂或升温等方法使淀粉颗粒发生溶胀、淀粉分子扩散形成糊的过程。

2.12

胶凝　gelling

糊化淀粉在水分散体系里凝固，通常在冷却或低温保藏时发生。

2.13

老化　retrogradation

回生

糊化淀粉在冷却或低温贮藏过程中，分子缔合聚集的过程。

2.14

淀粉凝胶　starch gel

糊化淀粉在冷却或低温贮藏过程中，分子缔合聚集，使淀粉糊逐渐成为不可逆的不溶性水分散体。

3　原料术语

3.1　主要原料

3.1.1

大米　rice

稻谷脱壳、去皮得到的米粒。包括籼米(long rice)、粳米(round shaped rice)、糯米(waxy rice)。

3.1.2

玉米　corn (maize)

植物玉米生长出的籽粒(种子)。包括马齿种玉米(corn，maize)、蜡质(糯)玉米(waxy corn，waxy maize)、高直链玉米(high amylose corn，high amylose maize)。

3.1.3

高粱　sorghum

植物高粱生产出来的籽粒。

3.1.4

面粉　wheat flour

小麦籽粒经碾磨、筛分后得到的白色粉状产品。

3.1.5

燕麦　oat

燕麦片或燕麦粉。

3.1.6

荞麦　buckwheat

荞麦籽粒或荞麦粉，属短季蓼料作物。

3.1.7

黑麦　rye

黑麦籽粒或黑麦粉。

3.1.8

木薯 tapioca (cassava)

新鲜或干燥的木薯块根(片)。

3.1.9

马铃薯 potato

土豆

新鲜或干燥的马铃薯块茎。包括普通马铃薯(potato)和蜡质马铃薯(waxy potato)。

3.1.10

甘薯 sweet potato

红薯

新鲜或干燥的甘薯块根。

3.1.11

竹芋 maranta

新鲜或干燥的竹芋块茎。

3.1.12

山药 yam

新鲜或干燥的山药块茎。

3.1.13

芭蕉芋 canna edulis ker

新鲜的或干燥的芭蕉芋块茎。

3.1.14

芋头 taro

新鲜或干燥的芋头块茎。

3.1.15

绿豆 mung bean

绿豆籽粒或绿豆粉。

3.1.16

豌豆 pea

豌豆籽粒或豌豆粉。

3.1.17

蚕豆 broad bean

蚕豆籽粒或蚕豆粉。

3.1.18

豇豆 cowpea

豇豆籽粒或豇豆粉。

3.1.19

菱 water caltrop

新鲜或干燥的菱块茎。

3.1.20

藕 lotus rhizome

新鲜或干燥的藕块茎。

3.1.21

荸荠 water chestnut

新鲜或干燥的荸荠球茎。

3.1.22

橡子 acorn

橡子树的果实橡子仁。

3.1.23

百合 lily

新鲜或干燥的百合鳞茎。

3.1.24

葛根 radix puerariae

新鲜或干燥的葛根块根。

3.1.25

蕨根 fern root

新鲜或干燥的蕨根块根。

3.1.26

西米 sago

西谷椰子属及苏铁属植物的木髓。

3.1.27

何首乌 tuber fleeceflower root

新鲜或干燥的何首乌块根。

3.2 辅助原料

3.2.1

α-淀粉酶 alpha-amylase

系统命名为α-1,4-葡聚糖 4-葡聚糖水解酶。对淀粉的作用是通过任意水解它的α-1,4-葡萄糖苷键,导致淀粉部分解聚。该酶在国际生物化学联合会酶命名法(1972)中编号为E.C.3.2.1.1。

3.2.2

α-葡萄糖苷酶 alpha-glucosidase

系统命名为α-D-葡萄糖苷葡萄糖水解酶。它从含有α-糖苷键底物的非还原末端开始,水解α-1,4-糖苷键,释放出葡萄糖;或将游离出的葡萄糖残基转移到另一糖类底物形成α-1,6-糖苷键,从而得到非发酵性的低聚异麦芽糖或糖酯、糖肽等。该酶在国际生物化学联合会酶命名法(1972)中编号为E.C.3.2.1.20。

3.2.3

β-淀粉酶 beta-amylase

系统命名为α-1,4-葡聚糖麦芽糖水解酶。它从淀粉分子的非还原性末端开始,水解α-1,4-葡萄糖苷键,释放出麦芽糖。该酶在国际生物化学联合会酶命名法(1972)中编号为E.C.3.2.1.2。

3.2.4

葡萄糖淀粉酶 glucamylase

系统命名为α-1,4-葡聚糖葡萄糖水解酶。它从淀粉分子的非还原末端开始,水解α-1,4-糖苷键和α-1,6-糖苷键,释放出D-葡萄糖。该酶在国际生物化学联合会酶命名法(1972)中编号为E.C.3.2.1.3。

3.2.5

细菌酶 bacterial enzyme

细菌产生的酶或酶的复合物。

3.2.6

真菌酶 fungal enzyme

真菌产生的酶或酶的复合物。

3.2.7

麦芽淀粉酶　maltenzyme

在含有淀粉酶的发芽谷物中得到的酶的复合物。

3.2.8

转葡萄糖苷酶　transglucosidase

对淀粉的水解物作用后，使水解物产生逆产物的酶。

3.2.9

异构酶　isomerase

将D-葡萄糖醛基转变为酮基(生成果糖)的酶。该酶在国际生物化学联合会酶命名法(1972)中编号为E.C.5.3.1.18。

3.2.10

脱支酶　debranching enzyme

切支酶

水解淀粉、糊精或糖原中的分支点α-1,6-葡萄糖苷键的酶。

3.2.11

异淀粉酶　isoamylase

脱支酶的一种，水解淀粉、糊精或糖原中的分支点α-1,6-葡萄糖苷键。该酶在国际生物化学联合会酶命名法(1972)中编号为E.C.3.2.1.68。

3.2.12

普鲁兰酶　pullulanase

脱支酶的一种，水解淀粉、糊精或糖原中的分支点α-1,6-葡萄糖苷键。该酶在国际生物化学联合会酶命名法(1972)中编号为E.C.3.2.1.41。

3.2.13

环糊精葡萄糖基转移酶　cyclodextrin glycosyltransferase

环糊精生成酶

作用于淀粉、糊精等，生成由D-葡萄糖残基以α-1,4-葡萄糖苷键连接而成的环状低聚糖，常见的有α-、β-和γ-环糊精，它们分别由6、7和8个葡萄糖残基连接而成。该酶在国际生物化学联合会酶命名法(1972)中编号为E.C.2.4.1.19。

3.2.14

葡萄糖基转移酶　transglucosylase

作用于麦芽糖或低聚麦芽糖使一个葡萄糖残基转移到另一个糖分子上，经由α-1,6-葡萄糖苷键结合，生成具有α-1,6-葡萄糖苷键的低聚糖。该酶在国际生物化学联合会酶命名法(1972)中编号为E.C.3.2.1.20。

3.2.15

麦芽低聚糖生成酶　maltooligosaccharide generating enzyme

作用于淀粉、糊精等，生成2个～10个葡萄糖分子聚合而成的糖。

4　加工和生产术语

4.1

淀粉乳　starch slurry

未膨胀的淀粉颗粒的水悬浮液。

4.2

游离淀粉　free starch

提取淀粉过程中未被收集的残余淀粉。

4.3

结合淀粉　bound starch

用机械方法不能从谷物纤维或植物块茎中分离出来的淀粉。

4.4

破损淀粉　damaged starch

在加工过程中，被机械损坏的淀粉颗粒。

4.5

浸渍水　steep water

浸渍玉米后所获得的未经处理的液体。

4.6

汁水　fruit water

从马铃薯块茎中提取出来的细胞液。

4.7

浓缩提炼液　concentrated refinery liquor

葡萄糖工业中的糖化液经一级浓缩形成的粗制或精制液体。

4.8

逆产物　reversion product

在淀粉水解过程中，以D-葡萄糖单位再次聚合而形成的多聚糖。

4.9

糖膏　massecuite

由糖浆结晶过程中产生的结晶糖及其母液的稠状混合物。

4.10

浸渍　steeping

淀粉工厂将谷物浸渍在一定温度的酸性溶液中使谷物软化和除去可溶性物质的过程。

4.11

脱胚　degerming

从谷物中将胚芽和其他成分分离出来的过程。

4.12

胚芽洗涤　germ washing

用水洗去分离出来的胚芽中游离淀粉和蛋白质。

4.13

榨油　oil expression

用机械方法将谷物胚芽中的油提取出来。

4.14

精磨　fine milling

在用湿磨法加工的淀粉工厂中，将已脱胚的胚乳再次磨碎的过程。目的在于破坏细胞结构，分离出更多的淀粉颗粒。

4.15

分离　separation

将淀粉与悬浮液中其他组分分开的过程。

4.16

吸尘　aspiration

在淀粉工厂里用气流从干原料或空气中将杂质吸除的过程。

4.17

变性 modification

用物理、化学或生物方法改变淀粉原来性质的过程。

4.18

解聚 depolymerization

通过物理的、化学的或酶的作用,降低淀粉或其衍生物分子链的聚合程度。

4.19

水解 hydrolysis

淀粉在催化剂(酸或酶)和水的作用下,引起分子中的糖苷键断裂,使淀粉分子不同程度解聚。

4.20

液化 liquefaction

利用淀粉酶或酸,使淀粉糊的粘度比同样浓度原淀粉糊的粘度低的过程。

4.21

糖化 saccharification

淀粉水解的过程,其最终产物是D-葡萄糖。

4.22

糊精化 dextrinization

将淀粉转化成糊精的过程。

4.23

焙烧 torrefaction

在少量酸或无酸的情况下,干加热淀粉生产糊精的过程。

4.24

交联 cross-linking

用交联剂使2个或者更多的淀粉分子分别偶联从而使这些淀粉分子结合在一起的过程。

4.25

组分分离 fractionation

将淀粉中直链淀粉和支链淀粉两个组分分开。

4.26

溶剂萃取法 solvent extraction

用溶剂将谷物胚芽中的油提取出来。

4.27

湿磨法 wet milling

用湿法生产工艺从含淀粉的原料中分离出淀粉的方法。

4.28

脱胚磨 degerming mill

用于粗磨浸泡后的玉米以分离出胚芽的设备。

4.29

转化器 converter

用酸和(或)酶,使淀粉液化或糖化的设备。

4.30

结晶罐 crystallizer

备有搅拌和控温装置,使糖浆结晶的容器。

4.31

沉淀罐　settling tank

将淀粉悬浮液沉淀,使之增浓或除杂的容器。

4.32

浸渍罐　steeping tank

用来浸渍谷物的容器。

4.33

破碎机　disintegrator

齿形可以是圆柱形或圆锥形的粉碎机。

4.34

胚芽旋流器　germ cyclone

在水力作用下,把粗磨过的玉米中的胚芽分离出来的固液分离设备,亦称旋流器。

4.35

旋流器　hydrocyclone

由壳体、旋流管组合而成的分离设备。在压力下,以切线方向进入的悬浮液通过离心力作用使悬浮液中的固体连续分离或增浓。

4.36

喷嘴离心机　nozzle centrifuge

在转鼓圆周上带有喷嘴的立式离心机。

4.37

螺旋沉降机　continuous decanter

带圆锥形转鼓和螺旋槽,能使悬浮液中液体和固体分开的卧式离心机。可连续进行工作。

4.38

离心筛　screen centrifuge

多孔转鼓离心机,内部通常装有滤网或滤布作为固液分离介质。

4.39

喷射提取机　jet extractor

连续型离心筛分设备,由装在水平轴上旋转的多孔锥形筛篮和洗涤喷嘴构成,通过离心力可在筛表面上滤去粗料。

4.40

预涂助滤剂的过滤机　precoat filter

预先涂有助滤介质的旋转真空过滤机。

4.41

旋转真空过滤机　rotary vacuum filter

表面覆有滤布的多孔卧式旋转滚筒,一部分滚筒浸在滤液中并通过抽真空进行过滤的设备。

4.42

榨油机　oil expeller

将谷物胚芽中油压榨出来的机械。

4.43

喷射分离机　jet refiner

通过旋转喷嘴装置,将悬浮液射入锥形筛篮而分离液体和固体的设备。

4.44

管式分离机　channel separator

运转时能连续进水的立式离心机。

4.45

分离机 separator

用作从悬浮液中分离或连续浓缩固体的转鼓离心机。

4.46

沉淀槽 settling table

用来沉淀淀粉,除去蛋白质或其他轻杂质的槽。

4.47

马铃薯锉磨机 potato rasp

由纵向排列齿片的卧式旋转滚筒组成的设备。用于不同程度地刨碎马铃薯或其他植物的块根、茎,从而将淀粉颗粒分离出来。

4.48

气流干燥机 flash dryer

用干燥热气流输送湿物料,使湿物料瞬间干燥的设备。

4.49

滚筒干燥机 drum dryer

内热型卧式旋转金属圆筒,在筒的外表面可将淀粉或其他湿原料胶凝或干燥。

4.50

喷雾干燥机 spray dryer

用离心或压力喷射的方法将物料喷成雾滴分散在热空气中,物料与热空气呈并流、逆流或混流的方式互相接触,使水分迅速蒸发,达到干燥目的的设备。

4.51

旋转干燥机 rotary dryer

湿物料在旋转管内循环流动与热气流接触进行干燥的设备。

4.52

立式干燥机 vertical dryer

内部具有分布在不同水平面上慢速旋转的圆盘,并通过逆向气流使圆盘上湿物料干燥的设备。

4.53

自净过滤器 brush strainer

圆柱形金属细筛,内部装有旋转刷子,能清除筛面杂质,保持滤网清洁。

4.54

曲筛 screen bend

固定楔形棒上的弯曲筛面,用于除去悬浮液中的纤维或胚芽等物质的设备。

4.55

振动筛 vibrating screen

筛面往复振动的一种筛选设备。

5 产品术语

5.1 原淀粉

5.1.1

谷类淀粉 cereal starch

从谷类植物的籽粒中提取的淀粉。

5.1.2

大米淀粉 rice starch

从稻米中提取的淀粉。

5.1.3

糯米淀粉 waxy rice starch

从糯米中提取的淀粉。

5.1.4

玉米淀粉 corn（maize）starch

从玉米中提取的淀粉。

5.1.5

蜡质玉米淀粉 waxy corn（maize）starch

糯玉米淀粉

从蜡质玉米中提取的淀粉。

5.1.6

高直链玉米淀粉 high amylose corn（maize）starch

从高直链玉米中提取的淀粉。

5.1.7

小麦淀粉 wheat starch

从小麦中提取的淀粉。

5.1.8

高粱淀粉 sorghum starch

从高粱中提取的淀粉。

5.1.9

燕麦淀粉 oat starch

从燕麦中提取的淀粉。

5.1.10

荞麦淀粉 buckwheat starch

从荞麦中提取的淀粉。

5.1.11

黑麦淀粉 rye starch

从黑麦中提取的淀粉。

5.1.12

木薯淀粉 tapioca（cassava）starch

从木薯块根中提取的淀粉。

5.1.13

马铃薯淀粉 potato starch

土豆淀粉

从马铃薯块茎中提取的淀粉。

5.1.14

蜡质马铃薯淀粉 waxy potato starch

从蜡质马铃薯块茎中提取的淀粉。

5.1.15

甘薯淀粉 sweet potato starch

红薯淀粉

从甘薯块根中提取的淀粉。

5.1.16

竹芋淀粉　maranta starch

从竹芋块茎中提取的淀粉。

5.1.17

山药淀粉　yam starch

从山药块茎中提取的淀粉。

5.1.18

芭蕉芋淀粉　canna edulis ker starch

从芭蕉芋块茎中提取的淀粉。

5.1.19

芋头淀粉　taro starch

从芋头块茎中提取的淀粉。

5.1.20

绿豆淀粉　mung bean starch

从绿豆中提取的淀粉。

5.1.21

蚕豆淀粉　broad bean starch

从蚕豆中提取的淀粉。

5.1.22

豌豆淀粉　pea starch

从豌豆中提取的淀粉。

5.1.23

豇豆淀粉　cowpea starch

从豇豆中提取的淀粉。

5.1.24

菱淀粉　water caltrop starch

从菱的果实中提取的淀粉。

5.1.25

藕淀粉　lotus rhizome starch

从藕块茎中提取的淀粉。

5.1.26

荸荠淀粉　water chestnut starch

从荸荠球茎中提取的淀粉。

5.1.27

橡子淀粉　acorn starch

从橡子仁中提取的淀粉。

5.1.28

百合淀粉　lily starch

从百合中提取的淀粉。

5.1.29

葛根淀粉　radix puerariae starch

从葛根块根中提取的淀粉。

5.1.30

蕨根淀粉　fern root starch

从蕨根块根中提取的淀粉。

5.1.31

西米淀粉　sago starch

从西谷椰子属及苏铁属植物的木髓中提取的淀粉。

5.1.32

何首乌淀粉　tuber fleeceflower root starch

从何首乌块根中提取的淀粉。

5.2　变性淀粉

5.2.1

焙炒糊精　dextrin

加或不加少量的化学试剂的条件下,加热处理干淀粉而制得的变性淀粉。

5.2.2

白糊精　white dextrin

在酸存在的条件下,加热处理干淀粉而制得的一种糊精,其颜色为白色。

5.2.3

黄糊精　yellow dextrin

在少量酸存在的条件下,加热处理干淀粉而制得的一种糊精,其颜色为黄色。

5.2.4

英国胶　British gum

糊精的一种,通常为黄色或棕色,在加或不加酸的情况下加热处理干淀粉而制得。

5.2.5

预糊化淀粉　pre-gelatinized starch

将淀粉预先糊化处理所得到的产品,具有与冷水接触后明显溶胀或成胶态分散体的特性。

5.2.6

酸变性淀粉　thin boiling starch

稀沸淀粉

通过酸解得到的淀粉,不溶于冷水,其淀粉糊在加热时比同样浓度的原淀粉具有更好的流动性。

5.2.7

可溶性淀粉　soluble starch

在酸性条件下淀粉降解得到的一种变性淀粉,属酸变性淀粉范畴。该淀粉不溶于冷水、醇、醚,但溶于沸水。

5.2.8

阴离子淀粉　anionic starch

在适当 pH 的水溶液中带有负电荷基团的一种变性淀粉。

5.2.9

阳离子淀粉　cationic starch

在适当 pH 的水溶液中带有正电荷基团的一种变性淀粉。

5.2.10

氧化淀粉　oxidized starch

通过氧化原淀粉而得到的一种变性淀粉。

5.2.11

双醛淀粉　dialdehyde starch

在特殊条件下，将淀粉用高碘酸或高碘酸盐氧化而获得的一种变性淀粉。

5.2.12

交联淀粉　cross-linked starch

用有双官能基团或多官能基团的化学试剂，使淀粉分子之间形成交联的变性淀粉。

5.2.13

二淀粉丙三醇　di-starch glycerol

通常用1,2-环氧氯丙烷通过丙三醇链醚化淀粉羟基而成交联的变性淀粉。

5.2.14

淀粉酯　starch ester

淀粉分子中的部分或全部游离羟基被酯化的变性淀粉。

5.2.15

淀粉醋酸酯　starch acetate

醋酸酯淀粉　acetylated starch

淀粉的部分或全部游离羟基被乙酰基酯化的产物。

5.2.16

淀粉己二酸酯　starch adipate

淀粉的部分或全部游离羟基被己二酸基团酯化成交联或未交联的产物。

5.2.17

淀粉月桂酸酯　starch laurate

淀粉的部分或全部游离羟基被月桂酸酯化的产物。

5.2.18

淀粉硝酸酯　starch nitrate

淀粉的部分或全部游离羟基被硝酸酯化的产物。

5.2.19

淀粉磷酸酯　starch phosphate

磷酸酯淀粉　phosphated starch

淀粉的部分或全部游离羟基被磷酸酯化成交联或未交联的产物。

5.2.20

二淀粉磷酸酯　di-starch phosphate

磷酸酯双淀粉

淀粉的部分或全部游离羟基被磷酸酯化成交联的产物。

5.2.21

单淀粉磷酸酯　mono-starch phosphate

淀粉的部分或全部游离羟基被磷酸酯化成没有交联的产物

5.2.22

淀粉琥珀酸酯　starch succinate

淀粉的部分或全部游离羟基被琥珀酸酯化成交联或未交联的产物。

5.2.23

淀粉辛烯基琥珀酸酯　starch octenyl succinate

淀粉的部分或全部游离羟基被辛烯基琥珀酸酯化成交联或未交联的产物。

5.2.24

淀粉硫酸酯　starch sulphate

淀粉的部分或全部游离羟基被硫酸酯化的产物。

5.2.25

淀粉黄原酸酯　starch xanthate

淀粉的部分或全部游离羟基被通常由二硫化碳在碱性介质中作用后产生的黄原酸酯化的产物。

5.2.26

淀粉顺丁烯二酸酯　starch maleic ester

淀粉的部分或全部游离羟基被顺丁烯二酸酯化成交联或未交联的产物，亦称淀粉马来酸酯。

5.2.27

硬脂酸淀粉酯　starch stearate

淀粉的部分或全部游离羟基被硬脂酸酯化的产物。

5.2.28

淀粉醚　starch ether

淀粉的部分或全部游离羟基被醚化的变性淀粉。

5.2.29

烯丙基淀粉　allyl starch

淀粉的部分或全部游离羟基被烯丙基基团醚化的产物。

5.2.30

羧甲基淀粉　carboxymethyl starch

淀粉的部分或全部游离羟基被羧甲基醚化的产物。

5.2.31

羟烷基淀粉　hydroxyalkyl starch

淀粉的部分或全部游离羟基被羟烷基基团醚化的淀粉衍生物。

5.2.32

羟丙基淀粉　hydroxypropyl starch

淀粉的部分或全部游离羟基被羟丙基基团醚化的产物。

5.2.33

羟乙基淀粉　hydroxyethyl starch

淀粉的部分或全部游离羟基被羟乙基基团醚化的产物。

5.2.34

丙烯酰胺淀粉　acrylamide starch

淀粉的部分或全部游离羟基被丙烯酰胺基团醚化的产物。

5.2.35

氰乙基淀粉　cyanoethyl starch

淀粉的部分或全部游离羟基被丙烯腈基团醚化的产物。

5.2.36

苯甲基淀粉　phenmethyl starch

淀粉的部分或全部游离羟基被甲苯醚化的产物。

5.2.37

乙酰氰乙基淀粉　acetyl cyanoethyl starch

淀粉的部分或全部游离羟基被丙烯腈和乙酸乙烯酯(醋酸乙烯酯)共同醚化的产物。

5.2.38

复合变性淀粉　co-modified starch

原淀粉经过两种或两种以上方法处理后，改变其原来的物理或化学特性的产物。

5.2.39

乙酰化二淀粉磷酸酯　acetylated di-starch phosphate

淀粉的部分游离羟基被磷酸酯化成交联、乙酰基酯化的复合变性淀粉。

5.2.40

磷酸化二淀粉磷酸酯　phosphated di-starch phosphate

淀粉的部分游离羟基被磷酸酯化成交联、磷酸酯化的复合变性淀粉。

5.2.41

羟丙基化二淀粉磷酸酯　hydroxypropyl di-starch phosphate

羟丙基二淀粉磷酸酯

淀粉的部分游离羟基被磷酸酯化成交联、羟丙基醚化的复合变性淀粉。

5.2.42

乙酰化二淀粉己二酸酯　acetylated di-starch adipate

乙酰化己二酸双淀粉

淀粉的部分游离羟基被己二酸酯化成交联、乙酰基酯化的复合变性淀粉。

5.2.43

乙酰化二淀粉丙三醇　acetylated di-starch glycerol

淀粉的部分游离羟基与1,2-环氧氯丙烷醚化交联、乙酰基酯化的复合变性淀粉。

5.2.44

磷酸化二淀粉丙三醇　phosphated di-starch glycerol

淀粉的部分游离羟基与1,2-环氧氯丙烷醚化交联、磷酸酯化的复合变性淀粉。

5.2.45

羟丙基化二淀粉丙三醇　hydroxypropyl di-starch glycerol

淀粉的部分游离羟基与1,2-环氧氯丙烷醚化交联、羟丙基醚化的复合变性淀粉。

5.2.46

接枝共聚淀粉　grafted starch

淀粉分子与合成高分子通过共价键连接而成的高分子。

5.2.47

多孔淀粉　porous starch

淀粉颗粒经酶或酸作用后在其表面留有很多孔洞的淀粉。

5.2.48

抗性淀粉　resistant starch

酶阻淀粉

在健康的人类小肠内不能被消化吸收，但在大肠中发酵或者部分发酵的淀粉和淀粉降解产物。

5.2.49

脂肪替代物　fat replacer

能抵抗脂肪酸水解，具有低热量和类似于脂肪组织结构和口感，能保留食品风味和质构性状的以淀粉为原料进行变性得到的产品。

5.3　水解产品

5.3.1

淀粉水解物　starch hydrolysate

通过酸、酶或两者结合水解淀粉得到，该产品由较低分子量的多糖、低聚糖、单糖所组成。

5.3.2

环糊精　cyclodextrin

由某些细菌产生的环糊精葡萄糖基转移酶对淀粉作用而形成，至少有 6 个以 α-1,4-葡萄糖苷键连接的葡萄糖残基组成的环状化合物。

5.3.3

麦芽糊精　maltodextrin

通过酶水解淀粉得到的一种具有一定葡萄糖值的产品。

5.4　其他产品

5.4.1

淀粉衍生物的液体粘结剂　starch derived liquid adhesive

由原淀粉、变性淀粉或面粉制成的液状或糊状粘结剂。

5.4.2

粉状淀粉粘结剂　starch based powdered adhesive

以原淀粉或变性淀粉为主的用作粘结剂的粉状产品。

5.4.3

玉米浆　corn（maize）steep liquor

在适当温度下将玉米浸渍水浓缩而得到的粘状液体。

5.4.4

胚芽　germ

淀粉工业中的谷类种子胚芽。

5.4.5

小麦面筋　wheat gluten

来自小麦的不溶于水的蛋白质复合物，是通过制小麦淀粉时得到的。

5.4.6

活性小麦面筋　vital wheat gluten

谷朊粉

由小麦面筋干燥成的粉状产品，在水合或复水状态下具有粘性和弹性。

5.4.7

失活性小麦面筋　devitalized wheat gluten

由小麦面筋构成，在水合或复水状态下不具有粘性和弹性。

5.4.8

玉米蛋白　corn（maize）gluten

来自玉米的不溶于水的蛋白质复合物，是通过湿磨法制玉米淀粉时得到的。

5.4.9

米蛋白　rice gluten

来自稻米的不溶于水的蛋白质复合物，是通过湿磨法制米淀粉时得到的。

5.4.10

高粱蛋白　sorghum gluten

来自高粱的不溶于水的蛋白质复合物，是通过湿磨法制高粱淀粉时得到的。

5.4.11

胚芽油　germ oil

从某些谷物的胚芽中提取的油。

5.4.12

玉米胚芽粕　corn (maize) germ cake

玉米胚芽提取出油后的剩余物。

5.4.13

玉米蛋白粉　corn (maize) gluten meal

湿磨加工玉米后得到的副产品,蛋白质含量较高。

5.4.14

纤维渣　fibre

淀粉生产过程中,残余的粘结有少量淀粉的植物皮壳。

5.4.15

马铃薯渣　potato pulp

提取马铃薯淀粉过程中的副产品,主要由残留的淀粉和纤维组成。

5.4.16

木薯渣　tapioca (cassava) pulp

提取木薯淀粉过程的副产品,主要由残留的淀粉和纤维组成。

6　分析术语

6.1

聚合度(DP)　degree of polymerization

淀粉的分子大小,用淀粉链中具有的脱水葡萄糖残基数量表示。

6.2

碘的亲合性　iodine affinity

淀粉吸收碘的能力。

6.3

白度　whiteness

在规定条件下,用淀粉表面光反射率与标准白板表面光反射率的比值表示。

6.4

色度　colour

用淀粉水解产品色泽的强度表示。

6.5

色泽稳定性　colour stability

在规定条件下保存的淀粉水解产品色泽的变化程度。

6.6

斑点　spots

在规定条件下,可见的每平方厘米的斑点数。

6.7

水的结合力　water binding capacity

淀粉吸收的水量与淀粉干基质量的比值。

6.8

膨润力　swelling power

淀粉吸收水后的质量与淀粉干基质量的比值。

6.9

溶解度　solubility

淀粉溶解在水中的质量与淀粉干基质量的比值。

6.10

酸度　acidity

在规定条件下，中和 10 g 淀粉或淀粉水解产品所必需的碱的数量。所消耗的 0.1 mol/L 氢氧化钠毫升数表示。

6.11

碱值　alkali number

在规定条件下，中和已知量淀粉所消耗的碱数量。所消耗的 0.1 mol/L 氢氧化钠毫升数表示。

6.12

pH 值　pH value

溶液中的氢离子浓度指数，俗称酸碱度。

6.13

粗纤维　crude fibre

对淀粉和其衍生物及副产品，在规定条件下，经处理后所得到的纤维类剩余物。

6.14

细纤维　fine fibre

其特性与原料有关，存在于淀粉中。

6.15

波美度　baume degree

用波美比重计测定的度数，可表示淀粉的固形物含量。

6.16

锤度　brix

蔗茎或甜菜块根汁液中所含的可溶性固形物(主要是糖分)的百分率。

6.17

还原力　reducing power

由于分子中存在羰基作用，而具有失去电子的能力。其结果可用葡萄糖值来表示。

6.18

葡萄糖值(DE)　dextrose equivalent

淀粉水解产品的还原能力，用还原糖含量(以 D-葡萄糖计)占干物质的百分率来表示。

6.19

麦芽糖值(ME)　maltose equivalent

淀粉水解产品的还原能力，用还原糖含量(以麦芽糖计)占干物质的百分率来表示。

6.20

葡萄糖含量(DX)　dextrose content

淀粉水解产品中葡萄糖占干物质的百分率。

6.21

水解率(DH)　degree of hydrolysis

淀粉水解产品中葡萄糖占总糖的百分率。

6.22

淀粉出品率　starch yield

商品淀粉量占投入原料量的百分比。

6.23

凝胶强度　gel strength

在规定条件下，测定淀粉凝胶变形的抗力。

6.24

糊化度 degree of gelatinization

淀粉糊化的程度。

6.25

取代度(DS) degree of substitute

淀粉酯或淀粉醚中,每一个葡萄糖残基上测定的被取代基所衍生的羟基平均数量。

6.26

克分子取代度(MS) molar substitute

变性淀粉中,平均每克分子葡萄糖残基上结合的取代基克分子数。

6.27

流度 fluidity

一定浓度的淀粉糊在固定时间内流过一标准漏斗的体积。

6.28

接枝百分率 grafting percentage

淀粉接枝共聚物中接枝高分子部分所占的百分比。

6.29

单体转化率 monomer conversion efficiency

淀粉接枝共聚反应中,转化成聚合物的单体的百分含量。

6.30

接枝效率 grafting efficiency

淀粉接枝共聚反应中,转化成接枝共聚物分子的单体量占转化成聚合物所有单体量的百分比。

6.31

糊化温度 gelatinization temperature

淀粉在水中加热糊化所需要的温度。

6.32

糊化温度范围 gelatinization temperature range

淀粉颗粒悬浮液变成淀粉糊的温度范围。

6.33

细度 fineness

用分样筛筛分淀粉,以筛下物占样品总质量的百分比表示。

6.34

电导率 conductivity

淀粉以一定浓度分散于液体中所显示的导电能力。以电阻的倒数——电导来衡量其导电能力,其大小可用电导仪测得。

6.35

粘度 viscosity

淀粉和变性淀粉糊化后的抗流动性。

6.35.1

恩氏粘度 engler viscosity

淀粉糊化后,在一定温度下从恩氏粘度计流出 200 mL 所需的时间与蒸馏水在 25 ℃下流出相同体积所需的时间之比。

6.35.2

布洛克菲尔德粘度 brookfield viscosity

淀粉糊化后,运用 brookfield 粘度计所测得的某一温度下的粘度值。

6.35.3

旋转粘度　rotary viscosity

淀粉糊化后，运用旋转式粘度计所测得的某一温度下的粘度值。

6.35.4

布拉班德粘度　brabender viscosity

用布拉班德粘度仪测定已知浓度的淀粉悬浮液按照一定的程序在升温、降温或保温过程中粘度的变化。从所得的图谱上可以直接读出不同温度时的粘度值。

6.35.5

RVA 粘度　RVA viscosity

用快速粘度分析仪(RVA)测定已知浓度的淀粉悬浮液按照一定的程序在升温、降温或保温过程中粘度的变化，从所得图谱中可以直接读出不同温度时的粘度值。

6.35.6

特性粘度　intrinsic viscosity

当高分子溶液浓度趋于零时的比浓粘度，其值不随浓度而变，常以[η]表示。

中 文 索 引

W

X

Y

Z

英 文 索 引

A

B

C

D

I

J

L

M

S

T

V

W

Y

ICS 77.120.99
H 65

中华人民共和国国家标准

GB/T 12144—2009
代替 GB/T 12144—2000

氧化铽

Terbium oxide

2009-04-23 发布　　2010-02-01 实施

中华人民共和国国家质量监督检验检疫总局
中国国家标准化管理委员会　发布

前言

本标准代替 GB/T 12144—2000《氧化铽》。

本标准与 GB/T 12144—2000 相比，主要变化如下：

——删除纯度不小于 99％的牌号；

——增加纯度不小于 99.999％和 99.995％的牌号，其稀土杂质考核指标分别用“分量”及“合量”表示；

——调整了牌号 091040 中三氧化二铁、氧化钙、氯离子的考核指标。

本标准由全国稀土标准化技术委员会提出并归口。

本标准由江阴加华新材料资源有限公司负责起草。

本标准由广东珠江稀土有限公司、有研稀土新材料股份有限公司参加起草。

本标准主要起草人：史卫东、谢建伟、肖睿、金燕华、张耀静。

本标准所代替标准的历次版本发布情况为：

——GB/T 12144—1989、GB/T 12144—2000。

氧　化　铽

1　范围

本标准规定了氧化铽产品的要求、试验方法、检验规则与标志、包装、运输、贮存。

本标准适用于化学法制得的氧化铽，可供制作荧光材料、金属铽、光学玻璃、磁性材料等用。

2　规范性引用文件

下列文件中的条款通过本标准的引用而成为本标准的条款。凡是注日期的引用文件，其随后所有的修改单(不包括勘误的内容)或修订版均不适用于本标准，然而，鼓励根据本标准达成协议的各方研究是否可使用这些文件的最新版本。凡是不注日期的引用文件，其最新版本适用于本标准。

GB/T 8170　数值修约规则

GB/T 12690(所有部分)　稀土金属及其氧化物中非稀土杂质化学分析方法

GB/T 14635　稀土金属及其化合物化学分析方法　稀土总量的测定

GB/T 18115.8　稀土金属及其氧化物中稀土杂质化学分析方法　铽中镧、铈、镨、钕、钐、铕、钆、镝、钬、铒、铥、镱、镥和钇量的测定

GB/T 20170.1—2006　稀土金属及其化合物物理性能测定方法　稀土化合物粒度分布的测定

3　要求

3.1　化学成分

产品的化学成分应符合表1规定。需方如有特殊要求，供需双方可另行协议。

表 1

产品牌号				091050	091045	091040	091035	091030	091025
化学成分(质量分数)/%	REO,不小于			99.0	99.0	99.0	99.0	99.0	99.0
	Tb_4O_7/REO,不小于			99.999	99.995	99.99	99.95	99.9	99.5
	杂质含量，不大于	稀土杂质/REO	La_2O_3	0.000 05	其余合量 0.001	其余合量 0.002	0.05 (Eu_2O_3+Gd_2O_3+Dy_2O_3+Ho_2O_3+Y_2O_3)合量	0.1 (Eu_2O_3+Gd_2O_3+Dy_2O_3+Ho_2O_3+Y_2O_3)合量	0.5 (Eu_2O_3+Gd_2O_3+Dy_2O_3+Ho_2O_3+Y_2O_3)合量
			CeO_2	0.000 05					
			Pr_6O_{11}	0.000 05					
			Nd_2O_3	0.000 05					
			Sm_2O_3	0.000 05					
			Er_2O_3	0.000 05					
			Tm_2O_3	0.000 05					
			Yb_2O_3	0.000 05					
			Lu_2O_3	0.000 05					
			Eu_2O_3	0.000 05	0.001	0.002			
			Gd_4O_7	0.000 1	0.001	0.002			
			Dy_2O_3	0.000 2	0.001	0.002			
			Ho_2O_3	0.000 05	0.000 5	0.001			
			Y_2O_3	0.000 05	0.000 5	0.001			
		非稀土杂质	Fe_2O_3	0.000 3	0.000 3	0.000 5	0.002	0.003	0.005
			CaO	0.001	0.001	0.002	0.005	0.005	0.01
			SiO_2	0.003	0.003	0.003	0.01	0.01	0.02
			Cl^-	0.01	0.01	0.02	0.04	—	—
	灼减,不大于			1.0	1.0	1.0	1.0	1.0	1.0

3.2 物理性能

产品中 091050、091045、091040 三个牌号的中心粒径值($D[V,50]$)为 3 μm ～6 μm;其余牌号不考核中心粒径值。

3.3 外观

3.3.1 产品为棕色粉末。

3.3.2 产品应洁净,无可见夹杂物。

4 试验方法

4.1 稀土总量(REO)的分析方法按 GB/T 14635 的规定进行。

4.2 091050 牌号的稀土杂质含量分析方法按照 GB/T 18115.8 进行;其余牌号的稀土杂质含量分析方法按 GB/T 18115.8 的规定进行。

4.3 非稀土杂质含量及灼减含量的分析方法按 GB/T 12690 的规定进行。

4.4 中心粒径值($D[V,50]$)的测试方法按 GB/T 20170.1—2006 的规定进行,仲裁分析方法采用其方法 1。

4.5 数值修约按 GB/T 8170 的规定进行。

4.6 产品外观用目视检查。

5 检验规则

5.1 检查与验收

5.1.1 产品由供方质量检验部门进行检验,保证产品符合本标准规定,并填写产品质量证明书。

5.1.2 需方应对收到的产品进行检验,如检验结果与本标准规定不符,应在收到产品之日起二个月内向供方提出,由供需双方协商解决。如需仲裁,可委托双方认可的单位进行,并在需方共同取样。

5.2 组批

产品应成批提交检验,每批应由同一牌号的产品组成。

5.3 检验项目

每批产品应进行化学成分、物理性能和外观检验。

5.4 取样与制样

化学成分、物理性能仲裁取样按表 2 规定进行。每件(袋)取样量不少于 10 g,将试样充分混匀后,以四分法迅速缩分至试样所需量,装入试样袋密封。

表 2

件(袋)数	1～5	6～49	50～100	>100
取样件(袋)数	件(袋)数的 100%	5	件(袋)数的 10%取整数	件(袋)数的平方根取正整数

5.5 检验结果的判定

化学成分、物理性能仲裁分析结果与本标准规定不符时,则从该批产品中取双倍试样对不合格项目进行复验,如仍有一项结果不合格,则判定该批产品不合格。

外观检验结果与本标准规定不符时,则直接判定该批产品不合格。

6 标志、包装、运输、贮存及质量证明书

6.1 标志、包装

6.1.1 每桶(箱、袋)外注明:供方名称、产品名称、牌号、批号、净含量、毛重、出厂日期及“防潮”标志或字样。

6.1.2 产品分装于双层塑料袋或塑料瓶中,每袋(瓶)净重 2 kg、5 kg、10 kg。再将袋(瓶)置于桶(箱)

内，每桶（箱）净重 10 kg、20 kg、25 kg。如需方有特殊要求，则供需双方另行协商。

6.2　运输、贮存

产品运输时严防淋雨吸潮，应存放于干燥处，不得露天堆放。

6.3　质量证明书

每批产品应附上质量证明书，注明：

a）供方名称；

b）产品名称和牌号；

c）批号；

d）净含量和件数；

e）各项分析检验结果及检验部门印记；

f）本标准编号；

g）出厂日期。

ICS 03.220.40;17.140.01
R 09

中华人民共和国国家标准

GB/T 12303—2009
代替 GB/T 12303—1990

海船声号器具的声压级测量

Measurement of sound pressure level for sound signal appliances by seagoing vessel

2009-03-31 发布　　2009-11-01 实施

中华人民共和国国家质量监督检验检疫总局
中国国家标准化管理委员会　发布

前 言

本标准对应于国际海事组织(IMO)《1972 年国际海上避碰规则》2001 年修正案,本标准与国际海事组织(IMO)《1972 年国际海上避碰规则》2001 年修正案一致性程度为非等效。

本标准代替 GB/T 12303—1990《海船声号器具的声压级测量》。

本标准与 GB/T 12303—1990 相比,主要变化如下:

——适用范围修改为海上航行船舶以及进出海港的其他船舶(见第 1 章);

——蓄电池供电时,电压稳态变化范围修改为－25％～＋30％(见第 4 章);

——对长度为 20 m 以下船舶所备号笛的频率界限及声强要求进行了修改(见表 2 和第 5 章);

——对测量记录作原则规定(见第 6 章)。

本标准的附录 A 为资料性附录。

本标准由中华人民共和国交通运输部提出。

本标准由交通运输部航海安全标准化技术委员会归口。

本标准起草单位:中华人民共和国海事局、广东海事局。

本标准主要起草人:刘慧茹、方竹、郭育标、陈新辉。

本标准所代替标准的历次版本发布情况为:

——GB/T 12303—1990。

海船声号器具的声压级测量

1 范围

本标准规定了海船声响信号器具(以下简称声号器具)的适用要求、技术要求、测量方法和测量记录的要求。

本标准适用于海上航行船舶以及进出海港的其他船舶。

2 规范性引用文件

下列文件中的条款通过本标准的引用而成为本标准的条款。凡是注日期的引用文件,其随后所有的修改单(不包括勘误的内容)或修订版均不适用于本标准,然而,鼓励根据本标准达成协议的各方研究是否可使用这些文件的最新版本。凡是不注日期的引用文件,其最新版本适用于本标准。

GB/T 3241 倍频程和分数倍频程滤波器(GB/T 3241—1998,eqv IEC 61260:1995)

GB/T 3785 声级计的电、声性能及测试方法

JJG 176 声校准器检定规程

JJG 188 声级计检定规程

3 声号器具

船舶声号器具的适用随船舶的长度而异,应符合表1的要求。

表 1

名称	船长 L/m					
	≥200	100≤L<200	75≤L<100	20≤L<75	12≤L<20	<12
超型号笛	√	—	—	—	—	√ 能鸣放有效声响的其他设备
大型号笛	—	√	√	—	—	
中型号笛	—	—	—	√	—	
小型号笛	—	—	—	—	√	
大型号钟	√	√	√	√	—	
小型号钟	—	—	—	—	√	
号锣	√	√	—	—	—	
注:√表示适用,—表示不适用。						

4 技术要求

4.1 号钟锤的质量应不小于号钟质量的3%。

4.2 号笛应能发出持续时间为4 s~6 s的长声和1 s左右的短声。鸣放时声响的始末明显可辨,无抖动或忽高忽低的现象。

4.3 动力号笛所用的压缩空气瓶应保持额定的压力,压力的变化范围不得高于额定压力的10%,压缩空气管道应畅通、气密、安全可靠,并不得留有残水或残油。

4.4 在电源电压变化为额定值的−10%~+6%,频率变化为额定值的±5%时,电气号笛应能可靠工作。若使用蓄电池供电,电压变化在−25%~+30%时,应能可靠工作。

4.5 船舶声号器具的各项参数要求见表 2。

表 2

名 称	基本频率范围或直径	声压级 dB	号笛可听距离 n mile
超型号笛	70 Hz～200 Hz	143	2
大型号笛	130 Hz～350 Hz	138	1.5
中型号笛	250 Hz～700 Hz	130	1.0
小型号笛	180 Hz～450 Hz	120	0.5
	450 Hz～800 Hz	115	
	800 Hz～2 100 Hz	111	
大型号钟	≥300 mm	110	—
小型号钟	≥200 mm	110	—
号 锣	≥400 mm	110	—

4.6 长度 20 m 及以上船舶的号笛频率在 180 Hz～700 Hz(±1%)范围内,或长度 20 m 以下船舶的号笛频率在 180 Hz～2 100 Hz(±1%)范围内,应至少有一个 1/3 倍频程符合表 2 所规定的相当频率范围的声压级。

5 测量方法

5.1 测量仪器

5.1.1 声级计应符合 GB/T 3785 分类 1 的规定。

5.1.2 滤波器应符合 GB/T 3241 的规定。

5.1.3 声级计、滤波器、活塞发声器或声校准器的检定,应符合 JJG 188 和 JJG 176 的规定。

5.1.4 传声器采用无规入射型,并符合 GB/T 3785 的有关规定。

5.1.5 每次测量始末,所用声级计或其他测量仪器,应用准确度优于±0.5 dB 的声校准器进行校准。前后两次校准之差应不大于±1.0 dB,否则测量无效。

5.1.6 所有测量设备应按照有关规定进行校准及定期检定。

5.2 测量值

5.2.1 声级计读数时,动态特性一般用“快档”或按声级计的规定要求进行,每次测量至少持续 4 s 以上,读数取整数,当指针摆动时,取经常摆动的中间值。

5.2.2 测量号笛的声压级时,采用 1/3 倍频程声压级 $L_{pt}(L_f)$,单位为分贝(dB)。

5.2.3 测量号钟、号锣或其他有类似声音特性的器具所发出的声压级时,采用“线性”声压级(L_p),单位为分贝(dB)。

5.3 测量基本要求

5.3.1 在室外测量时,为避免风的影响,传声器应带防风罩,雨、雪天气不宜测量。

5.3.2 声响器具位置较高时,传声器应通过延伸电缆连接至声级计,且声级计远离号笛,有利于工作人员的操作、记录和听力保护。

5.3.3 在测量时,测量人员应佩戴耳保护器。

5.4 号笛

5.4.1 测量号笛的声玉级时,传声器应在号笛声辐射最大方向(即前方轴线上),相距 1 m,正对声源,如图 1 所示。

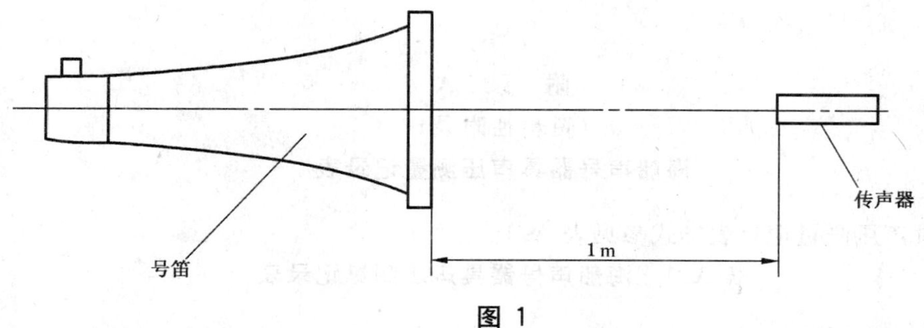

图 1

5.4.2 测量号笛的声辐射指向性时，在轴线上±45°内的任何水平方向，声压级应不低于表 2 要求值的 4 dB。在任何其他方向的声压级，不低于表 2 要求值的 10 dB。

5.4.3 测量时应注意：

a) 对桅杆上号笛的测量，应设法将传声器装在特制的支架上，再将支架固定或支撑在桅杆上，按 5.4.1 的要求测量；

b) 对桥楼或烟囱附近号笛的测量，设法将传声器装在特制的三角架或支杆上，按 5.4.1 的要求测量。

5.5 号钟

测量号钟的声压级时，传声器置于钟锤锤击钟壳处水平的方向上，距号钟边缘 1 m，指向号钟，如图 2 所示。

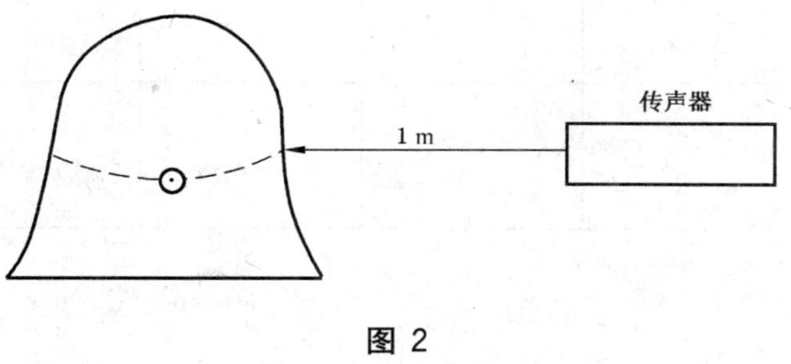

图 2

5.6 号锣

测量号锣的声压级时，传声器指向号锣，距离 1 m。

6 测量记录

测量后应将测量记录填入海船声号器具声压测量记录表中，表格样式参见附录 A，主要包括以下内容：

a) 声号器具的名称、型号(或直径)、出厂编号、制造厂及制造日期；

b) 测量仪器的种类、规格型号；

c) 测量日期、单位、人员、地点及环境条件；

d) 测量数据。

附 录 A
（资料性附录）
海船声号器具声压测量记录表

海船声号器具声压测量记录表样式参见表 A.1。

表 A.1 海船声号器具声压测量记录表

送检单位：____________

名称	型号（或直径）	出厂编号	制造厂及制造日期	1/3 倍频程中心频率 Hz	声压级 dB	在轴线±45°内的任何水平方向上 dB
备注						

测量仪器种类____________________规格型号________

测量人员____________________日　期________

环境条件____________________地　点________

测量单位____________________

ICS 07.040
A 79

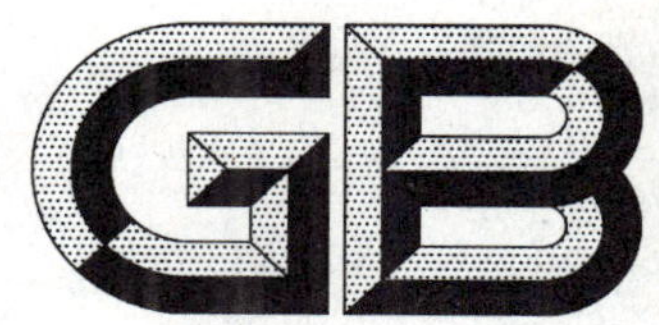

中华人民共和国国家标准

GB/T 12343.3—2009
部分代替 GB 14512—1993

国家基本比例尺地图编绘规范
第3部分:1∶500 000 1∶1 000 000 地形图编绘规范

Compilation specifications for national fundamental scale maps—Part 3:Compilation specifications for 1∶500 000 1∶1 000 000 topographic maps

2009-02-06 发布　　2009-06-01 实施

中华人民共和国国家质量监督检验检疫总局
中国国家标准化管理委员会　发布

前　言

GB/T 12343《国家基本比例尺地图编绘规范》分为三个部分：

——第1部分:1∶25 000　1∶50 000　1∶100 000地形图编绘规范；

——第2部分:1∶250 000地形图编绘规范；

——第3部分:1∶500 000　1∶1 000 000地形图编绘规范。

本部分为GB/T 12343的第3部分。本部分代替GB 14512—1993《1∶1 000 000地形图编绘规范及图式》中的编绘规范部分。本部分与GB 14512—1993相比主要变化如下：

——按照GB/T 1.1—2000对标准格式进行修订；

——在"地形图要素综合与表示的基本要求"章节中增加GB/T 20257.4地形图图式中所增加的地物要素的选取指标,并对一些地物要素的选取指标作适当修改；

——在"编绘技术方法及要求"章节中增加了地形图编绘流程图以及"先要素选取再符号化编辑"和"要素选取与符号化编辑同时进行"的编绘方法,删除展点、拼贴、标编等传统的作业方法；

——在"准备工作"章节中删除了区域编辑设计书中有关清刻绘作业方法的说明；

——现势性资料的使用由"截止至印刷原图送厂之前"修改为"截止至成图提交验收之前"；

——删除原标准第6章"印刷原图制作"和第7章"地图的印刷"章节。

本部分的附录A为规范性附录。

本部分由国家测绘局提出。

本部分由全国地理信息标准化技术委员会归口。

本部分由国家测绘局测绘标准化研究所负责起草。

本部分主要起草人:马晓萍、肖国雄、刘小强。

本部分所代替标准的历次版本发布情况为：

——GB 14512—1993。

引　言

地形图编绘规范国家标准 GB 12343《1∶25 000　1∶50 000 地形图编绘规范》、GB 12344《1∶100 000 地形图编绘规范》、GB 15944《1∶250 000 地形图编绘规范及图式》、GB/T 14512《1∶1 000 000 地形图编绘规范及图式》和行业标准 CH/T 4011《1∶500 000 地形图编绘规范及图式》已实施多年，它们在我国国民经济建设和测绘生产工作中起到了重要的作用。为了适应数字测绘生产的需要，保持与相应比例尺地形图图式标准结构的协调性，有必要调整地形图编绘规范的标准结构。调整后的结构如前言所述。

本部分是对 GB 14512—1993 修订后完成的。

国家基本比例尺地图编绘规范
第3部分：1∶500 000 1∶1 000 000
地形图编绘规范

1 范围

GB/T 12343的本部分规定了编绘1∶500 000、1∶1 000 000地形图的基本要求、技术方法和地形图各要素的综合要求和技术指标。

本部分适用于编绘1∶500 000、1∶1 000 000地形图，编绘相应比例尺专题地图的地理底图亦可参照使用。

2 规范性引用文件

下列文件中的条款通过GB/T 12343的本部分的引用而成为本部分的条款。凡是注日期的引用文件，其随后所有的修改单(不包括勘误的内容)或修订版本均不适用于本部分，然而，鼓励根据本部分达成协议的各方研究是否可使用这些文件的最新版本。凡是不注日期的引用文件，其最新版本适用于本部分。

GB/T 13989 国家基本比例尺地形图分幅和编号

GB/T 20257.4 国家基本比例尺地图图式 第4部分：1∶250 000 1∶500 000 1∶1 000 000地形图图式

CH/T 1004 测绘技术设计规定

3 术语和定义

下列术语和定义适用于GB/T 12343的本部分。

3.1

地形图编绘 compilation for topographic map

将各种资料或数据汇集并编辑成一幅符合地形图成图要求的全过程。

3.2

地形图数据 data of topographic map

数字线划图(DLG)经符号化、编辑处理、图廓整饰等过程形成的可供打印或印刷工艺处理的制图数据集。

3.3

制图综合 cartographic generalization

按照一定的规律和法则，通过选取、化简、夸大和移位等方法，对制图对象的质量、数量及图形等特征进行处理，用以反映制图对象的基本特征、典型特点及其内在联系的过程。

4 地形图基本要求

4.1 数学基础

4.1.1 坐标系统

平面坐标系统采用2 000国家大地坐标系。

高程系统采用1985国家高程基准。

4.1.2 投影

4.1.2.1 1∶500 000地形图投影采用高斯-克吕格投影，按经差6°分带。

4.1.2.2 1∶1 000 0C0 地形图各图幅单独采用正轴等角双标准纬线圆锥投影，按纬差4°分带。每幅图具有两条标准纬线，其纬度为：$B_1=B_S+35'$，$B_2=B_N-35'$（B_S、B_N 分别代表图幅的南北边纬度）。投影后的经线为直线，纬线为同心圆弧。

投影的等变形线与纬线一致，不同带图幅的变形值接近相等。长度与面积变形的变化规律是：在标准纬线上无变形，在两条标准纬线之间变形为负，在标准纬线外为正。各幅图投影的边纬与中纬变形绝对值基本相等。

每幅图上长度变形最大值为±0.030 3%，面积变形最大值为±0.060 7%，相邻两带的图幅拼接时产生的最大裂隙为0.061 mm。

1∶1 000 000 地形图投影公式、变形分布及图幅边长见附录A。

4.2 图幅规格

4.2.1 地形图图幅范围

地形图的图幅分幅与编号按 GB/T 13989 规定执行，其图幅范围见表1。

表1 地形图图幅范围

成图比例尺	1∶500 000	1∶1 000 000
经差	3°	6°
纬差	2°	4°

图廓由经纬线构成，经线为直线，纬线为折线。其东西两边的图廓线为直线表示；南北两边的图廓线以折线表示，每经差30′点为折点。

4.2.2 合幅图及破图廓图

位于国境线附近或以海域为主的图幅，当图内在靠近邻图处仅有少部分领土、陆地或海部要素，并且该图又不作连接其他图幅用时，可将其并入邻图，采取合幅编绘成图。合幅图的内图廓尺寸一般为：东西不超过680 mm，南北不超过460 mm，并入部分的图廓线仍以经纬线构成，不应采用凸形或其他折线形。并入图幅若为邻投影带图，应进行换带处理。

合幅图图号采用复合形式注出：整幅图图号在前，并入图图号在后，中间用顿号分开，如K51 B 002002、002001；当合幅图位于两个百万分之一地形图时，其图号应分别注记完整，如K51 B 002002、K52 B 002001；若并入的要素仅在内外图廓间时，则破内图廓绘出，不注邻图图号。

4.2.3 图名

每幅图除注出图号外，还应注出图名。一般选用图幅内的主要居民地名称，无居民地的图幅可采用其他地理名称或图内最高高程点注记作为图名。确定图名时应注意不与其他图幅图名重名，并尽量选用原地形图图名。

4.3 其他要求

地形图还应满足以下要求：

a) 地形图的内容及符号应符合 GB/T 20257.4 的规定；
b) 地物地貌各要素的取舍和图形概括应符合制图区域的地理特征，各要素之间关系协调、层次分明，重要道路、居民地、大的河流、地貌等内容应重点或突出选取，注记正确，位置指向明确；
c) 地形图各要素的空间位置、属性、关系应正确，要素及要素属性无遗漏；
d) 应正确、充分地使用各种补充、参考资料对各要素，特别是水库、道路、境界、居民地及地名等要素进行增补、更新，符合制图时的实地情况。

5 地形图要素综合与表示的基本要求

5.1 水系

5.1.1 编绘要求

正确反映不同地区的水系类型和形状特征。正确表示河流主支流关系、岸线弯曲程度及河渠网、湖泊的形状特征、分布特点和不同地区的密度对比；充分表示水利设施；正确反映海岸的类型，显示出海底地貌的基本形态和岛礁分布，表示海底性质和其他海洋要素；正确表示水系与其他要素的关系。

5.1.2 陆地水系岸线

综合岸线图形时，应正确反映岸线的形态特征，注意保持岸线基本转折点位置正确、岸线弯曲程度的对比以及水陆面积的对比。图上小于 0.5 mm×0.6 mm 的弯曲可适当化简，特征弯曲应夸大到 0.5 mm×0.6 mm 表示。岸线与等高线紧靠时，应注意与等高线图形协调一致。

岸线与防护堤相重时，岸线省略。

5.1.3 河流、运河、沟渠

5.1.3.1 河流、运河、沟渠的表示

河流在图上宽度大于 0.4 mm 的用双线依比例尺表示，小于 0.4 mm 的用单线表示。以单线表示的河流应视其图上长度由源头起用 0.1 mm～0.4 mm 逐渐变化的线粗表示。同一条河单、双线变化频繁时，宜视其情况分段用单线或双线表示。应注意在同一河系中干流突出，主支区分明显，支流入主流不应出现倒流现象。

京杭运河用线粗 0.35 mm 的单线表示，其他运河均用线粗 0.25 mm 的单线表示。南水北调工程用运河符号表示，地面下的用输水隧道符号表示，加注相应的名称注记或“南水北调工程”注记。

渠道应用 0.25 mm 和 0.1 mm 两种线粗区分干渠和支渠。干、支渠的划分应根据基本资料和在灌区的作用确定。如无灌区资料时，也可参照渠宽划分，一般实地宽度大于 20 m 的用干渠符号表示。

5.1.3.2 河流、运河、沟渠的选取

选取河流、运河、沟渠时，应着重显示其结构特征，并按从大到小、由主及次的顺序进行。注意选取主流河源，界河，独流入海的、荒漠缺水地区的、连通湖泊的以及能显示河系形状特征的短小河流。

一般图上长度 5 mm～8 mm 以上的应表示。对构成网络系统的河、渠，应根据河渠网平面图形特征进行取舍。密集河渠的间距一般不应小于表 2 的规定，老年河床河漫滩地带的叉流以及沟渠密集地区，间距可适当缩小。

表 2 河渠密度分区及间距

密度分区	河渠密度/(km/km²)	河渠最小平行间距/mm		河、渠选取长度
		1∶500 000	1∶1 000 000	
极密区	≥2.0	3	2	根据不同地区的结构特征和规模在区域编辑设计书中确定
稠密区	1.0～2.0	4	3	
中密区	0.3～1.0	5	4	
稀疏区	0.1～0.3	6	5	
极稀区	<0.1	基本全选		

5.1.3.3 河流、运河、沟渠的流向

河流、运河、沟渠的流向难以判别时应表示流向符号，较长的河、渠应每隔 15 cm～20 cm 重复表示。

5.1.3.4 河流、运河、沟渠的名称注记

通航河流、运河以及图上长度大于 5 cm～10 cm 的河流、沟渠应尽量注记名称。较长的河、渠每隔 15 cm～20 cm 重复注出。一条河流当其在图上长 10 cm 以内有分段名称时，可选择注出。

河流注记字大应根据河流的大小、主支流和上下流关系保持一定的级差，上游和支流不能大于下游和主流。注记的字隔一般不应超过字大的 5 倍。

主要河流、运河名称注记的分级应参照有关的水系资料图确定。大河上著名的峡谷名称应选择适当字大注出。跨越国界的河流名称，一般按各国所用的名称在各自国境内分别注出。

5.1.4 地下河段、消失河段、干河床、时令河、坎儿井、输水渡槽、输水隧道

5.1.4.1 地下河段、消失河段、干河床、时令河的选取与表示

图上长 1 mm 以上的地下河段、3 mm 以上的消失河段以及 15 mm 以上的干河床应表示。

1∶500 000 地形图上 5 mm 以上的时令河、1∶1 000 000 地形图上 3 mm 以上的时令河应表示。作为河源的时令河,当长度不足 5 mm/3 mm 时,以常年河表示。

图上宽度小于 0.4 mm 的干河床、时令河用 0.1 mm～0.4 mm 的单虚线表示,大于 0.4 mm 的用双虚线依比例尺表示。宽度大于 1 mm 的河床内应表示等高线及相应的土质符号。

5.1.4.2 坎儿井、输水渡槽、输水隧道的选取与表示

图上长度大于 8 mm 的坎儿井应表示。干渠上的输水渡槽、输水隧道择要表示。

5.1.5 湖泊

5.1.5.1 湖泊的选取

图上面积大于 0.5 mm^2 的湖泊一般应表示;位于国界附近的小湖、作为河源的小湖及缺水地区的淡水湖即使面积小于 0.5 mm^2 也应夸大到 0.5 mm^2 表示;冰川地区的小湖可有选择地夸大表示。湖泊密集成群时,应注意选取能反映其分布范围和特点的湖泊,可以舍去少量面积为 0.5 mm^2～1.0 mm^2 湖泊。湖泊不能合并,相邻水涯线间隔在图上小于 0.2 mm 时可共线表示。

图上长度大于 3 mm 的牛轭湖及狭长条状湖泊,宽度大于 0.4 mm 的用双线表示,小于 0.4 mm 的用单线依形状特征表示。南方水网地区基塘区内的鱼塘用不依比例尺的点状符号选取表示,符号的配置应显示其分布范围和密度对比。

5.1.5.2 湖泊名称注记

图上面积大于 10 mm^2～15 mm^2 的湖泊一般应注出名称;著名的或有重要意义的小湖泊以及位于国界 10 mm 以内的湖泊亦应注出名称。群集的湖泊可选其主要的注出名称。名称注记应按湖泊面积大小保持一定的级差。湖泊名称注记的分级应参照有关的水系资料图确定。

非淡水湖泊应加注水质注记。

5.1.6 时令湖、干涸湖

图上面积大于 2 mm^2 的时令湖、干涸湖应表示。在地物稀少区有名称的应加注名称。

5.1.7 水库

5.1.7.1 水库的选取与表示

水库按库容量分为大型、中型、小型三级。水库的选取与表示见表 3。

表 3 水库的选取与表示

分类	库容量/m^3	图上面积	水库的选取与表示
大型	≥1 亿		全部选取并依比例尺表示
中型	1 千万～1 亿	≥2 mm^2	全部选取并依比例尺表示
		<2 mm^2	部分选取并用不依比例尺的中型水库符号表示
小型	<1 千万	≥2 mm^2	根据地区情况,部分选取并依比例尺表示
		<2 mm^2	根据地区情况,部分选取并用不依比例尺的小型水库符号表示

能依比例尺表示的建筑中的水库表示其水库坝址,蓄水范围线为设计洪水位时的水涯线。

5.1.7.2 水库名称注记

大、中型水库一般应注出名称,小型水库及建筑中的水库根据其规模、重要性及图面载负量酌情选注名称。水库注记应根据水库类别选用相应等级的字大注出。

5.1.8 海岸线

表示海岸线时应保持主要转折点位置准确和岸段间弯曲程度对比。一般沙泥质海岸的岸线应保持平直、圆滑的特点,保持沙嘴、沙堤、沙坝的形状和方向特征;岩质海岸的岸线应反映其曲折的图形特点

和岩岬的尖角形态。凸向海域的岸线一般夸大陆地、舍去海域碎部;凹入陆地的岸线则应夸大海域、舍去陆地碎部。图上岸线弯曲小于0.5 mm×0.6 mm时一般可舍去,对显示岩质岸线及岬角、沙嘴等特征的小弯曲可夸大表示。

5.1.9　干出滩

图上长度大于5 mm且宽度大于1 mm的按其类型分别用相应的符号表示。在1∶500 000地形图上长度大于10 mm且宽度窄于1 mm的改用狭窄干出滩符号表示。

5.1.10　礁石、危险海区

明礁、暗礁、干出礁一般应表示,密集时在保持其分布范围和密度对比的条件下可酌情取舍,但作为领海基线点的礁石应表示。对航行有危险的礁石其范围应加点线表示。

有名称的礁石应选择注出名称。

5.1.11　岛屿、沙洲

河流、湖泊与海洋中岛屿的表示应注意保持岛屿的位置及其基本轮廓特征,并应注意:

a) 以双线表示的河流、湖泊、水库中的岛屿、沙洲在图上面积大于0.35 mm^2应表示,密集时可取舍。孤立的、著名的或位于国界两侧的小岛,可酌情选取并夸大到0.35 mm^2表示。与邻国有争议的岛屿应表示。

b) 海洋中的岛屿在图上面积大于0.35 mm^2应依比例尺表示,小于此面积时按其形状特征用不依比例尺的点状岛屿符号表示。当小岛成群、分布密集、图上不能逐个表示时,应在保持其分布范围、排列规律和疏密对比的情况下进行取舍。

c) 河、湖中的岛屿、沙洲选择注出名称;近海岛礁一般应注出名称,密集时可选择注出;位于国界两侧的岛屿尽量注出名称,与邻国有争议的岛屿应注出名称。群岛名称注记应比其中最大岛名称的字级大1～2级。岛屿名称注记分级应参照有关的水系资料图确定。

5.1.12　水中滩

在1∶500 000地形图上面积大于4 mm^2、在1∶1 000 000地形图上面积大于2 mm^2的水中滩应表示,并应正确反映其分布范围和排列方向。

5.1.13　海底底质

海底底质按海图资料上分类表示,注记按原位置注出。注记密度一般每100 cm^2内3～5个。海山和海丘顶部,海沟和海盆底部的底质注记一般均应选取,在底质复杂多变的海区和作为锚地的浅海区应适当多选。

5.1.14　井、泉、瀑布

5.1.14.1　井、泉、瀑布的选取及表示

缺水地区的水井、泉应尽量表示,其中能饮用的和作为水源的应优先选取。其他地区的仅表示有方位意义的、有特殊性质(如温泉、矿泉等)及著名的井、泉。特殊的井、泉应分别加注"咸"、"温"、"间"等说明注记。

瀑布择要表示。在1∶500 000地形图上落差5 m以上的瀑布应加注比高。

5.1.14.2　井、泉、瀑布的名称注记

有专有名称的井、泉,在人烟稀少地区应注出名称,其他地区宜择要注出。

在1∶500 000地形图上有名称的瀑布一般应注出名称;1∶1 000 000地形图上只注著名的瀑布名称。

5.1.15　沼泽

图上面积大于25 mm^2沼泽应表示,盐碱沼泽、泥炭沼泽应加注说明注记。

沿河流分布的狭长沼泽,图上宽2 mm且长10 mm以上的应选取。

5.1.16　海、海峡及潮汐、海流流向名称注记

表示1月和7月的表层海流及流速,符号间隔一般为10 cm。

在近海及主要港湾处应表示潮流及流速。

海、海峡、海湾、海口、海沟、海槽、海角等均应注记名称，其名称注记参考有关的水系资料选用相应的字大表示。

5.1.17　水利附属设施

水利设施的表示见表4。

表4　水利设施的表示

水利附属设施	1∶500 000地形图	1∶1 000 000地形图
堤	图上长10 mm且比高3 m以上时一般应表示，连续较长的防护堤，个别地段的比高虽不足3 m也应完整表示。水网地区堤较多时可只选取主要河流、湖泊的防护堤。堤高大于5 m时应注比高	选取表示主要河流，运河及行、蓄、滞洪区的防护堤和沿海的海堤
水闸、船闸	择要选取表示	选取重要的分洪（泄洪）闸、防潮闸、大型船闸、排灌闸
拦水坝	择要选取表示	择要选取表示
行、蓄、滞洪区	图上面积大于25 mm^2 时一般应表示，并应注出名称。当范围线与等高线重合时，可压盖等高线表示	图上大于25 mm^2 的一般应表示，并应注出名称
防波堤、制水坝	择要选取表示	
陡岸	图上长5 mm且比高3 m以上的应表示，比高5 m以上的应注比高	

5.2　居民地及设施

5.2.1　编绘要求

应正确表示居民地的位置、平面图形基本形状特征、行政意义及名称，反映各地区居民地分布特征以及居民地密度的对比，处理好居民地与其他要素的关系。

5.2.2　居民地的选取

5.2.2.1　居民地的选取原则

居民地的选取应按照以下原则进行：

a）县级以上居民地全部表示。

b）乡、镇级居民地在1∶500 000地形图上一般应全部选取，在1∶1 000 000地形图上尽量选取。

c）其他居民地根据表5规定按由主到次、逐渐加密的原则进行选取。应先选取农场、林场、牧场、渔场及位于道路交叉口、道路端点、通航起止点、河流交汇处、山隘、渡口、制高点、国境线、重要矿产资源地、文物古迹等处的及有政治、经济、历史和文化意义的居民地。

d）在人烟稀少地区的居民地一般应全部表示。

表5　居民地密度分区及选取指标

密度分区	类型[a]	实地每100 km^2 内居民地数量	图上每100 cm^2 选取数量	
			1∶500 000	1∶1 000 000
极稀区	中小型	15以下	70以下	90以下
稀疏区	中小型	16～35	70～100	90～120
	大中型	15以下		
中密区	中小型	36～110	100～130	120～160
	大中型	16～60		

表 5（续）

密度分区	类型[a]	实地每 100 km^2 内居民地数量	图上每 100 cm^2 选取数量	
			1∶500 000	1∶1 000 000
较密区	中小型	111～200	130～160	160～200
	大中型	61～110		
稠密区	中小型	200 以上	160～180	200～250
	大中型	110 以上		

a 大中型指以街区式、轮廓式为主的居民地区域，中小型指以圈形符号为主的居民地区域。

5.2.2.2　普通房屋、蒙古包、放牧点的选取

普通房屋、蒙古包、放牧点一般不表示，在人烟稀少地区，有名称的宜选取，无名称的择要选取。

5.2.3　居民地的表示

5.2.3.1　表示居民地的符号类型

根据居民地的行政等级及在图上面积的大小按表 6、表 7 的规定选择相应的符号类型。

表 6　1∶500 000 地形图居民地符号类型

符号类型	居民地图上面积大小
街区式	＞30 mm^2
轮廓式	4 mm^2～30 mm^2
单圈式	＜4 mm^2

表 7　1∶1 000 000 地形图居民地符号类型

符号类型	居民地行政等级	居民地图上面积大小
街区式		＞30 mm^2
轮廓式		4 mm^2～30 mm^2
双圈式	县级及县级以上	＜4 mm^2
单圈式	县级以下	

5.2.3.2　用街区式图形符号表示的居民地

居民地街区面积大于 30 mm^2 的用街区式图形符号表示，概括街区平面图形时应注意：

a）街区单元面积在城镇房屋密集区的最大面积一般不超过 20 mm^2，城市外围房屋稀疏区及乡村居民地街区单元的面积一般不超过 4 mm^2。最小图斑一般不小于图上 2 mm^2，狭长街区单元的宽度不小于 0.6 mm。街区内空地面积大于 2 mm^2 的应表示。

b）应清晰反映居民地外围轮廓，街区凸凹拐角在图上小于 0.5 mm 的可综合。街区外轮廓附近的小居住区，图上距离大于 1 mm 的且面积超过 2 mm^2 的可单独以平面图形表示，不足 2 mm^2 的可改用普通房屋符号表示。选取能反映居民地外围轮廓的普通房屋。

c）选取街道时，应正确显示居民地内部的主要通道。宜选取与公路相接的街道，并应注意反映其矩形、放射形或不规则形等街区类型。

d）河流、铁路、高速公路可通过街区。其他道路不直接通过街区图形，道路应对准街道线中心表示出，并保持 0.2 mm 的距离。

5.2.3.3　用轮廓式图形符号表示的居民地

居民地街区面积大于 4 mm^2 且小于 30 mm^2 的用轮廓式图形符号表示，概括轮廓图形时应注意：

a）应正确显示居民地的范围和轮廓特征，保持轮廓的明显拐角、弧线或折线等形状，凸凹拐角在图上小于 0.5 mm 的可综合。轮廓外围零散分布的普通房屋不表示。

b）河流、铁路、高速公路可通过街区（如果压盖严重，可以与轮廓图形边缘相接），其他道路则与轮廓图形边缘相接。

5.2.3.4　用圈式图形符号表示的居民地

居民地街区面积小于 4 mm^2 的用圈式图形符号表示。县级及以上居民地用双圈式图形符号表示，县级以下居民地用单圈式图形符号表示。

圈形符号中心一般配置在居民地的结构中心；若居民地结构分散则配置在主要建筑区中，或居民地内线状地物交叉点处，或普通房屋符号密集处。位于小岛、狭长岬角的居民地，圈形符号的中心应配置在陆地上。

用圈形符号表示的居民地应正确反映其与道路、河流等地物之间的相切、相割、相离的位置关系。

5.2.4 居民地的名称注记

5.2.4.1 居民地行政等级

居民地按行政等级分为：a)首都；b)省级行政中心；c)地级行政中心；d)县级行政中心；e)乡、镇级行政中心；f)村庄等。

凡选取的居民地一般均应注记名称，并以不同的字体与字大区分居民地的行政等级。

5.2.4.2 居民地名称注记

居民地名称注记要求见表8。

表8 居民地名称注记

居民地行政等级	1∶500 000地形图	1∶1 000 000地形图	备注
县及县级以上政府行政中心	a) 按行政名称注全名； b) 当行政中心名称与驻地名称不一致时，驻地名称括注	a) 地级按行政名称注全名； b) 县级按行政名称注专名； c) 当行政中心名称与驻地名称不一致时，驻地名称括注	自治州人民政府行政中心，地区、盟行政公署以行政中心驻地名称注出，并在其名称下方绘一横线
乡、镇级政府行政中心	a) 镇级按行政名称注全名，当行政中心名称与驻地名称不一致时，驻地名称括注； b) 乡级按行政名称注专名	a) 乡级按行政名称注全名； b) 镇级按行政名称注专名	
村庄	按自然名称注出		人烟稀少地区，注记可放大一级注出
农、林、牧、渔场、科研等单位	注全名，“国营”二字省略		
注1：专名为一个字时应注全名。 注2：自治县、旗，民族乡等的名称应注全名。			

居民地名称应配置适当，指示明确，并避免注记压盖居民地出入口、道路交叉口及其他重要地物。

居民地跨图幅时，面积较小部分其名称以细等线体字注于图廓间。

5.2.5 居民地设施的选取与表示

5.2.5.1 居民地设施选取原则

工矿、名胜古迹、宗教、科学测站等场所、设施和其他独立地物应视不同的密度和地形情况进行取舍：

a) 在街区式居民地内部一般不表示。

b) 在城市外围及居民稀疏区，应选取表示高大明显、有一定方位意义的突出地物，或有一定历史、文化意义的文物古迹以及能反映现代科学技术和经济建设发展水平的地物，如电视发射塔、省级及省级以上保护的文物古迹、宗教设施、宝塔、各类科学测站等，在1∶500 000地形图上的装机容量2.5万kW、在1∶1 000 000地形图上的装机容量10万kW以上的发电厂(站)也应表示，有名称的选注名称，核电站应加注“核”字。

c) 在居民地及地物稀少地区，独立地物应详细表示，有名称的应选注名称。

d) 图上面积在2 mm^2～4 mm^2 的盐田用不依比例尺的符号表示，大于4 mm^2 的盐田依比例尺表示。在1∶500 000地形图上有名称的盐场应加注名称。

5.2.5.2 长城及地类界的表示

在1∶500 000地形图上表示长城并区分完整部分和损坏部分；在1∶1 000 000地形图上长城损坏

部分也以完整的符号表示。

地类界在图上弯曲小于 2 mm 的可适当化简。地类界与地面有形的线状地物如道路、河流重合或相距窄于 1 mm 时，可以线状地物为界，但当与地面无形的线状地物如境界、架空的线状地物（如高压输电线等）重合时，应适当移动地类界以保持 0.2 mm 的间距；与等高线重合时可压盖等高线。

5.2.6 国外居民地的表示

国外城市其图形面积大于 4 mm^2 的均用轮廓式图形符号表示，小于 4 mm^2 的均用单圈式图形符号表示。

名称注记按其行政意义以相应等级的注记字大表示。

5.3 交通

5.3.1 编绘要求

正确表示道路的类别、等级、通向和形状特征，反映不同地区间交通网的密度对比，正确表示水运、空运及其他交通设施，正确反映交通与其他要素的关系。

5.3.2 铁路

5.3.2.1 铁路的选取与表示

单线、复线、窄轨铁路和建筑中的铁路一般应表示，但在城市内、近郊和工矿区内及车站附近的短支线和岔道，图上长度小于 10 mm 的可酌情舍去。

城际客运专线等高速铁路应加注说明注记，路段很长时，可每隔 15 cm～20 cm 重复注出。

5.3.2.2 火车站

火车站应全部表示，过密时可舍去慢车站。车站符号表示在站台一边；两边均有站台的，车站符号居中表示。当车站符号靠近乡镇级及以上居民地符号的，且表示有困难时可不表示车站；当靠近一般村庄，同时表示有困难时，只表示车站符号。

车站应注出名称，但当车站名称与所在居民地名称一致且靠得很近时，车站名称可省略。

5.3.3 公路及其他道路

5.3.3.1 城际公路的选取

城际间的高速、国、省、县等各级公路均应选取。在城市近郊、工矿区等公路过密地区，图上长度不足 10 mm，平行间距不足 5 mm 的短小岔线可酌情舍去。

公路可注出技术等级代码，较长的可每隔 15 cm～20 cm 重复注出，长度不足 5 cm 的可不注出。一条公路技术等级变化频繁时，应选择较低级的代码注出。

具有两个以上公路代码的路段其道路编号按管理等级高的注出公路代码，管理等级相同的按道路编号小的注出公路代码。

主要铁路、国家干线公路和高速公路的名称应用说明注记注出，名称需注“××线”、“××高速”。字边平行于道路，较长路线可每隔 15 cm～20 cm 重复注出。

5.3.3.2 乡村道路的选取

机耕路和乡村路、小路作为居民地之间、居民地与公路之间相互联系的补充，根据道路网密度大小进行选取。对贯通山区、林区、沙漠、草地、沼泽和作为境界的乡村小路应优先选取。

山隘：择要表示，重要的应加注名称。

5.3.3.3 道路的选取原则及密度指标

选取道路时，应按由重要到次要、由高级到低级的原则进行，并注意保持道路网的密度差别和形状特征。道路网格大小按居民地密度分区，其指标见表 9。

表 9 地形图道路网格大小

居民地密度分区	居民地稠密区和较密区		居民地中密区		居民地稀疏区	
	1∶500 000	1∶1 000 000	1∶500 000	1∶1 000 000	1∶500 000	1∶1 000 000
道路网格大小	2 cm^2～4 cm^2	1 cm^2～3 cm^2	3 cm^2～5 cm^2	2 cm^2～4 cm^2	5 cm^2 以上	4 cm^2 以上

5.3.3.4 道路的图形概括

概括道路图形时应保持形状的基本特征。次要弯曲可化简,但对于急转弯、"之"字形弯道等有特征意义的弯曲则应夸大表示。当有多个"之"字形弯道并联,图上无法逐一表示时,应在保持两端位置准确和"之"字形特征的条件下作适当化简。概括后的道路形状应与地貌、水系等要素协调。当道路与水系要素发生争位时,宜保持水系要素的位置准确,移动道路,保持图上 0.2 mm 间距。

机耕路、乡村路和小路可进行较大程度的图形概括,只着重表示其走向。

虚线表示的道路交叉点应以实部衔接,变换等级时,应以地物点为变换点。

5.3.4 道路附属设施

5.3.4.1 桥梁

以双线表示的河流上的车行桥一般应表示。

5.3.4.2 隧道

隧道:图上长 1 mm 以上的依比例尺表示,短于 1 mm 的适当选取用不依比例尺符号表示。对于不能依比例尺表示的连续隧道群,可表示两端隧道,中间酌情配置不依比例尺的隧道符号。

5.3.4.3 水运设施

码头、停泊场:在 1∶500 000 地形图上以双线表示的河流、湖泊及沿海港口中长度大于 1 mm 的码头均应表示;港口外的停泊场一般应表示。当河流宽度较窄难以表示时,可移至河流外侧表示。

港口:在 1∶1 000 000 地形图上沿海和远洋航行的海轮停泊港口和对外开放的内河港全部表示,其他内河港择要表示。

灯塔、灯桩:根据灯光射程按表 10 规定选取表示。

表 10 根据灯光射程选取灯塔、灯桩

灯光射程/(n mile)	1∶500 000	1∶1 000 000
<10	择要表示	一般不表示
10～15	全部表示	酌情表示
≥15		全部表示

通航河段起止点:运河及枯水期能通行运输船的河流应表示通航河段起止点。

航海线:港口间固定的航海线应表示,并应正确表示航海线与岛屿、礁石、航行标志的关系。用说明注记加注起止点的地名和里程,若起止点在同一幅图内,则只注里程,地名可省略。

5.3.4.4 空运设施

表示国外飞机场及国内对外开放的民用机场,并应注记名称。

5.4 地貌

5.4.1 编绘要求

正确表示各类地貌的基本形态特征,清晰显示山脉和分水岭走向,保持地貌结构线、特征点位置和名称注记的正确,处理好地貌与其他要素的关系。

5.4.2 等高线

根据制图区域地形特征及资料情况,按表 11 规定选择等高距及任意曲线。凡选取表示的任意曲线应加注高程注记。

当基本资料上的等高线精度不符合要求时,可用草绘等高线符号表示。

表 11 基本等高距及等高线的选取

1∶500 000 地形图	1∶1 000 000 地形图
a) 等高距一般为 100 m,在中山、高山区等高线过密时,可采用 200 m; b) 为反映地形特征,在平原、盆地、台地、高原等区域可采用任意曲线补充表示。东部平原地区补充 20 m、50 m、150 m 等高线;吐鲁番盆地补充 0 m、−50 m、−100 m、−150 m 等高线	a) 高度 0 m～2 000 m,等高距为 200 m,并补充 50 m 等高线。不等齐斜坡处宜补充 500 m、1 500 m 等高线; b) 高度 2 000 m 以上,等高距为 250 m; c) 为反映地形特征,东部平原地区补充 20 m 等高线;吐鲁番盆地补充−50 m、−100 m、−150 m 等高线

表 11（续）

1∶500 000 地形图	1∶1 000 000 地形图
注 1：一幅图内只采用一种基本等高距。 注 2：等高距为 100 m 时，每 500 m 整倍数的等高线加粗表示；等高距为 200 m 时，每 1 000 m 整倍数的等高线加粗表示。	注：零米和整千米的等高线加粗表示。

5.4.3 等高线图形的综合

5.4.3.1 等高线图形综合要求

综合等高线图形时应正确表示地貌的类型及形态特征，显示山脉的走向，反映不同类型地貌切割程度。正确表示山顶、山脊、谷地、斜坡、鞍部的形态特征，一般情况下是删除次要的负向地貌碎部，但在概括刃脊、角峰、冰斗、凹地、方山、盆地等的图形时，则可删除次要的正向地貌碎部。相邻两条等高线图上间距不应小于 0.2 mm，不足时可以间断个别等高线，但不应成组断开。

为保持等高线图形的清晰和强调某些地貌形态的特征，个别等高线可局部适当移位（最大位移不超过 1/3 等高距），但应注意避免等高线与附近高程点之间出现矛盾。

5.4.3.2 基本地貌形态的综合

5.4.3.2.1 山脊

正确表示山脊的形状、延伸方向及主脊与支脊之间的相互关系。山脊顶部等高线间距不小于 0.5 mm。尖窄山脊的等高线可呈尖角形弯曲，等高线一般不应向下坡方向移位；浑圆形山脊上部等高线可稍向下坡方向移位，以适当扩大山脊部分。

5.4.3.2.2 山头

注意反映小山头的尖角形、浑圆形等特征。表示山脊上的山头和独立高地的闭合等高线最小面积一般不小于 0.5 mm^2，有境界通过的小山头可适当放大。有高程注记的小山头，等高线表示不下时，可省去一条等高线。群集小山头可选择部分夸大表示，独立的小山头一般可夸大表示。沿山脊分布而又为同走向的小山头距离小于 0.5 mm 时可适当合并。

5.4.3.2.3 谷地

正确表示谷地大小、形态以及主支谷关系。图上相邻谷的谷口间距在一般情况下按表 12 规定。

表 12 谷口间距

地貌类型	谷口间距	
	1∶500 000	1∶1 000 000
中山、高山	5 mm～7 mm	4 mm～6 mm
丘陵、低山	4 mm～6 mm	3 mm～5 mm
黄土、风成	3 mm～5 mm	2 mm～4 mm

选取谷地时应按从大到小、由主及次的原则进行。有河流通过的谷地、主要鞍部以及道路通过的谷地应优先选取。

概括谷地等高线图形时应反映出谷地纵横剖面的形态特征，正确显示出谷底线、谷缘线的位置。谷底的同高程等高线在图上最小间距不应小于 0.5 mm。在一般情况下应舍去支谷，突出主谷，或主谷的等高线比支谷的等高线向谷源方向伸入得长一些。

5.4.3.2.4 斜坡

注意反映出等齐斜坡、凹形坡、凸形坡、阶形坡、斜陡坡及受冰蚀的三角面、受风化的岩石坡面、受流水冲蚀的扇状坡面等特征。

5.4.3.2.5 鞍部

注意反映鞍部的对称与不对称特征。鞍部两侧最高两条对应等高线距离一般不应小于 0.5 mm。

5.4.3.2.6 凹地及示坡线

图上面积大于 1 mm^2 的凹地应予以选取，小于此面积的可选择夸大表示。群集凹地应注意保持其分布特征。

凹地的边缘最高一条等高线和底部最低一条等高线应表示示坡线，独立小山头、斜坡方向不易判读处、图廓边的丘岗及谷地也应表示示坡线。

5.4.4 高程点及等高线高程注记

高程点应按地貌特征进行选取，其个数在地貌形态比较破碎复杂的地区应较多，比较完整简单的地区可较少。一般图上每 100 cm^2 选取数量见表 13。

表 13 高程点、等高线高程注记选取指标

1∶500 000				1∶1 000 000			
高程点数量/个		等高线高程注记数量/个		高程点数量/个		等高线高程注记数量/个	
平原	丘陵、山地	平原	丘陵、山地	平原	丘陵、山地	平原	丘陵、山地
10 左右	10～15	5～10		10～15	15～20	5～10	10～15

一般优先选取图幅内最高点、凹地最低点、河流交汇处、主要湖泊岸线旁、道路交叉处及著名山峰、山隘等处的高程点，并注意协调处理高程点与等高线等要素的矛盾。

等高线高程注记选取数量见表 13，注记字头朝向高处。

5.4.5 等深线、水深注记

5.4.5.1 等深线

表示水深为 10 m、20 m、50 m、100 m、200 m、500 m、1 000 m、1 500 m、2 000 m、2 500 m、3 000 m 及 3 000 m 以上的 1 000 m 整倍数的各条等深线。等深线应加注记，注记一般成组配置，字头指向浅水处。在斜坡方向不易判读处和最低一条封闭等深线上应表示示坡线。在 1∶1 000 000 地形图上，水下海山、海丘在图上面积较小，因其坡陡而不能以等深线表示时，以特殊水深符号表示，并引注水深。

在概括等深线时一般扩大浅水区，缩小深水区。陡坡地段的等深线间距小于 0.2 mm 时可中断个别等深线。

5.4.5.2 水深注记

注记的密度按浅水密、深水稀的原则，并根据海底地形确定。图上每 100 cm^2 内一般选取 10～30 个，近海岸区选取 30 个左右，海盆和海槽地区选取 10 个左右；在航道两侧浅滩、河口、岛、礁周围及地形陡变处的水深注记以及深潭、海盆及海区最深处的水深注记要优先选取。水深注记的中心表示测深点的位置，注记注至整米。

5.4.6 典型地貌的编绘

5.4.6.1 冰川地貌的编绘

正确表示冰雪区与裸露区的范围、面积对比以及不同形态特征；正确表示由冰川的侵蚀和堆积作用而形成的冰斗、角峰、刃脊、冰川槽谷等冰川地貌及冰碛垄、冰碛丘陵等冰碛地貌。

用地类界表示出雪域范围，地类界的概括应与等高线图形相适应。粒雪原的选取面积见表 14。

表 14 粒雪原及裸露区面积

比例尺	1∶500 000	1∶1 000 000
粒雪原面积及裸露区面积	4 mm^2	2 mm^2

粒雪原图上面积大于表 14 规定的应表示，零散分布的图上面积不足时也应夸大表示一部分，以反映粒雪原与裸露区面积对比和粒雪原分布的特点。粒雪原之间图上间距小于 1 mm 时可合并。

粒雪原内的裸露区图上面积大于表 14 规定的应表示，小于规定的视情况夸大或合并到粒雪原内。

图上长度 2 mm～5 mm 且宽度小于 1 mm 的冰川用半依比例尺符号选取表示，作为河源的冰川应

优先选取。

雪山内的冰面等高线、冰碛、冰塔能清晰表示的均应表示。

5.4.6.2 **黄土地貌的编绘**

正确表示黄土沟间地貌及沟谷地貌。保持黄土塬、梁、峁顶的平缓特征及黄土沟谷纵横、谷壁陡峭、地形支离破碎的特征。在黄土阶地和山麓倾斜平原地带，由于等高线落选而使沟谷不能完整显示，可改用双线或单线冲沟符号表示。

冲沟图上长度大于4 mm的应表示，冲沟之间的间距见表15。冲沟宽度小于0.4 mm的用0.1 mm～0.4 mm的单线表示，宽度大于0.4 mm的用双线符号依比例尺表示。

表15 冲沟间距

比例尺	1∶500 000	1∶1 000 000
冲沟间距	3 mm～4 mm	2 mm～3 mm

黄土漏斗选择表示，以显示该地貌的特征。

5.4.6.3 **岩溶地貌的编绘**

通过对溶斗(封闭洼地)、孤峰、峰丛、峰林的取舍和等高线图形的综合以表示溶蚀高原、溶蚀山地、溶蚀丘陵和溶蚀平原的不同形态特征：

a) 洼地图上面积小于0.7 mm^2的可改用溶斗符号选择表示。

b) 峰丛、峰林以取舍为主，在有明显走向的峰林地区，位于同一基底的峰体可合并表示。图上面积小于0.4 mm^2的峰丛、峰林可选择夸大表示。对1∶500 000地形图上面积小于0.5 mm^2的孤峰、1∶1 000 000地形图上面积小于0.35 mm^2的孤峰，应择其高大的、能反映分布特征的用符号表示。

5.4.6.4 **风成地貌的编绘**

风成地貌其地面物质组成和形态差异分为：风成山地、风蚀残丘、戈壁和沙漠等主要类型。

a) 表示风成山地时，应反映基岩裸露，山体破碎，棱角明显，沟脊狭窄以及山麓地带遍布洪积物的特征。

b) 表示风蚀残丘地貌时，图上面积大于1 cm^2的残丘地应表示，符号的配置应正确显示其分布范围和该地区的主导风向。

c) 沙砾地、戈壁滩图上面积大于1 cm^2的应表示，符号配置应正确反映其分布范围。

d) 表示沙漠时应反映其稳定程度、分布范围、规模大小、形态特征及其与风向的关系。图上面积大于1 cm^2的各种沙地地貌应用相应的符号表示。基本资料上用等高线表示的各类沙地地貌，因缩小后等高线显示不清或等高线落选时，可改用相应的符号表示。

5.4.7 **火山地貌的编绘**

火山口用符号表示，较密时可适当取舍。以等高线表示的火山地貌应注意反映锥体形状、凹形斜坡以及放射性冲沟等特征，并注意表示火口湖、河流、堰塞湖、瀑布、泉等。

5.4.8 **其他地貌符号的使用**

其他不能用等高线表示的地貌，可择要用相应的符号表示：

a) 山洞、溶洞表示著名的，并注出名称。

b) 陡崖、陡坎在1∶500 000地形图上长5 mm且比高5 m以上的应表示，并注出比高；1∶1 000 000地形图上长3 mm且比高5 m以上的应表示。

c) 露岩地、陡石山在1∶500 000地形图上应表示。成片分布的露岩地在其范围内均匀配置符号，小块独立分布的其符号一般配置在原资料的位置上；图上长度小于5 mm或宽度小于2 mm的陡石山可改用等高线表示。

5.4.9 **地理名称注记**

地理名称注记包括山峰、山脉、谷地、盆地等。

a) 重要山峰、山隘、独立山头等的名称一般应注出，注记字大根据山体大小和著名情况分级注出。

b) 山岭、山脉名称一般应注出，注记大小应保持一定级差。注记位置沿山脊走向排列。若山脉名称在基本资料上未注出者，应根据有关的参考资料加注。跨越国界的山脉名称，一般按各国所用的名称在各自国境内分别注出。

c) 盆地、沙漠、山峡、山谷、冰川等名称按其范围、方向注出，并保持一定级差。

5.5 管线

5.5.1 海底光缆、电缆

表示敷设于海底用于传输光、电通信信号的缆线，并分别加注“光”、“电”注记。

5.5.2 管道

表示大型矿区通往港口及大城市的输送石油、天然气、水等的大型管道，并加注相应的说明注记。

5.6 境界

5.6.1 编绘要求

正确反映境界的等级、位置以及与其他要素的关系。不同等级的境界重合时应表示高等级境界符号，与其他地物不重合的境界线应连续表示；境界的交汇处和转折处应以点或实线表示。境界符号两侧的地物符号及其注记不应跨越境界线。

5.6.2 国界

国界线应根据相关要求准确表示出，并在出版前按规定履行报批手续。

a) 表示国界时应注意：

1) 国界应准确表示，在能表示清楚的情况下一般不应有较大综合或位移。国界的转折点、交叉点应用国界符号的点部或实线段表示。1∶500 000 地形图上还应表示国界上的界桩和界碑。

2) 按规定表示位于国界线上和紧靠国界线的居民地、道路、山峰、山隘、河流、岛屿和沙洲等地物，并明确其领属关系。

3) 边界条约上提到的名称应按条约附图尽量表示，各种注记不应压盖国界符号，并应注在本国界内。

b) 以河流及线状地物为界的国界表示方法：

1) 以河流中心线或主航道为界的国界，当河流用双线表示且其间能表示出国界符号时，国界符号应不间断表示出，并正确表示岛屿和沙洲的归属；河流符号内表示不下国界符号时，国界符号应在河流两侧不间断地交错表示出，岛屿、沙洲归属用说明注记括注(国名简注)。

2) 以共有河流或线状地物为界时，国界符号应在其两侧每隔 30 mm～50 mm 交错表示 3～4 节符号，岛、洲归属用说明注记括注(国名简注)。

3) 以河流或线状地物一侧为界时，国界符号在相应的一侧不间断地表示出。

5.6.3 国内各级行政界线

省级境界应按有关规定进行校核，地(市)、县级境界用最新编绘出版的地图或最新勘界成果和行政区划变动资料进行校核。两级以上的境界重合时只表示高一级的境界。

各级境界以线状地物为界时，能在其线状地物中心表示出符号的，在其中心每隔 30 mm～50 mm 表示 3～4 节符号；不能在其中心表示出符号的，可在线状地物两侧每隔 30 mm～50 mm 交错表示 3～4 节符号。在明显转折点、境界交接点以及出图廓处应表示境界符号。应明确岛屿、沙洲等的隶属关系。

“飞地”界线用其所属的行政单位的境界符号表示，并加隶属说明注记，如“属××省××县”或“属××县”，飞地范围太小注不下说明注记时，可用带圈数字编号，图廓外加附注说明：“图内编号①：属××省××县(或属××县)”。

飞地面积小于 10 mm^2 时可不表示界线，若其内有乡、镇级以上居民地时应在名称下方括注隶属说明。

5.6.4 国外界线

国外地区的国界、外国一级行政区划界(用国内省界符号表示)应表示。克什米尔地区界用特殊地区界符号表示。

5.6.5 自然、文化保护区界线

国家及省级自然保护区、国家森林公园等范围界线应表示,并在范围内注记名称。

当界线无法确定时,可只在中心部分加注名称;面积过小无法注出名称时可不注记。

5.6.6 境界线晕带的表示

国界、省级行政区界线、特别行政区界线和地级行政区界线应加绘色带。

我国国界色带以国界符号的中心线为准向国外一侧表示;以河中心线为界的以国界符号的中心向国外一侧表示,以河流为界的则以河流外缘向国外一侧表示。

其余境界色带均为"骑带",其中国外地区的国界和一级行政区界的色带宽度分别为 2.5 mm 和 1.5 mm 宽。

5.6.7 行政区域名称注记

1∶1 000 000 地形图上省级行政区和地区级行政区应在其行政区范围内用表面注记注出名称,其字体、字大按 GB/T 20257.4 规定的相应级别,但应注出全名。跨图幅的政区,当图内面积很小时,可将其名称用 2.5 mm 的细等线体在图廓间注出。

5.7 植被与土质

5.7.1 编绘要求

应正确反映出植被和土质的主要类型及范围以及与其他要素的关系。与河流、道路符号间距小于 1 mm 时,可以河流、道路为界。毗连成片的同类土质、同类植被其图上间距小于 1 mm 时可以适当合并,范围线弯曲小于 2 mm×2 mm 的可以化简。

同一地段生长有多种植物时可配合表示,但植被连同土质符号不宜超过三种,符号的配置应与实地植被的主次和稀密情况相适应。荒漠地区植被选取指标可低于下述规定。

配置植被符号时,不要压盖其他地物符号,在各植被范围内至少应配置一个符号。

5.7.2 经济林

图上面积大于 16 mm^2 的应表示,小于此面积的一般不表示,仅在植被稀少地区或小面积分布成片地区适当选取,图上面积小于 1 mm^2 的用不依比例尺符号表示。

5.7.3 林地

成林、幼林、竹林在图上面积大于 25 mm^2 的分别用相应的符号表示,小于此面积的一般不表示,仅在植被稀少地区或小面积分布成片地区适当选取,图上面积小于 10 mm^2 的用其小面积符号表示。图上宽度不足 1 mm 但长度大于 8 mm 的狭长林带用狭长符号表示。图上面积大于 25 mm^2 的林中空地应表示。大面积的成林中夹有灌木林的只表示成林。

防护林在图上长度大于 5 mm 时应表示,并正确表示防护林网的平面图形特征。

灌木林在图上面积大于 1 cm^2 时应表示,小于此面积的一般不表示。

5.7.4 草地、盐碱地及其他土质

图上面积大于 1 cm^2 的草地、盐碱地分别用相应符号表示,沙砾地、戈壁滩、残丘地的表示见 5.4.6.4。

5.8 经纬线的表示

图幅内的经纬网线应表示,其间隔见表 16。

表 16 图幅内经纬网线间隔

经纬差	1∶500 000	1∶1 000 000
经差	30′	1°
纬差	20′	1°

1∶1 000 000 地形图上应表示北回归线。

6 编绘技术方法及要求

6.1 编绘技术流程

地形图编绘一般应使用大于成图比例尺的地形图的数据库数据或制图数据进行缩编,如已有的 1∶500 000或 1∶1 000 000 地形图的数据质量较好时,可利用现势资料对其进行要素的更新。编绘时可先要素选取再符号化编辑,也可要素选取与符号化编辑同时进行。图 1 显示了以地形图数据库数据为基础,先要素选取再符号化编辑的编绘流程和以地形图制图数据为基础,要素选取与符号化编辑同时进行的编绘流程。

6.2 编绘顺序

编绘应按有利于要素关系协调原则和重要要素在先、次要要素在后的顺序进行。

6.3 元数据文件录入及图历簿的填写

元数据文件及图历簿应能全面、正确反映每幅地形图的编绘过程。应详细记载所编图幅的数学基础、平面控制点坐标、数据源、数据分层、图幅编绘说明、图幅接边、资料使用情况、主要问题的处理情况和成图质量评定等内容。

7 准备工作

7.1 制图资料的选择

7.1.1 基本资料

应搜集不小于成图比例尺、精度符合要求、现势性强的地形图数据库数据或制图数据作为基本资料。

7.1.2 补充资料

作为基本资料的补充或参考,还应搜集以下资料:

a) 基本资料的元数据文件或图历簿;

b) 已有 1∶500 000 或 1∶1 000 000 地形图资料;

c) 具有权威性的、现势性强的与地形图要素有关的专题资料;

d) 最新编绘出版的省、地、县地图和地图集等。

7.1.3 基本资料的搜集及使用应截止至编绘作业之前。对于县级以上居民地的行政等级、政区变动,铁路,省道以上公路,重大水利工程等重要要素,其现势性资料的使用一般截止至成图提交验收之前。

7.2 制图资料的分析与评价

对于确定为制图所需使用的资料,应进行分析,并做出简明评价和确定其使用程度。评价内容一般包括:

a) 测制单位、数学基础、成图年代等;

b) 地形图内容精度、现势性、可靠性与完备性等;

c) 各地物要素同本部分及 GB/T 20257.4 中符号分类分级的符合程度及转换原则。

根据以上分析、评价,确定基本资料、补充资料、参考资料的使用程度及方法。

7.3 制图区域的研究

制图区域的研究是以基本资料为基础,结合补充资料和参考资料,从整体上了解制图区域的地理概况和基本特征。研究的主要内容为:

a) 居民地的分布特点和密度差别,居民地平面图形的基本特征及行政意义等;

b) 道路的等级、通行情况、分布特点和密度差别;

c) 各级境界状况,特别是未定的国界、省界;

d) 水系的结构特征及河网密度,湖泊类型及分布特点,运河、沟渠等人工水系物体的分布状况;

准备工作
资料选择
制图区域研究
编绘技术方法的确定及设计书拟定
数据库数据
制图数据
地形图要素综合
基本数据预处理
交通、水利、地名等现势资料
要素更新与综合
制作综合参考样图
数据接边
地形图制作
符号化及图形编辑
地形图接边与整饰
地形图数据（成果）
地形图要素综合与地形图制作
基本数据预处理
交通、水利、地名等现势资料
要素更新、综合与图形编辑
制作综合参考样图
地形图接边与整饰
地形图数据（成果）

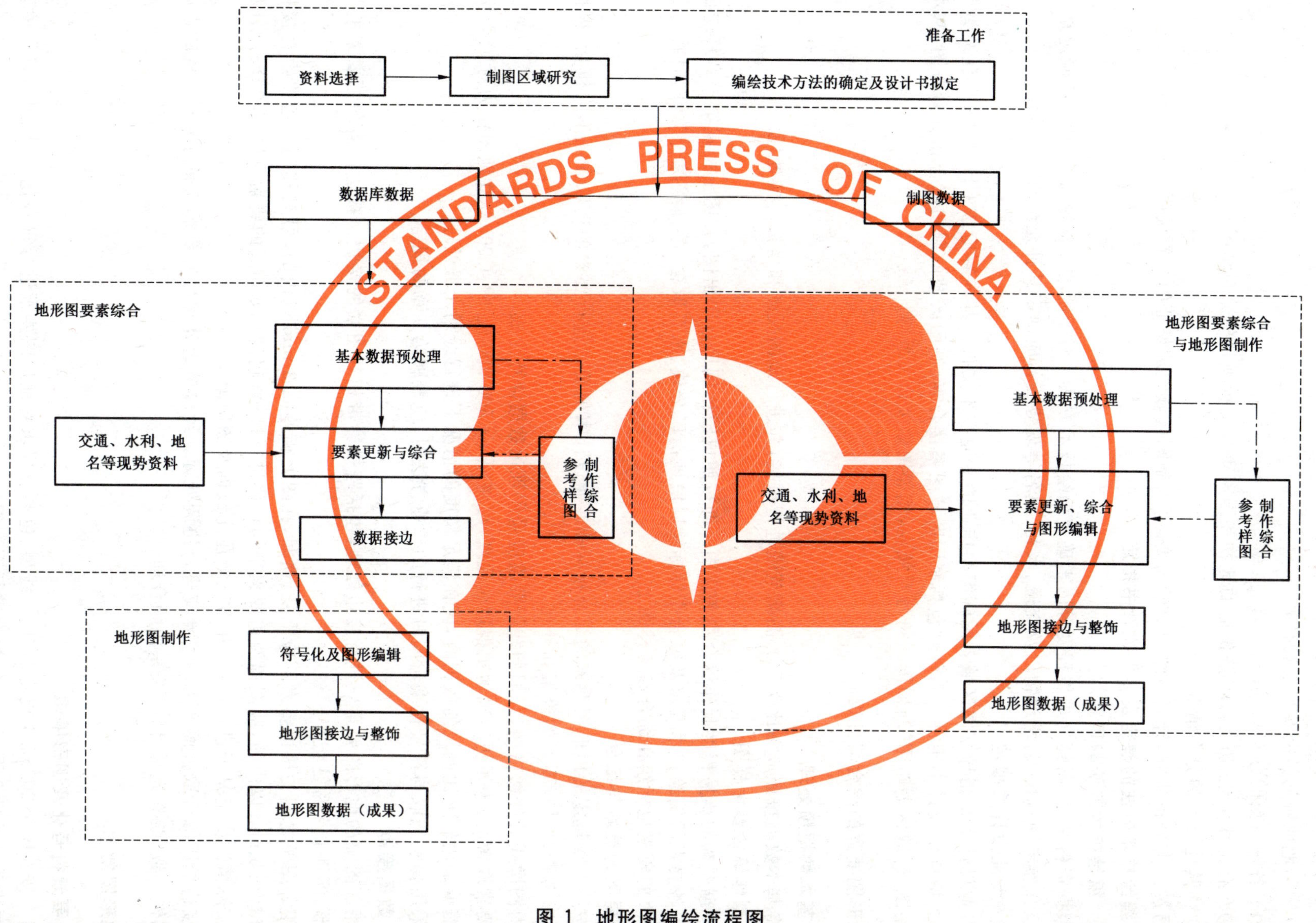

图1 地形图编绘流程图

e) 海岸类型，岛、礁、航海设施分布特点，海底地貌的形态特征；

f) 陆地地貌的类型及形态特征；

g) 各种植被的分布特点；

h) 有特殊文化、历史或经济价值的地物和国家重大工程项目的分布情况；

i) 其他要素的分布情况。

通过以上分析研究，针对编绘作业的需要，写出制图区域地理特征的简要说明。

7.4 编绘技术方法的确定及专业设计书拟定

7.4.1 编绘技术方法的确定

根据资料情况、图幅的难易程度等因素确定编绘技术方法。对于困难类别较高的图幅，应确定是否制作综合参考图；对于新增地物以及交通、水利、地名等现势资料应确定其补充至图上的方法。

7.4.2 专业设计书拟定

专业设计书是指导制图区域各图幅编绘作业的专业技术文件。其内容应按 CH/T 1004 有关要求编写，并应提供设计书附件。附件宜包括制图区域图幅接合表、制图区域的制图综合指标参考图、基本资料略图、行政区划略图、新旧图式符号对照表，相邻图幅接边关系等。

8 地形图要素的综合与处理

8.1 基本数据预处理

将基本数据按照成图比例尺的图幅范围进行拼接，并进行地图投影和坐标转换处理。

8.2 制作综合参考样图

根据图幅的难易程度制作综合参考样图。即按照成图比例尺打印出图，在图上根据第 5 章规定的地形图各要素的编绘技术要求及综合指标标绘居民地街区分块、水系取舍、等高线综合等，同时将需补充、修改的要素也标绘在综合参考样图上。

8.3 要素的更新与综合

按第 5 章规定的地形图要素的综合指标和专业设计书的要求进行要素的选取和图形的概括，根据补充、参考资料进行要素的修编和补充。

内图廓线及经纬格网、北回归线等要素应采用理论数据计算生成。

要素取舍时，为了更准确地把握取舍尺度，可将原 1∶500 000 或 1∶1 000 000 地图作为对照参考。

缩编采用较大比例尺的数据时，应在满足精度的情况下进行线划光滑处理。

采用要素选取与符号化编辑同时进行的作业方法时，应兼顾第 9 章的规定。

8.4 数据接边

相邻图幅的地形图要素应进行接边处理，包括跨投影带相邻图幅的接边。接边内容包括要素的几何图形、属性和名称注记等。

相邻图幅之间的接边要素不应重复、遗漏，在图上相差 0.3 mm 以内的，可只移动一边要素直接接边；相差 0.6 mm 以内的，应图幅两边要素平均移位进行接边；超过 0.6 mm 的要素应检查和分析原因，根据实际情况决定是否进行接边，并需记录在元数据及图历簿中。

接边处因综合取舍而产生的差异应进行协调处理。经过接边处理后的要素应保持相对位置的正确性，属性一致、线划光滑流畅、关系协调合理。

9 地形图制作

9.1 要素符号化及图形编辑

9.1.1 按 GB/T 20257.4 规定的符号、线型、色彩等要求对地形图要素进行符号化，并按照第 5 章中有关各要素关系处理和图形概括的规定进行图形编辑。

9.1.2 对于地物符号化后出现的压盖、符号间应保留的空隙或小面积重要地物夸大表示等情况引起的地物要素的位移时，符号化后要素之间间隔不小于 0.2 mm。

9.1.3 应正确处理好水系、道路、居民地、地貌等要素之间的关系，保持其各要素间的相离、相切、相割关系。地物要素避让关系的处理原则一般为：自然地理要素与人工建筑要素矛盾时，移动人工建筑要素；主要要素与次要要素矛盾时，移动次要要素；独立地物与其他要素矛盾时，移动其他要素；双线表示的线状地物其符号相距很近时，可采用共线表示。

9.1.4 地物密度过大时，可根据地物重要性进行适当的再取舍或将符号略为缩小。

9.1.5 地物要素图形概括后的形状应与其相邻的地物要素相协调。如概括后的道路形状应与地貌、水系相协调、水系岸线应与等高线相协调等。

9.2 地形图接边

对符号化后的数据应进行相邻图幅接边，经过接边处理后的要素应保持图形过渡自然、形状特征和相对位置正确。

9.3 地形图图廓整饰

按 GB/T 20257.4 的规定对地形图进行图廓整饰。正确注出图廓间的注记：

a) 图廓间的道路通达注记

在 1∶500 000 地形图上铁路、高速公路及国、省道以及人烟稀少地区的县道出图廓处应注出通达注记，通达注记注至邻图的最近县级以上居民地。当道路很多时可只注主要干线的通达注记。

铁路或公路通过内外图廓间复又进入本图幅时，应在图廓间将道路图形连续表示出，不注通达注记。

b) 界端注记

境界出图廓时应加注界端注记。在 1∶500 000 地形图上县级及县级以上界线注出界端注记；在 1∶1 000 000 地形图上的界端注记只注国名和省名。境界穿过内外图廓间复又进入本图幅时，应在图廓间连续表示出境界符号，不注界端注记。

9.4 成果形式

地形图编绘生产完成后应形成如下成果：

a) 地形图数据；

b) 纸质成果图；

c) 元数据及图历簿等。

附 录 A
（资料性附录）
1∶1 000 000 地形图
正轴等角圆锥投影公式、变形分布及图幅边长

A.1 地球椭球元素

1∶1,000 000 地形图投影采用 2 000 国家大地坐标系进行计算，其参数为：

长　半　轴：$a=6\ 378\ 137$ m；

短　半　轴：$b=6\ 356\ 752.311\ 44$ m；

扁　　　率：$f=1:298.257\ 222\ 101$；

第一偏心率：$e=8.181\ 919\ 104\ 28\text{E-}2$，$e^2=6.694\ 380\ 022\ 90\text{E-}3$；

第二偏心率：$e'=8.209\ 443\ 815\ 19\text{E-}2$，$e'^2=6.739\ 496\ 775\ 48\text{E-}3$；

极曲率半径：$c=6\ 399\ 593.625\ 86$ m。

A.2 投影公式

A.2.1 极坐标计算公式见式(A.1)。

$$\left.\begin{aligned}\rho &= K/U^{\alpha}\\ \delta &= \alpha l\end{aligned}\right\}\qquad\cdots\cdots(\text{A.1})$$

式中：

ρ——纬线圈投影半径；

δ——两经线在投影平面上的夹角；

α——圆轴展(平面)与周(角)之比：$\alpha=(\lg r_1-\lg r_2)/(\lg U_2-\lg U_1)$；

K——赤道投影半径：$K=r_1U_1^{\alpha}/\alpha=r_2U_2^{\alpha}/\alpha$；

U——等角表象函数：$U=\tan(45°+B/2)/\tan^{e}(45°+\psi/2)$，$\psi=\arcsin(e\sin B)$；

r——地球椭球纬圈半径：$r=N\cos B$；

N——地球椭球卯酉圈曲率半径：$N=c/(1+e'^2\cos^2B)^{0.5}$；

B——纬度；

l——经差。

A.2.2 直角坐标计算公式见式(A.2)。

$$\left.\begin{aligned}x &= \rho_S-\rho\cos\delta\\ y &= \rho\sin\delta\end{aligned}\right\}\qquad\cdots\cdots(\text{A.2})$$

式中：

ρ_S——图幅最低纬线(B_S)的投影半径。

A.2.3 变形公式见式(A.3)。

$$\left.\begin{aligned}m &= n=\alpha\rho/r\\ p &= m^2=n^2\\ \omega &= 0\end{aligned}\right\}\qquad\cdots\cdots(\text{A.3})$$

式中：

m、n——沿经线和纬线的长度比；

p——面积比；

ω——最大角度变形。

A.3 长度变形与面积变形值分布

等角圆轴投影不论纬度高低，各幅图变形值几乎相同。分布如图 A.1 所示：

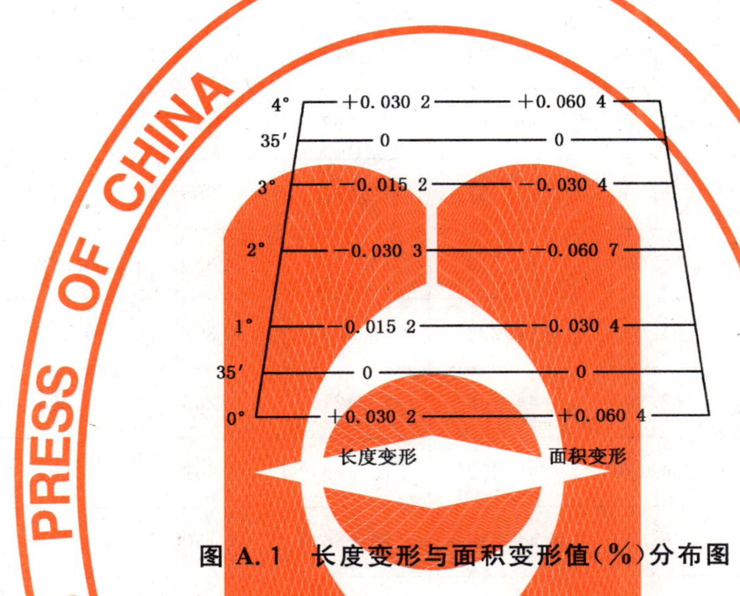

图 A.1 长度变形与面积变形值(%)分布图

A.4 图幅边长值及图幅拼接裂隙

图幅边长值及图幅拼接裂隙见表 A.1，图 A.2 显示了各字母所代表的含义。

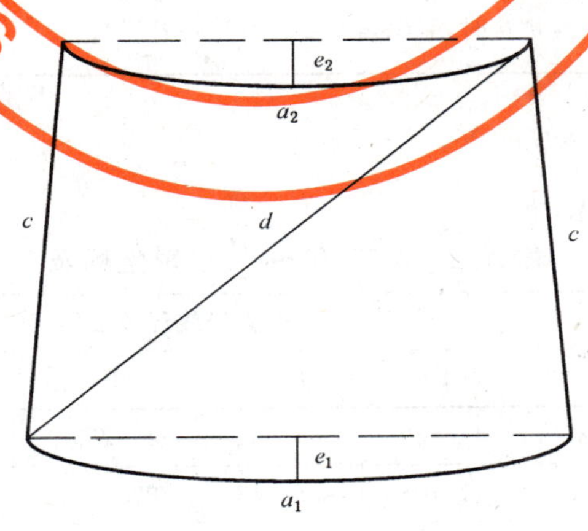

图 A.2 字母示意图

表 A.1　图幅边长值及图幅拼接裂隙

带	B	a_1	a_2	c	d	e_1	e_2	$\bar{\varepsilon}$
N	52～56	41.206	37.436	44.518	59.367	0.436	0.397	0.023
M	48～52	44.776	41.208	44.487	61.840	0.449	0.413	0.027
L	44～48	48.126	44.778	44.457	64.276	0.453	0.422	0.032
K	40～44	51.242	48.128	44.424	66.631	0.449	0.421	0.036
J	36～40	54.106	51.244	44.394	68.873	0.436	0.413	0.039
I	32～36	56.704	54.106	44.365	70.967	0.415	0.397	0.044
H	28～32	59.028	56.706	44.337	72.891	0.386	0.371	0.047
G	24～28	61.064	59.030	44.312	74.620	0.350	0.339	0.051
F	20～24	62.804	61.066	44.288	76.135	0.308	0.299	0.054
E	16～20	64.238	62.804	44.268	77.421	0.260	0.254	0.056
D	12～16	65.360	64.238	44.252	78.465	0.207	0.204	0.059
C	8～10	66.164	65.360	44.239	79.256	0.150	0.148	0.059
B	4～8	66.650	66.166	44.231	79.789	0.091	0.091	
A	0～4	66.812	66.650	44.225	80.055	0.031	0.030	0.061

注 1：$\bar{\varepsilon}$ 为相邻上、下图幅按中央经线为准线拼接时产生的最大裂隙，如用角度表示，则其相应的裂隙角 $\varepsilon'=6.28'\cos B$；

注 2：如相邻上、下图幅按边经线拼接，则裂隙距 $\bar{\varepsilon}$ 应为表中值的 4 倍；

注 3：四幅图以一公共图角点为准拼接时，裂隙角 $\varepsilon'=25.12'\cos B$。

A.5　投影坐标表

投影坐标表见表 A.2～表 A.16。

表 A.2　A 带(0°～4°)投影坐标表

纬度	坐标	距中央经线经差 ΔL							
		0°	30′	1°	1°30′	2°	2°30′	3°	3°30′
4	X	44.226	44.227	44.229	44.234	44.239	44.247	44.256	44.267
	Y	0.000	5.554	11.108	16.663	22.217	27.771	33.325	38.879
3.5	X	38.696	38.697	38.699	38.704	38.710	38.717	38.727	38.738
	Y	0.000	5.556	11.112	16.668	22.223	27.779	33.335	38.891

表 A.2（续）

纬度	坐标	距中央经线经差 ΔL							
		0°	30′	1°	1°30′	2°	2°30′	3°	3°30′
3	X	33.168	33.168	33.171	33.175	33.181	33.189	33.198	33.209
	Y	0.000	5.558	11.115	16.673	22.230	27.788	33.345	38.903
2.5	X	27.640	27.641	27.643	27.648	27.653	27.661	27.670	27.681
	Y	0.000	5.559	11.118	16.678	22.237	27.796	33.355	38.915
2	X	22.113	22.114	22.116	22.120	22.126	22.134	22.143	22.154
	Y	0.000	5.561	11.122	16.683	22.244	27.805	33.365	38.926
1.5	X	16.586	16.586	16.589	16.593	16.599	16.607	16.616	16.627
	Y	0.000	5.563	11.125	16.688	22.250	27.813	33.376	38.938
1	X	11.058	11.059	11.061	11.066	11.072	11.079	11.088	11.100
	Y	0.000	5.564	11.129	16.693	22.257	27.821	33.386	38.950
0.5	X	5.530	5.530	5.533	5.537	5.543	5.551	5.560	5.571
	Y	0.000	5.566	11.132	16.698	22.264	27.830	33.396	38.962
0	X	0.000	0.001	0.003	0.008	0.014	0.021	0.031	0.042
	Y	0.000	5.568	11.135	16.703	22.271	27.838	33.406	38.974

表 A.3　B 带(4°～8°)投影坐标表

纬度	坐标	距中央经线经差 ΔL							
		0°	30′	1°	1°30′	2°	2°30′	3°	3°30′
8	X	44.230	44.233	44.240	44.253	44.270	44.293	44.321	44.353
	Y	0.000	5.514	11.028	16.541	22.055	27.569	33.083	38.597
7.5	X	38.700	38.702	38.710	38.722	38.740	38.763	38.790	38.823
	Y	0.000	5.519	11.038	16.557	22.075	27.594	33.113	38.632
7	X	33.170	33.173	33.180	33.193	33.211	33.233	33.261	33.294
	Y	0.000	5.524	11.048	16.572	22.096	27.620	33.143	38.667
6.5	X	27.642	27.645	27.652	27.665	27.682	27.705	27.733	27.766
	Y	0.000	5.529	11.058	16.587	22.116	27.645	33.174	38.702
6	X	22.114	22.117	22.124	22.137	22.155	22.177	22.205	22.238
	Y	0.000	5.534	11.068	16.602	22.136	27.670	33.204	38.738
5.5	X	16.587	16.589	16.597	16.609	16.627	16.650	16.678	16.710
	Y	0.000	5.539	11.078	16.617	22.156	27.695	33.234	38.773
5	X	11.059	11.061	11.069	11.081	11.099	11.122	11.150	11.183
	Y	0.000	5.544	11.088	16.632	22.176	27.720	33.264	38.808
4.5	X	5.530	5.532	5.540	5.553	5.570	5.593	5.621	5.654
	Y	0.000	5.549	11.098	16.647	22.196	27.746	33.295	38.844
4	X	0.000	0.003	0.010	0.023	0.041	0.063	0.091	0.124
	Y	0.000	5.554	11.108	16.663	22.217	27.771	33.325	38.879

表 A.4 C带(8°～12°)投影坐标表

纬度	坐标	距中央经线经差 ΔL							
		0°	30′	1°	1°30′	2°	2°30′	3°	3°30′
12	X	44.239	44.243	44.255	44.276	44.305	44.342	44.387	44.441
	Y	0.000	5.447	10.894	16.340	21.787	27.234	32.680	38.127
11.5	X	38.707	38.711	38.723	38.744	38.773	38.810	38.856	38.909
	Y	0.000	5.455	10.910	16.365	21.821	27.276	32.731	38.185
11	X	33.176	33.181	33.193	33.214	33.243	33.280	33.325	33.379
	Y	0.000	5.464	10.927	16.391	21.854	27.317	32.781	38.244
10.5	X	27.647	27.651	27.664	27.684	27.713	27.751	27.796	27.850
	Y	0.000	5.472	10.944	16.416	21.888	27.359	32.831	38.303
10	X	22.118	22.122	22.135	22.155	22.185	22.222	22.268	22.322
	Y	0.000	5.480	10.961	16.441	21.921	27.401	32.881	38.361
9.5	X	16.589	16.594	16.606	16.627	16.656	16.693	16.739	16.793
	Y	0.000	5.489	10.977	16.466	21.955	27.443	32.932	38.420
9	X	11.060	11.065	11.077	11.098	11.127	11.165	11.210	11.265
	Y	0.000	5.497	10.994	16.491	21.988	27.485	32.982	38.479
8.5	X	5.531	5.535	5.547	5.568	5.598	5.635	5.681	5.735
	Y	0.000	5.505	11.011	16.516	22.022	27.527	33.032	38.537
8	X	0.000	0.004	0.017	0.038	0.067	0.104	0.150	0.205
	Y	0.000	5.514	11.028	16.541	22.055	27.569	33.082	38.596

表 A.5 D带(12°～16°)投影坐标表

纬度	坐标	距中央经线经差 ΔL							
		0°	30′	1°	1°30′	2°	2°30′	3°	3°30′
16	X	44.251	44.257	44.274	44.302	44.342	44.393	44.455	44.528
	Y	0.000	5.353	10.707	16.060	21.413	26.766	32.119	37.472
15.5	X	38.718	38.723	38.740	38.769	38.808	38.859	38.922	38.995
	Y	0.000	5.365	10.730	16.095	21.460	26.825	32.189	37.554
15	X	33.185	33.191	33.208	33.237	33.276	33.327	33.390	33.464
	Y	0.000	5.377	10.753	16.130	21.507	26.883	32.259	37.636
14.5	X	27.654	27.660	27.677	27.706	27.745	27.797	27.859	27.933
	Y	0.000	5.388	10.777	16.165	21.553	26.941	32.329	37.717
14	X	22.124	22.130	22.147	22.175	22.215	22.266	22.329	22.403
	Y	0.000	5.400	10.800	16.200	21.600	27.000	32.399	37.799
13.5	X	16.594	16.599	16.616	16.645	16.685	16.736	16.799	16.874
	Y	0.000	5.412	10.823	16.235	21.647	27.058	32.470	37.881
13	X	11.063	11.069	11.086	11.115	11.155	11.206	11.269	11.344
	Y	0.000	5.423	10.847	16.270	21.693	27.117	32.540	37.963
12.5	X	5.532	5.538	5.555	5.584	5.624	5.676	5.739	5.813
	Y	0.000	5.435	10.870	16.305	21.740	27.175	32.610	38.044
12	X	0.000	0.006	0.023	0.052	0.092	0.144	0.207	0.282
	Y	0.000	5.447	10.894	16.340	21.787	27.233	32.680	38.126

表 A.6　E 带(16°～20°)投影坐标表

纬度	坐标	距中央经线经差 ΔL							
		0°	30′	1°	1°30′	2°	2°30′	3°	3°30′
20	X	44.268	44.275	44.296	44.331	44.381	44.444	44.522	44.614
	Y	0.000	5.234	10.468	15.702	20.935	26.169	31.402	36.635
19.5	X	38.732	38.739	38.760	38.796	38.845	38.909	38.987	39.079
	Y	0.000	5.249	10.498	15.746	20.995	26.244	31.492	36.740
19	X	33.197	33.205	33.226	33.261	33.311	33.375	33.453	33.545
	Y	0.000	5.264	10.528	15.791	21.055	26.318	31.581	36.844
18.5	X	27.664	27.671	27.693	27.728	27.778	27.842	27.920	28.013
	Y	0.000	5.279	10.557	15.836	21.114	26.393	31.671	36.949
18	X	22.132	22.139	22.160	22.196	22.246	22.310	22.389	22.481
	Y	0.000	5.294	10.587	15.881	21.174	26.467	31.760	37.053
17.5	X	16.599	16.607	16.628	16.664	16.714	16.778	16.857	16.950
	Y	0.000	5.309	10.617	15.926	21.234	26.542	31.850	37.158
17	X	11.067	11.074	11.096	11.132	11.182	11.246	11.325	11.419
	Y	0.000	5.323	10.647	15.970	21.294	26.617	31.939	37.262
16.5	X	5.534	5.541	5.563	5.599	5.649	5.714	5.793	5.887
	Y	0.000	5.338	10.677	16.015	21.353	26.691	32.029	37.367
16	X	0.000	0.007	0.029	0.065	0.116	0.180	0.260	0.354
	Y	0.000	5.353	10.707	16.060	21.413	26.766	32.119	37.471

表 A.7　F 带(20°～24°)投影坐标表

纬度	坐标	距中央经线经差 ΔL							
		0°	30′	1°	1°30′	2°	2°30′	3°	3°30′
24	X	44.288	44.296	44.321	44.363	44.421	44.496	44.587	44.695
	Y	0.000	5.089	10.178	15.267	20.356	25.445	30.533	35.621
23.5	X	38.749	38.757	38.782	38.824	38.883	38.958	39.050	39.158
	Y	0.000	5.107	10.214	15.321	20.428	25.535	30.641	35.748
23	X	33.212	33.220	33.246	33.287	33.346	33.422	33.514	33.623
	Y	0.000	5.125	10.251	15.376	20.501	25.626	30.750	35.874
22.5	X	27.676	27.685	27.710	27.752	27.811	27.886	27.979	28.088
	Y	0.000	5.143	10.287	15.430	20.573	25.716	30.859	36.001
22	X	22.141	22.150	22.175	22.217	22.276	22.352	22.445	22.555
	Y	0.000	5.162	10.323	15.484	20.646	25.807	30.967	36.128
21.5	X	16.606	16.615	16.640	16.683	16.742	16.818	16.911	17.021
	Y	0.000	5.180	10.359	15.539	20.718	25.897	31.076	36.254
21	X	11.072	11.080	11.106	11.148	11.208	11.284	11.377	11.488
	Y	0.000	5.198	10.395	15.593	20.790	25.987	31.184	36.381
20.5	X	5.536	5.545	5.570	5.613	5.673	5.749	5.843	5.954
	Y	0.000	5.216	10.432	15.647	20.863	26.078	31.293	36.508
20	X	0.000	0.009	0.034	0.077	0.137	0.214	0.308	0.419
	Y	0.000	5.234	10.468	15.702	20.935	26.168	31.402	36.634

表 A.8 G带(24°～28°)投影坐标表

纬度	坐标	距中央经线经差 ΔL							
		0°	30′	1°	1°30′	2°	2°30′	3°	3°30′
28	X	44.311	44.320	44.348	44.395	44.461	44.546	44.650	44.772
	Y	0.000	4.920	9.839	14.758	19.678	24.596	29.515	34.433
27.5	X	38.769	38.779	38.807	38.854	38.920	39.005	39.109	39.232
	Y	0.000	4.941	9.881	14.822	19.762	24.702	29.642	34.581
27	X	33.229	33.239	33.267	33.315	33.381	33.466	33.571	33.694
	Y	0.000	4.962	9.924	14.886	19.847	24.808	29.769	34.730
26.5	X	27.690	27.700	27.728	27.776	27.843	27.929	28.033	28.157
	Y	0.000	4.983	9.966	14.949	19.932	24.914	29.896	34.878
26	X	22.152	22.162	22.191	22.238	22.306	22.392	22.497	22.621
	Y	0.000	5.004	10.009	15.013	20.017	25.020	30.024	35.026
25.5	X	16.615	16.624	16.653	16.701	16.769	16.855	16.961	17.086
	Y	0.000	5.026	10.051	15.076	20.101	25.126	30.151	35.175
25	X	11.077	11.087	11.116	11.164	11.232	11.318	11.425	11.550
	Y	0.000	5.047	10.093	15.140	20.186	25.232	30.278	35.323
24.5	X	5.539	5.549	5.578	5.626	5.694	5.781	5.888	6.014
	Y	0.000	5.068	10.136	15.203	20.271	25.338	30.405	35.471
24	X	0.000	0.010	0.039	0.088	0.156	0.243	0.350	0.477
	Y	0.000	5.089	10.178	15.267	20.356	25.444	30.532	35.620

表 A.9 H带(28°～32°)投影坐标表

纬度	坐标	距中央经线经差 ΔL							
		0°	30′	1°	1°30′	2°	2°30′	3°	3°30′
32	X	44.337	44.347	44.378	44.429	44.502	44.594	44.708	44.842
	Y	0.000	4.726	9.452	14.178	18.903	23.629	28.353	33.078
31.5	X	38.792	38.802	38.833	38.885	38.957	39.051	39.165	39.299
	Y	0.000	4.750	9.500	14.250	19.000	23.750	28.499	33.247
31	X	33.248	33.259	33.290	33.342	33.415	33.509	33.623	33.759
	Y	0.000	4.774	9.549	14.323	19.097	23.871	28.644	33.416
30.5	X	27.706	27.717	27.748	27.800	27.874	27.968	28.083	28.219
	Y	0.000	4.799	9.597	14.396	19.194	23.991	28.789	33.585
30	X	22.165	22.175	22.207	22.260	22.333	22.428	22.544	22.680
	Y	0.000	4.823	9.646	14.468	19.290	24.112	28.934	33.755
29.5	X	16.624	16.635	16.666	16.719	16.793	16.888	17.005	17.142
	Y	0.000	4.847	9.694	14.541	19.387	24.233	29.079	33.924
29	X	11.083	11.094	11.126	11.179	11.253	11.349	11.466	11.604
	Y	0.000	4.871	9.742	14.613	19.484	24.354	29.224	34.093
28.5	X	5.542	5.553	5.585	5.638	5.713	5.809	5.927	6.065
	Y	0.000	4.895	9.791	14.686	19.581	24.475	29.369	34.262
28	X	0.000	0.011	0.043	0.097	0.172	0.268	0.386	0.526
	Y	0.000	4.920	9.839	14.758	19.677	24.596	29.514	34.432

表 A.10 I 带(32°～36°)投影坐标表

纬度	坐标	距中央经线经差 ΔL							
		0°	30′	1°	1°30′	2°	2°30′	3°	3°30′
36	X	44.364	44.376	44.409	44.464	44.541	44.640	44.761	44.904
	Y	0.000	4.510	9.019	13.528	18.037	22.546	27.053	31.561
35.5	X	38.816	38.827	38.860	38.915	38.993	39.093	39.214	39.358
	Y	0.000	4.537	9.073	13.609	18.145	22.681	27.216	31.750
35	X	33.269	33.280	33.314	33.369	33.447	33.547	33.670	33.815
	Y	0.000	4.564	9.127	13.691	18.254	22.816	27.378	31.940
34.5	X	27.723	27.735	27.768	27.824	27.903	28.003	28.127	28.272
	Y	0.000	4.591	9.181	13.772	18.362	22.952	27.541	32.129
34	X	22.179	22.190	22.224	22.280	22.359	22.460	22.584	22.731
	Y	0.000	4.618	9.236	13.853	18.470	23.087	27.703	32.319
33.5	X	16.634	16.646	16.680	16.736	16.816	16.918	17.042	17.190
	Y	0.000	4.645	9.290	13.934	18.578	23.222	27.865	32.508
33	X	11.090	11.102	11.136	11.193	11.273	11.375	11.500	11.649
	Y	0.000	4.672	9.344	14.015	18.687	23.357	28.028	32.697
32.5	X	5.545	5.557	5.591	5.649	5.729	5.832	5.958	6.107
	Y	0.000	4.699	9.398	14.097	18.795	23.493	28.190	32.887
32	X	0.000	0.012	0.046	0.104	0.185	0.288	0.415	0.565
	Y	0.000	4.726	9.452	14.178	18.903	23.628	28.352	33.076

表 A.11 J 带(36°～40°)投影坐标表

纬度	坐标	距中央经线经差 ΔL							
		0°	30′	1°	1°30′	2°	2°30′	3°	3°30′
40	X	44.394	44.406	44.440	44.497	44.578	44.681	44.807	44.956
	Y	0.000	4.271	8.542	12.812	17.083	21.352	25.622	29.890
39.5	X	38.842	38.853	38.888	38.946	39.027	39.131	39.258	39.408
	Y	0.000	4.301	8.602	12.902	17.202	21.502	25.801	30.099
39	X	33.291	33.303	33.338	33.396	33.477	33.582	33.710	33.861
	Y	0.000	4.331	8.661	12.991	17.321	21.651	25.979	30.307
38.5	X	27.742	27.753	27.789	27.847	27.929	28.035	28.163	28.316
	Y	0.000	4.360	8.721	13.081	17.441	21.800	26.158	30.516
38	X	22.193	22.205	22.240	22.299	22.382	22.488	22.618	22.771
	Y	0.000	4.390	8.780	13.170	17.560	21.949	26.337	30.725
37.5	X	16.645	16.657	16.693	16.752	16.835	16.942	17.073	17.227
	Y	0.000	4.420	8.840	13.260	17.679	22.098	26.516	30.933
37	X	11.097	11.109	11.145	11.205	11.289	11.396	11.528	11.683
	Y	0.000	4.450	8.900	13.349	17.798	22.247	26.695	31.142
36.5	X	5.549	5.561	5.597	5.657	5.742	5.850	5.982	6.139
	Y	0.000	4.480	8.959	13.439	17.918	22.396	26.874	31.351
36	X	0.000	0.012	0.048	0.109	0.194	0.303	0.436	0.594
	Y	0.000	4.510	9.019	13.528	18.037	22.545	27.053	31.559

表 A.12　K带(40°～44°)投影坐标表

纬度	坐标	距中央经线经差 ΔL							
		0°	30′	1°	1°30′	2°	2°30′	3°	3°30′
44	X	44.425	44.437	44.472	44.530	44.612	44.718	44.846	44.999
	Y	0.000	4.012	8.023	12.034	16.045	20.055	24.064	28.073
43.5	X	38.869	38.880	38.916	38.975	39.057	39.164	39.294	39.447
	Y	0.000	4.044	8.088	12.131	16.174	20.217	24.259	28.300
43	X	33.314	33.326	33.362	33.421	33.504	33.612	33.742	33.897
	Y	0.000	4.076	8.153	12.229	16.304	20.379	24.454	28.527
42.5	X	27.761	27.773	27.809	27.869	27.953	28.061	28.193	28.349
	Y	0.000	4.109	8.218	12.326	16.434	20.541	24.648	28.754
42	X	22.209	22.221	22.257	22.317	22.402	22.511	22.644	22.801
	Y	0.000	4.141	8.282	12.423	16.564	20.703	24.843	28.981
41.5	X	16.657	16.669	16.705	16.766	16.852	16.961	17.095	17.254
	Y	0.000	4.174	8.347	12.520	16.693	20.866	25.037	29.208
41	X	11.105	11.117	11.154	11.216	11.301	11.412	11.547	11.707
	Y	0.000	4.206	8.412	12.618	16.823	21.028	25.232	29.435
40.5	X	5.553	5.565	5.602	5.664	5.751	5.862	5.998	6.159
	Y	0.000	4.239	8.477	12.715	16.953	21.190	25.426	29.662
40	X	0.000	0.012	0.050	0.112	0.200	0.312	0.449	0.611
	Y	0.000	4.271	8.542	12.812	17.082	21.352	25.621	29.888

表 A.13　L带(44°～48°)投影坐标表

纬度	坐标	距中央经线经差 ΔL							
		0°	30′	1°	1°30′	2°	2°30′	3°	3°30′
48	X	44.456	44.468	44.503	44.561	44.643	44.749	44.878	45.030
	Y	0.000	3.732	7.465	11.197	14.928	18.659	22.389	26.118
47.5	X	38.896	38.908	38.943	39.002	39.085	39.191	39.321	39.475
	Y	0.000	3.767	7.534	11.301	15.068	18.834	22.599	26.363
47	X	33.337	33.349	33.385	33.445	33.528	33.636	33.767	33.922
	Y	0.000	3.802	7.604	11.406	15.207	19.008	22.808	26.607
46.5	X	27.780	27.792	27.828	27.889	27.973	28.081	28.214	28.370
	Y	0.000	3.837	7.674	11.511	15.347	19.182	23.017	26.851
46	X	22.224	22.236	22.273	22.333	22.419	22.528	22.662	22.820
	Y	0.000	3.872	7.744	11.615	15.486	19.357	23.226	27.095
45.5	X	16.668	16.681	16.717	16.779	16.865	16.975	17.110	17.269
	Y	0.000	3.907	7.814	11.720	15.626	19.531	23.436	27.339
45	X	11.113	11.125	11.162	11.224	11.311	11.422	11.558	11.719
	Y	0.000	3.942	7.883	11.825	15.765	19.705	23.645	27.583
44.5	X	5.557	5.569	5.607	5.669	5.756	5.869	6.006	6.168
	Y	0.000	3.977	7.953	11.929	15.905	19.880	23.854	27.827
44	X	0.000	0.013	0.050	0.113	0.201	0.315	0.453	0.617
	Y	0.000	4.011	8.023	12.034	16.044	20.054	24.063	28.072

表 A.14 M带(48°～52°)投影坐标表

纬度	坐标	距中央经线经差 ΔL							
		0°	30′	1°	1°30′	2°	2°30′	3°	3°30′
52	*X*	44.487	44.499	44.533	44.590	44.671	44.774	44.900	45.050
	Y	0.000	3.435	6.870	10.304	13.738	17.172	20.604	24.036
51.5	*X*	38.923	38.935	38.969	39.027	39.109	39.213	39.341	39.492
	Y	0.000	3.472	6.944	10.416	13.887	17.358	20.827	24.296
51	*X*	33.361	33.372	33.408	33.466	33.548	33.654	33.783	33.935
	Y	0.000	3.509	7.018	10.527	14.036	17.543	21.050	24.556
50.5	*X*	27.800	27.812	27.847	27.906	27.989	28.096	28.226	28.381
	Y	0.000	3.547	7.093	10.639	14.184	17.729	21.273	24.817
50	*X*	22.240	22.252	22.288	22.347	22.431	22.539	22.671	22.827
	Y	0.000	3.584	7.167	10.750	14.333	17.915	21.496	25.077
49.5	*X*	16.680	16.692	16.728	16.789	16.874	16.983	17.116	17.273
	Y	0.000	3.621	7.242	10.862	14.482	18.101	21.719	25.337
49	*X*	11.121	11.133	11.169	11.231	11.316	11.426	11.561	11.720
	Y	0.000	3.658	7.316	10.973	14.630	18.287	21.942	25.597
48.5	*X*	5.561	5.573	5.610	5.672	5.758	5.869	6.005	6.166
	Y	0.000	3.695	7.390	11.085	14.779	18.473	22.165	25.857
48	*X*	0.000	0.012	0.050	0.112	0.200	0.312	0.449	0.611
	Y	0.000	3.732	7.465	11.196	14.928	18.658	22.388	26.117

表 A.15 N带(52°～56°)投影坐标表

纬度	坐标	距中央经线经差 ΔL							
		0°	30′	1°	1°30′	2°	2°30′	3°	3°30′
56	*X*	44.517	44.528	44.561	44.617	44.694	44.793	44.914	45.057
	Y	0.000	3.121	6.241	9.361	12.481	15.600	18.718	21.835
55.5	*X*	38.950	38.961	38.994	39.050	39.128	39.228	39.351	39.496
	Y	0.000	3.160	6.320	9.479	12.638	15.796	18.954	22.110
55	*X*	33.384	33.395	33.429	33.485	33.564	33.666	33.790	33.937
	Y	0.000	3.199	6.398	9.597	12.795	15.993	19.190	22.385
54.5	*X*	27.819	27.830	27.865	27.922	28.002	28.105	28.230	28.379
	Y	0.000	3.238	6.477	9.715	12.952	16.189	19.425	22.660
54	*X*	22.255	22.267	22.301	22.359	22.440	22.544	22.671	22.822
	Y	0.000	3.278	6.555	9.833	13.109	16.386	19.661	22.935
53.5	*X*	16.692	16.703	16.738	16.797	16.879	16.984	17.113	17.265
	Y	0.000	3.317	6.634	9.950	13.267	16.582	19.896	23.210
53	*X*	11.128	11.140	11.176	11.235	11.318	11.424	11.555	11.709
	Y	0.000	3.356	6.712	10.068	13.424	16.778	20.132	23.485
52.5	*X*	5.565	5.576	5.612	5.672	5.756	5.864	5.996	6.152
	Y	0.000	3.396	6.791	10.186	13.581	16.975	20.368	23.760
52	*X*	0.000	0.012	0.049	0.109	0.194	0.303	0.436	0.594
	Y	0.000	3.435	6.870	10.304	13.738	17.171	20.603	24.035

ICS 29.160.30
K 20

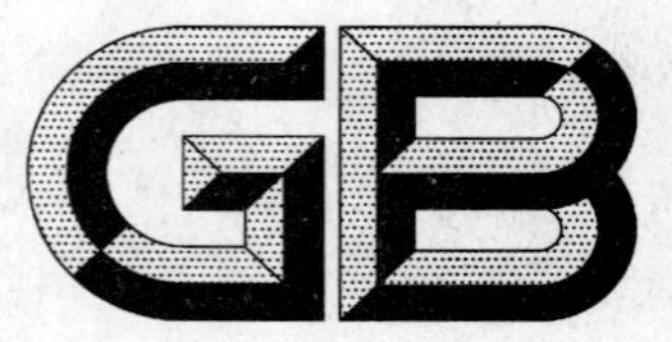

中华人民共和国国家标准

GB 12350—2009
代替 GB 12350—2000

小功率电动机的安全要求

Safety requirements of small-power motors

2009-09-30 发布　　　　2010-08-01 实施

中华人民共和国国家质量监督检验检疫总局
中国国家标准化管理委员会　发布

前　言

本标准的全部技术内容为强制性。

本标准为小功率电动机的安全要求。本标准与 GB/T 5171《小功率电动机通用技术条件》中有关安全要求相一致。

本标准代替 GB 12350—2000《小功率电动机的安全要求》。

本标准与 GB 12350—2000 相比主要有下列不同：

——增加 4.1“电动机的铭牌应包含的内容”。

——增加 4.6“每台产品出厂必须有配套说明书”，并“应标明所有可能的危险情况和故障处理情况，以避免由于用户的不恰当使用造成安全事故。”

——增加 4.7“铭牌和说明书上应使用国际单位制所规定的物理量的单位和对应的符号，铭牌和说明书应使用简体中文。”

——增加第 6 章“机械装配与零件”，包括原第 13 章中 13.3～13.5 及第 14 章。

——增加 10.2，对电动机内部布线用引出线的最低耐热温度进行了规定。

——增加 11.2，对支撑带电部件的绝缘材料或者绝缘套管的最低持续运行温度进行了规定。

——增加第 12 章“绝缘结构评定”。

——对原标准中关于爬电距离和电气间隙的条款在第 15 章中进行了更加详细的规定和说明，增加了对污染等级、附加绝缘、加强绝缘等的考虑。

——原第 7 章改为第 17 章“温升试验”。在电阻法测温升时，对温升常数 k 增加了“对于铜铝混合绕组，按 234.5 计算考核”。增加了电动机关于负载确定以及各部分温升试验之后限值的确定等相关内容。

——在 17.2.2.2“有明确额定工作点的电动机”中，增加了：“对带电容运行的单相异步电动机，其温升试验应在最大损耗点进行考核。最大损耗点在额定点和空载点以及上述两点中间转速点三点中通过试验求取。”

——原第 12 章改为第 18 章“非正常试验”，增加了对于装有热保护装置的电动机进行堵转耐久性试验的具体分类要求，还增加了“带有电子电路的家用类电动机，应随整机一起经受 GB 4706.1—2005 中 19.11 的试验”的要求。

——原第 9 章改为第 20 章“绝缘电阻和电气强度”，具体规定了试验方法和限值。

——原第 8 章改为在第 21 章“工作温度下的泄漏电流”，增加了泄漏电流的试验方法，规定了限值 0.25 mA。

——第 21 章中增加注：“对于家用类电动机，均不允许电动机外壳存在人体可感知的带电现象。如果产品中存在这种现象，本章中所规定的限值应减小，或采取必要的表面绝缘措施或其他有效措施，使带电现象消失。”

——原第 16 章改为第 24 章“元件”，增加了对离心开关、电动机运行电容器、电动机起动电容器、换向器、热保护器和热熔断体具体要求。

——增加第 25 章“电磁兼容性”的要求。

——增加第 26 章“其他要求”。包括了通用单相异步电动机最大最小转矩、堵转转矩、匝间绝缘试验以及电动机的实际输出情况应与标称额定输出功率的偏差不大于±10％等要求。

——增加附录 A、附录 B、附录 C、附录 D 和附录 E。

本标准的附录 A、附录 B、附录 C、附录 D 和附录 E 为规范性附录。

本标准由中国电器工业协会提出。

本标准由全国旋转电机标准化技术委员会小功率电机标准化分技术委员会归口。

本标准主要起草单位：中国电器科学研究院、开平市三威微电机有限公司、闽东电机（集团）股份有限公司、卧龙电气集团股份有限公司、南京南微电机有限公司、浙江京马电机有限公司、威海恒大电机（集团）有限公司、上海电器科学研究所（集团）有限公司、宝应电器厂、中国质量认证中心、杭州富生电器有限公司、上海出入境检验检疫局、广州微型电机厂有限公司、佛山市南海区九洲普惠风机有限公司、佛山市南海南洋电机电器有限公司、江门市东申大电机有限公司、横店集团联宜电机有限公司、浙江省检验检疫科学技术研究院、江门金羚风扇制造有限公司。

本标准主要起草人：吴国平、何湘吉、罗军波、杨昭特、陆小毛、周新根、林棠华、傅培刚、杜荣法、杨继秀、刘猷达、张传甲、冼康、朱春富、倪立新、徐东旭、杨风雷、张运昌、罗妍、唐秀文、李佳成、刘学岭、陈斌、许晓华、王春、赵建江、韩国清、张佩莹。

本标准所代替标准的历次版本发布情况为：

——GB 12350—1990；

——GB 12350—2000。

小功率电动机的安全要求

1 范围

本标准规定了小功率电动机的安全通用要求。

本标准适用于GB/T 5171《小功率电动机通用技术条件》标准所规定的小功率电动机(以下简称电动机),其他类似电动机也可参照执行。

本标准不适用于控制电机(如伺服电机、自整角机、旋转变压器、测速发电机、感应移相器等)。

2 规范性引用文件

下列文件中的条款通过本标准的引用而成为本标准的条款。凡是注日期的引用文件,其随后所有的修改单(不包括勘误的内容)或修订版均不适用于本标准,然而,鼓励根据本标准达成协议的各方研究是否可使用这些文件的最新版本。凡是不注日期的引用文件,其最新版本适用于本标准。

GB 755—2008　旋转电机　定额和性能(IEC 60034-1:2004,IDT)

GB 1971—2006　旋转电机　线端标志与旋转方向(IEC 60034-8:2002,IDT)

GB/T 2423.3—2006　电工电子产品环境试验　第2部分:试验方法　试验Cab:恒定湿热试验(IEC 60068-2-78:2001,IDT)

GB/T 2423.4—2008　电工电子产品环境试验　第2部分:试验方法　试验Db:交变湿热(12 h+12 h循环)(IEC 60068-2-30:2005,IDT)

GB/T 2423.55—2006　电工电子产品环境试验　第2部分:试验方法　试验Eh:锤击试验(IEC 60068-2-75:1997,IDT)

GB/T 2900.25—2008　电工术语　旋转电机(IEC 60050-411:1996,IDT)

GB/T 2900.27—2008　电工术语　小功率电动机

GB/T 3667.1—2005　交流电动机电容器　第1部分:总则——性能、试验和定额——安全要求——安装和运行导则(IEC 60252-1:2001,IDT)

GB 4343.1—2003　电磁兼容　家用电器、电动工具和类似器具的要求　第1部分:发射(IEC/CISPR 14-1:2000,IDT)

GB 4706.1—2005　家用和类似用途电器的安全　第1部分:通用要求(IEC 60335-1:2001,IDT)

GB/T 4942.1—2006　旋转电机整体结构的防护等级(IP代码)　分级(IEC 60034-5:2000,IDT)

GB/T 5169.6—1985　电工电子产品着火危险试验　用发热器的不良接触试验方法(eqv IEC 60695-2-3:1984)

GB/T 5169.11—2006　电工电子产品着火危险试验　第11部分:灼热丝/热丝基本试验方法　成品的灼热丝可燃性试验方法(IEC 60695-2-11:2000,IDT)

GB/T 5171—2002　小功率电动机通用技术条件

GB/T 9651—2008　单相异步电动机试验方法

GB 9816—2008　热熔断体的要求和应用导则(IEC 60691:2002,IDT)

GB/T 12113—2003　接触电流和保护导体电流的测量方法(IEC 60990:1999,IDT)

GB/T 12665—2008　电机在一般环境条件下使用的湿热试验要求

GB 14536.1—2008　家用和类似用途电自动控制器　第1部分:通用要求(IEC 60730-1:2003,IDT)

GB 14536.3—2008　家用和类似用途电自动控制器　电动机热保护器的特殊要求(IEC 60730-2-2:2005,IDT)

GB/T 17626.2—2006　电磁兼容　试验和测量技术　静电放电抗扰度试验(IEC 61000-4-2:2001,IDT)

GB/T 17626.4—2008　电磁兼容　试验和测量技术　电快速瞬变脉冲群抗扰度试验(IEC 61000-4-4:2004,IDT)

GB/T 17626.5—2008　电磁兼容　试验和测量技术　浪涌(冲击)抗扰度试验(IEC 61000-4-5:2005,IDT)

GB/T 17948.1—2000　旋转电机绝缘结构功能性评定　散绕绕组试验规程　热评定与分级(idt IEC 60034-18-21:1992)

GB/T 17948.2—2006　旋转电机绝缘结构功能性评定　散绕绕组试验规程　变更和绝缘组分替代的分级

JB/T 6742—2007　小功率电动机用换向器

JB/T 9547—1999　单相电动机起动用离心开关技术条件

JB/T 9615.1—2000　交流低压电机散嵌绕线匝间绝缘　试验方法

JB/T 9615.2—2000　交流低压电机散嵌绕线匝间绝缘　试验限值

IEC 60112:2003　固体绝缘材料的比较起痕指数和耐泄痕指数的测定方法

IEC 60252-2:2002　交流电动机电容器　起动电容器

IEC 60384-14:2005　电子设备用固定电容器　第14部分:分规范:电磁干扰抑制和电源网络连接用固定电容器

IEC 61032:1997　检验外壳防护用的试具

3　术语和定义

3.1　本标准的术语和定义符合 GB/T 2900.25—2008、GB/T 2900.27—2008、GB 4706.1—2005 及其相关标准的规定。

3.2　除3.1规定的内容外,本标准采用的术语和定义如下:

3.2.1

爬电距离　creepage distance

在两导电部件之间,或一个导电部件与易触及表面之间沿绝缘材料表面的最短路径距离。

3.2.2

电气间隙　clearance

在两导电部件之间,或一个导电部件与易触及表面之间的最短空间距离。

3.2.3

外壳　enclosure

易触及的电动机表面,包括电动机的接线盒等部件表面。但不包括不易触及的部件。

3.2.4

元件　component

电动机专用配套件。例如:离心开关、电容器、热保护器等。

3.2.5

绝缘子　insulator

用来绝缘并支撑导体的部件。

3.2.6

电动机的直径　diameter of motor

在电动机定子机壳外切圆上测得的直径,但不包括电动机的散热筋、接线盒和焊缝等尺寸。

3.2.7

独立电源　independent power

与公共电网无直接连通关系的电动机供电电源,如蓄电池等。

3.2.8

污染等级　pollution degree

用数字表征微观环境受预期污染程度。

污染等级1:无污染或仅有干燥的,非导电性的污染,该污染没有任何影响;

污染等级2:一般仅有非导电性污染,然而必须预期到凝露会偶然发生短暂的导电性污染;

污染等级3:有导电性污染或由于预期的凝露使干燥的非导电性污染变为导电性污染;

污染等级4:造成持久的导电性污染,例如由于导电尘埃或雨或雪引起的。

3.2.9

基本绝缘　basic insulation

施加于带电部件对电击提供基本防护的绝缘。

3.2.10

附加绝缘　supplementary insulation

万一基本绝缘失效,为了对电击提供防护而对基本绝缘另外施加的独立绝缘。

3.2.11

双重绝缘　double insulation

由基本绝缘和附加绝缘构成的绝缘系统。

3.2.12

加强绝缘　reinforced insulation

在本标准规定的条件下,提供与双重绝缘等效的防电击等级而施加于带电部件的单一绝缘。

3.2.13

介电性能试验　dielectric performance test

电动机的介电性能试验包括绝缘电阻测量、绕组对地电气强度试验和匝间绝缘试验。

3.2.14

最大损耗点　maximum loss point

电动机从空载到额定负载点运行的过程中,产生最大损耗的运行点。

4 标志与说明

4.1 每台电动机必须在其明显位置上有牢固地标明电动机的额定数据和其他必要事项的铭牌。

电动机的铭牌应包含下述内容:

a) 电动机名称;

b) 电动机型号或规格;

c) 额定电压或额定电压范围(单位:V);

d) 额定频率(单位:Hz);

e) 电源性质的符号,标有额定频率的除外;

f) 额定电流(单位:A);

g) 额定输出功率(单位:W或kW),转矩定额的电动机标上额定输出转矩;

h) 额定转速(单位:r/min);

i) 效率(对于有能效标识要求的电动机);

j) 工作制(非S1工作制时);

k) 电容器的电容量与额定电压(适用时);

l) 接线图(在机壳或其他位置上另有接线图标牌时,可不必标明);

m) 绝缘等级;

n) 防护等级(IP00时可以不标出);

o） 制造商名称；

p） 制造日期或生产批号。

各类电动机如因特殊需要或受铭牌位置的限制，须对本标准以上项目有所增减时，应在各类电动机标准中规定，但应在说明书中对其他项目进行详细说明。铭牌上的计量单位应符合有关标准或法规的规定。

a)、b)、c)、g)、h)、j)、m)、o)和 p)等项目必须在铭牌上标明。

通过视检来确定其是否合格。

当制造商与生产厂为不同企业时，铭牌应标制造商名称，但必须保证完整的产品生产、流通过程的可追溯性。

4.2 电动机的元件应标有元件的类型和类别的标志，并应有制造厂名或商标或其他类似标志，以区别于其他元件及其制造厂家。

4.3 如果有专供电源中线的接线端，则应标以字母“N”，接地线端应标以符号“⏚”，这些标志不应放在螺钉、可拆卸的垫圈或用作连接导线的可能拆卸的零部件上。

对于接地软线，必须为绿、黄双色绝缘线，其他导线不得采用此色标。

4.4 电动机出线端标志应符合 GB 1971—2006 的规定，刻在出线端或用标号片(管)标明，对于有接线板的电动机，其标志应同时刻在接线板上，不得用单独悬挂标号片(管)来代替。

电动机的出线端标志可用与接线图一致的色线来表示。电动机上的电容器、离心开关等引出线应有出线端标志。

4.5 电动机上的所有标志可采用打印、雕刻、压制或其他等效刻印方法，必须保证清晰、明了、耐用，在电动机整个使用期限内不易磨灭。

是否符合要求，应按如下方法进行试验判定。

首先采用浸有水的湿棉布擦抹标志 15 s，随后再用浸有汽油的棉布擦抹 15 s。

电动机的标志应在经过上述试验和本标准规定的全部试验之后，仍保持清晰、易辨，不能轻易除去，铭牌不应易于移动和有可能造成脱落的卷边现象。

4.6 每台产品出厂必须有配套说明书。如果是成批的定向供货则可以用双方约定的方式体现出说明书的全部内容，但每箱产品至少需要一份说明书。产品说明书上应标明所有可能的危险情况和故障处理情况，以避免由于用户的不恰当使用造成安全事故。

4.7 当使用符号时，应按下述符号标示：

⎓ 直流电；

～ 交流电；

3～ 三相交流电；

3N～ 带中性线的三相交流电。

铭牌和说明书上应使用国际单位制所规定的物理量的单位和对应的符号，铭牌和说明书应使用简体中文。

5 机座与外壳

5.1 电动机应具有足够的机械强度和刚度，以避免由于机械变形引起电气间隙或爬电距离减小、零部件松动或位移而造成着火、触电等安全事故。

5.2 对于电动机的外壳，其最小允许厚度规定如下。

5.2.1 对于无加固平面部位，规定为：

铸造金属厚度≥3.2 mm

可锻铸铁厚度≥2.4 mm

压铸金属厚度≥2.0 mm

如果其表面为曲面、带筋或采用其他加固方法，或其表面形状确具有足够的机械强度，则其最小允许厚度可减小为：

铸造金属厚度≥2.4 mm

可锻铸铁厚度≥1.6 mm

压铸金属厚度≥1.2 mm

5.2.2　对于薄钢板机壳的电动机，其钢板壳体的最小允许厚度规定为：

无涂覆层壳体厚度≥0.70 mm

带镀层壳体厚度≥0.75 mm

5.2.3　对于有色金属壳体的电动机，其壳体最小允许厚度规定为 1.0 mm。但对于相对较小面积、弯曲表面和其他方法加强的表面，以及经试验证明某种材料确具有足够的机械强度时，允许其厚度小于 5.2.2 和 5.2.3 的规定限值。

5.2.4　对于非金属材料壳体的电动机，在结构设计上应具有足够的强度，并应具有耐热、阻燃和耐腐蚀的能力。

通过使用 GB/T 2423.55—2006 中规定的弹簧冲击锤，对电动机的非金属材料壳体施加打击来确定其是否合格。电动机被刚性支撑住，在电动机外壳每一个可能的薄弱点上用 0.5J±0.04J 的冲击能量打击三次。

试验后，电动机应显示出没有本标准意义的损坏，尤其是对第 15 章、第 22 章的符合程度不应受到损害。在有疑问时，电动机的绝缘要经受第 20 章的电气强度试验。

5.2.5　电动机应有良好的外壳防护，其外壳防护应按 GB/T 4942.1—2006 的规定分级，并应在产品标准中明确规定。

是否符合要求，应按 GB/T 4942.1—2006 进行试验检查判定。

6　机械装配与零件

6.1　电动机装配应牢固可靠，以防止正常运行的振动下产生有害影响。

对于电动机的旋转部件，应能承受 GB/T 5171—2002 规定的超速试验，而不产生有松动和有害变形的现象。

6.2　如果电动机有用于包容连接电源导线的接线盒，此接线盒应坚实耐用，其安装应牢固，不允许有有害变形和松动。

是否符合要求，应通过检查和进行如下试验判定。

对于机座号 H90 以上或电动机的直径大于 180 mm 的电动机，当电动机安装在任一预定位置时，接线盒在其水平面上应能承受 110 kg 的静载荷，而不被损坏。

对于机座号 H90 及以下或电动机的直径 180 mm 及以下的电动机，当电动机安装在任一预定位置时，接线盒在其水平面上所应承受静载荷按水平面上 1.42 kg/cm^2 进行计算，但最大不超过 110 kg。这一负荷可以通过直径 50 mm 的金属平面施加，而不被损坏。

若接线盒进行施加负荷试验之后发生偏移或变形，而其盒体与任一接线端之间的电气间隙和爬电距离仍符合第 15 章要求，则认为该接线盒合格。

6.3　如果电动机上装有用于起吊电动机的吊环或类似起吊装置，以其强度极限为基数，其安全系数至少为 5。

6.4　对于有接线盒的电动机，其接线盒应安装于在电动机正常使用中便于检查的部位，并应安装牢固，不允许松动。

6.5　电动机如果有电容器、开关或类似器件，则应安装牢固，不允许松动，且应便于更换。

6.6 电动机应有一定的防潮能力，在电动机绝缘结构中，如漆包线、槽绝缘、绑扎带(绳)、槽楔等均应当有一定的防潮措施，并应有良好的成型和装配，以保证电动机绕组具有可靠的绝缘和机械性能。

6.7 对于电容电动机 如果电容器的外壳是金属的，其电容器不应与易触及的金属部件相连，应用附加绝缘将电容器与易触及的金属部件隔开。

6.8 电动机的载流零部件应是电的良导体，并应具有抗腐蚀能力。

6.9 电动机的非金属功能零部件，例如冷却用风扇等，应具有足够的机械强度，抗因电起火和抗热老化变形能力。

7 防腐蚀

如果钢铁零件的锈蚀可能导致电动机着火、触电或伤害人身，则这些零件应采用油漆、涂覆、电镀或其他措施以保证有足够的防锈能力。

但对于壳体内钢和铁零件，若外露于空气中氧化不显著时，诸如轴承、冲片等零件可不要求防锈蚀。

对于防锈能力有怀疑的零件，还应进行如下试验检查判定。

把试验零件浸入酒精、汽油或类似物质中 10 min，以除去所有的油脂或杂质，然后将该零件浸入温度为(20±5)℃、浓度为 10%的氯化氨水溶液里 10 min，不用揩干，只要抖去水滴之后将零件放入一个饱和湿度、温度为(20±5)℃的箱子里 10 min；最后，零件在温度为(100±5)℃的烘箱内干燥 10 min。

经上述试验后，零件表面不应有生锈痕迹，但在锐边上的锈迹和任何可以擦除的淡黄色膜可以忽略不计。

8 电气连接

8.1 连接电源和连接元件的软线

8.1.1 连接电源和连接元件的软线必须符合该软线的有关标准，其额定电压不应低于电动机的最大工作电压，其额定载流量应不低于电动机的额定电流值。

8.1.2 除非在电动机的最终使用设备中有消除软线上可能受到的拉力的措施，或者用来连接元件的软线不会外露于电动机或最终使用设备，否则应在软线引出处有绝缘保护层和夹紧装置，以消除软线上可能受到的拉力传递到电动机的内部接线上来。

用来夹紧软线的夹紧装置应选用绝缘材料制成，若采用金属材料，则必须有绝缘内衬。

是否符合要求，应进行检查和通过如下软线拉力试验判定。

试验时，将软线在线夹处断开，在软线上挂以表 1 规定质量的重物，历时 1 min。电动机应放置在结构上允许的任意位置，以使夹紧装置能受到拉力的作用。

试验后，软线被夹持部位与夹紧装置不得有相对位移的现象。

表 1 软线拉力试验

类　型	重物质量/kg
连接电源的软线	16
连接元件的软线	9

8.1.3 除非电动机的最终使用设备中有防护措施，否则应有防止软线从电动机的引出线孔口退入电动机内的适当措施，以避免软线的位移导致危险事故发生。

8.2 外接导线的接线端子

8.2.1 除了装有连接电源的软线、插头或插座外，对于电动机上装有利用螺钉、螺母或类似装置外接电源导线的接线端子，其夹紧电源导线的螺钉和螺母应符合有关标准规定，它们不应用来固定任何其他零件，但如果在外接电源导线时，电动机的内部导线不会移动，则也可用来夹紧电动机内部导线。

8.2.2 电动机的接线端子应可以连接表 2 所示的横截面积的导线。

表 2 接线端子可以连接的导线横截面积

电动机的额定电流 I/A	导线线芯标称截面积/mm^2
$I \leqslant 3$	0.5
$3 < I \leqslant 6$	0.75
$6 < I \leqslant 10$	1.0
$10 < I \leqslant 16$	1.5
$16 < I \leqslant 25$	2.5
$25 < I \leqslant 32$	4.0

8.2.3 接线端子应可靠地固定，当夹紧或放松电源导线时，不允许松动，内部导线不应受到应力，电气间隙和爬电距离不应小于第 15 章的规定限值。

8.2.4 接线端子应设计和放置得当，当夹紧导线时，在金属表面之间应有足够的接触压力，不得损伤导线，导线不会滑脱。

当采用接线端子和用螺钉螺母夹紧电源导线时，接线端子应配有 O 形联接片或杯型垫圈，以保证导线与接线端有可靠的联接。

8.2.1～8.2.4 是否满足要求，按如下方法试验检查判定。

试验应按电动机的接线端实际使用状况进行，装上必要的螺钉或螺母等零件和一根 8.2.2 规定的截面积的导线；用表 3 规定的力矩值的 2/3 的力拧紧和拧松 10 次，应满足相应的要求，导线不应有深的或尖锐的缺口。

表 3 力矩试验

螺钉或螺母标称直径/mm	力矩/(N·m)	
	Ⅰ[a]	Ⅱ[b]
≤2.5	0.20	0.40
3	0.25	0.50
4	0.70	1.20
5	0.90	2.00
6	—	2.50

a 为拧紧时螺钉不凸出于孔外的金属沉头螺钉。

b 为其他金属螺钉或螺母。

8.3 带螺纹的金属材料

需攻螺纹以安装接线螺钉的金属材料，其厚度应不小于 1.3 mm，且应有两个以上的全螺纹。

对于未经挤压的金属材料，如果其厚度小于 1.3 mm 但不小于螺纹的螺距，则允许在螺孔处挤伸使之有不少于两个螺纹。

9 连接件

9.1 电动机中用于电气或其他用途连接的螺钉等连接件应能承受在正常使用中产生的机械应力。

螺钉螺母等零件不应用软的或易于蠕变的金属制造，例如锌和铝。

9.2 可能由使用者拧动的螺钉应有一定的长度，以保证有可靠的连接。

9.3 用于不同零件之间机械连接的螺钉，如果该连接件是载流的，则此螺钉应可靠锁定，以防止松动。

用于电气连接件的铆钉，如果这些连接件在正常使用时易受扭力，则应锁定，防止松动。

是否符合要求，应进行手工试验检查判定。

下列情况被认为有良好锁定：

a） 装有弹簧垫圈或类似物；

b） 对于铆钉为非圆形钉杆或在铆接后铆钉不得转动的其他方法。

10 内部布线

10.1 电动机的内部布线是指除绕组之外的内部接线，它们必须固定牢固，不允许松散，两条以上同一走向的导线应捆扎在一起，导线不应放置在有锐角和锐边的零部件上，并应有效地防止与活动部件接触。

10.2 内部布线必须绝缘良好，电动机内部布线用引出线必须符合有关引出线标准，其耐热等级应不低于电动机的绝缘等级。如果电动机的引出线包有不低于电动机绝缘等级的绝缘套管，则引出线的最低耐热温度应符合表4的规定。

表4 引出线的最低耐热温度

绝缘等级	引出线的最低耐热温度/℃
105(A)	90
120(E)	90
130(B)	90
155(F)	125
180(H)	150

10.3 导线连接处应套有符合有关标准的绝缘套管，并有可靠的机械固定，以防止由于电动机在正常运行的振动下产生松动而导致危险事故。

10.4 被焊接的接头不允许松动，并且应给以机械固定，以保证在焊点万一松动时，导线仍保持在接头的应有位置上。

10.5 当绝缘导线穿过金属孔时必须有11.1规定的绝缘子或绝缘套管等物固定在开口处。

11 电气绝缘支持

11.1 当导线穿过电动机壳体开口处时，必须要有下列规定的质地良好的绝缘子或其他等效物固定在开口处，其表面应光滑圆整，无毛刺、锐边等物，并应有可靠的固定。

a） 陶瓷材料或塑压材料，但不能单独采用木质、非热压虫胶漆或有沥青成分的绝缘子；

b） 硫化纸板或经过防潮处理的纤维成型绝缘子，但其厚度不小于1.2 mm；

c） 采用玻璃漆管作为绝缘子，其厚度应不小于0.5 mm；

d） 经过绝缘处理，其绝缘厚度不小于0.8 mm的金属护环，但要求其绝缘能填满护环与金属之间的空隙，并且绝缘不易脱落；

e） 若电动机外壳为木质、瓷质、酚醛塑料或其他非导电材料，则无需绝缘子。

11.2 用来支撑带电部件的绝缘材料或者绝缘套管应能在表5所规定的温度下持续运行。

表5 绝缘材料的温度限值

绝缘等级	绝缘材料的最低运行温度/℃
105 (A)	90
120(E)	100
130(B)	110
155(F)	135
180(H)	150

12 绝缘结构评定

12.1 小功率电动机绝缘结构应按 GB/T 17948.1—2000 或 GB/T 17948.2—2006 进行耐热性评定，电动机绝缘结构在对应的温度等级下，其耐热寿命应大于 20 000 h。

12.2 未经绝缘结构试验评定的组分材料要应用于已评定的绝缘结构时，应按 GB/T 17948.2—2006 进行组分替代试验。

12.3 整体绝缘

12.3.1 对于用整体绝缘(如环氧涂覆)代替槽衬的绕组、定子或转子绕组试样应进行 12.3.2～12.3.7 的试验。

12.3.2 试样应进行 1 500V，1 min 的耐电压强度试验；但应用于 250 V 以上电动机的绕组试样应进行 $(1\ 000+2U_N)$V，1 min 的耐电压强度试验，不应击穿，U_N 是电动机的额定电压。

12.3.3 试样的老化处理周期应是：105 (A)级绝缘——175 ℃，24h；120(E)级绝缘——190 ℃，24 h；130(B)级绝缘——200 ℃，24 h；155(F)级绝缘——220 ℃，24 h。然后在温度 30 ℃，相对湿度 80%～90%时处理 24 h，允许±2 ℃的温度偏差。

12.3.4 试样应按 12.3.3 的老化周期进行第二次处理，然后在(25±0.5)℃的硬水溶液中浸渍 24 h，此溶液是每升蒸馏水加 0.5 g $CaSO_4$。

12.3.5 试样应在基本无气流场合中，并在正常室温下，空气干燥不少于 7 h。

12.3.6 试样的绝缘电阻应在室温下用 500 V 兆欧表测量，绝缘电阻应不低于 0.5 MΩ。

12.3.7 所有试样应按 12.3.2 再次进行耐电压强度试验，应通过试验，不应击穿。

13 刷握

具有换向器或集电环的电动机，其刷握组件应具这样的结构，当电刷磨损不能再继续工作时，其电刷、弹簧和其他零件应保持如下程度：

a) 避免使附近的不带电金属零部件带电；

b) 避免带电零部件易触及。

14 非金属部件

14.1 用绝缘材料制成的电动机的外部零件(例如非金属接线盒、冷却风扇等)和用于安装载流零件的绝缘材料，如果它们受热变形会危及电动机的安全，则应具有足够的耐热性能。

是否符合要求，应通过如下试验检查判定(陶瓷材料的部件可不进行本项试验)。

14.1.1 对于电动机的外部零件(例如接线盒、冷却风扇等)，按图 1 所示装置进行球压试验。

将试样水平放置，用直径 5 mm 的钢球以 20 N 的力压向该平面，放入烘箱中，烘箱中的温度(75±2)℃。1 h 后，使钢球离开试样，然后浸入水中，在 10 s 内冷却至接近室温，此时，试样上的钢球压痕直径不应大于 2 mm。

试样厚度不能小于 2.5 mm，如样品厚度小于 2.5 mm，允许用多层样品叠成该厚度试验。

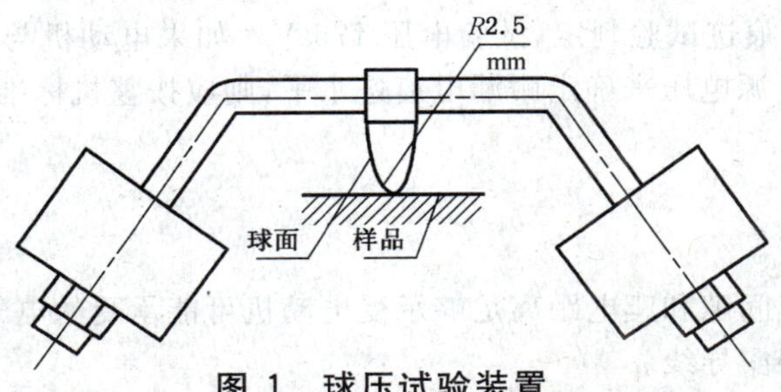

图 1 球压试验装置

14.1.2 用于支撑载流零件的绝缘材料应通过图1的球压试验装置进行测试，试验按14.1.1进行，但烘箱温度为(125±2)℃。

对电动机绕组线圈骨架，只有那些用来支撑或保持接线端子在位的零件才经受该试验。

14.2 电动机中非金属材料的部件应具有足够的耐燃和阻止燃烧扩展能力。

是否符合要求，应通过下述试验检查判定。

14.2.1 用于安装接线端或其他用螺钉连接的接头的绝缘部件，如果所通电流大于0.2 A时，若接线端或接头有松动或其他原因，将有可能引起火灾危险，因此，对这些部件应按GB/T 5169.6—1985进行试验，试验补充规定如下：

对于有人照管工作的电动机(手动控制通断电及其类似的电动机除外)，试验持续时间为5 min；对无人照管工作的电动机，试验持续时间为30 min；其他补充规定见14.2.3。

如果由于电动机接线端或接头设计不能进行上述试验或其连接采用非螺钉连接方法，则可按GB/T 5169.11—2006进行试验，试验补充规定如下：

试验温度为750 ℃，试验持续时间(30±1)s，其他补充规定见14.2.3。

14.2.2 电动机的非金属材料部件、支撑正常工作期间载流连接件的绝缘材料部件，以及这些连接件3 mm距离内的绝缘材料部件，应按GB/T 5169.11—2006进行灼热丝试验。

a) 电动机的非金属材料部件，灼热丝试验在550 ℃的温度下进行。

b) 有人照管工作的电动机，灼热丝试验温度：

——对于正常工作期间其载流超过0.5 A的连接件，750 ℃；

——其他连接件，650 ℃。

该试验不适用于：

——手持式器具中的电动机；

——必须用手或脚保持通电的电动机。

c) 对于无人照管工作的电动机，灼热丝试验温度：

——对于正常工作期间其载流超过0.2 A的连接件，750 ℃；

——其他连接件，650 ℃。

14.2.3 电动机的非金属材料部件在进行着火危险试验时，其试验方法及试验结果的评定应符合标准中的优先规定和14.2.1～14.2.2中的补充规定，此外，还应符合下列补充规定。

a) 试验施加点及样品固定位置

按样品在电动机中实际安装和工作的最不利情况确定。

b) 评定燃烧蔓延性影响的铺底层

采用绢纸覆盖厚约10 mm的白松木板，放置在离试验样品施加火焰部位的底下(200±5)mm处。但对于在电动机中实际安装位置处，其绝缘部件底下无其他非金属材料零部件，且该部件被封闭在电动机内时，可不按本规定，而采用实际底层材料作为铺底层，距被试样品的距离与实际情况一致。

14.3 用于安装带电零部件的绝缘部件以及带电零部件与相邻不带电金属零部件之间的绝缘部件，应采用耐漏电痕迹的材料制成，除非它们的爬电距离至少等于第15章规定值的两倍。

是否符合要求，除了用陶瓷材料制作的零部件和那些用在换向器或刷握的绝缘部件外，按照IEC 60112对其进行耐漏电痕迹试验判定，试验电压175 V。如果电动机与整机配套使用，而整机的有关标准要求有更高的空载电源电压来确定耐漏电痕迹水平，则应按整机标准要求试验。

15 爬电距离和电气间隙

15.1 概述

电动机的结构应使电气间隙和爬电距离足够承受电动机可能承受的电气应力。

绕组漆包线被认为是裸露导线。

通过15.2和15.3的要求和试验来确定其是否合格。

在进行爬电距离与电气间隙的测量时，要施加一个作用力于裸露导线和易触及表面以尽量减少爬电距离与电气间隙，该作用力数值如下：

——对裸露导线，为 2 N；

——对易触及表面，为 30 N。

该力通过 IEC 61032:1997 的 B 型试验探棒施加。

15.2 电气间隙

电动机的电气间隙应不低于表 6 所规定的数值。

表 6 电动机的最小电气间隙

单位为毫米

工作电压/V	基本绝缘	附加绝缘	加强绝缘
≤50	0.5	0.5	0.5
>50 且≤150	0.5	0.5	1.5
>150 且≤300	1.5	1.5	3.0
注 1：电动机中的电气间隙的距离如受磨损、变形、部件运动或装配影响时，则表中所规定的电气间隙限值要增加 0.5 mm。 注 2：对于三相电动机，电动机带电部件和越过基本绝缘的其他金属部件之间的电气间隙不小于 3 mm。			

通过测量确定其是否合格。

15.3 爬电距离

电动机的基本绝缘的爬电距离应不小于表 7 的规定值，并考虑电动机的污染等级。

通过测量来确定其是否合格。

表 7 基本绝缘的最小爬电距离

单位为毫米

工作电压/V	基本绝缘		
	污染等级 1	污染等级 2	污染等级 3
≤50	0.2	1.2	1.9
>50 且≤125	0.3	1.5	2.4
>125 且≤250	0.6	2.5	4.0
>250 且≤400	1.0	4.0	6.3
>400 且≤500	1.3	5.0	8.0
注：对于三相电动机，电动机带电部件和越过基本绝缘的其他金属部件之间的爬电距离不小于 4 mm。			

电动机的功能绝缘及附加绝缘的爬电距离应不小于表 7 中基本绝缘的规定值。

电动机的加强绝缘的爬电距离应不小于表 7 中基本绝缘的规定值的两倍。

通过测量来确定其是否合格。

16 接地

16.1 除有附加绝缘的电动机、额定电压为 42 V 及以下的电动机或安装在具有附加绝缘的成套装置中以及采用独立电源供电的电动机以外，其他电动机应具有接地装置。

接地装置的设计应保证与接地导线具有良好的电连接而不损坏导线和端子，对于电动机中绝缘一旦失效有可能带电的可触及金属零部件应与接地装置有永久的、可靠的和良好的电连接。

接地螺钉不得兼作它用。

16.2 若电动机采用接线端连接接地导线，则此接线端应符合 8.2 中对接线端的要求。接地接线端子的夹紧装置必须可靠锁紧，以防意外松动，不用工具不能将其松开，这种防松措施可使用如菊花垫片、弹簧垫圈等类似结构。

16.3 接地接线端子应置于接线端子附近，如有接线盒时，则应置于接线盒内，但要求在使用过程中不会被卸除。

16.1～16.3是否符合要求，应通过检查和按8.2中试验判定。

16.4 接地导体和接地端子及其夹紧装置必须是具有抗腐蚀能力的电的良导体，若为黑色金属，则应予电镀或用其他等效措施，防止锈蚀。

16.5 接地装置必须有4.3规定的接地标志。

16.6 接地端子或接地触点与接地金属部件之间的连接，应具有低电阻。

通过下述试验来确定其是否合格。

从空载电压不超过12 V(交流或直流)的电源取得电流，并且该电流等于器具额定电流1.5倍或25 A(两者中取较大者)，让该电流轮流在接地端子或接地触点与易触及的接地金属部件之间通过。

在器具的接地端子与易触及的接地金属部件之间测量电压降。由电流和该电压降计算出电阻，该电阻值不应超过0.1 Ω。

17 温升试验

17.1 温升试验时的条件

17.1.1 温升试验时的冷却介质温度

电动机可在一合适的冷却介质温度下试验，如试验结束时冷却介质温度与使用地点所指定的冷却介质温度之差大于30 K，应按GB 755—2008的规定对温升限值进行修正。

17.1.2 温升试验结束时冷却介质温度的测定

对连续定额和断续周期工作制定额的电动机，应采用在试验过程中的最后1/4时间内，按相等时间间隔测得的几个温度计读数的平均值，作为温升试验结束时的冷却介质温度。

对短时定额的电机，试验结束时的冷却介质温度：定额为30 min及以下的，取试验开始与结束时温度计读数的平均值；定额为30 min以上90 min以下的，取其1/2试验时间与结束时温度计读数的平均值。

若冷却介质为空气，则空气的温度可由几只温度计分布在电动机的四周进行测定。温度计安置在距电动机1 m～2 m处，球部所处的位置为电动机机壳高度的一半，并应防止外来辐射热及气流的影响。

17.2 温升的测定

17.2.1 温度的测量方法

测量温度的方法有如下几种：

——温度计法；

——热电偶法；

——电阻法。

17.2.1.1 温度计法

所采用的"温度计"包括膨胀式温度计(例如水银、酒精等温度计)、半导体温度计以及非埋置的热电偶或电阻温度计，应将温度计贴附在电动机可接触的表面，为测出接触点表面的温度，从被测点至温度计的热传导应尽可能良好，测量点与温度计的球部应用绝缘材料覆盖好，在电动机存在交变磁场的位置上，不应采用水银温度计。

17.2.1.2 热电偶法

本方法建议使用在电动机部件表面温度的测量，不建议使用本方法测量绕组的温度。

在采用热电偶法测量绕组的温度时应考虑：由于热电偶的读数滞后于绕组的温度变化，当电动机断电后，热电偶的温度可能还会继续上升，因此电动机绕组的温度应记录其最高温度，该温度可能是断电以后才能达到。

17.2.1.3 电阻法

电阻法是以绕组的直流电阻在温度升高后电阻值相应增大的关系来确定绕组的温度，其所测得的是绕组的平均温度。用电阻法测量绕组温度时，试验前用温度计测得的绕组温度实际上应为冷却介质温度。

绕组温升可由式(1)计算求得：

$$\Delta t = \frac{R_2 - R_1}{R_1}(k + t_1) - (t_2 - t_1) \qquad \cdots\cdots\cdots\cdots\cdots\cdots\cdots\cdots\cdots\cdots (1)$$

式中：

Δt——绕组温升，单位为开尔文(K)；

R_1——试验开始时的绕组电阻，单位为欧姆(Ω)；

R_2——试验结束时的绕组电阻，单位为欧姆(Ω)；

t_1——试验开始时的绕组温度，单位为摄氏度(℃)；

t_2——试验结束时的冷却介质温度，单位为摄氏度(℃)；

k——常数，对铜绕组为 234.5；对铝绕组为 225；对于铜铝混合绕组，按 234.5 计算考核。

17.2.2 负载的确定

17.2.2.1 概述

电动机应能在其额定或小于额定负载下运行，能在多速状态下运转的电动机应能在最低、中间和最高转速下施加额定负载运行，在此过程中，电动机的各部位不应达到过高的温度。

对于工作在一个电压范围内的调压类电动机以及有多种工作状态的电动机，应该在正常使用中可能出现的最不利情况下进行温升试验。

对于带有热保护器或热熔断体的电动机，在额定负载温升试验与空载温升试验时，电动机的安装位置应使得热保护器或热熔断体所处的位置为绕组中温度最高的地方，热保护器或热熔断体不允许动作。

17.2.2.2 有明确额定工作点的电动机

该类电动机采用直接负载法，通过测功机(或负载电动机)给被试电动机施加额定负载，在额定频率、额定电压下进行试验。

对带电容运行的单相异步电动机，其温升试验应在最大损耗点进行考核。最大损耗点在额定点和空载点以及上述两点中间转速点三点中通过试验求取。

对电容运转电动机以及双值电容异步电动机，还应测取其空载时的温升，温升限值可以比表 8 的限值高 5 K。

17.2.2.3 带实际负载的电动机

该类电动机由于在正常工作时均带有实际负载，这些实际负载对电动机的温升影响较大，因此在进行温升测试时，需带上实际负载在额定频率、额定电压下进行试验。

17.2.3 电动机停车后测得温度值的修正

电动机停车后如不超过 15 s，测得绕组电阻读数直接作为温度测量值的数据。如超过 15 s，其修正按 GB/T 5171—2002 的规定。

17.2.4 各类电动机温升试验的持续时间

17.2.4.1 最大连续定额(或 S1 工作制)电动机

试验应持续进行到电动机各部分达到热稳定状态。

17.2.4.2 短时定额(或 S2 工作制)电动机

试验持续时间即为该定额所规定的时限，试验开始时，电动机的温度与冷却介质温度差应在 5 K 以内。

试验结束时，温升应不超过表 8 规定的限值。

17.2.4.3 周期定额(或 S3～S8 工作制)电动机

对断续负载，应按规定的负载周期连续运行，直至达到实际上相同的温度循环。判断的准则为：将两个工作周期上的相应点连成直线，其梯度应小于 2 K/h。如有必要，应在一段时间内，以适当的时间间隔进行测量。在最后一个运行周期内，产生最大热量时间一半时的温升应不超过表 8 的限值。

17.2.4.4 **非周期定额(S9 工作制)电动机**

温升试验应以制造厂拟定的等效连续定额按 17.2.4.1 进行,在拟定等效连续定额时,应以用户提出的考虑到额定负载和转速的变化及允许的过载程度的 S9 工作制为基础。

17.2.4.5 **多种定额的电动机**

对多种定额的电动机温升的测量,应在能产生最高温升时的定额下进行。

17.3 电动机各部分温度和温升的限值

17.3.1 电动机在 GB/T 5171—2002 所规定的环境条件下额定运行时,电动机各部分温度和温升限值应符合表 8 的规定。

17.3.2 轴承温度的测量可用温度计或热电偶测量。对于滑动轴承,温度计或热电偶放在最接近轴瓦处;对于滚动轴承,温度计或热电偶放在最接近轴承外圈处。轴承温度的限值按各电动机的产品标准进行确定。

17.3.3 对短时定额电动机,其各部分的温升限值允许较表 8 规定的数值提高 10K。

17.3.4 对以 S9 工作制为基准的非周期工作定额的电动机,在运行期间,温升允许偶然超过表 8 的限值。

表 8 温升试验限值

部 件	温升/K
电动机绕组:	
——105 (A 级)	60(50)
——120 (E 级)	75(65)
——130(B 级)	80(70)
——155(F 级)	105(95)
——180 (H 级)	125(115)
永久短路的绝缘绕组,与绕组接触的铁心及其他部件及换向器:	
——105 (A 级)	60
——120 (E 级)	75
——130(B 级)	80
——155(F 级)	100
——180 (H 级)	125
不与绕组接触的内部布线和外部布线、包括电源软线的橡胶或聚氯乙烯绝缘:	
——不带额定温度	50
——带额定温度(T)	$T-25$
电容器的外表面:	
——带最高工作温度标志(T)的	$T-25$
——不带最高工作温度标志的:	
● 用于无线电和电视干扰抑制的小型陶瓷电容器	50
● 符合 IEC 60384-14:2005 电容器	50
● 其他电容器	20

注 1:换向器的温升限值应符合本身所采用的绝缘等级,但如换向器与绕组靠近,则表面温升应不超过邻近绕组所采用的绝缘等级的容许限值,温升值测定优先采用热时间常数较小的针触式热电偶温度计。

注 2:考虑到电动机的绕组平均温度通常高于绕组上放置热电偶各点的温度这一情况,使用电阻法测量时,温升限值以上表中不带括号的数值为准;使用热电偶时,温升限值以带括号的数值为准。

18 非正常试验

18.1 电动机的设计应尽可能地避免发生由于不正常或误操作而破坏或削弱其安全性能,从而引起火灾、触电等事故。

是否符合要求,应按18.2～18.5进行试验检查判定。

工业类电动机和直流电动机除非是装有热保护器或其他保护装置,否则无需进行本章试验。

18.2 当电动机用于下列场合时,应对电动机进行堵转试验:

a) 电动机堵转转矩小于额定转矩;

b) 在实际运行中可能被锁住运动部件的电动机。

对于电容电动机,进行堵转试验时,将电容器逐个地短路或开路,两者中选最不利的情况进行。

试验应在额定电压和电动机处于实际冷却状态下进行,从电动机通电起动开始计时,按规定的试验时间工作。

规定的试验时间如下:

a) 对用于手持电器中的电动机、必须用手或脚来保持开关接通的电器设备中的电动机、由手连续施加负载的器具中的电动机,试验工作时间为30 s;

b) 对用于必须有人操作看管的电器设备中的电动机(电容电动机电容器短路或开路堵转试验除外),试验工作时间为5 min;

c) 对用于其他场合的电动机,试验工作时间为电动机达到热稳定状态所需的时间;

d) 如果电动机用于有计时器控制工作时间的电器设备中,则试验工作时间为计时器允许的最长时间;但对于既可以用计时器控制又可以不用计时器控制的电器设备中使用的电动机,应按不用计时器控制时的工作状况所规定的试验工作时间。

电动机在上述规定的试验期间,绕组温度不得超过表9规定的最高绕组温度限值,在试验期间,不得出现闪络或有熔化的金属。

表9 非正常试验允许最高绕组温度

电动机类别	极限温度/℃				
	105(A级)	120(E级)	130(B级)	155(F级)	180(H级)
1) 试验工作时间30 s或5 min或由计时器控制工作时间和使用时有人看管的电动机	200	215	225	240	260
2) 阻抗保护电动机	150	165	175	190	210
3) 保护器在第1小时内起保护作用的电动机	200	215	225	240	260
4) 保护器在第1小时后起保护作用的电动机	175	190	200	215	235

18.3 对于三相电动机,在额定负载和额定电压下,断开一相进行试验。试验工作时间和绕组温度限值应符合表9的规定。

18.4 电动机在经过18.2和18.3非正常试验之后,当冷却至室温时,电动机应能承受第20章规定的电气强度试验。

施加于被试绕组对机壳间及绕组相互间的试验电压(有效值)为1 000 V。

对于额定电压在48 V及以下由独立电源供电的电动机,其试验电压(有效值)为500 V。

施加于带电部件与加强绝缘部件之间的试验电压(有效值)为3 000 V。

18.5 对于装有热保护器的电动机,还需进行下述试验:

将电动机固定到木制或类似材料制成的支架上,堵住电动机转子,电动机以额定电压或额定电压范围的上限供电,试验的持续时间为:

——带有自复位保护器的电动机工作300次或72 h,两者取先出现的情况,除非对可能永久承受电源电压的电动机,持续时间为432 h,或直到保护器永久地断开电路。

——带有非自复位保护器的电动机工作 30 次，每次动作之后，应尽快使热保护器重新复位，但时间不得小于 30 s。

在此期间，电动机的外壳温度不得超过 150 ℃并且绕组温度不得超过表 9 所示限值。

试验期间，30 mA 的漏电保护器不应断开。

在试验结束时，在电动机上施加两倍的额定电压以测量绕组和外壳间的泄漏电流，其值不应超过 2 mA。

18.6 带有电子电路的家用类电动机，应随整机一起经受 GB 4706.1—2005 中 19.11 的试验。

19 耐久性试验

19.1 电动机结构设计应考虑到在正常使用中，不发生有损害电动机的电气或机械事故，绝缘不得损坏，联接件不得由于受热、振动等原因而松动。

是否符合要求，应按 19.2～19.5 进行试验检查判定。

19.2 电动机按表 10 所示的时间，在额定负载和 1.1 倍额定电压下正常工作，然后，按表 10 所示的时间，在额定负载和 0.9 倍额定电压下正常工作。

对于 S1 和 S6～S8 工作制的电动机应连续工作，也可以周期地工作，但每个工作周期的连续工作时间应不少于 8 h，直至累计工作时间符合表 10 规定的时间。

对于 S3～S5 工作制的电动机应按铭牌标志或额定工作定额周期地工作，二者选最不利的情况，至累计工作时间符合表 10 规定的时间。

对于 S2 工作制的电动机应按铭牌标志或按额定工作定额工作，二者选最不利的情况，工作结束停歇数分钟，再继续工作，直至累计工作时间符合表 10 规定的时间。如果电动机由于周期性地工作温升超过了额定限值，则停歇时间应适当延长，或采用强制冷却，以免电动机过热。

表 10 耐久性试验时间

电动机类型	工作时间/h
预计一年中总的工作时间少于 15 h 的电动机	15
其他电动机	48

19.3 除 S2 工作制的电动机外，所有其他电动机应在 1.1 倍额定电压下起动 50 次；然后在 0.85 倍额定电压下再起动 50 次。

对于短时工作的电动机，只要求在 0.85 倍额定电压下起动 50 次。

在进行本项试验时，应根据电动机在实际使用中的起动情况来确定电动机为空载起动或带负载起动，并在产品标准中明确规定。

电动机每次供电起动工作的持续时间至少应等于起动到额定转速所需时间的 10 倍，但不少于 10 s。在每次起动结束后，应有一个防止过热的停歇时间，该时间至少要等于供电起动持续工作时间的三倍。

19.4 对于带有离心开关或其他自动起动开关的电动机，应在 0.9 倍额定电压下起动 10^4 次，起动时负载情况和运转及停歇时间应符合 19.3 规定。

19.5 在经过 19.2～19.4 规定的试验之后，电动机应能经受第 20 章规定的测试，但此时绝缘电阻允许降低到规定值的 50%；试验中，电动机的连接件不应松动，也不应有危及安全性能的变形或损坏。

19.6 对整机无耐久性试验要求的电动机，可不做此项试验。

20 绝缘电阻和电气强度

20.1 绕组的绝缘电阻

电动机绕组的绝缘电阻，在常态下不低于 50 MΩ，在热态下不低于 5 MΩ。绝缘电阻测定用兆欧表，兆欧表电压值按表 11 的规定选择。

表 11　兆欧表电压值

单位为伏特

电动机额定电压 U_N	兆欧表电压值
$U_N \leqslant 36$	250
$36 < U_N \leqslant 500$	500

20.2　电气强度试验

20.2.1　试验的一般要求

在试验前应先测定绕组的绝缘电阻。如需要进行超速、短时过转矩或偶然过电流试验时，本项试验应在这些试验后进行；如需进行温升试验，则应在温升试验后立即进行。

试验应在电动机静止状态下进行。

试验电压施加于被试绕组对机壳间及绕组相互间，对于相互连接的多相绕组，如各相始末端不是单独引出的可作为一单独电路进行试验。

20.2.2　试验电压

试验电压的频率为 50 Hz，波形为实际正弦波，试验设备的容量不小于 0.5 kVA。

施加于被试绕组对机壳间及绕组相互间试验电压(有效值)为 1 000 V+$2U_N$，但最低为 1 500 V。

对于额定电压在 48 V 及以下由独立电源供电的电动机，其试验电压(有效值)为 500 V。

施加于带电部件与加强绝缘部件之间的试验电压（有效值）为 3 000 V。

对于带有信号控制线的电动机，试验电压施加于信号线与电动机绕组之间，试验电压为 1 000 V+$2U_N$，但最低为 1 500 V。

试验过程中，跳闸电流值应不大于 10 mA。

20.2.3　试验时间

试验时，施加的电压应从不超过试验电压全值的一半开始，逐渐地升高到试验电压的全值，试验电压自半值增加至全值的时间应不少于 10 s，全值电压试验时间应持续 1 min。在大量生产中作检查试验时，允许用 20.2.2 规定的试验电压值的 120%，历时 1 s 的试验代替，试验电压用试棒施加。

21　工作温度下的泄漏电流

电动机必须具有良好的绝缘性能，电动机进行第 17 章温升试验后，在 1.06 倍额定电压及实际负载下运行。

泄漏电流通过用 GB/T 12113—2003 中图 4 所描述的电路装置进行测量，测量在电源的任一极和连接金属箔的易触及金属部件之间进行。被连接的金属箔面积不超过 20 cm×10 cm，它与绝缘材料的易触及表面相接触。

GB/T 12113—2003 中图 4 所示的电压表应是能测量电压的真有效值。

对于单相电动机，其测量电路在图 2 中给出。图 2 中的 C 是 GB/T 12113—2003 中的图 4 测量电路。将选择开关分别拨到 a、b 来测量泄漏电流。

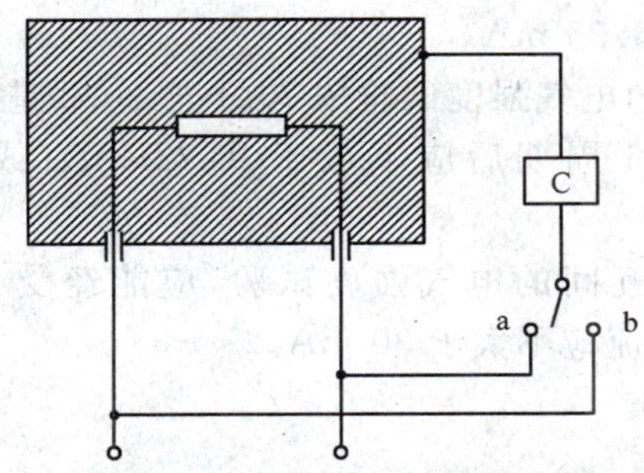

图 2　单相电动机在工作温度下泄漏电流的测量电路图

对三相电动机，其测量电路在图 3 中给出。

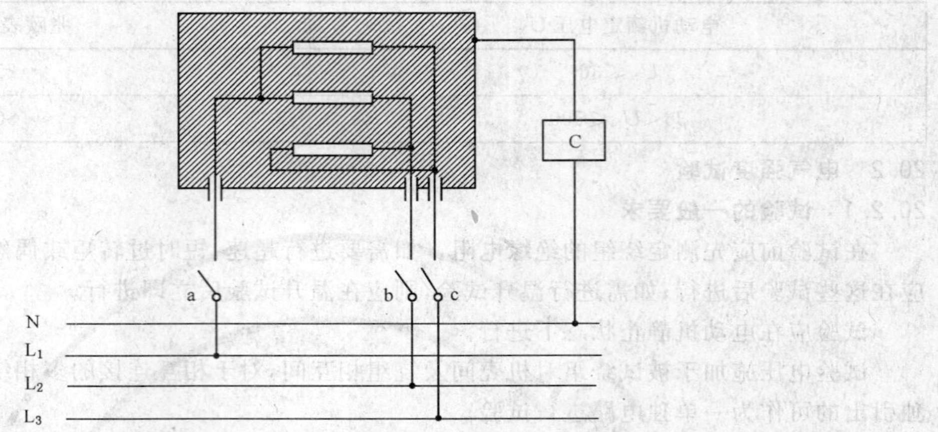

图 3 三相电动机在工作温度下泄漏电流的测量电路图

图 2 与图 3 中：

a、b、c：单刀单掷开关；L_1、L_2、L_3：三相电源线；

N：中性线；C：GB/T 12113—2003 中的图 4 测量电路。

对三相电动机，将开关 a、b 和 c 拨到关闭位置来测量泄漏电流。然后，将开关 a、b 和 c 轮流打开，而其他两个开关仍处于关闭位置再进行重复测量，对只打算进行星形连接的器具，不连接中性线。

电动机在正常工作时，其泄漏电流不应大于 0.25 mA。

注：对于家用类电动机，均不允许电动机外壳存在人体可感知的带电现象。如果产品中存在这种现象，本章中所规定的限值应减小，或采取必要的表面绝缘措施或其他有效措施，使带电现象消失。

22 湿热试验

22.1 电动机应能经受正常使用中可能出现的潮湿条件。

电动机湿热试验后应满足 GB/T 12665—2008 的规定。

湿热试验方法按 GB/T 2423.3—2006 恒定湿热试验的规定，试验周期数 2 d。

有关通用电动机产品如有必要也可按 GB/T 2423.4—2008 进行交变湿热试验，试验周期数 6 d。试验后测试电动机的泄漏电流、绝缘电阻和电气强度。

22.2 湿热试验之后的泄漏电流按第 21 章进行测试，但是电动机在不连接电源的情况下进行，交流试验电压施加在带电部件和连接金属箔的易触及金属部件之间进行。被连接的金属箔面积不超过 20 cm ×10 cm，它与绝缘材料的易触表面相接触。

试验电压：

——对单相电动机，为 1.06 倍的额定电压；

——对三相电动机，为 1.06 倍的额定电压除以$\sqrt{3}$。

在施加试验电压后的 5 s 内，测量泄漏电流。

电动机的泄漏电流不得超过 0.25 mA。

22.3 湿热试验之后的绝缘电阻与电气强度试验按 20.1 与 20.2 进行。电动机绕组对机壳及绕组相互间的绝缘电阻在交变湿热试验 6 周期后应不低于 0.22 MΩ；或恒定湿热试验 2 周期后应不低于1.0 MΩ。

电动机绕组对机壳及绕组相互间的电气强度试验，应能经受 20.2 规定的 85% 试验电压，历时 1 min，无击穿或闪络现象，跳闸电流应不大于 30 mA。

23 起动

23.1 电动机应能在下列电压情况下正常起动；对于带有起动元件的电动机，起动时，其起动元件应工作可靠，无明显接触抖动。

a) 电动机在 0.85 倍额定电压下起动 3 次；

b) 对于带有起动元件的电动机，还应在 1.06 倍额定电压下再起动 3 次；

c) 对于带有离心开关的电动机，其断开转速应满足产品标准的规定。

在进行本项试验时，应根据电动机在实际使用中的起动情况来确定电动机为空载起动或带负载起动，并在产品标准中明确规定。

电动机在开始起动时，应为实际冷却状态，在连续起动之间，电动机应达到静止状态再起动。

23.2 电动机在按 23.1 要求起动时，其过载保护装置不应动作。

是否符合要求，应在进行 23.1 试验的同时检查判定。

24 元件

24.1 元件尽量在其合理应用的条件下应符合有关标准中规定的安全要求。

注：符合有关元件的标准，未必保证符合本标准的要求。

没有被单独试验过，并未认定符合相关标准的元件，没有标识或没有按其标识使用的元件，均应在电动机所发生的实际情况下进行试验，被试样品的数量按相关的标准要求。

没有相关标准的元件，不规定附加的测试。

24.2 电动机离心开关应符合 JB/T 9547—1999 的要求。如果要测试，按照附录 A 进行。

24.3 电动机运行电容器应符合 GB/T 3667.1—2005 的要求。如果要测试，按照附录 B 进行。

与电动机绕组串联的运行电容器，当电动机在额定负载，以 1.1 倍的额定电压供电时，电容器两端的电压不应超过电容器额定电压的 1.1 倍。

24.4 电动机起动电容器应符合 IEC 60252-2:2002 的要求。如果要测试，按照附录 C 进行。

24.5 电动机热保护器应符合 GB 14536.3—2008 的要求。如果要测试，按照附录 D 进行。

热熔断体应符合 GB 9816—2008 的要求。如果要测试，按照附录 E 进行。

24.6 电动机上的换向器应符合 JB/T 6742—2007 的要求。如果要测试，应能经受热态超速试验，其试验条件应符合表 12 的规定。

表 12 超速试验条件

换向器类型		试验温度 T/℃	换向器外圆线速度 v/(m/s)	试验时间 t/min
普通换向器	普通型	纯铜 180±2	50	10
		银铜 220±2		
	加固型	纯铜 180±2	52	10
		银铜 220±2		
高速换向器	普通型	250±2	≥60	10
	加固型	250±2	≥61	10
卷板式换向器		纯铜 180±2	40	5
		银铜 220±2	35	5

试验方法：将换向器试件放入保持在表 12 规定的温度的热循环烘箱中，预热 30 min 后取出，装在热稳定保温烘箱中的超速试验机上(其箱内的温度应保持在表 12 规定的温度)，然后按式(2)换算出规定转速及按表 12 规定的试验时间进行试验，试验结束后，取出试件在室温下自然冷却 0.5 h，用换向器片间误差综合测试仪或其他类似仪器记录下测量数据，读出径向圆跳动值和最大片间高低误差值。并与试验前的测量数据作对应比较。

比较结果，其工作表面径向圆跳动变化值对于普通型与卷板式应小于 0.012 mm，对于高速型应小于 0.008 mm；相邻两换向片之间最大的高低误差对于普通型与卷板式应小于 0.003 mm，对于高速型应小于 0.002 mm。

$$n = \frac{6 \times 10^4 v}{\pi D} \qquad \cdots\cdots(2)$$

式中：

n——试验转速，单位为转每分(r/min)；

v——线速度，单位为米每秒(m/s)；

D——外圆直径，单位为毫米(mm)。

25 电磁兼容性

25.1 带换向器的电动机以及带有电子线路的电动机可能会引起连续骚扰，应进行电磁兼容性测试，测试方法及限值按 GB 4343.1—2003 的要求。

25.2 对电子线路控制的电动机，其控制器应能承受静电放电、电快速瞬变脉冲群以及浪涌抗扰度试验不出现故障，其中涉及交流电源端口的试验仅在适用时才进行。

25.2.1 静电放电

静电放电试验根据标准 GB/T 17626.2—2006 和本标准表 13 中给出的试验信号和试验条件进行。

表 13 外壳端口

环境现象	试验规定	试验配置
静电放电	8 kV 空气放电 4 kV 接触放电	按 GB/T 17626.2—2006
注：4 kV 的接触放电应施加于易触及的导电部件，但诸如插座孔里的金属触片除外。		

接触放电是优先的试验方法，对外壳的每个易触及的金属部件施加 20 次放电(10 次正极性，10 次负极性)。对于非导电外壳，应按 GB/T 17626.2—2006 规定对垂直或水平耦合板进行放电。空气放电适用于不能使用接触放电的场合中。

25.2.2 电快速瞬变脉冲群

电快速瞬变脉冲群试验根据基础标准 GB/T 17626.4—2008 和本标准表 14～表 15 中的要求进行，并且试验是在正、负两个极性上各进行 2 min。

表 14 直流电源输入和输出端口

环境现象	试验规定	试验配置
共模快速瞬变	0.5 kV(峰值) 5/50 ns Tr/Td 5 kHz 重复频率	按 GB/T 17626.4—2008

应使用耦合/去耦网络来测试直流电源端口。

表 15 交流电源输入和输出端口

环境现象	试验规定	试验配置
共模快速瞬变	1 kV(峰值) 5/50 ns Tr/Td 5 kHz 重复频率	按 GB/T 17626.4—2008
注：对于特低电压的交流电输入和输出端(端口)，这个测试仅适用于与(依据)制造商功能规范规定的总长度可超过 3 m 的电缆连接的端口。		

应使用耦合/去耦网络来测试交流电源端口。

25.2.3 浪涌

浪涌抗扰度试验根据基础标准 GB/T 17626.5—2008 和本标准表 16 中的要求进行。

表 16 交流电源输入端口

环境现象	试验规定	试验配置
浪涌	1.2/50(8/20)μs Tr/Td 2kV 1kV	按 GB/T 17626.5—2008

依次施加 5 次正脉冲和 5 次负脉冲：

——相线之间：1 kV；

——相线与零线之间：1 kV；

——相线与保护地线间：2 kV；

——中线与保护地线间：2 kV。

对表 13 以外(更低)的电压不需要试验。

25.2.4 性能判据

试验后器具应按预期继续运行。当器具按预期使用时，其性能降低或功能丧失不允许低于制造商规定的性能水平(或可容许的性能丧失)。在试验过程中，性能下降是允许的，但不允许实际运行状态或存贮数据有所改变。如果制造商未规定最低的性能水平或可容许的性能丧失，则可从产品说明书、文件及用户按预期使用时对器具的合理期望中推断。

26 其他要求

26.1 对通用单相异步电动机产品应该进行最大转矩、最小转矩和堵转转矩试验，其数值应满足 GB/T 5171—2002 或相应产品标准要求，试验方法按 GB/T 9651—2008。

26.2 多匝线圈或绕组应进行匝间绝缘试验，以考核绕组匝间绝缘承受过电压的能力。试验可采用匝间冲击耐电压试验或短时升高电压试验。

26.2.1 采用匝间冲击耐电压试验时，其要求和试验方法按 JB/T 9615.1—2000 和 JB/T 9615.2—2000 进行。

26.2.2 采用短时升高电压试验时，电动机应施加 130%额定电压，历时 3 min，电动机应无冒烟等击穿现象，试验时允许将电源频率提高到额定值的 110%(电容运转电动机除外)。

26.3 对于带实际负载的电动机，应进行铭牌数据的一致性检查。试验可以通过在测功机上保持电动机带实际负载时的转速来进行，电动机的实际输出情况应与标称额定输出功率的偏差不大于±10%。

27 检验规则

27.1 按本标准进行的试验为型式试验。

27.2 当电动机的性能依赖于外部控制装置时，本标准要求均应按照整个系统进行考核，考核结论只适合特定的系统组合。

27.3 除非另有规定，试验应在一台电动机上进行，此电动机应经受所有有关的试验。但第 5 章～第 10 章的试验可在另外单独的试样上进行。如果从电动机的设计上已明显地看出不适于进行某种试验，则该项试验可以不进行。

27.4 凡遇到下列情况之一者，应进行型式检验：

a) 新产品试制完成时；

b) 电动机设计或工艺上的变更足以引起某些性能变化时，则应进行有关的型式检验项目。

27.5 试验时，如果周围空气温度有可能影响试验结果，则试验室温度保持在(20±5)℃。

如果电动机设计成有多种电压或频率,应以额定电压或频率范围中最不利的情况进行试验。

27.6 电动机的全部检验项目见表17。

表17 检验项目

项目序号	检验项目	标准章条号
1	标志及说明书检查	4
2	机座与外壳	5
3	起动试验	23
4	温升试验	17
5	泄漏电流测量	21
6	绝缘电阻和电气强度测量	20
7	湿热试验	22
8	耐久性试验	19
9	非正常试验	18
10	机械强度检验	6
11	电气连接	8
12	内部布线检验	10
13	元件检验	24
14	电气绝缘支持	11
15	绝缘结构评定	12
16	接地装置检验	16
17	连接件检验	9
18	电气间隙和爬电距离检验	15
19	耐热试验	14.1
20	耐燃试验	14.2
21	耐漏电痕迹试验	14.3
22	防锈检验	7
23	电磁兼容性试验	25
24	最大、最小和堵转试验	26
25	铭牌数据的一致性检查	26

附　录　A
（规范性附录）
离　心　开　关

单相电动机起动用离心开关应符合 JB/T 9547—1999 的下列条款：

A.1　3.1 适用。

A.2　3.4 适用。

A.3　3.6 适用。

A.4　3.7 适用。

A.5　3.8 适用。

A.6　3.9 适用。

A.7　3.11 适用。

A.8　6.1 适用。

附 录 B
（规范性附录）
电动机运行电容器

电动机运行电容器应符合 GB/T 3667.1—2005 的下列条款，并做如下修改：

B.1 2.7 适用。

B.2 2.8 适用。

B.3 2.9 适用。

B.4 2.12 适用。

B.5 2.13 适用，并增加下述内容：

"对于未标明运行等级的电容器，耐久性试验可以按照 D 级的时间来进行试验。"

B.6 2.15 适用。

B.7 2.16 适用。

B.8 2.17 适用。

B.9 "4 安全要求"适用。

B.10 5.1 作如下修改：

电容器上至少应标志以下内容：

a) 制造方名称或缩写名称或商标；

b) 产品类型标志；

c) 额定电容（C_N），μF 和偏差，%；

d) 额定电压（U_N），V；

e) 额定频率（f_N），Hz（当不是 50 Hz 时）；

f) 气候类别，例如：25/85/21（见 1.4.1）；

g) 以 SH 表示自愈式电容器；

h) 安全防护等级，例如：P0，P1，P2。

附 录 C
（规范性附录）
电动机起动电容器

电动机起动电容器应符合 IEC 60252-2:2002 的下列条款，并做如下修改：

C.1 对于自愈式起动电容器，以下条款适用：

C.1.1 2.1.5 适用。

C.1.2 2.1.6 适用。

C.1.3 2.1.7 适用。

C.1.4 2.1.8 适用。

C.1.5 2.1.9 适用。

C.1.6 2.1.12 适用。

C.1.7 2.1.13 适用。

C.1.8 2.1.15 适用。

C.1.9 2.1.16 适用。

C.1.10 2.1.17 适用。

C.1.11 2.3 适用。

C.1.12 2.4 作如下修改：

电容器上至少应标志以下内容：

a) 制造方名称或缩写名称或商标；

b) 产品类型标志；

c) 额定电容(C_N)，μF 和偏差，%；

d) 额定电压(U_N)，V；

e) 额定频率(f_N)，Hz(当不是 50 Hz 时)；

f) 气候类别，例如：25/85/21 (见 1.4.1)；

g) 以 SH 表示自愈式电容器；

h) 安全防护等级，例如：P0，P1，P2。

C.2 对于电解式起动电容器，以下条款适用：

C.2.1 3.1.5 适用。

C.2.2 3.1.6 适用。

C.2.3 3.1.7 适用。

C.2.4 3.1.8 适用。

C.2.5 3.1.11 适用。

C.2.6 3.1.12 适用。

C.2.7 3.1.14 适用。

C.2.8 3.1.15 适用。

C.2.9 3.3 适用。

C.2.10 3.4 作如下修改：

电容器上至少应标志以下内容：

a) 制造方名称或缩写名称或商标；

b) 产品类型标志；

c) 额定电容(C_N)，μF 和偏差，%；

d) 额定电压(U_N)，V；

e) 额定频率(f_N)，Hz(当不是 50 Hz 时)；

f) 气候类别，例如：25/85/21 (见 1.4.1)。

附　录　D
（规范性附录）
电动机热保护器

电动机热保护器应符合 GB/T 14536.3—2008 的下列条款：

D.1　第 8 章适用。

D.2　第 13 章适用。

D.3　第 17 章适用。

D.4　第 20 章适用。

D.5　第 21 章适用。

附 录 E
（规范性附录）
热熔断体

电动机热熔断体应符合 GB 9816—2008 的下列条款：

E.1 第 7 章适用。

E.2 第 9 章适用。

E.3 第 10 章适用。

E.4 第 11 章适用。

ICS 01.120
A 00

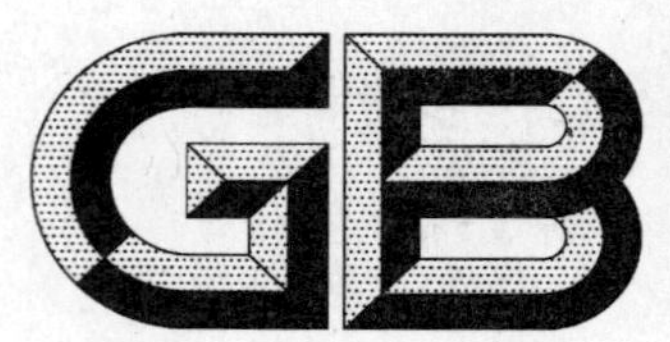

中华人民共和国国家标准

GB/T 12366—2009
代替 GB/T 12366.1～12366.3—1990,GB/T 12366.4—1991

综合标准化工作指南

Guideline for the work of complex standardization

2009-05-06 发布　　2009-11-01 实施

中华人民共和国国家质量监督检验检疫总局
中国国家标准化管理委员会　发布

前　言

本标准代替 GB/T 12366.1—1990《综合标准化工作导则　原则与方法》，GB/T 12366.2—1990《综合标准化工作导则　工业产品综合标准化一般要求》，GB/T 12366.3—1990《综合标准化工作导则　农业产品综合标准化一般要求》和 GB/T 12366.4—1991《综合标准化工作导则　标准综合体规划编制方法》。

本标准与代替的四项标准相比主要变化如下：

——将原来 4 项标准的公共的、合理的、符合当前要求的部分，进行了综合提炼；

——剔除了 GB/T 12366.2—1990 中工业产品这一具体范围限制，保留一般性要求；

——删除 GB/T 12366.2—1990 中附录 A“电扇综合标准化相关要素示意图”；

——剔除了 GB/T 12366.3—1990 中农业产品这一具体范围限制，保留一般性要求；

——删除 GB/T 12366.3—1990 中附录 A“新疆维吾尔自治区长绒棉相关要素图”；

——将 GB/T 12366.4—1991 中的内容合并到本标准中来，作为总体规划的一部分。

本标准由中国标准化研究院提出并归口。

本标准起草单位：中国标准化研究院、中国电子技术标准化研究所、清华大学。

本标准主要起草人：董晓媛、赵朝义、逄征虎、王金玉、王益谊、杨锐、陆锡林。

本标准所代替标准的历次版本发布情况为：

——GB/T 12366.1—1990；

——GB/T 12366.2—1990；

——GB/T 12366.3—1990；

——GB/T 12366.4—1991。

6.2.3 编制标准综合体规划的基本原则

标准综合体规划应由各有关部门共同参加编制，并且应同各部门的具体工作与计划任务相结合。编制标准综合体规划时应考虑所需的物资资源、劳动资源和经费。标准综合体规划应附有编制说明书和实施大纲。

6.2.4 标准综合体规划编制程序

6.2.4.1 确定对象系统

提出对象系统总目标，并根据综合标准化对象及其相关要素的内在联系或功能要求，将所确定的目标分解为具体目标值。

分解的目标值应能保证实现所确定的目标，并注意工作流程的继承性。目标值一般应定量化，具有可检查性。应对各种可能的目标分解方案进行充分的论证，从中选择最佳方案。

6.2.4.2 进行系统分析

通过分析资料，对综合标准化对象进行系统分析，找出影响所确定目标的各种相关要素，明确综合标准化对象与相关要素及相关要素之间的内在联系与功能要求。合理确定综合标准化对象及其相关要素的范围。并且绘制综合标准化对象的相关要素图或给出文字说明，明确其系统关系。

图表及文字应满足下列要求：

a) 层次清晰，主次分明，结构合理，范围明确；

b) 相关要素选择恰当，数量适中。

6.2.4.3 选择最佳方案

对综合标准化对象的科学技术水平、综合质量指标以及综合效益进行预测和综合论证。根据需要和可能，合理地确定系统的综合范围和深度，按工作流程确定标准综合体规划的结构。列出综合标准化对象的直接相关要素和间接相关要素，编制相关要素图。

确定科研攻关项目、试验步骤、技术措施和组织保证措施，保证综合标准化对象的及时开发、研制，提高其整体水平。

6.2.4.4 确定标准项目

理顺关系，对综合体中所含要素系统，根据相关要素图，按性质和级别对标准、项目及课题汇总分类。

编制跨部门的实施计划，拟订需要制定、修订的标准的内容和数量，并根据轻重缓急确定标准制定、修订时间的最佳顺序和工作进度，分别纳入相应的标准制定、修订规划和年度计划中，保证制定、修订标准工作的协调进行。

确定制修订工作要点、起草单位和参加单位。确定综合标准化对象的技术手段和质量保证，以及制修订的准备、组织与保证措施。

6.2.4.5 编制标准综合体规划草案

根据对象的系统分析和目标分解的结果，编制标准综合体规划草案，明确标准综合体的构成。标准综合体规划草案内应包括能保证综合标准化对象整体最佳的所有标准。各项标准应进行系统处理，按性质、范围适当分类，使其构成合理。

6.2.4.6 评审

应组织有关专家对标准综合体规划草案进行审议、认定，形成正式的标准综合体规划。评审内容应包括：

a) 目标能否保证；

b) 构成是否合理；

c) 标准是否配套；

d) 总体是否协调。

7 制定阶段

7.1 制订工作计划

由协调机构根据标准综合体规划中规定的标准构成要求，审查现有标准情况，确定需要制定和修订的标准，制订统一的工作计划，明确分工和进度要求。对技术难点，应制订攻关计划。包括以下几个方面：

——凡有现行标准，能满足总体要求的，应引用现行标准而不再制定新标准；不能满足要求时，应修订现行标准或提出补充要求；没有相应标准时，应制定新标准；

——根据标准综合体规划内标准之间的相互联系，确定各项标准制定和修订的顺序与时间；

——各项标准的制定和修订任务应纳入各级标准的制定和修订计划，保证各级标准制定和修订计划的协调；

——工作计划中除规定制定和修订标准的项目名称外，还应明确各项标准的主要内容与要求、适用范围、与其他标准的关系、标准起草单位与负责人、参加单位与参加人员、起止时间等。

7.2 建立标准综合体

协调机构应根据工作计划的要求，组织全部标准的起草和审查工作，建立标准综合体。包括以下几个方面的内容：

——制定工作守则，指导参加综合标准化工作的有关人员的活动；

——从全局出发，有关方面要密切配合，协调行动；

——有关标准的技术内容应相互协调，实施日期应相互配合；

——分解的目标值均应在相应标准的有关指标中得到保证。

根据工作进展情况，通过一定手段进行试验验证。整体验证周期太长者可以进行局部验证。通过试验验证适当调整原工作计划和某些标准中不适应的内容。

标准综合体建立后，协调机构应根据试验验证结果，对建立标准综合体的全部工作情况进行总结。

8 实施阶段

8.1 组织实施

有关部门或单位应根据规定的各项标准的实施时间，将各项标准及时贯彻，实现综合标准化的目标。

在标准综合体实施后应定期进行审查与修订，不断更新与充实标准综合体。应指定专人在标准实施过程中跟踪检查，记录标准实施过程中的有关数据资料，做好信息反馈。

8.2 评价和验收

主管部门可组织各有关单位和人员根据标准综合体实施后的技术经济效益，进行评价和验收。

ICS 07.040;35.240.70
A 75

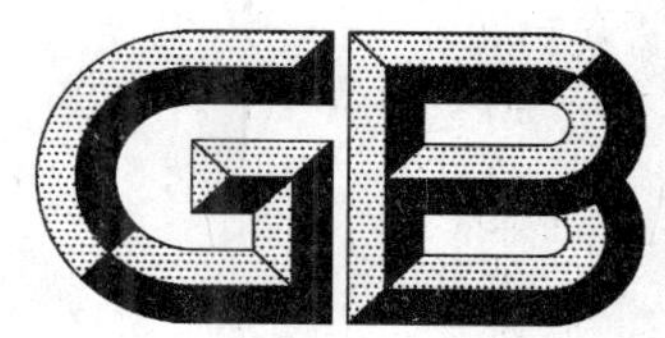

中华人民共和国国家标准

GB/T 12409—2009
代替 GB 12409—1990

地　理　格　网

Geographic grid

2009-02-06 发布　　　　2009-06-01 实施

中华人民共和国国家质量监督检验检疫总局
中国国家标准化管理委员会　发布

前　言

本标准代替 GB 12409—1990《地理格网》。

本次修订参考了美国 FGDC-STD-011-2001 United States National Grid 和英国 British national grid reference system 等标准。

本标准与 GB 12409—1990 相比主要修改内容如下：

——根据 GB/T 1.1—2000 规范了原标准的格式。

——补充和调整了术语及其定义。

——补充和调整了设计原则。

——增加了定位参照系。

——对经纬坐标格网系统的分级作了简化，由原来的 7 级改为 5 个基本级，删除了其中的 10°×10°、5°×5°、2°×2°和 30′×30′、15′×15′、6′×6′格网；增加了 10′×10′、1′×1′、10″×10″和 1″×1″格网。

——修改了经纬坐标格网的编码方式。

——增加了经纬坐标格网的扩展规则。

——对直角坐标格网的分级作了简化，由原来的 9 级改为 6 级。删除了其中的 500 m×500 m、250 m×250 m、50 m×50 m、25 m×25 m、5 m×5 m 和 2.5 m×2.5 m 格网；增加了 100 km×100 km、10 000 m×10 000 m 和 1 m×1 m 格网。

——修改了直角坐标格网的编码方式。

——增加了直角坐标格网扩展规则。

——删除了以系列比例尺地形图图幅范围作为格网单元的格网系统。

——增加了资料性附录 A“应用示例”。其中包括将矢量数据或格网数据转换为标准格网数据的示例和生成标准格网数据的示例。

本标准由国家测绘局提出。

本标准由全国地理信息标准化技术委员会归口。

本标准起草单位：国家基础地理信息中心、北京山海经纬信息技术有限公司、水利部水利信息中心、中国测绘科学研究院、中国科学院地理科学与资源研究所、国家发展和改革委员会宏观经济研究院、建设综合勘察研究设计院。

本标准主要起草人：李莉、朱秀丽、曹五丰、陈子丹、苏山舞、曾澜、何建邦、黄坚、李浩川。

本标准所代替标准的历次版本发布情况为：

——GB 12409—1990。

引　言

地理格网是一种科学、简明的定位参照系统，是对现有测量参照系、行政区划参照系和其他专用定位系统的补充。地理格网的应用，不但可以提高与空间分布信息集成效率，还可减少数据精度损失和资源消耗。近年来，地理信息系统技术广泛普及应用，采用格网形式对自然、社会经济信息进行组织和应用的实例已不鲜见。为适应科学技术的发展，支持地理数据的共建共享，满足应用需求，方便多源、多尺度地理空间信息的整合与应用分析，提供科学、一致和实用的地理空间定位格网。

地理格网采用经纬坐标格网（以经、纬网划分的格网）和高斯-克吕格投影直角坐标格网（以公里网划分的格网）相结合的方式，这两类格网间具有较严密的数学关系，可相互转换。高斯-克吕格投影平面直角坐标系统是我国系列比例尺地形图所采用的坐标系统，采用此坐标系统既可享用已有的大量基础测绘成果，又具有广泛的应用基础。

地 理 格 网

1 范围

本标准规定了地理格网的划分与编码方法，对格网数据的可视化表达不作为本标准规定的内容。

本标准适用于标识与地理空间位置有关的自然、社会和经济信息的空间分布，为各类信息的整合提供以格网为单元的空间参照。

2 规范性引用文件

下列文件中的条款通过本标准的引用而成为本标准的条款。凡是注日期的引用文件，其随后所有的修改单(不包括勘误的内容)或修订版均不适用于本标准，然而，鼓励根据本标准达成协议的各方研究是否可使用这些文件的最新版本。凡是不注日期的引用文件，其最新版本适用于本标准。

GB 22021—2008 国家大地测量基本技术规定

3 术语和定义

下列术语和定义适用于本标准。

3.1

格网 grid

由两组或多组曲线集所组成的网络，曲线集合中的曲线按某种算法相交。

注：曲线集把空间分割成格网单元。[ISO 19123:2005]

3.2

格网单元 grid cell

构成格网系统中某级格网的基本单位。

3.3

地理格网 geographic grid

按照一定的数学规则对地球表面进行划分而形成的格网。

3.4

经纬坐标格网 geographical graticule

按一定经纬度间隔对地球表面进行划分而形成的格网。

3.5

直角坐标格网 rectangular grid

将地球表面区域按数学法则投影到平面上，按一定的纵横坐标间距和统一的坐标原点对地表区域进行划分而构成的格网。

3.6

格网编码 grid encoding

按照一定规则，赋予格网单元惟一标识代码的过程。

4 地理格网的设计原则

4.1 科学性

地理格网分别建立在经纬坐标格网和直角坐标格网上，两种格网具有较严密的数学关系，可以相互转换。

4.2 系统性

地理格网分级呈一定的递归关系，形成完整的格网分级系列。

4.3 继承性

经纬坐标格网采用国际上惯用的经纬度定位坐标系统和我国大于或等于1∶500 000系列比例尺地形图采用的高斯-克吕格投影系统。

4.4 可扩展性

标准中给出分级和编码的扩展规则。应用需求分为面向全球或全国（小比例尺）、省区（中比例尺）和城乡（大比例尺）三种尺度。经纬坐标格网和直角坐标格网均可在给定的分级系列基础上向两端延伸，也可根据需求，在各级格网间按照一定的规则扩展格网间隔。

4.5 实用性

格网系统在坐标系统、分级与编码规则的设定尽可能简化，并辅以软件工具[1]，既可严格、快速、方便地实现格网间的转换，又可实现各级格网间的数据合并和细分处理。

5 坐标系统

地理格网采用2000国家大地坐标系。执行GB 22021—2008。

6 地理格网的分级与编码

6.1 概述

地理格网划分为经纬坐标格网和直角坐标格网。格网层级由不同间隔的格网构成，层级间可实现信息的合并或细分。经纬坐标格网面向大范围（全球或全国），适于较概略表示信息的分布和粗略定位的应用；直角坐标格网面向较小范围（省区或城乡），适于较详尽信息的分布和相对精确定位的应用。附录A给出了以上两类格网系统的应用示例。

6.2 经纬坐标格网

6.2.1 经纬坐标格网概述

经纬坐标格网按经、纬差分级，以1°经、纬差格网作为分级和赋予格网代码的基本单元。代码由5类元素组成：象限代码、格网间隔代码、间隔单位代码、纬经度代码和格网代码。前4类元素为必选元素，格网代码元素根据需要选用。6.2.2和6.2.3分别给出基本层级的格网间隔和编码方法，扩展分级及其编码方法见6.2.4。

6.2.2 经纬坐标格网分级

分级规则：各层级的格网间隔为整倍数关系，同级格网单元的经差、纬差间隔相同。经纬坐标格网基本层级分为5级，见表1。

表1 经纬坐标格网分级

格网间隔	1°	10′	1′	10″	1″
格网名称	一度格网	十分格网	分格网	十秒格网	秒格网

6.2.3 经纬坐标格网编码规则

经纬坐标格网代码由5类元素组成，分别为象限代码、格网间隔代码、间隔单位代码、纬经度代码和格网代码，后2类元素根据经、纬度数值计算生成。象限代码由南北、东西代码组成，分别用1位字母码组成；格网间隔代码用2位数字码表示；间隔单位代码用1位字母码表示；纬经度代码由纬度代码和经度代码组成，分别取纬、经度的整度数值计算生成，用2位数字码表示纬度和3位数字码表示经度；格网代码取纬、经度的非整度数值计算生成，由于采用的格网间隔不同，格网代码长度为0位、4位或8位。经纬坐标格网编码结构如下：

1） 可查阅：www.easymap.com.cn网站。

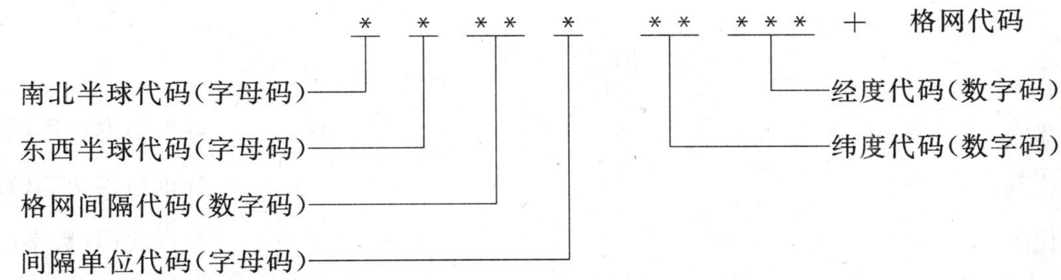

经纬坐标格网采用赤道和本初子午线的交点为原点，将全球分为西北、东北、西南、东南四个象限，象限代码表示为 NW、NE、SW、SE，见图 1。第一位表示南北半球，用“N”表示北半球，“S”表示南半球；第二位表示东西半球，用“E”表示东半球，“W”表示西半球；我国位于北、东半球，表示为“NE”。格网间隔代码依据表 1 所列的格网间隔用 2 位数字码表示，不足 2 位在前面补 0，如格网间隔为 1′时表示为“01”，格网间隔为 10″表示为“10”。间隔单位代码用“D”表示以度为单位、“M”表示以分为单位、“S”表示以秒为单位。

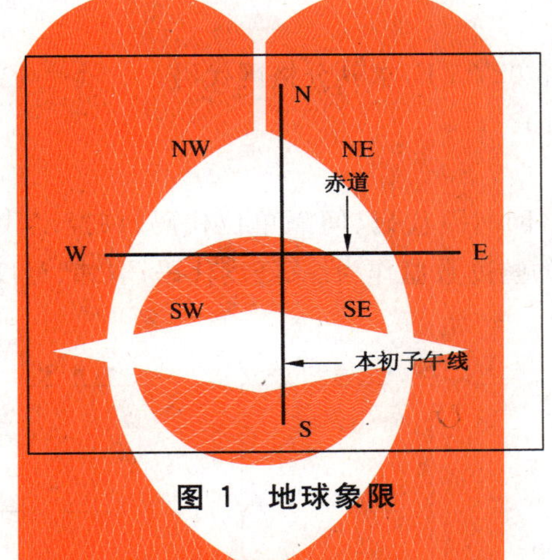

图 1　地球象限

6.2.3.1　一度格网编码

一度格网代码由象限代码、格网间隔代码、间隔单位代码、纬经度代码共 10 位代码组成。其中取纬、经度的整度数值作为纬、经度代码。结构如下：

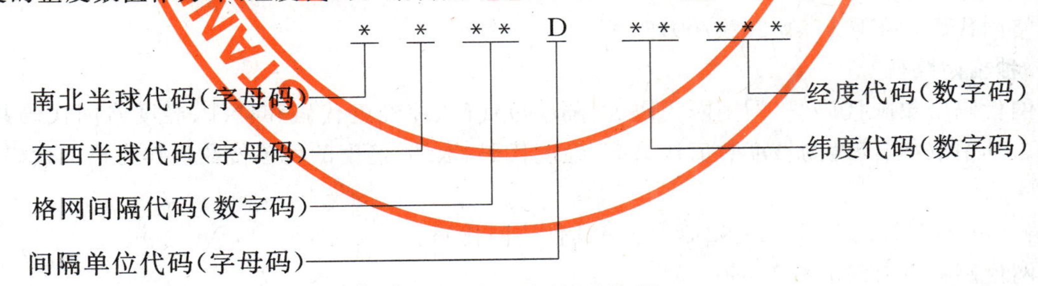

例：某点位于 75°41′15″N，143°02′35″E，求其一度格网代码。

一度格网代码：NE01D75143

6.2.3.2　十分格网编码

十分格网代码由象限代码、格网间隔代码、间隔单位代码、纬经度代码和十分纬、经度格网代码共 14 位代码组成。其中取纬、经度的整度数值作为纬、经度代码；取纬、经度的十分位数值作为格网代码。结构如下：

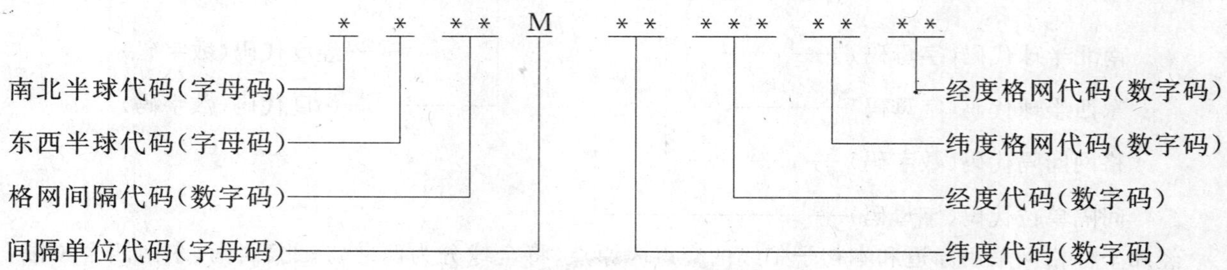

例:某点位于75°41′15″N,143°02′35″E,求其十分格网代码。

十分格网代码:NE10M751430400

6.2.3.3 分格网编码

分格网代码由象限代码、格网间隔代码、间隔单位代码、纬经度代码和分纬、经度格网代码共14位代码组成。其中取纬、经度的整度数值作为纬、经度代码;取纬、经度的分位数值作为格网代码。结构同6.2.3.2。

例:某点位于75°41′15″N,143°02′35″E,求其分格网代码。

分格网代码:NE01M751434102

6.2.3.4 十秒格网编码

十秒格网代码由象限代码、格网间隔代码、间隔单位代码、纬经度代码和十秒纬、经度格网代码共18位代码组成。其中取纬、经度的整度数值作为纬、经度代码;取纬、经度的十秒位数值作为格网代码。结构如下:

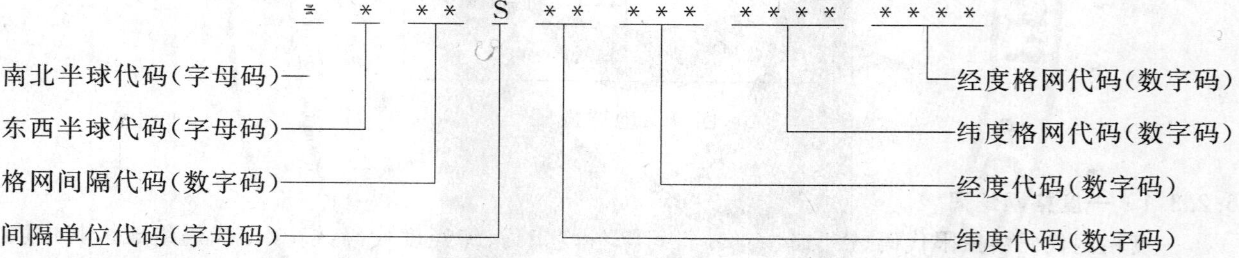

例:某点位于75°41′15″N,143°02′35″E,求其十秒格网代码。

十秒格网代码:NE10S7514302470015

6.2.3.5 秒格网编码

秒格网代码由象限代码、格网间隔代码、间隔单位代码、纬经度代码和秒纬、经度格网代码共18位代码组成。其中取纬、经度的整度数值作为纬、经度代码;取纬、经度的秒单位数值作为格网代码。结构同6.2.3.4。

例:某点位于75°41′15″N,143°02′35″E,求其秒格网代码。

秒格网代码:NE01S7514324750155

6.2.4 经纬坐标格网扩展

在一度格网的基础上向更大格网间隔延伸,如二度格网、五度格网、…N度格网。也可按一定间隔细分格网。细分的格网间隔宜与相邻基本层级的格网间隔成倍数关系。

例:某点位于75°41′15″N,143°02′35″E,求其二度格网、五度格网、五分格网、二秒格网的代码。

5°×5° 五度格网代码:NE05D15028

2°×2° 二度格网代码:NE02D37071

5′×5′ 五分格网代码:NE05M751430800

2″×2″ 二秒格网代码:NE02S7514312370077

6.3 直角坐标格网

6.3.1 直角坐标格网概述

直角坐标格网采用高斯-克吕格投影直角坐标系统，以百公里作为基本单元，逐级扩展。代码由4类元素组成：南北半球代码、高斯-克吕格投影带号代码（以下简称投影带号代码）、百公里格网代码和坐标格网代码。其中前三类元素为必选元素，坐标格网代码根据需要选用。本标准给出了各级格网间隔和相应的编码方法，如需要，还可按此规则扩展，扩展分级及其编码规则见6.3.4。

本直角坐标格网不适用于高纬度区域。

6.3.2 直角坐标格网分级

分级规则：各级格网的间隔为整倍数关系，同级格网单元在 X、Y 方向的间距相等。

直角坐标格网采用高斯-克吕格投影，采用6°或3°分带，见图2。直角坐标格网系统根据格网单元间隔分为6级，以百公里格网单元为基础，按10倍的关系细分。如表2所示。

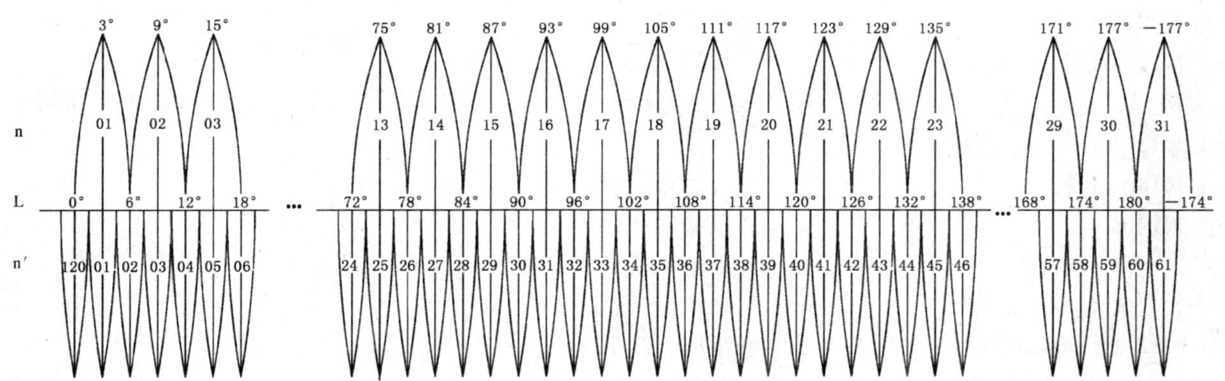

图2 高斯-克吕格投影分带示意图

表2 直角坐标格网系统分级

格网间隔/m	100 000	10 000	1 000	100	10	1
格网名称	百公里格网	十公里格网	公里格网	百米格网	十米格网	米格网

6.3.3 直角坐标格网编码方法

直角坐标格网代码由4类元素组成，分别为：南北半球代码、投影带号代码、百公里格网代码和坐标格网代码。

南、北半球代码，采用1位字母码。南半球用"S"表示，北半球用"N"表示。

投影带号代码，采用3位数字码表示。6°分带，全球共分60带，在投影带号前用0补足3位，投影带号代码分别为001至060；3°分带，全球共分120带，投影带号加100，投影带号代码分别为101至220。

百公里格网代码采用1位字符与两位数字混合编码，见图3。采用6°分带时，自西向东，每百公里用1位字符（A-H）表示；采用3°分带时，自西向东，每百公里用1位字符（C-F）表示。由南向北，每百公里用两位数字（00-90）表示。

坐标格网代码根据选用的层级格网，字位长度从2位至10位不等，横坐标在前，纵坐标在后。结构如下：

十公里格网代码为2位，由横坐标值和纵坐标的十公里字位数值取整构成；

公里格网代码为4位，由横坐标值和纵坐标的公里字位数值取整构成；

百米格网代码为6位，由横坐标值和纵坐标的百米字位数值取整构成；

十米格网代码为8位，由横坐标值和纵坐标的十米字位数值取整构成；

米格网代码为10位，由横坐标值和纵坐标的米字位数值取整构成。

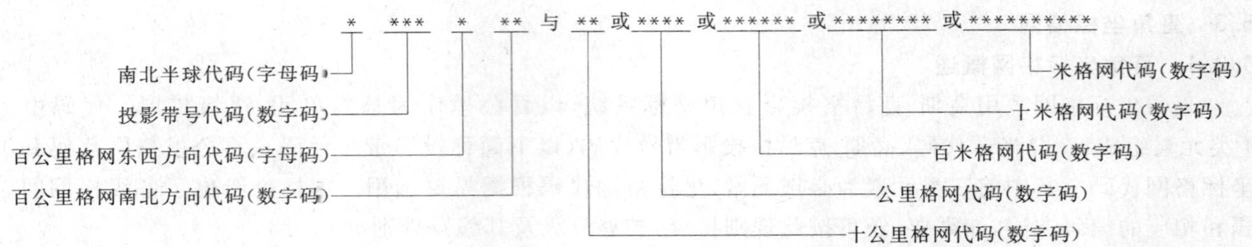

例:某点位于39°55′N, 116°30′E,其6°带投影带号为20,纵坐标值4 420 395.9 m,横坐标值为457 251.1 m,其格网的代码分别为:

N020D4452 —— 十公里格网代码;

N020D445720 —— 公里格网代码;

N020D44572203 —— 百米格网代码;

N020D4457252039 —— 十米格网代码;

N020D445725120395 —— 米格网代码。

例:某点位于39°55′N, 118°40′E,其3°带投影带号为40,纵坐标值4 421 127.432 m,横坐标值为386 001.398 m,其格网的代码分别为:

N140C4482 —— 十公里格网代码;

N140C448621 —— 公里格网代码;

N140C44860211 —— 百米格网代码;

N140C4486002112 —— 十米格网代码;

N140C448600121127 —— 米格网代码。

例:某点位于39°55′N, 115°20′E,其3°带投影带号为38,纵坐标值4 421 127.432 m,横坐标值为613 998.602 m,其格网的代码分别为:

N138F4412 —— 十公里格网代码;

N138F441321 —— 公里格网代码;

N138F44139211 —— 百米格网代码;

N138F4413992112 —— 十米格网代码;

N138F441399821127 —— 米格网代码。

6.3.4 直角坐标格网扩展

直角坐标格网可在表2给出的直角坐标格网分级基础上按整倍数关系向小于1 m的格网单元扩展。

直角坐标格网亦可在表2给出的直角坐标格网分级基础上,对现有层级再细分。各层级格网单元间隔宜根据如下公式计算得到的值,见表3。

格网间隔$=2\times10^n$ 或 5×10^n,$n\in\{0,1,2\}$

表3 直角坐标格网扩展分级

指数 n 取值	0	0,1	0,1,2
格网间隔/m	2,5	2,5,20,50	2,5,20,50,200,500
格网名称	十米区间格网	百米区间格网	公里区间格网

扩展后的格网编码形式为:扩展码+直角坐标格网代码,扩展格网编码由扩展代码“K”和格网间隔值(不足三位的补0)构成,结构如下:

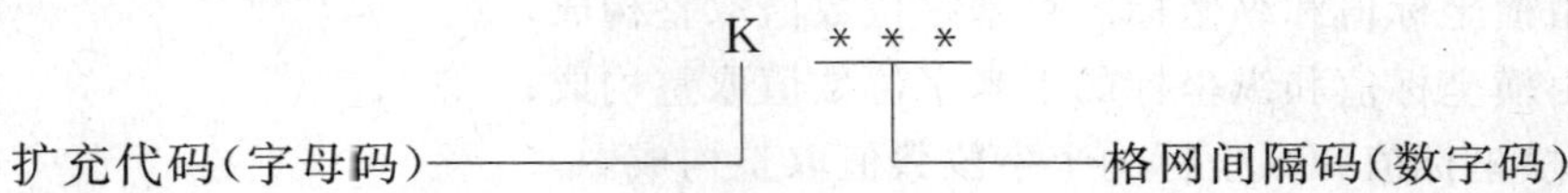

例：某点位于 39°55′N，116°30′E，其 6°带投影带号为 20，纵坐标值 4 420 395.9 m，横坐标值为 457 251.1 m，求其分米格网的代码。

分米格网代码：N020D44572511203959

例：某点位于 39°55′N，116°30′E，其 6°带投影带号为 20，纵坐标值 4 420 395.9 m，横坐标值为 457 251.1 m，求其扩展的格网间隔代码。

十米区间格网代码：K002N020D442862510197

百米区间格网代码：K050N020D4411450407

公里区间格网代码：K200N020D4286101

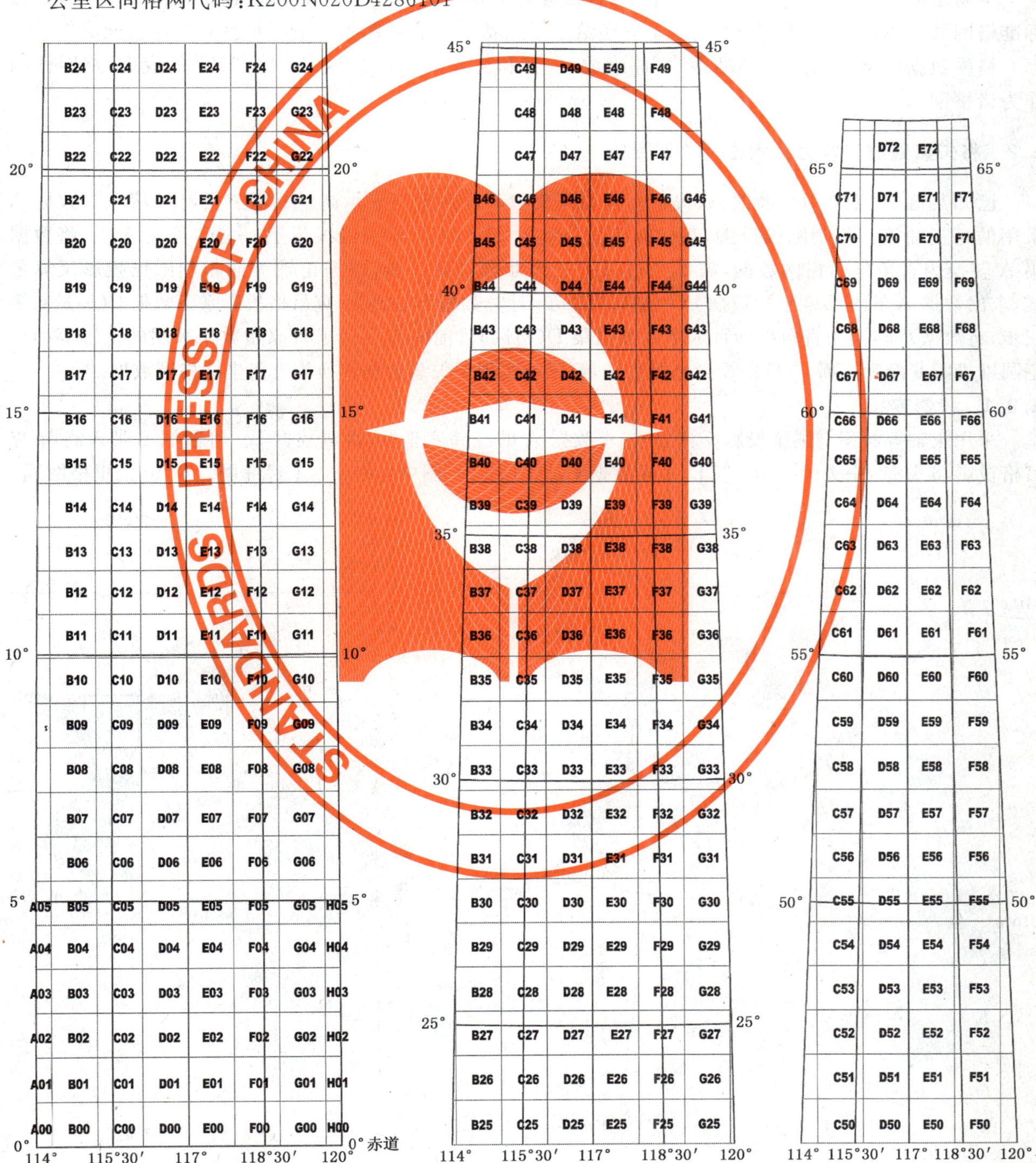

图 3　百公里格网示意图

附 录 A
（资料性附录）
应 用 示 例

A.1 概述

本附录给出了地理格网的三种应用示例，已有矢量数据转换为标准格网数据、已有格网数据转换为标准格网数据和标准格网计算生成。A.5 还给出了点状要素的经纬坐标格网和直角坐标格网示例。

格网数据的值、原点、存储顺序、文件组成、内容和格式按照 GB/T 17798—2007 的规定，格网代码作为诸格网数据关联的数据项。

A.2 将矢量数据转换为直角坐标格网数据

已知某区 1∶250 000 数据 A（矢量），该数据集以不同灰度值表示高、中、低三类专题信息。数据 A 采用的是正轴等面积割圆锥投影，双标准纬线分别为 25°和 47°，中央经线位于 105°E，见图 A.1。将数据集 A 转换为直角坐标格网数据，需要经过以下三个步骤。第一步，根据正轴等面积割圆锥投影反算公式，求出数据 A 的经纬度坐标数据 B（矢量）；第二步，计算数据 B 在高斯-克吕格投影系下数据 C（矢量）；第三步，将数据 C 转换为直角坐标百米格网数据集 D（格网）。前两步实现了将原始数据采用的正轴等面积割圆锥投影变换为高斯-克吕格投影坐标系统，第三步实现了矢量数据转换为直角坐标格网数据。

A.2.1 投影变换

采用正轴等面积割圆锥投影反算公式，求数据 A 的经纬度坐标，生成数据 B。将数据 B 带入高斯-克吕格投影，6°分带，中央经线为 117°E，生成数据 C，见图 A.2。图中标有 1°×1°经纬网线和 10 公里格网线。

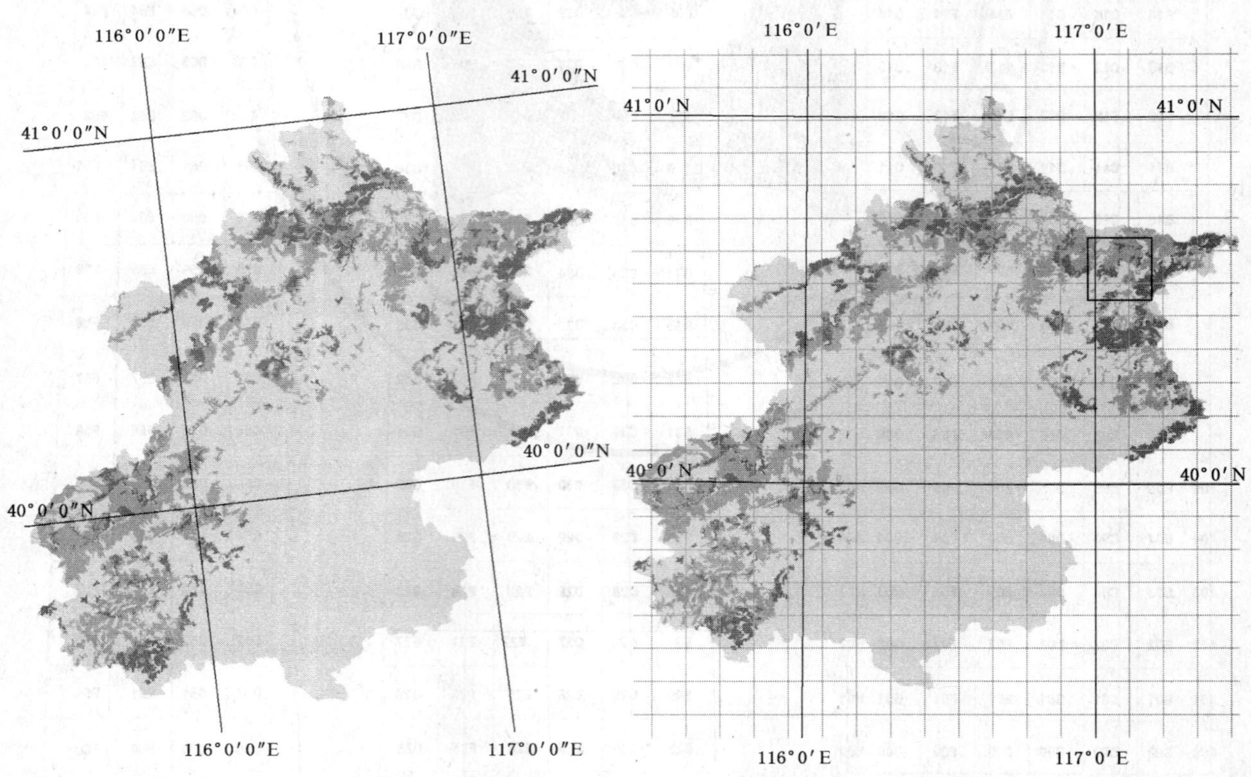

图 A.1 原始数据（矢量，正轴等面积割圆锥）　　图 A.2 变换后数据（矢量，高斯-克吕格投影）

A.2.2 矢量数据转换为直角标格网数据

将已转换为高斯-克吕格投影的数据C，按百米格网间隔转换为直角坐标格网数据D，见图A.3(仅为图A.2中方框范围)。图中标有10′×10′的经纬网线和加粗1公里格网线。

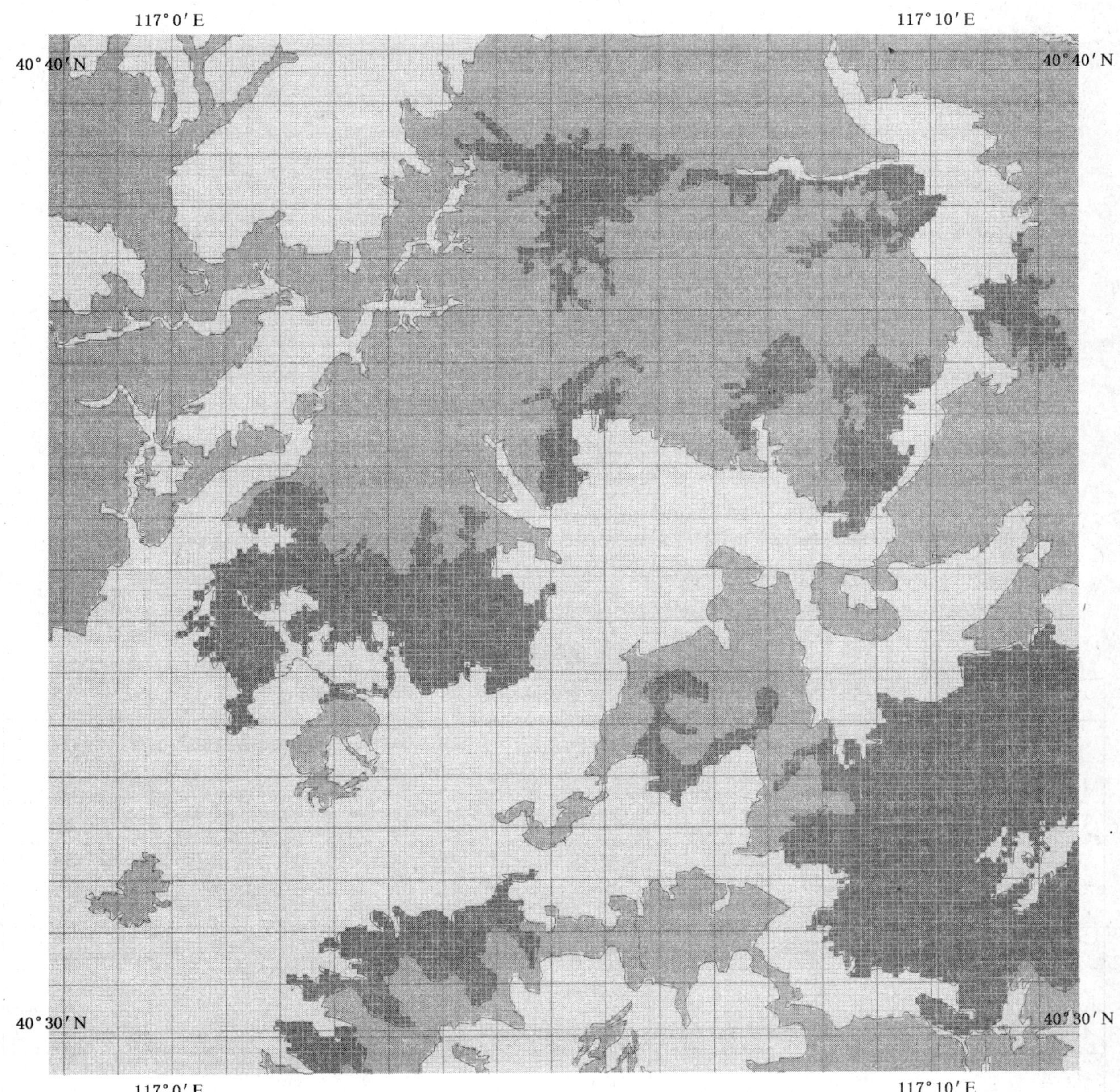

图 A.3 直角坐标格网数据(百米格网)

A.2.3 格网数据编码及格式

格网代码作为诸格网数据关联的数据项见表A.1。

＜格网数据交换格式＞::=＜文件头＞＜数据体＞，实例A.2.2的格式如下：

＜文件头＞::=

DataMark：CNSDTF-RAS

Version：GB/T 17798—2007

Alpha：0.0

Compress：0

X0:363900

Y0:4547300

DX:100

DY:100

Row:1798

Col:1790

ValueType:Integer

Hzoom:1

XYUnit:M

Coordinate:P

Spheroid:2000 中国大地坐标系统，6378137,298.257222101

Projection:高斯-克吕格

Parameters:117,0,,,,500 000,0,6,

ExtendMin:363900,4367500

ExtendMax:542900,4547300

<数据体>∷=

−99999 −99999 −99999 −99999 −99999 −99999 −99999 −99999 −99999 −99999 −99999

−99999 −99999 −99999 −99999 −99999 −99999 −99999 −99999 −99999 −99999 −99999

−99999 −99999......13 13 13 13 13 13 13 −99999 −99999

−99999 −99999 −99999......12 12 12 11...

....

表 A.1 直角坐标格网数据查找表

直角坐标值	行列号	百米格网代码	专题属性值	...
...				...
496250,4508447	1322,387	N020D45962084	12	...
496343,4508447	1323,387	N020D45963084	11	...
496451,4508462	1324,387	N020D45964084	11	...
...				...
496165,4508351	1321,388	N020D45961083	12	...
496239,4508362	1322,388	N020D45962083	12	...
496347,4508362	1323,388	N020D45963083	11	...
...				...
542900,4367500	1797,1789	N020E45429473	无值	...

A.2.4 影响矢量数据转换为格网数据精度的主要因素

在矢量数据转换为格网数据的过程中，造成误差的主要原因：

a) 与投影变换有关。在地图投影变换中，可采用投影方程的坐标变换（解析变换法）或多项式逼近的坐标变换（数值变换法）。前者对已知条件要求较高，如需知晓地图投影的性质、参数以及投影正、反算公式，是一种较精确的变换方法，而无法收集到必要的信息时，只能采用数值变化法。

b) 与选用的格网间隔有关。选用格网的间隔需考虑原始数据比例尺与同化对象尺度的匹配，如果选用不当，会造成误差。表 A.2 给出了在一般情况下，数据比例尺与格网间隔的关系。

表 A.2 比例尺与格网间隔的关系

比 例 尺	格网间隔
1∶1 000 000	百米格网、公里格网
1∶250 000	十米格网、百米格网
1∶50 000	十米格网
1∶10 000	米格网

A.3 从格网数据转换为标准经纬坐标格网数据

已知某区 300 m 格网间隔数据 A(格网),该数据集以不同灰度值表示高、中、低三类专题信息。数据 A 采用高斯-克吕格投影,6°分带,中央经线为 117°E。图中标有 5′×5′经纬网线,见图 A.4。将数据集 A 转换为标准经纬坐标格网数据,需要经过以下两个步骤。第一步,根据高斯-克吕格投影反算公式,求出数据 A 的经纬度坐标数据 B(格网);第二步,将数据 B 归化为十秒经纬坐标格网数据 C(格网)。前两步实现了将原始数据采用的正轴等面积割圆锥投影变换为高斯-克吕格投影坐标系统,第三步,实现了矢量数据转换为直角坐标格网数据。

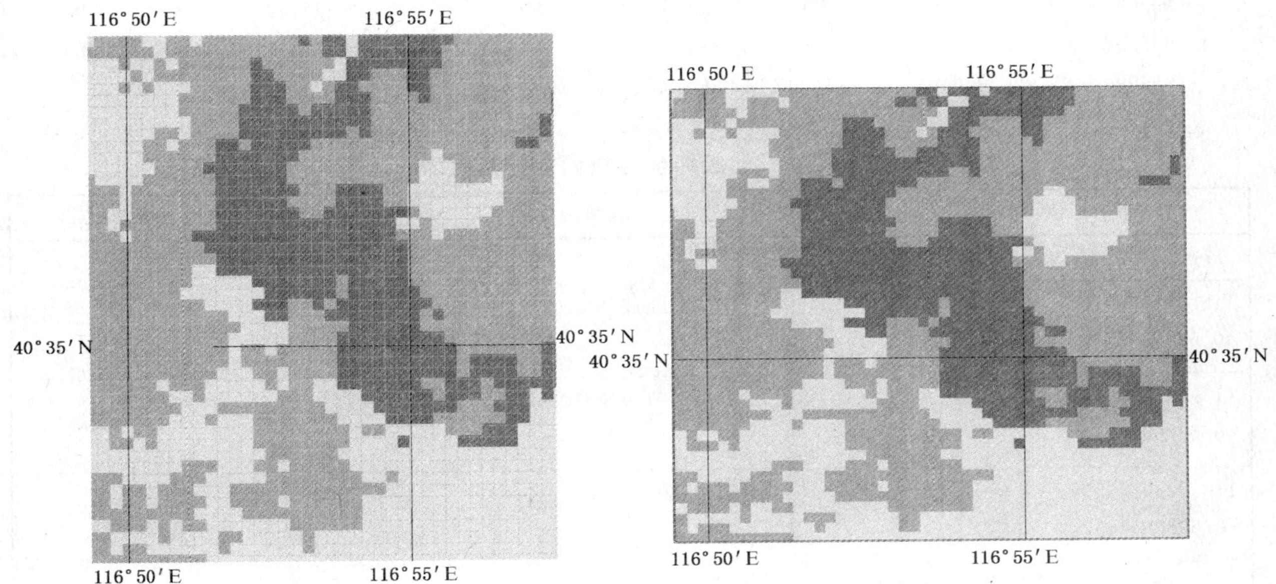

图 A.4 300 m 格网数据(高斯-克吕格投影)

图 A.5 十秒格网数据(经纬坐标格网)

A.3.1 投影变换

采用高斯-克吕格投影反算公式,求出数据 A 的经纬度坐标数据 B。

A.3.2 格网转换

将数据 B 归化为十秒经纬坐标格网数据 C,见图 A.5。图中标有 5′×5′的经纬网线。

A.3.3 格网数据编码及格式

格网代码作为诸格网数据关联的数据项见表 A.3。

按照 GB/T 17798—2007 规定的格网数据格式,文件记录如下:

＜文件头＞∷＝

DataMark:CNSDTF-RAS

Version:GB/T 17798—2007

Alpha:0.0

Compress:0

X0:115.380556
Y0:41.0611111242
DX:0.0027777778
DY:0.0027777778
Row:588
Col:768
ValueType:Integer
Hzoom:1
XYUnit:D
Coordinate:D
Spheroid:2000 中国大地坐标系统,6378137,298.257222101
ExtendMin:115.380556,39.4277777778
ExtendMax:117.511111573,41.0611111242

<数据体>::=

−99999 −99999 −99999 −99999 −99999 −99999 −99999 −99999 −99999 −99999 −99999
−99999 −99999 −99999 −99999 −99999 −99999 −99999 −99999 −99999 −99999 −99999
−99999 −99999......13 13 13 13 13 13 13 −99999 −99999
−99999 −99999 −99999......12 12 12 11...
....

表 A.3 经纬坐标格网数据查找表

经纬坐标值	行列号	十秒格网代码	专题属性值	…
…				…
116.9171409108, 40.6984377777	552,129	NE10S4011603300251	11	…
116.9214552778, 40.6986986111	553,129	NE10S4011603310251	12	…
116.9240630555, 40.6988941667	554,129	NE10S4011603320251	12	…
…				…
116.9174786111, 40.69628638889	552,130	NE10S4011603300250	13	…
116.9202819444, 40.6956997222	553,130	NE10S4011603310250	12	…
116.92302, 40.6959605556	554,130	NE10S4011603320250	12	…
…				…
117.511111573, 39.4277777778	587,767	NE10S3911701840154	无值	…

A.3.4 影响格网数据间转换精度的主要因素

格网数据间转换过程中,会引入误差。造成误差的主要原因:

a) 与投影变换有关,同 A.2.4a)。

b) 与格网重采样有关。从一种格网间隔到另一种格网间隔的转换过程需经重采样处理,会产生一定误差。

c) 与格网间隔有关。格网间隔差异大,则误差大;反之则误差小。

在一般情况下,经纬坐标格网与直角坐标格网间隔的关系见表 A.4。

表 A.4 经纬坐标格网与直角坐标格网间隔的关系

经纬坐标格网	直角坐标格网间隔/m
一度格网	100 000～500 000
十分格网	10 000～20 000
分格网	1 000～2 000
十秒格网	100～500
秒格网	10～50

A.4 标准格网生成

可以根据实际需要,选用相应的地理格网,格网的选用可参见表 1、表 2 和表 A.2。借助软件工具计算生成地理格网数据,可以作为以格网为单元采集数据的空间参照。地理格网示意图见图 A.6。

A.5 点位坐标

某点位于 33°10′12″N, 103°32′24″E,其经纬坐标格网代码如下:

NE01D33103 —— 一度格网编码
NE10M331030103 —— 十分格网编码
NE01M331031032 —— 分格网编码
NE10S3310300610194 —— 十秒格网编码
NE01S3310306121944 —— 秒格网编码

某点位于 22°38′34.176″N,102°24′23.565″E,其 6°带投影带号为 18,纵坐标值 2 507 308.05 m,横坐标值为 233 353.61 m,其直角坐标格网代码为:

N018B2530 —— 十公里格网代码
N018B253307 —— 公里格网代码
N018B25333073 —— 百米格网代码
N018B2533350730 —— 十米格网代码
N018B253335307308 —— 米格网代码

某点位于 22°38′34.176″N,102°24′23.565″E,其 3°带投影带号为 34,纵坐标值 2 505 040.738 m,横坐标值 541 789.214 m,其直角坐标格网代码为:

N134E2540 —— 十公里格网代码
N134E254105 —— 公里格网代码
N134E25417050 —— 百米格网代码
N134E2541780504 —— 十米格网代码
N134E254178905040 —— 米格网代码

某点位于 22°38′34.176″N,101°35′36.435″E,其 3°带投影带号为 34,纵坐标值 2 505 040.738 m,横坐标值 458 210.786 m,其直角坐标格网代码为:

N134D2550 —— 十公里格网代码
N134D255805 —— 公里格网代码

N134D25582050 —— 百米格网代码

N134D2558210504 —— 十米格网代码

N134D255821005040 —— 米格网代码

某点位于22°38′34.176″N,105°24′23.565″E,其3°带投影带号为35,纵坐标值2 505 040.738 m,横坐标值541 789.214 m,其直角坐标格网代码为:

N135E2540 —— 十公里格网代码

N135E254105 —— 公里格网代码

N135E25417050 —— 百米格网代码

N135E2541780504 —— 十米格网代码

N135E254178905040 —— 米格网代码

41°0′0″N
40°0′0″N
117°0′0″E
116°0′0″E
41°0′0″N
40°0′0″N
117°0′0″E
116°0′0″E
工作区域
不同格网间距示意图（1:10:100）

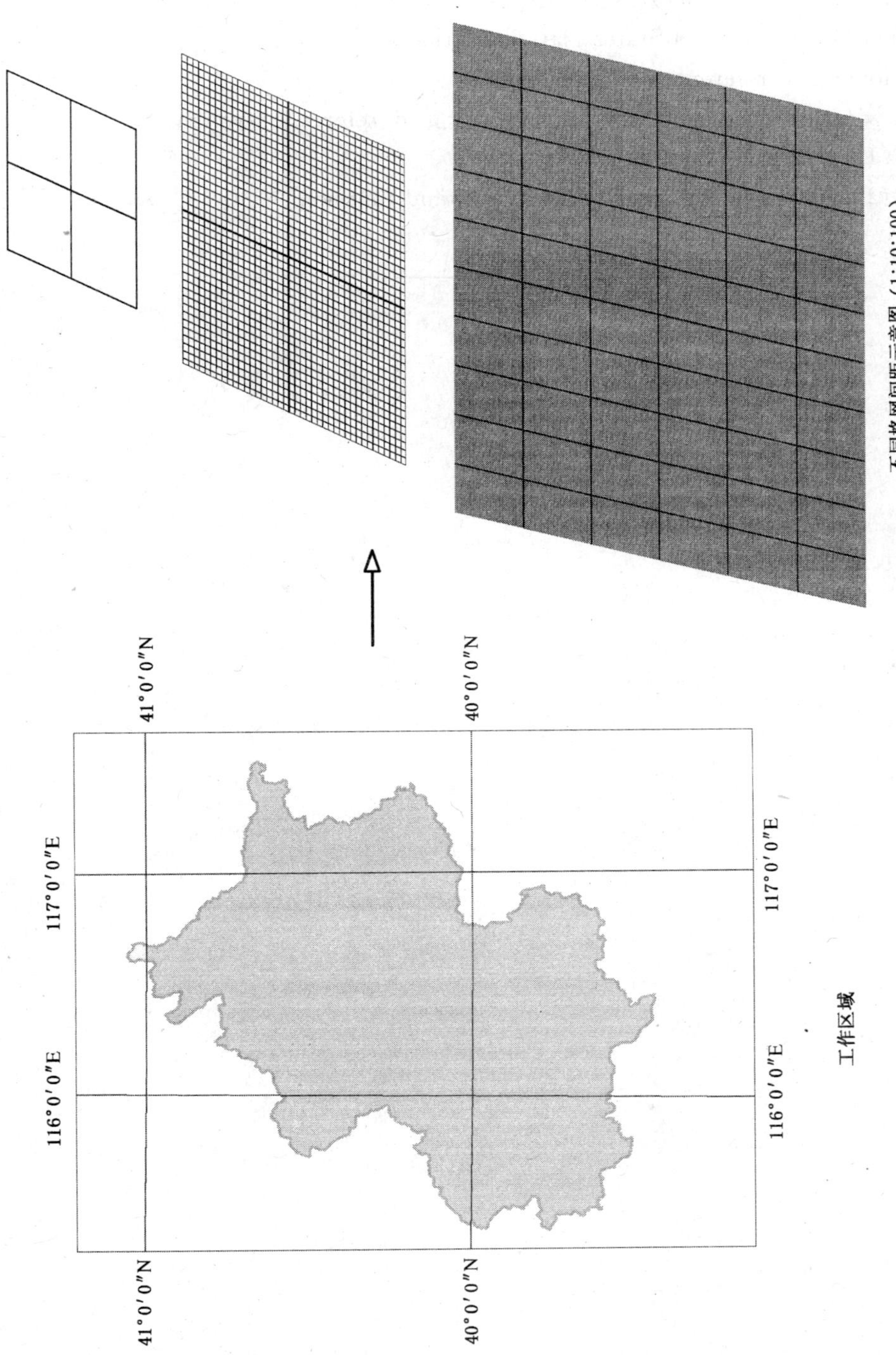

图 A.6　地理格网示意图

参 考 文 献

[1] GB/T 17798—2007 地理空间数据交换格式

[2] FGDC-STD-011-2001 United States National Grid

[3] British national grid reference system
http://en.wikipedia.org/wiki/British_national_grid_reference_system

[4] The Public Land Survey System (PLSS)

[5] ISO 19123:2005 schema for coverage geometry and function

ICS 13.300
A 80

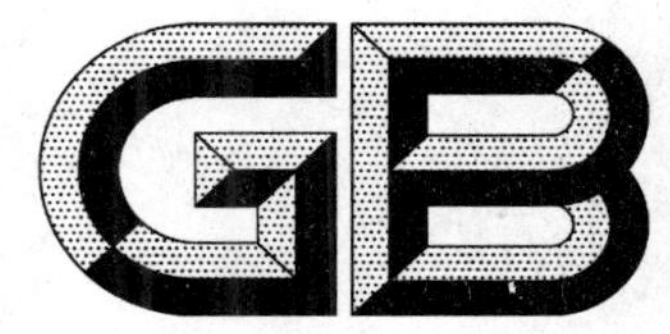

中华人民共和国国家标准

GB 12463—2009
代替 GB 12463—1990

危险货物运输包装通用技术条件

General specifications for transport packages of dangerous goods

2009-06-21 发布　　　　2010-05-01 实施

中华人民共和国国家质量监督检验检疫总局
中国国家标准化管理委员会　发布

前言

本标准的第 5 章、第 8 章为强制性的，其余为推荐性的。

本标准代替 GB 12463—1990《危险货物运输包装通用技术条件》。

本标准与 GB 12463—1990 相比主要变化如下：

——取消了部分术语，直接引用相关标准；

——将桶类包装最大容积由 450 L 改为 250 L；

——第 4 章为运输包装分类，并将等级改为类别，基本要求部分放入第 8 章；

——4.2 基本要求与第 5 章合并为第 5 章包装要求；

——取消了“纺织品编织袋”(1990 年版的 5.14)；

——取消了“塑料袋”(1990 年版的 5.16)；

——气密、液压试验的压力做了修改；

——取消了“标记尺寸和使用方法可比照 GB/T 191 有关规定办理”(1990 年版的 7.2.6.2)；

——取消了包装性能试验的使用范围(1990 年版的 8.1)；

——表 4 增加了“耐酸坛、陶瓷坛、厚度 3 mm 以上的大玻璃瓶”液压试验值；

——取消了“包装检验”(1990 年版的第 9 章)；

——增加了“包装容器基本结构应符合 GB/T 9174 的规定”(本版的 5.1.11)。

本标准的附录 A 为资料性附录。

本标准由全国危险化学品管理标准化技术委员会(SAC/TC 251)提出并归口。

本标准起草单位：铁道部标准计量研究所、深圳市栢兴实业有限公司。

本标准主要起草人：张锦、兰淑梅、雷杰、赵靖宇、白志刚。

本标准所代替标准的历次版本发布情况为：

——GB 12463—1990。

危险货物运输包装通用技术条件

1 范围

本标准规定了危险货物运输包装(以下简称运输包装)的分类、基本要求、性能试验和检验方法、技术要求、类型和标记代号。

本标准适用于盛装危险货物的运输包装。

本标准不适用于:

a) 盛装放射性物质的运输包装;

b) 盛装压缩气体和液化气体的压力容器的运输包装;

c) 净质量超过 400 kg 的运输包装;

d) 容积超过 450 L 的运输包装。

2 规范性引用文件

下列文件中的条款通过本标准的引用而成为本标准的条款,凡是注日期的引用文件,其随后所有的修改单(不包括勘误的内容)或修订版均不适用于本标准,然而,鼓励根据本标准达成协议的各方研究是否可使用这些文件的最新版本。凡是不注日期的引用文件,其最新版本适用于本标准。

GB 190 危险货物包装标志

GB/T 191 包装储运图示标志(GB/T 191—2008,ISO 780:1997,MOD)

GB/T 4857.2 包装 运输包装件基本试验 第 2 部分:温湿度调节处理(GB/T 4857.2—2005,ISO 2233:2000,MOD)

GB/T 4857.3 包装 运输包装件基本试验 第 3 部分:静载荷堆码试验方法(GB/T 4857.3—2008,ISO 2234:2000,IDT)

GB/T 4857.5 包装 运输包装件 跌落试验方法(GB/T 4857.5—1992,eqv ISO 2248:1985)

GB/T 9174 一般货物运输包装通用技术条件

GB/T 13040 包装术语 金属容器

3 术语和定义

GB/T 13040 确立的以及下列术语和定义适用于本标准。

3.1

危险货物运输包装 transport packages of dangerous goods

根据危险货物的特性,按照有关标准和法规,专门设计制造的运输包装。

3.2

复合包装 composite packaging

由一个外包装和一个内容器(或复合层)组成一个整体的包装,称为复合包装

4 运输包装分类

根据盛装内装物的危险程度,将运输包装分为三个类别:

Ⅰ类包装:适用内装危险性较大的货物;

Ⅱ类包装:适用内装危险性中等的货物;

Ⅲ类包装:适用内装危险性较小的货物。

5 包装要求

5.1 基本要求

5.1.1 运输包装应结构合理，并具有足够强度，防护性能好。材质、型式、规格、方法和内装货物重量应与所装危险货物的性质和用途相适应，便于装卸、运输和储存。

5.1.2 运输包装应质量良好，其构造和封闭形式应能承受正常运输条件下的各种作业风险，不应因温度、湿度或压力的变化而发生任何渗(撒)漏，表面应清洁，不允许粘附有害的危险物质。

5.1.3 运输包装与内装物直接接触部分，必要时应有内涂层或进行防护处理，运输包装材质不应与内装物发生化学反应而形成危险产物或导致削弱包装强度。

5.1.4 内容器应予固定。如内容器易碎且盛装易撒漏货物，应使用与内装物性质相适应的衬垫材料或吸附材料衬垫妥实。

5.1.5 盛装液体的容器，应能经受在正常运输条件下产生的内部压力。灌装时应留有足够的膨胀余量(预留容积)，除另有规定外，并应保证在温度 55 ℃时，内装液体不致完全充满容器。

5.1.6 运输包装封口应根据内装物性质采用严密封口、液密封口或气密封口。

5.1.7 盛装需浸湿或加有稳定剂的物质时，其容器封闭形式应能有效地保证内装液体(水、溶剂和稳定剂)的百分比，在贮运期间保持在规定的范围以内。

5.1.8 运输包装有降压装置时，其排气孔设计和安装应能防止内装物泄漏和外界杂质进入，排出的气体量不应造成危险和污染环境。

5.1.9 复合包装的内容器和外包装应紧密贴合，外包装不应有擦伤内容器的凸出物。

5.1.10 盛装爆炸品包装的附加要求：

a) 盛装液体爆炸品容器的封闭形式，应具有防止渗漏的双重保护。

b) 除内包装能充分防止爆炸品与金属物接触外，铁钉和其他没有防护涂料的金属部件不应穿透外包装。

c) 双重卷边接合的钢桶，金属桶或以金属做衬里的运输包装，应能防止爆炸物进入隙缝。钢桶或铝桶的封闭装置应配有合适的垫圈。

d) 包装内的爆炸物质和物品，包括内容器，应衬垫妥实，在运输中不允许发生危险性移动。

e) 盛装有对外部电磁辐射敏感的电引发装置的爆炸物品，包装应具备防止所装物品受外部电磁辐射源影响的功能。

5.1.11 包装容器基本结构应符合 GB/T 9174 的规定。

5.1.12 常用危险货物运输包装的组合型式、标记代号、限制质量等参见附录 A。

5.2 包装容器

5.2.1 钢桶

5.2.1.1 桶端应采用焊接或双重机械卷边，卷边内均匀填涂封缝胶。桶身接缝，除盛装固体或 40 L 以下(含 40 L)的液体桶可采用焊接或机械接缝外，其余均应焊接。

5.2.1.2 桶的两端凸缘应采用机械接缝或焊接，也可使用加强箍。

5.2.1.3 桶身应有足够的刚度，容积大于 60 L 的桶，桶身应有两道模压外凸环筋，或两道与桶身不相连的钢质滚箍套在桶身上，使其不得移动。滚箍采用焊接固定时，不允许点焊，滚箍焊缝与桶身焊缝不允许重叠。

5.2.1.4 最大容积为 250 L。

5.2.1.5 最大净质量为 400 kg。

5.2.2 铝桶

5.2.2.1 制桶材料应选用纯度至少为 99%的铝，或具有抗腐蚀和合适机械强度的铝合金。

5.2.2.2 桶的全部接缝应采用焊接，如有凸边接缝应采用与桶不相连的加强箍予以加强。

5.2.2.3 容积大于60 L的桶，至少有两个与桶身不相连的金属滚箍套在桶身上，使其不得移动。滚箍采用焊接固定时，不允许点焊，滚箍焊缝与桶身焊缝不允许重叠。

5.2.2.4 最大容积为250 L。

5.2.2.5 最大净质量为400 kg。

5.2.3 钢罐

5.2.3.1 钢罐两端的接缝应焊接或双重机械卷边。40 L以上的罐身接缝应采用焊接；40 L以下(含40 L)的罐身接缝可采用焊接或双重机械卷边。

5.2.3.2 最大容积为60 L。

5.2.3.3 最大净质量为120 kg。

5.2.4 胶合板桶

5.2.4.1 胶合板所用材料应质量良好，板层之间应用抗水粘合剂按交叉纹理粘接，经干燥处理，不应有降低其预定效能的缺陷。

5.2.4.2 桶身至少用三合板制造。若使用胶合板以外的材料制造桶端，其质量应与胶合板等效。

5.2.4.3 桶身内缘应有衬肩。桶盖的衬层应牢固地固定在桶盖上，并能有效地防止内装物撒漏。

5.2.4.4 桶身两端应用钢带加强。必要时桶端应用十字型木撑予以加固。

5.2.4.5 最大容积为250 L。

5.2.4.6 最大净质量为400 kg。

5.2.5 木琵琶桶

5.2.5.1 所用木材应质量良好，无节子、裂缝、腐朽、边材或其他可能降低木桶预定用途效能的缺陷。

5.2.5.2 桶身应用若干道加强箍加强。加强箍应选用质量良好的材料制造，桶端应紧密地镶在桶身端槽内。

5.2.5.3 最大容积为250 L。

5.2.5.4 最大净质量为400 kg。

5.2.6 硬质纤维板桶

5.2.6.1 所用材料应选用具有良好抗水能力的优质硬质纤维板，桶端可使用其他等效材料。

5.2.6.2 桶身接缝应加钉结合牢固，并具有与桶身相同的强度，桶身两端应用钢带加强。

5.2.6.3 桶口内缘应有衬肩，桶底、桶盖应用十字型木撑予以加固，并与桶身结合紧密。

5.2.6.4 最大容积为250 L。

5.2.6.5 最大净质量为400 kg。

5.2.7 硬纸板桶

5.2.7.1 桶身应用多层牛皮纸粘合压制成的硬纸板制成。桶身外表面应涂有抗水能力良好的防护层。

5.2.7.2 桶端若采用与桶身相同材料制造，应符合5.2.6.2和5.2.6.3的规定，也可用其他等效材料制造。

5.2.7.3 桶端与桶身的结合处应用钢带卷边压制接合。

5.2.7.4 最大容积为250 L。

5.2.7.5 最大净质量为400 kg。

5.2.8 塑料桶、塑料罐

5.2.8.1 所用材料能承受正常运输条件下的磨损、撞击、温度、光照及老化作用的影响。

5.2.8.2 材料内可加入合适的紫外线防护剂，但应与桶(罐)内装物性质相容，并在使用期内保持其效能。用于其他用途的添加剂，不能对包装材料的化学和物理性质产生有害作用。

5.2.8.3 桶(罐)身任何一点的厚度均应与桶(罐)的容积、用途和每一点可能受到的压力相适应。

5.2.8.4 最大容积：塑料桶为 250 L；
塑料罐为 60 L。

5.2.8.5 最大净质量：塑料桶为 250 kg；
塑料罐为 120 kg。

5.2.9 **木箱**

5.2.9.1 箱体应有与容积和用途相适应的加强条档和加强带。箱顶和箱底可由抗水的再生木板、硬质纤维板、塑料板或其他合适的材料制成。

5.2.9.2 满板型木箱各部位应为一块板或与一块板等效的材料组成。平板榫接、搭接、槽舌接，或者在每个接合处至少用两个波纹金属扣件对头连接等，均可视作与一块板等效的材料。

5.2.9.3 最大净质量为 400 kg。

5.2.10 **胶合板箱**

5.2.10.1 所用材料应符合 5.2.4.1 的规定。

5.2.10.2 胶合板箱的角柱件和顶端应用有效的方法装配牢固。

5.2.10.3 最大净质量为 400 kg。

5.2.11 **再生木板箱**

5.2.11.1 箱体应用抗水的再生木板、硬质纤维板、或其他合适类型的板材制成。

5.2.11.2 箱体应用木质框架加强，箱体与框架应装配牢固，接缝严密。

5.2.11.3 最大净质量为 400 kg。

5.2.12 **硬纸板箱、瓦楞纸箱、钙塑板箱**

5.2.12.1 硬纸板箱或钙塑板箱应有一定抗水能力。硬纸板箱、瓦楞纸箱、钙塑板箱应具有一定的弯曲性能，切割、折缝时应无裂缝，装配时无破裂或表皮断裂或过度弯曲，板层之间应粘合牢固。

5.2.12.2 箱体结合处，应用胶带粘贴，搭接胶合，或者搭接并用钢钉或 U 形钉钉合，搭接处应有适当的重叠。如封口采用胶合或胶带粘贴，应使用抗水胶合剂。

5.2.12.3 钙塑板箱外部表层应具有防滑性能。

5.2.12.4 最大净质量为 60 kg。

5.2.13 **金属箱**

5.2.13.1 箱体一般应采用焊接或铆接。花格型箱如采用双重卷边接合，应防止内装物进入接缝的凹槽处。

5.2.13.2 封闭装置应采用合适的类型，在正常运输条件下保持紧固。

5.2.13.3 最大净质量为 400 kg。

5.2.14 **塑料编织袋**

5.2.14.1 袋应缝制、编织或用其他等效强度的方法制作。

5.2.14.2 防撒漏型袋应用纸或塑料薄膜粘在袋的内表面上。

5.2.14.3 防水型袋应用塑料薄膜或其他等效材料粘附在袋的内表面上。

5.2.14.4 最大净质量为 50 kg。

5.2.15 **纸袋**

5.2.15.1 袋的材料应用质量良好的多层牛皮纸或与牛皮纸等效的纸制成，并具有足够强度和韧性。

5.2.15.2 袋的接缝封口应牢固、密闭性能好，并在正常运输条件下保持其效能。

5.2.15.3 防撒漏型袋应有一层防潮层。

5.2.15.4 最大净质量为 50 kg。

5.2.16 **坛类**

5.2.16.1 应有足够厚度，容器壁厚均匀，无气泡或砂眼。陶、瓷容器外部表面不得有明显的剥落和影响其效能的缺陷。

5.2.16.2 最大容积为 32 L。

5.2.16.3 最大净质量为 50 kg。

5.2.17 筐、篓类

5.2.17.1 应采用优质材料编制而成，形状周正，有防护盖，并具有一定刚度。

5.2.17.2 最大净质量为 50 kg。

6 防护材料

6.1 防护材料包括用于支撑、加固、衬垫、缓冲和吸附等材料。

6.2 运输包装所采用的防护材料及防护方式，应与内装物性能相容符合运输包装整体性能的需要，能经受运输途中的冲击与振动，保护内装物与外包装，当内容器破坏、内装物流出时也能保证外包装安全无损。

7 包装标志及标记代号

7.1 标志

根据危险货物的特性，选用 GB 190 及 GB/T 191 中规定的标志及其尺寸、颜色和使用方法。

7.2 标记代号

7.2.1 包装类别的标记代号

用下列小写英文字母表示：

x——符合Ⅰ、Ⅱ、Ⅲ类包装要求；

y——符合Ⅱ、Ⅲ类包装要求；

z——符合Ⅲ类包装要求。

7.2.2 包装容器的标记代号

用下列阿拉伯数字表示：

1——桶；

2——木琵琶桶；

3——罐；

4——箱、盒；

5——袋、软管；

6——复合包装；

7——压力容器；

8——筐、篓；

9——瓶、坛。

7.2.3 包装容器的材质标记代号

用下列大写英文字母表示：

A——钢；

B——铝；

C——天然木；

D——胶合板；

F——再生木板（锯末板）；

G——硬质纤维板、硬纸板、瓦楞纸板、钙塑板；

H——塑料材料；

L——编织材料；

M——多层纸；

N——金属(钢、铝除外)；

P——玻璃、陶瓷；

K——柳条、荆条、藤条及竹篾。

7.2.4 包装件组合类型标记代号的表示方法

7.2.4.1 单一包装

单一包装型号由一个阿拉伯数字和一个英文字母组成，英文字母表示包装容器的材质，其左边平行的阿拉伯数字代表包装容器的类型。英文字母右下方的阿拉伯数字，代表同一类型包装容器不同开口的型号。

例：

1A——表示钢桶；

$1A_1$——表示闭口钢桶；

$1A_2$——表示中开口钢桶；

$1A_3$——表示全开口钢桶。

其他包装容器开口型号的表示方法，参见附录A。

7.2.4.2 复合包装

复合包装型号由一个表示复合包装的阿拉伯数字"6"和一组表示包装材质和包装型式的字符组成。这组字符为两个大写英文字母和一个阿拉伯数字。第一个英文字母表示内包装的材质，第二个英文字母表示外包装的材质，右边的阿拉伯数字表示包装型式。

例：6HA1 表示内包装为塑料容器，外包装为钢桶的复合包装。

7.2.5 其他标记代号

用下列英文字母表示：

S——表示拟装固体的包装标记；

L——表示拟装液体的包装标记；

R——表示修复后的包装标记；

(GB)——表示符合国家标准要求；

(u n)——表示符合联合国规定的要求；

例：钢桶标记代号及修复后标记代号

例1：新桶

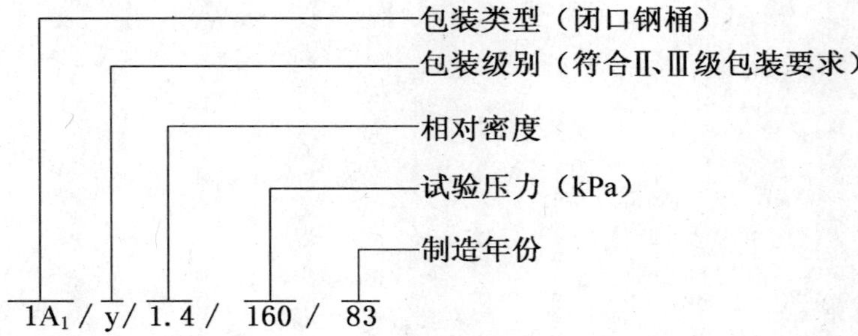

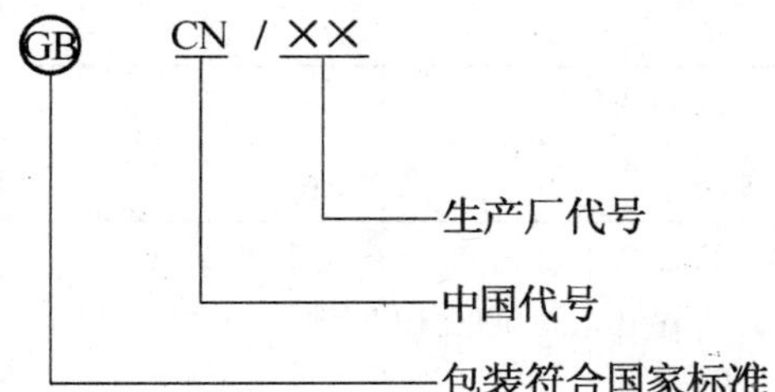

例 2：修复后的桶

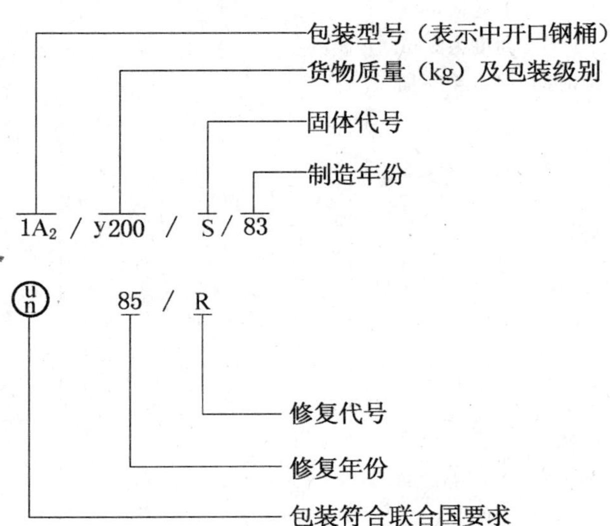

7.2.6 标记的制作及使用方法

标记采用白底（或采用包装容器底色）黑字，字体要清楚、醒目。标记的制作方法可以印刷、粘贴、涂打和钉附。钢制品容器可以打钢印。

8 运输包装性能试验

8.1 试验准备

8.1.1 准备试验的运输包装件应处于待运状态。凡盛装固体的包装件，可采用与拟装货物物理特性（如质量、粒径等）近似的其他物品代替，凡盛装液体的包装件，可采用与拟装货物物理特性（如密度、黏度）近似的其他物品代替，一般可用水代替。

8.1.2 盛装固体的包装应装至其容积的 95%，盛装液体的包装应装至其容积的 98%。

8.1.3 纸质和硬质纤维板包装应根据流通环境条件需要按照 GB/T 4857.2 的规定，进行温、湿度预处理。

8.1.4 塑料包装进行跌落试验前，应将试样和内装物的温度降至 −18 ℃及其以下。内装物为液体时，温度降低后仍应是液态，如需要可加入防冻剂。

8.1.5 包装上的通气装置应用类似通气的封闭装置代替或将通气孔封闭。

8.1.6 直接盛装危险货物的容器及封口、吸附、衬垫等防护材料在性能试验前，还应进行盛装拟装物一定时期（例如为期 6 个月）的相容性试验。

8.2 主要试验项目及合格标准

各类包装试验项目、定量值及合格标准应符合表 1～表 4 有关规定。

表 1

运输包装类型	堆码试验				
	数量	试验方法	堆码高度及持续时间	合格标准	备注
钢(铁)桶(罐) 铝桶 木琵琶桶 胶合板桶 硬纸板桶 硬质纤维板桶 钢箱 天然木箱 胶合板箱 再生木箱 硬纸板箱 硬纸纤维板箱 瓦楞纸板箱 耐酸坛、陶瓷坛、厚度3 mm以上的大玻璃瓶	3只	见8.2.1	① 堆码高度:陆运为3 m;海运为8 m;如采用集装箱或在甲板上运输,堆码高度为3 m。 ② 持续时间:24 h至一周	容器不应有引起堆码不稳定的任何变形和破损	
塑料桶(罐) 塑料箱 钙塑板箱 桶装复合包装(内容器为塑料材料) 箱状复合包装(内容器为塑料材料)			① 堆码高度:3 m。 ② 持续时间:28 d(温度40 ℃条件下)		
筐、篓			① 堆码高度:3 m。 ② 持续时间:24 h		不允许用作Ⅰ类包装

表 2

包装类型	跌落试验				
	数量	试验方法	跌落高度	合格标准	备注
钢(铁)桶(罐) 铝桶 木琵琶桶 胶合板桶 硬纸板桶 硬质纤维板桶 塑料桶(罐) 桶状复合包装	6个(每次跌落3个)	见8.2.2。 第一次跌落:应以桶的凸边成对角线(如1-2-6角)撞击在冲击面上,如包装件没有凸边则以圆周的接缝处或边缘撞击; 第二次跌落:以桶的第一次跌落时没有试验到的最薄弱部位撞击在冲击面上,如封闭装置,或圆柱形桶的桶体纵向焊缝(如5-6线)处	试件内装物质为固体及液体,或用与被运液体相对密度近似的液体进行试验时: Ⅰ类包装件:1.80 m; Ⅱ类包装件:1.20 m; Ⅲ类包装件:0.80 m	内外包装不应有引起内容物撒漏的任何破损	

表 2（续）

包装类型	跌落试验				
	数量	试验方法	跌落高度	合格标准	备注
天然木箱 胶合板箱 再生木箱 硬质纤维板箱 硬纸板箱 瓦楞纸板箱 钙塑板箱 塑料箱 钢箱 箱状复合包装	5 个（每次跌落 1 个）	第一次跌落：以箱底（3）平落； 第二次跌落：以箱顶（1）平落； 第三次跌落：以一长侧面（2 或 4）平落； 第四次跌落：以一短侧面（5 或 6）平落； 第五次跌落：以一个角（如 1-2-5 角）跌落			
纸袋 塑料编织袋	3 个（每个跌落 3 次）	第一次跌落：以袋的宽面（1 或 3）平落； 第二次跌落：以袋的窄面（2 或 4）平落； 第三次跌落：以袋的端部（5 或 6）平落	根据内装货物的危险程度用： Ⅱ类包装件：1.2 m； Ⅲ类包装件：0.8 m	袋不应有任何撒漏或破损	不允许用作Ⅰ类包装

表 3

包装类型	气密试验				
	数量	试验方法	试验压力	合格标准	备注
钢桶 铝桶 钢罐 钢塑复合桶（箱） 塑料桶 塑料罐	3 只	将试样完全浸入水中，然后向试样内充气加压，观察有无气泡产生。浸入水中的方法不得影响试验效果。或在桶（罐）接缝处或其他易渗漏处涂上皂液或其他合适的液体后向桶（罐）内充气加压，观察有无气泡产生也可以采用其他等效试验方法	Ⅰ类包装：不小于 30 kPa；Ⅱ、Ⅲ类包装：不小于 20 kPa	容器不漏气，视为合格	所有拟盛装液体的包装容器，均应做气密试验

表 4

包装类型	液压试验				
	数量	试验方法	试验压力	合格标准	备注
钢(铁)桶(罐) 铝桶 塑料桶(罐) 桶状复合包装(内容器为塑料材料)	3只	将测试容器上安装指标压力表，拧紧桶盖，接通液压泵，向容器内注水加压，当压力表指针达到所需压力时，塑料容器和内容器为塑料材质的复合包装，应经受30 min的压力试验；其他材质的容器和复合包装应经受5 min的压力试验。试验压力应均匀连续地施加，并保持稳定。试样如用支撑，不得影响其试验的效果	Ⅰ类包装：250 kPa； Ⅱ、Ⅲ类包装：不小于所运物质在50 ℃时的蒸气压力的1.75倍减去100 kPa，但最小的试验压力为100 kPa	容器不渗漏，视为合格	所有拟盛装液体的容器，均应做液压试验
耐酸坛、陶瓷坛、厚度3 mm以上的大玻璃瓶	3只	将测试容器上安装指标压力表，拧紧桶盖，接通液压泵，向容器内注水加压，当压力表指针达到所需压力时，经受5 min的恒压试验	Ⅰ类包装：250 kPa； Ⅱ类包装：200 kPa； Ⅲ类包装：200 kPa	坛、瓶不破裂，视为合格	

8.2.1　堆码试验

8.2.1.1　试验方法应符合GB/T 4857.3的规定。

8.2.1.2　各类运输包装的堆码试验和合格标准见表1。

8.2.2　跌落试验

8.2.2.1　试验方法应符合GB/T 4857.5的规定。

8.2.2.2　如用水代替进行试验，应根据内装液体的密度ρ，按下式计算：

Ⅰ类包装：

密度$\rho \leqslant 1.2$，则跌落高度$=1.2\times1.5=1.8$(m)

密度$\rho > 1.2$，则跌落高度$=\rho\times1.5$(m)

Ⅱ类包装：

密度$\rho \leqslant 1.2$，则跌落高度为1.2(m)

密度$\rho > 1.2$，则跌落高度$=\rho\times1.0$(m)

Ⅲ类包装：

密度$\rho \leqslant 1.2$，则跌落高度$=1.2\div1.5=0.8$(m)

密度$\rho > 1.2$，则跌落高度$=\rho\div1.5$(m)

其中：

ρ——液体密度，单位为克每立方厘米(g/cm^3)；

1.0、1.5——系数。

8.2.2.3　各类包装的跌落试验和合格标准见表2。

8.2.3　气密试验

各类包装容器的气密试验和合格标准见表3。

8.2.4 液压试验

各类包装容器的液压试验和合格标准见表 4。

8.2.5 其他试验

必要时可以根据流通环境条件或包装容器的需要，增加气候条件、机械强度等试验项目。

附　录　A
（资料性附录）
常用的危险货物运输包装表

A.1　常用的危险货物运输包装表见表 A.1。

表 A.1

包装号	包装组合型式		包装组合代号	适用货类	包装件限制质量	备注
	外包装	内包装				
1 甲 乙 丙 丁	闭口钢桶： 钢板厚 1.50 mm 钢板厚 1.25 mm 钢板厚 1.00 mm 钢板厚>0.50 mm～0.75 mm		$1A_1$	液体货物	每桶净质量不超过： 250 kg 200 kg 100 kg 200 kg（一次性使用）	灌满腐蚀性物品钢桶内壁应涂镀防腐层
2 甲 乙 丙 丁 戊	中开口钢桶： 钢板厚 1.25 mm 钢板厚 1.00 mm 钢板厚 0.75 mm 钢板厚 0.50 mm 钢桶或镀锡薄钢板桶（罐）	塑料袋或多层牛皮纸袋	$1A_25H_4$ $1A_25M_1$ $1A_25M_2$ $1A_2$ $1N_2$ $3N_2$	固体、粉状及晶体状货物 稠黏状、胶状货物	每桶净质量不超过： 250 kg 150 kg 100 kg 50 kg 或 20 kg 50 kg 或 20 kg	
3 甲 乙 丙 丁	全开口钢桶： 钢板厚 1.25 mm 钢板厚 1.00 mm 钢板厚 0.75 mm 钢板厚 0.50 mm	塑料袋或多层牛皮纸袋	$1A_35H_4$ $1A_35M_1$ $1A_35M_3$ $1A_3$	固体、粉状及晶体状货物	每桶净质量不超过： 250 kg 150 kg 100 kg 50 kg	
4 甲 乙	钢塑复合桶： 钢板厚 1.25 mm 钢板厚 1.00 mm		6HA1	腐蚀性液体货物	每桶净质量不超过： 200 kg 50 kg 或 100 kg	
5	闭口铝桶： 铝板厚>2 mm		$1B_1$	液体货物	每桶净质量不超过： 200 kg	
6	纤维板桶 胶合板桶 硬纸板桶	塑料袋或多层牛皮纸袋	$1F5H_4$ $1F5M_1$ $1D5H_4$ $1D5M_1$ $1G5H_4$ $1G5M_1$	固体、粉状及晶体状货物	每桶净质量不超过： 30 kg	

表 A.1（续）

包装号	包装组合型式		包装组合代号	适用货类	包装件限制质量	备注
	外包装	内包装				
7	闭口塑料桶		$1H_1$	腐蚀性液体货物	每桶净质量不超过：35 kg	
8	全开口塑料桶	塑料袋或多层牛皮纸袋	$1H_3 5H_4$ $1H_3 5M_1$	固体、粉状及晶体状货物	每桶净质量不超过：50 kg	
9	满板木箱	塑料袋 多层牛皮袋	$4C_1 5H_4$ $4C_1 5M_1$	固体、粉状及晶体状货物	每桶净质量不超过：50 kg	
10	满板木箱	1. 中层金属桶内装： 螺纹口玻璃瓶 塑料瓶 塑料袋 2. 中层金属罐内装： 螺纹口玻璃瓶 塑料瓶 塑料袋 3. 中层塑料桶内装： 螺纹口玻璃瓶 塑料瓶 塑料袋 4. 中层塑料罐内装： 螺纹口玻璃瓶 塑料瓶 塑料袋	 $4C_1 1N_3 9P_1$ $4C_1 1N_3 9H$ $4C_1 1N_3 5H_4$ $4C_1 3N_3 9P_1$ $4C_1 3N_3 9H$ $4C_1 3N_3 5H_4$ $4C_1 1H_3 9P_1$ $4C_1 1H_3 9H$ $4C_1 1H_3 5H_4$ $4C_1 3H_3 9P_1$ $4C_1 3H_3 9H$ $4C_1 3H_3 5H_4$	强氧化剂 过氧化物 氯化钠，氯化钾货物	每箱净质量不超过 20 kg。箱内：每瓶净质量不超过 1 kg，每袋净质量不超过 2 kg	
11	满板木箱	螺纹口或磨砂口玻璃瓶	$4C_1 9P_1$	液体强酸货物	每箱净质量不超过 20 kg。箱内：每箱净质量 0.5 kg～5 kg	
12	满板木箱	1. 螺纹口玻璃瓶 2. 金属盖压口玻璃瓶 3. 塑料瓶 4. 金属桶（罐）	$4C_1 9P_1$ $4C_1 9P_1$ $4C_1 9H$ $4C_1 1N$ $4C_1 3N$	液体、固体粉状及晶体货物	每箱净质量不超过 20 kg。箱内：每瓶、桶（罐）净质量不超过 1 kg	
13	满板木箱	安瓿瓶外加瓦楞纸套或塑料气泡垫，再装入纸盒	$4C_1 G9P_3$ $4C_1 H9P_3$	气体、液体货物	每箱净质量不超过 10 kg。箱内：每瓶净质量不超过 0.25 kg	
14	满板木箱或半花格木箱	耐酸坛或陶瓷瓶	$4C_1 9P_2$ $4C_3 9P_2$	液体强酸货物	1. 坛装每箱净质量不超过 50 kg； 2. 瓶装每箱净质量不超过 30 kg	

表 A.1（续）

包装号	包装组合型式		包装组合代号	适用货类	包装件限制质量	备注
	外包装	内包装				
15	满板木箱或半花格木箱	玻璃瓶或塑料桶	$4C_1 1H_2$ $4C_1 9P_1$ $4C_3 1H_1$ $4C_3 9P_1$	液体酸性货物	1. 瓶装每箱净质量不超过 30 kg，每瓶不超过 25 kg； 2. 桶装每箱净质量不超过 40 kg，每桶不超过 20 kg	
16	花格木箱	薄钢板桶或镀锡薄钢板桶（罐）	$4C_4 1A_2$ $4C_4 1N$ $4C_4 3N$	稠黏状、胶状货物如：油漆	1. 每箱净质量不超过 50 kg； 2. 每桶（罐）净质量不超过 20 kg	
17	花格木箱	金属桶（罐）或塑料桶，桶内衬塑料袋	$4C_4 1N5H_4$ $4C_4 3N5H_4$ $4C_4 1H_2 5H_4$	固体、粉状及晶体状货物	每箱净质量不超过 20 kg	
18	满底板花格木箱	螺纹口玻璃瓶、塑料瓶或镀锡薄钢板桶（罐）	$4C_2 9P_1$ $4C_2 9H$ $4C_2 1N$ $4C_2 3N$	稠黏状、胶状及粉状货物	每箱净质量不超过 20 kg。箱内：每瓶、桶（罐）净质量不超过 1 kg	
19	纤维板箱 锯末板箱 刨花板箱	螺纹口玻璃瓶、塑料瓶或镀锡薄钢板桶（罐）	$4F9P_1$ 4F9H 4F1N 4F3N	固体、粉状及晶体状货物稠黏状、胶状货物	每箱净质量不超过 20 kg。箱内：每瓶净质量不超过 1 kg； 每桶（罐）净质量不超过 4 kg	
20	钙塑板箱	螺纹口玻璃瓶 塑料瓶 复合塑料瓶 金属桶（罐），镀锡薄钢板桶或金属软管再装入纸盒	$4G_3 9P_1$ $4G_3 9H$ $4G_3 3N$ $4G_3 5N4M$	液体农药、稠黏状、胶状货物	每箱净质量不超过 20 kg 箱内：每桶（罐）、瓶、管不超过 1 kg	
21	钙塑板箱	双层塑料袋或多层牛皮纸袋	$4G_3 5H_4$ $4G_3 5M_1$	固体、粉状农药	每箱净质量不超过 20 kg 箱内：每袋净质量不超过 5 kg	
22	瓦楞纸箱	金属桶（罐） 镀锡薄钢板桶 金属软管	$4G_1 1N$ $4G_1 3N$ $4G_1 5N$	稠黏状、胶状货物	每箱净质量不超过 20 kg 箱内：每桶（罐）、管不超过 1 kg	
23	瓦楞板箱	塑料瓶 复合塑料瓶 双层塑料袋 多层牛皮纸袋	$4G_1 9H$ $4G_1 6H9$ $4G_1 5H_4$ $4G_1 5M_1$	粉状农药	每箱净质量不超过 20 kg 箱内：每瓶不超过 1 kg； 每袋不超过 5 kg	

表 A.1（续）

包装号	包装组合型式		包装组合代号	适用货类	包装件限制质量	备注
	外包装	内包装				
24	以柳、藤、竹等材料编制的笼、篓、筐	螺纹口玻璃瓶 塑料瓶 镀锡薄钢板桶(罐)	$8K9P_1$ 8K9H 8K3N 8K1N	低毒液体或粉状农药，稠黏状、胶状货物，油纸制品和油麻丝	每笼、篓、筐净质量不超过20 kg;油漆类每桶(罐)净质量不超过5 kg; 每瓶不超过1 kg	
25	塑料编织袋	塑料袋	$5H_1 5H_4$	粉状、块状货物	每袋净质量不超过50 kg	
26	复合塑料编织袋		6HL5	块状、粉状及晶体状货物	每袋净质量25 kg～50 kg	
27	麻袋	塑料袋	$5L_1 5H_4$	固体货物	每袋净质量不超过100 kg	

A.2 常见包装组合代号见表 A.2。

表 A.2

序号	包装名称	代号	序号	包装名称	代号
1	闭口钢桶	$1A_1$	16	瓦楞纸箱	$4G_1$
2	中开口钢桶	$1A_2$	17	硬纸板箱	$4G_2$
3	全开口钢桶	$1A_3$	18	钙塑板箱	$4G_3$
4	闭口金属桶	$1N_1$	19	普通型编织袋	$5L_1$
5	全开口金属罐	$3N_3$	20	复合塑料编织袋	6HL5
6	闭口铝桶	$1B_1$	21	普通型塑料编织袋	$5H_1$
7	中开口铝罐	$3B_2$	22	防撒漏型塑料编织袋	$5H_2$
8	闭口塑料桶	$1H_1$	23	防水型塑料编织袋	$5H_3$
9	全开口塑料桶	$1H_3$	24	塑料袋	$5H_4$
10	闭口塑料罐	$3H_1$	25	普通型纸袋	$5M_1$
11	全开口塑料罐	$3H_3$	26	防水型纸袋	$5M_3$
12	满板木箱	$4C_1$	27	玻璃瓶	$9P_1$
13	满底板花格木箱	$4C_2$	28	陶瓷坛	$9P_2$
14	半花格型木箱	$4C_3$	29	安瓿瓶	$9P_3$
15	花格型木箱	$4C_4$			

ICS 25.160.01
J 33

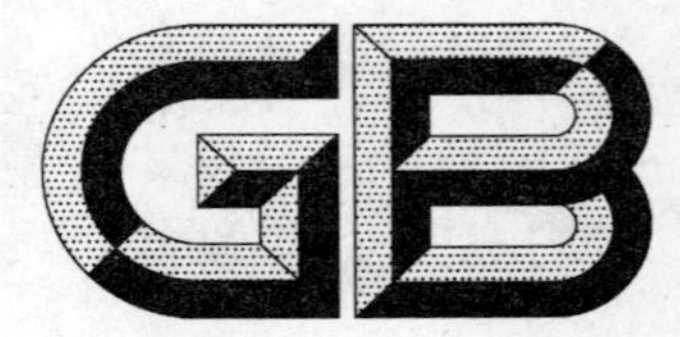

中华人民共和国国家标准

GB/T 12467.1—2009/ISO 3834-1:2005
代替 GB/T 12467.1—1998

金属材料熔焊质量要求 第1部分:质量要求相应等级的选择准则

Quality requirements for fusion welding of metallic materials— Part 1:Criteria for the selection of the appropriate level of quality requirements

(ISO 3834-1:2005,IDT)

2009-10-30 发布　　2010-04-01 实施

中华人民共和国国家质量监督检验检疫总局
中国国家标准化管理委员会　发布

前　　言

GB/T 12467《金属材料熔焊质量要求》分为五个部分:

——第 1 部分:质量要求相应等级的选择准则;

——第 2 部分:完整质量要求;

——第 3 部分:一般质量要求;

——第 4 部分:基本质量要求;

——第 5 部分:符合质量要求的标准指南。

本部分为 GB/T 12467 的第 1 部分。

本部分等同采用 ISO 3834-1:2005《金属材料熔焊质量要求　第 1 部分:质量要求相应等级的选择准则》(英文版)。

本部分等同翻译 ISO 3834-1:2005。

为了便于使用,本部分做了下列编辑性修改:

——删除了国际标准的前言;

——将 ISO 3834-1:2005“规范性引用文件”中引用的 ISO 标准,用等同的我国标准代替。

本部分代替 GB/T 12467.1—1998《焊接质量要求　金属材料的熔化焊　第 1 部分:选择及使用指南》。

本部分与 GB/T 12467.1—1998 相比主要变化如下:

——保留了质量等级的“选择指南”部分,删除了原标准中的“应用指南”部分内容;

——增加了“GB/T 12467 标准的总体概貌”;

——取消了焊接质量要求的选择表格和流程图。

本部分的附录 A 为资料性附录。

本部分由全国焊接标准化技术委员会提出并归口。

本部分起草单位:哈尔滨焊接研究所、机械工业哈尔滨焊接技术培训中心。

本部分主要起草人:朴东光、解应龙、王林、陈宇、苏金花。

本部分所代替标准的历次版本发布情况为:

——GB/T 12467.1—1998;

——GB/T 12467—1990、GB/T 12468—1990。

金属材料熔焊质量要求 第1部分:质量要求相应等级的选择准则

1 范围

GB/T 12467 的本部分规定了选择金属材料熔焊质量等级时需考虑的准则。

本部分适用于车间及现场的焊接制造。

2 规范性引用文件

下列文件中的条款通过 GB/T 12467 的本部分的引用而成为本部分的条款。凡是注日期的引用文件,其随后所有的修改单(不包括勘误的内容)或修订版均不适用于本部分,然而,鼓励根据本部分达成协议的各方研究是否可使用这些文件的最新版本。凡是不注日期的引用文件,其最新版本适用于本部分。

GB/T 19000 质量管理体系 基础及术语(GB/T 19000—2008,ISO 9000:2005,IDT)

3 术语和定义

GB/T 19000 确立的以及下列术语和定义适用于本部分。

3.1

设计技术条件 design specification

由用户(或用户组织,或者按照规则)规定的产品要求。设计技术条件可能还包含相关的要求,如:技术规范、产品标准、工艺标准、合同协议及规则要求。

注:对产品及某些与工艺方法相关的要求也可能包含在内,比如:技术规范、产品标准、工艺标准、合同协议及规则要求。

3.2

资质合格的人员 qualified person

通过教育、培训及或相关实践获得了足够能力和知识的人员。

注:为了展示其能力和知识水平,可能需要做资格考试。

3.3

结构件 construction

产品、构件或所有焊接件。

3.4

承包商、制造厂 manufacturer,fabricator

负责焊接制造的人员或组织。

3.5

分承包商 sub-contractor

在合同条件下,向制造商提供产品、服务及(或)活动的供应者。

3.6

焊接操作工 welding operator

进行机械化或自动化熔化焊工艺操作的人员。

4 GB/T 12467 的总体概貌

GB/T 12467 规定了金属材料熔焊的质量要求。本部分所包含的这些质量要求还可能适用于其他焊接方法。这些质量要求仅涉及到产品质量中受熔化焊影响的那些方面，而且不受产品种类限制。

GB/T 12467 提供了一种方法，供制造商展示其制造特定质量产品的能力。

标准的制定出于如下考虑：

a) 标准不受制造结构种类的限制；

b) 标准规定了车间及或现场焊接的质量要求；

c) 标准为描述制造商生产满足规定要求结构的能力提供了指南；

d) 标准提供了评价制造商焊接能力的基础。

需要制造商展示其生产焊接结构的能力，而且在下列某个或多个文件中规定了满足一定质量要求时，可采用 GB/T 12467：

——规范；

——产品标准；

——规范性要求。

制造商可以完整地采用本部分所包含的这些要求，当所涉及的结构不适合时，也可有选择地筛选使用。标准在下列应用方面为焊接控制提供了可选择的框架：

——第一种情况：为符合 GB/T 19001 质量管理体系规范的制造商提出特殊要求；

——第二种情况：为符合与 GB/T 19001 不同的质量管理体系规范的制造商提出特殊要求；

——第三种情况：为制造商制定一个熔化焊的质量管理体系提供特殊指南；

——第四种情况：对熔化焊活动有控制要求的那些规范、规则或产品标准提供详细的要求。

5 质量要求相应等级的选择

应按照产品标准、规范、规则或合同，针对质量要求的等级，选择 GB/T 12467 的相应部分。GB/T 12467 适用于不同情况和场合，本章对于每种条件下所采用的有关质量要求等级的具体规则不做规定。

GB/T 12467 可适用于不同情况。制造商应根据下列与产品相关的内容，在三个不同等级的质量要求中选择一个等级：

——涉及安全性的产品的范围和重要性；

——制造的复杂性；

——制造产品的范围；

——所用不同材料的范围；

——可能产生冶金问题的范围；

——影响产品性能的制造缺欠，如错边、变形或焊接缺欠。

当某个制造商满足了某个特定的质量等级时，则可视其也满足了所有更低的质量等级要求而无需做进一步的验证(如：满足 GB/T 12467.2 完整质量要求的制造商也满足了 GB/T 12467.3 一般质量要求和 GB/T 12467.4 基本质量要求)。

附录 A 列出了有助于选择 GB/T 12467 相应部分的准则。

6 在一个质量管理体系中实施 GB/T 12467 应考虑的要素

GB/T 12467 包含了构建一个质量管理体系(QMS)的诸多要素。GB/T 19001—2000 提供了质量体系中各项要素的详细要求。为了确保焊接质量，制造商应当结合 GB/T 12467 的质量要求考虑这些要素的实施。这些要素包括：

a) 文件控制和记录控制(参见 GB/T 19001—2000 的 4.2.3 和 4.2.4);
b) 管理职责(参见 GB/T 19001—2000 的第 5 章);
c) 资源提供(参见 GB/T 19001—2000 的 6.1);
d) 操作人员的能力、意识和培训(参见 GB/T 19001—2000 的 6.2.2 和 7.5.2b);
e) 产品实现的策划(参见 GB/T 19001—2000 的 7.1);
f) 与产品有关的要求的确定(参见 GB/T 19001—2000 的 7.2.1);
g) 与产品有关的要求的评审(参见 GB/T 19001—2000 的 7.2.2);
h) 采购(参见 GB/T 19001—2000 的 7.4);
i) 过程的确认(参见 GB/T 19001—2000 的 7.5.2);
j) 顾客财产(参见 GB/T 19001—2000 的 7.5.4);
k) 内部审核(参见 GB/T 19001—2000 的 8.2.2);
l) 产品的监视和测量(参见 GB/T 19001—2000 的 8.2.4)。

GB/T 19004—2000 提供了建立和实施一个质量管理体系方面的指南。

附 录 A
（资料性附录）
选择 GB/T 12467.2、GB/T 12467.3 或 GB/T 12467.4 的准则

<table>
<tr><th>序 号</th><th>要 素</th><th>GB/T 12467.2</th><th>GB/T 12467.3</th><th>GB/T 12467.4</th></tr>
<tr><td rowspan="2">1</td><td rowspan="2">要求评审</td><td colspan="3">有</td></tr>
<tr><td>有书面报告</td><td>可能有书面报告</td><td>无报告要求</td></tr>
<tr><td rowspan="2">2</td><td rowspan="2">技术评审</td><td colspan="3">有</td></tr>
<tr><td>有书面报告</td><td>可能有书面报告</td><td>无报告要求</td></tr>
<tr><td>3</td><td>分承包商</td><td colspan="3">就特定的分承包产品、服务及/或活动按照制造商对待，但制造商最终对质量要求负责</td></tr>
<tr><td>4</td><td>焊工及焊接操作工</td><td colspan="3">有考核要求</td></tr>
<tr><td>5</td><td>焊接责任人员</td><td colspan="2">有要求</td><td>无特定要求</td></tr>
<tr><td>6</td><td>试验及检验人员</td><td colspan="3">有考核要求</td></tr>
<tr><td>7</td><td>生产及试验设备</td><td colspan="3">按要求配备合适的制备、工艺实施、试验、运输、抬升设备，并具有安全、防护功能</td></tr>
<tr><td rowspan="2">8</td><td rowspan="2">设备维护</td><td colspan="2">要求提供并维持设备的有效性</td><td rowspan="2">无特定要求</td></tr>
<tr><td>要求书面计划和报告</td><td>建议有报告</td></tr>
<tr><td>9</td><td>设备描述</td><td colspan="2">有明细要求</td><td>无特定要求</td></tr>
<tr><td rowspan="2">10</td><td rowspan="2">生产计划</td><td colspan="2">有要求</td><td rowspan="2">无特定要求</td></tr>
<tr><td>要求书面计划和报告</td><td>建议做书面计划和报告</td></tr>
<tr><td>11</td><td>焊接工艺规程</td><td colspan="2">有要求</td><td>无特定要求</td></tr>
<tr><td>12</td><td>焊接工艺评定</td><td colspan="2">有要求</td><td>无特定要求</td></tr>
<tr><td>13</td><td>焊接材料的批量试验</td><td>根据需要</td><td colspan="2">无特定要求</td></tr>
<tr><td>14</td><td>焊接材料的保管</td><td colspan="2">要求符合供应商建议的程序</td><td>按供应商的规范</td></tr>
<tr><td>15</td><td>母材的储存</td><td colspan="2">要求保护免受环境影响；存放期间应保持标识</td><td>无特定要求</td></tr>
<tr><td rowspan="2">16</td><td rowspan="2">焊后热处理</td><td colspan="2">确认产品标准或规范要求得到满足</td><td rowspan="2">无特定要求</td></tr>
<tr><td>要求规程、报告和报告相对产品的可追溯性</td><td>要求规程和报告</td></tr>
<tr><td>17</td><td>焊前、焊接过程中和焊后的试验检验</td><td colspan="2">有要求</td><td>如果有要求</td></tr>
<tr><td>18</td><td>不符合项及纠正</td><td colspan="2">采取控制措施，要求修复及或纠正程序</td><td>采取控制措施</td></tr>
<tr><td>19</td><td>测量、试验检验设备的标定</td><td>有要求</td><td>如果有要求</td><td>无特定要求</td></tr>
<tr><td>20</td><td>过程标识</td><td colspan="2">如果有要求</td><td>无特定要求</td></tr>
<tr><td>21</td><td>可追溯性</td><td colspan="2">如果有要求</td><td>无特定要求</td></tr>
<tr><td>22</td><td>质量报告</td><td colspan="3">如果有要求</td></tr>
</table>

参 考 文 献

［1］ GB/T 19001—2000 质量管理体系 要求(ISO 9001:2000,IDT)

［2］ GB/T 19004—2000 质量管理体系 业绩改进指南(idt ISO 9004:2000)

［3］ GB/T 12467.2—2009 金属材料熔焊质量要求 第2部分:完整质量要求(ISO 3834-2:2005,IDT)

［4］ GB/T 12467.3—2009 金属材料熔焊质量要求 第3部分:一般质量要求(ISO 3834-3:2005,IDT)

［5］ GB/T 12467.4—2009 金属材料熔焊质量要求 第4部分:基本质量要求(ISO 3834-4:2005,IDT)

ICS 25.160.01
J 33

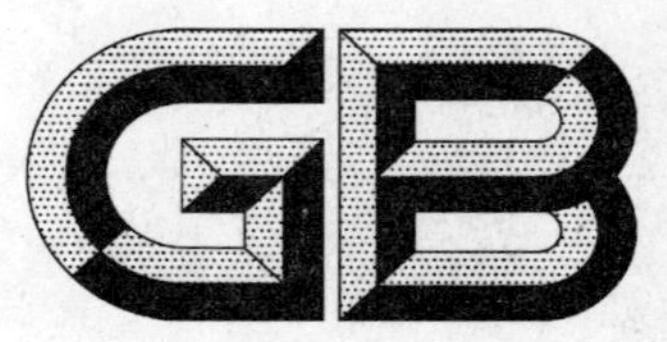

中华人民共和国国家标准

GB/T 12467.2—2009/ISO 3834-2:2005
代替 GB/T 12467.2—1998

金属材料熔焊质量要求 第2部分:完整质量要求

Quality requirements for fusion welding of metallic materials—Part 2:Comprehensive quality requirements

(ISO 3834-2:2005,IDT)

2009-10-30 发布

2010-04-01 实施

中华人民共和国国家质量监督检验检疫总局
中国国家标准化管理委员会
发布

前　言

GB/T 12467《金属材料熔焊质量要求》分为五个部分：

——第1部分：质量要求相应等级的选择准则；

——第2部分：完整质量要求；

——第3部分：一般质量要求；

——第4部分：基本质量要求；

——第5部分：满足质量要求应依据的标准文件。

本部分为GB/T 12467的第2部分。

本部分等同采用ISO 3834-2:2005《金属材料熔焊质量要求　第2部分：完整质量要求》(英文版)。

本部分等同翻译ISO 3834-2:2005。

为了便于使用，本部分做了下列编辑性修改：

——删除了国际标准的前言；

——将ISO 3834-2:2005"规范性引用文件"中引用的ISO标准，用等同的我国标准代替。

本部分代替GB/T 12467.2—1998《焊接质量要求　金属材料的熔化焊　第2部分：完整质量要求》。

本部分与GB/T 12467.2—1998相比主要变化如下：

——取消了适用范围内为焊接控制提供适用框架的条件；

——"合同评审"和"设计评审"修改为"要求评审"和"技术评审"；

——取消了附录A。

本部分由全国焊接标准化技术委员会提出并归口。

本部分起草单位：机械工业哈尔滨焊接技术培训中心、哈尔滨焊接研究所。

本部分主要起草人：解应龙、朴东光、邓义刚、王林、陈宇。

本部分所代替标准的历次版本发布情况为：

——GB/T 12467.2—1998。

金属材料熔焊质量要求
第2部分:完整质量要求

1 范围

GB/T 12467的本部分规定了金属材料熔焊的完整质量要求。

本部分适用于车间及现场的焊接。

2 规范性引用文件

下列文件中的条款通过GB/T 12467的本部分的引用而成为本部分的条款。凡是注日期的引用文件,其随后所有的修改单(不包括勘误的内容)或修订版均不适用于本部分,然而,鼓励根据本部分达成协议的各方研究是否可使用这些文件的最新版本。凡是不注日期的引用文件,其最新版本适用于本部分。

GB/T 12467.1 金属材料熔焊质量要求 第1部分:质量要求相应等级的选择准则(GB/T 12467.1—2009,ISO 3834-1:2005, IDT)

GB/T 12467.5—2009 金属材料熔焊质量要求 第5部分:满足质量要求应依据的标准文件(ISO 3834-5:2005,IDT)

3 术语和定义

GB/T 12467.1确立的术语和定义适用于本部分。

4 GB/T 12467本部分的使用

本部分应用的一般原则参照GB/T 12467.1的规定。

确认是否满足本部分规定的质量要求时,可查验GB/T 12467.5—2009规定的有关标准要求。

本部分规定了正常条件下的完整质量要求,但在有些场合下,制造商可以根据具体的产品条件和需求做有选择性的取舍(如采用GB/T 12467.3或GB/T 12467.4)。

5 要求评审和技术评审

5.1 总则

制造商应对合同要求和所有其他要求,会同所有设计数据进行评审。

制造商应建立一套机制,确保在工作开始前,进行生产操作所需的信息完整、可行。

进行要求评审和技术评审时,制造商应重点考虑其具备满足所有要求的能力;全部质量活动具有合适的计划;相关文件清晰、准确、无争议;具有足够的资源来保证及时供货。制造商应保证合同与先前报价文件之间的变化易于识别,让用户了解可能引发的程序、成本或工程方面的所有变化。

5.2中列出了在要求评审时(或之前)应考虑的典型款项。技术评审的主要内容参见5.3。技术评审应在计划的开始阶段加以考虑。

5.2 要求评审

应考虑的内容包括:

a) 将采用的产品标准及所有附加要求;

b) 法令及法规要求;

c) 制造商确定的所有附加要求；

d) 制造商满足规定要求的能力。

5.3 技术评审

应考虑的技术要求包括：

a) 母材技术条件及焊接接头性能；

b) 焊缝的质量及验收要求；

c) 焊缝的位置、可达性及次序，包括试验和无损检测的可达性；

d) 焊接工艺规程、无损检验规程及热处理规程；

e) 焊接工艺评定所使用的方法；

f) 人员的认可；

g) 选择、标识和(或)可追溯性(如对材料、焊缝)；

h) 质量控制管理，包括某个独立检验机构的介入；

i) 试验及检验；

j) 分承包；

k) 焊后热处理；

l) 其他焊接要求，如焊接材料的批量试验、焊缝金属的铁素体含量、时效、氢含量、永久衬垫、锤击、表面加工、焊缝外形；

m) 特殊方法的使用(如单面焊时不加衬垫获得全焊透)；

n) 坡口及焊缝的尺寸、细节；

o) 焊缝的施焊场所；

p) 有关工艺方法应用的环境条件(如很低温度条件或任何有必要提供保护的有害气候条件)；

q) 不符合项的管理。

6 分承包

当制造流程中的某些重要环节委托分承包业务(如焊接、检查、无损检测、热处理)时，制造商应向分承包商提供满足应用要求所必需的信息。分承包商应按制造商的要求，提供其相关工作的报告和文件。

分承包商应按照协议要求工作，制造商应保证分承包商的工作符合本部分的有关要求，其工作质量达到规定的标准。

制造商提供给分承包商的信息应包括从要求评审(见5.2)到技术评审(见5.3)的所有相关资料。为了保证分承包商符合技术要求，可规定附加要求。

7 焊接人员

7.1 总则

制造商应按规定的要求配置足够的、胜任的、从事焊接生产设计、施工及监督的人员。

7.2 焊工和焊接操作工

焊工和焊接操作工应通过适合的考试。

有关标准要求参见GB/T 12467.5—2009中的表1和表10。其中，表1对弧焊、电子束焊、激光焊和气焊作出了规定，表10则对其他熔化焊方法作出了规定。

7.3 焊接责任人员

制造商应配置合适的焊接责任人员。负责质量活动的这些人员应获得充分的授权，保证可以采取必要的行动，应当明确规定这些人员的任务及职责。

有关标准要求参见GB/T 12467.5—2009中的表2和表10。其中，表2对弧焊、电子束焊、激光焊和气焊作出了规定，表10则对其他熔化焊方法作出了规定。

8 试验及检验人员

8.1 总则

制造商应按规定要求配置足够的、胜任的、从事焊接生产试验、检验的计划、实施及监督的人员。

8.2 无损检测人员

应对无损检测人员进行考试认可。外观检查人员应具备相应能力，如不要求考试认可时，制造商应证实其能力。

有关标准要求参见 GB/T 12467.5—2009 中的表 3 和表 10。其中，表 3 对弧焊、电子束焊、激光焊和气焊作出了规定，表 10 则对其他熔化焊方法作出了规定。

9 设备

9.1 生产和试验设备

应当按照需要配置下列设备：

——焊接电源及其他机器；

——坡口加工及切割设备(包括热切割)；

——预热及焊后热处理设备(包括温度指示仪)；

——夹具及固定机具；

——用于焊接生产的起重及装夹设备；

——人员防护设备及与所用制造方法直接相关的其他安全设备；

——用于焊接材料处理的烘干炉、保温筒；

——表面清理设施；

——破坏性试验及无损检测设备。

9.2 设备表述

制造商应有主要生产设备明细表。该明细表应表明主要设备、车间大小、产能评估等事项，如包括：

——起重机的最大能力；

——车间可装夹的构件尺寸；

——机械化或自动化焊接设备的功能；

——焊后热处理炉的尺寸及最高温度；

——轧制、弯曲及切割设备的能力。

其他设备只需规定大致总数即可，例如用于不同焊接方法的焊接电源总数。

9.3 设备的适用性

设备应适合于所涉及的应用目的。

注：没有特殊规定时，焊接及加热设备一般不要求做评定。

9.4 新设备

新设备(或改造后的设备)安装之后，应进行相应的试验。这些试验应能验证设备的正常功能，应按有关标准进行试验和出具书面报告。

9.5 设备维护

制造商应具有设备维护的书面计划。计划中的维护项目，应确保设备中控制焊接工艺规程参数的部件得到维护和检查。这些计划应限定在对生产质量具有主要影响的那些项目，如：

——热切割设备的导轨、机械夹具等的状态；

——用于焊接设备操作的电流表、电压表、流量计的状态；

——电缆、软管、接头等的状态；

——机械化及(或)自动化焊接设备中控制系统的状态；

——测温仪器的状态；
——送丝机构及导管的状态。
不得使用有故障的设备。

10 焊接及相关活动

10.1 生产计划

制造商应制定合适的生产计划。需要考虑的内容至少应包括：
——结构(即单件、组件及最终总装件)制造顺序的规定；
——制造结构所要求的每种工艺方法标识；
——相应的焊接及相关工艺规程的编号；
——焊缝的焊接顺序；
——实施每种工艺方法的顺序和时机；
——试验及检验规程(包括任何独立检验机构的介入)；
——环境条件(如防风、防雨)；
——产品或部件的标识；
——合格人员的指派；
——生产试验的安排。

10.2 焊接工艺规程

制造商应编制焊接工艺规程，并确保其在生产中得到正确使用。

有关标准要求参见 GB/T 12467.5—2009 中的表 4 和表 10。其中，表 4 对弧焊、电子束焊、激光焊和气焊作出了规定，表 10 则对其他熔化焊方法作出了规定。

10.3 焊接工艺评定

焊接工艺应在生产之前进行评定，评定方法应按相关的产品标准或规程要求进行。

有关标准要求参见 GB/T 12467.5—2009 中的表 5 和表 10。其中，表 5 对弧焊、电子束焊、激光焊和气焊作出了规定，表 10 则对其他熔化焊方法作出了规定。

注：在有关产品标准及(或)规程中，可能会要求其他的工艺评定。

10.4 作业指导书

制造商可以直接使用焊接工艺规程指导生产，或者使用专门的作业指导书。这类专门作业指导书的编制应源于合格的焊接工艺规程，并且不需另做评定。

10.5 文件的编制及控制程序

制造商应建立并维护有关质量文件(如焊接工艺规程、焊接工艺评定报告、焊工和焊接操作工的合格证书)的编制和控制程序。

11 焊接材料

11.1 总则

制造商应建立焊接材料质量控制程序。

11.2 批量试验

焊接材料仅在有要求时才做批量试验。

11.3 贮存及保管

制造商应制定并实施可避免焊接材料受潮、氧化及损坏等的贮存、保管、标识及使用程序，这些程序应符合供货商的建议。

12 母材的贮存

母材(包括用户提供的母材)的贮存应保证其不受到有害影响，存放期间应保持其识别标志。

13 焊后热处理

制造商对所有焊后热处理规程及实施负全部责任。焊后热处理工艺应适合母材、接头、结构等，并符合产品标准及(或)规定要求。实施过程中要作热处理记录报告。报告应体现按照规程执行，对特定产品具有可追溯性。

有关标准要求参见 GB/T 12467.5—2009 中的表 6 和表 10。其中，表 6 对弧焊、电子束焊、激光焊和气焊作出了规定，表 10 则对其他熔化焊方法作出了规定。

14 试验及检验

14.1 总则

为了保证达到合同要求，在制造流程适当环节应进行相应的试验和检验。这些试验及(或)检验的部位和数量取决于合同及(或)产品标准、焊接方法及结构的类型(见 5.2 和 5.3)。

注：制造商可不受限制地进行附加试验，但这类试验不要求报告。

14.2 焊前检验

在施焊之前，应作下列检验：

——焊工和焊接操作工证书的适用性、有效性；

——焊接工艺规程的适用性；

——母材的标识；

——焊接材料的标识；

——焊接坡口(如形式及尺寸)；

——组对、夹具及定位；

——焊接工艺规程中的任何特殊要求(如防止变形)；

——工作条件(包括环境)对焊接的适用性。

14.3 焊接过程中的试验及检验

在焊接过程中，应在适宜的间隔点或以连续监控的方式做下列检验：

——主要焊接参数(如焊接电流、电弧电压及焊接速度)；

——预热温度、道间温度；

——焊道及焊层的清理与形状；

——根部气刨；

——焊接顺序；

——焊接材料的正确使用及保管；

——变形的控制；

——所有的中间检查(如尺寸检查)。

有关标准要求参见 GB/T 12467.5—2009 中的表 7 和表 10。其中，表 7 对弧焊、电子束焊、激光焊和气焊作出了规定，表 10 则对其他熔化焊方法作出了规定。

14.4 焊后试验及检验

焊后应检验是否达到验收标准：

——采用外观检查；

——采用无损检测；

——采用破坏性试验；

——结构的型式、形状及尺寸；

——焊后操作的结果及报告(如焊后热处理、时效)。

有关标准要求参见 GB/T 12467.5—2009 中的表 8 和表 10。其中，表 8 对弧焊、电子束焊、激光焊和气焊作出了规定,表10则对其他熔化焊方法作出了规定。

14.5 试验及检验状况

应采取适当的方式表示焊接结构的试验及检验状况,如物品标识或放置卡片。

15 不符合项及纠正措施

应采取措施控制不合格物品或行为,防止其被疏忽接受。当制造商进行修复及(或)矫正时,做修复、矫正的所有工作场所应具备相应的程序说明。修复矫正后,这些产品要按原始要求重新作检验、试验及检查。还应采取措施避免不符合项的再次发生。

16 测量、试验及检验设备的校准

制造商应负责对测量、试验及检验设备做适时校准。用于评估焊接结构质量的所有设备应做适宜的控制,并按规定的期限进行校准和有效性验证。

有关标准要求参见 GB/T 12467.5—2009 中的表9和表10。其中,表9对弧焊、电子束焊、激光焊和气焊作出了规定,表10则对其他熔化焊方法作出了规定。

17 标识及可追溯性

在整个制造流程中,应按要求保持标识及可追溯性。

有要求时,保证焊接操作标识及可追溯性的文件体系应包括:

——生产计划标识;
——放置卡片标识;
——结构中焊缝部位的标识;
——无损检测规程及人员标识;
——焊接材料标识(如型号、商标、制造商及批号或炉号);
——原材料标识及(或)可追溯性(如型号、炉号);
——修复部位标识;
——临时附件位置标识;
——全机械化、自动化焊接设备对特定焊缝的可追溯性;
——焊工、焊接操作工对特定焊缝的可追溯性;
——焊接工艺规程对特定焊缝的可追溯性。

18 质量报告

必要时,质量报告应包括:

——要求评审报告及技术评审报告;
——材料材质证明;
——焊接材料质量证明;
——焊接工艺规程;
——设备维护报告;
——焊接工艺评定报告;
——焊工或焊接操作者证书;
——生产计划;
——无损检测人员证书;
——热处理工艺规程及报告;
——无损检测及破坏性试验规程及报告;

——尺寸报告；

——修复记录及其他不符合项的报告；

——要求的其他文件。

无任何特殊规定时，质量报告应至少保存5年。

ICS 25.160.01
J 33

中华人民共和国国家标准

GB/T 12467.3—2009/ISO 3834-3:2005
代替 GB/T 12467.3—1998

金属材料熔焊质量要求 第3部分:一般质量要求

Quality requirements for fusion welding of metallic materials—
Part 3:Standard quality requirements

(ISO 3834-3:2005,IDT)

2009-10-30 发布 2010-04-01 实施

中华人民共和国国家质量监督检验检疫总局
中国国家标准化管理委员会 发布

前　言

GB/T 12467《金属材料熔焊质量要求》分为五个部分：

——第1部分：质量要求相应等级的选择准则；

——第2部分：完整质量要求；

——第3部分：一般质量要求；

——第4部分：基本质量要求；

——第5部分：满足质量要求应依据的标准文件。

本部分为GB/T 12467的第3部分。

本部分等同采用ISO 3834-3:2005《金属材料熔焊质量要求　第3部分：一般质量要求》(英文版)。

本部分等同翻译ISO 3834-3:2005。

为了便于使用，本部分做了下列编辑性修改：

——删除了国际标准的前言；

——将ISO 3834-3:2005"规范性引用文件"中引用的ISO标准，用等同的我国标准代替。

本部分代替GB/T 12467.3—1998《焊接质量要求　金属材料的熔化焊　第3部分：一般质量要求》。

本部分与GB/T 12467.3—1998相比主要变化如下：

——取消了适用范围内为焊接控制提供适用框架的条件；

——"合同评审"和"设计评审"修改为"要求评审"和"技术评审"；

——取消了附录A。

本部分由全国焊接标准化技术委员会提出并归口。

本部分负责起草单位：机械工业哈尔滨焊接技术培训中心、哈尔滨焊接研究所。

本部分主要起草人：陈宇、朴东光、解应龙、邓义刚、王林。

本部分所代替标准的历次版本发布情况为：

——GB/T 12467.3—1998。

金属材料熔焊质量要求
第3部分:一般质量要求

1 范围

GB/T 12467的本部分规定了金属材料熔焊的一般质量要求。

本部分适用于车间及现场的焊接。

2 规范性引用文件

下列文件中的条款通过GB/T 12467的本部分的引用而成为本部分的条款。凡是注日期的引用文件,其随后所有的修改单(不包括勘误的内容)或修订版均不适用于本部分,然而,鼓励根据本部分达成协议的各方研究是否可使用这些文件的最新版本。凡是不注日期的引用文件,其最新版本适用于本部分。

GB/T 12467.1 金属材料熔焊质量要求 第1部分:质量要求相应等级的选择准则(GB/T 12467.1—2009,ISO 3834-1:2005,IDT)

GB/T 12467.5—2009 金属材料熔焊质量要求 第5部分:满足质量要求应依据的标准文件(ISO 3834-5:2005,IDT)

3 术语和定义

GB/T 12467.1确立的术语和定义适用于本部分。

4 GB/T 12467本部分的使用

本部分应用的一般原则可参阅GB/T 12467.1的规定。

确认是否满足本部分规定的质量要求时,可查验GB/T 12467.5—2009规定的有关标准要求。

本部分规定了正常条件下的一般质量要求,但在有些场合下,制造商可以根据具体的产品条件和需求做有选择性的取舍(如采用GB/T 12467.4)。

5 要求评审和技术评审

5.1 总则

制造商应对合同要求和所有其他要求,会同所有设计数据进行评审。

制造商应建立一套机制,确保在工作开始前,进行生产操作所需的信息完整、可行。

进行要求评审和技术评审时,制造商应重点考虑其具备满足所有要求的能力;全部质量活动具有合适的计划;相关文件清晰、准确、无争议;具有足够的资源来保证及时供货。制造商应保证合同与先前报价文件之间的变化易于识别,让用户了解可能引发的程序、成本或工程方面的所有变化。

5.2中列出了在要求评审时(或之前)应考虑的典型款项。技术评审的主要内容参见5.3。技术评审应在计划的开始阶段加以考虑。

5.2 要求评审

应考虑的方面包括:

a) 将采用的产品标准及所有附加要求;

b) 法令及法规要求;

c) 制造商确定的所有附加要求；

d) 制造商满足规定要求的能力。

5.3 技术评审

应考虑的技术要求包括：

a) 母材技术条件及焊接接头性能；

b) 焊缝的质量及验收要求；

c) 焊缝的位置、可达性及次序，包括试验和无损检测的可达性；

d) 焊接工艺规程、无损检验规程及热处理规程；

e) 焊接工艺评定所使用的方法；

f) 人员的认可；

g) 选择、标识和(或)可追溯性(如对材料、焊缝)；

h) 质量控制管理，包括某个独立检验机构的介入；

i) 试验及检验；

j) 分承包；

k) 焊后热处理；

l) 其他焊接要求，如焊缝金属的铁素体含量、时效、氢含量、永久衬垫、锤击、表面加工、焊缝外形；

m) 特殊方法的使用(如单面焊时不加衬垫获得全焊透)；

n) 坡口及焊缝的尺寸、细节；

o) 焊缝的施焊场所；

p) 有关工艺方法应用的环境条件(如很低温度条件或任何有必要提供保护的有害气候条件)；

q) 不符合项的管理。

6 分承包

当制造流程中的某些重要环节委托分承包业务(如焊接、检查、无损检测、热处理)时，制造商应向分承包商提供满足应用要求所必需的信息。分承包商应按制造商的要求，提供其相关工作的报告和文件。

分承包商应按照协议要求工作，制造商应保证分承包商的工作符合本部分的有关要求，其工作质量达到规定的标准。

制造商提供给分承包商的信息应包括从要求评审(见 5.2)到技术评审(见 5.3)的所有相关资料。为了保证分承包商符合技术要求，可规定附加要求。

7 焊接人员

7.1 总则

制造商应按规定的要求配置足够的、胜任的、从事焊接生产设计、施工及监督的人员。

7.2 焊工和焊接操作工

焊工和焊接操作工应通过适合的考试。

有关标准要求参见 GB/T 12467.5—2009 中的表 1 和表 10。其中，表 1 对弧焊、电子束焊、激光焊和气焊作出了规定，表 10 则对其他熔化焊方法作出了规定。

7.3 焊接责任人员

制造商应配置合适的焊接责任人员。负责质量活动的这些人员应获得充分的授权，保证可以采取必要的行动，应当明确规定这些人员的任务及职责。

有关标准要求参见 GB/T 12467.5—2009 中的表 2 和表 10。其中，表 2 对弧焊、电子束焊、激光焊和气焊作出了规定，表 10 则对其他熔化焊方法作出了规定。

8 试验及检验人员

8.1 总则

制造商应按规定要求配置足够的、胜任的、从事焊接生产试验、检验的计划、实施及监督的人员。

8.2 无损检测人员

应对无损检测人员进行考试认可。外观检查人员应具备相应能力，如不要求考试认可时，制造商应证实其能力。

有关标准要求参见 GB/T 12467.5—2009 中的表 3 和表 10。其中，表 3 对弧焊、电子束焊、激光焊和气焊作出了规定，表 10 则对其他熔化焊方法作出了规定。

9 设备

9.1 生产和试验设备

应当按照需要配置下列设备：

——焊接电源及其他机器；

——坡口加工及切割设备(包括热切割)；

——预热及焊后热处理设备(包括温度指示仪)；

——夹具及固定机具；

——用于焊接生产的起重及装夹设备；

——人员防护设备及与所用制造方法直接相关的其他安全设备；

——用于焊接材料处理的烘干炉、保温筒；

——表面清理设施；

——破坏性试验及无损检测设备。

9.2 设备表述

制造商应有主要生产设备明细表。该明细表应表明主要设备、车间大小、产能评估等事项，如包括：

——起重机的最大能力；

——车间可装夹的构件尺寸；

——机械化或自动化焊接设备的功能；

——焊后热处理炉的尺寸及最高温度；

——轧制、弯曲及切割设备的能力。

其他设备只需规定大致总数即可，如用于不同焊接方法的焊接电源总数。

9.3 设备的适用性

设备应适合于所涉及的应用目的，并进行适当的维护保养。建议保存设备的维护保养报告。

10 焊接及相关活动

10.1 生产计划

制造商应制定合适的生产计划。

需要考虑的内容至少应包括：

——结构(即单件、组件及最终总装件)制造顺序的规定；

——制造结构所要求的每种工艺方法标识；

——相应的焊接及相关工艺规程的编号；

——焊缝的焊接顺序，如有要求时；

——试验及检验规程(包括任何独立检验机构的介入)；

——环境条件(如防风、防雨)；

——产品或部件的标识；

——合格人员的指派；

——生产试验的安排。

10.2 焊接工艺规程

制造商应编制焊接工艺规程，并确保其在生产中得到正确使用。

有关标准要求参见 GB/T 12467.5—2009 中的表 4 和表 10。其中，表 4 对弧焊、电子束焊、激光焊和气焊作出了规定，表 10 则对其他熔化焊方法作出了规定。

10.3 焊接工艺评定

焊接工艺应在生产之前进行评定，评定方法应按相关的产品标准或规程要求进行。

有关标准要求参见 GB/T 12467.5—2009 中的表 5 和表 10。其中，表 5 对弧焊、电子束焊、激光焊和气焊作出了规定，表 10 则对其他熔化焊方法作出了规定。

注：在有关产品标准及(或)规程中，可能会要求其他的工艺评定。

10.4 作业指导书

制造商可以在车间直接使用焊接工艺规程指导生产，或者使用专门的作业指导书。这类专门作业指导书的编制应源于合格的焊接工艺规程，并且不需另做评定。

11 焊接材料贮存及保管

制造商应制定并实施可避免焊接材料受潮、氧化及损坏等的贮存、保管、标识及使用程序，这些程序应符合供货商的建议。

12 母材的贮存

母材(包括用户提供的母材)的贮存应保证其不受到有害影响，存放期间应保持其识别标志。

13 焊后热处理

制造商对所有焊后热处理规程及实施负全部责任。焊后热处理工艺应适合母材、接头、结构等，并符合产品标准及(或)规定要求。实施过程中要作热处理记录报告。报告应体现按照规程执行。

有关标准要求参见 GB/T 12467.5—2009 中的表 6 和表 10。其中，表 6 对弧焊、电子束焊、激光焊和气焊作出了规定，表 10 则对其他熔化焊方法作出了规定。

14 试验及检验

14.1 总则

为了保证达到合同要求，在制造流程适当环节应进行相应的试验和检验。这些试验及(或)检验的部位和数量取决于合同及(或)产品标准、焊接方法及结构的类型(见 5.2 和 5.3)。

注：制造商可根据需要进行附加试验，但这类试验不要求报告。

14.2 焊前检验

在施焊之前，应作下列检验：

——焊工和焊接操作工证书的适用性、有效性；

——焊接工艺规程的适用性；

——母材的标识；

——焊接材料的标识；

——焊接坡口(如形式及尺寸)；

——组对、夹具及定位；

——焊接工艺规程中的任何特殊要求(如防止变形)；

——工作条件(包括环境)对焊接的适用性。

14.3 焊接过程中的试验及检验

在焊接过程中,应在适宜的间隔点或以连续监控的方式做下列检验:

——主要焊接参数(如焊接电流、电弧电压及焊接速度);

——预热温度、道间温度;

——焊道及焊层的清理与形状;

——根部气刨;

——焊接顺序;

——焊接材料的正确使用及保管;

——变形的控制;

——所有的中间检查(如尺寸检查)。

有关标准要求参见 GB/T 12467.5—2009 中的表 7 和表 10。其中,表 7 对弧焊、电子束焊、激光焊和气焊作出了规定,表 10 则对其他熔化焊方法作出了规定。

14.4 焊后试验及检验

焊后应检验是否达到验收标准:

——采用外观检查;

——采用无损检测;

——采用破坏性试验;

——结构的型式、形状及尺寸;

——焊后操作的结果及报告(如焊后热处理、时效)。

有关标准要求参见 GB/T 12467.5—2009 中的表 8 和表 10。其中,表 8 对弧焊、电子束焊、激光焊和气焊作出了规定,表 10 则对其他熔化焊方法作出了规定。

14.5 试验及检验状况

应采取适当的方式表示焊接结构的试验及检验状况,如物品标识或放置卡片。

15 不符合项及纠正措施

应采取措施控制不合格物品或行为,防止其被疏忽接受。当制造商进行修复及(或)矫正时,做修复、矫正的所有工作场所应具备相应的程序说明。修复矫正后,这些产品要按原始要求重新作检验、试验及检查。还应采取措施避免不符合项的再次发生。

16 测量、试验及检验设备的校准

有要求时,制造商应负责对测量、试验及检验设备适时校准。

有关标准要求参见 GB/T 12467.5—2009 中的表 9 和表 10。其中,表 9 对弧焊、电子束焊、激光焊和气焊作出了规定,表 10 则对其他熔化焊方法作出了规定。

17 标识及可追溯性

在整个制造流程中,应按要求保持标识及可追溯性。

有要求时,保证焊接操作标识及可追溯性的文件体系应包括:

——生产计划标识;

——结构中焊缝部位的标识;

——无损检测规程及人员标识;

——焊接材料标识(如型号、商标、制造商);

——母材标识(如型号);

——修复部位标识；
——焊工、焊接操作工对特定焊缝的可追溯性；
——焊接工艺规程对特定焊缝的可追溯性。

18 质量报告

必要时，质量报告应包括：
——要求评审及技术评审报告；
——材料材质证明；
——焊接材料质量证明；
——焊接工艺规程；
——焊接工艺评定报告；
——焊工或焊接操作者证书；
——无损检测人员证书；
——热处理工艺规程及报告；
——无损检测及破坏性试验规程及报告；
——尺寸报告；
——修复记录及其他不符合项的报告；
——要求的其他文件。

无任何特殊规定时，质量报告应至少保存5年。

ICS 25.160.01
J 33

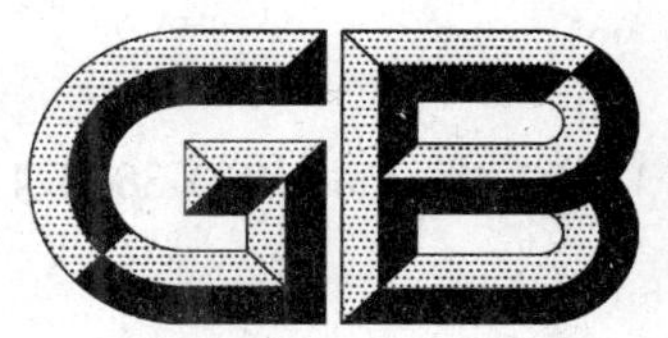

中华人民共和国国家标准

GB/T 12467.4—2009/ISO 3834-4:2005
代替 GB/T 12467.4—1998

金属材料熔焊质量要求 第4部分:基本质量要求

Quality requirements for fusion welding of metallic materials—Part 4:Elementary quality requirements

(ISO 3834-4:2005,IDT)

2009-10-30 发布　　2010-04-01 实施

中华人民共和国国家质量监督检验检疫总局
中国国家标准化管理委员会　发布

前言

GB/T 12467《金属材料熔焊质量要求》分为五个部分：

——第1部分：质量要求相应等级的选择准则；

——第2部分：完整质量要求；

——第3部分：一般质量要求；

——第4部分：基本质量要求；

——第5部分：满足质量要求应依据的标准文件。

本部分为GB/T 12467的第4部分。

本部分等同采用ISO 3834-4:2005《金属材料熔焊质量要求　第4部分：基本质量要求》(英文版)。

本部分等同翻译ISO 3834-4:2005。

为了便于使用，本部分做了下列编辑性修改：

——删除了国际标准的前言；

——将ISO 3834-4:2005“规范性引用文件”中引用的ISO标准，用等同的我国标准代替。

本部分代替GB/T 12467.4—1998《焊接质量要求　金属材料的熔化焊　第4部分：基本质量要求》。

本部分与GB/T 12467.4—1998相比主要变化如下：

——取消了适用范围内为焊接控制提供适用框架的条件；

——“合同评审”和“设计评审”修改为“要求评审”和“技术评审”；

——取消了附录A。

本部分由全国焊接标准化技术委员会提出并归口。

本部分负责起草单位：机械工业哈尔滨焊接技术培训中心、哈尔滨焊接研究所。

本部分主要起草人：邓义刚、朴东光、王林、陈宇、解应龙。

本部分所代替标准的历次版本发布情况为：

——GB/T 12467.4—1998。

金属材料熔焊质量要求 第4部分:基本质量要求

1 范围

GB/T 12467的本部分规定了金属材料熔焊的基本质量要求。本部分适用于车间及现场的焊接。

2 规范性引用文件

下列文件中的条款通过GB/T 12467的本部分的引用而成为本部分的条款。凡是注日期的引用文件,其随后所有的修改单(不包括勘误的内容)或修订版均不适用于本部分,然而,鼓励根据本部分达成协议的各方研究是否可使用这些文件的最新版本。凡是不注日期的引用文件,其最新版本适用于本部分。

GB/T 12467.1 金属材料熔焊质量要求 第1部分:质量要求相应等级的选择准则(GB/T 12467.1—2009,ISO 3834-1:2005,IDT)

GB/T 12467.5—2009 金属材料熔焊质量要求 第5部分:满足质量要求应依据的标准文件(ISO 3834-5:2005,IDT)

3 术语和定义

GB/T 12467.1确立的术语和定义适用于本部分。

4 GB/T 12467本部分的使用

本部分应用的一般原则可参阅GB/T 12467.1的规定。

确认是否满足本部分规定的质量要求时,可查验GB/T 12467.5—2009规定的有关标准要求。

本部分所规定的要求应全部采用。

5 要求评审和技术评审

制造商应对合同要求和所有其他要求,会同所有设计数据进行评审。

制造商应建立一套机制,确保在工作开始前,进行生产操作所需的信息完整、可行。

进行要求评审和技术评审时,制造商应重点考虑其具备满足所有要求的能力;全部质量活动具有合适的计划;相关文件清晰、准确、无争议;具有足够的资源来保证及时供货。制造商应保证合同与先前报价文件之间的变化易于识别,让用户了解可能引发的程序、成本或工程方面的所有变化。

6 分承包

当制造流程中的某些重要环节委托分承包业务(如焊接、检查、无损检测、热处理)时,制造商应向分承包商提供满足应用要求所必需的信息。分承包商应按制造商的要求,提供其相关工作的报告和文件。

分承包商应按照协议要求工作,制造商应保证分承包商的工作符合本部分的有关要求,其工作质量达到规定的标准。

7 焊接人员

7.1 总则

为了保证圆满地完成焊接工艺操作,制造商应提供充分的焊接生产监督。

7.2 焊工和焊接操作工

焊工和焊接操作工应通过适合的考试。

有关标准要求参见 GB/T 12467.5—2009 中的表 1 和表 10；其中，表 1 对弧焊、电子束焊、激光焊和气焊作出了规定，表 10 则对其他熔化焊方法作出了规定。

8 试验及检验人员

8.1 总则

制造商应按规定要求进行所有的试验和检验。

8.2 无损检测人员

应对无损检测人员进行考试认可。外观检查人员应具备相应能力，如不要求考试认可时，制造商应证实其能力。

有关标准要求参见 GB/T 12467.5—2009 中的表 3 和表 10；其中，表 3 对弧焊、电子束焊、激光焊和气焊作出了规定，表 10 则对其他熔化焊方法作出了规定。

9 设备

焊接设备应当可以使用，并按照作业要求维护。

10 焊接及相关活动

应按适当的焊接技术要求进行焊接。

11 焊接材料

制造商保证焊接材料的贮存和保管符合供货商的建议。

12 试验及检验

制造商应按规定要求进行所有的试验和检验。

13 不符合项及纠正措施

应采取措施控制不合格物品或行为，防止其被疏忽接受，并应采取措施避免不符合项的再次发生。

14 质量报告

无任何特殊规定时，质量报告应至少保存 5 年。

ICS 25.160.01
J 33

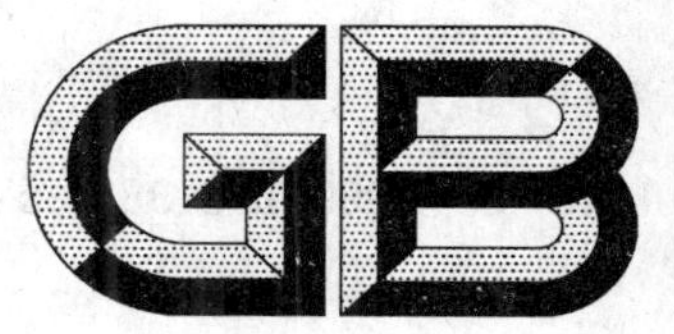

中华人民共和国国家标准

GB/T 12467.5—2009/ISO 3834-5:2005

金属材料熔焊质量要求 第5部分:满足质量要求应依据的标准文件

Quality requirements for fusion welding of metallic materials—Part 5:Standard documents need to conform to claim conformity to the quality requirements

(ISO 3834-5:2005,Quality requirements for fusion welding of metallic materials—Part 5:Documents with which it is necessary to conform to claim conformity to the quality requirements of ISO 3834-2,ISO 3834-3 or ISO 3834-4,IDT)

2009-10-30 发布　　　　2010-04-01 实施

中华人民共和国国家质量监督检验检疫总局
中国国家标准化管理委员会　发布

前　言

GB/T 12467《金属材料熔焊质量要求》分为五个部分：

——第1部分：质量要求相应等级的选择准则；

——第2部分：完整质量要求；

——第3部分：一般质量要求；

——第4部分：基本质量要求；

——第5部分：满足质量要求应依据的标准文件。

本部分为GB/T 12467的第5部分。

本部分等同采用ISO 3834-5:2005《金属材料熔焊质量要求　第5部分：确认符合ISO 3834-2、ISO 3834-3或ISO 3834-4质量要求所需的文件》(英文版)。

本部分等同翻译ISO 3834-5:2005。

为了便于使用，本部分做了下列编辑性修改：

——删除了国际标准的前言；

——将标准名称改为"满足质量要求应依据的标准文件"；

——将ISO 3834-5:2005中列出的那些ISO标准，我国标准与之等同时，采用了我国标准；我国标准与之不等同时，直接采用了ISO标准；

——附录A中的规范采用了现行有效的新版本，用Doc. IAB-252-2007代替Doc. IAB-002-2000/EWF-409、Doc. IAB-003-2000/EWF-410、Doc. IAB-004-2000/EWF-411。

本部分由全国焊接标准化技术委员会提出并归口。

本部分起草单位：哈尔滨焊接研究所、机械工业哈尔滨焊接技术培训中心。

本部分主要起草人：朴东光、解应龙、王林、陈宇、苏金花。

金属材料熔焊质量要求 第5部分:满足质量要求应依据的标准文件

1 范围

GB/T 12467的本部分规定了符合GB/T 12467.2、GB/T 12467.3和GB/T 12467.4质量要求应依据的标准指南。

本部分适用于制造商焊接能力的评估认证,本部分应与GB/T 12467.2、GB/T 12467.3和GB/T 12467.4配套使用。

2 满足质量要求应依据的标准文件

2.1 一般原则

确认制造商是否符合GB/T 12467.2、GB/T 12467.3和GB/T 12467.4质量要求时,需要验证制造商的生产标准采用了2.2所列出的那些标准(或与之技术内容等效的其他标准)。

制造商采用其他不同的标准时,应提供标准在技术内容方面一致性的证明。证书(或制造商的自我声明)应明确制造商所采用的标准文件。

2.2 标准文件

制造商按照GB/T 12467.2、GB/T 12467.3和GB/T 12467.4进行焊接活动时,应采用下列标准文件的有效版本。

GB/T 9445 无损检测 人员资格鉴定与认证(GB/T 9445—2008,ISO 9712:2005,IDT)

GB/T 15169 钢熔化焊焊工技能评定(GB/T 15169—2003,ISO/DIS 9606-1:2002,IDT)

GB/T 18591 焊接 预热温度、道间温度及预热维持温度的测定指南(GB/T 18591—2001,ISO 13916:1996,IDT)

GB/T 19419 焊接管理 任务与职责(GB/T 19419—2003, ISO 14731:1997,IDT)

GB/T 19805 焊接操作工 技能评定 (GB/T 19805—2005,ISO 14732:1998,IDT)

GB/T 19866 焊接工艺规程及评定的一般原则(GB/T 19866—2005,ISO 15607:2003,IDT)

GB/T 19867.1 电弧焊焊接工艺规程(GB/T 19867.1—2005,ISO 15609-1:2004,IDT)

GB/T 19867.2 气焊焊接工艺规程(GB/T 19867.2—2008,ISO 15609-2:2001,IDT)

GB/T 19867.3 电子束焊接工艺规程(GB/T 19867.3—2008,ISO 15609-3:2004,IDT)

GB/T 19867.4 激光焊接工艺规程(GB/T 19867.4—2008,ISO 15609-4:2004,IDT)

GB/T 19868.1 基于试验焊接材料的工艺评定(GB/T 19868.1—2005,ISO 15610:2003,IDT)

GB/T 19868.2 基于焊接经验的工艺评定(GB/T 19868.2—2005,ISO 15611:2003,IDT)

GB/T 19868.3 基于标准焊接规程的工艺评定(GB/T 19868.3—2005,ISO 15612:2004,IDT)

GB/T 19868.4 基于预生产焊接试验的工艺评定(GB/T 19868.4—2005,ISO 15613:2004,IDT)

GB/T 19869.1 钢、镍及镍合金的焊接工艺评定试验(GB/T 19869.1—2005,ISO 15614-1:2004,

IDT)

ISO 9606-2　焊工考试　熔化焊　第 2 部分:铝及铝合金

ISO 9606-3　焊工考试　熔化焊　第 3 部分:铜及铜合金

ISO 9606-4　焊工考试　熔化焊　第 4 部分:镍及镍合金

ISO 9606-5　焊工考试　熔化焊　第 5 部分:钛及钛合金、锆及锆合金

ISO 14555　焊接　金属材料的螺柱弧焊

ISO 15614-2　金属材料焊接工艺规程及评定　焊接工艺评定试验　第 2 部分:铝及铝合金的弧焊

ISO 15614-3　金属材料焊接工艺规程及评定　焊接工艺评定试验　第 3 部分:铸铁的熔化焊和压力焊

ISO 15614-4　金属材料焊接工艺规程及评定　焊接工艺评定试验　第 4 部分:铸铝的加工焊

ISO 15614-5　金属材料焊接工艺规程及评定　焊接工艺评定试验　第 5 部分:钛、锆及其合金的弧焊

ISO 15614-6　金属材料焊接工艺规程及评定　焊接工艺评定试验　第 6 部分:铜及铜合金的弧焊

ISO 15614-7　金属材料焊接工艺规程及评定　焊接工艺评定试验　第 7 部分:堆焊

ISO 15614-8　金属材料焊接工艺规程及评定　焊接工艺评定试验　第 8 部分:管-管板接头的焊接

ISO 15614-10　金属材料焊接工艺规程及评定　焊接工艺评定试验　第 10 部分:高气压干法焊接

ISO 15614-11　金属材料焊接工艺规程及评定　焊接工艺评定试验　第 11 部分:电子束及激光焊接

ISO 15618-1　水下焊焊工考试　第 1 部分:高气压湿法焊接的潜水焊工

ISO 15618-2　水下焊焊工考试　第 2 部分:高气压干法焊接的潜水焊工

ISO 17635　焊缝的无损检验　金属材料熔化焊焊缝的一般原则

ISO 17636　焊缝的无损检验　熔化焊接头的射线检验

ISO 17637　焊缝的无损检验　熔化焊接头的外观检验

ISO 17638　焊缝的无损检验　磁粉探伤

ISO 17639　焊缝的破坏性试验　焊缝的宏观及显微检验

ISO 17640　焊缝的无损检验　焊接接头的超声波检验

ISO 17662　焊接　对焊接设备(及其操作)的校正、核准和评估

ISO/TR 17663　焊接　与焊接及相关工艺有关的热处理质量要求指南

ISO/TR 17671-2　焊接　金属材料焊接推荐工艺　第 2 部分:铁素体钢的弧焊

ISO/TR 17844　焊接　防止冷裂纹标准方法的比较

2.3　标准的应用

在焊接质量控制活动中,对焊接质量具有重要影响的关键环节(或要素)应做特殊控制。

——这些控制活动应依据表 1～表 9 列出的标准进行。

——表 10 列出了螺柱焊质量控制需要依据的标准。

注 1:相关条件适合时,熔焊的质量要求可能也适用于摩擦焊(参见 ISO 15620)。

注 2:附录 A 提供了焊接管理及检验人员的教育、培训指南。

表 1　焊工及焊接操作工

焊接方法	标准文件	GB/T 12467.2 条文	GB/T 12467.3 条文	GB/T 12467.4 条文
弧焊	GB/T 15169、GB/T 19805、ISO 9606-2、ISO 9606-3、ISO 9606-4、ISO 9606-5、ISO 15618-1、ISO 15618-2	7.2	7.2	7.2
电子束焊	GB/T 19805			
激光焊	GB/T 19805			
气焊	GB/T 15169			

表 2　焊接责任人员

焊接方法	标准文件	GB/T 12467.2 条文	GB/T 12467.3 条文	GB/T 12467.4 条文
弧焊	GB/T 19419	7.3	7.3	无
电子束焊				
激光焊				
气焊				

表 3　无损检测人员

焊接方法	标准文件	GB/T 12467.2 条文	GB/T 12467.3 条文	GB/T 12467.4 条文
弧焊	GB/T 9445	8.2	8.2	8.2
电子束焊				
激光焊				
气焊				

表 4　焊接工艺规程

焊接方法	标准文件	GB/T 12467.2 条文	GB/T 12467.3 条文	GB/T 12467.4 条文
弧焊	GB/T 19867.1	10.2	10.2	无
电子束焊	GB/T 19867.3			
激光焊	GB/T 19867.4			
气焊	GB/T 19867.2			

表 5 焊接工艺评定

焊接方法	标准文件	GB/T 12467.2 条文	GB/T 12467.3 条文	GB/T 12467.4 条文
弧焊	GB/T 19866 GB/T 19868.1 GB/T 19868.2 GB/T 19868.3 GB/T 19868.4 GB/T 19869.1 ISO 15614-2 ISO 15614-3 ISO 15614-4 ISO 15614-5 ISO 15614-6 ISO 15614-7 ISO 15614-8 ISO 15614-10	10.3	10.3	无
电子束焊	GB/T 19866 GB/T 19868.2 GB/T 19868.3 GB/T 19868.4 ISO 15614-11			
激光焊	GB/T 19866 GB/T 19868.2 GB/T 19868.3 GB/T 19868.4 ISO 15614-11			
气焊	GB/T 19866 GB/T 19868.1 GB/T 19868.2 GB/T 19868.3 GB/T 19868.4 GB/T 19869.1			

表 6 焊后热处理

焊接方法	标准文件	GB/T 12467.2 条文	GB/T 12467.3 条文	GB/T 12467.4 条文
弧焊	ISO/TR 17663	13	13	无
电子束焊				
激光焊				
气焊				

表 7 焊接过程中的检验

焊接方法	标准文件	GB/T 12467.2 条文	GB/T 12467.3 条文	GB/T 12467.4 条文
弧焊	GB/T 18591、ISO/TR 17671-2、ISO/TR 17844	14.3	14.3	无
电子束焊	无			
激光焊	无			
气焊	无			

表 8 焊后检验

焊接方法	标准文件	GB/T 12467.2 条文	GB/T 12467.3 条文	GB/T 12467.4 条文
弧焊	ISO 17635、ISO 17636、ISO 17637、ISO 17638 ISO 17639、ISO 17640	14.4	14.4	无
电子束焊				
激光焊				
气焊				

表 9 试验、检验设备的校准

焊接方法	标准文件	GB/T 12467.2 条文	GB/T 12467.3 条文	GB/T 12467.4 条文
弧焊	ISO 17662	16	16	无
电子束焊				
激光焊				
气焊				

表 10 其他熔焊方法

焊接方法	标准文件	GB/T 12467.2 条文	GB/T 12467.3 条文	GB/T 12467.4 条文
螺柱焊	ISO 14555	所有相关条文	所有相关条文	所有相关条文
铝热焊/热剂焊	无	无	无	无

附　录　A
（资料性附录）
焊接及相关人员的培训、认证指南

为了推行国际统一的焊接及相关人员的培训、认证体制，国际焊接学会（IIW）制定了一系列相关的规程。中国焊接培训与资格认证委员会（CANB）也制定了与之相等效的规程。这些规程包括：

Doc. IAB-252—2007　焊接责任人员导则　教育、培训、考试和资格认证的最低要求；

CANB-TC-005—2001　国际焊接检验人员教育、培训和资格认证最低要求；

（Doc. IAB-041—2001/EWF-450，IDT）。

参 考 文 献

[1] ISO 15620 焊接 金属材料的摩擦焊

ICS 17.040.10
J 04

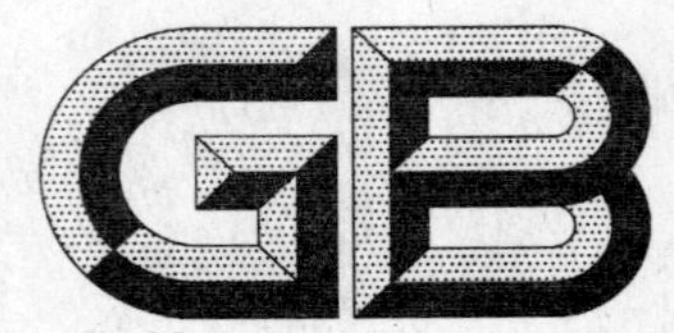

中华人民共和国国家标准

GB/T 12471—2009
代替 GB/T 12471—1990

产品几何技术规范(GPS)
木制件 极限与配合

Geometrical Product Specifications (GPS)—
Wooden part—Limit and fit

2009-03-16 发布 2009-11-01 实施

中华人民共和国国家质量监督检验检疫总局
中国国家标准化管理委员会 发布

前　言

本标准代替 GB/T 12471—1990《木制件　公差与配合》,主要修改如下:

——标准名称由“木制件　公差与配合”改为“产品几何技术规范(GPS)　木制件　极限与配合”;

——3.1 改为第 3 章“术语和定义”;

——“基本尺寸”改为“公称尺寸”;

——“上偏差”和“下偏差”分别修改为“上极限偏差”和“下极限偏差”;

——第 3 章“基本规定”改为第 4 章;

——取消 3.4;

——标准公差增加 IT19,尺寸段由“0～500 mm”改为“0～800 mm”;

——4.2 和 4.3 合并为 5.2,轴的基本偏差增加 zg,图 1 相应修改;

——5.1“孔公差带规定为 H10～H18”改为 6.1“孔公差带规定为 H10～H19”;

——表 3 中轴公差带增加“zd13、ze13、zg13、b14、za14、zc14、ze14、a15、k15、za15、zc15、ze15、zf15”等 14 个;

——表 12 的尺寸段由 6 段改为 7 段,同时表中各偏差值作相应变化。

本标准的附录 E 为规范性附录,附录 A、附录 B、附录 C、附录 D、附录 F 为资料性附录。本标准在 GPS 体系中的位置在附录 F 中说明。

本标准由全国产品尺寸和几何技术规范标准化技术委员会提出并归口。

本标准起草单位:中机生产力促进中心、长安汽车(集团)有限责任公司、重庆市标准化研究所、重庆建设工业有限责任公司。

本标准主要起草人:曹霞、李晓沛、李思进、黄忠旭、邹纪苏、尹智武、李伟、易守云。

本标准所代替标准的历次版本发布情况为:

——GB/T 12471—1990。

产品几何技术规范(GPS)
木制件　极限与配合

1　范围

本标准规定了木制件(木材和木质材料成品、半成品及其零部件)的标准公差、基本偏差、孔和轴常用公差带的极限偏差数值。应用本极限与配合时,以表列数值为准。

本标准适用于公称尺寸为配合尺寸时至800 mm,公称尺寸为非配合尺寸时至5 000 mm的木制件,亦适用于木质零件与非木质零件的配合。

用几种不同材料与木材压制的复合木制件可参考使用。

2　规范性引用文件

下列文件中的条款通过本标准的引用而成为本标准的条款。凡是注日期的引用文件,其随后所有的修改单(不包括勘误的内容)或修订版均不适用于本标准,然而,鼓励根据本标准达成协议的各方研究是否可使用这些文件的最新版本。凡是不注日期的引用文件,其最新版本适用于本标准。

GB/T 1800.1—2009　产品几何技术规范(GPS)　极限与配合　第1部分:公差、偏差和配合的基础(ISO 286-1:1988,MOD)

GB/T 1800.2—2009　产品几何技术规范(GPS)　极限与配合　第2部分:标准公差等级和孔、轴的极限偏差表(ISO 286-2:1988,MOD)

GB/T 1804—2000　一般公差　未注公差的线性和角度尺寸的公差(eqv ISO 2768-1:1989)

GB/T 1932—1991　木材干缩性测定方法

GB/T 6491—1999　锯材干燥质量

GB/T 8170　数字修约规则与极限数值的表示和判定

GB/Z 20308—2006　产品几何技术规范(GPS)　总体规划(ISO/TR 14638:1995,MOD)

3　术语和定义

GB/T 1800.1—2009确立的术语和定义适用于本标准。

4　基本规定

4.1　本标准中的代号、公差、偏差和配合的规定及标准公差和基本偏差的数值按GB/T 1800.1—2009的规定;孔、轴的极限偏差按GB/T 1800.2—2009的规定;未注公差尺寸的极限偏差按GB/T 1804—2000的规定。

4.2　本标准优先采用基孔制配合。

4.3　木材含水率应符合产品技术条件和GB/T 6491—1999第3章的规定。木制件因湿胀干缩的尺寸误差参见附录A。木材干缩性测定方法应符合GB/T 1932—1991的规定。

5　标准公差与基本偏差

5.1　标准公差分为10级,即IT10～IT19,其数值见表1。

5.2　基准孔的代号为H,其基本偏差数值为零。轴的基本偏差有17个,代号为ay、az、a、b、c、h、js、k、u、y、za、zb、zc、zd、ze、zf、zg。基本偏差系列见图1,其数值见表2。尺寸大于800 mm的标准公差与基本偏差参见附录 B。

6 孔、轴公差带与配合

6.1 孔公差带规定为 H10～H19。优先和常用轴公差带见表 3，必要时，可按本标准规定的标准公差与轴的基本偏差组成轴公差带。

6.2 孔、轴极限偏差见表 4～表 9。基本偏差的计算公式参见附录 C。

6.3 孔和轴的配合一般采用同级配合，也可采用孔的公差等级比轴低一级的配合。木质零件与金属零件的配合一般采用木质零件的公差等级比金属零件低一级或低二级。配合选用示例参见附录 D。

6.4 基孔制常用配合规定见表 10，其常用配合的极限间隙和极限过盈见表 11。基轴制配合按规范性附录 E。

7 未注公差尺寸的极限偏差

7.1 图样上未注公差尺寸的极限偏差，由相应的技术文件按表 12 的规定给出具体要求。

7.2 未注公差尺寸的极限偏差优先选用简化系列，其数值见表 12。

7.3 未注公差尺寸的公差带也可以选用 js16～js18。

表 1 标准公差数值

单位为毫米

公称尺寸		公差等级									
大于	至	IT10	IT11	IT12	IT13	IT14	IT15	IT16	IT17	IT18	IT19
—	3	—	0.06	0.10	0.14	0.25	0.40	0.60	1.00	—	—
3	6	—	0.07[a]	0.12	0.18	0.30	0.48	0.75	1.20	1.80	—
6	10	—	0.09	0.15	0.22	0.36	0.58	0.90	1.50	2.20	3.60
10	18	—	0.11	0.18	0.27	0.43	0.70	1.10	1.80	2.70	4.30
18	30	—	0.13	0.21	0.33	0.52	0.84	1.30	2.10	3.30	5.20
30	50	0.10	0.16	0.25	0.39	0.62	1.00	1.60	2.50	3.90	6.20
50	80	0.12	0.19	0.30	0.46	0.74	1.20	1.90	3.00	4.60	7.40
80	120	0.14	0.22	0.35	0.54	0.87	1.40	2.20	3.50	5.40	8.70
120	180	0.16	0.25	0.40	0.63	1.00	1.60	2.50	4.00	6.30	10.00
180	250	0.18[a]	0.29	0.46	0.72	1.15	1.85	2.90	4.60	7.20	11.50
250	315	0.21	0.32	0.52	0.81	1.30	2.10	3.20	5.20	8.10	13.00
315	400	0.23	0.36	0.57	0.89	1.40	2.30	3.60	5.70	8.90	14.00
400	500	0.25	0.40	0.63	0.97	1.55	2.50	4.00	6.30	9.70	15.50
500	630	0.28	0.44	0.70	1.10	1.75	2.80	4.40	7.00	11.00	17.50
630	800	0.32	0.50	0.80	1.25	2.00	3.20	5.00	8.00	12.50	20.00

[a] 这两个数值进行了尾数化整。

图 1　基本偏差系列

表 2 轴的基本偏差数值

单位为毫米

公称尺寸		上极限偏差(es)						js	下偏差(EI)									
大于	至	ay	az	a	b	c	h		k	u	y	za	zb	zc	zd	ze	zf	zg
—	3	—	−0.50	−0.27	−0.14	—	0	偏差$=\pm\frac{IT}{2}$	0	—	—	—	—	+0.06	—	+0.11	+0.16	+0.27
3	6									—	—	+0.04	—	+0.08	—	+0.15	+0.22	+0.35
6	10	−0.98	−0.52	−0.28	−0.15	—				—	—	+0.05	—	+0.10	—	+0.21	+0.30	+0.46
10	14	−1.00		−0.29							—	+0.06	—	+0.13	+0.18	+0.27	+0.39	+0.62
14	18									—	—	+0.08	—	+0.15	+0.21	+0.31	+0.43	
18	24	−1.05	−0.54	−0.30	−0.16	−0.11				—	+0.06	+0.10	+0.14	+0.19	+0.26	+0.38	+0.54	+0.80
24	30									—	+0.08	+0.12	+0.16	+0.22	+0.30	+0.42	+0.60	
30	40	−1.10	−0.58	−0.31	−0.17	−0.12				—	+0.09	+0.15	+0.20	+0.27	+0.38	+0.52	+0.74	+1.10
40	50			−0.32	−0.18	−0.13				—	+0.11	+0.18	+0.24	+0.32	+0.44	+0.60	+0.84	
50	65	−1.15	−0.64	−0.34	−0.19	−0.14				+0.09	+0.14	+0.23	+0.30	+0.40	+0.54	+0.76	—	+1.55
65	80			−0.36	−0.20	−0.15				+0.10	+0.17	+0.27	+0.36	+0.48	+0.64	+0.88	—	
80	100	−1.30	−0.70	−0.38	−0.22	−0.17				+0.12	+0.21	+0.34	+0.44	+0.58	+0.78	—	—	—
100	120			−0.41	−0.24	−0.18				+0.14	+0.25	+0.40	+0.52	+0.69	+0.90	—	—	—
120	140	−1.45	−0.80	−0.46	−0.26	−0.20				+0.17	+0.30	+0.47	+0.62	—	—	—	—	—
140	160			−0.52	−0.28	−0.21				+0.19	+0.34	+0.54	+0.70	—	—	—	—	—
160	180			−0.58	−0.31	−0.23				+0.21	+0.38	+0.60	+0.78	—	—	—	—	—
180	200	−1.65	−1.05	−0.66	−0.34	−0.24				+0.24	+0.42	—	—	—	—	—	—	—
200	225			−0.74	−0.38	−0.26				+0.26	+0.47	—	—	—	—	—	—	—
225	250			−0.82	−0.42	−0.28				+0.28	+0.52	—	—	—	—	—	—	—
250	280	−2.00	−1.40	−0.92	−0.48	−0.30				+0.32	—	—	—	—	—	—	—	—
280	315			−1.05	−0.54	−0.33				+0.35	—	—	—	—	—	—	—	—
315	355	−2.50	−1.80	−1.20	−0.60	−0.36				+0.39	—	—	—	—	—	—	—	—
355	400			−1.35	−0.68	−0.40				+0.44	—	—	—	—	—	—	—	—
400	450	—	−2.20	−1.50	−0.76	−0.44				+0.49	—	—	—	—	—	—	—	—
450	500			−1.65	−0.84	−0.48				+0.54	—	—	—	—	—	—	—	—
500	630	—	—	−1.95	−1.00	−0.54				—	—	—	—	—	—	—	—	—
630	800	—	—	−2.50	−1.30	−0.66				—	—	—	—	—	—	—	—	—

表 3 优先和常用轴公差带 单位为毫米

	ay	az	a	b	c	h	js	k	
IT11	—	—	—	—	c11	h11	—	—	
IT12	—	—	—	b12	c12	h12	—	—	
IT13	—	—	a13	b13[a]	—	h13[a]	js13	k13[a]	
IT14	ay14	az14[a]	a14	b14	—	h14[a]	js14	k14	
IT15	ay15	az15	a15	—	—	h15	js15	k15	
IT16	—	—	—	—	—	h16	js16	—	
IT17	—	—	—	—	—	h17	js17	—	
IT18	—	—	—	—	—	h18	js18	—	
	u	y	za	zb	zc	zd	ze	zf	zg
IT11	u11	y11	—	—	—	—	—	—	—
IT12	u12	y12	za12[a]	zb12	zc12[a]	zd12	ze12[a]	zf12	—
IT13	u13	y13	za13	zb13	zc13	zd13	ze13	zf13	zg13
IT14	—	—	za14	—	zc14	—	ze14	zf14	—
IT15	—	—	za15	—	zc15	—	ze15	zf15	—
IT16	—	—	—	—	—	—	—	—	—
IT17	—	—	—	—	—	—	—	—	—
IT18	—	—	—	—	—	—	—	—	—
[a] 优先选用的轴公差带。									

表 4 11 级的孔和轴的极限偏差 单位为毫米

公称尺寸		孔公差带	轴公差带			
大于	至	H11	c11	h11	u11	y11
—	3	+0.06 0	—	0 −0.06	—	—
3	6	+0.07 0	—	0 −0.07	—	—
6	10	+0.09 0	—	0 −0.09	—	—
10	14	+0.11 0	—	0 −0.11	—	—
14	18					
18	24	+0.13 0	−0.11 −0.24	0 −0.13	—	+0.19 +0.06
24	30				—	+0.21 +0.08

表 4（续）

单位为毫米

公称尺寸		孔公差带	轴公差带			
大于	至	H11	c11	h11	u11	y11
30	40	+0.16 0	−0.12 −0.28	0 −0.16	—	+0.25 +0.09
40	50		−0.13 −0.29		—	+0.27 +0.11
50	65	+0.19 0	−0.14 −0.33	0 −0.19	+0.28 +0.09	+0.33 +0.14
65	80		−0.15 −0.34		+0.29 +0.10	+0.36 +0.17
80	100	+0.22 0	−0.17 −0.39	0 −0.22	+0.34 +0.12	+0.43 +0.21
100	120		−0.18 −0.40		+0.36 +0.14	+0.47 +0.25
120	140	+0.25 0	−0.20 −0.45	0 −0.25	+0.42 +0.17	+0.55 +0.30
140	160		−0.21 −0.46		+0.44 +0.19	+0.59 +0.34
160	180		−0.23 −0.48		+0.46 +0.21	+0.63 +0.38
180	200	+0.29 0	−0.24 −0.53	0 −0.29	+0.53 +0.24	+0.71 +0.42
200	225		−0.26 −0.55		+0.55 +0.26	+0.76 +0.47
225	250		−0.28 −0.57		+0.57 +0.28	+0.81 +0.52
250	280	+0.32 0	−0.30 −0.62	0 −0.32	+0.64 +0.32	—
280	315		−0.33 −0.65		+0.67 +0.35	—
315	355	+0.36 0	−0.36 −0.72	0 −0.36	+0.75 +0.39	—
355	400		−0.40 −0.76		+0.80 +0.44	—
400	450	+0.40 0	−0.44 −0.84	0 −0.40	+0.89 +0.49	—
450	500		−0.48 −0.88		+0.94 +0.54	—
500	560	+0.44 0	−0.54 −0.98	0 −0.44	+1.04 +0.60	—
560	630				+1.10 +0.66	—
630	710	+0.50 0	−0.66 −1.16	0 −0.50	+1.24 +0.74	—
710	800				+1.34 +0.84	—

表5 12级的孔和轴的极限偏差

单位为毫米

公称尺寸		孔公差带	轴公差带										
大于	至	H12	b12	c12	h12	u12	y12	za12	zb12	zc12	zd12	ze12	zf12
—	3	+0.1 0	−0.14 −0.24	—	0 −0.10	—	—	—	—	+0.16 +0.06	—	+0.21 +0.11	+0.26 +0.16
3	6	+0.12 0	−0.14 −0.26	—	0 −0.12	—	—	+0.16 +0.04	—	+0.20 +0.08	—	+0.27 +0.15	+0.34 +0.22
6	10	+0.15 0	−0.15 −0.30	—	0 −0.15	—	—	+0.20 +0.05	—	+0.25 +0.10	—	+0.36 +0.21	+0.45 +0.30
10	14	+0.18 0	−0.15 −0.33	—	0 −0.18	—	—	+0.24 +0.06	—	+0.31 +0.13	+0.36 +0.18	+0.45 +0.27	+0.57 +0.39
14	18							+0.26 +0.08	—	+0.33 +0.15	+0.39 +0.21	+0.49 +0.31	+0.61 +0.43
18	24	+0.21 0	−0.16 −0.37	−0.11 −0.32	0 −0.21	—	+0.27 +0.06	+0.31 +0.10	+0.35 +0.14	+0.40 +0.19	+0.47 +0.26	+0.59 +0.38	+0.75 +0.54
24	30						+0.29 +0.08	+0.33 +0.12	+0.37 +0.16	+0.43 +0.22	+0.51 +0.30	+0.63 +0.42	+0.81 +0.60
30	40	+0.25 0	−0.17 −0.42	−0.12 −0.37	0 −0.25	—	+0.34 +0.09	+0.40 +0.15	+0.45 +0.20	+0.52 +0.27	+0.63 +0.38	+0.77 +0.52	+0.99 +0.74
40	50		−0.18 −0.43	−0.13 −0.38			+0.36 +0.11	+0.43 +0.18	+0.49 +0.24	+0.57 +0.32	+0.69 +0.44	+0.85 +0.60	+1.09 +0.84
50	65	+0.3 0	−0.19 −0.49	−0.14 −0.44	0 −0.30	+0.39 +0.09	+0.44 +0.14	+0.53 +0.23	+0.60 +0.30	+0.70 +0.40	+0.84 +0.54	+1.06 +0.76	—
65	80		−0.20 −0.50	−0.15 −0.45		+0.40 +0.10	+0.47 +0.17	+0.57 +0.27	+0.66 +0.36	+0.78 +0.48	+0.94 +0.64	+1.18 +0.88	—
80	100	+0.35 0	−0.22 −0.57	−0.17 −0.52	0 −0.35	+0.47 +0.12	+0.56 +0.21	+0.69 +0.34	+0.79 +0.44	+0.93 +0.58	+1.13 +0.78	—	—
100	120		−0.24 −0.59	−0.18 −0.53		+0.49 +0.14	+0.60 +0.25	+0.75 +0.40	+0.87 +0.52	+1.04 +0.69	+1.25 +0.90	—	—
120	140	+0.4 0	−0.26 −0.66	−0.20 −0.60	0 −0.4	+0.57 +0.17	+0.70 +0.30	+0.87 +0.47	+1.02 +0.62	—	—	—	—
140	160		−0.28 −0.68	−0.21 −0.61		+0.59 +0.19	+0.74 +0.34	+0.94 +0.54	+1.10 +0.70	—	—	—	—
160	180		−0.31 −0.71	−0.23 −0.63		+0.61 +0.21	+0.78 +0.38	+1.00 +0.60	+1.18 +0.78	—	—	—	—
180	200	+0.46 0	−0.34 −0.80	−0.24 −0.70	0 −0.46	+0.70 +0.24	+0.88 +0.42	—	—	—	—	—	—
200	225		−0.38 −0.84	−0.26 −0.72		+0.72 +0.26	+0.93 +0.47	—	—	—	—	—	—
225	250		−0.42 −0.88	−0.28 −0.74		+0.74 +0.28	+0.98 +0.52	—	—	—	—	—	—
250	280	+0.52 0	−0.48 −1.00	−0.30 −0.82	0 −0.52	+0.84 +0.32	—	—	—	—	—	—	—
280	315		−0.54 −1.06	−0.33 −0.85		+0.87 +0.35	—	—	—	—	—	—	—
315	355	+0.57 0	−0.60 −1.17	−0.36 −0.93	0 −0.57	+0.96 +0.39	—	—	—	—	—	—	—
355	400		−0.68 −1.25	−0.40 −0.97		+1.01 +0.44	—	—	—	—	—	—	—
400	450	+0.63 0	−0.76 −1.39	−0.44 −1.07	0 −0.63	+1.12 +0.49	—	—	—	—	—	—	—
450	500		−0.84 −1.47	−0.48 −1.11		+1.17 +0.54	—	—	—	—	—	—	—
500	630	+0.70 0	−1.00 −1.70	−0.54 −1.24	0 −0.70	—	—	—	—	—	—	—	—
630	800	+0.80 0	−1.30 −2.10	−0.66 −1.46	0 −0.80	—	—	—	—	—	—	—	—

表6　13级的孔和轴的极限偏差

单位为毫米

公称尺寸		孔公差带	轴公差带											
大于	至	H13	a13	b13	h13	js13	k13	u13	y13	za13	zb13	zc13	zf13	zg13
—	3	+0.14 0	−0.27 −0.41	−0.14 −0.28	0 −0.14	±0.07	+0.14	—	—	—	—	+0.20 +0.06	+0.30 +0.16	+0.41 +0.27
3	6	+0.18 0	−0.27 −0.45	−0.14 −0.32	0 −0.18	±0.09	+0.18	—	—	+0.22 +0.04	—	+0.26 +0.08	+0.40 +0.22	+0.53 +0.35
6	10	+0.22 0	−0.28 −0.50	−0.15 −0.37	0 −0.22	±0.11	+0.22	—	—	+0.27 +0.05	—	+0.32 +0.10	+0.52 +0.30	+0.68 +0.46
10	14	+0.27 0	−0.29 −0.56	−0.15 −0.42	0 −0.27	±0.13	+0.27	—	—	+0.33 +0.06	—	+0.40 +0.13	+0.66 +0.39	+0.87 +0.60
14	18							—	—	+0.35 +0.08	—	+0.42 +0.15	+0.70 +0.43	
18	24	+0.33 0	−0.30 −0.63	−0.16 −0.49	0 −0.33	±0.16	+0.33	—	+0.39 +0.06	+0.43 +0.10	+0.47 +0.14	+0.52 +0.19	+0.87 +0.54	+1.13 +0.80
24	30							—	+0.41 +0.08	+0.45 +0.12	+0.49 +0.16	+0.55 +0.22	+0.93 +0.60	
30	40	+0.39 0	−0.31 −0.70	−0.17 −0.56	0 −0.39	±0.19	+0.39	—	+0.48 +0.09	+0.54 +0.15	+0.59 +0.20	+0.66 +0.27	+1.13 +0.74	—
40	50		−0.32 −0.71	−0.18 −0.57				—	+0.50 +0.11	+0.57 +0.18	+0.63 +0.24	+0.71 +0.32	+1.23 +0.84	—
50	65	+0.46 0	−0.34 −0.80	−0.19 −0.65	0 −0.46	±0.23	+0.46	+0.55 +0.09	+0.60 +0.14	+0.69 +0.23	+0.76 +0.30	+0.86 +0.40	—	—
65	80		−0.36 −0.82	−0.20 −0.66				+0.56 +0.10	+0.63 +0.17	+0.73 +0.27	+0.82 +0.36	+0.94 +0.48	—	—
80	100	+0.54 0	−0.38 −0.92	−0.22 −0.76	0 −0.54	±0.27	+0.54	+0.66 +0.12	+0.75 +0.21	+0.88 +0.34	+0.98 +0.44	+1.12 +0.58	—	—
100	120		−0.41 −0.95	−0.24 −0.78				+0.68 +0.14	+0.79 +0.25	+0.94 +0.40	+1.06 +0.52	+1.23 +0.69	—	—
120	140	+0.63 0	−0.46 −1.09	−0.26 −0.89	0 −0.63	±0.31	+0.63	+0.80 +0.17	+0.93 +0.30	+1.10 +0.47	—	—	—	—
140	160		−0.52 −1.15	−0.28 −0.91				+0.82 +0.19	+0.97 +0.34	+1.17 +0.54	—	—	—	—
160	180		−0.58 −1.21	−0.31 −0.94				+0.84 +0.21	+1.01 +0.38	+1.23 +0.60	—	—	—	—
180	200	+0.72 0	−0.66 −1.38	−0.34 −1.06	0 −0.72	±0.36	+0.72	+0.96 +0.24	+1.14 +0.42	—	—	—	—	—
200	225		−0.74 −1.46	−0.38 −1.10				+0.98 +0.26	+1.19 +0.47	—	—	—	—	—
225	250		−0.82 −1.54	−0.42 −1.14				+1.00 +0.28	+1.24 +0.52	—	—	—	—	—
250	280	+0.81 0	−0.92 −1.73	−0.48 −1.29	0 −0.81	±0.40	+0.81	+1.13 +0.32	—	—	—	—	—	—
280	315		−1.05 −1.86	−0.54 −1.35				+1.16 +0.35	—	—	—	—	—	—
315	355	+0.89 0	−1.20 −2.09	−0.60 −1.49	0 −0.89	±0.44	+0.89	+1.28 +0.39	—	—	—	—	—	—
355	400		−1.35 −2.24	−0.68 −1.57				+1.33 +0.44	—	—	—	—	—	—
400	450	+0.97 0	−1.50 −2.47	−0.76 −1.73	0 −0.97	±0.48	+0.97	+1.46 +0.49	—	—	—	—	—	—
450	500		−1.65 −2.62	−0.84 −1.81				+1.51 +0.54	—	—	—	—	—	—
500	630	+1.10 0	−1.95 −3.05	−1.00 −2.10	0 −1.10	±0.55	+1.10	—	—	—	—	—	—	—
630	800	+1.25 0	−2.50 −3.75	−1.30 −2.55	0 −1.25	±0.62	+1.25	—	—	—	—	—	—	—

表7　14级的孔和轴的极限偏差

单位为毫米

公称尺寸		孔公差带	轴公差带					
大于	至	H14	ay14	az14	a14	h14	js14	k14
—	3	+0.25 0	—	−0.50 −0.75	−0.27 −0.52	0 −0.25	±0.12	+0.25 0
3	6	+0.30 0	—	−0.50 −0.80	−0.27 −0.57	0 −0.30	±0.15	+0.30 0
6	10	+0.36 0	−0.98 −1.34	−0.52 −0.88	−0.28 −0.64	0 −0.36	±0.18	+0.36 0
10	14	+0.43 0	−1.00 −1.43	−0.52 −0.95	−0.29 −0.72	0 −0.43	±0.21	+0.43 0
14	18							
18	24	+0.52 0	−1.05 −1.57	−0.54 −1.06	−0.30 −0.82	0 −0.52	±0.26	+0.52 0
24	30							
30	40	+0.62 0	−1.10 −1.72	−0.58 −1.20	−0.31 −0.93	0 −0.62	±0.31	+0.62 0
40	50				−0.32 −0.94			
50	65	+0.74 0	−1.15 −1.89	−0.64 −1.38	−0.34 −1.08	0 −0.74	±0.37	+0.74 0
65	80				−0.36 −1.10			
80	100	+0.87 0	−1.30 −2.17	−0.70 −1.57	−0.38 −1.25	0 −0.87	±0.43	+0.87 0
100	120				−0.41 −1.28			
120	140	+1.00 0	−1.45 −2.45	−0.80 −1.80	−0.46 −1.46	0 −1.00	±0.50	+1.00 0
140	160				−0.52 −1.52			
160	180				−0.58 −1.58			
180	200	+1.15 0	−1.65 −2.80	−1.05 −2.20	−0.66 −1.81	0 −1.15	±0.57	+1.15 0
200	225				−0.74 −1.89			
225	250				−0.82 −1.97			
250	280	+1.30 0	−2.00 −3.30	−1.40 −2.70	−0.92 −2.22	0 −1.30	±0.65	+1.30 0
280	315				−1.05 −2.35			
315	355	+1.40 0	−2.50 −3.90	−1.80 −3.20	−1.20 −2.60	0 −1.40	±0.70	+1.40 0
355	400				−1.35 −2.75			
400	450	+1.55 0	—	−2.20 −3.75	−1.50 −3.05	0 −1.55	±0.77	+1.55 0
450	500				−1.65 −3.20			
500	630	+1.75 0	—	—	−1.95 −3.70	0 −1.75	±0.87	—
630	800	+2.00 0	—	—	−2.50 −4.50	0 −2.00	±1.00	—

表 8　15 级的孔和轴的极限偏差

单位为毫米

公称尺寸		孔公差带	轴公差带			
大于	至	H15	ay15	az15	h15	js15
—	3	+0.40 0	—	−0.50 −0.90	0 −0.40	±0.20
3	6	+0.48 0	—	−0.50 −0.98	0 −0.48	±0.24
6	10	+0.58 0	−0.98 −1.56	−0.52 −1.10	0 −0.58	±0.29
10	18	+0.70 0	−1.00 −1.70	−0.52 −1.22	0 −0.70	±0.35
18	30	+0.84 0	−1.05 −1.89	−0.54 −1.38	0 −0.84	±0.42
30	50	+1.00 0	−1.10 −2.10	−0.58 −1.58	0 −1.00	±0.50
50	80	+1.20 0	−1.15 −2.35	−0.64 −1.84	0 −1.20	±0.60
80	120	+1.40 0	−1.30 −2.70	−0.70 −2.10	0 −1.40	±0.70
120	180	+1.60 0	−1.45 −3.05	−0.80 −2.40	0 −1.60	±0.80
180	250	+1.85 0	−1.65 −3.50	−1.05 −2.90	0 −1.85	±0.92
250	315	+2.10 0	−2.00 −4.10	−1.40 −3.50	0 −2.10	±1.05
315	400	+2.30 0	−2.50 −4.80	−1.8 −4.10	0 −2.30	±1.15
400	500	+2.50 0	—	—	0 −2.50	±1.25
500	630	+2.80 0	—	—	0 −2.80	±1.40
630	800	+3.20 0	—	—	0 −3.20	±1.60

表 9　16 级～18 级的孔和轴的极限偏差

单位为毫米

公称尺寸		孔公差带			轴公差带					
大于	至	H16	H17	H18	h16	h17	h18	js16	js17	js18
—	3	+0.60 0	+1.00 0	—	0 −0.60	0 −1.00	—	±0.30	±0.50	—
3	6	+0.75 0	+1.20 0	+1.80 0	0 −0.75	0 −1.20	0 −1.80	±0.37	±0.60	±0.90
6	10	+0.90 0	+1.50 0	+2.20 0	0 −0.90	0 −1.50	0 −2.20	±0.45	±0.75	±1.10

表 9（续）

单位为毫米

公称尺寸		孔公差带			轴公差带					
大于	至	H16	H17	H18	h16	h17	h18	js16	js17	js18
10	18	+1.10 0	+1.80 0	+2.70 0	0 −1.10	0 −1.80	0 −2.70	±0.55	±0.90	±1.35
18	30	+1.30 0	+2.10 0	+3.30 0	0 −1.30	0 −2.10	0 −3.30	±0.65	±1.05	±1.65
30	50	+1.60 0	+2.50 0	+3.90 0	0 −1.60	0 −2.50	0 −3.90	±0.80	±1.25	±1.95
50	80	+1.90 0	+3.00 0	+4.60 0	0 −1.90	0 −3.00	0 −4.60	±0.95	±1.50	±2.30
80	120	+2.20 0	+3.50 0	+5.40 0	0 −2.20	0 −3.50	0 −5.40	±1.10	±1.75	±2.70
120	180	+2.50 0	+4.00 0	+6.30 0	0 −2.50	0 −4.00	0 −6.30	±1.25	±2.00	±3.15
180	250	+2.90 0	+4.60 0	+7.20 0	0 −2.90	0 −4.60	0 −7.20	±1.45	±2.30	±3.60
250	315	+3.20 0	+5.20 0	+8.10 0	0 −3.20	0 −5.20	0 −8.10	±1.60	±2.60	±4.05
315	400	+3.60 0	+5.70 0	+8.90 0	0 −3.60	0 −5.70	0 −8.90	±1.80	±2.85	±4.45
400	500	+4.00 0	+6.30 0	+9.70 0	0 −4.00	0 −6.30	0 −9.70	±2.00	±3.15	±4.85
500	630	+4.40 0	+7.00 0	+11.00 0	0 −4.40	0 −7.00	0 −11.00	±2.20	±3.50	±5.50
630	800	+5.00 0	+8.00 0	+12.50 0	0 −5.00	0 −8.00	0 −12.50	±2.50	±4.00	±6.25

表 10 常用配合

孔	轴												
	间隙配合					过渡配合				过盈配合			
H	ay	ax	a	b	h	k	u	y	za	zc	zd	ze	zf
IT12	—	—	—	—	H12/h12	—	H12/u12	—	—	—	H12/zd12	H12/ze12	H12/zf12
IT13	—	—	—	—	—	—	—	H13/y12	H13/za12	H13/zc12	—	—	H13/zf12
	—	—	H13/a13	H13/b13	H13/h13	—	—	—	—	—	—	—	H13/zf13
IT14	H14/ay14	H14/az14	—	—	—	—	—	—	—	—	—	—	—
IT15	—	H15/az15	—	—	H15/h15	H15/k15	—	—	—	—	—	—	—

表 11　常用配合极限间隙和极限过盈　　单位为毫米

公称尺寸		间　隙　配　合								
大于	至	H15/az15	H14/ay14	H14/az14	H13/a13	H13/b13	H15/h15	H14/h14	H13/h13	H12/h12
—	3	+1.30 +0.50	—	+1.00 +0.50	+0.55 +0.27	+0.42 +0.14	+0.80 0	+0.50 0	+0.28 0	—
3	6	+1.46 +0.50	—	+1.10 +0.50	+0.63 +0.27	+0.50 +0.14	+0.96 0	+0.60 0	+0.36 0	—
6	10	+1.68 +0.52	+1.70 +0.98	+1.24 +0.52	+0.72 +0.28	+0.59 +0.15	+1.16 0	+0.72 0	+0.44 0	—
10	14	+1.92 +0.52	+1.86 +1.00	+1.38 +0.52	+0.83 +0.29	+0.69 +0.15	+1.40 0	+0.86 0	+0.54 0	—
14	18									
18	24	+2.22 +0.54	+2.09 +1.05	+1.58 +0.54	+0.96 +0.30	+0.82 +0.16	+1.68 0	+1.04 0	+0.66 0	+0.42 0
24	30									
30	40	+2.58 +0.58	+2.34 +1.10	+1.82 +0.58	+1.09 +0.31	+0.95 +0.17	+2.00 0	+1.24 0	+0.78 0	+0.50 0
40	50				+1.10 +0.32	+0.96 +0.18				
50	65	+3.04 +0.68	+2.63 +1.15	+2.12 +0.64	+1.26 +0.34	+1.11 +0.19	+2.40 0	+1.48 0	+0.92 0	+0.60 0
65	80				+1.28 +0.36	+1.12 +0.20				
80	100	+3.50 +0.70	+3.04 +1.30	+2.44 +0.70	+1.46 +0.38	+1.30 +0.22	+2.80 0	+1.74 0	+1.08 0	+0.70 0
100	120				+1.49 +0.41	+1.32 +0.24				
120	140	+4.00 +0.80	+3.45 +1.45	+2.80 +0.80	+1.72 +0.46	+1.52 +0.26	+3.20 0	+2.00 0	+1.26 0	+0.80 0
140	160				+1.78 +0.52	+1.54 +0.28				
160	180				+1.84 +0.58	+1.57 +0.31				
180	200	+4.75 +1.05	+3.95 +1.65	+3.35 +1.05	+2.10 +0.66	+1.78 +0.34	+3.70 0	+2.30 0	+1.44 0	+0.92 0
200	225				+2.18 +0.74	+1.82 +0.38				
225	250				+2.26 +0.82	+1.86 +0.42				
250	280	+5.60 +1.40	+4.60 +2.00	+4.00 +1.40	+2.54 +0.92	+2.10 +0.48	+4.20 0	+2.60 0	+1.62 0	+1.04 0
280	315				+2.67 +1.05	+2.16 +0.54				
315	355	+6.40 +1.80	+5.30 +2.50	+4.60 +1.80	+2.98 +1.20	+2.38 +0.60	+4.60 0	+2.80 0	+1.78 0	+1.14 0
355	400				+3.13 +1.35	+2.46 +0.68				
400	450	+7.20 +2.20	—	+5.30 +2.20	+3.44 +1.50	+2.70 +0.76	+5.00 0	+3.10 0	+1.94 0	+1.26 0
450	500				+3.59 +1.65	+2.78 +0.84				
500	630	—	—	—	+4.15 +1.95	+3.20 +1.00	+5.60 0	+3.50 0	+2.20 0	+1.40 0
630	800	—	—	—	+5.00 +2.50	+3.80 +1.30	+6.40 0	+4.00 0	+2.50 0	+1.60 0

注：表中“+”值为间隙量，“—”值为过盈量。

表 11（续）

单位为毫米

公称尺寸		过渡配合						过盈配合				
大于	至	$\frac{H15}{k15}$	$\frac{H13}{k13}$	$\frac{H12}{u12}$	$\frac{H13}{y12}$	$\frac{H13}{za12}$	$\frac{H13}{zc12}$	$\frac{H12}{zd12}$	$\frac{H12}{ze12}$	$\frac{H12}{zf12}$	$\frac{H13}{zf12}$	$\frac{H13}{zf13}$
—	3	±0.40	±0.14	—	—	—	+0.08 −0.16	—	−0.01 −0.21	−0.06 −0.26	−0.02 −0.26	−0.02 −0.30
3	6	±0.48	±0.18	—	—	+0.14 −0.16	+0.10 −0.20	—	−0.03 −0.27	−0.10 −0.34	−0.04 −0.34	−0.04 −0.40
6	10	±0.58	±0.22	—	—	+0.17 −0.20	+0.12 −0.25	—	−0.06 −0.36	−0.15 −0.45	−0.08 −0.45	−0.08 −0.52
10	14	±0.70	±0.27	—	—	+0.21 −0.24	+0.14 −0.31	0	−0.09 −0.45	−0.21 −0.57	−0.12 −0.57	−0.12 −0.66
14	18			—	—	+0.19 −0.26	+0.12 −0.33	−0.03 −0.39	−0.13 −0.49	−0.25 −0.61	−0.16 −0.61	−0.16 −0.70
18	24	±0.84	±0.33	—	+0.27 −0.27	+0.23 −0.31	+0.14 −0.40	−0.05 −0.47	−0.17 −0.59	−0.33 −0.75	−0.21 −0.75	−0.21 −0.87
24	30			—	+0.25 −0.29	+0.21 −0.33	+0.11 −0.43	−0.09 −0.51	−0.21 −0.63	−0.39 −0.81	−0.27 −0.81	−0.27 −0.93
30	40	±1.00	±0.39	—	+0.30 −0.34	+0.24 −0.40	+0.12 −0.52	−0.13 −0.63	−0.27 −0.77	−0.49 −0.99	−0.35 −0.99	−0.35 −1.13
40	50			—	+0.28 −0.36	+0.21 −0.43	+0.07 −0.57	−0.19 −0.69	−0.35 −0.85	−0.59 −1.09	−0.45 −1.09	−0.45 −1.23
50	65	±1.20	±0.46	+0.21 −0.39	+0.32 −0.44	+0.23 −0.53	—	−0.24 −0.84	−0.46 −1.06	—	—	—
65	80			+0.20 −0.40	+0.29 −0.47	+0.19 −0.57	—	−0.34 −0.94	−0.58 −1.18	—	—	—
80	100	±1.40	±0.54	+0.23 −0.47	+0.33 −0.56	+0.20 −0.69	—	−0.43 −1.13	—	—	—	—
100	120			+0.21 −0.49	+0.29 −0.60	+0.14 −0.75	—	−0.55 −1.25	—	—	—	—
120	140	±1.60	±0.63	+0.23 −0.57	+0.33 −0.70	+0.16 −0.87	—	—	—	—	—	—
140	160			+0.21 −0.59	+0.29 −0.74	+0.09 −0.94	—	—	—	—	—	—
160	180			+0.19 −0.61	+0.25 −0.78	+0.03 −1.00	—	—	—	—	—	—
180	200	—	±0.72	+0.22 −0.70	+0.30 −0.88	—	—	—	—	—	—	—
200	225	—		+0.20 −0.72	+0.25 −0.93	—	—	—	—	—	—	—
225	250	—		+0.18 −0.74	+0.20 −0.98	—	—	—	—	—	—	—
250	280	—	±0.81	+0.20 −0.84	—	—	—	—	—	—	—	—
280	315	—		+0.17 −0.87	—	—	—	—	—	—	—	—

表 11（续）

单位为毫米

公称尺寸		过渡配合						过盈配合				
大于	至	H15/k15	H13/k13	H12/u12	H13/y12	H13/za12	H13/zc12	H12/zd12	H12/ze12	H12/zf12	H13/zf12	H13/zf13
315	355	—	±0.89	+0.18 −0.96	—	—	—	—	—	—	—	—
355	400	—		+0.13 −1.01	—	—	—	—	—	—	—	—
400	450	—	±0.97	+0.14 −1.12	—	—	—	—	—	—	—	—
450	500	—		+0.09 −1.17	—	—	—	—	—	—	—	—
500	560	—	—	+0.10 −1.30	—	—	—	—	—	—	—	—
560	630	—	—	+0.04 −1.36	—	—	—	—	—	—	—	—
630	710	—	—	+0.06 −1.54	—	—	—	—	—	—	—	—
710	800	—	—	−0.04 −1.64	—	—	—	—	—	—	—	—

表 12　未注公差尺寸的极限偏差简表

单位为毫米

公差等级	公称尺寸分段						
	>3～6	>6～30	>30～120	>120～400	>400～1 000	>1 000～2 000	>2 000～5 000
中等 m	±0.1	±0.2	±0.3	±0.5	±0.8	±1.2	±2
粗糙 c	±0.3	±0.5	±0.8	±1.2	±2	±3	±4
最粗 v	±0.5	±1	±1.5	±2.5	±4	±6	±8

注 1：本表选自 GB/T 1804—2004。

注 2：公称尺寸小于或等于 3 mm 时，应注出极限偏差。

注 3：从实际需要及便于使用，本表的公称尺寸增至 5 000 mm。

附 录 A
（资料性附录）
木制件因湿胀干缩引起的尺寸误差

本附录是考虑特殊木制件的需要而提供的。

木材含水率低于纤维饱和点时，木制件因湿胀和干缩引起的尺寸偏差按表A.1规定的公式计算。湿胀率为正值，干缩率为负值。

表 A.1

单位为毫米

类别	非胶合零件	胶合零件
宽度及厚度尺寸	$(K_{径}\ \cos^2\theta+K_{弦}\ \sin^2\theta)\times D_1(W_2-W_1)$ 径向尺寸：$K_{径}\times D_1(W_2-W_1)$ 弦向尺寸：$K_{弦}\times D_1(W_2-W_1)$	$0.55D_1^{0.75}(W_2-W_1)$
长度尺寸	$0.003D_1(W_2-W_1)$	—
式中： W_1——木制件的原始含水率，%； W_2——木制件的终止含水率，%； D_1——W_1时的木制件尺寸，单位为毫米(mm)； θ——尺寸方向与木射线方向(或生长轮的垂线方向)的夹角； $K_{径}$——径向干缩系数； $K_{弦}$——弦向干缩系数。		

干缩系数与树种、产地、纤维方向等因素有关，应按GB/T 1932测定或从有关资料中查询。

附 录 B
（资料性附录）
尺寸大于 800 mm 的标准公差与基本偏差

本附录提供了尺寸大于 800 mm～5 000 mm 的标准公差和基本偏差的数值，供参考使用。

B.1 标准的公差分 8 级，即 IT10～IT17，其数值规定见表 B.1。

表 B.1 标准公差数值

单位为毫米

公称尺寸		公差等级							
大于	至	IT10	IT11	IT12	IT13	IT14	IT15	IT16	IT17
800	1 000	0.36	0.56	0.90	1.40	2.30	3.6	5.6	9.0
1 000	1 250	0.42	0.66	1.05	1.65	2.60	4.2	6.6	10.5
1 250	1 600	0.50	0.78	1.25	1.95	3.10	5.0	7.8	12.5
1 600	2 000	0.60	0.92	1.50	2.30	3.70	6.0	9.2	15.0
2 000	2 500	0.70	1.10	1.75	2.80	4.40	7.0	11.0	—
2 500	3 150	0.86	1.35	2.10	3.30	5.40	8.6	13.5	—
3 150	4 000	1.05	1.65	2.60	4.10	6.60	10.5	16.5	—
4 000	5 000	1.30	2.00	3.20	5.00	8.00	13.0	20.0	—

B.2 基准孔的代号为 H，其基本偏差数值为零。

B.3 轴的基本偏差有 6 个，代号和数值规定见表 B.2。

表 B.2 轴的基本偏差数值

单位为毫米

公称尺寸		上偏差(es)					js
大于	至	az	a	b	c	h	
800	1 000	—	−3.1	−1.6	−0.80		偏差 $=\pm\frac{IT}{2}$
1 000	1 250	—	—	−2.0	−1.00		
1 250	1 600	—	—	−2.5	−1.25		
1 600	2 000	—	—	−3.2	−1.55		
2 000	2 500	—	—	—	−1.90		
2 500	3 150	—	—	—	−2.30		
3 150	4 000	—	—	—	−2.90	—	—
4 000	5 000	—	—	—	−3.70	—	—

附 录 C
（资料性附录）
基本偏差的计算公式

C.1 计算公式

基本偏差的计算公式见表 C.1。

表 C.1

代号	适用范围/mm	基本偏差为上极限偏差/μm	代号	适用范围/mm	基本偏差为下极限偏差/μm
ay	$D\leqslant 250$	$-(950+3.4D)$	zd	$D\leqslant 180$	$+IT11+6.3D$
	$D>250$	$-7.1D$	ze	$D\leqslant 80$	$+IT12+8D$
az	$D\leqslant 180$	$-(500+2.1D)$	zf	$D\leqslant 50$	$+IT13+10D$
	$D>180$	$-5D$	—		
a	$D>500$	$-3.5D$			
b	$D>500$	$-1.8D$			
c	$D>500$	$-(95+0.8D)$			

C.2 尾数化整规则

C.2.1 在计算补充的轴的基本偏差时，计算结果的尾数按表 C.2 的规定化整。

表 C.2

计算结果	大于	—	0.5	1.0	2.0
	至	0.5	1.0	2.0	—
修约间隔		0.01	0.02	0.05	0.10

C.2.2 在 GB/T 1800.2—2009 中选用的轴的基本偏差(js 除外)按 GB/T 8170 修约到小数点后两位。

C.2.3 js 的数值，对 IT11～IT16，若 IT 的小数点后第二位数值为奇数，则取 $js=\pm\frac{IT-0.01}{2}$ mm。

C.3 其他

孔的基本偏差由轴的基本偏差按通用规则换算得到。

附 录 D
（资料性附录）
配合选用示例

本附录是为了使用本标准而推荐的，配合使用示例见表 D.1。

表 D.1

<table>
<tr><th colspan="2">配合代号</th><th rowspan="2">适用范围
mm</th><th rowspan="2">选 用 说 明</th></tr>
<tr><th>软材</th><th>硬材</th></tr>
<tr><td colspan="2">$\frac{H15}{az15}$；$\frac{H12}{az14}$</td><td>10～30</td><td rowspan="2">有一定间隙，拆卸方便。如木箱卡板厚度和导板槽宽的配合，木箱卡板长度和箱宽的配合</td></tr>
<tr><td colspan="2">$\frac{H12}{az14}$；$\frac{H14}{a14}$</td><td>120～500</td></tr>
<tr><td colspan="2">$\frac{H13}{b13}$；$\frac{H14}{h14}$</td><td>3～18</td><td>具有微量间隙，如企口板槽深与榫高的配合，抽屉底板与旁板槽的配合，门嵌板与门框槽的配合</td></tr>
<tr><td colspan="2">$\frac{H13}{b13}$；$\frac{H13}{b12}$</td><td>50～180</td><td rowspan="2">家具中抽屉与抽屉框的配合</td></tr>
<tr><td colspan="2">$\frac{H12}{b12}$；$\frac{H12}{c12}$</td><td>180～500</td></tr>
<tr><td>$\frac{H13}{za14}$</td><td>$\frac{H13}{k13}$</td><td>3～10</td><td rowspan="2">使用胶合剂，紧密程度好，如箱框直榫或燕尾榫的配合</td></tr>
<tr><td>$\frac{H13}{za12}$</td><td>$\frac{H13}{y12}$</td><td>11～50</td></tr>
<tr><td>$\frac{H12}{ze12}$</td><td>$\frac{H13}{zc12}$</td><td>3～10</td><td>使用胶合剂，结合强度可靠，如企口榫槽宽与榫厚的配合</td></tr>
<tr><td>$\frac{H12}{ze12}$</td><td>$\frac{H13}{zc12}$</td><td>6～14</td><td>使用胶合剂，结合牢固，如圆榫与孔的配合</td></tr>
<tr><td>$\frac{H12}{ze12}$</td><td>$\frac{H12}{zd12}$</td><td>10～50</td><td>使用胶合剂，结合牢固，如挖补工序中木塞与圆孔的配合</td></tr>
<tr><td>$\frac{H13}{zf13}$</td><td>$\frac{H13}{zf12}$</td><td>14～40</td><td rowspan="2">使用胶合剂，结合强度可靠。如家具和门窗中榫眼长度和榫头宽度的配合（尺寸大于 80 mm 时为双榫）</td></tr>
<tr><td>$\frac{H12}{ze12}$</td><td>$\frac{H12}{zd12}$</td><td>40～120</td></tr>
<tr><td>$\frac{H12}{zd12}$</td><td>$\frac{H13}{zc12}$</td><td>10～50</td><td>使用胶合剂，用于上例中榫眼与端头的距离小于 30mm 而结构强度不足的情况</td></tr>
<tr><td>$\frac{H13}{za12}$</td><td>$\frac{H13}{k13}$</td><td>6～18</td><td>使用胶合剂，结合紧密。如家具和门窗中榫眼宽度和榫头厚度的配合</td></tr>
<tr><td>$\frac{H11}{zf13}$</td><td>$\frac{H11}{ze13}$</td><td>3～18</td><td rowspan="2">金属零件（孔）与木制零件（轴）的配合，如手榴弹的木柄与金属孔的配合，工具手柄与金属孔的配合</td></tr>
<tr><td>$\frac{H10}{zf12}$</td><td>$\frac{H10}{ze12}$</td><td>18～80</td></tr>
<tr><td colspan="4">注：软材是指气干容度 $\rho \leqslant 0.6/cm^3$ 的木材；硬材是指 $\rho > 0.6/cm^3$ 的木材。</td></tr>
</table>

附 录 E
（规范性附录）
基轴制配合

E.1 本附录提供的基轴制配合的轴、孔公差带，适用于公称尺寸至 120 mm。

E.2 基轴制的代号为 h，其基本偏差数值为零。

E.3 孔的基本偏差有 6 个，其数值规定见表 E.1。

表 E.1 孔的基本偏差数值

单位为毫米

公称尺寸		下极限偏差(EI)		上极限偏差(ES)			
大于	至	A	B	K	ZA	ZC	ZE
—	3	+0.27	+0.14	0	—	−0.06	−0.11
3	6				−0.04	−0.08	−0.15
6	10	+0.28	+0.15		−0.05	−0.10	−0.21
10	14	+0.29			−0.06	−0.13	−0.27
14	18				−0.08	−0.15	−0.31
18	24	+0.30	+0.16		−0.10	−0.19	−0.38
24	30				−0.12	−0.22	−0.42
30	40	+0.31	+0.17		−0.15	−0.27	−0.52
40	50	+0.32	+0.18		−0.18	−0.32	−0.60
50	65	+0.34	+0.19		−0.23	−0.40	−0.76
65	80	+0.36	+0.20		−0.27	−0.48	−0.88
80	100	+0.38	+0.22		−0.34	−0.58	—
100	120	+0.41	+0.24		−0.40	−0.69	—

E.4 轴、孔公差带规定见表 E.2。

表 E.2 公差带

轴公差带	孔 公 差 带					
h11	—	—	—	ZA11	ZC11	—
h12	—	B12	K12	ZA12	ZC12	ZE12
h13	A13	B13	K13	—	—	—

E.5 孔的极限偏差见表 E.3。

E.6 孔和轴的配合一般采用同级配合，也可采用孔的公差等级比轴的低一级的配合。

表 E.3 孔的极限偏差

单位为毫米

公称尺寸		公差带									
大于	至	A13	B12	B13	K12	K13	ZA11	ZA12	ZC11	ZC12	ZE12
—	3	+0.41 +0.27	+0.24 +0.14	+0.28 +0.14	0 −0.1	0 −0.14	—	—	−0.06 −0.12	−0.06 −0.16	−0.11 −0.21
3	6	+0.45 +0.27	+0.26 +0.14	+0.32 +0.14	0 −0.12	0 −0.18	−0.04 −0.11	−0.04 −0.16	−0.08 −0.15	−0.08 −0.20	−0.15 −0.27
6	10	+0.50 +0.28	+0.30 +0.15	+0.37 +0.15	0 −0.15	0 −0.22	−0.05 −0.14	−0.05 −0.20	−0.10 −0.19	−0.10 −0.25	−0.21 −0.36
10	14	+0.56 +0.29	+0.33 +0.15	+0.42 +0.15	0 −0.18	0 −0.27	−0.06 −0.17	−0.06 −0.24	−0.13 −0.24	−0.13 −0.31	−0.27 −0.45
14	18						−0.08 −0.19	−0.08 −0.26	−0.15 −0.26	−0.15 −0.33	−0.31 −0.49
18	24	+0.63 +0.30	+0.37 +0.16	+0.49 +0.16	0 −0.21	0 −0.33	−0.10 −0.23	−0.10 −0.31	−0.19 −0.32	−0.19 −0.40	−0.38 −0.59
24	30						−0.12 −0.25	−0.12 −0.33	−0.22 −0.35	−0.22 −0.43	−0.42 −0.63
30	40	+0.70 +0.31	+0.42 +0.17	+0.56 +0.17	0 −0.25	0 −0.39	−0.15 −0.31	−0.15 −0.40	−0.27 −0.43	−0.27 −0.52	−0.52 −0.77
40	50	+0.71 +0.32	+0.43 +0.18	+0.57 +0.18			−0.18 −0.34	−0.18 −0.43	−0.32 −0.48	−0.32 −0.57	−0.60 −0.85
50	65	+0.80 +0.34	+0.49 +0.19	+0.65 +0.19	0 −0.3	0 −0.46	−0.23 −0.42	−0.23 −0.53	−0.40 −0.59	−0.40 −0.70	−0.76 −1.06
65	80	+0.82 +0.36	+0.50 +0.20	+0.66 +0.20			−0.27 −0.46	−0.27 −0.57	−0.48 −0.67	−0.48 −0.78	−0.88 −1.18
80	100	+0.92 +0.38	+0.57 +0.22	+0.76 +0.22	0 −0.35	0 −0.54	−0.34 −0.56	−0.34 −0.69	−0.58 −0.80	−0.58 −0.93	—
100	120	+0.95 +0.41	+0.59 +0.24	+0.78 +0.24			−0.40 −0.62	−0.40 −0.75	−0.69 −0.91	−0.69 −1.04	—

附 录 F
（资料性附录）
在 GPS 矩阵模型中的位置

GPS 矩阵的全部详情参见 GB/Z 20308—2006。

F.1 本标准的信息及其应用

本标准给出公称尺寸为配合尺寸时至 800 mm，公称尺寸为非配合尺寸时至 5 000 mm 的木制件的孔、轴公差带及配合的选择。

F.2 在 GPS 矩阵模型中的位置

本标准是 GPS 通用标准，它影响 GPS 矩阵中尺寸标准链的链环 1 和 2，如图 F.1 所述。

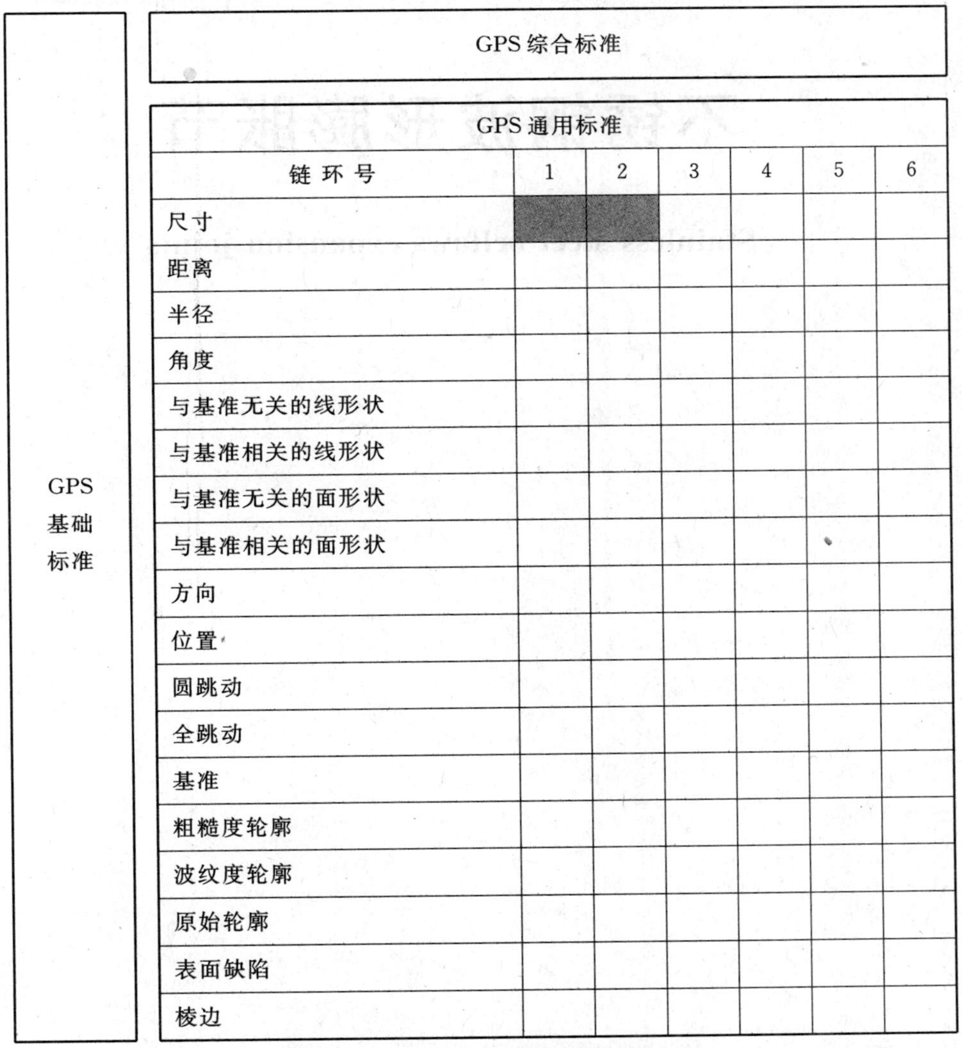

GPS 综合标准

GPS 基础标准

GPS 通用标准						
链 环 号	1	2	3	4	5	6
尺寸						
距离						
半径						
角度						
与基准无关的线形状						
与基准相关的线形状						
与基准无关的面形状						
与基准相关的面形状						
方向						
位置						
圆跳动						
全跳动						
基准						
粗糙度轮廓						
波纹度轮廓						
原始轮廓						
表面缺陷						
棱边						

图 F.1 在 GPS 矩阵模型中的位置

F.3 相关的标准为图 F.1 所示标准链涉及的标准。

ICS 47.020.30
U 55

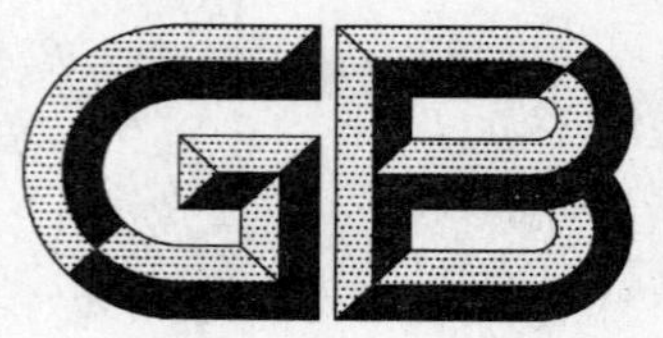

中华人民共和国国家标准

GB/T 12522—2009
代替 GB/T 12522—1996

不锈钢波形膨胀节

Stainless steel bellows expansion joints

2009-03-09 发布 2009-11-01 实施

中华人民共和国国家质量监督检验检疫总局
中国国家标准化管理委员会 发布

前　言

本标准对应于美国膨胀节制造商协会(EJMA)标准(Standards of the Expansion Joint Manufacturers Association)2003年第8版,与EJMA标准的一致性程度为非等效。

本标准代替GB/T 12522—1996《不锈钢波形膨胀节》。

本标准与GB/T 12522—1996相比,主要变化如下:

——增加了JIS法兰连接尺寸的系列;

——公称尺寸在原标准基础上扩大至DN3200;

——增加了术语和定义、膨胀节工作温度;

——增加了类型Ⅱ以及相关的要求;

——增加了膨胀节波纹管材料牌号;

——调整了疲劳试验的试验次数要求;

——修改了GB/T 12522—1996附录A的部分设计公式。

本标准的附录A和附录B为资料性附录。

本标准由中国船舶工业集团公司提出。

本标准由全国船用机械标准化技术委员会管系附件分技术委员会(SAC/TC 137/SC 3)归口。

本标准起草单位:无锡金波隔振科技有限公司(无锡市波纹管厂)、中国船舶工业综合技术经济研究院。

本标准主要起草人:顾培坤、华乐、顾寅峰、徐耀明、何锐裕、罗发元、孙镜明。

本标准所代替标准的历次版本发布情况为:

——GB 12522—1990、GB/T 12522—1996。

不锈钢波形膨胀节

1 范围

本标准规定了法兰连接尺寸和密封面按GB/T 569、ISO 7005-1(PN系列)和J类法兰(JIS B 2220、JIS F 7805)的不锈钢波形膨胀节(以下简称膨胀节)的术语和定义、分类和标记、要求、试验方法、检验规则、标志、包装、运输和贮存等。

本标准适用于内燃机排气等管路的膨胀节的设计、制造和验收。

2 规范性引用文件

下列文件中的条款通过本标准的引用而成为本标准的条款。凡是注日期的引用文件,其随后所有的修改单(不包括勘误的内容)或修订版均不适用于本标准,然而,鼓励根据本标准达成协议的各方研究是否可使用这些文件的最新版本。凡是不注日期的引用文件,其最新版本适用于本标准。

GB/T 191 包装储运图示标志(GB/T 191—2008,ISO 780:1997,MOD)

GB/T 569 船用法兰 连接尺寸和密封面

GB/T 699—1999 优质碳素结构钢

GB/T 700—2006 碳素结构钢(ISO 630:1995,Structural steels—Plates,wide flats,bars,sections and profiles,NEQ)

GB/T 1800.3—1998 极限与配合 基础 第3部分:标准公差和基本偏差数值表(eqv ISO 286-1:1988)

GB/T 1800.4—1999 极限与配合 标准公差等级和孔、轴的极限偏差表(eqv ISO 286-2:1988)

GB/T 3280—2007 不锈钢冷轧钢板和钢带

GB/T 4237—2007 不锈钢热轧钢板和钢带

GB/T 6388 运输包装收发货标志

GB/T 9711.1—1997 石油天然气工业 输送钢管交货技术条件 第1部分:A级钢管(eqv ISO 3183-1:1996)

GB/T 12777—2008 金属波纹管膨胀节通用技术条件

GB/T 14996—1994 高温合金冷轧薄板

GB 16749—1997 压力容器波形膨胀节

GB 50235—1997 工业金属管道工程施工及验收规范

CB/T 3766 排气管钢法兰及垫片

JB/T 4711—2003 压力容器涂敷与运输包装

JB/T 4730.2—2005 承压设备无损检测 第2部分:射线检测

ISO 7005-1 金属法兰 第1部分:钢法兰

JIS B 2220 钢制管法兰

JIS F 7805 船用排气管钢制法兰的基本尺寸

3 术语和定义

下列术语和定义适用于本标准。

3.1

单式膨胀节 single expansion joint

由一个波纹管和导管等结构件组成,主要用于吸收轴向位移而不能承受波纹管压力推力的膨胀节(见图1)。

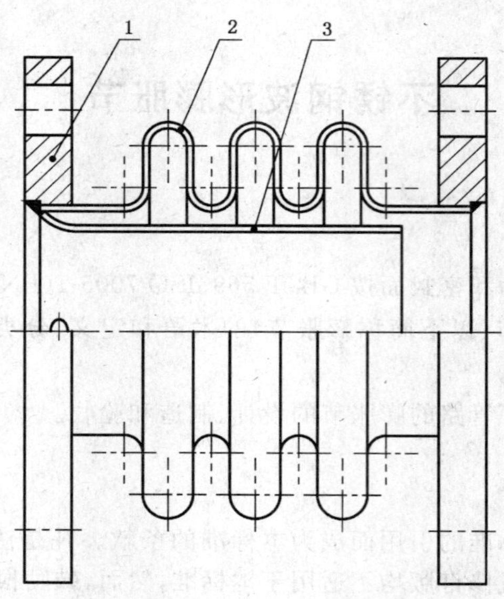

1——法兰；

2——波纹管；

3——导管。

图 1　单式膨胀节

3.2

复式膨胀节　double expansion joint

由中间接管所连接的两个波纹管、导管及结构件组成，主要用于吸收轴向位移和轴向、横向组合位移而不能承受波纹管压力推力的膨胀节(见图 2)。

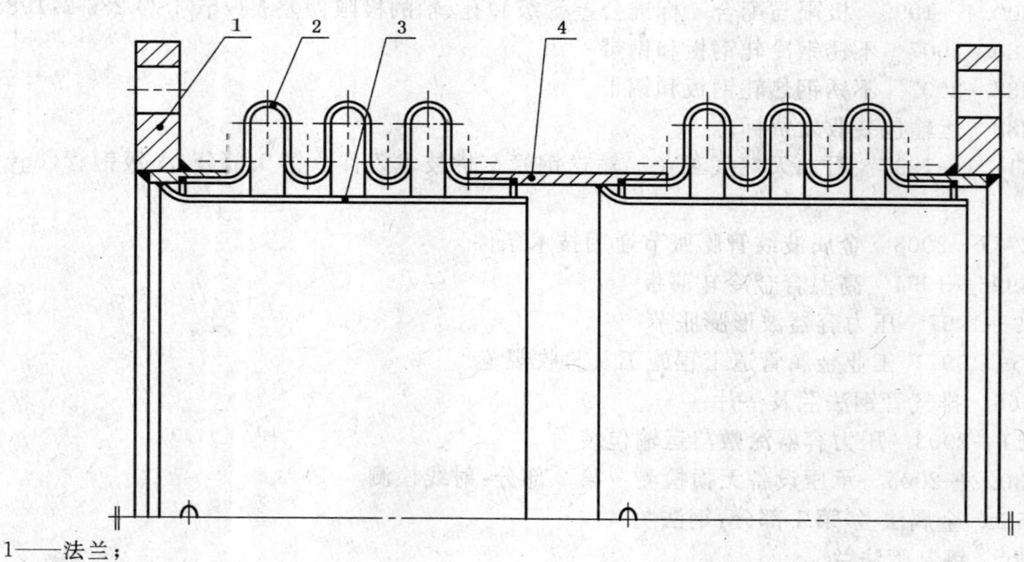

1——法兰；

2——波纹管；

3——导管；

4——中间接管。

图 2　复式膨胀节

4　分类和标记

4.1　类型和型式

4.1.1　膨胀节按结构型式分为下列两类：

a） Ⅰ类——单式膨胀节；

b） Ⅱ类——复式膨胀节。

4.1.2 膨胀节按法兰型式分为下列五种型式：

a） A 型——连接法兰为 GB/T 569 的单式膨胀节；

b） AS 型——连接法兰为 ISO 7005-1 的单式膨胀节；

c） AJ 型——连接法兰为 JIS B 2220 和 JIS F 7805 的单式膨胀节；

d） BS 型——连接法兰为 ISO 7005-1 的单式或复式膨胀节；

e） BJ 型——连接法兰为 JIS F 7805 的复式膨胀节。

4.1.3 膨胀节型式和基本参数见表 1。

表 1 膨胀节型式和基本参数

类型	型式	设计压力 *p*/MPa	工作温度 *t* ℃	公称尺寸 DN	法兰连接标准
Ⅰ	A	0.10	≤600	65～500	GB/T 569
	AS		≤550	65～1 000	ISO 7005-1
	AJ			65～500	JIS B 2220
				550～1 000	JIS F 7805
	BS	0.05	≤350	1 200～3 200	ISO 7005-1
Ⅱ				1 000～3 200	
	BJ			1 100～2 600	JIS F 7805

4.2 结构和基本尺寸

4.2.1 A 型膨胀节的结构和基本尺寸见图 3 和表 2。

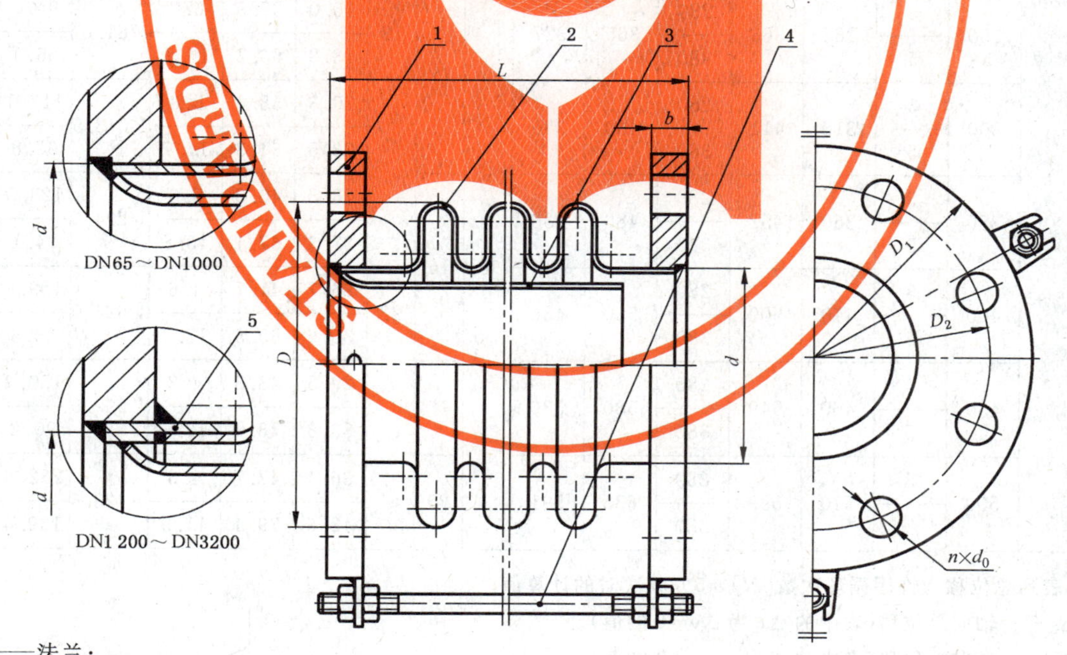

1——法兰；

2——波纹管；

3——导管；

4——定位螺杆；

5——端接管。

图 3 Ⅰ类 A 型、AS 型、AJ 型、BS 型膨胀节

表 2　A 型膨胀节的基本尺寸　　　　单位为毫米

类型	型式	设计压力/MPa	公称尺寸 DN	结构尺寸				法兰尺寸					重量/kg	理论特性				
				波数 N	d	D	L	D_1	D_2	b	孔数 n	d_0		总位移		F/cm^2	刚度/(N/mm)	
														Δx	Δy		K_x	K_y
Ⅰ	A	0.1	65	6	76	108	150	155	123		6		3.3	19.9	6.9	66.5	52.3	25.1
				8			180						3.5	26.5	12.3		39.2	14.1
			80	6	89	121	150	170	138		8		3.7	21.3	6.5	86.6	56.3	30.8
				8			180						3.9	28.3	11.5		42.3	17.3
			100	4	110	142	190	190	158				4.5	15.5	2.6	124.7	93.3	91.8
				6			220						4.7	23.2	5.9		62.2	40.8
			125	4	135	167	190	215	183	12	10	16	5.2	16.6	2.3	179.1	103.0	121.5
				6			220						5.5	24.9	5.3		68.7	54.0
			150	4	160	200	210	240	208		12		6.1	22.6	3.3	254.5	74.2	83.5
				6			250						6.6	33.9	7.5		49.5	37.1
			175	4	190	240	230	270	238				7.3	29.8	4.6	363.1	54.2	58.2
				6			280						8.0	44.8	10.4		36.1	25.9
			200	3	216	312	280	295	264		14	18	10.8	35.8	6.8	547.4	80.2	70.6
				5			380						13.1	59.7	18.8		48.1	25.4
			250	3	268	363	280	365	327				16.0	37.9	6.0	781.8	94.0	98.9
				5			380						18.8	63.2	16.7		56.4	35.6
			300	3	318	411	280	430	386				20.3	38.6	5.3	1 043.5	113.1	137.4
				5			380						23.5	64.3	14.7		67.8	49.5
			350	3	360	452	280	480	436	14	16	22	23.8	40.3	5.0	1 294.6	123.5	167.1
				5			380						27.3	67.1	13.8		74.1	60.2
			400	3	410	500	280	530	486				26.7	41.7	4.6	1 626.0	139.3	211.3
				5			380						30.6	69.5	12.7		83.6	76.1
			450	3	460	549	280	580	536		18		29.5	43.8	4.3	1 999.0	150.3	252.8
				5			380						33.8	73.0	12.1		90.2	91.0
			500	3	510	599	280	635	591		20		36.4	47.7	4.3	2 423.6	232.3	430.2
				5			380						42.6	79.4	11.9		139.4	154.9

注：表列总位移为许用循环次数[N]=5 000 次时的计算值。

Δx——轴向总位移(表中的 Δx 为 $\Delta y=0$ 的值)。

Δy——横向总位移(表中的 Δy 为 $\Delta x=0$ 的值)。

F——波纹管有效截面积。

K_x——膨胀节的轴向刚度(每个波的轴向刚度除以波数)。

K_y——膨胀节的横向刚度(横向作用力除以横向位移值)。

$\Delta x'$、$\Delta y'$——膨胀节的实际位移量(可以由直角三角形法求得,见右图)。

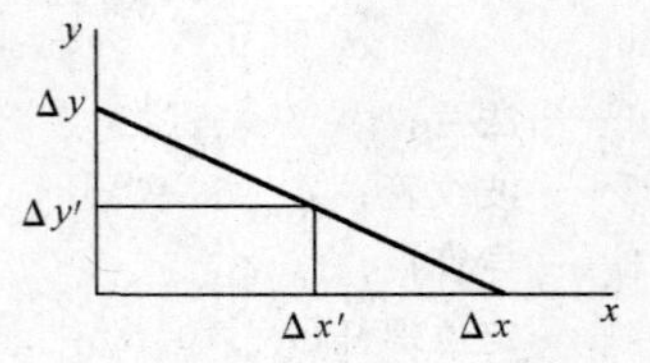

4.2.2 AS型膨胀节的结构和基本尺寸见图3和表3。

表3 AS型膨胀节的基本尺寸

单位为毫米

类型	型式	设计压力/MPa	公称尺寸DN	结构尺寸				法兰尺寸					重量/kg	理论特性				
				波数 N	d	D	L	D_1	D_2	b	孔数 n	d_0		总位移 Δx	总位移 Δy	F/cm²	刚度/(N/mm) K_x	刚度/(N/mm) K_y
I	AS	0.1	65	6	76	108	150	160	130	12	4	14	3.6	21.8	7.6	66.5	52.3	25.1
				8			180						3.8	29.1	13.5		39.2	14.1
			80	6	89	121	150	190	150	12	4	18	4.9	23.4	7.1	86.6	56.3	30.8
				8			180						5.1	31.1	12.7		42.3	17.3
			100	4	110	142	190	210	170				5.7	17.0	2.9	124.7	93.3	91.8
				6			220						6.0	25.5	6.5		62.2	40.8
			125	4	135	167	190	240	200		8		6.8	18.2	2.6	179.1	103	121.5
				6			220						7.2	27.4	5.8		68.7	54
			150	4	160	200	210	265	225				8.0	24.9	3.7	254.5	74.2	83.5
				6			250						8.5	37.3	8.3		49.5	37.1
			200	3	216	312	280	320	280	14			14.4	39.5	7.5	547.4	80.2	70.6
				5			380						16.8	65.9	20.8		48.1	25.4
			250	3	268	363	280	375	335		12		17.4	41.9	6.6	781.8	94	98.9
				5			380						20.2	69.8	18.4		56.4	35.6
			300	3	318	411	290	440	395			22	22.2	42.6	5.8	1 043.5	113.1	137.4
				5			390						25.3	71.0	16.2		67.8	49.5
			350	3	360	452	300	490	445				26.2	44.4	5.5	1 294.6	123.5	167.1
				5			400						29.7	74.0	15.2		74.1	60.2
			400	3	410	500	300	540	495		16		29.0	46.0	5.1	1 626.0	139.3	211.3
				5			400						32.9	76.7	14.0		83.6	76.1
			450	3	460	549	300	595	550	20			42.6	48.4	4.8	1 999.0	150.3	252.8
				5			400						46.9	80.6	13.3		90.2	91
			500	3	510	599	310	645	600		20		50.4	52.5	4.7	2 423.6	232.3	430.2
				5			410						56.5	87.4	13.1		139.4	154.9
			600	3	610	699	340	755	705			26	62.7	57.3	4.4	3 374.7	248.4	542.8
				5			440						70.0	95.5	12.1		149	195.4
			700	3	711	800	350	860	810		24		74.7	61.2	4.0	4 494.8	262.1	661
				5			450						83.1	102.0	11.2		157.3	238
			800	3	813	902	370	975	920			29.5	90.9	64.4	3.7	5 788.6	275.1	787.4
				5			470						100.5	107.3	10.4		165.1	283.4
			900	3	914	1 003	370	1 075	1 020				101.3	67.0	3.5	7 230.7	285.5	913
				5			470						112.0	111.7	9.7		171.3	328.7
			1 000	3	1 016	1 114	390	1 175	1 120		28		112.3	77.7	4.0	8 924.9	250.9	810.4
				5			520						126.5	129.5	11.1		150.5	291.7

注：表列总位移为许用循环次数[N]=3 000次时的计算值。

Δx——轴向总位移(表中的 Δx 为 $\Delta y=0$ 的值)。

Δy——横向总位移(表中的 Δy 为 $\Delta x=0$ 的值)。

F——波纹管有效截面积。

K_x——膨胀节的轴向刚度(每个波的轴向刚度除以波数)。

K_y——膨胀节的横向刚度(横向作用力除以横向位移值)。

$\Delta x'$、$\Delta y'$——膨胀节的实际位移量(可以由直角三角形法求得,见右图)。

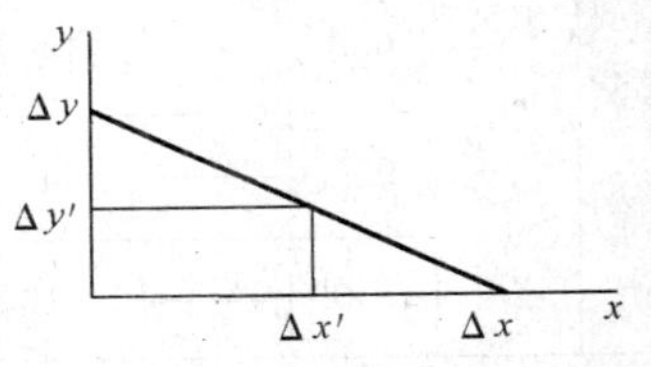

4.2.3 AJ 型膨胀节的结构和基本尺寸见图 3 和表 4。

表 4 AJ 型膨胀节的基本尺寸

单位为毫米

类型	型式	设计压力/MPa	公称尺寸 DN	结构尺寸				法兰尺寸					重量/kg	理论特性				
				波数 N	d	D	L	D_1	D_2	b	孔数 n	d_0		总位移 Δx	总位移 Δy	F/cm^2	刚度/(N/mm) K_x	刚度/(N/mm) K_y
I	AJ	0.1	65	6	76	108	150	155	130	12	4	15	3.4	21.8	7.6	66.5	52.3	25.1
				8			180						3.6	29.1	13.5		39.2	14.1
			80	6	89	121	150	180	145			19	4.3	23.4	7.1	86.6	56.3	30.8
				8			180						4.5	31.1	12.7		42.3	17.3
			100	4	110	142	190	200	165		8		4.9	17.0	2.9	124.7	93.3	91.8
				6			220						5.2	25.5	6.5		62.2	40.8
			125	4	135	167	190	235	200				6.4	18.2	2.6	179.1	103.0	121.5
				6			220						6.8	27.4	5.8		68.7	54.0
			150	4	160	200	210	265	230				8.0	24.9	3.7	254.5	74.2	83.5
				6			250						8.4	37.3	8.3		49.5	37.1
			175	4	190	240	210	300	260				9.6	32.9	5.1	363.1	54.2	58.2
				6			260						10.2	49.4	11.5		36.1	25.9
			200	3	216	312	280	320	280			23	12.9	39.5	7.5	547.4	80.2	70.6
				5			380						15.2	65.9	20.8		48.1	25.4
			250	3	268	363	280	385	345	14	12		18.3	41.9	6.6	781.8	94.0	98.9
				5			380						21.0	69.8	18.4		56.4	35.6
			300	3	318	411	290	430	390				20.6	42.6	5.8	1 043.5	113.1	137.4
				5			390						23.7	71.0	16.2		67.8	49.5
			350	3	360	452	300	480	435			25	24.2	44.4	5.5	1 294.6	123.5	167.1
				5			400						27.7	74.0	15.2		74.1	60.2
			400	3	410	500	300	540	495		16		28.6	46.0	5.1	1 626.0	139.3	211.3
				5			400						32.5	76.7	14.0		83.6	76.1
			450	3	460	549	300	605	555				34.8	48.4	4.8	1 999.0	150.3	252.8
				5			400						39.1	80.6	13.3		90.2	91.0
			500	3	510	599	310	655	605		20		41.3	52.5	4.7	2 423.6	232.3	430.2
				5			410						47.5	87.4	13.1		139.4	154.9
			550	3	560	649	320	660	620	16	16	23	38.3	55.0	4.5	2 879.5	239.9	484.2
				5			420						45.0	91.6	12.6		143.9	174.3
			600	3	610	699	340	710	670				42.2	57.3	4.4	3 374.7	248.4	542.8
				5			440						49.5	95.5	12.1		149.0	195.4
			650	3	660	749	340	760	720				45.5	59.3	4.2	3 909.2	255.4	600.6
				5			440						53.4	98.9	11.7		153.2	216.2
			700	3	711	800	350	815	775				50.6	61.2	4.0	4 494.8	262.1	661.0
				5			450						59.0	102.0	11.2		157.3	238.0
			750	3	762	851	360	865	825		20		53.7	62.8	3.9	5 121.2	268.7	723.2
				5			460						62.8	104.7	10.8		161.2	260.4
			800	3	813	902	370	915	875				57.3	64.4	3.7	5 788.6	275.1	787.4
				5			470						66.9	107.3	10.4		165.1	283.4
			850	3	864	953	370	965	925				60.4	65.7	3.6	6 496.8	278.6	844.7
				5			470						70.6	109.6	10.0		167.2	304.1
			900	3	914	1 003	370	1 025	980	18		25	72.4	67.0	3.5	7 230.7	285.5	913.0
				5			470						83.2	111.7	9.7		171.3	328.7
			950	3	964	1 053	370	1 075	1 030				76.3	68.2	3.4	8 003.9	292.7	984.8
				5			470						87.6	113.6	9.4		175.6	354.5
			1 000	3	1 016	1 114	390	1 125	1 080				81.4	77.7	4.0	8 924.9	250.9	810.4
				5			520						95.6	129.5	11.1		150.5	291.7

注：同表 3。

4.2.4 Ⅰ类 BS 型膨胀节的结构和基本尺寸见图 3 和表 5。

表 5 Ⅰ类 BS 型膨胀节的基本尺寸

单位为毫米

类型	型式	设计压力/MPa	公称尺寸 DN	结构尺寸				法兰尺寸					重量/kg	理论特性				
				波数 N	d	D	L	D_1	D_2	b	孔数 n	d_0		总位移 Δx	总位移 Δy	F/cm^2	刚度/(N/mm) K_x	刚度/(N/mm) K_y
Ⅰ	BS	0.05	1 200	3	1 219	1 317	400	1 375	1 320		32		163.2	82.5	3.6	12 647.8	303.8	1 168.3
				5			530			20			184.9	137.5	9.9		182.3	420.6
			1 400	3	1 412	1 510	400	1 575	1 520		36		193.2	82.7	3.1	16 787.5	329.2	1 458.3
				5			530						218.3	137.8	8.6		197.5	525.0
			1 600	3	1 612	1 742	450	1 790	1 730		40	29.5	275.5	86.2	3.3	22 088.0	404.3	1 738.6
				5			600						311.2	143.6	9.3		242.6	625.9
			1 800	3	1 812	1 942	470	1 990	1 930		44		314.5	85.2	3.0	27 670.7	442.4	2 129.2
				5			620			24			354.6	142.0	8.2		265.4	766.5
			2 000	3	2 012	2 142	470	2 190	2 130		48		348.0	84.1	2.6	33 881.6	481.7	2 565.4
				5			620						392.4	140.1	7.3		289.0	923.5
			2 200	3	2 216	2 376	520	2 405	2 340		52		444.7	133.6	4.7	41 403.3	308.3	1 474.6
			2 400	3	2 416	2 576	520	2 605	2 540		56	32.5	523.8	133	4.3	48 930.5	327.8	1 704.5
			2 600	3	2 616	2 776	520	2 805	2 740		60		566.1	132.1	3.9	57 086.1	347.9	1 954.3
			2 800	3	2 820	2 980	520	3 030	2 960	28	64		648.5	131.1	3.6	66 052.1	369	2 229.6
			3 000	3	3 020	3 180	520	3 230	3 160		68	32.5	693.3	130	3.4	75 476.9	390.1	2 519.4
			3 200	3	3 220	3 380	520	3 430	3 360		72		738.2	128.8	3.1	85 530.1	411.5	2 829.2

注：同表 3。

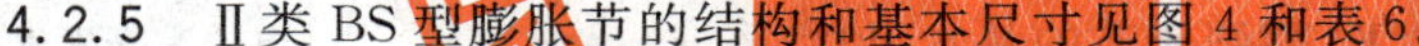

4.2.5 Ⅱ类 BS 型膨胀节的结构和基本尺寸见图 4 和表 6。

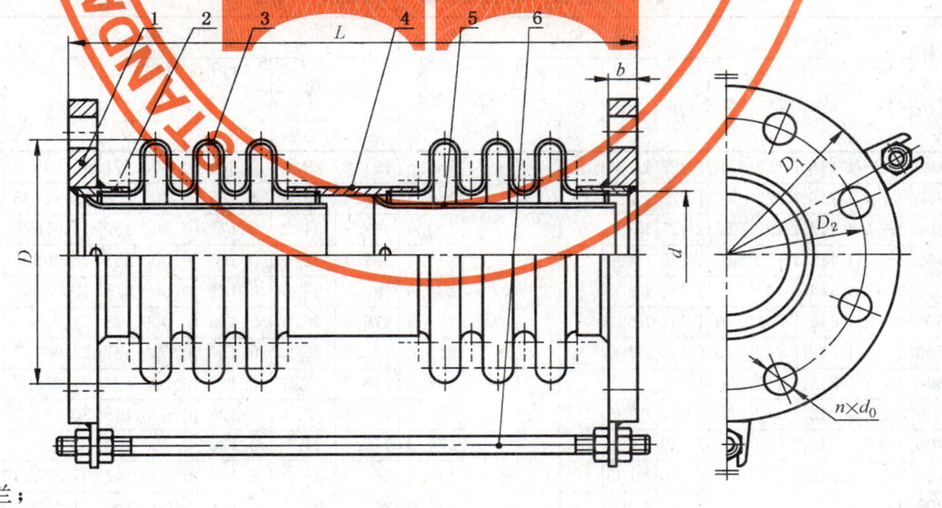

1——法兰；
2——端接管；
3——波纹管；
4——中间接管；
5——导管；
6——定位螺杆。

图 4 Ⅱ类 BS 型、BJ 型膨胀节

表 6　Ⅱ类 BS 型膨胀节的基本尺寸　　　　单位为毫米

类型	型式	设计压力/MPa	公称尺寸 DN	结构尺寸				法兰尺寸					重量/kg	理论特性						
				波数 N	d	D	L	D_1	D_2	b	孔数 n	d_0		总位移		横向位移当量系数		F/cm²	刚度/(N/mm)	
														Δx	Δy	a	b		K_x	K_y
Ⅱ	BS	0.05	1 000	3+3	1 016	1 126	710	1 175	1 120	20	28	29.5	179.9	184.9	40.7	0.220	0.000 319	9 008.9	133.59	140.26
			1 200	3+3	1 219	1 329	710	1 375	1 320		32		211.9	196.4	36.3	0.185	0.000 268	12 747.6	146.44	182.90
			1 400	3+3	1 412	1 522	710	1 575	1 520		36		249.2	199.1	32.0	0.161	0.000 233	16 902.5	159.20	228.97
			1 600	3+3	1 612	1 742	770	1 790	1 730	24	40		359.7	179.6	26.7	0.149	0.000 198	22 088.0	404.32	594.78
			1 800	3+3	1 812	1 942	770	1 990	1 930		44		402.7	177.7	23.6	0.133	0.000 177	27 670.7	442.41	728.43
			2 000	3+3	2 012	2 142	770	2 190	2 130		48		445.8	175.4	21.1	0.120	0.000 160	33 881.6	481.71	877.64
			2 200	3+3	2 216	2 376	860	2 405	2 340		52	32.5	563.8	267.1	31.5	0.118	0.000 140	41 403.3	308.29	536.23
			2 400	3+3	2 416	2 576	860	2 605	2 540	28	56		653.4	266.0	28.9	0.108	0.000 129	48 930.5	327.78	619.81
			2 600	3+3	2 616	2 776	860	2 805	2 740		60		706.2	264.3	26.5	0.100	0.000 120	57 086.1	347.94	710.65
			2 800	3+3	2 820	2 980	860	3 030	2 960		64	35.5	799.3	262.2	24.5	0.093	0.000 111	66 052.1	369.03	810.75
			3 000	3+3	3 020	3 180	860	3 230	3 160		68		854.7	260.0	22.7	0.087	0.000 104	75 476.9	390.11	916.16
			3 200	3+3	3 220	3 380	860	3 430	3 360		72		910.0	257.6	21.1	0.082	0.000 098	85 530.1	411.51	1 028.78

注：表中的轴向位移 X、横向位移 Y 值为单独使用时的最大补偿量，如果同时都有，宜按下式计算：

$$Y_2=(X-X_2)\times(a-b\times X_2)$$

式中：

Y_2、X_2——实际的补偿量。

例如：某 DN1200 的 $X=196.4$，$Y=36.3$，已知 $X_2=90$，求 Y_2。

查表得：$a=0.185$，$b=0.000\,268$

$$\begin{aligned}Y_2&=(X-X_2)\times(a-b\times X_2)\\&=(196.4-86)\times(0.185-0.000\,268\times90)\\&=106.4\times0.160\,9\\&=17.12\end{aligned}$$

即：当 $X_2=90$，$Y_2\leqslant17.12$ 时，满足要求。

当 $X_2=0$，$Y_2=(196.4-0)(0.185-0)=36.3$，与表中的 Y 值相同。

当 Y 向位移和 Z 向位移同时存在时，按下式求出它们的矢量和 Y_1：

$$Y_1=\sqrt{Y^2+Z^2}$$

$Y_1\leqslant Y_2$；满足要求。

4.2.6　Ⅱ类 BJ 型膨胀节的结构和基本尺寸见图 4 和表 7。

表 7　Ⅱ类 BJ 型膨胀节的基本尺寸　　　　单位为毫米

类型	型式	设计压力/MPa	公称尺寸 DN	结构尺寸				法兰尺寸					重量/kg	理论特性						
				波数 N	d	D	L	D_1	D_2	b	孔数 n	d_0		总位移		横向位移当量系数		F/cm²	刚度/(N/mm)	
														Δx	Δy	a	b		K_x	K_y
Ⅱ	BJ	0.05	1 100	3+3	1 118	1 228	710	1 225	1 180	18	24	25	162.5	191.0	38.4	0.201	0.000 291	10 806.5	139.94	160.93
			1 200	3+3	1 219	1 329	710	1 325	1 280				176.2	196.4	36.3	0.185	0.000 268	12 747.6	146.44	182.90
			1 300	3+3	1 312	1 422	710	1 425	1 380		28		193.1	198.2	34.2	0.172	0.000 250	14 676.7	152.54	204.44
			1 400	3+3	1 412	1 522	710	1 525	1 480	20			214.4	199.1	32.0	0.161	0.000 233	16 902.5	159.20	228.97
			1 500	3+3	1 524	1 634	710	1 645	1 590			27	236.9	199.5	29.8	0.149	0.000 216	19 581.9	165.02	255.46
			1 600	3+3	1 612	1 742	770	1 745	1 690				297.8	179.6	26.7	0.149	0.000 198	22 088.0	404.32	594.78
			1 700	3+3	1 712	1 842	770	1 845	1 790				316.0	178.7	25.1	0.140	0.000 187	24 800.8	423.19	659.65
			1 800	3+3	1 812	1 942	770	1 950	1 895		32		338.2	177.7	23.6	0.133	0.000 177	27 670.7	442.41	728.43
			1 900	3+3	1 912	2 042	770	2 050	1 995				356.6	176.6	22.3	0.126	0.000 168	30 697.6	461.93	801.09
			2 000	3+3	2 012	2 142	770	2 150	2 095		36		374.3	175.4	21.1	0.120	0.000 160	33 881.6	481.71	877.64
			2 100	3+3	2 116	2 276	860	2 250	2 195				448.5	267.4	33.0	0.123	0.000 147	37 875.3	298.86	497.19
			2 200	3+3	2 216	2 376	860	2 350	2 295	24	40		494.0	267.1	31.5	0.118	0.000 140	41 403.3	308.29	536.23
			2 300	3+3	2 316	2 476	860	2 450	2 395				516.2	266.6	30.1	0.113	0.000 135	45 088.4	317.94	577.11
			2 400	3+3	2 416	2 576	860	2 550	2 495				538.3	266.0	28.9	0.108	0.000 129	48 930.5	327.78	619.81
			2 500	3+3	2 516	2 676	860	2 650	2 595		48		558.7	265.2	27.7	0.104	0.000 124	52 929.8	337.79	664.32
			2 600	3+3	2 616	2 776	860	2 750	2 695				580.9	264.3	26.5	0.100	0.000 120	57 086.1	347.94	710.65

注：同表 6。

4.3 产品标记

4.3.1 型号表示方法

膨胀节的型号表示方法如下：

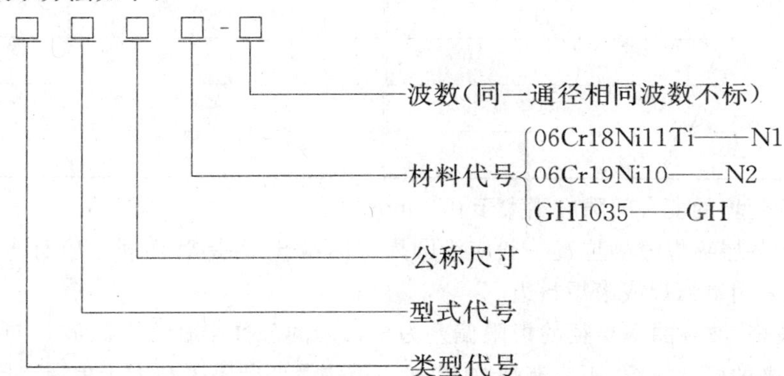

4.3.2 标记示例

示例 1：

公称尺寸为 DN350，按 GB/T 569 的法兰连接尺寸和密封面，波纹管、导管材料为 06Cr19Ni10，波数为 3 的单式膨胀节标记为：

膨胀节 ⅠA350N2-3

示例 2：

公称尺寸为 DN2000，按 JIS F 7805 的法兰连接尺寸和密封面，波纹管、导管材料为 06Cr18Ni11Ti 的复式膨胀节标记为：

膨胀节 ⅡBJ2 000N1

5 要求

5.1 材料

膨胀节主要零件材料见表 8。

表 8 膨胀节主要零件的材料

零件名称	材料		
	名称	牌号	标准号
波纹管、导管	不锈钢	06Cr18Ni11Ti 06Cr19Ni10	GB/T 3280—2007 GB/T 4237—2007
	高温合金	GH1035	GB/T 14996—1994
中间接管、端接管	优质碳素结构钢	25	GB/T 699—1999
定位螺杆	碳素结构钢	Q235A	GB/T 700—2006
不锈钢、高温合金材料应为固熔态；当排气管工作温度在 550 ℃～600 ℃时，波纹管和导管材料宜选用 GH1035。			

5.2 波纹管

5.2.1 波纹管设计计算参见附录 A，位移力和热胀量的计算参见附录 B。

5.2.2 管坯用薄板卷制时只允许有全焊透的对接型纵向焊缝，不应有环焊缝。

5.2.3 管坯的纵向焊缝条数见表 9，各相邻纵向焊缝间距不应小于 250 mm。

5.2.4 管坯的拼接应采用自动氩弧焊或等离子焊。大于 0.5 mm 的板材拼焊对口错边量、焊缝的凹陷深度及余高应不大于板厚的 10%，焊缝表面应呈银白色或金黄色，可呈浅蓝色。

5.2.5 波纹管成形之前，可对管坯纵焊缝进行射线探伤检查，射线检验合格等级应为 GB 16749—1997 中附录 B 规定的合格级。

表 9 管坯纵向焊缝条数

管坯外径	焊缝条数	管坯外径	焊缝条数
≤200	1	＞1 800～2 400	≤8
＞200～600	≤2	＞2 400～3 000	≤10
＞600～1 200	≤4	＞3 000～4 000	≤13
＞1 200～1 800	≤6	—	—

5.2.6 多层波纹管管坯的套合间隙应不大于 0.8 mm。

5.2.7 多层波纹管各层纵焊缝的位置一般应沿圆周方向错开，各层管坯间不应有水、油、污物等，多层波纹管直边段端口应采用氩弧焊或滚焊封边。

5.2.8 波纹管的波峰、波谷曲率半径的极限偏差为±15%的公称半径，波峰、波谷与侧壁间应圆滑过渡，波纹表面允许有轻微的模片压痕，不应有裂纹、焊接飞溅物及凹凸不平和大于单层壁厚负偏差的划痕。

5.2.9 波纹管的波高、波距、波纹管总长的公差等级应为 GB/T 1800.3—1998 表 1 中 IT18 级，其上、下偏差为±IT18/2。

5.2.10 波纹管直边段外径的极限偏差等级，采用波纹管内插连接型式时，应为 GB/T 1800.4—1999 中表 22 的 h12 级。

5.3 膨胀节组件

5.3.1 A 型膨胀节的法兰连接尺寸按 GB/T 569；AS 型、BS 型膨胀节的法兰连接尺寸按 ISO 7005-1；AJ 型膨胀节的法兰连接尺寸 DN65～DN500 按 JIS B 2220、DN550～DN1000 按 JIS F 7805；BJ 型膨胀节的法兰连接尺寸按 JIS F 7805。并应符合 CB/T 3766 的规定。

5.3.2 单式膨胀节组件的波纹管与法兰、端接管连接应采用氩弧焊焊接，端接管与法兰连接可采用普通电焊；复式膨胀节组件的波纹管与中间接管、端接管连接应采用氩弧焊焊接，端接管与法兰连接可采用普通电焊。

5.3.3 中间接管、端接管宜用符合 GB 50235—1997 中 4.3 要求的钢板卷筒制造，也可用符合 GB/T 9711.1—1997 中要求的钢管制造。

5.3.4 波纹管、导管等不锈钢部件及法兰密封面不应涂漆。所有碳钢结构件外表面应涂防锈底漆一道，银粉漆两道。

5.3.5 膨胀节组件各部位焊缝表面不应有裂纹、气孔、夹渣、飞溅物等缺陷。

5.3.6 膨胀节组件长度公差为±5 mm，垂直度公差为 1%膨胀节内径，且不应大于 3 mm，同轴度公差为 1%膨胀节内径，且不应大于 $\phi 5$。

5.3.7 膨胀节的刚度按表 2～表 7 中规定的计算值作为制造厂提供膨胀节初始理论刚度值，若用户有要求时，应提供膨胀节轴向实测工作刚度，产品实测平均刚度值与计算值的偏差不应大于±30%。

5.3.8 DN65～DN1000 膨胀节应在 0.15 MPa 水压下或在 0.11 MPa 气压下，持压 10 min 不发生渗漏，且波纹管应无失稳现象；DN1100～DN3200 膨胀节可不进行压力试验，允许用煤油渗漏试验进行致密性检验。煤油渗漏试验时，焊缝应无渗漏现象。

5.3.9 膨胀节在设计压力和轴向总位移量下，经大于 2 倍的许用疲劳寿命次数工作，在规定的试验循环次数内应无泄漏，且波纹管应无穿透壁厚的裂纹。

5.3.10 安装膨胀节时，应使介质流向与产品标记的流向一致。

5.3.11 用定位螺杆固定的波纹管为自由状态长度。管路安装完毕后，系统压力试验前应用拧松螺母的方法拆除定位螺杆，恢复其伸缩性能，并应避免气割。

5.3.12 表 2～表 7 中安装长度(L)为自由长度，为了减少位移推力和增加稳定性，宜进行预变形，其值为不应大于实际位移量的 50%。

6 试验方法

6.1 材料

检查膨胀节所用材料的材质报告。结果应符合 5.1 的要求。

6.2 外观

在日光或人工照明下使用常规量具或目测检验膨胀节外观。结果应符合 5.2.2～5.2.4、5.2.8、5.3.4、5.3.5 和 5.3.10 的要求。

6.3 尺寸

用精度符合规定极限偏差要求的通用量具检查膨胀节的尺寸。结果应符合 4.2.1～4.2.6、5.2.4、5.2.6、5.2.8～5.2.10、5.3.1、5.3.6 的要求。

6.4 焊接

膨胀节的焊缝用目测法检查。结果应符合 5.2.4、5.2.7 的要求。

6.5 无损探伤

对波纹管管坯纵向焊缝进行射线检查按 JB/T 4730.2—2005 或 GB 16749—1997 中附录 B 规定的方法进行。结果应符合 5.2.5 的要求。

6.6 刚度

膨胀节的轴向刚度测定，在常温、常压下将试件垂直放置测力机上进行。分 5 级递增(每级压缩位移量为轴向总补偿量的 1/5)，共测三遍，取其各级额定位移量下的最大作用力的平均值。结果应符合 5.3.7 要求。

6.7 耐压

膨胀节按 GB/T 12777—2008 中 6.5 规定的方法进行耐压试验。结果应符合 5.3.8 的要求。

6.8 煤油渗漏

将焊缝能够检查到一面清理干净，涂以白粉干浆，晾干后在焊缝另一面涂以煤油，使表面完全浸润，经至少 30 min 后检查白粉上有无油渍。结果应符合 5.3.8 的要求。

6.9 疲劳

6.9.1 膨胀节的疲劳试验应在专用的疲劳试验装置上进行，疲劳试验装置应保证能约束波纹管压力推力与位移反力。

6.9.2 膨胀节的疲劳试验可在常温下进行，试验介质为自来水(氯化物含量不超过 250 mg/L)或压缩空气，试验压力为设计压力，试验过程中压力波动值不应大于 10%，位移量为表 2～表 7 中规定的轴向总位移；循环频率的选择应确保各波均匀变形(一般不大于 30 次/min)。结果应符合 5.3.9 的要求。

7 检验规则

7.1 检验分类

膨胀节的检验分型式检验和出厂检验。

7.2 型式检验

7.2.1 检验时机

膨胀节有下列情况之一时，应进行型式检验：

a) 产品定型、老产品转厂生产；

b) 产品停产超过 1a 后复产；

c) 正式生产后产品结构、材料或工艺有重大改变足以影响产品性能；

d) 合同中有规定；

e) 质量监督机构提出要求。

7.2.2 **检验项目和顺序**

膨胀节的型式检验项目和顺序见表 10。

表 10 膨胀节的检验项目和顺序

序号	检验项目	型式检验	出厂检验	要求的章条号	试验方法的章条号
1	材料	●	●	5.1	6.1
2	外观	●	●	5.2.2～5.2.4、5.2.8、5.3.4、5.3.5、5.3.10	6.2
3	尺寸	●	●	4.2.1～4.2.6、5.2.4、5.2.6、5.2.8～5.2.10、5.3.1、5.3.6	6.3
4	焊接	●	●	5.2.4、5.2.7	6.4
5	无损探伤	●	○	5.2.5	6.5
6	刚度	●	○	5.3.7	6.6
7	耐压	●	●	5.3.8	6.7
8	煤油渗漏	●	●	5.3.8	6.8
9	疲劳	●	—	5.3.9	6.9
注：●为必检项目；○为协商检验项目；—为不检项目。					

7.2.3 **检验样品数量**

膨胀节的型式检验样品为一件。

7.2.4 **判定规则**

膨胀节样品全部检验项目符合要求，判膨胀节型式检验合格。样品在耐压试验或疲劳性能试验中，如果波纹管耐压性能或疲劳性能不符合要求，则判膨胀节型式检验不合格。若其他检验项目不符合要求，允许返修后复验，返修的样品只对不合格项目进行检验。若复验符合要求，仍判膨胀节型式检验合格，若复验仍有不符合要求的项目，则判膨胀节型式检验不合格。

7.3 **出厂检验**

7.3.1 **检验项目**

膨胀节的出厂检验项目和顺序见表 10。

7.3.2 **检验样品数量**

表 10 中第 1～4、7、8 项膨胀节的出厂检验为逐个产品检验。表 10 中第 5、6 项检验的产品数量由订购方和承制方协商确定。

7.3.3 **判定规则**

7.3.3.1 膨胀节样品全部检验项目符合要求，判该膨胀节出厂检验合格。样品在耐压试验、疲劳性能和刚度试验中，如果波纹管耐压性能、疲劳性能或刚度不符合要求，则判膨胀节出厂检验不合格。

7.3.3.2 若其他检验项目不符合要求，允许返修后复验，返修的样品只对不合格项目进行检验。若复验符合要求，仍判膨胀节出厂检验合格，若复验仍有不符合要求的项目，则判膨胀节出厂检验不合格。

8 标志

8.1 每个膨胀节都应装有永久固定、耐腐蚀的铭牌，单式膨胀节宜固定在膨胀节组件中法兰圆周面上；复式膨胀节宜固定在中间接管上。铭牌应注明：制造厂名、产品名称、型号、标准号、产品编号、出厂日期等。膨胀节应标有介质流向箭头。

8.2 膨胀节固定螺杆应涂黄色油漆。

8.3 膨胀节的包装标志应符合 GB/T 191、GB/T 6388 的要求。

9 包装、运输和贮存

9.1 膨胀节应对波纹管采取保护措施，定位螺杆固定牢固。

9.2 包装时膨胀节法兰密封面应采取加保护罩等保护措施，用木制包装箱包装。

9.3 包装箱内应有产品合格证、安装使用说明书和装箱清单。装箱清单应说明下列内容：

a) 产品名称；

b) 型号；

c) 产品规格；

d) 设计压力；

e) 每箱数量；

f) 产品合格证；

g) 合格证书号码。

9.4 膨胀节的包装和运输应符合 JB/T 4711—2003 的要求。

9.5 出厂前和安装前，膨胀节应贮存在无腐蚀性气体和干燥的环境里，避免杂乱堆放造成波纹管机械损伤。装有导管的膨胀节竖直放置时，导管开口端应朝下。

附 录 A
（资料性附录）
波纹管设计计算

A.1 符号

波纹管设计采用下列符号：

A_{cu}——单个波纹的金属横截面积的数值，单位为平方毫米（mm^2），按公式（A.1）计算；

$$A_{cu}=n\delta_m(0.571q+2h) \quad \cdots\cdots(A.1)$$

A_y——波纹管有效面积的数值，单位为平方毫米（mm^2），按公式（A.2）计算；

$$A_y=\frac{\pi D_m^2}{4} \quad \cdots\cdots(A.2)$$

C_c——直边段端接管弯曲应力的计算系数，按公式（A.3）计算；

$$C_c=-0.2431+0.0168n_g+0.3024n_g^2 \quad \cdots\cdots(A.3)$$

C_d——波纹管 σ_6 的计算修正系数，见表 A.1；

C_f——波纹管 σ_5、f_{iw}、f_{ir}的计算修正系数，见表 A.2；

C_m——低于蠕变温度的材料强度系数，按公式（A.4）和公式（A.5）计算；

$$C_m=1.5\text{，用于热处理态波纹管} \quad \cdots\cdots(A.4)$$

$$C_m=1.5Y_{sm}\text{，用于成形态波纹管}(1.5\leqslant C_m\leqslant 3.0) \quad \cdots\cdots(A.5)$$

C_p——波纹管 σ_4 的计算修正系数，见表 A.3；

C_w——纵向焊接接头有效系数，下标 b 和 c 分别表示波纹管、端接管材料；本标准中，波纹管管坯纵向焊接接头经 100%渗透检测或射线检测合格且焊接接头内外表面都齐平，$C_{wb}=1.0$；

C_θ——由初始角位移引起的柱失稳压力降低系数，按公式（A.6）和公式（A.7）计算；

$$C_\theta=1-1.822\gamma+1.348\gamma^2-0.529\gamma^3\quad\text{（无横向位移）} \quad \cdots\cdots(A.6)$$

$$C_\theta=1\text{（同时发生横向位移）} \quad \cdots\cdots(A.7)$$

D_b——波纹管直边段内径的数值，单位为毫米（mm）；

D_c——波纹管直边段端接管平均直径的数值，单位为毫米（mm），按公式（A.8）计算；

$$D_c=D_b+2n\delta+\delta_c \quad \cdots\cdots(A.8)$$

D_i——圆环截面内径的数值，单位为毫米（mm）；

D_m——波纹管平均直径的数值，单位为毫米（mm），按公式（A.9）计算；

$$D_m=D_b+h+n\delta\quad\text{（对于“U”形截面）} \quad \cdots\cdots(A.9)$$

D_0——圆环截面外径的数值，单位为毫米（mm）；

E——室温下的弹性模量的数值。下标 b、c、s 分别表示波纹管、端接管、导管的材料，单位为兆帕（MPa）；

E^t——设计温度下的弹性模量的数值。下标 b、c、s 分别表示波纹管、端接管、导管的材料，单位为兆帕（MPa）；

e——计算单波总当量轴向位移的数值，单位为毫米（mm）；

$[e]$——由$[N_c]$得到的设计单波额定轴向位移的数值，单位为毫米（mm）；

e_c——单波当量轴向压缩位移的数值，单位为毫米（mm）；

e_e——单波当量轴向拉伸位移的数值，单位为毫米(mm)；

$[e_c]$——由$[e]$得到的单波额定当量轴向压缩位移的数值，单位为毫米(mm)；

$[e_e]$——由$[e]$得到的单波额定当量轴向拉伸位移的数值，单位为毫米(mm)；

e_{cmax}——允许最大单波当量轴向压缩位移的数值，单位为毫米(mm)；

e_{emax}——允许最大单波当量轴向拉伸位移的数值，单位为毫米(mm)；

e_x——轴向位移"x"引起的单波轴向位移，单位为毫米(mm)；

e_y——横向位移"y"引起的单波最大相当轴向位移的数值，单位为毫米(mm)；

e_θ——角位移"θ"引起的单波相当轴向位移的数值，单位为毫米(mm)；

F_g——每个直边段端接管筋板的轴向力的数值，单位为牛顿(N)，按公式(A.10)计算；

$$F_g = \frac{1}{n_g}[0.25\pi(D_m^2 - D_b^2)p + e_c f_i] \quad \cdots\cdots (A.10)$$

F_s——波纹管变形率的数值，单位为百分比(%)，按公式(A.11)计算；

$$F_s = \sqrt{\left[\ln\left(1+\frac{2h}{D_b}\right)\right]^2 + \ln\left[1+\frac{n\delta_m}{2r_m}\right]} \quad \cdots\cdots (A.11)$$

F_e——膨胀节位移推力的数值，单位为牛顿(N)；

F_p——膨胀节压力推力的数值，单位为牛顿(N)；

f_i——波纹管单波轴向弹性刚度的数值，单位为牛顿每毫米(N/mm)；

G——设计温度下波纹管材料的剪切弹性模量的数值，单位为兆帕(MPa)，按公式(A.12)计算；

$$G = \frac{E_b^t}{2(1+\mu)} \quad \cdots\cdots (A.12)$$

h——波高的数值，单位为毫米(mm)；

K_2——平面失稳系数，按公式(A.13)计算；

$$K_2 = \frac{\sigma_2}{p} \quad \cdots\cdots (A.13)$$

K_4——平面失稳系数，按公式(A.14)计算；

$$K_4 = \frac{h^2 C_p}{2n\delta_m^2} \quad \cdots\cdots (A.14)$$

K_f——成形方法系数，对于滚压成型或胀压成型 K_f 为 1，对于液压成型 K_f 为 0.6；

K_r——周向应力系数，取下列算式中较大值且不小于 1，按公式(A.15)和公式(A.16)计算；

$$K_r = \frac{2(q+e_x)+e_\theta/\psi+e_y}{2q}，在设计压力\ p\ 时，e_x\ 和\ e_y\ 处于拉伸状态 \quad \cdots\cdots (A.15)$$

$$K_r = \frac{2(q-e_x)+e_\theta/\psi+e_y}{2q}，在设计压力\ p\ 时，e_x\ 和\ e_y\ 处于压缩状态 \quad \cdots\cdots (A.16)$$

K_s——直边段端接管截面形状系数，对于矩形截面 K_s 为 1.5，对于圆形截面 K_s 为 1.7，对于圆环形截面 K_s 按公式(A.17)计算；

$$K_s = \frac{1.7(D_o^4 - D_i^3 D_o)}{D_o^4 - D_i^4} \quad \cdots\cdots (A.17)$$

K_t——膨胀节整体扭转弹性刚度的数值，单位为牛顿米每度[N·m/(°)]；

K_u——e_y 的计算系数，按公式(A.18)计算；

$$K_u = \frac{3L_u^2 - 3L_b L_u}{3L_u^2 - 6L_b L_u + 4L_b^2} \quad \cdots\cdots (A.18)$$

K_x——膨胀节整体轴向弹性刚度的数值，单位为牛顿每毫米(N/mm)；

K_y——膨胀节整体横向弹性刚度的数值，单位为牛顿每毫米(N/mm)；

K_θ——膨胀节整体弯曲刚度的数值，单位为牛顿米每度[N·m/(°)]；

k——σ_1、$\sigma_1{}'$的计算系数，按公式(A.19)计算；

$$k=\frac{L_t}{1.5\sqrt{D_b\delta}} \quad 且\ k\leqslant 1 \qquad \cdots\cdots(A.19)$$

L_b——波纹管的波纹长度的数值，单位为毫米(mm)，按公式(A.20)计算；

$$L_b=Nq \qquad \cdots\cdots(A.20)$$

L_c——波纹管直边段端接管的长度的数值，单位为毫米(mm)；

L_d——波纹管单波展开长度的数值，单位为毫米(mm)，按公式(A.21)计算；

$$L_d=0.571q+2h \qquad \cdots\cdots(A.21)$$

L_t——波纹管的直边段长度的数值，单位为毫米(mm)；

L_u——复式膨胀节中两波纹管最外端间距离的数值，单位为毫米(mm)；

M_y——膨胀节端部由横向位移引起的反力矩的数值，单位为牛顿米(N·m)；

M_θ——膨胀节端部由角位移引起的反力矩的数值，单位为牛顿米(N·m)；

N——一个波纹管的波数的数值；

$[N_c]$——波纹管设计疲劳寿命的数值，周次；

n——厚度为"δ"波纹管材料层数的数值；

n_f——设计疲劳寿命安全系数，$n_f\geqslant 10$；

n_g——每个直边段端接管等间距筋板数量的数值；

p——设计压力的数值，单位为兆帕(MPa)；

p_{sc}——波纹管两端固支时柱失稳的极限设计内压的数值，单位为兆帕(MPa)；

p'_{sc}——波纹管端部支撑条件变化时柱失稳的极限设计内压的数值，单位为兆帕(MPa)；

p_{si}——波纹管两端固支时平面失稳的极限设计压力的数值，单位为兆帕(MPa)；

q——波距的数值，单位为毫米(mm)；

r_c——波纹管波峰内壁曲率半径的数值，单位为毫米(mm)；

r_m——波纹管波谷平均曲率半径的数值，单位为毫米(mm)；

r_r——波纹管波谷外壁曲率半径的数值，单位为毫米(mm)；

t——介质温度的数值，单位为摄氏度(℃)；

u——介质流速的数值，单位为米每秒(m/s)；

V——波纹管所有波纹间体积的数值，单位为立方毫米(mm³)；

W_z——复式膨胀节中间管质量的数值，单位为牛顿(N)；

x——波纹管轴向压缩位移或轴向拉伸位移的数值，单位为毫米(mm)；

y——波纹管横向位移的数值，单位为毫米(mm)；

Y_{sm}——屈服强度系数，对于奥氏体不锈钢 Y_{sm} 按公式(A.22)计算，对于其他材料 Y_{sm} 按公式(A.23)计算；

$$Y_{sm}=1+9.94\times10^{-2}(K_fF_s)-7.59\times10^{-4}(K_fF_s)^2-2.4\times10^{-6}(K_fF_s)^3+2.21\times10^{-8}(K_fF_s)^4 \qquad \cdots\cdots(A.22)$$

$$Y_{sm}=1 \qquad \cdots\cdots(A.23)$$

Z_c——直边段端接管截面对横向中性轴的抗弯截面模量的数值，单位为三次方毫米(mm³)；

α——平面失稳应力相互作用系数，按公式(A.24)计算；

$$\alpha = 1 + 2\eta^2 + \sqrt{1 - 2\eta^2 + 4\eta^4} \quad \cdots\cdots(A.24)$$

γ——初始角位移与最终角位移之比，按公式(A.25)计算；

$$\gamma = \frac{0.017\,5D_{\mathrm{m}}\theta}{0.017\,5D_{\mathrm{m}}\theta + 0.3L_{\mathrm{b}}} \quad \cdots\cdots(A.25)$$

η——平面失稳应力比，按公式(A.26)计算；

$$\eta = \frac{K_4}{3K_2} \quad \cdots\cdots(A.26)$$

δ——波纹管一层材料的名义厚度的数值，单位为毫米(mm)；

δ_{c}——直边段端接管材料的名义厚度的数值，单位为毫米(mm)；

δ_1——导管厚度的数值，单位为毫米(mm)；

δ_{m}——波纹管成形后一层材料的名义厚度的数值，单位为毫米(mm)，按公式(A.27)计算；

$$\delta_{\mathrm{m}} = \delta\sqrt{\frac{D_{\mathrm{b}}}{D_{\mathrm{m}}}} \quad \cdots\cdots(A.27)$$

δ_{p}——与波纹管连接的管子的名义厚度的数值，单位为毫米(mm)；

θ——波纹管角位移的数值，单位为度(°)；

ψ——角位移的压力影响系数，按公式(A.28)、公式(A.29)计算；

$$\text{当 } C_\theta < 1 \text{ 时，} \quad \psi = \frac{e_\theta C_\theta}{e_\theta C_\theta + 0.15q\phi} \quad \cdots\cdots(A.28)$$

$$\text{当 } C_\theta = 1 \text{ 时，} \quad \psi = 1 \quad \cdots\cdots(A.29)$$

θ_{z}——复式膨胀节相对水平面的角度的数值，单位为度(°)；

μ——材料的泊松比；

σ_1——压力引起的波纹管直边段周向薄膜应力的数值，单位为兆帕(MPa)；

σ_1'——压力引起的端接管周向薄膜应力的数值，单位为兆帕(MPa)；

σ_1''——压力引起的端接管周向弯曲应力的数值，单位为兆帕(MPa)；

σ_2——压力引起的波纹管周向薄膜应力的数值，单位为兆帕(MPa)；

σ_2'——压力引起的波纹管加强件周向薄膜应力的数值，单位为兆帕(MPa)；

σ_2''——压力引起的波纹管紧固件薄膜应力的数值，单位为兆帕(MPa)；

σ_3——压力引起的波纹管子午向薄膜应力的数值，单位为兆帕(MPa)；

σ_4——压力引起的波纹管子午向弯曲应力的数值，单位为兆帕(MPa)；

σ_5——位移引起的波纹管子午向薄膜应力的数值，单位为兆帕(MPa)；

σ_6——位移引起的波纹管子午向弯曲应力的数值，单位为兆帕(MPa)；

$\sigma_{0.2\mathrm{y}}$——成形态或热处理态的波纹管材料在设计温度下的屈服强度的数值，单位为兆帕(MPa)，按公式(A.30)计算；

$$\sigma_{0.2\mathrm{y}} = \frac{0.67C_{\mathrm{m}}\sigma_{0.2\mathrm{m}}\sigma_{0.2}^{\mathrm{t}}}{\sigma_{0.2}} \quad \cdots\cdots(A.30)$$

$\sigma_{0.2}$——室温下的波纹管材料的屈服强度的数值，单位为兆帕(MPa)；

$\sigma_{0.2}^{\mathrm{t}}$——设计温度下的波纹管材料的屈服强度的数值，单位为兆帕(MPa)；

$\sigma_{0.2\mathrm{m}}$——波纹管材料质保书中的屈服强度的数值，单位为兆帕(MPa)；

$[\sigma]^{\mathrm{t}}$——设计温度下材料的许用应力的数值，下标 b、c、f、p、r 分别表示波纹管、端接管、紧固件、管子和加强件材料，单位为兆帕(MPa)；

σ_{t}——子午向总应力范围的数值，单位为兆帕(MPa)；

τ_{t}——扭转剪应力的数值，单位为兆帕(MPa)；

Φ——扭转角的数值，单位为弧度(rad)；

ϕ——设计压力与临界柱失稳压力之比，无加强U形波纹管按公式(A.31)计算。

$$\phi=\frac{pqN^2}{0.764\pi f_{iu}} \qquad \text{(A.31)}$$

表 A.1 σ_6 的计算修正系数 C_d

$\frac{2r_m}{h}$	$\frac{1.82r_m}{\sqrt{D_m\delta_m}}$											
	0.2	0.4	0.6	0.8	1.0	1.2	1.4	1.6	2.0	2.5	3.0	3.5	4.0
0.00	1.000	1.000	1.000	1.000	1.000	1.000	1.000	1.000	1.000	1.000	1.000	1.000	1.000
0.05	1.061	1.066	1.105	1.079	1.057	1.037	1.016	1.006	0.992	0.980	0.970	0.965	0.955
0.10	1.128	1.137	1.195	1.171	1.128	1.080	1.039	1.015	0.984	0.960	0.945	0.930	0.910
0.15	1.198	1.209	1.277	1.271	1.208	1.130	1.067	1.025	0.974	0.935	0.910	0.890	0.870
0.20	1.269	1.282	1.352	1.374	1.294	1.185	1.099	1.037	0.966	0.915	0.885	0.860	0.830
0.25	1.340	1.354	1.424	1.476	1.384	1.246	1.135	1.052	0.958	0.895	0.855	0.825	0.790
0.30	1.411	1.426	1.492	1.575	1.476	1.311	1.175	1.070	0.952	0.875	0.825	0.790	0.755
0.35	1.480	1.496	1.559	1.667	1.571	1.381	1.220	1.091	0.947	0.840	0.800	0.760	0.720
0.40	1.547	1.565	1.626	1.753	1.667	1.457	1.269	1.116	0.945	0.833	0.775	0.730	0.685
0.45	1.614	1.633	1.691	1.832	1.766	1.539	1.324	1.145	0.946	0.825	0.750	0.700	0.655
0.50	1.679	1.700	1.757	1.905	1.866	1.628	1.385	1.181	0.950	0.815	0.730	0.670	0.625
0.55	1.743	1.766	1.822	1.973	1.969	1.725	1.452	1.223	0.958	0.800	0.710	0.645	0.595
0.60	1.807	1.832	1.886	2.037	2.075	1.830	1.529	1.273	0.970	0.790	0.688	0.620	0.567
0.65	1.872	1.897	1.950	2.099	2.182	1.943	1.614	1.333	0.988	0.785	0.670	0.597	0.538
0.70	1.937	1.963	2.014	2.160	2.291	2.066	1.710	1.402	1.011	0.780	0.657	0.575	0.510
0.75	2.003	2.029	2.077	2.221	2.399	2.197	1.819	1.484	1.042	0.780	0.642	0.555	0.489
0.80	2.070	2.096	2.141	2.283	2.505	2.336	1.941	1.578	1.081	0.785	0.635	0.538	0.470
0.85	2.138	2.164	2.206	2.345	2.603	2.483	2.080	1.688	1.130	0.795	0.628	0.522	0.452
0.90	2.206	2.234	2.273	2.407	2.690	2.634	2.236	1.813	1.191	0.815	0.625	0.510	0.438
0.95	2.274	2.305	2.344	2.467	2.758	2.789	2.412	1.957	1.267	0.845	0.630	0.502	0.428
1.00	2.341	2.378	2.422	2.521	2.800	2.943	2.611	2.121	1.359	0.890	0.640	0.500	0.420

表 A.2 σ_5、f_{iu}、f_{ir} 的计算修正系数 C_f

$\frac{2r_m}{h}$	$\frac{1.82r_m}{\sqrt{D_m\delta_m}}$											
	0.2	0.4	0.6	0.8	1.0	1.2	1.4	1.6	2.0	2.5	3.0	3.5	4.0
0.00	1.000	1.000	1.000	1.000	1.000	1.000	1.000	1.000	1.000	1.000	1.000	1.000	1.000
0.05	1.116	1.094	1.092	1.066	1.026	1.002	0.983	0.972	0.948	0.930	0.920	0.900	0.900
0.10	1.211	1.174	1.163	1.122	1.052	1.000	0.962	0.937	0.892	0.867	0.850	0.830	0.820
0.15	1.297	1.248	1.225	1.171	1.077	0.995	0.938	0.899	0.836	0.800	0.780	0.750	0.735
0.20	1.376	1.319	1.281	1.217	1.100	0.989	0.915	0.860	0.782	0.730	0.705	0.680	0.655
0.25	1.451	1.386	1.336	1.260	1.124	0.983	0.892	0.821	0.730	0.665	0.640	0.610	0.590
0.30	1.524	1.452	1.392	1.300	1.147	0.979	0.870	0.784	0.681	0.610	0.580	0.550	0.525

表 A.2（续）

$\frac{2r_m}{h}$	$\frac{1.82r_m}{\sqrt{D_m\delta_m}}$												
	0.2	0.4	0.6	0.8	1.0	1.2	1.4	1.6	2.0	2.5	3.0	3.5	4.0
0.35	1.597	1.517	1.449	1.340	1.171	0.975	0.851	0.750	0.636	0.560	0.525	0.495	0.470
0.40	1.669	1.582	1.508	1.380	1.195	0.975	0.834	0.719	0.595	0.510	0.470	0.445	0.420
0.45	1.740	1.646	1.568	1.422	1.220	0.976	0.820	0.691	0.557	0.470	0.425	0.395	0.370
0.50	1.812	1.710	1.630	1.465	1.246	0.980	0.809	0.667	0.523	0.430	0.380	0.350	0.325
0.55	1.882	1.775	1.692	1.511	1.271	0.987	0.799	0.646	0.492	0.392	0.342	0.303	0.285
0.60	1.952	1.841	1.753	1.560	1.298	0.996	0.792	0.627	0.464	0.360	0.300	0.270	0.252
0.65	2.020	1.908	1.813	1.611	1.325	1.008	0.787	0.611	0.439	0.330	0.271	0.233	0.213
0.70	2.087	1.975	1.871	1.665	1.353	1.022	0.783	0.598	0.416	0.300	0.242	0.200	0.182
0.75	2.153	2.045	1.929	1.721	1.382	1.038	0.780	0.586	0.394	0.275	0.212	0.174	0.152
0.80	2.217	2.116	1.987	1.779	1.415	1.056	0.779	0.576	0.373	0.253	0.188	0.150	0.130
0.85	2.282	2.189	2.049	1.838	1.451	1.076	0.780	0.569	0.354	0.230	0.167	0.130	0.109
0.90	2.349	2.265	2.119	1.896	1.492	1.099	0.781	0.563	0.336	0.206	0.146	0.112	0.090
0.95	2.421	2.345	2.201	1.951	1.541	1.125	0.785	0.560	0.319	0.188	0.130	0.092	0.074
1.00	2.501	2.430	2.305	2.002	1.600	1.154	0.792	0.561	0.303	0.170	0.115	0.081	0.061

表 A.3　σ_4 的计算修正系数 C_p

$\frac{2r_m}{h}$	$\frac{1.82r_m}{\sqrt{D_m\delta_m}}$												
	0.2	0.4	0.6	0.8	1.0	1.2	1.4	1.6	2.0	2.5	3.0	3.5	4.0
0.00	1.000	0.999	0.961	0.949	0.950	0.950	0.950	0.950	0.950	0.950	0.950	0.950	0.950
0.05	0.976	0.962	0.910	0.842	0.841	0.841	0.840	0.841	0.841	0.840	0.840	0.840	0.840
0.10	0.946	0.926	0.870	0.770	0.744	0.744	0.744	0.731	0.731	0.732	0.732	0.732	0.732
0.15	0.912	0.890	0.836	0.722	0.657	0.657	0.651	0.632	0.632	0.630	0.630	0.630	0.630
0.20	0.876	0.854	0.806	0.691	0.592	0.579	0.564	0.549	0.549	0.550	0.550	0.550	0.550
0.25	0.840	0.819	0.777	0.669	0.559	0.518	0.495	0.481	0.481	0.480	0.480	0.480	0.480
0.30	0.803	0.784	0.750	0.653	0.536	0.501	0.462	0.432	0.421	0.421	0.421	0.421	0.421
0.35	0.767	0.751	0.722	0.640	0.541	0.502	0.460	0.426	0.388	0.367	0.367	0.367	0.367
0.40	0.733	0.720	0.696	0.627	0.548	0.503	0.458	0.420	0.369	0.332	0.328	0.322	0.312
0.45	0.702	0.691	0.670	0.615	0.551	0.503	0.455	0.414	0.354	0.315	0.299	0.287	0.275
0.50	0.674	0.665	0.646	0.602	0.551	0.503	0.453	0.408	0.342	0.300	0.275	0.262	0.248
0.55	0.649	0.642	0.624	0.590	0.550	0.502	0.450	0.403	0.332	0.285	0.258	0.241	0.225
0.60	0.627	0.622	0.605	0.579	0.547	0.500	0.447	0.398	0.323	0.272	0.242	0.222	0.205
0.65	0.610	0.606	0.590	0.570	0.544	0.497	0.444	0.394	0.316	0.260	0.228	0.208	0.190
0.70	0.596	0.593	0.580	0.563	0.540	0.494	0.442	0.391	0.309	0.251	0.215	0.194	0.176
0.75	0.585	0.583	0.573	0.559	0.536	0.491	0.439	0.388	0.304	0.242	0.203	0.182	0.163
0.80	0.577	0.576	0.569	0.557	0.531	0.488	0.437	0.385	0.299	0.236	0.195	0.171	0.152
0.85	0.571	0.571	0.566	0.556	0.526	0.485	0.435	0.384	0.296	0.230	0.188	0.161	0.142
0.90	0.566	0.566	0.563	0.554	0.521	0.482	0.433	0.382	0.294	0.224	0.180	0.152	0.134
0.95	0.560	0.560	0.556	0.547	0.515	0.479	0.432	0.381	0.293	0.219	0.175	0.146	0.126
1.00	0.552	0.550	0.540	0.529	0.510	0.476	0.431	0.380	0.292	0.215	0.171	0.140	0.119

A.2 波纹管设计

A.2.1 波纹尺寸

波纹管的 r_c、r_r 宜按公式(A.32)设计：

$$r_c = r_r \geqslant 3\delta \qquad \cdots\cdots (A.32)$$

A.2.2 波纹管设计温度

波纹管设计温度应根据波纹管预计工作温度确定。

A.2.3 波纹管

波纹管结构示意图见图 A.1。

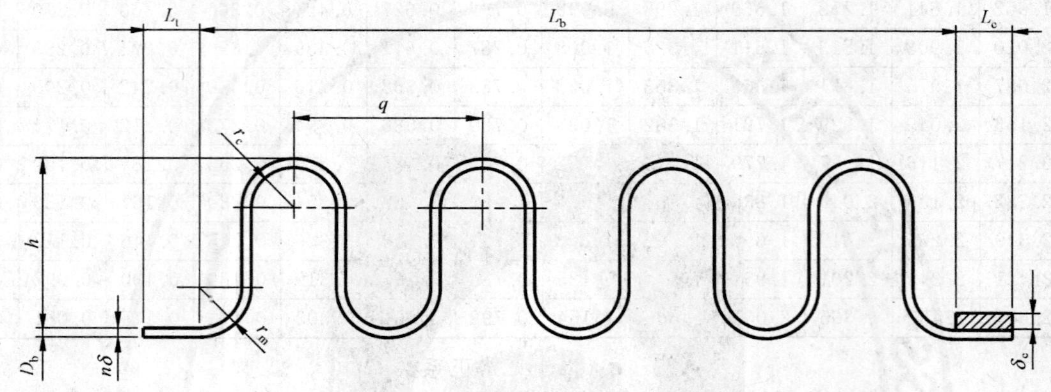

图 A.1 波纹管示意图

压力应力按公式(A.33)～公式(A.39)计算及其校核。

$$\sigma_1 = \frac{p(D_b + n\delta)^2 L_t E_b^t k}{2[n\delta E_b^t L_t (D_b + n\delta) + \delta_c k E_c^t L_c D_c]} \leqslant C_{wb}[\sigma]_b^t \qquad \cdots\cdots (A.33)$$

$$\sigma_1' = \frac{p D_c^2 L_t E_c^t k}{2[n\delta E_b^t L_t (D_b + n\delta) + \delta_c k E_c^t L_c D_c]} \leqslant C_{wc}[\sigma]_c^t \qquad \cdots\cdots (A.34)$$

$$\sigma_2 = \frac{K_r q p D_m}{2A_c} \leqslant C_{wb}[\sigma]_b^t \qquad \cdots\cdots (A.35)$$

$$\sigma_3 = \frac{ph}{2n\delta_m} \qquad \cdots\cdots (A.36)$$

$$\sigma_4 = \frac{ph^2 C_p}{2n\delta_m^2} \qquad \cdots\cdots (A.37)$$

$$\sigma_3 + \sigma_4 \leqslant C_m[\sigma]_b^t \quad \text{（蠕变温度以下）} \qquad \cdots\cdots (A.38)$$

$$\sigma_3 + \frac{\sigma_4}{1.25} \leqslant [\sigma]_b^t \quad \text{（蠕变温度范围内）} \qquad \cdots\cdots (A.39)$$

疲劳寿命按公式(A.40)～公式(A.43)计算。

$$[N_c] = \left(\frac{12\,820}{\sigma_t - 370}\right)^{3.4} \bigg/ n_f \qquad \cdots\cdots (A.40)$$

$$\sigma_t = 0.7(\sigma_3 + \sigma_4) + \sigma_5 + \sigma_6 \qquad \cdots\cdots (A.41)$$

$$\sigma_5 = \frac{E_b \delta_m^2 e}{2h^3 C_f} \qquad \cdots\cdots (A.42)$$

$$\sigma_6 = \frac{5E_b \delta_m e}{3h^2 C_d} \qquad \cdots\cdots (A.43)$$

$[N_C]$=3 000～5 000 周次。

单波轴向弹性刚度按公式(A.44)计算。

$$f_{iu}=\frac{1.7D_{m}E_{b}^{t}\delta_{m}^{3}n}{h^{3}C_{f}} \quad \cdots\cdots (A.44)$$

A.2.4 稳定性计算

稳定性计算如下：

a) 波纹管两端为固支时，柱失稳的极限设计内压按公式(A.45)计算；

$$p_{sc}=\frac{0.34\pi f_{iu}C_{\theta}}{N^{2}q} \quad \cdots\cdots (A.45)$$

对于复式膨胀节，计算 p_{sc} 时，N 为两个波纹管波数总和；

b) 波纹管两端为固支时，平面失稳的极限设计压力按公式(A.46)计算。

$$p_{si}=\frac{1.3A_{c}\sigma_{0.2y}}{K_{r}D_{m}q\sqrt{\alpha}} \quad \cdots\cdots (A.46)$$

附 录 B
(资料性附录)
位移力和热胀量的计算

B.1 符号

本附录的符号参见附录 A 中 A.1。

B.2 单波位移

a) 单式膨胀节单波位移按下列公式计算：

轴向位移“x”引起单波轴向位移按公式(B.1)计算；

$$e_x = \frac{x}{N} \quad \text{(B.1)}$$

横向位移“y”引起单波最大相当轴向位移按公式(B.2)计算；

$$e_y = \frac{3D_m y}{N(L_b \pm x)} \quad \text{(B.2)}$$

当轴向位移“x”为拉伸时取“+”号，当轴向位移“x”为压缩时取“−”号，本标准取“−”。角位移“θ”引起单波相当轴向位移按公式(B.3)计算。

$$e_\theta = \frac{\pi\theta D_m}{360N} \quad \text{(B.3)}$$

b) 复式膨胀节单波位移按下列公式计算：

轴向位移“x”引起单波轴向位移按公式(B.4)计算；

$$e_x = \frac{x}{2N} \quad \text{(B.4)}$$

横向位移“y”引起单波最大相当轴向位移按公式(B.5)计算；

$$e_y = \frac{K_u D_m y}{2N(L_u - L_b \pm x/2)} \quad \text{(B.5)}$$

轴向位移符号的定义见公式(B.2)。

角位移“θ”引起单波相当轴向位移按公式(B.6)计算；

$$e_\theta = \frac{\pi\theta D_m}{720N} \quad \text{(B.6)}$$

当吸收横向位移的复式膨胀节装有导管时，应考虑中间管转角对导管与管子内径间隙的影响；中间管转角按(B.7)式计算。

$$\theta_z = \frac{3(L_u - L_b)y}{3L_u^2 - 6L_b L_u + 4L_b^2} \quad \text{(B.7)}$$

单波总相当轴向位移的计算及校核按下列公式计算。

由几何形状确定的单波最大允许压缩位移和拉伸位移按公式(B.8)和公式(B.9)计算；

$$e_{cmax} = 0.5q - n\delta \quad \text{(B.8)}$$

$$e_{emax} = 0.5q \quad \text{(B.9)}$$

单波相当轴向总位移按公式(B.10)和公式(B.11)；

$$e_c = e_y + e_\theta + |e_x| \text{或} e_c = \frac{e_\theta}{\Psi} + |e_x| \text{中的较大值} \leqslant [e_c] \quad \text{(B.10)}$$

$$e_e = e_y + e_\theta - |e_x| \text{或} e_e = \frac{e_\theta}{\Psi} - |e_x| \text{中的较大值} \leqslant [e_e] \quad \text{(B.11)}$$

设定“x”为压缩位移，当“x”为拉伸位移时，应改变上式中 e_x 的正负号；假定“y”和“θ”发生在同一平面内，当“y”和“θ”不在同一平面内时，须求其矢量和，然后与“e_x”计算，以确定其最大值。

单波额定压缩位移和拉伸位移按公式(B.12)计算：

$$[e_c]或[e_e]中的较大值 \leqslant [e]\ ([N_c] \geqslant 3\,000) \quad \cdots\cdots (B.12)$$

B.3　膨胀节整体弹性刚度及推力

a）单式膨胀节整体弹性刚度按下列公式计算：

轴向弹性刚度按公式(B.13)计算；

$$K_x = \frac{f_i}{N} \quad \cdots\cdots (B.13)$$

横向弹性刚度按公式(B.14)计算；

$$K_y = \frac{1.5 D_m^2 f_i}{N(L_b \pm x)^2} \quad \cdots\cdots (B.14)$$

轴向位移符号的定义见公式(B.2)。

b）复式膨胀节整体弹性刚度按下列公式计算：

轴向弹性刚度按公式(B.15)计算；

$$K_x = \frac{f_i}{2N} \quad \cdots\cdots (B.15)$$

横向弹性刚度按公式(B.16)计算；

$$K_y = \frac{K_u D_m^2 f_i}{4N(L_u \pm x)(L_u - L_b \pm x/2)} \quad \cdots\cdots (B.16)$$

轴向位移符号的定义见公式(B.2)。

B.4　膨胀节位移推力(弹性力)

a）膨胀节轴向位移推力按公式(B.17)计算；

$$F_e = K_X X \quad \cdots\cdots (B.17)$$

b）膨胀节横向位移推力按公式(B.18)～公式(B.21)计算。

$$F_e = K_Y Y_1 \quad (横向位移合力) \quad \cdots\cdots (B.18)$$

$$其中\ Y_1 = \sqrt{Y^2 + Z^2} \quad \cdots\cdots (B.19)$$

$$或\quad F_{ey} = K_y Y \quad (Y向位移力) \quad \cdots\cdots (B.20)$$

$$F_{ez} = K_y Z \quad (Z向位移力) \quad \cdots\cdots (B.21)$$

B.5　膨胀节压力推力

膨胀节压力推力按公式(B.22)计算。

$$F_p = pA_{cu} \quad \cdots\cdots (B.22)$$

B.6　膨胀节总推力

膨胀节总推力(不包括重力、摩擦力)按公式(B.23)计算。

$$F = F_e + F_p \quad \cdots\cdots (B.23)$$

ICS 43.020
T 04

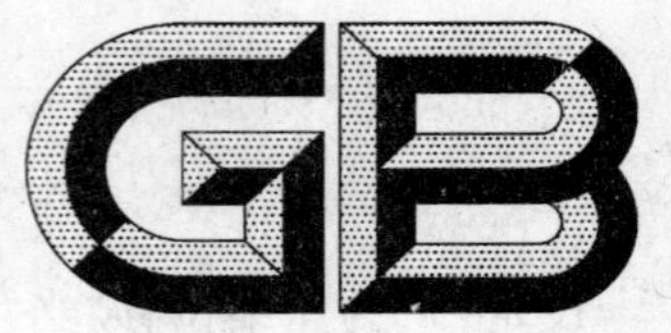

中华人民共和国国家标准

GB/T 12540—2009
代替 GB/T 12540—1990

汽车最小转弯直径、最小转弯通道圆直径和外摆值测量方法

Minimum turning circle diameter, minimum turning clearance circle diameter and out value test method for motor vehicles

2009-03-23 发布 2010-01-01 实施

中华人民共和国国家质量监督检验检疫总局
中国国家标准化管理委员会 发布

前言

本标准是对GB/T 12540—1990《汽车最小转弯直径测定方法》的修订，本标准自实施之日起代替GB/T 12540—1990。

本标准与GB/T 12540—1990相比主要变化如下：

——扩大了适用车辆的范围；

——依据GB/T 3730.3《汽车和挂车的术语及其定义　车辆尺寸》对转弯直径、转弯通道圆的定义作了统一；

——增加了外摆值的定义；

——对试验条件进行了修订；

——增加了外摆值的测量方法。

本标准由国家发展和改革委员会提出。

本标准由全国汽车标准化技术委员会归口。

本标准起草单位：国家汽车质量监督检验中心(襄樊)。

本标准主要起草人：朱鑫、陈甲新、汪祖国、湛永茂。

本标准所代替标准的历次版本发布情况为：

——GB/T 12540—1990。

汽车最小转弯直径、最小转弯通道圆直径和外摆值测量方法

1 范围

本标准规定了汽车最小转弯直径、最小转弯通道圆直径和外摆值的测量方法。

本标准适用于汽车及汽车列车。

2 术语和定义

下列术语和定义适用于本标准。

2.1

转弯直径 turning circle diameters d_i

转向盘转到极限位置时，车辆内外侧各车轮胎面中心（若为双胎，则为双胎中心）在平整地面上的轨迹圆直径（见图1）。

2.2

最小转弯直径 minimum turning circle diameter d

转向盘转到极限位置时，车辆外侧转向轮胎面中心在平整地面上的轨迹圆直径中的较大者。

2.3

转弯通道圆 turning clearance circle

车辆转弯行驶时，下述两圆为车辆转弯通道圆（见图2）：

a) 车辆所有点（后视镜、下视镜和天线除外，下同）在平整地面上的投影均位于圆内的最小外圆——转弯通道圆外圆（直径 D_1）。

b) 车辆所有点在平整地面上的投影均位于圆外的最大内圆——转弯通道圆内圆（直径 D_2）。

2.4

转弯通道宽度 turning clearance circle width B

车辆转弯通道圆外圆直径 D_1 与转弯通道圆内圆直径 D_2 之差的二分之一，即 $B=(D_1-D_2)/2$。

2.5

最小转弯通道圆 minimum turning clearance circle

转向盘转到极限位置时的转弯通道圆。

2.6

最大转弯通道宽度 maximum turning clearance circle width

转向盘转到极限位置时的转弯通道宽度。

2.7

外摆值 out value T

汽车或汽车列车以直线行驶状态停于平整地面上，沿过车辆最外侧的点向地面作一与车辆纵向中心线平行的投影线，汽车或汽车列车起步，由直线行驶过渡到转弯通道圆外圆直径（按照车辆最外侧部位计算，后视镜、下视镜和天线除外，不计具有作业功能的专用装置的突出部分）为 25 m 的圆上行驶，直到车尾完全进入该圆，在此过程中车辆外侧任何部位在地面上的投影形成一组外摆轨迹，这组轨迹与车辆静止时车辆最外侧部位在地面形成的投影线的距离即为外摆值（见图3）。

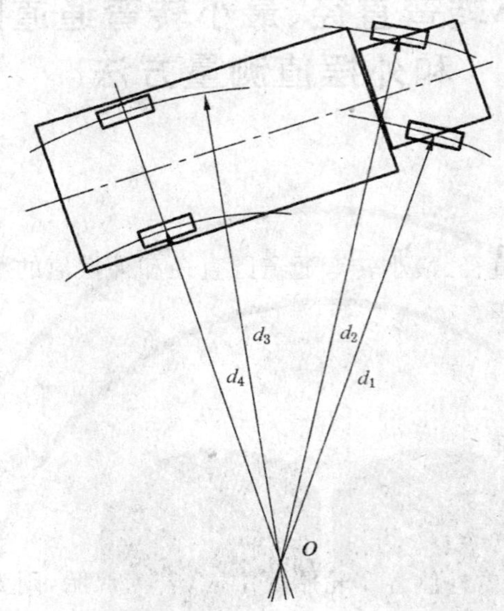

图 1 转弯直径示意图

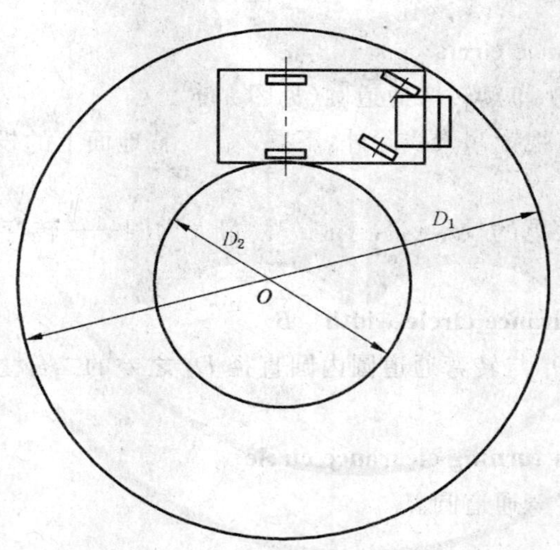

图 2 转弯通道圆示意图

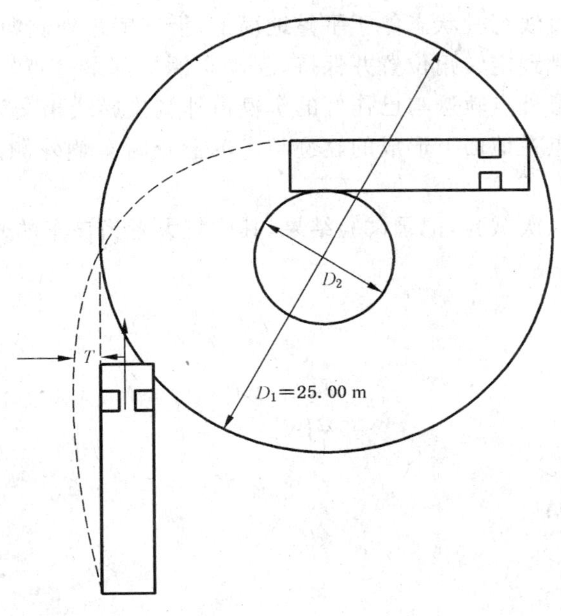

图3 外摆值示意

3 试验条件

3.1 试验场地为平整的混凝土或沥青地面，其大小应能允许车辆作直径不小于30 m的圆周运动。

3.2 汽车装备的轮胎应符合该车技术条件的规定。

3.3 汽车的车轮定位参数和转向轮的最大转角应符合该车技术条件的规定。

3.4 汽车处于空载状态，只乘坐一名驾驶员，全轮着地。（对最小转弯通道圆外圆直径接近25 m的车辆，应增加满载状态下的试验。）

3.5 测量仪器：钢卷尺：量程不小于30 m，精度不小于0.1%。

4 试验方法

4.1 最小转弯直径测量

4.1.1 根据需要，选择车身上离转向中心最远点、最近点和车轮胎面中心上方安装行驶轨迹显示装置。

4.1.2 汽车处于最低前进挡并以较低的车速行驶，转向盘转到极限位置并保持不变，稳定后起动轨迹显示装置，车辆行驶一周，使各测点分别在地面上显示出封闭的运动轨迹，然后将车开出测量区域。

4.1.3 用钢卷尺测量各测点在地面上形成的轨迹圆直径，应在相互垂直的两个方向测量，测量时应向左向右移动，读取最大值；取两个方向的测量值的算术平均值作为试验结果。

4.1.4 汽车向左转和向右转各测量一次，记录试验结果。

4.1.5 如果左、右转方向测得的试验结果之差在0.1 m以内，则取左、右转试验结果的平均值作为该车的最终结果，否则以左、右转方向测得的试验结果的较大值作为最终结果。

4.2 最小转弯通道圆直径测量

测量方法见4.1.1～4.1.5。

4.3 外摆值测量

4.3.1 在平整地面上画一直径为25 m的圆周；在车辆尾部最外点和车体离转向中心最远点安装轨迹显示装置。

4.3.2 汽车或汽车列车处于最低前进挡并以较低的车速进入该圆周内行驶，调整转向盘转角，起动车体离转向中心最远点轨迹显示装置，使轨迹落在该圆周上，记下这时的转向盘转角位置。

4.3.3 汽车或汽车列车以直线行驶状态停于平整地面上，沿车辆最外侧向地面作一与车辆纵向中心线平行的投影线，转动转向盘到预定转角位置并保持，起动车辆尾部最外点轨迹显示装置，汽车或汽车列车起步前行，直至车辆尾部最外点轨迹与已作好的车辆最外侧投影线相交为止。

4.3.4 测量车辆尾部最外点在地面上形成的轨迹与车辆静止时车辆外侧部位在地面形成的投影线的最大距离。

4.3.5 左右转方向各进行一次试验，记录试验结果，其中较大者为该车的外摆值。

5 结果和试验记录

试验结果列于下表。

原始记录

汽车型号：　　　　　　　　　　VIN：

生产厂家：

车辆长×宽(mm×mm)：

轴距(mm)：

前轮距/后轮距(mm)：

试验质量(kg)：

轮胎型号及轮胎气压(kPa)：

转向轮最大转角(°)：

左转：左前轮　　右前轮　　左后轮　　右后轮

右转：左前轮　　右前轮　　左后轮　　右后轮

试验地点：

路面状况：

试验日期：

试验人员：

测定项目	回转方向	
	左转	右转
________轮转弯直径 d_1/m		
________轮转弯直径 d_2/m		
________轮转弯直径 d_3/m		
________轮转弯直径 d_4/m		
最小转弯直径 d/m		
最小转弯通道圆外圆直径 D_1/m		
最小转弯通道圆内圆直径 D_2/m		
最大转弯通道宽度 B/m		
外摆值 T/m		

ICS 43.020
T 04

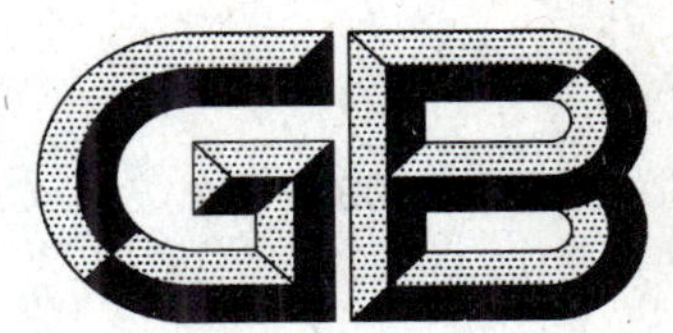

中华人民共和国国家标准

GB/T 12542—2009
代替 GB/T 12542—1990

汽车热平衡能力道路试验方法

Thermal balance capacity on-road test method for motor vehicles

2009-03-23 发布　　　　2010-01-01 实施

中华人民共和国国家质量监督检验检疫总局
中国国家标准化管理委员会　发布

前　言

本标准代替 GB/T 12542—1990《汽车发动机冷却系冷却能力道路试验方法》，主要差异如下：

——修改了“1　范围”中有关标准适用范围的内容；

——增加了 3.2～3.10 等与汽车热平衡相关的概念；

——在 5.7 中明确规定了试验测量参数和传感器安装；

——在 5.8、5.9 中明确规定了负荷拖车替代装置的使用；

——增加了四种试验工况 6.4.1、6.4.2、6.4.3、6.4.4；

——在 6.5 中修改了热平衡判定方法。

本标准的附录 B 为规范性附录，附录 A、附录 C 为资料性附录。

本标准由国家发展和改革委员会提出。

本标准由全国汽车标准化技术委员会归口。

本标准起草单位：海南汽车试验研究所。

本标准主要起草人：周继军、吴君威、麦瑞礼。

本标准所代替标准的历次版本发布情况为：

——GB/T 12542—1990。

汽车热平衡能力道路试验方法

1 范围

本标准规定了测定汽车热平衡能力的道路试验方法。

本标准适用于同时装用强制循环液冷式发动机和具有手动选挡功能变速器的各类汽车，其他汽车参照执行。

2 规范性引用文件

下列文件中的条款通过本标准的引用而成为本标准的条款。凡是注明日期的引用文件，其随后所有的修改单（不包括勘误的内容）或修订版均不适用于本标准，然而，鼓励根据本标准达成协议的各方研究是否使用这些文件的最新版本。凡不注明日期的引用文件，其最新版本适用于本标准。

GB/T 12534　汽车道路试验方法通则

3 术语和定义

下列术语和定义适用于本标准。

3.1

环境温度　environment temperature

汽车行驶时周围环境阴影下 1.5 m 高处的空气温度。

3.2

冷却介质　cooling mediums

起冷却作用的物质，包括发动机冷却液、发动机润滑油、变速器润滑油、驱动桥润滑油等。

3.3

热平衡　thermal balance

系统（零部件、总成、汽车）各部分的温度与环境温度的差值达到稳定。

3.4

汽车热平衡　motor vehicles thermal balance

汽车动力总成（发动机、变速器、驱动桥）热平衡。

3.5

冷却常数　cooling constants

汽车热平衡时冷却介质温度与环境温度的差值。

3.6

冷却介质许用最高温度　allowed maximum cooling medium temperature

汽车动力总成（发动机、变速器、驱动桥）正常工作所允许的冷却介质最高温度（由生产厂给定）。

3.7

极限使用工况　extreme use conditions

汽车低挡位、全油门长时间输出最大扭矩或最大功率的情况。

3.8

常规使用工况　usual use conditions

汽车高速行驶、高速爬坡、长时间怠速等汽车常见使用情况。

3.9

极限使用许用环境温度 extreme use allowed environment temperature

极限使用工况下汽车受冷却介质许用最高温度的限制而允许使用的最高环境温度。

3.10

常规使用许用环境温度 usual use allowed environment temperature

常规使用工况下汽车受冷却介质许用最高温度的限制而允许使用的最高环境温度。

4 试验条件

4.1 无雨、无雾，环境温度不低于 30 ℃，风速不大于 3 m/s。如环境温度低于 30 ℃，则应详细记录试验时的环境温度、湿度、大气压力等气象参数。

4.2 试验道路按 GB/T 12534 的规定，要有足够长的高速跑道，纵坡度小于 0.1%。

4.3 有挡风效果的“十”字挡风墙，一般长 4 m、高 2.5 m，参见附录 A。

4.4 试验用主要仪器设备见表 1。

表 1

序号	仪器设备名称	准 确 度
1	发动机转速表	±1 r/min
2	温度传感器	±0.4% FS
3	记录型温度采集仪	±0.2% FS
4	牵引力计	±1% FS
5	车速仪	±0.5% FS
6	负荷拖车	牵引力：±1% FS 速　度：±1% FS

5 试验准备

5.1 车辆准备按 GB/T 12534 进行。

5.2 按汽车使用说明书规定的汽车总质量装载，载荷均布。

5.3 应保持轮胎气压为规定值，误差不超过±10 kPa。

5.4 应准备灭火器并确保其工作正常。

5.5 试验期间应按汽车使用说明书和有关技术条件的规定和要求对汽车进行技术检查和保养，尤其是节温器、冷却风扇、散热器膨胀阀等。

5.6 按汽车使用说明书规定的型号、数量更换发动机冷却液、发动机润滑油、变速器润滑油及驱动桥润滑油。

5.7 根据汽车结构、原理，按附录 B 表 B.1 的规定选择测量点并安装温度传感器。

5.8 如用其他等效设备代替负荷拖车进行试验，应选用试验汽车的同类车型。

5.9 正确连接负荷拖车与被测车辆。如用其他等效设备代替，需确保该等效设备能满足试验要求且安全、可靠。

6 试验方法

6.1 汽车预热按 GB/T 12534 进行。

6.2 如汽车装有空调，试验时应使用外循环，温度调节开关置于最大冷却模式，风量调节开关置于最大位置。

6.3 极限使用工况

6.3.1 发动机最大扭矩转速工况

汽车以Ⅱ挡、油门全开的状态行驶(多轴驱动的汽车应处于多轴驱动状态)。负荷拖车逐步对汽车施加负荷,控制汽车发动机转速稳定在最大扭矩转速,偏差在±2%或±50 r/min(取两者中较大值)以内。

6.3.2 发动机额定功率转速工况

汽车以Ⅱ挡、油门全开的状态行驶(多轴驱动的汽车应处于多轴驱动状态)。负荷拖车逐步对汽车施加负荷,控制汽车发动机转速稳定在额定功率转速,偏差在±2%或±50 r/min(取两者中较大值)以内。

6.4 常规使用工况

6.4.1 模拟爬坡工况

汽车选用在3/4额定转速的状态下能爬上7%坡度的最高挡。负荷拖车逐步对汽车施加负荷,控制负荷拖车的牵引力等同汽车爬7%坡度阻力,偏差在±5%以内。再通过控制油门使汽车在3/4额定转速的状态下行驶,偏差在±2%或±50 r/min(取两者中较大值)以内。牵引力计算如下:

$$F = 0.07G$$

式中:

F——牵引力,单位为牛顿(N);

G——汽车实际总重量,单位为牛顿(N)。

6.4.2 高速行驶工况

不带负荷拖车,汽车以最高挡、90%最高车速或140 km/h(取两者中较小值)的状态行驶,车速偏差在±2 km/h以内。

6.4.3 熄火浸置工况

在6.4.2结束后迅速停车并熄火。

6.4.4 发动机怠速工况

汽车用直接挡以50 km/h车速行驶20 min后停放在"十"字挡风墙内,散热器迎风面正对风向,尽量靠近"十"字挡风墙。大灯全开,发动机怠速运转。

6.5 各试验工况开始后即以每20 s的时间间隔测量一次各点的温度并计算各冷却介质温度与环境温度的差值。当连续4 min各冷却介质温度与环境温度的差值无升高的趋势且变化均在±1 ℃以内时,即认为汽车达到热平衡,该试验工况结束。

6.6 除6.4.3、6.4.4外,各工况应正反方向各做一次。

6.7 试验时应注意安全,如有异常则立即停止试验并如实记录:

a) 冷却介质(尤其是发动机冷却液)达到其许用最高温度;

b) 汽车有异响、冒烟等现象。

6.8 以汽车热平衡时4 min内各冷却介质冷却常数的均值计算许用环境温度T(6.4.3除外):

$$T = T_L - (K_{C1} + K_{C2}) / 2$$

式中:

T——许用环境温度,单位为摄氏度(℃);

T_L——冷却介质许用最高温度,单位为摄氏度(℃);

K_{C1}——正向行驶冷却介质冷却常数均值,单位为摄氏度(℃);

K_{C2}——反向行驶冷却介质冷却常数均值,单位为摄氏度(℃)。

6.9 计算所有冷却介质在6.3.1、6.3.2下的许用环境温度,以其最小值作为极限使用许用环境温度的最终试验结果。

6.10 计算所有冷却介质在6.4.1、6.4.2、6.4.4下的许用环境温度,以其最小值作为常规使用许用环境温度的最终试验结果。

6.11 记录在6.4.3中是否有6.7所述异常现象。

6.12 记录空调及冷却风扇的工作状态。

6.13 测量气象参数，在附录C中记录试验时的环境温度、湿度、大气压力、风向、风速。

7 试验报告

7.1 试验报告应由试验负责人编写。

7.2 试验报告的内容应包含以下方面：

a) 委托单位；

b) 试验目的；

c) 试验依据；

d) 试验日期、场地和气象；

e) 试验仪器；

f) 试验样车情况；

g) 试验人员；

h) 试验结果；

i) 试验结论和建议。

附 录 A
（资料性附录）
“十”字挡风墙结构示意图

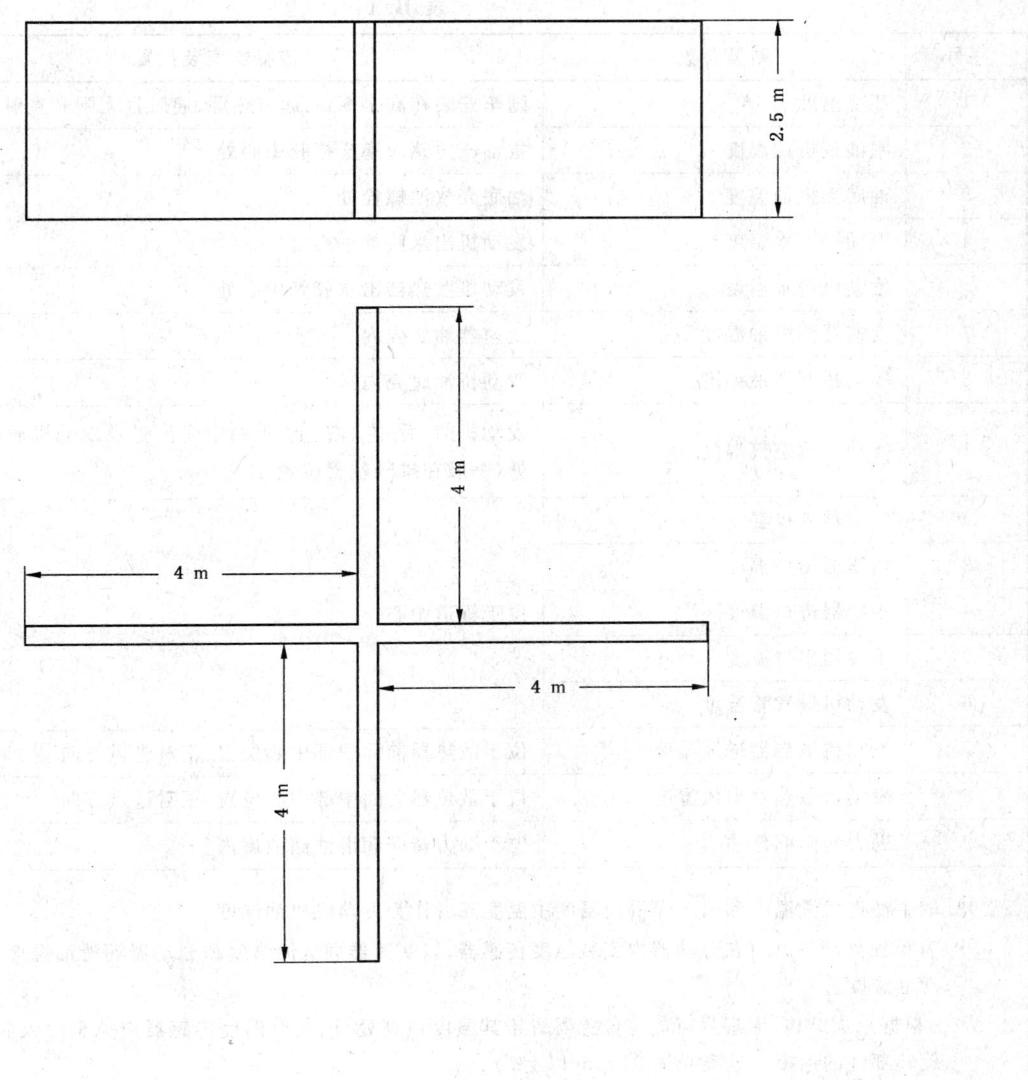

附　录　B
（规范性附录）
测量参数及温度传感器安装规定

表 B.1

序号	测量参数	传感器安装位置	备注
1	环境温度	随车安装在高 1.5 m、远离热源、通风且无阳光直射处	必选
2	主油道机油温度	机油压力感应塞连接腔中心处	
3	油底壳机油温度[a]	油底壳放油螺栓处	
4	发动机出水温度	发动机出水胶管中心处	
5	发动机进水温度	发动机散热器出水胶管中心处	
7	变速器润滑油温度	变速器油底壳内[b]	
8	驱动桥润滑油温度	驱动桥油底壳内[c]	
1	发动机舱空气温度	发动机前、后、左、右、上、下的中间位置及发动机舱温度最高处（一般在排气歧管位置）	可选
2	空滤器入口温度	位于管道中心	
3	增压器出口温度		
4	中冷器进口温度		
5	中冷器出口温度		
6	发动机进气管温度		
7	发动机散热器进风温度	位于散热器前面中部中心位置、正对进风方向	
8	发动机散热器出风温度	位于散热器后面中部中心位置、正对进风方向	
9	助力转向润滑油	位于助力转向润滑油储油罐内	

a 取主油道机油温度和油底壳机油温度中温度高者作为发动机机油温度。

b 有单独分动器的应在分动器内安装温度传感器，以变速器润滑油温度和分动器润滑油温度高者作为变速器润滑油温度。

b、c 根据总成结构、原理尽可能将传感器置于其温度最高处，试验时温度传感器应完全浸入润滑油中，在不碰到旋转部件的前提下远离壳体 30 mm 以上。

附 录 C
（资料性附录）
试验记录表

汽车型号________ 汽车生产厂________ 底盘号________

发动机：

发动机型号________ 最大扭矩________N·m/(r/min) 额定功率________kW/(r/min)

冷却液规格________ 冷却液容量________L 水泵型号________

散热器型号________ 压力盖限压值________kPa

风扇型号________ 风扇速比________

机油规格________ 机油容量________L

机油散热器型号________

变速器：

齿轮油规格________ 齿轮油容量________L

齿轮油散热器型号________

驱动桥：

齿轮油规格________ 齿轮油容量________L

齿轮油散热器型号________

试验地点________ 试验路段________ 试验日期________

环境温度________℃ 湿度________% 大气压力________kPa

风向________ 风速________m/s

极限使用许用环境温度________℃ 常规使用许用环境温度________℃

试验单位________ 试验员________ 驾驶员________